Wissenschaft auf Safari

Wolfgang Wickler

Wissenschaft auf Safari

Verhaltensforschung als Beruf und Hobby

Wolfgang Wickler
Max-Planck-Institut für Ornithologie
Starnberg-Seewiesen
Deutschland

ISBN 978-3-662-49957-3   ISBN 978-3-662-49958-0 (eBook)
DOI 10.1007/978-3-662-49958-0

Die Deutsche Nationalbibliothek verzeichnet diese Publikation in der Deutschen Nationalbibliografie; detaillierte bibliografische Daten sind im Internet über http://dnb.d-nb.de abrufbar.

Springer

Planung: Merlet Behncke-Braunbeck Redaktion und Übersetzung des Textes im Anhang: Jorunn Wissmann, Binnen

Einbandabbildung: Ingram Publishing/thinkstock

Gedruckt auf säurefreiem und chlorfrei gebleichtem Papier

Springer ist Teil von Springer Nature
Die eingetragene Gesellschaft ist Springer-Verlag GmbH Berlin Heidelberg

Vorwort

Mein Leben mit der Verhaltensforschung entwickelte sich unreflektiert in Kindheit und Schulzeit aus purer Neugier. Im Studium wurde daraus eine Zielvorstellung, gefördert von Professor Bernhard Rensch, und nach der Promotion von Konrad Lorenz durch Arbeitsmöglichkeit im verhaltensphysiologischen Institut der Max-Planck-Gesellschaft. Als mir dessen Leitung übertragen wurde, konnte ich mir Mitarbeiter aussuchen, die in wichtigen Bereichen klüger waren als ich, und mich mit ihnen der bis dahin vernachlässigten Freilandforschung zuwenden. Betrieben haben wir diese Forschungen weitgehend auf dem afrikanischen Kontinent, den ich dazu 39 Mal besuchen „musste". Das vorliegende Buch schildert, wie es zu all dem kam und welche Ergebnisse und Erlebnisse sich unterwegs ansammelten. Über wissenschaftliche, zum Teil auch politisch eingefärbte Reisen in andere Erdteile und zusammen mit der Botanikerin Loki Schmidt, der Gattin des damaligen Bundeskanzlers, habe ich bereits berichtet (Wickler 2014).

Mein Interesse galt und gilt neben Protozoen, Spinnen, Krebsen, Fischen, Vögeln und Affen auch manchen kulturellen Besonderheiten des Menschen, ebenso seinen Traditionen im Vergleich zu solchen bei Tieren. Zur Forschung in Labor und Freiland kam die Lehre vor recht unterschiedlichen Hörern. Universitätsstudenten brauchten Verhaltensforschung im Rahmen der Veterinärmedizin und Zoologie. Interessierte biologische Laien aus anderen Fachgebieten, in erster Linie Pädagogen und Manager, nahmen in der Regel Ergebnisse unserer Forschung sehr aufmerksam und oft diskussionsfreudig zur Kenntnis. Als schwierige Hörer erwiesen sich – in jüngster Zeit mehr als in den Jahren bis zur Jahrtausendwende – Vertreter von philosophischer Ethik und katholischer Theologie. Bei letzteren bleiben für wahr gehaltene Kenntnisse über die belebte Natur, den Menschen und die Evolution immer weiter zurück hinter den Erkenntnissen der Biologie und Verhaltensforschung, für die sie sich nur ungern erwärmen lassen, wenngleich sie sie dringend verarbeiten müssen.

Der Autor (oben) als Schüler und als wissenschaftlicher Assistent mit Schlips in Seewiesen, (unten) als Freilandforscher und als Emeritus

Ethologische Verhaltensforschung ist ein spannendes Gebiet. Wer sich darauf einlässt, kann ständig mit Überraschungen in physiologischen, ökologischen, vor allem psychologisch-kognitiven Fähigkeiten von Tieren rechnen (Emery und Clayton 2009). Wenig untersucht ist das Entstehen von tierischen Traditionen durch soziales statt durch

Versuch-und-Irrtum-Lernen. Und was im Verhalten durch Verschränkung organischer mit kultureller Evolution entsteht, ist weithin wissenschaftliches Brachland. „Also: Immer weiter! Advance, Ethologia!", wie Niko Tinbergen mir 1959 wünschte.

Starnberg-Seewiesen, Deutschland   Wolfgang Wickler
im Juni 2016

Inhaltsverzeichnis

1

Kindheit zu Hause

Der Taxifahrer schüttelt den Kopf: „Nee, kennick nich, Klinik jibts hier nich." Er fährt seit 14 Jahren in Berlin, eben jetzt mich vom Flughafen Tegel nach Dahlem zum Harnack-Haus. Dort in der Nähe, Lentzeallee 12, hätte ich gern die Klinik gesehen, in der mich meine Mutter am Buß- und Bettag, Mittwoch den 18. November 1931 nachmittags um halb sechs Uhr zur Welt gebracht hat. Das soll hier irgendwo gleich um die Ecke gewesen sein. Die Lentzeallee 12 gibt es, mit einer Bärenskulptur in der Einfahrt. Seit 2002 residiert hier allerdings die Berlin International School „Haus Dahlem". Und der Name stammt von einer 1923 gegründeten Geburtsklinik an gleicher Stelle, die 1971 wegen des Pillenknicks schließen musste. Also doch!

Das Harnack-Haus in der Ihnestraße 16–20 war zwei Jahre vor meiner Geburt eingeweiht worden, als Begegnungszentrum der Kaiser-Wilhelm-Gesellschaft zur Förderung der Wissenschaften, der späteren Max-Planck-Gesellschaft (MPG). Als deren wissenschaftliches Mitglied bin ich seit 1973 regelmäßig dort. Das verdanke ich neben mancherlei Imponderabilien, unvorhersehbaren Geschehnissen und Einflüssen, vor allem meiner Leitfigur, dem Kairós, der griechischen Symbolfigur für den rechten Augenblick. Ein Steinrelief im Benediktinerinnen-Kloster in Trogir – Kopie der ursprünglichen bronzenen Plastik von Lysipp, dem Hofbildhauer Alexander des Großen vom Anfang des 3. Jahrhunderts vor Christus – zeigt ihn als eilenden Jüngling mit Stirnlocke, aber kahlem Hinterkopf: „Beim Stirnhaar lass den Augenblick uns fassen", heißt es in Shakespeares *Ende gut, alles gut:* Wer eine günstige Gelegenheit nicht beim Schopf ergreift, sondern ungenützt verstreichen lässt, dem bleibt nur das Nachsehen. Der Kairós kennt keine

© Springer-Verlag Berlin Heidelberg 2017
W. Wickler, *Wissenschaft auf Safari,*
DOI 10.1007/978-3-662-49958-0_1

Haltestellen, ist aber jederzeit gefragt. Mich hat er von früher Kindheit an zur Verhaltensforschung geleitet, in der Rückschau merkwürdig geradlinig.

Spielzeit

Zur Taufe erhielt ich im November 1931 die Vornamen Wolfgang, Joachim, Herbert. Meine Kindheit und Jugend verliefen in Phasen, die immer wieder abrupt abbrachen, doch aus der Erinnerung betrachtet durchweg positiv getönt erscheinen. Als Ältester mit schließlich drei Geschwistern bin ich bis zur Oberschulzeit in Berlin-Hohenschönhausen, Christophstraße 3, aufgewachsen. Die sogenannte Gartenstadt war entstanden als „Villenviertel für den kleinen Mann". Wir wohnten in einem Zweifamilienhaus, erbaut 1934 von meinen Eltern und den Großeltern mütterlicherseits.

In den Wurzeln der Familie hat, so wird berichtet, Anfang des 19. Jahrhunderts eine polnische Zirkusprinzessin mitgewirkt, Rosalie Marie Kurzawska, eine Urgroßmutter meines Vaters. Viel Zirzensisches hat sich aber auf mich nicht übertragen. Soweit ich mich zurückerinnern kann, habe ich immer viel Zeit mit möglichst undressierten Tieren verbracht. Es muss im Frühsommer 1939 gewesen sein, als ich mich nach einem Stoßgebet zum Himmel mit Eimer und selbst gebasteltem Kescher zum nahen Dorftümpel aufmachte. Er war leicht verkrautet und enthielt neben einigem Gerümpel Teichmolche. Opa hatte mir ein altes, gusseisern gerahmtes Aquarium besorgt. Frei stehend tropfte es etwas, aber im Garten eingegraben taugte es als Minitümpel. Darin bezogen am Nachmittag meiner Exkursion drei Molche Quartier. Einige Wasserpflanzen aus dem gluckernden Elsengraben gegenüber unserem Grundstück tat ich dazu und konnte bald zusehen, wie die Männchen ihre Schwänze vor dem Weibchen wedelten, das selbst schon dabei war, mit den Hinterbeinen Laichkrautblätter zusammenzudrücken und ein Ei nach dem anderen dazwischenzukleben. So etwa begann meine Verhaltensforschung.

Im Arbeitszimmer meines Vaters gab es ein einfaches Mikroskop. Ab und zu, während er am Schreibtisch saß, hockte ich am Fußboden und mikroskopierte die zugehörigen Fertigpräparate: Radiolarien, Kieselalgen, Pflanzengewebe oder Knochenschliffe. Über diese Wunderwelt des Kleinsten vergaß ich den harten Kokosteppich, dessen Flechtmuster sich jedes Mal für eine Weile schmerzlich meinen Knien einprägte.

Auf dem Dach hatten wir zwei Storchennester, die sommersüber regelmäßig bewohnt waren. Die Störche verunzierten zwar das Hausdach mit ihrer weißen Kleckserei, galten aber als Schutz vor Schaden und Unglück. Weitere

Störche brüteten jenseits vom Elsengraben in einer Gruppe von Kopfweiden, unter denen die Ziegen vom Zicken-Ede grasten. Das Familienleben der Störche, vom Bebrüten der Eier bis zu den ersten Flugversuchen der Jungen, spielte sich monatelang vor unseren Augen ab. Nahrung holten die Altstörche unermüdlich von den angrenzenden Rieselfeldern. Das intensive Begrüßungs-Klappern der Paarpartner, in das schließlich die erst zehn Tage alten Jungen mit einstimmten und dazu ebenfalls den Kopf auf den Rücken warfen, wurde mir zu einem vertrauten Geräusch.

Als Unterstützung für mein Interesse an verschiedenstem Getier kam schließlich auf den runden Korbtisch im Kinderzimmer ein 15-l-Aquarium mit den üblichen roten, lebend gebärenden Zahnkarpfen, die mich aber bald nervten. Sie wurden mit zerriebenen getrockneten Wasserflöhen gefüttert und zappelten unvermeidlich erwartungsvoll hinter der Vorderscheibe auf und ab, sobald man dem Becken nahe kam. Seitdem sind mir Tiere unsympathisch, die fordernd auf den Menschen zukommen, also uns im Auge haben statt wir sie. Mit gefangen gehaltenen Tieren passiert das fast unvermeidlich, und darin wurzelt wohl meine Abneigung gegen zahme Tiere im Haus.

Ein tiefer Brunnen neben meinem Tümpelaquarium war sorgsam mit Holz abgedeckt. Hob man ein Randbrett hoch, konnte man hineinrufen und einen dumpfen Schall erzeugen. Im Garten trug ein mehrfach gepfropfter Baum dreierlei Obst. Hinter dem Haus gab es ein paar Kaninchenställe und ein Zaungatter für Hühner samt Hahn, der meine kleine Schwester heftig attackierte, sobald er sie nur sah. In einer strohgefüllten Tonne im Schuppen erbrütete eine braune Glucke regelmäßig ihre Küken. Deren Schlüpfen und Heranwachsen kontrollierte Opa Anton. „A. Tewes, Schuhmachermeister, Berlin C.34, Rosenthaler Straße 44. Anfertigung eleganter Schuhwaren. Werkstatt für orthopädische Fußbekleidung. Spezialität: Plattfußstiefel". Das Schild kannte ich schon als kleiner Junge, wenn wir die Großeltern noch in der Stadt besuchten. Jetzt hatte Opa seine Werkstatt im Tiefparterre des Hauses und versorgte uns mit Maßschuhen, die samstags mit je verschiedenen Bürsten erst gereinigt, dann gewichst, dann poliert werden mussten. Aus seinem Lukenfenster sah er uns im Garten spielen oder Kaninchenfutter sammeln. Wenn einer hinfiel und weinte, rief er tröstend: „Komm her, ich heb dich auf!" Musste er uns mal zu Bett bringen, wünschte er ähnlich hintersinnig: „Sag Bescheid, wenn Du eingeschlafen bist".

Unsere Nachbarn waren Lehmanns in einem roten Haus und der einsame alte Herr Alfes in seinem schwarzen Holzhaus, so dicht zugewachsen, dass es uns Kindern etwas unheimlich vorkam. Herrn und Frau Hapka halfen wir, ein Schwein zu füttern. Nach dem Schlachtfest mit Wurstkochen im großen

Einweck-Kessel bereicherte dessen eine Hälfte dann eine Zeit lang unsere Mahlzeiten. An vielen Wochenenden fuhren wir zu Verwandten in die Stadt oder trafen uns mit ihnen „im Grünen", wo angeschrieben stand: „Hier können Familien Kaffee kochen". Wie wir unter den zahlreichen Besuchern und Besuchten mit wem wirklich verwandt, welche die echten und welche die „Nenn"-Tanten und -Onkel waren, habe ich erst sehr viel später herausbekommen.

Meine Vorgeschichte

Mein Vater Herbert, 1902 geboren, wurde Ostern 1909 in Berlin eingeschult. Sein Mitschüler Bernhard Tewes wurde später mein Onkel, weil dessen um zwei Jahre ältere Schwester Maria sich bereits auf dem Schulhof in den Pausen regelmäßig mit Herbert traf. Als Herberts Vater, mein Großvater Wilhelm, Polizeihauptmann, 1915 als Militär-Kriminalist in die Festungskommandantur Cuxhaven beordert wurde, folgte ihm die Familie. Nach drei Jahren Schule in Cuxhaven und seinem Schulabschluss 1917, mit Buchprämie „für gutes Betragen, Fleiß und gute Leistungen", hängte Herbert noch ein Jahr „Selekta" an, gab als Ersatz für die eingezogenen Lehrkräfte Hilfsunterricht bei Erstklässlern und machte 1918 – revolutionsbedingt ohne geregelten Schulbesuch – die Aufnahmeprüfung für Obertertia in einer Oberrealschule. Er wollte Lehrer werden.

Großvater Wilhelm kam 1919 zurück nach Berlin, und Sohn Herbert genoss nun eine geregelte Schulzeit bis zur Untersekunda, musste jedoch Französisch und Mathematik nachholen. Dann wurde Großvater als Strafrechtslehrer an die Polizeischule in Sensburg/Ostpreußen (heute polnisch Mrągowo) berufen. Unsicher, ob die Familie folgen sollte, traf Herbert noch keine Berufsentscheidung, besuchte nur ab und zu die Obersekunda und ging 1920 von der Schule ab. Privat lernte er Mathematik, darstellende Geometrie, Physik und Zeichnen. Nebenher bildete er an der Kunst-Gewerbeschule in Berlin sein Maltalent aus und schloss einen fünfsemestrigen Kurs mit Diplom und dem Prädikat „sehr gut" ab. Etliche Ölbilder, Aquarelle und Zeichnungen (Landschaften, Stillleben, Handwerkerdarstellungen, Berlin-Details) von ihm waren und sind Wohnungsschmuck bei uns und bei Verwandten.

Ein Hausmitbewohner Herberts (und Weingroßhändler) brachte ihn bald in Kontakt mit einem Direktor der AEG. Der stellte ihn zunächst als Hilfskraft für technische Konstruktionen und Schaltpläne ein. Damals „sollte der Beweis erbracht werden, dass bei eifrigem Studium und gleichzeitiger Beschäftigung in der Praxis brauchbare und tüchtige Ingenieure herangebildet werden konnten, die der Firma in gewissem Sinne dankbar verpflichtet und andererseits mit allen Zusammenhängen innerhalb des Betriebes vertraut waren". Tatsächlich bestand mein Vater nach sechs Semestern das Ingenieurexamen an der Höheren technischen Lehranstalt Berlin und bekam zugleich in der AEG eine Stellung als Projekt-Ingenieur.

Die entscheidenden Kontakte zwischen Herbert und Maria stiftete bald darauf der deutsche Rundfunk. Die Hauptfunkstelle Königswusterhausen hatte 1919 Versuche zur Übertragung von Sprache, 1920 von Instrumentalkonzerten unternommen (1922 wurde die BBC gegründet). Der erste deutsche Rundfunksender, „Voxhaus Welle 400", arbeitete 1923 in Berlin. Meinem Vater gelang es in der Silvesternacht 1923/1924 als einem von genau 200 Berlinern, die Geburtsstunde des deutschen Rundfunks mit Kopfhörern und selbst gebastelten Detektorgeräten zu erleben. Von einem Nachrichtendienstler aus dem ersten Weltkrieg stammten Vorbild und Tipps für seinen Rundfunkempfänger: „Ein paar Kopfhörer, hochohmige Spulen, eine Papprolle und Draht mit Schiene und Gleitschuh, ein Kondensator mit fester und einer mit veränderlicher Kapazität (Drehkondensator), ein Audion (Detektor), blanker Draht, Isolatoren". Herbert erwarb 1924 von der Post eine Audion-Versuchserlaubnis, trat dem Funktechnischen Verein bei und bastelte, ausgerüstet mit den dort erworbenen Kenntnissen, zusammen mit seinem ehemaligen Schulkameraden Bernhard Tewes in dessen elterlicher Wohnung einen eigenen Detektor-Empfänger. Zwar wurde Bernhard, der noch keine Audion-Erlaubnis hatte, bei der Post verpfiffen, die den ersten halb fertigen Apparat beschlagnahmte. Doch erweckte seine Schwester, die jetzt zwanzigjährige Maria, erneut das aus der Schulzeit stammende besondere Interesse meines Vaters. Die beiden heirateten 1930.

Bei der AEG beschäftigten meinen Vater in den folgenden Jahren praktische Konstruktionstätigkeiten (elektrische Antriebe in Hütten- und Bergwerken, für Pumpen, Be- und Entlüftungsanlagen und Brikettpressen), Besuche von Vorlesungen und Übungen an der HTL und TH, und schließlich 1936 die Leitung der Gruppe Walzwerk-Hilfsantriebe sowie die Ernennung zum Oberingenieur. Durch Patente sowie viele fachliche und populäre Veröffentlichungen wurde er in Fachkreisen bekannt als Spezialist für Walzwerk-Elektromotoren.

Verhalten zu Hause

Während mein kindliches Interesse am Verhalten von Tieren zunahm, hatten meine Eltern selbstverständlich ein zunehmendes Interesse am rechten Verhalten ihrer heranwachsenden Kinder. Soweit ich rekonstruieren kann, wurden wir angehalten, in etwa die Regeln zu befolgen, die mein Großvater Wilhelm, als er in Sensburg weilte, meinem Vater brieflich (in deutscher Schrift handgeschrieben) mitgeteilt hatte:

Mein lieber Herberth!
Hier übersende ich Dir eine kleine Ausarbeitung über Anstand und Sitte zum allgemeinen Gebrauch. Es steht manches darin was man beherzigen kann. Im übrigen wünsche und hoffe ich, daß ich bald bei Euch sein kann.
Dein P.
Anstand nennen wir das schickliche Benehmen in allen Verhältnissen des Lebens, namentlich in gesellschaftlichen Beziehungen. Der Anstand muss auf sittlicher Grundlage beruhen und nicht zu einem mechanischen Nachäffen von Förmlichkeiten herabsinken. Der wahrhaft Höfliche ist immer bescheiden und vermeidet sich vorzudrängen und glänzen zu wollen, fern ist ihm daher ein anmaßender Ton, eine herausfordernde Sprache, eine Unterhaltung die sich nur um seine Person dreht. In achtungsvoller Bescheidenheit, in zuvorkommender Dienstfertigkeit, in herzlicher Teilnahme an Leid und Freud seiner Mitmenschen bekundet er wahren Anstand, der ebenso fern ist von übertriebenen Höflichkeitsbezeugungen wie rücksichtslosem und plumpem Benehmen gegen andere.

1) Vom Grüßen: Dein Gruß sei stets ehrerbietig und bescheiden, nicht blos Deinen Vorgesetzten, sondern allen Personen gegenüber, denen Du einen Gruß schuldest! Ziehe Deinen Hut oder Deine Mütze anständig und höflich ab, lüpfe nicht blos, als ob Du Spatzen darunter hättest, grüße nicht erst im letzten Augenblicke. Siehe dem zu Grüßenden bescheiden ins Gesicht, nimm Deine Kopfbedeckung immer ab. Begegnet Dir z. B. jemand, so gehe rechts vorbei und nimm mit der rechten Hand den Hut ab, bist Du gezwungen, an einer vor Dir gehenden oder stehenden Person vorüberzuschreiten, so tue es an der linken Seite derselben. Hast Du keine Kopfbedeckung auf, oder trägst Du etwas in beiden Händen, so mache eine höfliche Verbeugung.

2) Auf der Straße. Auf der Straße geh aufrecht, sieh auf Deinen Weg und schlenkere die Arme nicht hin und her. Die Hände in die Hosentaschen zu stecken oder die Daumen in die Armlöcher der Weste zu hängen, ist nicht schicklich. Gehst Du mit einer höher gestellten Person so gebührt dieser die rechte Seite; bei schlechtem Zustand des Weges überlasse ihr den besseren Teil desselben. Mit Bekannten in der Mitte der Straße oder des Gehweges stehen zu bleiben, wodurch andere Leute gezwungen werden auszuweichen, ist nicht bloß unschicklich, sondern in einzelnen Städten sogar verboten. Stöcke, Regenschirme usw. unter dem Arme zu tragen, ist unpassend und auch gefährlich, wenn eine größere Zahl von Personen auf

den gleichen Gehwegen sich bewegt. Vermeide es, auf der Straße zu essen. Bist Du in einem Straßenbahnwagen in welchem Mangel an Sitzplätzen ist, so überlasse alten Personen und auch Frauen das Vorrecht auf dieselben.

3) Bei Besuchen. Kleide Dich anständig, aber nie geckenhaft. Halte Deine Hände, Dein Gesicht und Deine Kleider stets reinlich, tritt nie mit beschmutztem Gesichte, zerrauften Haaren oder schmutzigen Kleidern und Schuhen in ein Zimmer; streife Deine Schuhe vor der Tür sorgfältig ab und schüttle den Schnee oder die Regentropfen von Deinen Kleidern. Bevor Du ein Zimmer betrittst, klopfe an die Tür und erwarte die Erlaubnis zum Eintritt. Klopfe nie schnell nacheinander, sondern erwarte wenn Dir auf das erste Mal nicht geantwortet wurde eine Weile, ehe Du zum zweiten Male klopfst. Ist Dir der Eintritt bewilligt, so öffne langsam die Tür, grüße die anwesenden Personen und bleibe so lange in der Nähe der Tür stehen bis Dir ein anderer Platz angewiesen wird. Ist das geschehen, so betrachte nicht neugierigen Auges Bilder und Einrichtungen des Zimmers. Findest Du geöffnete Briefe oder Bücher, so hüte Dich einen Einblick in dieselben zu tun. Mit den Fingern auf dem Tische, an den Fenstern usw. zu trommeln, ist unartig. Wenn Du mit jemand sprichst, so sieh nicht auf die Seite. Sehr unziemlich ist es, beim Sprechen jemand zu berühren, den Angesprochenen beim Rocke zu fassen oder in Gesellschaft auf jemand mit dem Finger zu deuten. Ebenso schickt es sich nicht, fortwährend auf die Uhr zu sehen, als sei man ungeduldig fortzugehen. Begibst Du Dich zu einer hochgestellten Persönlichkeit in das Zimmer, so schließe die Tür nach rückwärts, d. h. so, daß Du gegen die Persönlichkeit gewendet bist. Verneige Dich und bleibe dann ruhig stehen, bis Du aufgefordert wirst zu sprechen. Nach Beendigung der Unterredung suche zur Tür hinauszugehen, indem Du stets gegen die Persönlichkeit gewendet bleibst. Vergiß nicht, noch im Innern des Zimmers eine Verbeugung zu machen. Bei gleichzeitigem Verlassen des Zimmers laß Höhergestellten und Frauen den Vortritt, der Hausherr verläßt zuletzt das Zimmer.

Höchst unschicklich ist es, mit einer Zigarre im Munde in ein Zimmer zu gehen. Bei vornehmem Besuche schickt es sich auch nicht, mit der Zigarre im Munde den Besuch zu empfangen. Es ist unanständig, in Gesellschaft mit einzelnen Personen zu flüstern oder jemand in seiner Rede zu unterbrechen.

Nase, Ohren und Fingernägel reinigt man nie angesichts fremder Personen. Man spuckt nie auf den Boden. Ist ein Spucknapf nicht vorhanden, so benutzt man das Taschentuch. Beim Niesen oder Husten wende Dich abseits und halte die Hand oder das Taschentuch vor den Mund oder die Nase.

4) Bei Tische. Bist Du irgendwo als Gast geladen, so komme nicht zu spät zum Essen. Auch am häuslichen Tische triff nicht zu spät ein. Wie jenes dem Hausherrn u. den übrigen Gästen, so ist dieses Deiner Familie gegenüber eine Rücksichtslosigkeit. Sprich nicht während des Essens, iß nicht

zu schnell und nimm den Mund nicht zu voll. Kaue nicht laut, sondern iß langsam, ruhig u. leise. Vermeide das Gähnen, Schlucksen, Niesen, das Auswerfen besonders auf den Boden sowie den häufigen Gebrauch des Taschentuches. Ist ein zweites Gericht zu erwarten u. Dir wünschenswert, so laß Messer und Gabel nicht auf dem Teller liegen. Knochen, Fett u. dergl. dürfen nicht auf den Teller gespuckt, sondern müssen unbemerkt mittelst der Gabel die man zu diesem Zwecke an die Lippen hält, auf den Teller gelegt werden. Suche nie über den Teller eines andern hinweg einen Gegenstand zu erreichen. Es schickt sich nicht mit dem Tellertuch über das Gesicht zu fahren, mit der Gabel, dem Becher oder einem anderen Gegenstande zu spielen. Es gehört sich nicht, einer Person den Rücken zuzuwenden um mit einer anderen zu sprechen, oder über die zunächstsitzenden Personen wegzureden. Sprich nie mit vollem Munde. Lege Dich nicht faul in den Stuhl zurück, auch lasse die Ellenbogen nicht auf dem Tische ruhen. Den Zahnstocher gebrauche nur nach dem Essen und möglichst unbemerkt. Stehe nicht eher vom Tische auf, als bis das Mahl vorüber ist und die Wirtin das Zeichen dazu gibt. Nach beendeter Mahlzeit versäume nicht, Dich dankend von dem Gastgeber zu verabschieden. Vergiß nicht, wo Du geladen warst, nach einigen Tagen einen Dankbesuch zu machen.

Volksschulzeit

Kaum hatten meine Eltern mich 1938 in Berlin-Hohenschönhausen in der Volksschule B (Hauptstraße 40, beim Gasthof Storchennest) angemeldet, da herrschte Lehrermangel und ich wurde umgeschult in die Volksschule A, Freienwalder Straße. Die meisten Lehrer waren zur Landesverteidigung eingezogen, und so übernahmen ab 1940 wieder ältere Ruheständler den Unterricht. Bei einem von ihnen waren wir mustergültig still und machten uns davon, sobald er eingeschlafen war. Der Schulweg aus der Siedlung verlief neben der gepflasterten Falkenberger Straße (heute Gehrenseestraße) auf dem sandigen „Sommerweg". Auf dem fuhr morgens auch der weiße Kasten-Pferdewagen vom Milch-Bolle. Der Kutscher mochte es nicht, wenn Kinder auf zwei Außensitzplätzen hinten mitfuhren. Er konnte uns zwar von seinem Kutschbock aus nicht sehen. Aber falls er die Steppkes, die er eben überholt hatte, auf dem Weg hinter sich nicht mehr sah, hielt er „brrrr" an und schwang die Peitsche; wir mussten absteigen. Die Milch kauften wir nicht bei ihm, sondern im Laden der Frau Anders, die zu unserem Vergnügen jeden Tag „anders" hieß.

Unsere Familie wurde 1941 zur Erholung von den täglichen Bombenalarmen für einige Wochen in den Spreewald verschickt. Die Dorfschule in Neu

Zauche (niedersorbisch Nowa Niwa) machte tagelange Pausen. In denen genoss ich zum ersten Mal freie Natur in den urigen Wäldern, am liebsten an den mit Erlen bestandenen Uferzonen der vielen kleinen Kanäle. Auf diesen „Fließen" wurde (und wird bis heute) in traditionellen flachen Holzkähnen, Zillen genannt, Erntegut, Baumaterial und die Post transportiert. Lustig war es, sich vom Kahnfährmann mit seiner langen Holzstange, dem „Rudel", gemächlich durch die Wildnis staken zu lassen und beim Passieren der Selbstbedienungsschleusen das von den Schleusenbrettern herabtropfende Wasser aufzufangen. Zurück in Berlin schaffte ich im Herbst 1941 trotz meiner löchrigen Volksschulbildung den Wechsel zur Königstädtischen Oberschule für Jungen am Alexanderplatz, habe von dort aber aus den Jahren bis 1943 keine Erinnerungen mehr.

Ausgebombt

Statt ordentlich den Umweg über die Falkenberger Straße zu nehmen, wenn wir zur Schule oder in die Stadt wollten, hupften wir jahrelang vor dem Gartentor mit großem Schritt über den Elsengraben und liefen über ein freies Feld zur etwa einen Kilometer entfernten Endstation der Straßenbahnlinien 64 und 176. Am unterschiedlichen Quietschen der Räder in den Schienenkurven ließ sich schon frühmorgens die Tageswetterlage abschätzen. Die Abkürzung übers Feld wurde uns im Herbst 1942 verbaut. Das Militär besetzte das Feld und pflanzte hinter hohe Erdwälle Ortungs-Horchgeräte, Scheinwerfer und Flugabwehrgeschütze zum Bekämpfen der Bomberverbände, die jede Nacht das Zentrum Berlins anflogen. Die Waschküche in unserem solide gebauten Haus bekam in der Mitte einen Holzstempel als Stütze unter die Decke und wurde zum Luftschutzkeller ernannt. Darin versammelten sich bei Fliegeralarm auch die Nachbarn, die in einfachen, gartenstadttypischen Häuschen wohnten. Mit jedem Alarm mussten selbstverständlich sofort alle Lichter gelöscht werden. Das bedeutete, nachts jederzeit die Kleidung und alle nötigen Utensilien im Dunkeln zu greifen und mit in den Keller zu nehmen. Nach solchem jahrelangen Drill unter Bombenbedrohung kann ich noch heute nicht einschlafen, wenn ich nicht weiß, was wo liegt – vorteilhaft selbst in Friedenszeiten zum Beispiel bei plötzlichem Stromausfall in einem fremden Hotel. Wenn das Dröhnen der Flugzeuge erst fern zu hören war, nahm mein Vater mich ausnahmsweise aus dem Keller mit in den Garten. Wir wussten, dass die Horchgeräte auf dem Feld feindliche Flieger anpeilten. Hatten sie ein Ziel ausgemacht, griffen plötzlich starke Lichtfinger in den Nachthimmel. Erfassten sie ein klein wirkendes Flugzeug, ballerten die Geschütze los. Es war beängstigend beeindruckend. Am Morgen konnte man überall große und kleine scharfkantige Granaten- und sogar Bombensplitter finden. In der Schule waren sie beliebte Tauschobjekte. Später mussten die großen als Wertmetall abgegeben werden.

In der Nacht vom 29. zum 30. März 1943 waren wir nach einem plötzlichen Alarm eben in den Kellerschutzraum gehastet. Wir hörten nahes Flugzeugdröhnen, Geschützfeuer, und als nächstes erbebte das Haus unter einem Sprengbombentreffer. Es folgten fürchterliche Geräusche, flammender Brandbomben-Phosphor kleckerte die Kellertreppe herab, mein Großvater versuchte noch, die kippende Holzstütze zu halten, drückte mir seine harte Schusterhand auf den schreienden Mund und rief „Alle raus!" Hals über Kopf flohen wir ins Freie, vom Geschützlärm begleitet, durch Nachbargärten in einen anderen Schutzkeller am Rande der Siedlung. Grässlich rote Flammen aus unserem schon stark zerstörten Haus erleuchteten uns den Weg. Wir waren ausgebombt. Wo waren unsere Glücks-Störche?

2
Wanderjahre

Warenthin

Unterkunft fanden wir nun zunächst in Friesenhagen im Wildenburger Land bei der Familie von meines Vaters Bruder, der selbst noch beim Militär war. Im April und Mai 1943 versuchte ich es von hier aus mit dem Gymnasium in Olpe. Der Biggesee, Westfalens schönste Talsperre, reichte zwar bis in die Stadt hinein, doch davon erlebte ich als „Fahrschüler" ebenso wenig wie vom Unterricht, denn fast täglich ging es bei Fliegeralarm in den Keller und dann gleich anschließend wieder zum Bahnhof. Im Wartesaal fing ich mit den Schularbeiten an, fuhr dann per Zug nach Wildenburg und lief von dort an der Burgruine vorbei eine Stunde nach Friesenhagen. Dort kam ich, wenn alles klappte, nachmittags um 16.00 Uhr an. Am nächsten Morgen startete ich vor 7.00 Uhr in umgekehrter Richtung.

Schließlich fand mein Vater, der weiterhin in Berlin arbeitete, 100 km nordwestlich von Berlin für uns eine Unterkunft in Warenthin, ursprünglich eine wendische Ansiedlung namens Vargatin, Ort des Vargata. Das winzige Dörfchen mitten im Wald, fünf Kilometer von Rheinsberg und seinem bekannten Schloss entfernt, zählte außer der Pension Kittel nur sechs eingeschossige ehemalige Tagelöhnerhäuser. Wir bezogen die einigermaßen möblierte Hälfte eines solchen. Es hatte das typische breite Dach, Kletterrosen und Efeu am Mauerwerk, enge Fenster und tiefblaue, rot abgesetzte Türen und Fensterläden. Wasser zogen wir auf dem Hof eimerweise von Hand aus einer quietschenden „Plumpe". Ein voller Eimer daneben diente zum Angießen des Ventilleders; ohne dies kam kein Wasser hoch. Auf einem großen

© Springer-Verlag Berlin Heidelberg 2017
W. Wickler, *Wissenschaft auf Safari*,
DOI 10.1007/978-3-662-49958-0_2

Holzklotz wurde Heizholz aus dem Wald zerkleinert. Der Verschlag mit dem wichtigen Plumpsklo und dem Herzloch in der Holztür stand etwas abseits dahinter. Die andere Haushälfte bewohnte Familie Pilowski. Hans Pilowski, Lehrer, schien durch nichts zu erschüttern. Brummten nachts die Bombergeschwader nach Berlin über uns hinweg, stieg er in sein Dachstübchen, machte das Licht aus und spielte auf der Geige. Seine stets hilfsbereite Frau Lucie, ebenfalls Lehrerin, war bald eine enge Vertraute unserer Familie. Ebenso ihre Schwägerin Renate Lebek („Tante Hase") vom angrenzenden Grundstück. Ihr Mann, Oberstleutnant Reinhold Lebek, Bruder von Frau Pilowski, hatte sie mit vielen Büchern aus Berlin nach hier in Sicherheit gebracht. Sie war von meiner Mutter hoch geschätzt, trotz ihrer Gewohnheit, sommers nur spärlich bekleidet im Garten zu werkeln. Sie wurde meine Naturkunde-Auskunftei. Auf gegenseitige Hilfe im Ort gebaut war außerdem die Bekanntschaft mit den Familien Leupold, Losensky und Wolf; brieflicher Kontakt mit einigen hielt weit über ein Jahrzehnt.

Viele unserer Verwandten und die Großeltern aus Berlin kamen regelmäßig zu Besuch, die Oma zum Kinderhüten (Winfried, der jüngste, war sieben Monate alt), der Opa zum Holzschlagen, weil wir Brennholz selbst aus zugewiesenen Waldparzellen holen mussten. Zudem wurden unsere in Warenthin nutzlosen Sonderbezugsscheine (sie galten „reichseinheitlich") von Berliner Verwandten gehütet. Sie brachten uns, was sie ergattert hatten, beim nächsten Besuch und nutzten diesen zur Erholung von Alarm und Bomben. Wie wir alle in der Enge zurechtkamen und nachts schliefen, wusste später auch meine Mutter nicht mehr zu sagen.

Rheinsberg erreichten wir entweder auf der sandigen Fahrstraße am stillen Böbereckensee vorbei oder auf einem Forstweg zu Fuß in knapp einer Stunde über das Forsthaus Boberow und am Ufer vom Grienericksee entlang, an dessen Südende das Schloss liegt. Es bildet praktisch eine Insel, umgeben von einem Wallgraben, der aus dem See in den beginnenden Rhin führt. Es wurde das erste Schloss, das mein Interesse für die Geschichte derartiger prächtiger, aber nicht übermäßig prunkvoller Bauten erregte. Die dicken Wände und gewölbten Decken des südlichen Teils vom Turm bis zum Billardzimmer erinnern noch an die vormalige Burg Rynesberg aus dem 14. Jahrhundert. Die schenkte König Friedrich Wilhelm I. 1733 seinem Sohn, Kronprinz Friedrich, der sie überglücklich von seinem Freund Knobelsdorff zu gemütlichem Aufenthalt ausbauen ließ, passend für Friedrich, seinen kleinen Hofstaat und seine Gemahlin Prinzessin Elisabeth Christine samt ihren Hofdamen. Wir besuchten einmal die im zierlichen Rokokostil gehaltenen Räume mit den viel gerühmten Gemälden, die Antoine Pesne in Friedrichs Auftrag schuf: „Nymphen des Waldes und Grazien, lockende

Liebestänze und halbnackte Schönheit". Sonderlich beeindruckt haben sie mich nicht. Der junge Friedrich begann hier seinen Briefwechsel mit Voltaire und komponierte eigene Stücke für seine Hofkonzerte mit Quantz.

Vom Warenthiner Ufer aus hat man den besten Blick auf die bananenförmige Remusinsel mitten im Rheinsberger See. Solange dieser im Winter dick zugefroren war und ehe das Eis im Frühling knatternd und jaulend wieder aufbrach, besuchten wir die Insel per Schlittschuh. In ferner Zeit muss es von Boberow aus eine Brücke zur Insel gegeben haben, denn am Seegrund wurden noch Reste der Brückenpfähle entdeckt. Auf der Insel hatte es schon 1000 v. Chr. eine slawische Siedlung gegeben, deren Ringwall noch erkennbar ist. Der altertumsbegeisterte junge „Alte Fritz" hat hier selbst nach Gebäuderesten und anderen Spuren gegraben. Später, als König Friedrich II., hat er die Jahre 1736 bis 1740 in Schloss Rheinsberg die glücklichsten seines Lebens genannt. Ich kann es ihm nachfühlen, denn ich verbrachte in Warenthin von Juni 1943 bis April 1945 die bis dahin glücklichste Zeit meiner Jugend, so gut wie ohne jedes Spielzeug, das wir aber auch sonst auf Ferienreisen nicht mitnahmen. Für uns Geschwister war es kaum anders als in Ferien.

Für meine Eltern war die Zeit sehr viel kummervoller, was sie uns Kinder selten merken ließen. Nur eines morgens, als meine Mutter weinend auf dem Bett saß und schluchzte: „Alles weg! Alles weg!", überkam mich ein mulmiges Gefühl, das nun öfter wiederkehrte: Wir würden nie wieder, wie sonst aus Ferien, nach Hause zurückkommen. Auch sang meine Mutter nicht mehr. In Hohenschönhausen war bei Familienfeiern viel gesungen worden, oft von meiner Mutter am Klavier begleitet. Beliebt waren mit Sprachwitz gewürzte Lieder sowie humorige Balladen, etwa die vom Ritter Hadubrand, der ein Mägdelein in den Selbstmord getrieben hatte, das nun als rächendes Gespenst in seiner Burg umging: „Hadubrand, Hadubrand, pfui, pfui Teufel – und verschwand"; oder die traurige Geschichte der farbnärrischen Tilla: „Nein, nicht Rot, Rot steht mir nicht! Bitte Lilla!", die dann bei einer Dampferfahrt über Bord ging und konsequent den roten Rettungsring ablehnte; „Rettungsringe lilablau gibt es leider nicht; so ertrank die schöne Frau, wie es ihre Pflicht". Dass man Prinzipientreue nicht übertreiben soll, drückte mein Vater prosaischer aus: „Regel eins: Augen auf! Regel zwei: Du darfst sie auch manchmal zumachen".

Obwohl wir nachts die schrecklichen Scheinwerfer- und Brandlichter über der fernen Stadt sahen, blieben in Warenthin Krieg und Bomben im Hintergrund. Vorerst hatten wir uns an einen ruhigen Ort gerettet, wohl ähnlich wie schon 600 Jahre zuvor die alte Burg Rynsberg einen der „festen Plätze bot, in die sich das Landvolk bei Bedrängung retten konnte", weil die

Herrschaft der Grafen zerbrach, die Pest wütete, das Land wüsten Räubereien preisgegeben war, der Adel die Straßen belagerte und Juden verfolgt wurden. Mich lenkte von Krieg und Zerstörung schon vor der Türschwelle die Natur ab. Wir waren umgeben von großen und kleinen Seen, teils durch schmale Kanäle verbunden, auf denen ab und zu die flachen Zillen erschienen. Die Seeufer waren meist dicht mit Schilf oder bis ins Wasser hinein mit Erlen bewachsen. Stellenweise wuchs Riesen-Schwingel, ein stattliches Waldgras mit meterhohen Halmen. Auf warmem märkischem Sand standen neben Buchen und Eichen prächtige Kiefern. Der Waldboden war weithin voller Blaubeeren und „Möske", Waldmeister, der früher von Jung und Alt zum Möskefest gesammelt wurde, wie eine alte Dorfbewohnerin erzählte.

Im Garten breiteten Kleeblätter sich jeden Tag aus und falteten sich abends wieder zusammen, wenn die Sonne verschwand. Erbsenpflänzchen beeilten sich, an Mutters Holzstangen hochzuklettern, in engen Windungen, als könnten sie die Stange sehen. Auch Pflanzen zeigen Verhalten. Noch eiliger als die Erbsenranken hoben sich im Herbstwald Pilze aus dem Boden und schmückten sich mit bräunlichen, gelben oder roten Hüten. Mistkäfer schleppten rote Milben an ihren Beinen mit. Ebenso bemilbten Totengräbern sah ich zu, wie sie eine Mäuseleiche im Waldboden vergruben. Langweilig schien mir nur das undurchschaubare Gewimmel der Ameisen auf großen Nadelhaufen am Waldrand.

Die jüngeren Geschwister durfte meine Mutter daheim unterrichten, weil sie vor ihrer Heirat die Präparande besucht und damit eine hinreichende Volksschullehrerausbildung erhalten hatte. Ich wurde von Juni bis November 1943 wieder mal Fahrschüler, diesmal zum Friedrich-Wilhelm-Gymnasium in Neuruppin, der heutigen „Fontanestadt". Ich lief zunächst durch hohen Buchenwald und niederen Fichtenschonungsbestand, oft in Begleitung von einer Rotte Wildschweine, die grunzend parallel liefen, bis sie endlich über den Sandweg kreuzten oder seitlich abbogen. Auf dem Weg nach Linow fand ich an einem Feldrand mehrere schöne Feuersteine sowie einmal eine versteinerte Muschel und begann damit meine zweite kleine Steinsammlung. Die erste hatte ich 1941 begonnen, als wir an der Ostsee auf der Insel Wollin Familienurlaub machten. Ich fand Feuersteine mit Loch, sogenannte Hühnersteine, und sammelte mit meinem Vater am langen Sandstrand von Misdroy (heute Międzyzdroje) angespülte Bernsteinstückchen. Die rieb er an seiner Wollweste, bis ihnen – wenn sie elektrostatisch aufgeladen waren – Papierschnitzel vom Tisch entgegen hüpften.

Das letzte Stück des etwa vier Kilometer langen Weges führte über freies Feld bis nach Linow-See, dem Haltepunkt der Kleinbahn. Die war schon von ferne zu hören, denn vor jeder Feldwegkreuzung mahnte an den

Schienen eine Signaltafel P, „Läuten und Pfeifen". Das Bähnchen hielt, wo es nötig war, sammelte auch Milchkannen ein und verkehrte ausgesprochen gemächlich. Für die dazu gehörenden drei Heidekraut-Lokomotiven hatte das Volk passende Namenspatrone ausgesucht: Luther („hier stehe ich, ich kann nicht anders"), Galilei („und sie bewegt sich doch"), und Isolani („spät kommt Ihr – doch Ihr kommt").

Der schulische Ertrag in Neuruppin war so gering wie zuvor in Olpe. Als zudem Frau Dr. Tjaden in Rheinsberg bei mir „schwere nervöse Übererregbarkeit und Herzneurosen" feststellte, beurlaubte mich ihr Attest vom Schulunterricht. Um dennoch wenigstens das Wichtigste weiter zu lernen, bekam ich nun Privatunterricht im nahen Örtchen Kagar. Zusammen mit zwei ebenfalls aus Berlin ausquartierten Mädchen, Ingrid und Susi Krekeler, die in der Kittel-Villa wohnten, ging es im Winter auf Skiern, im Sommer per Fahrrad jeweils neun km durch den Wald dorthin. Englisch und Mathematik gab Frau Dr. Schetelik, die bei Kriegsbeginn aus England zurückgekommen war und sich später vor den nahenden russischen Truppen erhängte. Ihr Vater, Professor Hinze, versuchte, mein Interesse für Latein zu stärken mit alten Texten, die erst behaupteten (*„Sepulchrum Remi Fratris Romuli in monte Remi vulgo Remsberg"*) und dann widerlegten (*„De ficto minimum suspecto Remi sepulchro"*), dass der Bruder des Romulus aus Rom nach „Remsberg" gekommen und auf der Remus-Insel begraben sei. Mehr als mit Latein erreichte Herr Hinze bei mir mit seiner Nutria-Farm. Vom Verhalten dieser Sumpfbiber in ihren Gehegen am Wasser war zwar nicht viel zu sehen, doch ihr Fell war wertvoll, und ihr Fleisch schmeckte gut.

Um meine Physik- und Mathe-Kenntnisse kümmerte sich mein Vater, wenn er an Wochenenden aus Berlin kam. Er bastelte auch (wie vor 20 Jahren) einen Detektorempfänger für uns. Mit einem dünnen, leicht gefederten und beweglich geklammerten Stahldraht ertasteten wir – wie mit einem primitiven Mikromanipulator – eine geeignete Stelle auf einem vielkantigen Pyritkristall und hörten leise im Kopfhörer zwar offiziell verbotene, aber interessante Sender – einfach „aus der Luft gegriffen": Ich war fasziniert.

Für Religion und angrenzende Bildung sorgte Kaplan Dr. Norbert Schulz, der alle 14 Tage auf einem kleinen Motorrad aus Lindow kam und mit uns entweder im engen Wohnzimmer oder draußen auf dem Hauklotz als Altar eine heilige Messe feierte. Ich blieb mit ihm noch jahrelang in fröhlichem, biologisch-religiös getöntem Briefkontakt. Im Auftrag der Eltern übernahm er es, mich und die ebenso alte Tochter von nebenan, Bärbel Pilowski, aufzuklären. Sie interessierte mich zunehmend mehr. Im Sommer zum Baden an einem der einsamen Seen zogen wir uns gemeinsam aus und um; die Natur gab keinen Anlass zu prüdem Verstecken. Spätere Beichtväter haben an solcher Natürlichkeit bald viel kaputt gemacht.

In Warenthin blieb mir neben den wenigen „Schul"-Stunden viel Zeit und Gelegenheit zum Auskundschaften der Wälder und Sumpfländer sowie der breiten Schilfgürtel an den umliegenden Mecklenburger Seen. Das prägte mein Gefühl für kaum berührte Natur, bekräftigte meine Begeisterung für Biologie und kanalisierte meine wahrscheinlich angeborene Neugier darauf, wie Tiere in Freiheit leben und womit sie ihren Tag verbringen. Den fehlenden Biologieunterricht ersetzte die Buchreihe *Wege zur Naturliebe* von Cornel Schmitt. Seine eigentlich für Lehrer gedachte Bände *Anleitung zur Haltung und Beobachtung wirbelloser Tiere* oder *Wie ich Pflanze und Tier aushorche* sowie *Die Lebensgemeinschaften der deutschen Heimat* („die Hecke", „der Bach", „die alte Mauer", „die Schutthalde") reizten dazu, der Einpassung verschiedenster Lebewesen in ihren Lebensraum nachzuspüren. Ich habe die Bücher immer noch, nur sind sie leider in einer Schrifttype der Zwanziger- und Dreißigerjahre gesetzt, die meine Enkel schon nicht mehr lesen können. Schmitts *Spitzhorns Abenteuer in Tümpelhausen* schilderte das Leben im Teich aus der Sicht einer *Limnaea*-Schlammschnecke; mir dämmerte, viele Lebewesen könnten die Welt anders wahrnehmen als wir. Sein Buch *Zwiesprache mit der Natur* enthielt ausführliche Notenbeispiele von Gesängen einheimischer Vögel, unter anderem den Wechsel von Hauptmotiven in einer Amselpopulation zwischen 1912 und 1922. Daraufhin begann ich, draußen genauer hinzuhorchen.

Wichtig für mich war manche spannende und sachlich prägnante Lektüre. Zum Beispiel schildert Eli Quisling in *Rana Rumpetroll* die individuellen Abenteuer einer Kaulquappe und ihre aufregende Metamorphose zum fertigen Frosch. Pädagogisch geschickt sind die Mitwirkenden mit ihren lateinischen Namen benannt: *Rana* (unser Teichfrosch), *Nepa* (der Wasserskorpion), *Ranatra* (die Stabwanze) oder *Noto* (für *Notonecta*, den Rückenschwimmer). So prägten sich mir gleich die wissenschaftlich relevanten und international üblichen Bezeichnungen ein und ich bekam nicht lauter unnützen Namenschrott ins Gedächtnis, wie ihn viele Autoren moderner Bio-Abenteuerbücher erfinden. Deren zusammenfantasierte Geschichten lassen überdies oft genug erkennen, dass die Urheber kaum eine blasse Ahnung vom wirklichen Geschehen haben, obwohl das jedem genügend echte und spannende Stoffe liefern würde, so er denn hinschaute. Später las ich in der von der Biologischen Station Wilhelminenberg in Wien herausgegebenen Zeitschrift *Umwelt* (1949), wie Konrad Lorenz gegen die frei erfundenen Unmöglichkeiten und den haarsträubenden biologischen Unsinn wetterte, den angeblich tierliebe, aber weitgehend tierkenntnislose Autoren mit dichterischer Freiheit in populären Büchern dem Publikum vorsetzen. Unseren eigenen Kindern schenkte später Lilli Koenig am Wilhelminenberg die selbst erlebte Siebenschläfergeschichte *Gringolo,* ein korrektes und dennoch spannendes Tierbuch (Koenig 1956).

In der Warenthinzeit war es wichtig, möglichst viel Essbares herbeizuschaffen, denn zum Sattwerden gaben die Lebensmittelkarten längst nicht genug her. Wir Kinder lernten, mit selbst gebasteltem Gerät und viel Geduld Plötzen, Rotfedern, Brassen oder Schleien zu angeln. Einige wurden nach Vaters Rezept lecker zubereitet: entschuppt, ausgenommen und ohne Kopf und ohne Paniermehl vorsichtig gebraten, dann leicht gesalzen und ein bis zwei Tage mit etwas Lorbeer und anderen Gewürzen in verdünnten Essig eingelegt. Roh mindestens 8 bis 14 Tage lang ebenso in Essig eingelegt waren sie länger haltbar. Den Sommer über sammelten wir Beeren. Zur Pilzzeit brachten wir Pfifferlinge, Krause Glucke, Maroni-, Stein-, Parasol- und andere Pilze nach Hause. Sie wurden entweder sogleich zubereitet oder in Scheiben aufgefädelt und als Vorrat getrocknet. Sie hingen dann wie lange Girlanden in der Wohnstube, neben den gelblichen gewundenen Leimpapierstreifen mit der beschwerenden grünen Kapsel unten dran, die bald voller schwarzer Fliegenleichen waren. Mit deutlich weniger Begeisterung klaubten wir im Herbst auf Knien Bucheckern aus feuchtem und kaltem Laub, um sie an einer Sammelstelle in eine geringe Menge Öl einzutauschen. Fürs Feuer suchten wir Kienäpfel, Totholz und buddelten Stubben, denn Briketts auf Marken waren höchst rar.

Fensterbrett-Zoologie

In einem kleinen Garten jenseits der sandigen Dorfstraße zog meine Mutter verschiedenes Gemüse. Kleine Gurken wurden in hohen, geräumigen Gläsern eingelegt. Den Inhalt dieser Gläser dann zu verzehren ging mir nicht schnell genug, denn sie eigneten sich vorzüglich als Aquarien für allerlei Lebewesen, die ich inmitten der Wiesen hinter dem Dorf in einem breiten, gemächlich zum See fließenden Bach entdeckte und für kurze oder längere Zeit zur genauen Beobachtung ins Haus holte. Daraus ist dann bald eine dauerhafte Vorliebe für Kleingetier geworden. Der völlig naturbelassene Bach beherbergte Posthorn- und Schlammschnecken, Pferde- und Schneckenegel, Gelbrand- und Kolbenwasserkäfer. Am Bachboden im dichten Bewuchs aus Wasserpest und anderen Pflanzen saßen Libellen- und Steinfliegenlarven, Köcherfliegenlarven in unterschiedlichsten Gehäusen, Planarien, Bachflohkrebse, Muschelkrebse, grüne und weiße Süßwasserpolypen und scharlachrote Wassermilben. Am Ufer auf dem Bauch liegend konnte ich Elritzen, Schmerlen, den Dreistachligen und den dunkleren

Neunstachligen Stichlingen zusehen. Wo die Oberfläche zu unruhig war, half ein knapp eingetauchter primitiver Guckkasten mit Glasboden. An ruhigen Stellen der Wasseroberfläche versammelten sich Wasserläufer oder kurvten Taumelkäfer in Grüppchen. Einmal schöpfte ich im Sommer kleine, kaum zwei Zentimeter große Quallen aus dem langsam fließenden Bach; es war die Süßwassermeduse *Craspedacusta sowerbii,* die ich seither nie wieder gesehen habe.

Ich machte Skizzen von Beutefang und Fortbewegung der Süßwasserpolypen und vom Sprossen neuer Polypen am Körper des Elterntieres. Besonders angetan hatte es mir die Wasserspinne *Argyroneta aquatica,* die ihr ganzes Leben unter Wasser verbringt. Ich sah die schwarzbraun behaarte Spinne meist erst, wenn sie aus einem Büschel Wasserpflanzen kletterte, das ich an Land geholt hatte. Im Aquarienglas tauchte sie sofort unter und hielt zwischen den kurzen Körperhaaren eine silbrige Luftschicht fest. Was nun geschah, verfolgte ich tagelang gespannt und protokollierte es in einem bis heute erhaltenen Notizheft. Die Spinne spannte zuerst ein flaches Teppichgespinst zwischen Pflanzen, ruderte dann mit den Beinen zur Oberfläche, hielt das Hinterkörperende in die Luft und zog sich an einem Spinnfaden wieder nach unten, mit einer dicken Luftblase zwischen Körperhaaren und Hinterbeinen. Unter der Gespinstdecke streifte sie die Luft ab und wiederholte das so lange, bis die unten angesammelte Luft das Gespinst zu einem silbrigen Ballon aufwölbte. Die Spinne brachte meist noch ein paar Spann- und Signalfäden an und begab sich dann in ihre Taucher-Wohnglocke, hielt den Hinterleib in die Ballonluft und den Kopf und einige Beine abwärts ins Wasser. So wartete sie, bis draußen ein Beutetier an einen Signalfaden stieß. Dann hangelte sie sich rasch dorthin, holte es zur Glocke und verzehrte es dort. Ihre Lieblingsbeute waren Wasserasseln. In meinen Protokollen steht, dass die Spinnenmännchen schlanker und etwas größere sind als Weibchen, dass diese ihre Eier als Paket in eine Seidenglocke mit verstärkten Wänden ablegen und dort bewachen, ebenso die geschlüpften Jungen, die sie wahrscheinlich sogar füttern. Protokolle und Zeichnungen aus dieser Zeit, die erhalten blieben, habe ich später vergnügt mit neueren Arbeiten über die Wasserspinne vergleichen können.

Hin und wieder, auch im Winter, fand ich wunderliche, wie Kleeseide um Wasserpflanzen geschlungene, dunkelbraune oder gelblich gefärbte Fäden. Sie waren länger als mein 30-cm-Lineal, ganz gleichmäßig etwa zwei Millimeter dick, und fühlten sich recht fest an. Ein Kopf war nicht zu erkennen. Sie kamen auch zu mehreren verknäuelt vor, bewegten sich aber nur träge. Nach Monaten schließlich, als mein Vater mir das Buch *Biologie der Süßwassertiere* von Wesenberg-Lund mitbrachte, fand ich heraus, dass es sich um

Saitenwürmer handelte, *Gordius aquaticus* aus der Ordnung der Nematomorpha. Diese merkwürdigen Tiere fressen nie und haben in ihrem ganzen Leben weder Augen noch Mund noch Darm. Also existierten ganz nebenan Tiere, die so gut wie nichts von alledem brauchten, was für ein Tier lebensnotwendig scheint. Ich begann zu fragen, welche Tiere denn eigentlich als normal gelten, und warum, und wurde neugierig auf Lebewesen, die vom Normalen abweichen. Von den *Gordius*-Würmer las ich, dass sie als Larven parasitisch in Insekten hausen, zum Beispiel in Gelbrandkäfern, und dort Nahrung durch die Haut aufnehmen, bis sie erwachsen die Form einer Violin-Saite angenommen haben und sich ins Freie bohren. So erklärte sich, dass ich einen *Gordius* im Gurkenglasaquarium fand, das bis dato nur zwei Gelbrandkäfer beherbergte. Knäuel entstehen, wenn zur Paarung mehrere rivalisierende *Gordius*-Männchen mit einem Weibchen einen „gordischen" Knoten formen. Wenn das Weibchen schließlich Tausende winziger Eier an Wasserpflanzen heftet, beginnt ein neuer abwechslungs- und risikoreicher Lebenslauf. Denn die schlüpfenden Larven brauchen viel Glück, um entweder von größeren Insekten verschluckt oder von Kaulquappen gefressen zu werden, von denen einige ihrerseits vielleicht am Ende wieder Räubern wie dem Gelbrandkäfer zum Opfer fallen.

Flucht

Wenn mein Vater am Wochenende aus Berlin zu uns kam, brachte er wieder regelmäßig Bücher mit. „Bücher sind deine besten Freunde", sagte er. „Behandle sie pfleglich. Sie drängen sich nicht auf, sind aber immer da, wenn du sie brauchst." Doch die Zeit des fröhlichen und freien Herumforschens endete abrupt. Bärbels Vater wurde zum Volkssturm eingezogen, zur Rettung Deutschlands. Ebenso waren schon vor 130 Jahren, am Ende der Kriege Napoleons, die Männer zum Landsturm aufgerufen worden, um die kämpfenden Truppen zu sichern und feindlichen Kavallerieangriffen entgegen zu stehen. Mein Vater war am Aufbau russischer Walzwerke beteiligt gewesen und bekam – in einer „Anordnung vom 23.3.45 des Leiters der Parteikanzlei betr. Sicherstellung wichtigster Führungs-, Fach- und Spezialkräfte" – die Order vom Rüstungskommando Berlin I, unbedingt auszuweichen „um nicht in den Bereich der östlichen Streitkräfte zu geraten". Und das russische Militär kam näher, musste den Ring um Berlin schließen. Wir hatten täglich mehrmals Luftalarm. Da erschien am 28. April 1945 im Dorf eine Versorgungseinheit der SS, die es eilig hatte, sich von der Ostfront zurückzuziehen. Sie war bereit, uns am nächsten Tag auf ihrem großen

Lastwagen vor der Einkesselung zu retten. Jetzt ging es holterdipolter. Das Wichtigste und Nötigste kam in ein paar Koffer, alles andere blieb zurück (neuerlicher totaler Hausratschaden). Auch Bärbel mit ihrer Mutter Lucie blieb, um auf den Vater zu warten; der kam aber nicht wieder. Ein hastiger Abschied: „Gebt euch einen Kuss!" Wir taten es verwirrt. Ahnten die Eltern, dass wir darin Übung hatten?

(Auf einen Monat genau 42 Jahre danach hielt ich beim Katholischen Akademikerverband im damaligen Ostberlin einen Vortrag. Anschließend begrüßte mich eine Lehrerin und brachte sich als Bärbel Pilowski in Erinnerung Wir sind dann in ihre Wohnung gefahren. Sie lebte dort mit ihrer alten Mutter, die vergeblich darauf hoffte, dass ich irgendwie ihre Tochter in den Westen bugsieren könnte.)

Die Soldaten nahmen auch „Tante Hase" und ihre dreijährige Tochter sowie unsere Nachbarn Losensky und Wolf mit. Wir fuhren unruhig, meist auf Nebenwegen und nachts, nachdem Kradmelder wieder ein relativ gefahrloses Streckenstück erkundet hatten. Ab und zu gerieten wir zwischen die Fronten und hörten fernes Geschützfeuer auf beiden Seiten. Zunächst wurden wir nach Osten fast bis Pasewalk gelotst. Um keine plötzliche Weiterfahrt zu verpassen, blieben wir möglichst in den Wagen, wenn sie während langer Fahrpausen getarnt im Wald standen. Vom Küchenwagen aus gab es dann Verpflegung. Nach zwei Tagen plötzlich hieß es, die Kolonne habe einen anderen Auftrag und könne uns nicht weiter mitnehmen. Wir wurden auf einer Landstraße ausgeladen und vertröstet, ein nachfolgender Konvoi würde uns weiter transportieren. Aber die Zeit verrann, Tiefflieger beschossen die Gegend, ein paar Häuser in der Nähe wurden gerade von ihren Bewohnern mit notdürftiger Habe verlassen. Wir mussten zu einem Entschluss kommen. Unsere Sachen – Koffer, Bettsäcke und anderes – wurden auf vorhandene Kinderwagen und Fahrräder verstaut, und wir machten uns in der allgemeinen Fluchtrichtung zu Fuß auf den Weg. Wir waren erst eine kleine Strecke weit gekommen, da näherte sich doch noch ein Wagen der SS, allerdings schon bis zur Hälfte mit Flüchtlingen besetzt. Es gab ein wildes Durcheinander, weil alle mit und alles mitnehmen wollten. Nach drängendem Hin und Her blieb das meiste Gepäck nebst Kinderwagen und Fahrrädern am Rand der Chaussee liegen. Mein Vater konnte gerade noch über die schon geschlossene Rückwand auf den bereits anfahrenden Wagen klettern. Er hatte vergebens versucht, „Tante Hase" zu überreden, mit ihrem Töchterchen ohne Gepäck weiter mit uns zu flüchten. (Mutter und Tochter wurden dann irgendwie getrennt und haben einander erst nach vielen Jahren wiedergefunden.) Etappenweise, wieder von Kradfahrern gelotst, kamen wir schließlich bis nach Parchim und von da zur mecklenburgischen

Lazarettstadt Ludwigslust. Dort begegneten wir den vorrückenden amerikanischen Heerestruppen.

Offiziell war der Zweite Weltkrieg am 8. Mai 1945 zu Ende. Doch wir durften vorerst die Umgebung der Stadt nicht verlassen und verbrachten auch noch den Juni in einem kleinen Zimmer bei einer netten Frau Barkhan, Letzte Str. 12. Weil meine sechs Jahre jüngere Schwester Johanna ohne mich nicht schlafen konnte, kampierten wir beide nachts in einer nahe gelegenen Scheune. Mein Vater und mein jüngerer Bruder Konrad organisierten in dieser Zeit als Ergänzung der spärlichen Lebensmittelmarken-Rationen ab und zu Esswaren, die im Schloss angeliefert wurden und dort heiß umkämpft und im Getümmel teils zertreten wurden. Rote Bete gab es so oft, dass mir eine dauerhafte Abneigung gegen dieses Gemüse geblieben ist. Einmal schleppte mein Vater einen Sack Roggenmehl an. Nun gab es dreimal täglich Mehlsuppe, veredelt mit Hilfe von Back-Aromen unterschiedlicher Geschmacksrichtungen. Da mein Vater seine Mutter in Friesenhagen als festes Fluchtziel angeben konnte, erhielten wir am 26. Juni von der Militärregierung eine Reisegenehmigung nach Friesenhagen und damit die Erlaubnis, die Elbe nach Westen zu überqueren. Im selbst organisierten Gruppentransport auf einem Lastwagen, der nach Belgien überführt werden musste, ging der Fluchtweg weiter und endete am 1. Juli wieder bei der Mutter meines Vaters in der Familie seines Bruders.

Durch die Fluchterlebnisse ängstlich geworden, hielt meine Mutter uns Kinder möglichst dicht am Haus. Immerhin konnte ich in einem Steinbruch im gegenüberliegenden Wald, meist nach leichtem Regen, Feuersalamander beobachten, die gemächlich spazieren gingen. Der Oma gruselte es vor all solchem Gekräuch, und sie verbat sich zoologische Aktivitäten im Haus, bis auf das eine Mal, als im kaum je benutzten blauen Zimmer, wo die nackten Tisch- und Stuhlbeine züchtig mit Tüchern umwickelt waren, eines abends eine Fledermaus hinter die Tapete rutschte, die sich in einer Zimmerecke tütenartig von der Wand gelöst hatte. Der Familien-Zoologe hielt oben ein Handtuch über die Öffnung und drückte die Tüte vorsichtig von unten nach oben zu, bis die Fledermaus im Handtuch angekommen war und in die Freiheit ausgeschüttelt wurde. Oma spendete Beifall.

Meine Eltern hatten eine reichhaltige Bibliothek gehabt, die in der Bombennacht verbrannte. Die vielen Bände hatte ich zwar gesehen, aber so gut wie nie benutzt. Erst aus einer detaillierten Verlustaufstellung, die ein Ausgleichsamt in Dortmund von meinen Eltern anforderte, ging für mich nachträglich hervor, warum sie es geschafft hatten, über alle bei irgendwelchen Gesprächen offen gebliebene Fragen alsbald sachlich fundierte Auskunft zu finden. Verfügbar gewesen waren nämlich je 30 bis 80 Werke in

Mathematik, Chemie und Biologie, Geografie, Politik, Geschichte, Philosophie und Religionswissenschaft, neben je etwa doppelt so vielen europäischen Romanen, Reisebeschreibungen und Werken der Klassiker. Hier in der Familie gab es nichts Vergleichbares. Nur sämtliche Karl-May-Bände, die ich bei Onkel Erwin fand, taugten zum Schmökern.

Erst etliche Jahre später stöberten Berliner Verwandte einige der in Warenthin zurückgelassenen Bücher und Papiere auf und schickten sie uns. Darunter fanden sich 22 auf kariertes Papier geschriebene Seiten über „die Dämonen der Mathematik, mit denen wir uns einen guten Teil der sichtbaren und unsichtbaren Welt erschließen und unterjochen können". Mein Vater hatte sie am 16. April 1945, also zwölf Tage vor Beginn unserer Flucht, geschrieben. Sie waren gedacht als Einleitung zu „Mathematik. Ein Lehr-, Übungs- und Wiederholungsbuch", das er später verfasst und uns hinterlassen hat: 446 Seiten, eng in gestochen klarer, kleiner, druckreifer Handschrift, mit Formeln, Tabellen, geometrischen Zeichnungen und raffinierten Grafiken – heute nutzlos, aber ein Familiendenkmal der besonderen Art.

Oberschulzeit

Friesenhagen lag in der französischen Besatzungszone mit besonders mieser Lebensmittelversorgung. Manchmal suchte meine Mutter, mit einem der jüngeren Kinder als Bettelhilfe an der Hand, umliegende Bauern auf und kam schließlich am Nachmittag mit ganzen fünf Kartoffeln wieder. Auf abgeernteten Feldern klaubten wir zwischen den Stoppeln liegen gebliebene Getreidekörner auf, die im Backofen geröstet sehr gut schmeckten.

Eigentlich wäre wieder Schulunterricht angesagt gewesen. Aber wo? Im August kehrte der Bruder meiner Mutter, Bernhard Tewes, aus amerikanischer Kriegsgefangenschaft zurück. Er wohnte mit seiner Familie in Osnabrück, das zur weit besser versorgten amerikanischen Zone gehörte. Da er gemäß den Wohnraumbemessungsrichtlinien ein Zimmer seiner Wohnung hätte abtreten sollen, wollte er gern mich aufnehmen. Würde ich in Osnabrück angemeldet, löste sich für mich beides, das Ernährungs- und das Schulproblem.

Die erste Bahnreise mit meiner Mutter in Etappen von Siegen über Hagen, Hamm, Münster nach Osnabrück ist mir unauslöschlich im Gedächtnis. Als Transportmittel dienten offene, leere Güterwaggons voller Stehplätze. Statt innen und quasi eingesperrt, fuhren wir lieber außen auf den Stufen neben der Bremserplattform, und da hielt mich meine Mutter eine Nacht lang mit fester Faust am Anorakkragen, damit ich nicht im Halbschlaf zwischen den Puffern auf die Gleise fiel. Hinter Hamm überquerten wir zu Fuß die Lippe auf einer provisorischen Holzbretter-Brücke, so schmal, dass eine ältere Frau davor weinend umkehrte. Bis Osnabrück fuhr dann ein echter Personenzug.

Ab November 1945 fühlte ich mich bei meinen Verwandten in Osnabrück wohl und gut aufgehoben und besuchte ab dem 22. Januar 1946 die dortige Oberschule für Jungen. Allerdings gab es bis Mai 1947 wegen Kälte und Kohlenknappheit nur an drei Tagen fünf Stunden Unterricht. Als einziger von 43 Schülern in der Klasse brauchte ich kein Schulgeld zu bezahlen, da anerkannter Ostflüchtling (den Flüchtlingsausweis besitze ich noch). Wichtig war die Quäker-Schulspeisung (Erbsen- oder Linsensuppe oder dicke Nudelsuppe mit zerkochtem Rindfleisch), für die man einen Henkelmann mitbringen musste. Außerdem hatte ich bald einen täglichen Privat-Nachhilfeschüler und bekam bei ihm als Lohn Kaffee, belegte Schnitten oder Brötchen, auch mal Kartoffelpuffer, und anlässlich seiner Konfirmation zusätzlich Kuchen.

Meine Interessen weckte und stützte jetzt vor allem der Biologielehrer Dr. Wehrmeister, ein kleiner Mann mit Nickelbrille und grünen Knickerbockern. Er erlaubte mir nachmittags, wenn kein Unterricht und er mit Vorbereitungen beschäftigt war, im Bio-Raum der Schule zu mikroskopieren, vorwiegend Ciliaten aus den Heuaufgüssen, die ich regelmäßig in Einweckgläsern ansetzte. Am 25. August 1947 habe ich in einem Hohlschliff-Objektträger erstmals die Zellteilung vom Trompetentierchen *Stentor* beobachtet.

Einen Tag vor meinem 16. Geburtstag war ich zum ersten Mal im Leben im Kino. Von der Schule aus sahen wir *Das große Treiben,* den Treck in Australien als Flucht vor der Landung der Japaner. Der alte Domorganist Bäumer versorgte mich mit Harmonielehre und Klavierunterricht, den die Konzertpianistin Lena Tyllack, eine Freundin meiner Mutter, in Berlin mit mir begonnen hatte. Ich habe sie 1983 im Kloster Schussenried noch einmal besucht und konnte ihr bestätigen, dass meine Begeisterung für Johann Sebastian Bach und Fréderic Chopin ungebrochen war.

Jeden Morgen erdiente ich mir ein Frühstück im Annastift als Messdiener bei einem Vetter meiner Mutter, Prälat Heinrich Rahe, Kirchenmusikdirektor, Jugendchorleiter, Orgel- und Glockensachverständiger. Er verschaffte mir einen Mittagstisch bei den Jungtheologen im Priesterseminar, förderte meine Ausbildung zum Chorleiter und meine aufkommende Vorliebe für die Orgel samt Praxis bei Messen im Seminar. Außerdem verglichen wir am Flügel, wie Kirchenlieder von verschiedenen Organisten begleitet wurden.

Domorganist Bäumer pflegte einen eher herben, klassischen Stil. Franz Clausing in St. Michael machte Anläufe zu moderneren Begleitsätzen. Noch mehr Freiheiten und „schräge" Akkordfolgen erlaubte sich Winfried Schlephorst. Onkel Heini, wie wir ihn in der Familie nannten, schrieb als Diözesanbeauftragter für Kirchenmusik möglichst schlichte Tonsätze, weil – so meinte er – jeder Spieler sich schließlich auf das Orgelbuch verlassen und auch damit zurecht kommen muss, falls mal vom Blatt zu spielen wäre; dann dürften ihn keine ungewohnten Klangfolgen aus der Melodie heben. Er war auch mein Religionslehrer an der Schule, sowie privat ein geduldiger und humorvoller Diskussionspartner. Unsere Gespräche drehten sich meist um klassische Musik und um die Gründe für offenkundige Diskrepanzen zwischen theologischen und naturwissenschaftlichen Aussagen über Schöpfung und Geschöpfe. Meine Frage, wie stark man Weihwasser verdünnen kann, bis es unwirksam wird, konnte er freilich nicht vernünftig beantworten. Schmunzelnd hielt er solchen Naturdenkereien die Meinung des Kirchenvaters Tertullian aus dem Jahr 200 entgegen, Wahrheit sei nur in der Offenbarung zu suchen. Ach so! Ich konzentrierte mich also außer auf Biologie und Evolution weiterhin auch auf Kontraste zur theologischen Schöpfungslehre. Onkel Heini hat mich schließlich mit meiner Frau getraut, auch unsere Silberhochzeit gefeiert; wir hielten bis zu seinem Tod 1994 Kontakt zu ihm.

Abiturzeit

Meine Eltern zogen schließlich nach Siegen/Weidenau, und für die letzten drei Schuljahre bis zum Abitur wohnte ich wieder bei ihnen und besuchte ab Ostern 1948 das Gymnasium in Siegen. Das Gebäude allerdings war 1944 zerbombt worden. Deshalb hatten wir Jungen im Lyzeum Unterricht, wöchentlich mit den Mädchen abwechselnd vor- oder nachmittags. Ähnlich war es vor 500 Jahren gewesen, wie der Direktor, Friedrich Stallknecht, gern zum Trost erzählte. Einer kürzlich aufgefundenen Handschrift aus dem Jahre 1455 zufolge hatte sich der Unterricht zunächst in der 1342 erstmals erwähnten städtischen Pfarrschule abgespielt, bei sommerlicher Hitze wie winterlicher Kälte auf dem 30 m langen Dachboden über den Gewölben der Nikolaikirche („uffs sent nycolais dach"). Auch noch die Räume für die 1536 unter ihrem Rektor Erasmus Sarcerius neu konstituierte Lateinschule befanden sich im Gebälk des Kirchenspeichers über dem Mittelschiff. Die Jungen der Bürgerschule lernten damals über dem Chor, die Mädchen im Obergeschoss der ans Kirchenmauerwerk angelehnten hölzernen Verkaufsstände. Daran gemessen hatten wir es gut.

In Siegen hatte die Klasse bereits zwei Jahre Französisch, das ich nicht mochte, aber nachholen musste. Also machte ich 1950 aus der Not das Beste und übersetzte für den Eigengebrauch *La Biologie et l'avenir humain*, „Die Biologie und die Zukunft des Menschen" von Jean Rostand. Unser Französisch- und Klassenlehrer Pape ließ sich darauf ein, fand selbst Interesse am Thema und unterstützte mich ein paar Mal nachmittags bei sich zu Hause. Seine Frau, eine elegante Französin, versorgte uns mit Kaffee. Begriffe, die auch Herr Pape nicht kannte *(l'oestradiol, phasmides, la trompe utérine)* erfragte ich bei der KOSMOS-Gesellschaft für Naturfreunde. Damals wurden biologische Themen und Techniken – Jungfernzeugung, Gynogenese, Androgenese, künstliche Geschlechtsfestlegung, künstliche Zwillinge, Ektogenese (Schwangerschaft im Gefäß) – öffentlich diskutiert. Außerhalb der offiziellen Schultexte fand ich Französisch durchaus interessant.

Den entscheidenden Schub zur Biologie erhielt ich in Siegen vom fantastischen Biologielehrer Franz Rombeck. Er unterrichtete wissbegierige Schüler auch außerplanmäßig im Freien, zeigte, wie man – in der Nachkriegszeit notgedrungen ohne Bestimmungsbücher – Tiere und Pflanzen identifiziert, und er regte Jahresarbeiten an. Seine Schüler sammelten aus den in der Umgebung typischen Lebensräumen begeistert Pflanzen, für die ein Herbarium anzulegen war. Oft warteten sie mit Pflanzenstücken in einer Dose vorm Lehrerzimmer, bis „der Hecht" herauskam und geduldig alle nötigen Auskünfte gab, auch dann, wenn entscheidende Teile einer betreffenden Pflanze fehlten. Zuweilen staunte er, wenn Schüler für die Gegend neue Arten anschleppten. Seine Erfolgsquote konnte sich sehen lassen: Die von ihm betreuten Schüler-Jahresarbeiten wurden zwölfmal mit der – an den Gründer der Lateinschule erinnernden – Erasmus-Sacerius-Plakette und siebenmal mit der Hörlein-Plakette ausgezeichnet. Schulabgänger aus den Fünfziger- bis Siebzigerjahren, die er unterrichtet hatte, kamen mit überdurchschnittlichen Kenntnissen an die Universitäten und wurden selbst Hochschullehrer. Mit vielen von ihnen hielt er weiterhin Kontakt, stets wissbegierig, was ihre Forschungen zutage brachten. Als ich schon im Institut in Seewiesen arbeitete, hat er mich mehrmals besucht. Mit berechtigtem Stolz genoss er an seinem 80. Geburtstag, dass Schule und Stadt zehn „seiner" Professoren zu öffentlichen Gastvorträgen versammelten. Auch mit meinem alten Lateinlehrer Hans Rehn hatte ich später noch Kontakt. Im Frühjahr 1976 schrieb er mir, er habe mich in lebhafter Erinnerung und öfter mit Dr. Rombeck über mich gesprochen, sich auch mein Buch über die Biologie der Zehn Gebote ausgeliehen. Selbstverständlich habe ich ihm daraufhin ein Exemplar geschickt.

Mit dem, was ich musikalisch von meinem Onkel gelernt hatte, baute ich in Weidenau einen Jugendchor auf. Begeistert fuhren wir zu musikantischen Treffen auf die Freusburg. Zu einem Wettsingen der Jugendchöre mussten wir, wenn wir Erfolg haben wollten, vierstimmig auftreten. Wir übten im Marienheim, das von Vinzentinerinnen betrieben wurde, die aber keine männlichen Mitsänger duldeten. Also probten Sopran und Alt im Marienheim, wo es ein Klavier gab, Tenor und Bass in einem schon etwas baufälligen Jugendheim, der alten Inke, ohne Klavier. Nachdem wir (mit Osnabrücker Material) das Wettsingen gewannen und als Siegestrophäe ein Zelt heimtrugen, waren wir anerkannt und durften mit allen Stimmen im Marienheim singen; ab und zu hörten ein paar Schwestern sogar zu, schalteten aber um 22 Uhr das Licht aus.

Studierzeit

Am Ende meiner Schulzeit hatte ich, wie man sagt, „mit heißen Ohren" ein Buch von Konrad Lorenz gelesen: *Er redete mit dem Vieh, den Vögeln und den Fischen.* Der Titel beruft sich auf den weisen König Salomo, der angeblich die Sprache der Tiere verstand. So etwas wünschte ich mir als Beruf. Salomo werden Weisheitssprüche zugeschrieben, im Alten Testament überliefert im Buch Kohelet (3,1–8): „Alles hat seine Zeit, jegliches Vorhaben unter dem Himmel hat seine Stunde: pflanzen hat seine Zeit, Steine sammeln hat seine Zeit, suchen hat seine Zeit, reden hat seine Zeit, Streit hat seine Zeit, lachen hat seine Zeit." Das wollte ich mir fürs Leben vormerken. Galt es auch für andere Lebewesen?

Botanik und Zoologie

Schon vor dem Abitur im Februar 1951 war mir klar, was ich studieren wollte: Biologie und Musik, speziell Kirchenmusik. Die zentrale Vergabestelle für Studienplätze wies mich zur Westfälischen Wilhelms-Universität Münster. Wie schon manch früherer schicksalsdiktierter Lebensumstand, wurde auch das für mich ein Glücksfall. Ich schrieb mich ein für Zoologie, Botanik und Musik. Als Botanisches Institut dienten die Gebäude des Botanischen Gartens im Schlosspark des ehemals fürstbischöflichen Schlosses. Den Botanischen Garten hatte nach dem Krieg der Ordinarius Siegfried Strugger wieder hergerichtet. Ordinarius für Zoologie war seit 1974 Bernhard Rensch. Das Zoologische Institut hatte er gerade neu erbaut. Einige Lehrveranstaltungen wurden noch provisorisch im Hörsaal der Kinderklinik abgehalten. Ehe Doktoranden beginnen durften, hatten sie sich ein Vierteljahr lang ihre Plätze in Kellerräumen der zertrümmerten Nebengebäude selbst freigeschaufelt. Der Rektor bestätigte, dass auch „Herr Rensch, Prof. Arbeitsnummer 21/223, seine Räumpflicht erfüllt hat".

Ein Semester lang hatte ich mich in der neuartigen Wunsch-Umwelt zurechtgefunden, da bot sich die Gelegenheit, aus einem Zimmer in der Stadt weg aufs Land zu ziehen, in ein Dachzimmer beim Bauern Anton Bücker in Gievenbeck, Ramertsweg 78. Es war groß genug für Schrank, Bett und mich, zwar unbeheizt, sodass im Winter das Wasser über Nacht in Schüssel und Porzellankanne zu Eis gefror, aber die Familie war ausgesprochen nett, lud mich (wenn ich rechtzeitig da war) zum gemeinsamen Abendbrot, überließ mir die anderthalb Jahre alte Veronika und ihre kleine Schwester Gitti zu vergnügten Spielen, lieh im Notfall ein Bügeleisen, um die Hose zu begradigen, und wenn alle früh zu Bett gegangen waren, benutzte ich das Wohnzimmer, um zu lernen oder im Radio ein Chopin-Konzert zu hören. Nach wenigen Wochen wurden mir die Wände frisch tapeziert, die Holzdecke frisch gestrichen, ein Handtuchhalter befestigt, und Tante Änne spendierte dazu ein besticktes Übertuch: „Lieber Schatz, darfst nie vergessen pünktlich sein beim Mittagessen". Das Zimmerchen bewohnte ich bis zum Beginn meiner Doktorarbeit. Zu beiderseitigem Vergnügen habe ich meine ehemaligen Wirtsleute im Mai 1984 noch einmal besucht.

Für die acht Kilometer zur Uni brauchte ich per Rad 15 min, zurück mit häufigem Gegenwind und Regen länger. Die nassen Sachen kamen dann auf das Gestänge um Bückers Ofen. Im 60 km entfernten Osnabrück waren die Verwandten in drei Stunden per Rad zu erreichen. Auf dem schmalen Leinpfad fuhr ich am Dortmund-Ems-Kanal entlang: keine Häuser, keine Menschen, nur ab und zu ein Schleppzug. Dann ging es mit dem Kanal über die Ems und von Ladbergen bis Lengerich weg vom Kanal auf heller, beiderseits mit Birken gesäumter, fast autofreier Beton-Chaussee.

In die Studentenverbindung „Hansea Halle" führte mich Heinz Heckhausen ein. Er machte mich mit seinem Chef, dem Gestaltpsychologen Wolfgang Metzger, bekannt und brauchte mich als Versuchsperson für Experimente zur Selbsteinschätzung. Wir begegneten uns Jahre später wieder in München, als er Gründungsdirektor am Max-Planck-Institut für Psychologische Forschung wurde. Geheiratet hat er die reizende Tochter eines unserer Alten Herren, meine Tisch- und Tanzdame bei Verbindungsfeiern. In der Verbindung fand ich viele strebsame Kommilitonen aus verschiedenen Fakultäten, so den späteren Germanistikprofessor Harald Weinrich und den berühmt gewordenen Bundesrichter Ernst-Wolfgang Böckenförde.

Der Theologiestudent Klaus Breuning schrieb wunderbare Begleitsätze zu Kirchenliedern. Die benutze ich bis heute (Abb. 2.1). Das begann in Studentengottesdiensten in Lamberti, an der größten, aber nicht der klanglich schönsten Orgel in Münster; schöner war die Orgel in Überwasser, und etwas Besonderes war die kleine (für Volksgesang reichlich scharf intonierte) Kemper-Orgel in St. Ägidii.

Zum Studienbeginn 1951 fühlte ich mich in der Botanik wohl. Professor Strugger hatte mir nach zwei Monaten geraten, die üblichen Pflanzenbestimmungsübungen wieder zu verlassen („wegen Überkenntnissen" – Nachwirkungen des rombeckschen Unterrichts) und mich lieber auf wichtigere Themen zu konzentrieren. Nach vier Semestern fassten wir ein Dissertations-Thema ins Auge, und zwar über Plastiden, die als eigenständige Lebewesen in der Pflanzenzelle hausen und von denen die grünen, Fotosynthese betreibenden Chloroplasten die auffälligsten sind. Von denen hatte der Pflanzenökologe Andreas Schimper 1883 behauptet, was Konstantin

Mereschkowski 1905 bestätigte, sie seien ursprünglich frei lebende Cyanobakterien gewesen, irgendwann einmal aber als nützliche Hilfskräfte von der Pflanzenzelle eingefangen worden. Aus Protest gegen die damals in der Öffentlichkeit herrschende Meinung, nur Tiere seien feindselig, Pflanzen aber immer lieb, bezeichnete Mereschkowski die Chlorophyllkörner als kleine grüne Sklaven, die für die Pflanze schuften müssten. Die Idee, dass hier ganz unterschiedliche Lebewesen eine neue Einheit bilden, war lange nicht weiter verfolgt worden, aber Strugger war von ihr begeistert. Sie ist schließlich 1981 als Endosymbionten-Theorie durch Lynn Margulis berühmt geworden.

Auch der Bryologe Hans Kaja, der an Moos-Plastiden arbeitete und bei uns den Spitznamen „Moosmännchen" trug, riet mir zur Plastidensymbiose. Derartige symbiotische Zusammenschlüsse passten zweifach in meine Interessen: Zum einen mikroskopierte ich immer noch leidenschaftlich gern, zum anderen aber schien mir die Kooperation von verschiedenen Lebewesen ein äußerst spannendes Gebiet der Biologie. Schließlich gibt es Tiere in Symbiose mit Algen. An der bretonischen Atlantikküste erlebte ich einmal das Wasser in einigen Gezeitentümpeln grün gefärbt von einer Algenart *(Tetraselmis convolutae)*, die aber nicht frei im Wasser, sondern in einem zentimeterlangen plattwurmähnlichen Tier *(Symsagittifera roscoffensis)* vorlag. Junge Würmer nehmen die Alge auf, ohne sie zu verdauen, und bilden Mundöffnung und Speiseröhre zurück. Die Algen aber breiten sich in den Geweben des gesamten Wurmkörpers aus und versorgen ihn mit Kohlenhydraten und Sauerstoff. Der Wurm, der erwachsen vollständig von der Ernährung durch die Algen abhängig ist, versorgt diese mit Stickstoffverbindungen. So oder ähnlich könnte sich die Plastiden-Endosymbiose der Grünpflanzen entwickelt haben.

Aufregend fand ich damals – und finde ich noch immer – die rund 16.000 Arten der Flechten, Doppellebewesen, in denen jeweils eine mikroskopisch kleine Alge und ein mikroskopisch kleiner Pilz zu einer ungemein effektiven Symbiose zusammengeschlossen sind. Flechten gibt es praktisch überall auf der Welt, und zwar gerade in extrem lebensfeindlichen „Lebens"räumen. Alge und Pilz zusammen bilden einen neuen, eigenständigen Organismentyp und bringen mit vereinten Kräften vielerlei „Emergenzen" zustande, Phänomene, die keiner der Partner allein erzeugen und die man auch nicht aus einer Kombination ihrer Eigenschaften und Fähigkeiten vorhersagen kann. Zu diesen Emergenzen gehört, neben den oft bizarren Wuchsformen der Flechten, ihren bunten Farben und eigentümlichen chemischen Substanzen, vor allem ihre Fähigkeit, Hitze, Kälte und Austrocknung zu überleben. Die Flechten-Algen ihrerseits verdanken ihr Dasein verschiedenfarbigen endosymbiotischen Plastiden. Die wunderbarsten Flechtenformen fand ich Jahrzehnte später in der Namib.

In den ersten Semesterferien arbeitete ich als Werkstudent in der Spezialgießerei der Firma Hundt & Weber in Geisweid. Die Schichtarbeit am Induktionsofen war finanziell einträglich, aber meiner Gesundheit nicht zuträglich waren Werkluft und Temperaturen beim Einfüllen der bis 1200 Grad Celsius heißen Kupferschmelze in Kokillen, die von Hand wegtransportiert wurden. In späteren Ferien schaffnerte ich bei der Siegener Kreisbahn in Straßenbahn und Omnibus. Im April 1953 gönnte ich mir eine Woche in der „Landesanstalt für Fischerei Nordrhein/Westfalen" in Albaum, um als Ergänzung zur Vorlesung von Professor Trahms über Biologie der Fische eine Forellenzuchtanstalt zu besuchen und vor allem Ökologie und Artenzusammensetzung der Wirbellosen-Fauna im Albaumer Bach nebenan näher kennenzulernen als zehn Jahre zuvor im Warenthiner Bach. Der Leiter des Instituts, Dr. Denzer, konnte mir für die Zeit einen Betrag von 50 D-Mark zur Verfügung stellen.

Mein jüngerer Bruder Konrad besaß damals eine Vespa, und damit fuhr er mich einmal in der Osterzeit im Siegerland am Landeskroner Weiher zu einem naturbelassenen Bach, in dem es Bachneunaugen gab (noch gibt?). Neunaugen sind keine Fische, sondern Kiemen tragende, fischähnliche, kieferlose Rundmäuler (Cyclostomata), stammesgeschichtlich sehr urtümliche Wirbeltiere, die vor etwa 500 Mio. Jahren aus einem letzten gemeinsamen Vorfahren aller Wirbeltiere entstanden sind und als lebende Fossilien gelten. Ihr aalartig lang gestreckter Körper mit flossenartigem Rücken- und Schwanzsaum enthält kein Skelett und hat keine paarigen Flossen. Während viele Neunaugen-Arten ins Meer wandern und nach einigen Jahren zum Laichen wieder in den Oberlauf eines Fließgewässers aufsteigen, wandert das Bachneunauge *(Lampetra planeri)* nicht aus dem Heimatbach ab. Es verbringt die längste Zeit seines Lebens, drei bis fünf Jahre, als augenlose, wurmförmige Larve („Querder"-Stadium) eingegraben in Sand und Schlamm. Nur das Kopfende ragt etwas ins strömende Wasser und filtert (ähnlich wie das noch primitivere Lanzettfischchen *Branchiostoma*) ohne Schnapp- oder Saugmund Schwebeteilchen, Kieselalgen, Phyto- und Zooplankton als Nahrung aus dem Wasser. Dieses Fressen ist eigentlich eine Begleiterscheinung der Atmung. Im dritten oder vierten Jahr, meist gegen Ende Juni, beginnt eine einjährige Umwandlungsphase ins erwachsene Stadium. Jetzt entwickeln sich Geschlechtsorgane, Hornzähne und Augen, dafür degeneriert der Darm. Erwachsene Bachneunauge nehmen, wie der Saitenwurm *Gordius,* keine Nahrung auf. Sie sterben nach dem Ablaichen.

Wie ehedem in Warenthin auf dem Bauch am Bachufer liegend, sah ich mehrmals dem Ablaichen der Neunaugen zu. Oberseits sind die bis 20 cm langen Tiere dunkelgrün, an den Flanken hellgelblich, bauchseits rein weiß gefärbt. Sie sammeln sich in kleinen Gruppen an Stellen mit hellem Licht zwischen Steinen und Sand in strömendem Wasser, alle mit dem Kopf gegen die Strömung. Vor allem die Männchen – kenntlich an ihrer deutlichen, penisartigen Genitalpapille – sind ständig in Bewegung. Sie saugen sich an Steinen fest, tragen sie schlängelschwimmend ein Stück weit fort, lassen sie fallen und kommen zurück. Größere Steine reißen sie mit heftigen Körperkrümmungen weg. Heftiges Körperschlängeln erzeugt, meist in einer ruhigeren Wassertasche unterhalb von einem Strömungshindernis, eine Laichgrube im Sand. An deren Bau können sich mehrere Tiere beteiligen, auch Weibchen. Die aber warten meist ruhig abseits an einem Stein angesaugt, bis ein Männchen sich in ihrer Kopfregion festsaugt und mit ihnen zur Laichstelle schwimmt. Ein versehentlich ergriffenes anderes Männchen wird sofort wieder losgelassen. An der Laichstelle schlingt sich das Männchen um das Weibchen, und unter heftigem Schlängeln und Sandaufwirbeln werden Eier und Spermien ausgestoßen. Die Eier kleben an Sand fest. Das Laichen lockt weitere Männchen hinzu, aber ich sah immer nur eines von ihnen mit seiner leicht gebogenen Genitalpapille dicht an der weiblichen Geschlechtsöffnung. Da fehlt nur ein Evolutionsschritt zur Begattung, zur Besamung der Eier vor dem Ablegen im Weibchen und zum Ausschluss mitbesamender Konkurrenten. Das Weibchen laicht wiederholt, insgesamt angeblich etwa 1500 Eier. Am Ende sieht die weibliche Kopfregion von den Zähnen der Männchen zerschunden aus und verpilzt.

Botanik oder Zoologie?

Im Studium lernte ich Biologie auf verschiedene Weise: Botanik „bottom-up", wie man heute sagen würde, Zoologie „top-down". Bei Pflanzen ging es den Dozenten primär um Formenreichtum, Systematik und Bauteile, bei Tieren um Anpassungen, Verhalten und Evolution. Zwar bewegen und verhalten sich auch Pflanzen (Klee faltet nachts die Blätter ein, Bohnen tasten mit Rankenbewegungen nach Stützen, wie ich aus Warenthin wusste), aber wie das gesteuert wird, kam nicht zur Sprache. Die heutige Pflanzenökologie freilich entdeckt raffinierte Feindabwehr und chemische Kommunikation unter Pflanzenindividuen, aber davon war damals noch nichts bekannt. Der riesige Formenreichtum der Tiere andererseits wurde unter funktionellen Gesichtspunkten und in seinen historischen Werdegängen betrachtet, besonders eindrucksvoll in den Vorlesungen von Bernhard Rensch. Er besaß einen ungewöhnlich weiten Überblick über die wichtigsten Gebiete der Zoologie und dozierte über Allgemeine Zoologie, Tiergeografie, Ökologie der Tiere, über Biophilosophie und vor allem über Abstammungslehre. Er hatte die Vorstellungen von Rassenkreisen und Artenkreisen sowie die Allensche und die Glogersche Klimaregel formuliert, aufgezeigt, wie es trotz Richtungslosigkeit der Evolution zur Entstehung neuer Organe und zur sogenannten Höherentwicklung kommt und war damit – neben Theodosius Dobzhansky, J. B. S. Haldane, Julian Huxley, Ernst Mayr und George G. Simpson – zum Mitbegründer der modernen „Synthetischen Evolutionstheorie" geworden. In Anerkennung seiner evolutionsbiologischen Arbeiten hatte ihm 1937 die Preußische Akademie der Wissenschaften (unter der Präsidentschaft von Max Planck) die Leibnizmedaille verliehen.

Für mich wegweisend wurde Rensch in zweierlei Hinsicht: Erstens vermittelte er konsequent evolutionistisches Denken, und zweitens betonte er, der Aufstieg der menschlichen Kultur sei zwar prinzipiell anders verursacht als die tierische Stammesentwicklung, unterliege aber denselben Gesetzmäßigkeiten und Zwangsläufigkeiten wie diese. Es gibt also zwei Evolutionen, eine organische und eine kulturelle. Ungestellt blieb zunächst die Frage, ob auch an nicht-menschlichen Lebewesen beide vorkommen.

Im Wintersemester 1952/1953 lernte ich Mikrobiologie samt Praktikum bei Strugger und hörte „Abstammungslehre" bei Rensch. Zunächst unbemerkt verschob sich meine Anfangsbegeisterung für Botanik hin zur Zoologie. Das lag auch an zwei Exkursionen. Gleich im ersten Semester, im August 1951, hatte ich eine zoologische Exkursion zur Meeresbiologischen Anstalt List auf Sylt erlebt. Unter Anleitung von K. W. Harde, einem von Renschs Assistenten, nutzten wir die Zeit vom frühesten Morgen bis in die späten Abendstunden zum Kennenlernen der vielfältigen Lebewesen im Flachwasser und im Sand, von Kieselalgen, Schwämmen und Nesseltieren bis hin zu Ringelwürmern, Krebsen und Stachelhäutern. Einige auf Herbarium-Papier aufgezogene Rot-, Braun- und Grünalgenarten habe ich bis heute aufbewahrt. Eine Ausfahrt mit der *Uthörn* brachte uns Chaetognathen, Echinodermen, Tunicaten und Rippenquallen vor Augen. Wir bestimmten die verschiedenen Formen von Käferschnecken, Muscheln und Schnecken und erkundeten ihre speziellen ökologischen Lebensbereiche. Dabei gerieten wir am Strand unversehens zwischen Radikalnudisten, die sich ohne Scheu ihre selbst gesammelten Fundstücke von uns erklären ließen. Es störte dann auch niemanden, dass auch wir im Nachtdunkel ohne Badekleidung ins Wasser gingen, um ein prächtiges Meeresleuchten zu bewundern. So schön wie damals habe ich es nie wieder gesehen. Es trat auf nach mehreren lauen Nächten, in denen sich der zu den Dinoflagellaten zählende Einzeller *Noctiluca scintillans* vermutlich stark vermehrt hatte. Auf Berührungsreize produziert er kurz andauernde, grünliche Lichtsignale. Das Aufleuchten von Ansammlungen dieser Panzergeißler wird am deutlichsten auf Wellenkämmen, es umspülte aber auch auf kleinsten Wellen malerisch unsere bewegten Körper. Die Biolumineszenz begleitete uns noch bis auf den feuchten Strand, wenn wir mit Händen oder Füßen über den Sand strichen. Die Urheber haben wir leider nur als Präparat unter dem Mikroskop zu sehen bekommen.

In einer botanischen Exkursion führte uns Strugger im August 1953 in seine Heimat Kärnten. Ziel war der 2139 m hohe Hochobir, das höchste Bergmassiv der nördlichen Karawanken. Es war eine denkwürdige Exkursion im Universitätsbus, mit ausgesuchten kulturellen Besichtigungen unterwegs. Ein Beispiel in Kärnten war Burg Hochosterwitz aus dem 14. Jahrhundert, die schönste erhaltene Ritterburg im deutschen Sprachgebiet. Den Zickzackweg zur Burg sicherten 14 geschmückte und bewaffnete Tore, die eines nach dem anderen hätten erobert werden müssen. Am meisten Eindruck hinterlassen haben bei mir die Burgkapelle mit italienischen Fresken von 1576 und das Modell eines Turnier-Ritters aus dieser Zeit: Je 12 kg wogen sein Kettenhemd und die Lanze, 50 kg wog die Rüstung. Man musste ihn mit diesen zusätzlichen 74 kg hochziehen, sein Pferd darunter führen und ihn daraufsetzen; herunterfallen durfte er nicht.

Unsere Übernachtungen waren vorgeplant in der Jugendherberge in Heilbronn, bei den Missionspatres in Bischofshofen, im Heu bei Bauern am Stadtrand von Knittelfeld in der Steiermark und im Privatquartier beim Grafen von Thurn und Taxis in Eisenkappel, der ein sehr gepflegtes Nachtmahl servieren ließ. Am nächsten Tag brachte uns der Bus 16 km weit auf schmalsten Wegen zur Eisenkappeler Hütte. Zu Fuß ging es vier Stunden in strahlender Sonne, mit Pflanzenpresse, Lupe und Bestimmungsschlüsseln bewaffnet, vorbei an ehemaligen Abbauhalden, über menschenleere Almwiesen jenseits der Baumgrenze zum Gipfel. Die Fernsicht auf die Bergwelt war fabelhaft, dienstlich aber waren wir mit Nahsicht auf den Boden beschäftigt. Jeder Teilnehmer hatte an verschiedenen Standorten eine Pflanzenfamilie zu betreuen. Mir oblagen die notorisch schwer identifizierbaren Sauergräser (Cyperaceae: Stängel markig, nicht hohl, meist dreikantig; Nodien nie knotig verdickt, wie bei Süßgräsern; vorwiegend auf kalkfreiem, feuchtem Boden). Wir stiegen am Nachmittag ein Stück zurück, kampierten im Freien am Lagerfeuer, stiegen um drei Uhr früh (gestärkt durch Schwarztee mit viel Rum und Zucker) bis knapp unter den Gipfel zum Sonnenaufgang, und kehrten zurück ins Heim von Graf und Gräfin zu einem Festessen.

Es gab einen vom Grafen eigenhändig erlegten Rehbock. Herr Niederdorfer bot mit gutem, gemischtem Chor Kärntner Volkslieder. Einen Tag lang setzten wir sodann die pro Standort vergesellschafteten Arten zusammen zu sogenannten Pflanzensozietäten. (Tierische Sozietäten hingegen bestehen definitionsgemäß aus Mitgliedern ein und derselben Art.) Es gab auch Zeit für einen Besuch der Dorfkirche in Eisenkappel. Von den 16 Registern ihrer einmanualigen (mechanischen) Orgel vermerkte ich den besonderen Klang einer 8′ Vox humana. Auf der Rückfahrt führte ein Abstecher zur Turracher Höhe; mit dem Sessellift ging es halb hinauf, bis zum Gipfel zu Fuß, und abends gab es als „Rekreation" im Hotel Hochschober einen Feuerwehrball, den wir in Ermangelung der Feuerwehr unter uns abhielten.

Unter den weiteren Vorlesungen verfolgte ich „Tierpsychologie" sehr aufmerksam. Die behandelte seit 1951 neben Bernhard Rensch auch Konrad Lorenz, der im nahe gelegenen Buldern eine Forschungsstelle der Max-Planck-Gesellschaft eröffnet hatte. Beide dozierten abwechselnd im gleichen Hörsaal. Lorenz konzentrierte sich auf tierisches Instinktverhalten, Rensch auf *Gedächtnis, Begriffsbildung und Planhandlungen bei Tieren* (Rensch 1973). Beide sprachen stets frei. Rensch baute seine Vorlesungen sachlich nüchtern und streng wissenschaftlich auf, Lorenz schmückte seine Theorie, wie das Tierverhalten strukturiert sei, mit zahlreichen unmittelbaren Erlebnisberichten.

Mit Rensch blieb ich bis zu seinem Tod im April 1990 in Kontakt. Er sandte mir nach und nach seine zoologischen und philosophischen Bücher, ich hielt ihm 1984 „Dialekte im Tierreich" als Bernhard-Rensch-Vorlesung und bewunderte im Anschluss daran in seinem Haus Bilder, die er selbst gemalt hatte; einige im Stil von Lyonel Feininger, der im Nationalsozialismus als „entartet" gegolten hat. Rensch besaß Werke der klassischen Moderne von Emil Nolde, August Macke, Christian Rohlfs, Ernst Ludwig Kirchner, Karl Schmitt-Rottluff, Max Pechstein und Adolf Hölzel, die nun im Westfälischen Landesmuseum für Kunst und Kulturgeschichte als „Stiftung Bernhard und Ilse Rensch" zu sehen sind.

Im Rahmen der Vorlesungen in Münster hatte im Januar 1954 Professor Heck mit prachtvollen Farbaufnahmen über seine gerade beendete Afrikareise berichtet: „Ohne Schusswaffe zwischen Löwen und Elefanten". Ich meldete meinen Eltern auf einer Postkarte: „Ich hätte direkt Lust, demnächst nach Afrika zu ziehen". Zehn Jahre später schrieb ich dann tatsächlich Briefe aus Afrika.

3

Eine neue Wissenschaft

In der Zeit, in die ich hineingeboren wurde, nahmen vor allem die Lebens-wissenschaften einen gewaltigen Aufschwung; es entstand „das Jahrhundert der Biologie". Erst einige Jahrzehnte zuvor war Darwins Evolutionslehre auf Deutsch erschienen und erfuhr seither Bestätigungen aus verschiedensten Forschungszweigen. Darwin war nach seiner umfassenden und methodisch gründlichen vergleichenden Vorarbeit überzeugt: „Es ist wahrlich eine gross-artige Ansicht, dass der Schöpfer den Keim alles Lebens, das uns umgibt, nur wenigen oder nur einer einzigen Form eingehaucht hat, und dass … aus so einfachem Anfange sich eine endlose Reihe der schönsten und wunder-vollsten Formen entwickelt hat und noch immer entwickelt" (Darwin 1859; deutsch 1884, S. 565). Gedacht hatte das allerdings bereits 100 Jahre vor ihm Georges-Louis Leclerc de Buffon, einer der größten Naturkundler des 18. Jahrhunderts. Aus den Bau- und Konstruktions-Ähnlichkeiten der Orga-nismen meinte er 1766 schließen zu müssen, „dass tatsächlich alle Familien, der Pflanzen ebenso wie der Tiere, von einem einzigen Anfang herkommen. … Wir sollten nicht fehlgehen in der Annahme, dass die Natur bei genügen-der Zeit fähig war, von einem einzigen Lebewesen alle anderen organisier-ten Wesen abzuleiten". Doch fuhr er sogleich beschwichtigend fort: „Aber das ist keinesfalls eine korrekte Darstellung. Uns wird durch die Autorität der Offenbarung versichert, dass alle Organismen gleichermaßen an der Gnade der unmittelbaren Schöpfung teilhatten und dass das erste Paar jeder Art vollausgebildet aus den Händen des Schöpfers hervorging" (Mayr 1984, S. 265). Auch Darwins Ansicht widersprach dem biblischen Schöpfungs-Wortlaut, und deshalb verurteilte die katholische Kirchenführung seine Dar-stellung als falsch.

© Springer-Verlag Berlin Heidelberg 2017
W. Wickler, *Wissenschaft auf Safari,*
DOI 10.1007/978-3-662-49958-0_3

Darwin zog zur Erläuterung, wie sich Arten unter Selektion in der Evolution verändern, die bekannten Ergebnisse der Tierzüchtung unter menschlicher Selektion heran. Die mannigfachen Taubenrassen waren ein gutes Beispiel. Tauben sind, nach dem Haushuhn, die häufigsten Vögel auf unserer Erde. Bereits 1716 (100 Jahre vor Gregor Mendel!) hatte Baron Ferdinand Adam von Pernau mit Hilfe von Rückkreuzungen den Erbgang „mendelnder" Einzelmarkmale in aufeinanderfolgenden Taubengenerationen verfolgt. In einem *Essay on instinct* schrieb Darwin 1872, im Leben seien Instinkte ebenso wichtig wie körperliche Strukturen, und genau wie diese seien sie durch natürliche Selektion und ständige Akkumulierung von Varianten höchst komplex und bewundernswert geworden. Auch das ist von Tauben bekannt: Brieftauben sind auf Orientierungsleistung und Dauerflug gezüchtet, Rollertauben machen als genetische Variation des Imponierfluges Rückwärts-Überschläge im Flug, Ringschlägermännchen klatschen in der Bodenbalz die Flügel über dem Rücken übertrieben gegeneinander und demolieren dabei ihre Handschwingen. Zwischenstadien in der Ontogenese sowie Vergleiche mit der Felsentaube, der Stammform aller Haustauben, illustrieren die Evolution der Verhaltensweisen der Zuchttauben.

Diesem Evolutionsthema widmete sich die Vergleichende Verhaltensforschung vorrangig. Sie wurde schließlich „Ethologie" getauft, bedeutungsverwandt dem griechischen *éthos,* auf das sich unser Begriff „Ethik" bezieht. Üblich war *„éthologie"* schon seit 1762 im Sprachgebrauch der französischen Akademie der Wissenschaften als *„science des moeurs".* Den Namen „Ethologie" übernahm Friedrich Dahl 1898 ins Deutsche als „Lehre von den gesammten Lebensgewohnheiten der Thiere". Er verlangte genaue, draußen im Freien ausgeführte Beobachtungen mit „einer auf längere Zeiträume ausgedehnten Statistik", um unterscheiden zu können zwischen Zufallsbeobachtungen (heute sagt man *just-so stories)* und dem normalen Verhalten.

Louis Dollo begann 1895 unter dem Namen Ethologie eine Analyse der Lebensweise von Lungenfischen im Zusammenhang mit ihrer vergleichenden Anatomie. Günther Schlesinger führte das 1909–1911 an Knochenfischen weiter als „Darlegung der Lebensweise aufgrund direkter Beobachtungen und vergleichend morphologisch-ethologischer Studien nach den Gesichtspunkten: Aufenthaltsort, Locomotionsart und Nahrungsweise". Beide Forscher ließen soziale Verhaltensweisen außer Betracht, obwohl der *Zoological Record London* seit 1907 (bis 1940) in der Sparte „Ethology" für jede Tierklasse unter anderem auch *sex-relations, breeding, parental care, defensive processes, sound-production, ornament and colour* führte.

Der Jesuit und Entomologe Erich Wasmann rechnete 1901 innerhalb der Biologie die inneren „Lebensfunktionen der einzelnen Organe, Gewebe und

Zellen der Organismen" zur Physiologie, dagegen zur Ethologie „die äußeren Lebensthätigkeiten, die den Organismen als Individuen zukommen, und die zugleich auch ihr Verhältnis zu den übrigen Organismen und zu den anorganischen Existenzbedingungen regeln". Das überschnitt sich allerdings mit der Ökologie-Definition von Ernst Haeckel aus dem Jahre 1866: „Unter Oecologie verstehen wir die gesammte Wissenschaft von den Beziehungen des Organismus zur umgebenden Aussenwelt, wohin wir im weiteren Sinne alle ,Existenz-Bedingungen' rechnen können. Diese sind theils organischer, theils anorganischer Natur". Kurz zuvor schon hatte Isidore Geoffroy Saint-Hilaire (1860 in seiner *Histoire Naturelle Générale*) eine Kombination von Ethologie und Ökologie als zukünftige biologische Wissenschaft angesehen. William Morton Wheeler beschränkte schließlich 1902 „Ethologie" auf das, was man unter *animal behavior* einschließlich *instinct* und *intelligence* versteht, wobei seiner Meinung nach *comparative psychology, physiology, morphology* und *embryology* in die ethologische Forschung einbezogen werden müssen; damit stünden wir dann „am Vorabend einer Wiedergeburt in der Zoologie". Oskar Heinroth gebrauchte seit 1910 „Ethologie" im Sinne von „vergleichender Morphologie des Verhaltens". Endgültig definierte Nikolaas Tinbergen 1963 Ethologie als „Biologie des Verhaltens".

Entscheidende Vorarbeiten für die später so genannte „Klassische Verhaltensforschung" stammten außer von europäischen vergleichenden Verhaltensforschern auch von amerikanischen *comparative psychologists*. Die das belegenden wichtigen Original-Publikationen hat Gordon Burghardt als *Foundations of comparative ethology* 1985 neu herausgegeben, mit einem Vorwort von Konrad Lorenz.

Die entscheidenden Fragen der Verhaltensforschung hatte schon 1760 (neu: 1982) der Hamburger Bibelkritiker und Gymnasialprofessor für orientalische Sprachen Hermann Samuel Reimarus gestellt. Über Tiere, die „unter der Zucht des Menschen als zahm gehütet und gepfleget werden", befindet er: „Da der Mensch in diesem Zustande den natürlichen Bedürfnissen der Thiere zuvorkömmt und folglich die Thiere nicht für sich selbst sorgen dürfen: so hat ihr natürlicher Trieb nicht den Reiz und Drang, welchen er in der Wildniß haben würde, und handelt auch zuweilen wegen veränderter Umstände anders, als er in der Freyheit würde gethan haben. Weil nun zahme Thiere manches unterlassen, was ihr natürlicher Zustand erforderte, und manches thun, was ihr natürlicher Zustand nicht mit sich brachte: so ist von dem Thun und Lassen zahmer Thiere, auf ihre natürlichen Triebe, nicht allemal sicher zu schließen". Ich fand meine Skepsis Haustieren gegenüber bestätigt.

Drei Köpfe im Zentrum der Verhaltensforschung

Im deutschsprachigen Raum kristallisierte sich die Verhaltensforschung im Zueinander von drei eigenwilligen Zoologen: Konrad Lorenz, Erich von Holst und Gustav Kramer.

Konrad Lorenz

Konrad Zacharias Lorenz wurde 1903 geboren als Sohn des Orthopäden Adolf Lorenz. Der war berühmt durch seine „Trockenchirurgie" zur Behandlung der kongenitalen Hüftgelenksluxation, weswegen er noch im Alter von 80 Jahren nach Amerika fuhr. Er verdiente in den USA ein Vermögen und baute in Altenberg bei Wien, Adolf-Lorenz-Gasse, eine pompöse Villa mit grandioser Eingangshalle. Dort verbrachte Konrad seine Kindheit, umgeben von zahlreichen im und ums Haus frei gehaltenen Tieren, die seine Mutter Emma einigermaßen duldete. Nach dem Abitur 1921 im benediktinischen Schottengymnasium, einer katholischen Eliteschule, studierte Konrad Medizin, promovierte 1928 zum Mediziner und war bis 1935 Assistent am II. Anatomischen Institut in Wien, studierte nebenbei Zoologie und Psychologie und promovierte mit einer Analyse des Vogelfluges 1933 zum Dr. phil. Er heiratete 1927 seine Jugendfreundin Margarete Gebhardt (die 1932 zur Fachärztin für Frauenheilkunde promovierte) und begegnete in Wien zum ersten Mal Gustav Kramer. Vom selben Jahr an (und schließlich bis 1971) stand Konrad in zoologisch-politischem Briefwechsel mit dem Berliner Ornithologen Erwin Stresemann, seinem Mentor, der ihm 1930 riet, die (berühmt gewordenen) Beobachtungen an Dohlen zu publizieren (Lorenz 1931). Mit den folgenden Publikationen über arteigene Triebhandlungen von Vögeln (1932) und den Kumpan in der Umwelt des Vogels (1935) wurde Lorenz die zentrale Figur einer neuen Forschungsrichtung, die er von seinem großen Lehrer Oskar Heinroth übernahm, welchen er 1931 in Berlin zuerst getroffen hatte und mit dem er dann zehn Jahre lang lebhaft korrespondierte.

An der philosophischen Fakultät der Universität Wien habilitierte sich Lorenz 1937 für „Zoologie mit besonderer Berücksichtigung der vergleichenden Anatomie und Tierpsychologie" (gewünscht hatte er die Habilitation für „Vergleichende Verhaltensforschung und Tierpsychologie") und war anschließend von 1937 bis 1940 Privatdozent am Wiener Institut für Wissenschaft und Kunst. Wie er 1939 an Stresemann schrieb, wollte er die „menschliche Psychologie" zu einem „Gebiet induktiver Naturforschung machen" und einst den Lehrstuhl des Wiener Psychologen Karl Bühler zur Tierpsychologie umwidmen. Aber statt seiner wurde 1939 der Königsberger Philosoph und Soziologe Gunther Ipsen berufen. Dessen Nachfolger in Königsberg, der Philosoph Eduard Baumgarten, zielte darauf, ein multidisziplinäres Zentrum aufzubauen: Geistes- und Naturwissenschaftler sollten die Fundamente einer neuen philosophischen Anthropologie legen.

Die Frage nach einem geeigneten Mann für solche Kooperation stellte Baumgarten, als sich in Göttingen das Streichquartett traf, in dem er selbst erste Violine und der Göttinger Physiologe Erich von Holst selbst gebaute Bratschen spielte. Unterstützt von Otto Koehler, dem Ordinarius für Zoologie in Königsberg, schlug von Holst den Wiener Konrad Lorenz vor. So begann dessen kurze Lehr- und Forschungstätigkeit, vom Herbst 1940 bis zum Winter 1941/1942, an der Albertina in Königsberg. Anfang Januar 1941 schrieb er an Stresemann: „Ich nehme (Altenberger) Gänse nach Königsberg mit .. (und) .. werde hier alle Gewässer, Schloßteich, Oberteich, Hammerteich und noch weitere öffentliche Anlagen, die nur dünn beschwant sind, allmählich mit Graugänsen überziehen." Im Februar 1941 zog das Parteiblatt der „Preußischen Zeitung" den Schluss, Lorenz' Forschungen seien von „größter Bedeutung für die wissenschaftliche Unterbauung der Pflege unserer heiligsten rassischen, völkischen und menschlichen Erbgüter"; die sozialpsychologische Komponente seiner Tierversuche verspräche Aufklärung über die „Ursachen mancher bedrohlichen Verfallserscheinungen im Verhalten zivilisierter Menschen". Das bezog sich auf Lorenz' Artikel von 1940 *Durch Domestikation verursachte Störungen arteigenen Verhaltens,* in dem er nach den für solche Störungen verantwortlichen mutagenen Faktoren suchen lassen wollte. Er bearbeitete dasselbe Thema ausführlich in der 1943 erschienenen Abhandlung *Die angeborenen Formen möglicher Erfahrung,* die als eine Voraus-Zusammenfassung seiner namhaften späteren Arbeiten gelten kann. Zudem begründete er in dieser Abhandlung, trotz offenkundiger Übertreibungen, im Detail seine Kritik an Immanuel Kants apriorischen Urteilen. Mich regte die Lektüre an, mich mehr und mehr mit vergleichender Verhaltensforschung zu befassen.

Von Kant und seinen grundlegenden Erkenntnissen über die Möglichkeit und Methode, Wissenschaft zu betreiben, wurde in Münster im Studium Generale vorgetragen. Für Zoologen bedeutsam fand ich als Student seine Schrift *Von den verschiedenen Racen der Menschen* aus dem Jahr 1775. Er bezieht sich darin auf den schon genannten Georges-Louis Leclerc de Buffon, auf „die Buffonsche Regel, daß Tiere, die miteinander fruchtbare Jungen erzeugen (von welcher Verschiedenheit der Gestalt sie auch sein mögen), doch zu einer und derselben physischen Gattung gehören"; und er folgert:

Nach diesem Begriffe gehören alle Menschen auf der weiten Erde zu einer und derselben Naturgattung, weil sie durchgängig mit einander fruchtbare Kinder zeugen, so große Verschiedenheiten auch sonst in ihrer Gestalt mögen angetroffen werden. Von dieser Einheit in der Naturgattung, welche ebensoviel ist als die Einheit der für sie gemeinschaftlich gültigen Zeugungskraft, kann man nur eine einzige natürliche Ursache anführen: nämlich daß sie alle zu einem einzigen Stamme gehören, woraus sie unerachtet ihrer Verschiedenheiten entsprungen sind oder doch wenigstens haben entspringen können.

Andererseits hatte Kant 1783 erklärt:

Was die Quellen einer metaphysischen Erkenntnis betrifft, so liegt es schon in ihrem Begriffe, daß sie nicht empirisch sein können. Die Prinzipien derselben, (wozu nicht bloß ihre Grundsätze, sondern auch Grundbegriffe gehören,) müssen also niemals aus der Erfahrung genommen sein: denn sie soll nicht physische, sondern metaphysische, d. i. jenseit der Erfahrung liegende Erkenntnis sein. Also wird weder äußere Erfahrung, welche die Quelle der eigentlichen Physik, noch innere, welche die Grundlage der empirischen Psychologie ausmacht, bei ihr zum Grunde liegen. Sie ist also Erkenntnis *a priori*, oder aus reinem Verstande und reiner Vernunft.

Aber eben dies war für Lorenz ein glatter Irrtum. In der Bibliothek fand ich seinen Artikel (1941 in den *Blättern für Deutsche Philosophie* erschienen): *Kants Lehre vom Apriorischen im Lichte gegenwärtiger Biologie.* Er behauptet darin, der Weltbildapparat des Menschen sei stammesgeschichtlich in Anpassung an eine reale Außenwelt entstanden und habe dabei gewaltige Mengen von Informationen gespeichert, die es ihm erlauben, die äußere Realität einigermaßen adäquat abzubilden. Offensichtlich genoss Lorenz es, vom kantschen Lehrstuhl in Königsberg aus seinen berühmten Vorgänger an der Albertina zu korrigieren. Vehement erläuterte er, dass – im Gegensatz zu Kants Lehre vom Apriorischen – unsere Erkenntnisweisen nicht *a priori* vorgegeben, sondern durch phylogenetische Anpassung an die Wirklichkeit *a posteriori* entstanden sind. Im Rahmen der darwinschen Evolutionslehre lag diese Schlussfolgerung auf eine „Evolutionäre Erkenntnistheorie" nahe. Obwohl auch andere Autoren dafür Urheberschaft angemeldet haben (Donald Campbell, Karl Popper, Rupert Riedl, Gerhard Vollmer), hat Lorenz sie einmal als sein wichtigstes Werk bezeichnet. Allerdings erklärte er 1980 in einem Interview mit Franz Kreuzer (in der Sendung „Leben ist Lernen", ORF 1985; Bayern alpha, 23.2.2009), er habe sie abgeschrieben aus Briefen von Dr. phil. Annemarie Koehler (geb. Deditius), der ersten Frau von Otto Koehler.

Erich von Holst

Erich von Holst wurde am 28. November 1908 in Riga als Sohn des Psychiaters Dr. Walther von Holst geboren. Nach der Schulzeit in Danzig studierte er in Kiel, Wien und Berlin. Als Doktorarbeit gab ihm sein Lehrer Richard Hesse die Aufgabe, die Bewegungsweisen des Regenwurms zu analysieren, die angeblich auf einem Zusammenspiel von Reflexen beruhten. Nach der Promotion ging von Holst nach Frankfurt und fand dort im Humanphysiologen Albrecht Bethe seinen eigentlichen Lehrer, dessen Plastizitätslehre des Zentralnervensystems der Reflexlehre widersprach. Hier entwickelte von Holst seinen Arbeitsstil als Experimentalforscher, dem folgend „man das Große und Allgemeine stets im Auge behalten und doch zugleich im Kleinen, im Technischen penibel bis zur Kleinlichkeit sein kann, ja muß, wenn die Ergebnisse Dauer haben sollen". Von 1934 bis 1936 arbeitete er als wissenschaftlicher Assistent von Reinhard Dohrn an der Zoologischen Station Neapel. Sein Weg führte dann über Berlin (1936–1938) zur Habilitation 1938 nach Göttingen (1938–1946), anschließend als Professor und Direktor an das Zoologische Institut der Universität Heidelberg (1946–1948) und dann (bis 1957) nach Wilhelmshaven an das Max-Planck-Institut für Meeresbiologie.

In seiner Doktorarbeit widerlegte von Holst die Ansicht, die von vorn nach hinten über den Wurmkörper laufenden peristaltischen Wellen beruhten auf einer Kette von Reflexen, wobei die mechanischen Veränderungen jedes Segments jeweils die des folgenden Segments auslösen sollte. Als der manuell außerordentlich geschickte Doktorand alles Gewebe mehrerer Segmente ausschaltete, wurden die Kontraktionswellen durch den erhalten gebliebenen Bauchmarkstrang über die Lücken hinweg fortgeleitet, waren also eine erregungsrhythmische Eigenleistung des Nervensystems. Spontane Erregungsbildung und funktionelle Autonomie des Zentralnervensystems wurden von Holsts Leitmotiv. Weitere entscheidende Einsichten brachten die Analysen von Schwimmbewegungen der Fische während seines Aufenthalts an der Biologischen Station in Neapel, über den er 1940, noch in Göttingen, einen ungewohnt persönlich gehaltenen Erlebnisbericht lieferte. Wie er entdeckte, wird auch die Bewegungsordnung der Gliedmaßen durch Unterbrechen von Nervenbahnen nicht zerstört, sondern in künstlich erzeugte neue Bewegungsharmonien überführt. Die darin koordinierten Bewegungen müssen nicht nach Art der Reflexe und Kettenreflexe eigens ausgelöst werden, sondern sie treten spontan (automatisch) auf, betrieben von Eigenrhythmen aus dem Nervensystem. Mehrere rhythmisch tätige Instanzen am Fischrückenmark werden zu einem Gesamtsystem mit relativer Koordination der Instanzen verkoppelt.

Weiterhin analysierte von Holst optische Täuschungen und bestimmte aktive Leistungen der menschlichen Gesichtswahrnehmung, zum Beispiel die Raumkonstanz nach dem Reafferenzprinzip, was er 1954 in einem Brief an Wolfgang Metzger folgendermaßen erklärte:

Wenn ich nach rechts blicken will, so produziert mein Bewegungskommando selbsttätig als ‚Reafferenz' die Wahrnehmung einer Verschiebung des Gesehenen nach rechts. Diese trifft, wenn ich dann nach rechts blicke, auf die retinal bedingt gegensinnige Wahrnehmung („Exafferenz') einer Dingverschiebung nach links. Beide löschen sich aus, und ich sehe die Umwelt richtungskonstant. Wird mein Auge aber festgehalten, so fehlt die Exafferenz, die gesehene Dingverschiebung nach links, und ich sehe die Reafferenz, mein Bewegungskommando als Dingverschiebung nach rechts. Wird das Auge passiv nach rechts gedreht, sehe ich die retinale Umweltverschiebung nach links.
Auch unsere Farbwahrnehmung produziert aktiv Farben, die in der physikalischen Umwelt nicht da sind. Hat man zum Beispiel eine Weile auf eine grüne Wand geblickt, so erscheint anschließend eine weiße Fläche rot getönt. Dieses Rot wird vom Nervensystem erzeugt, um ein vermeintlich grünes Licht, das in der Umwelt herrscht, zu kompensieren. Das leistet ein Farbwahrnehmungsapparat, der Dinge an ihrer eigenen Farbe erkennt, unabhängig von der Beleuchtungsfarbe. Er erzeugt dabei zu jeder Farbe unseres Wahrnehmungsspektrums eine auslöschende Gegenfarbe, sodass ein neutrales Weiß entsteht. Dieses Weiß ist auf das normale Spektrum des Sonnenlichtes geeicht (ähnlich dem Weißabgleich im Fotoapparat). Sobald unter den Dingen im Gesichtsfeld eine Farbe vorherrscht, wird die zugehörige Gegenfarbe aktiv erzeugt und allen Dingen im Blickfeld überlagert. Besteht etwa das retinale Bild aus einer Reihe verschiedenfarbiger Dinge, die rot beleuchtet sind, so blasst das Gesamtrot im Effekt ab, und die Dinge erscheinen in den Farben, die sie im weißen Tageslicht zu haben pflegen. So erkennen wir auch Fotos als farbstichig. So wird eine Mannigfaltigkeit bunter Dinge, die farbig beleuchtet sind, ihre Farbe wiedererhalten; es wird aber andererseits, wenn die farbige Beleuchtung plötzlich durch weiße ersetzt wird, diese bunte Dingwelt zunächst mit der Gegenfarbe angemalt erscheinen.

Viele Experimente, auch die mit starren Augen durch gelähmte Augenmuskeln, führte er rücksichtslos auch am eigenen Körper durch. Sein schier unerschöpflicher Einfallsreichtum und Erfindungsgeist zeigte sich in seinen genialen biologisch-mechanischen Flugmodellen, den Kernstücken der wissenschaftlichen Analyse des Fluges von Libellen, Vögeln und Flugsauriern. Zum Beweis flogen seine Schwingenflug-Modelle von Vögeln und Flugsauriern wirklich *„in natura"* (etwa der *Rhamphorhynchus* auf der Paläontologentagung 1956 in Wilhelmshaven).

Gustav Kramer

Gustav Kramer wurde im März 1910 in Mannheim geboren und war von Jugend auf ein begeisterter, bald exzellenter Ornithologe, der sich sowohl für Tiere als auch für Probleme interessierte. Schon als Student der Zoologie bei Erwin Stresemann in Berlin wurde er 1929 Mitglied der Deutschen Ornithologischen Gesellschaft, deren Sitzungen zweimal im Monat im Berliner Aquarium stattfanden, geleitet von Oskar Heinroth. Der bot mit seiner Person und in seinem gerade erscheinenden Monumentalwerk *Die Vögel Mitteleuropas* ein förderndes geistiges Umfeld für den Studenten Kramer. Dass er sofort die hier vorhandenen Ansätze der aufkeimenden Verhaltensforschung ergriff, zeigen seine 1930 im *Journal für Ornithologie* publizierten *Bewegungsstudien an Vögeln des Berliner Zoologischen Gartens*. Zugleich erwies er sich als genialer Experimentator, als er die angeblich wissenschaftlichen Beobachtungen zweier Professoren widerlegte, die behauptet hatten, ein kluger Foxterrier in Weimar sei vermöge eigener Denkfähigkeit in der Lage, die Uhrzeit von der Taschenuhr abzulesen, und sogar einfache Multiplikationen und Divisionen vorzunehmen (Kramer 1931).

In seiner Dissertation 1933 analysierte er mit scharf durchdachten Versuchen die Orientierungsfunktion der Seitenorgane des Krallenfroschs (Kramer 1933). Anschließend arbeitete er im Heidelberger Kaiser-Wilhelm-Institut für medizinische Forschung über den Gaswechsel bei Eidechsen. Max Hartmann vermittelte ihm ab 1934 eine Assistentenstelle an der ehemaligen Zoologischen Station zu Rovigno d'Istria, welche die Kaiser-Wilhelm-Gesellschaft zur Förderung der Wissenschaften 1911 gekauft hatte und ab 1930 als deutsch-italienisches Institut für Meeresbiologie weiter betrieb. Im Jahr 1936 wechselte Kramer an die Zoologische Station Neapel, als stellvertretender Leiter der physiologischen Abteilung. In Rovigno (heute Rovinj) und Neapel untersuchte er Verhalten, Jugendentwicklung, Populationsdynamik, Ökologie und Rassenbildung an Festland- und Inseleidechsen und analysierte die Änderung ihrer Körperproportionen durch allometrisches Wachstum während der Ontogenese. Nach kriegsbedingter Unterbrechung und kurzer Kriegsgefangenschaft habilitierte er sich 1945 an der Universität Heidelberg und wurde einer der wissenschaftlichen Assistenten von Erich von Holst.

Das Kaiser-Wilhelm-Institut für Meeresbiologie in Rovigno fiel mit Ende des Zweiten Weltkriegs an Jugoslawien; in Wilhelmshaven wurde es 1948 in dem von der britischen Besatzungsmacht freigegebenen ehemaligen Navigationsgebäude der Kriegsmarine neu gegründet. Gemäß der Namensänderung der Kaiser-Wilhelm- in Max-Planck-Gesellschaft hieß es jetzt Max-Planck-Institut für Meeresbiologie.

Dorthin wurden von Holst und Kramer 1948 als Abteilungsleiter berufen, von Holst für Nerven- und Flugphysiologie, Kramer für Orientierungs- und Heimkehrvermögen der Vögel. Mit dem Nachweis der Sonnenorientierung der Vögel und ihrem inneren Zeit-Verrechnungsmechanismus wurde Kramer zum geistigen Führer der Orientierungsforschung.

Weitere Institutspläne

Gustav Kramer war seit langem mit Lorenz und von Holst eng befreundet. Er wusste, dass sie an offenbar gleichen Phänomenen arbeiteten und fasste den einigermaßen kühnen Plan, beide in einem gemeinsamen Institut zusammenzubringen. Er veranlasste 1935 seinen Lehrer, Max Hartmann, Lorenz zu einem Vortrag bei der Kaiser-Wilhelm-Gesellschaft ins Harnack-Haus in Berlin einzuladen. Lorenz hielt den Vortrag „Zur Kritik und Begriffsbildung des Instinktes" im Februar 1936 und beschrieb darin, dass verschiedene Instinktbewegungen von Tieren zuweilen als sinnlose Leerlaufhandlung, also spontan und nicht von externen Einflüssen gesteuert auftreten; er nannte sie fertig bereitliegende Erbkoordinationen. Tiere werden nicht, wie man damals noch annahm, marionettenhaft von Außenreizen gelenkt und gezogen; ihr Verhalten spiegelt vielmehr ein Spiel der Eigenkräfte im zentralen Nervensystem wider. Max Hartmann meinte in der Diskussion: „Der Ansatz von Herrn Lorenz eröffnet der induktiven Kausalanalyse ein Feld, das bisher ausschließlich der Tummelplatz unfruchtbarer geisteswissenschaftlicher Spekulationen war." Bei diesem Vortrag lernten Lorenz und von Holst einander kennen und blieben über die Spontaneität des Nervensystems miteinander in Kontakt.

Mit dem Vorschlag, beiden ein gemeinsames Institut zu verschaffen, kam Gustav Kramer bald erneut zu Max Hartmann. Der setzte sich dafür bei der biologisch-medizinischen Sektion der Kaiser-Wilhelm-Gesellschaft ein. Es kam schon 1936 zu einem Antrag, biologische Fragestellungen in der Tierpsychologie in einem Institut für Tierpsychologie am Rande des Wienerwaldes in Altenberg bei Wien zu fördern. Die Deutsche Forschungsgemeinschaft gab 1938 eine monatliche Unterstützung von 125 Reichsmark, und die Sektion der Kaiser-Wilhelm-Gesellschaft beschloss 1939, ein solches Institut auf dem Lorenz gehörenden Gelände zu gründen. Das allerdings verhinderte der ausbrechende Krieg.

Lorenz wurde Ende 1941 zur Wehrmacht eingezogen, im Juni 1944 bei Witebsk in Armenien verwundet, kam in Gefangenschaft und wurde Lagerarzt. Im Lager schrieb er an einem Text, der 50 Jahre später, zunächst auszugsweise als *Die Rückseite des Spiegels* und dann komplett als „*Die Naturwissenschaft vom Menschen*" („Das Russische Manuskript") gedruckt erschien. Dass er es in Kriegsgefangenschaft hatte schreiben können, verdankte er dem sowjetischen Majorarzt Josip Gregorian, der selbst ein Orthopäde war und daher von Adolf Lorenz wusste; aus Hochachtung verschaffte er dessen Sohn die Erlaubnis, im Lager zu schreiben.

Als Lorenz 1948 aus russischer Kriegsgefangenschaft zurückkehrte, wurde er rasch zum Mittelpunkt der Verhaltensforschung in Wien. Unter dem Protektorat der Österreichischen Akademie der Wissenschaften unterhielt er, wie schon 1936 geplant, am elterlichen Haus in Altenberg bei Wien eine Station für vergleichende Verhaltensforschung. Erste Vorlesungen über Tierpsychologie hielt er an der Biologischen Station Wilhelminenberg, von der er bald seine ersten eigenen Mitarbeiter abzweigte.

4

Ethologiezentrum Wilhelminenberg

Am Rande des Wienerwaldes, 20 min Fahrzeit vom Stadtzentrum Wien, standen seit Kriegsende unmittelbar gegenüber vom Schloss Wilhelminenberg in einem abgezäunten Gebiet unter Bäumen acht Reichsarbeitsdienstbaracken neben einem großen, rundovalen Betonschwimmbecken. Der gelernte Tierfotograf und begeisterte Verhaltensforscher Otto Koenig, seit 1935 Flurhüter im Raum Lange Lacke am Neusiedler See, flüchtete 1945 aus der Kriegsgefangenschaft und beschloss mit seiner Frau Lilli, das Gebiet mit den Baracken zu okkupieren und es „Biologische Station Wilhelminenberg" zu nennen. Sie ließen einen Stempel machen, Kopfpapier drucken und hefteten ringsum an die Bäume Tafeln, die das Betreten verhindern und das Ganze eben als wissenschaftliche Forschungsstelle kennzeichnen sollten. Nach einem mühevollen Behördenweg kam schon im September 1945 die rechtsgültige Bewilligung. Otto, geprägt von der Jugendbewegung, realisierte die „Idee Wilhelminenberg" in traditioneller Form einer Jugendgruppe mit eigener Institutskluft als „Akademisches Waldläuferdorf". Finanzielles Fundament des Instituts waren von 1956 an die beliebten monatlichen ORF-Sendungen, in denen Otto Koenig tierisches und menschliches Verhalten illustrierte und interpretierte (die Sendungen gab es bis zu seinem Tod im Jahr 1992). Für weitere rechtliche und finanzielle Stützen wurden ein Trägerverein und ein Förderverein gegründet.

Das Institut kam 1958 unter das Protektorat der Österreichischen Akademie der Wissenschaften und wurde 1967 zum Akademie-Institut für Vergleichende Verhaltensforschung. Ich war 1963 erstmals zu Besuch auf dem Wilhelminenberg, freundete mich sofort mit Otto und Lilli Koenig an und

© Springer-Verlag Berlin Heidelberg 2017
W. Wickler, *Wissenschaft auf Safari,*
DOI 10.1007/978-3-662-49958-0_4

besuchte sie und ihre Mitarbeiter weiterhin regelmäßig. Mein Kontakt zum Institut wurde noch enger, nachdem ich 1985 ins Kuratorium des Instituts berufen wurde und über den Tod Otto Koenigs hinaus darin blieb, bis 2008 das Institut ins Forschungsinstitut für Wildtierkunde und Ökologie der Veterinärmedizinischen Universität Wien eingegliedert wurde und unter die Leitung meines ehemaligen Assistenten Walter Arnold kam.

Ottos bevorzugte tierische Studienobjekte waren die Reiher. Ihr Verhalten kannte er aus freier Wildbahn, und er untersuchte es in großen Volieren. Jungtiere der Kuhreiher *(Bubulcus ibis)* werden besonders früh fortpflanzungsfähig; dass sie schon selbst Junge hatten, aber dennoch Futter von den (Groß-)Eltern erbettelten, nannte Otto „Wohlstandsverwahrlosung". Ein Reiherbuch mit den in Jahrzehnten gesammelten Kenntnissen hat er leider nie geschrieben. Gleichermaßen sammelte an der Vogelwarte Helgoland Hans Rittinghaus, der Vogelwart von Olderoog, ab 1954 jahrzehntelang als *open-end*-Forschung immer weiter Daten über Paarzusammenhalt und Bruterfolge von Hunderten beringter Paare des Seeregenpfeifers *(Charadrius alexandrinus);* sie blieben ebenfalls ungenutzt.

Ins Burgenland

Otto machte zwischen 1958 und 1970 regelmäßig Führungen durch die Station und ins Gebiet des Neusiedler Sees. Mich nahm er mit auf biologische und volkskundliche Ausflüge ins Burgenland. Das bescherte mir eine erlebnisreiche Einführung in einen Zweig der Verhaltensforschung, den Otto als „Kulturethologie" begründete. Sie untersucht die evolutiven Gesetzmäßigkeiten, nach denen sich kulturelle Gegenstände und Bräuche in Anpassung an die ökologischen und sozialen Umweltgegebenheiten verändern. Ebenso wie am Körper und Verhalten von Tierarten, rudimentieren erfolglose Kulturmerkmale, förderliche werden differenziert und angereichert. Eine Spezialität Ottos war die Ethologie der Uniformen und ihrer schmückenden Anhängsel, ausführlich behandelt als „Kulturethologie" in Kultur und Verhaltensforschung (Koenig 1970, 1989). Ab 1976 entstanden daraus die jährlichen „Matreier Gespräche für interdisziplinäre Kulturforschung", auf denen (bis 1996) Wissenschaftler verschiedenster Fachbereiche aus Österreich, Deutschland, Holland und der Schweiz in Vorträgen und Diskussionen kulturbezogene Themen unter Evolutions-Gesichtspunkten behandelten: Kleidung, Wohnen, Essen und Trinken, Jagen, Erziehung, Rituale, oder Technik und ihre Anwendungen (herausgegeben von der Gesellschaft der Freunde der Forschungsgemeinschaft Wilhelminenberg.

Auf Ausflügen ins westliche Burgenland machte er mich und meine Frau mit einem bunten Allerlei an kulturellen Überlieferungen bekannt, im kleinen Ort Purbach zum Beispiel mit dem Purbacher Türken, der als Büste auf einem Schornstein hockt. Als die Türken am Ende der zweiten Belagerung Wiens (1683–1699) unter ihrem Oberbefehlshaber Kara Mustafa vor dem deutsch-polnischen Ersatzheer fliehen mussten, verschlief ein volltrunkener Türke den Termin in einem Weinkeller. Am Morgen hörte er deutsche Worte, versteckte sich im alten Kamin, wurde von den Purbachern entdeckt und nach oben hinausgeräuchert, kam verrußt übers Dach auf die Straße und ergab sich. Er wurde dem Besitzer des Hauses als Knecht gegeben, lernte pflügen und mähen, und als er starb, setzte sein Bauer die Gedenkfigur auf den Rauchfang.

Die Freistadt Rust hieß Stadt der Störche, weil damals jedes Haus sein Storchennest hatte, wie einst unseres in Hohenschönhausen. Otto zeigte uns die auf Resten eines römischen Wachturmes erbaute gotische Fischerkirche, eine ehemalige Wehrkirche aus dem 12. Jahrhundert, die mehrfach weitergebaut wurde. Sie steht fast versteckt hinter alten Häusern, dient heute als Museum und hat die aus dem Jahr 1705 stammende älteste bespielbare Orgel des Burgenlandes. Sie birgt einige alte Fresken und eine aufschlussreiche Marienstatue von 1450. Maria steht nämlich nicht, wie meist, in der Mondsichel, sondern auf dem Hinterkopf eines Halbmondgesichts. Im Neuen Testament beschreibt die Offenbarung des Johannes (12, 1–18) eine Frau umkleidet von der Sonne, von zwölf Sternen, mit dem Mond zu ihren Füßen. Diese Himmelserscheinung wird ab dem 12. Jahrhundert mit Maria identifiziert. Im 14. Jahrhundert wurde der Mond, auf dem Maria steht, als Vollmond mit Gesicht wiedergegeben (etwa in der Dorfkirche von Gudow in Schleswig-Holstein, nahe der Grenze zu Mecklenburg). Erst ab dem 15. Jahrhundert bevorzugte man die Mondsichel. Zur Zeit der Türkenkriege aber wurde der Mond uminterpretiert. Weil Maria wiederholt in Schlachten (vor allem in der Seeschlacht von Lepanto am 7. Oktober 1571) zum Sieg über die Osmanen, die „Erbfeinde der Christenheit" half, steht sie nun auf dem Hinterkopf des türkischen Halbmondes, dessen Gesicht nach unten zeigt (so auch in der Kirche St. Peter und Paul in Detwang bei Rothenburg ob der Tauber im gotischen Marienaltar von 1510).

Otto versorgte uns auch mit der Geschichte einer der reichsten Adelsfamilien Mitteleuropas, der ungarischen Adelsfamilie Esterházy. Ihr fürstlicher Hauptsitz ist Eisenstadt. Hier baute die Familie eine frühere Wehrburg zum repräsentativen Schloss um und begründete mit der Bestellung von Joseph Haydn zum fürstlichen Hofkapellmeister in den 1760er-Jahren eine 30 Jahre anhaltende Glanzzeit des Kunstlebens. Seit 1622 gehört den Esterházys auch die spätmittelalterliche Burg Forchtenstein. Sie wurde am Beginn des 13. Jahrhunderts als ungarische Grenzburg errichtet und diente in den Türkenkriegen als wichtiges Bollwerk. Die Esterházys machten aus der bisherigen Festung einen Aufbewahrungsort für ihre Schätze, Waffen und das fürstliche Archiv. Otto führte fachkundig begeistert und erklärte uns diese in Europa einzig komplett erhaltene barocke Kunst- und Wunderkammer mit Objekten aus Gold, Elfenbein und wertvollen Steinen, mit Uhren, Automaten, exotischen Tierpräparaten und sonstigen Wunderdingen. Diese Wunderkammer war nur über einen Geheimgang erreichbar, und die Tür konnte nur mit zwei verschiedenen Schlüsseln geöffnet werden. Einen verwahrte der Fürst und den anderen der Schatzmeister. Diese Räume wurden auch während der Besatzungszeit nach dem Zweiten Weltkrieg nicht entdeckt und blieben so unversehrt erhalten. Im Besitz der Familie Esterházy war von 1600 bis 1968 auch die Burg Lockenhaus. Sie besteht aus einer Vorburg und der dahinter liegenden Kernburg. Um 1600 wohnte dort die grausame Gräfin Erszebeth. Wir besichtigten ihre Folterkammer mit der auf- und zuklappbaren, innen zur tödlichen Tortur mit Spießen bestückten „eisernen Jungfrau" und als bauliches Unikum den längs geknickten gotischen Rittersaal.

Über Oslip, eines der charakteristischsten Kroatendörfer des Burgenlandes, fuhren wir schließlich zum Römersteinbruch bei Sankt Margarethen, als UNESCO-Weltkulturerbe gelistet und im Besitz eines Zweiges der Familie Esterházy. Aus dem Steinbruch stammt der Kalksandstein für den Stephansdom. Die Gesteinsformationen und fossile Funde – Wirbelknochen von Walen, Hai-Zähne, Fische, Muscheln – sind in einem eigenen Raum ausgestellt. Außerdem liefert der Steinbruch das Material für die jährlichen Symposien europäischer Bildhauer, die viele ihrer Steinskulpturen hier stehen lassen.

Klaubauftreiben

Otto Koenig hatte 1964 als Forschungsfeld das Klaubauflaufen entdeckt, das in Matrei in Osttirol um den 6. Dezember stattfindet, und er befasste sich seither mit der Beschreibung, filmischen Dokumentation und kulturgeschichtlichen Deutung dieses Brauchtums (Koenig 1980, 1983). Um das Fest des Heiligen Nikolaus ziehen (in der Regel ledige) Burschen mehrere Tage lang, in Pelze gekleidet und mit übergroßen, furchterregenden Gesichtsmasken, jeweils nach Einbruch der Dunkelheit in langen Märschen durch den Schnee von Ort zu Ort und besuchen Privatwohnungen und Gaststätten. Nur Männern ist das Verkleiden und wilde Treiben erlaubt, und sie achten dabei streng auf die Wahrung ihrer Anonymität. Jeder „Klaubauf" trägt über dem Pelz zwei bis sechs Kuhschellen an ledernem Traggerüst. Die gesamte Ausrüstung wiegt zwischen 20 und 30 kg. Als Ankündigung erzeugt diese Gruppe (oder Passe) der „Klaibeife" mit dem schweren Geläute durch Springen und kräftige Hüft- und Beckenbewegungen weit hörbaren, scheppernden Lärm. Die größten Glocken werden eigens zu diesem Zweck hergestellt; man könnte sie keiner Kuh zumuten. Mit Ottos Hilfe habe ich im Laufe einiger Jahre Beobachtungen gesammelt und im Dezember 1978 den anfeuernden oder ängstigenden Lärm gemessen – zur Sicherheit (für die Geräte) in der Stube oben auf dem großen Ofen hockend. Je nach Größe liegt die Hauptfrequenz der Glocken zwischen 500 und 4200 Hz; die Schallstärke erreicht im Freien 125 dB, in der Stube Stress verursachende Extremwerte wie von Pressluftgehämmer (Wickler und Seibt 1981).

In der bäuerlichen Stube sind Mitglieder oft mehrerer Familien versammelt. Die älteren Leute sitzen meist etwas abseits, die erwachsenen Mädchen – Hauptziel der Klaubaufs – mitten auf der Bank hinter dem schweren Stubentisch, flankiert von männlichen, verteidigungsbereiten Familienangehörigen. Die wild maskierten (Abb. 4.1) und lärmenden Klaubaufs stürzen sich auf den Tisch, um den in wildem Gerangel gekämpft wird, mit dem Ziel, ihn aus der Ecke zu zerren und hinaus zu schaffen („Tischheben") und so den Weg zu den Mädchen frei zu machen. Die Verteidiger suchen das zu verhindern, dabei helfen die Mädchen sogar und widersetzen sich den Klaubaufs, lassen sich aber schließlich doch „erobern", werden ins Freie getragen, in den Schnee geworfen, mit Schnee eingerieben, und gleich darauf wieder frei gelassen. Manche Mädchen eilen voraus zum nächsten Hof und lassen sich erneut hinter dem verteidigten Tisch hervorzerren. Unterwegs zum nächsten Gehöft spielen sich weitere Balgereien ab, wenn am Straßenrand neben unmaskierten Burschen weitere Mädchen darauf warten, weggerissen und niedergeworfen zu werden.

Das Matreier Klaubaufgehen folgt formalisiert einem Regelwerk, in dem Ort, Zeit und Formen des Handelns festliegen. Es ist in seiner „wilden Ausdrucksform" wohl einzigartig im Alpenraum. Historischer Hintergrund sind die ökologisch-ökonomischen Verhältnisse, wie sie bis etwa 1900 in den Dörfern herrschten. Aus wirtschaftlichen und klimatischen Gründen war die Zeit von Frühling bis Herbst ausgefüllt mit Arbeit, die sich junge Männer außerhalb suchen mussten. Sie verdingten sich als Sennen, Bergarbeiter, Holzfäller, Bauleute, Flößer, Wanderhändler oder ließen sich zum Militär anwerben. Sie verließen im Frühling den Wohnort und kehrten zum Winter zurück, wenn die Straßen unpassierbar, Dörfer und Städte wie die Schürfplätze im Gebirge eingeschneit waren und man weder Handel noch Krieg treiben konnte. Noch in der Armee Friedrichs des Großen wurden viele aus

Abb. 4.1 Mein 50. Geburtstag: Seewiesen 18.11.81 (ein Palindrom-Datum). Klaubauf-Maske vom Schnitzer Konrad Glänzer aus Lienz, Geschenk von Otto Koenig

preußischen Gebieten eingezogene Soldaten für die Wintermonate heimgeschickt, um Sold zu sparen.

So war die Jugend in den Dörfern in warmen Stuben eingewintert, und für die männliche Jugend, die naturgemäß zu Imponiertheatralik neigt, war es an der Zeit, in führender Rolle um Mädchen zu werben. Nur: In kleinen Dörfern, Weilern und Berghöfen, die von den Klaubaufgruppen aufgesucht werden, kennt jeder jeden. Und da ist es schwierig bis peinlich, in Gegenwart von Bekannten, Eltern und Geschwistern brautwerbend Dinge zu tun, die im Rahmen üblicher Gepflogenheiten ungehörig sind. Die Maske aber und das Auftreten unter anderen Maskierten befreien den Träger von der Konvention. Anonymisiert kann er Standesgrenzen, Familienzwiste, Anstandsnormen überspringen und sich sogar erlauben, vor allen Zuschauern ein Mädchen in den Arm zu nehmen und entsprechend umarmt zu werden. Einen Maskierten zu identifizieren, ist gesellschaftlich verpönt; selbst wer ihn erkennt, hat das Inkognito zu wahren.

Das Klaubaufbrauchtum hat selbstverständlich schon früh energischen Protest der Geistlichkeit gefunden und war verpönt als heidnisches Brautwerben. Schließlich legalisierte die Kirche diese Form der Liebes- und Eheanbahnung durch Einbeziehen des Heiligen Nikolaus. Jeder Passe wurde als Anführer ein den Behörden gegenüber verantwortlicher Nikolaus zugeordnet.

Das entsprach sowohl seiner legendären Funktion als Heiratsbischof als auch der Jahreszeit im Heiligenkalender. Deshalb beginnt den Hausbesuch nun gewöhnlich eine Burschengruppe aus Nikolaus mit Buch und Krummstab, der die im Vordergrund wartenden Kinder lobt, tadelt und durch zwei begleitende Engel mit Keks, Nüssen oder Feigen beschenkt. Weitere (männliche!) Begleiter sind als Bettler verkleidete Lotter und Lütterin, die Spenden und Naturalien einsammeln, sowie mitunter ein Spielmann mit Ziehharmonika, der den beiden zu einem Tänzchen aufspielt. Die Lütterin, meist ungeniert kurz geschürzt, darf anzüglichste Gesten machen und wirft manchmal, zur Vorankündigung der unter dem Lärm ihrer Glocken in die Stube oder Wirtschaft stürmenden Klaubaufs, einem aufkreischenden Mädchen ein Puppenbaby zu.

Weitere Modernisierungen und Varianten des Klaubaufbrauches sowie ihre Entsprechungen im Perchten- und Krampuslaufen sind als Werbebräuche bei Koenig (1980) geschildert. Er geht auch der Funktion des heiligen Nikolaus nach, der um 350 als Bischof von Myra einer Legende nach drei arme Mädchen vor dem Verkauf in ein Freudenhaus rettete, indem er ihnen je eine goldene Kugel oder einen goldenen Apfel aufs Bett warf. Die goldene Kugel wiederum ist nach magischem Glauben ein Abwehrzeichen, mit fließenden Grenzen zum rotgoldenen Apfel, Reichsapfel (lateinisch *globus cruciger*, Kugel mit Kreuz) und zur Weltkugel als Herrschaftszeichen. Ein Apfel wurde von Eva dem Adam angeboten, ist ein Liebessymbol des Bräutigams im Hohelied (Hld 2,5), und spielt immer wieder eheanbahnende Rollen.

> Schon Herakles musste von den Inseln der Hesperiden drei goldene Äpfel eines Baumes, den die Erdgöttin Gaia als Geschenk anläßlich der Hochzeit von Hera und Zeus aus ihrem Schoß hatte wachsen lassen, nach Hellas bringen. … So nimmt auch König Hippomenes zum Wettlauf mit der an die nordische Brunhilde erinnernden Königin Atalante, die nur im Falle eines Sieges zur Heirat bereit ist und ihn andernfalls töten wird, drei goldene Äpfel mit. Sowie Atalante den schlauen König zu überholen droht, läßt er einen Goldapfel fallen, nach dem sie sich prompt niederbückt, dadurch kostbare Zeit verliert und Hippomenes letztlich den Sieg überlassen und ihre Hand zur Hochzeit reichen muß. Einmal allerdings geht es in der griechischen Mythologie mit dem Apfelzauber schlecht aus, als nämlich für drei Göttinnen nur ein Goldapfel da ist, den Paris der schönsten geben soll. Endfolge dieser Kalamität ist der Trojanische Krieg (Koenig 1983, S. 8–9).

Überall in Europa, wo Arbeit und Geselligkeit jahreszeitlich getrennt waren, stand ein Paarbildungsbrauchtum am Anfang und ein Heiratsbrauchtum am Ende des Winters, etwa zur Faschingszeit. Und es unterlag denselben Gegebenheiten: der biologischen Notwendigkeit, dass Jungen und Mädchen

Paare bilden, und der sozialen Notwendigkeit, dass Kinder als Arbeitshilfen und Erben wichtig waren. Vielerorts war deshalb Schwangerschaft Voraussetzung zur Heirat, obschon Probeverpaarungen, ob das eingegangene Verhältnis zu einem Kind führte, der Kirche zuwider waren. Der uralte Brauch des „Nachtfreiens" war früher zum Beispiel auf der Nordseeinsel Föhr ebenso wie in ländlichen Gegenden Süddeutschlands die übliche Prozedur. Die jungen Männer, ob sie im Herbst nach Monaten des Fischfangs oder der Waljagd vom Meer oder von anderer auswärtiger Arbeit heimkehrten, besuchten die Mädchen nachts „probehalber" in ihren Schlafkammern. Erwies sich ein Mädchen als schwanger, wurde geheiratet. Auch wenn ein junger Mann im Herbst nach Helgoland kam und sich mit einem Mädchen anfreundete, empörte sich niemand darüber, aber man behielt ihn auf der Insel, bis er je nach Sachlage vor der Wiederausfahrt im Frühjahr heiratete oder wieder abwandern durfte. So erging es Heinrich Gätke, der im Jahr 1837 als 23-jähriger Kunstmaler erstmals Helgoland betrat und seine spätere Frau traf. Er wurde zum Insulaner und zum Gründer der Vogelwarte Helgoland.

Bei Menschen wie bei vielen Vögeln ist für die gemeinsame Aufzucht von Kindern ein dauerhafter Paarzusammenhalt erforderlich oder mindestens nützlich. Zum gegenseitigen Kennenlernen der „Probe-Partner" und langsamen Heranreifen und Festigen ihrer sexuellen Beziehung dienten beim Nachtfreien zunächst lange Gespräche. Dazu saßen die Burschen viele Nächte schäkernd auf den Truhen neben den Betten der Mädchen. Die 1919 geborene niederbayerische Bauerntochter Anna Wimschneider beschreibt das aus eigener Erfahrung in ihrer Autobiografie *Herbstmilch* (1984). Der Reiz des allmählichen Zusammenfindens wurde ausgekostet, denn die Mädchen waren durchaus nicht rasch zu haben; schnell sich verschenkende Mädchen wurden verspottet. Und auch die Burschen wollten mühsam erobern. Eine Erklärung dafür liefert die monogam lebende nordamerikanische Lachtaube *(Streptopelia risoria),* deren Paarpartner je eine Hälfte der Brutpflege betreiben. Die Täubin wird allmählich während der gemeinsamen Balz zur Kopulation bereit, und erst dann fordert sie den Täuberich dazu auf. Das wirkt stark auslösend auf sein Begattungsverhalten. Man könnte deshalb erwarten, dass ein Männchen von zwei ihm vorher nicht bekannten Weibchen dasjenige bevorzugt, das sofort die stärkere Aufforderung sendet. Aber die Männchen wählen regelmäßig das zurückhaltendere. Da die Weibchen nur durch Balzen mit einem Männchen in sexuelle Bereitschaft kommen, wird ein Weibchen, das sich sofort zur Paarung anbietet, schon längere Zeit mit irgendeinem Männchen gebalzt haben und ist wahrscheinlich von ihm begattet worden. Mit ihm zöge ein anderes Männchen sehr wahrscheinlich Kinder seines Vorgängers groß (Erickson und Zenone 1976).

5

Die Verhaltensforschung kommt zur Max-Planck-Gesellschaft

Bei seinem „Quasi-Schüler" Otto Koenig und im Kreise der dort arbeitenden Jungwissenschaftler hatte Konrad Lorenz 1948 mit seinen Vorlesungen begonnen. Einen Vorschlag der philosophischen Fakultät der Universität Graz, ihn als Nachfolger Karl von Frischs auf den dortigen Lehrstuhl zu berufen, hatte das österreichische Unterrichtsministerium abgelehnt, und Konrad stand vor dem Entschluss, einen Ruf nach Bristol anzunehmen. Daraufhin stellte Erich von Holst im Oktober 1950 an den wissenschaftlichen Rat der Max-Planck-Gesellschaft den Antrag, die lorenzsche Forschungsstelle in Wien seinem Institut in Wilhelmshaven einzugliedern (Die Max-Planck-Gesellschaft war damals noch statutenmäßig gehindert, neue eigenständige Institute zu gründen.). Der Senat stimmte zu, und Otto Hahn, Präsident der Max-Planck-Gesellschaft, fragte Lorenz, ob er gegen die Zuwendung von monatlich 6000 Mark bereit wäre, den Ruf nach Bristol abzulehnen und vorläufig weiter in Altenberg zu forschen, mit der Aussicht auf eine Zusammenarbeit mit Erich von Holst. Lorenz war begeistert. Für ihn wurde 1950 eine Außenstelle des Max-Planck-Institutes für Meeresbiologie gegründet, allerdings nicht in Wilhelmshaven und auch nicht in Altenberg, sondern auf Vermittlung von Holsts 30 km von Münster entfernt in Buldern (Westfalen) im Schloss des Barons Gisbert Friedrich Christian von Romberg. Der beschäftigte sich als Amateurwissenschaftler mit der Physiologie der Augenbewegungen des Menschen und erfand dafür geniale Versuchsanordnungen und Instrumente. Damals war von Holst daran interessiert, wie optische oder akustische Reize zentral verarbeitet und geordnet werden, ehe sie ins Bewusstsein treten. Er war darüber mit Romberg in

© Springer-Verlag Berlin Heidelberg 2017
W. Wickler, *Wissenschaft auf Safari,*
DOI 10.1007/978-3-662-49958-0_5

Kontakt gekommen, hatte ihn wegen einer möglichen Zusammenarbeit in Buldern besucht und kannte das Schlossgelände.

Jetzt wurden eine Sumpfwiese durch einen Damm in einen großen, flachen Gänse- und Ententeich verwandelt, ein altes Gärtnerei-Glashaus als Aquarienraum für Buntbarsche (Cichliden) und eine Kegelbahn zum Aufenthalt kleiner Säugetiere hergerichtet. Im Juni 1951 zog die Lorenz-Familie in die alte Mühle, die Mitarbeiter kamen im Dienstbotenflügel, der so genannten „Jungfernburg" des Schlosses, unter.

Diese lorenzsche Forschungsstelle habe ich im November 1952 mit einer zoologischen Exkursion von Münster aus besucht und sie als anheimelnde Feldstation empfunden, die mich sehr an meine schulfreie Wasser-Wald-Wiesen-Zeit erinnerte, so wie es mir zehn Jahre später mit dem Wilhelminenberg ging. Fasziniert hat mich an Lorenz und später an Koenig ihre offenbar unkonventionelle Art zu leben und zu arbeiten. Wie Lorenz mir damals erklärte, wollte er wissen, welche Fähigkeiten einem Tier angeboren sind, was es anderen abguckt und was es aus Erfahrung selbst lernt. Nach diesem Besuch hatte es in mir gegärt. Was Tiere tun und was sie können, hatte ich ja schon als Kind wissen wollen. Tiere waren einfach interessanter als Pflanzen, die sich nur sehr verhalten verhalten. Die von Strugger gepriesenen Chloroplasten und andersfarbige Plastiden liegen unter dem Mikroskop ganz still. Dass es Lebewesen sind, musste man wissen. Tiere hingegen bewegen sich und lassen auffälliges und sogar sozial sinnvolles Verhalten erkennen. Sie existieren besonders auffällig vierdimensional, in drei Raumdimensionen und in der Zeit; wie zeitlich geordnet ist ihr Verhalten? Davon sprachen Rensch und Lorenz ganz besonders eindrücklich. Auch das, was Lorenz – über Zoologie und Verhaltensforschung hinaus – als angeborene Formen möglicher Erfahrung beschrieben hatte und als Evolutionäre Erkenntnistheorie vortrug, interessierte mich höchlich. Deshalb war ich jetzt entschlossen, ihn zu fragen, ob er mich als Doktoranden annehmen würde.

Buldern

Also transportiert mich im Sommer 1953 ein Personenzug von Münster über Albachten, Bösensell und Appelhülsen nach Buldern, der kleinsten Bahnstation im ganzen Münsterland. Sie war damals nur ein offener, sandiger Bahnsteig. Seine Existenz verdankte er dem 1897 verstorbenen Kammerherrn und Baron Gisbert Freiherr von Romberg, berühmt als „der tolle Bomberg" wegen seiner Streiche und Eskapaden. Wenn er aus Münster nicht mit der Kutsche sondern per Bahn kam, die aber auf ihrem Weg ins Ruhrgebiet erst wieder in Dülmen anhielt, zog er in Buldern die Notbremse, überreichte dem Schaffner die für das Vergehen festgesetzte Strafe von 30 Mark und ging querfeldein heim. Seine Nachbarn nutzten bald mit ihm den gleichen Zug und ersparten sich so ebenfalls den Umweg über Dülmen. Das wurde der Bahn schließlich zu bunt, und sie richtete Buldern als offizielle Haltestelle ein. In der alten, dem heiligen Pankratius geweihten Kirche von Buldern ist der tolle Bomberg beerdigt. „Schlossherr" ist jetzt sein Enkel, Baron Gisbert von Romberg.

Bei meinem „Antritts"-Besuch in Buldern bekomme ich einen Eimer mit Gänsefutter in die Hand gedrückt und begleite Lorenz zur Teichanlage in den Schlosspark. Er achtet sehr darauf, „alle Versuchstiere so zu halten und zu füttern, wie man es theoretisch sollte", erklärt er mir unterwegs, und examiniert mich mit für ihn typischen Fragen: Was sind Anthomedusen, was Phyllomedusen? Wer sind Pyrrhula und Pyrrhulina? Als eine Studentin (Margret Zimmer, später Margret Schleidt) fragt: „Konrad, was sind eigentlich *wire worms?*", gibt er die Frage an mich weiter. Ich sage, das sind auf Deutsch Drahtwürmer, die Larven von Schnellkäfern, Familie Elateridae. Offenbar zufrieden mit mir, fragt er, was mich besonders interessiere. Ich wüsste gern, wo im Tier das Gelernte untergebracht wird, antworte ich ihm, wie Erfahrung und Instinkt zusammengehen. Dann kommt er auf verschiedene, doktorarbeitswürdige Tiere zu sprechen: Die im Park herumhoppelnden Kaninchen zum Beispiel. Die liegen mir weniger am Herzen. Oder, da ich doch gern mikroskopiere, vielleicht Protozoen? Wimpertierchen (Ciliaten)? Die kenne ich einigermaßen gut, weiß aber, dass man sie nicht auf einem Objektträger, sondern in normalerer Umgebung, sprich in größeren Gefäßen und deshalb mit besonderer Optik würde beobachten müssen (was Waltraud Rose dann später auch getan hat). Schließlich zeigt Lorenz mir in einigen kleinen Aquarien Süßwasser-Blenniiden, die er in Chianti-Flaschen von einem Urlaub in Sirmione am Gardasee mitgebracht hatte. Diese Fischchen imponieren mir. Es sind Bodenfische ohne Schwimmblase, und sie erwecken den Eindruck, als müssten sie sich genau überlegen, was im Augenblick besser ist, am Ort sitzen zu bleiben oder sich die Mühe zu machen und eine kleine Strecke zu schwimmen oder zu hüpfen. Mit hoch am Kopf gelegenen Augen blicken sie ständig umher und bewegen dabei die Augen auch unabhängig voneinander. Das können zwar alle Fische, aber Bodenfische tun es deutlicher und wirken deshalb neugierig und intelligent. Sie gucken auch manchmal aus dem Aquarium hinaus auf das, was draußen geschieht: Der *Blennius fluviatilis* wird mein Doktor-Fisch.

Meine Forschungen in Buldern

Ab nun beschäftigt mich in Buldern hauptsächlich meine Dissertation über das Verhalten des Gardasee-Blennius, dessen Verwandte im Meer leben. Als Bodenfisch repräsentiert er die Anpassung an einen Lebensraum, der für gewöhnliche, frei im Wasser schwimmende Fische unüblich ist. Damit liefert er Ansatzpunkte für weiterführende Vergleiche mit vielen weiteren Fischen aus anderen Verwandtschaftsgruppen, im Süßwasser wie im Meer, die auf den Gewässerboden spezialisiert sind. Sie alle haben unabhängig voneinander in Körperbau und Verhalten dieselben Anpassungen an ein Leben auf fester Unterlage entwickelt. Einige können am Meeresgrund wie Vierbeiner laufen (wie Anglerfische der Gattung *Antennarius*), andere leben amphibisch, verlassen zeitweilig das Wasser und gehen an Land (Schlammspringer *Periophthalmus, Boleophthalmus*). Entscheidend für die Fortbewegung bei solchem Lebensraumwechsel sind Umformungen der Brustflossen und ihrer Bewegungen (Wickler 1960). Hinzu kommen Veränderungen an Augen und anderen Sinnesorganen, am Gehirn, an der Haut (zum Schutz gegen Austrocknung und zur Hautatmung ohne Kiemen). Die übereinstimmenden Bodenfisch-Merkmale deuten deshalb nicht auf gemeinsame Abstammung hin. Es ist wie mit Geländewagen: Wenn in der Produktpalette verschiedener Autohersteller auch Geländewagen vorkommen, stimmen diese am auffälligsten in denjenigen Merkmalen überein, die für einen Geländewagen funktionell unerlässlich sind. Versteckter sind die Baueigentümlichkeiten, die erkennen lassen, aus welcher Herstellerfirma ein Wagen stammt. Ebenso lassen die Bodenfische als Lebensformtyp auffällige, lebensraumspezifische Anpassungsmerkmale erkennen, in denen sie untereinander übereinstimmen. Versteckter liegen familienspezifische Abstammungsmerkmale, in denen sie sich unterscheiden, in denen sie aber mit ihren jeweiligen Verwandten in anderen Lebensräumen übereinstimmen.

Um mir Klarheit über die Stammesgeschichte zum Beispiel des Maulbrütens der Fische zu verschaffen, hole ich mir Unterstützung von Wolfgang Klausewitz im Frankfurter Senckenbergmuseum und von Peter H. Greenwood und Ethelwyn Trewavas im Londoner Naturhistorischen Museum für einen Fisch-Stammbaum, in den ich eintragen kann – *„mapping"* nennt man das heute – wo es Maulbrüten gibt. Dabei zeigt sich sofort, dass es mehrfach unabhängig entstanden sein muss, und dass es ganze Gattungen und Familien kennzeichnet, mitunter aber auch nur einzelne Arten einer Gattung. Deren Biologie müsste man mit der ihrer nicht-maulbrütenden Schwesternarten vergleichen, um herauszufinden, welche ökologischen Faktoren mutmaßlich selektionswirksam sind.

Ebenso untersuche ich die Methoden, wie Vögel trinken, nämlich entweder wie Hühner und die meisten Vögel, die einen Schluck Wasser schöpfen und ihn bei emporgerecktem Kopf in den Schlund rinnen lassen, oder aber wie Tauben, die den Schnabel im Wasser lassen und saugtrinken. Heinroth, Lorenz und Tinbergen meinten irrtümlich, weil Sandflughühner *(Pterocles)* und Steppenhühner *(Syrrhaptes)* wie Tauben saugtrinken, würden sie zur Taubenverwandtschaft zählen. Aber Saugtrinken kommt im Stammbaum der Vögel an verschiedenen Stellen vor, bei Mausvögeln *(Colius)*, beim Blutschnabelweber *(Quelea)* sowie bei einigen australischen Prachtfinken. Es ist eine Anpassung an das Leben in Trockengebieten und dient zum Aufsaugen von Tautropfen (Wickler 1961).

Abstammungsähnlichkeiten nennt man Homologien, unabhängig entwickelte Anpassungsähnlichkeiten Konvergenzen. Im Verhalten die konvergent entwickelten von den homologen Merkmalen, also Anpassungs- von Abstammungsähnlichkeiten zu unterscheiden, wird bald mein wichtigstes Anliegen. Damit habe ich mich auf zweierlei eingelassen, was in der Vergleichenden Verhaltensforschung entweder nicht vordringlich oder nicht üblich gewesen war, nämlich erstens *Die ökologische Anpassung als ethologisches Problem* zu betrachten (Wickler 1959), und zweitens Klarheit zu gewinnen *Über den taxonomischen Wert homologer Verhaltensmerkmale* (Wickler 1965), weil die Homologie-Kriterien – wie in der Sprachforschung – auch auf sozial erlerntes Verhalten anwendbar (Traditions-Homologien) sind. Die Notwendigkeit, im Verhalten Homologien von Konvergenzen zu unterscheiden, geben mir Anlass zur Ausarbeitung einer entsprechenden phylogenetischen Methodik (Wickler 1967, 2015).

Um diese einzuüben und um mikroskopieren zu können, untersuche ich ein spezielles Strukturmerkmal von Fischeiern, nämlich den Haftapparat, der sie an der Unterlage festhält. Eier von etlichen substratbrütenden Cichliden-Arten fallen in den Buldemer Aquarien regelmäßig an; sie kleben an Steinen oder Blättern, wo sie von den Eltern bewacht und gepflegt werden. Der Haftapparat besteht aus fädigen Auswüchsen der äußersten Eihülle *(Zona radiata)*. Mit ringsum gleichmäßig verteilten Haftfäden klebt das leicht ovale Ei längsseitig an der Unterlage; es klebt nur mit einem Pol, wenn Haftfäden dort am längsten sind oder nur dort vorkommen. Form und Verteilung der Haftfäden sind verwandtschaftskennzeichnende (taxonomisch verwertbare) Merkmale, die aber mit dem Ablaichverhalten zusammenhängen. Maulbrüter, die ihre Eier nicht erst festkleben, sondern gleich ins Maul aufnehmen, haben verkümmerte oder gar keine Haftfäden. Die Spermien werden durch besondere Signalstoffe, sogenannte Gamone, zum Ei gelockt, und zwar zur Mikropyle, einer trichterförmigen Einstülpung der Eihülle mit sehr kleiner Öffnung nach innen. Bei Eiern, deren Mikropyle am selben Pol liegt, mit dem das Ei festhaftet, ist der Spermienzugang erschwert. Bei einigen Arten bilden dann robuste Fäden dort eine Art Gittergestell mit Lücken für die Spermien. Bei Arten aber, deren Ei so anklebt, dass die Unterlage die Mikropyle verschließt, bringt zuerst das Fischmännchen einen Spermienteppich auf die Unterlage, und erst dann setzt das Weibchen die Eier darauf.

Außerdem untersuche ich die Bewegungsweisen der Fisch-Brustflossen in den verschiedenen Knochenfisch-Ordnungen auf Abstammungs- und Anpassungsähnlichkeiten. Dazu werden Schwimmweisen von Fischen gefilmt und analysiert und den stammesgeschichtlichen Abwandlungen des Flossenskeletts zugeordnet, die vor allem durch Alexei Sewertzoff bekannt waren. Sowohl in der erschlossenen Phylogenese als auch in der beobachtbaren Ontogenese ändert sich die Form der Brustflossenbewegung von rhythmisch zu unrhythmisch. Sonderanpassungen finden sich bei Dauerschwimmern der Hochsee und bei Extremanpassungen ans Bodenleben, etwa bei den Anglerfischen, die mit After- und Brustflossen vierbeinig laufen (Wickler 1960).

Diese Filme – und weitere über andere wichtige Verhaltensweisen unterschiedlicher Tiere – sind veröffentlicht in der *Encyclopaedia Cinematographica*. Gotthard Wolf hatte sie 1952 mit dem Institut für den Wissenschaftlichen Film in Göttingen gegründet, als systematische und wissenschaftliche kinematografische Dokumentation typischer Bewegungsvorgänge jeder Spezies. Gedacht waren die Filme als museale „Bewegungspräparate" und als „bewegungsbildliche Bausteine" für vergleichende Forschungsarbeiten. Dazu zählen auch einige verhaltenskundliche Filme, die Heinz Sielmann mit uns in Buldern anfertigte. Am Göttinger Filminstitut absolvierte ich im Oktober 1954 eine Anleitung zu selbstständiger Durchführung von wissenschaftlichen Filmaufnahmen und wurde Mitglied im Redaktionsausschuss (bis 1994).

In Buldern erschließt sich mir schließlich eine wichtige Quelle von Wissen und Ideen zur Verhaltensforschung. Lorenz hatte 1936 gemeinsam mit Otto Koehler und Otto Antonius, dem Leiter des Tiergartens Schönbrunn in Wien, eine Gesellschaft für Tierpsychologie gegründet und zugleich das erste internationale Journal für Verhaltensforschung, die *Zeitschrift für Tierpsychologie* (ZfT). Das erste Heft, herausgegeben von den drei Gründern, erschien 1937. Verantwortlicher Herausgeber wurde und blieb Koehler, jetzt verheiratet mit Améli (geb. Hauchecorne), von der er kräftige Unterstützung erfuhr. Denn er empfing Manuskripte, einige noch wirklich handgeschrieben, sandte sie geprüft und oft rigoros korrigiert zunächst zur Neufassung an die Autoren zurück und dann an den Parey-Verlag in Berlin. Von da gingen erst Korrekturfahnen und dann fertige Umbrüche an den Autor und an die Herausgeber. Lorenz kümmerte sich nicht ums Korrekturlesen und überließ es seinem Assistenten Eibl-Eibesfeldt und mir. Zusätzlich lieferte Koehler in der Zeitschrift komplette kritische Referate von wichtigen Büchern und von Arbeiten, die in englischen und französischen ethologischen Fachzeitschriften erschienen. Diesen reichen Schatz an Korrekturabzügen sammele ich und gewinne damit eine Übersicht über die aktuelle Verhaltensforschung. Als Nebeneffekt der Mehrsprachigkeit sind Fachwörterbücher erforderlich. Und nicht allein zum Übersetzen; fast noch wichtiger ist es, zunächst die Fachbegriffe klar zu definieren und praktikabel zu erklären. Auch damit schwillt mein wissenschaftlicher Briefwechsel mit Koehler an.

Und dann ist meine Dissertation fertig, und ich begebe mich mit Studienbuch zum Dekanat, um einen Termin für die mündliche Prüfung auszumachen. Die Dekanatssekretärin prüft alles und teilt mir dann mit bekümmertem Gesicht mit, dass mir zur Prüfung noch zwei Semester Organische Chemie fehlen. Die hatte ich aus Abneigung weggelassen. Jetzt noch nachholen? Die Sekretärin sah meinen Schreck und meinte, wenn ich wenigstens aus einem physiologischen Institut käme, könnte ich mich statt in Organischer Chemie in Physiologischer Chemie von Professor Lehnartz prüfen lassen. Das war's! Denn gerade eine Woche zuvor war die lorenzsche Forschungsstelle aus der Meeresbiologie umgewandelt worden in eine Abteilung der Verhaltensphysiologie. Den Briefkopf konnte ich vorweisen und promovieren.

Schon im Jugendchor war mir die weißblonde Agnes Oehm aufgefallen, die außerdem auf der Fahrt zur Arbeit oft dieselbe Straßenbahn benutzte, wie ich zur Schule. Nun, da ich zu Ende studiert hatte, haben wir 1955 Verlobung gefeiert und zwei Monate nach meiner Promotion 1956 geheiratet. Sie ist fröhliche Mutter unserer vier Kinder und mir bis heute eine unwahrscheinlich wertvoll stützende Begleitung durchs Leben (Abb. 5.1). Das Alte Testament überliefert im Buch Kohelet Weisheitssprüche von König Salomo: „Zweisamkeit ist besser als Einsamkeit". Dem kann ich nur voll zustimmen. Etwas seufzend stimmt Agnes dem Spruch zu: „Des Bücherschreibens ist kein Ende" (Kohelet 4, 9–11; 12, 12).

Von Buldern nach Seewiesen

Der „Forschungsstelle für Vergleichende Verhaltensforschung" in Buldern ist jedoch nur ein kurzes Dasein vergönnt, da nach dem frühen Tod (im Juni 1952) des großzügigen Hausherrn Gisbert von Romberg sein Erbe vor allem

Abb. 5.1 Mit meiner Frau in Zefalu, Sizilien 1981

an der Jagd interessiert ist und dies mit den verhaltenskundlichen Feldstudien der Max-Planck-Forscher nicht eben harmoniert. Unter Gisbert von Romberg wurden Wissenschaftler zu Mahlzeiten an die Tafel geladen, ein Diener servierte mit weißen Handschuhen auf kostbarem Porzellan und Glas, aus dem einst Napoleon Bonaparte gespeist hatte, und man sprach ausführlich über des Barons Erlebnisse als Plantagenbesitzer in Afrika oder über die eigenen Forschungen.

Sein Enkel verbietet den Wissenschaftlern, das Schloss zu betreten und kontrolliert, demonstrativ bewaffnet, das Forschungsgelände. Die Erlösung kommt 1954, als für die bislang getrennten Abteilungen von v. Holst und Lorenz das (schon 1939 geplante) „Max-Planck-Institut für Verhaltensphysiologie", abgekürzt MPIV, gegründet wird.

Nun muss dafür ein Standort gefunden werden, der für frei fliegende Gänse und Enten geeignet und nicht weiter als 50 km von einer Universität entfernt sein soll. Erste Vorschläge 1955 in Baden-Württemberg erweisen sich als ungeeignet; jeder See oder Weiher dort unterhält Badebetrieb. Schließlich fällt die Wahl auf den kleinen Ess-See in Bayern. Der liegt zwar im Sperrgebiet der nahe gelegenen Strafanstalt Rothenfeld und untersteht dem Justizministerium, aber dieses und das Kultusministerium stimmen schließlich zu. Die Institutsgebäude werden 1955/1956 gebaut und alsbald bezogen.

Gustav Kramer hatte in Wilhelmshaven an Tauben und Singvögeln über die Zugorientierung und den „Sonnenkompass" gearbeitet, für den ein „Zeitsinn" erforderlich ist. Mit dieser sogenannten „inneren Uhr" beschäftigte sich, außer Colin Pittendrigh in Amerika, auch Jürgen Aschoff am

Max-Planck-Institut für medizinische Forschung in Heidelberg. Kramer schlug deshalb als Ergänzung des Seewiesener Instituts eine vereinigte Abteilung für „Orientierungsforschung und innere Rhythmen" vor. Der Senat der MPG stimmte 1957 dafür, dem neuen Institut für Verhaltensphysiologie eine solche Abteilung für Kramer und Aschoff anzugliedern, und zwar in Schönbuch bei Tübingen, das für Orientierungsforschung an Vögeln besonders günstig lag.

Zudem war Tübingen die Heimatstadt der „Bioakustik". Den Begriff geschaffen hatte 1942 Albrecht Faber, der in den Jahren 1928–1932 genaue Analysen der instrumentalen Lautäußerungen der deutschen Orthopteren angestellt hatte. Seit 1951 betrieb er mit Unterstützung der Deutschen Forschungsgemeinschaft am Museum Stuttgart eine „Forschungsstelle für vergleichende Tierstimmen- und Tierausdruckskunde". Auch er wurde 1957 in Tübingen Mitglied des Max-Planck-Instituts für Verhaltensphysiologie.

Und dann gab es in der Kaiser-Wilhelm-/Max-Planck-Gesellschaft noch eine Vogelwarte. Entstanden war sie 1901 auf Betreiben des Ornithologen Johannes Thienemann als „ornithologisch-biologische Beobachtungsstation" in Rossitten (heute Rybatschi) auf der Kurischen Nehrung. Über diese 100 km lange Sand-Halbinsel, die das Kurische Haff von der Ostsee trennt, führen Flugrouten von Millionen von Zugvögeln. Rossitten war die erste Vogelwarte der Welt. Betrieben von der Albertina-Universität Königsberg und der Deutschen Ornithologischen Gesellschaft, erlangte sie durch ihre Pionierarbeit Weltruf und war 1923 von der Kaiser-Wilhelm-Gesellschaft zur Förderung der Wissenschaften übernommen worden. Nikolaas Tinbergen, ein Student aus den Niederlanden, verbrachte 1925 aus Interesse an Ökologie und Evolution des Vogelverhaltens einige Monate in Rossitten. Auf einem Symposium „Instinctus" 1936 in Leiden hatte Tinbergen Konrad Lorenz getroffen und war 1937 für ein paar Monate zu ihm nach Altenberg gekommen. Von da an begannen beide, die Ethologie als eine eigene Disziplin aufzubauen.

Die Leitung der Vogelwarte ging 1929 von Thienemann an Oskar Heinroth über und 1936 an Ernst Schüz. Infolge des Zweiten Weltkrieges wurde die Vogelwarte Rossitten 1944 geschlossen, evakuiert und 1946 ersetzt durch die Vogelwarte Radolfzell am Bodensee. Deren Trägerschaft übernahm 1957 die Max-Planck-Gesellschaft (als Nachfolgerin der Kaiser-Wilhelm-Gesellschaft). Organisatorisch wurde die Vogelwarte der Abteilung Kramer angeschlossen. Doch dann stürzt Gustav Kramer am 19. April 1959 im Gebirge Kalabriens beim Versuch, junge Felsentauben aus den Nestern zu nehmen, tödlich ab. An seiner Stelle übernimmt Horst Mittelstaedt 1960 die Leitung einer Abteilung, ab 1965 als Direktor am Institut.

Die Abteilung für Jürgen Aschoff wird nun nahe bei Seewiesen in Erling eingerichtet, in Sichtweite vom Kloster Andechs, im sogenannten Wernicke-Schlösschen, mit einem Laborneubau und dem weltbekannt gewordenen, in den Hang gebauten „Bunker", der die inneren Uhren von Tier und Mensch unter Ausschluss aller äußeren Zeitgeber zu erforschen gestattet. Fabers Tübinger Außenstelle kommt zum Seewiesener Institut, wird jedoch 1962 wieder ausgegliedert und bis 1975 als „Forschungsstelle für Bioakustik in der Max-Planck-Gesellschaft, Tübingen" weitergeführt. Ein alter Freund der Familie Lorenz, Paul Leyhausen, bekommt 1958 (bis 1981) für katzenartige Raubtiere eine Außenstelle der Abteilung Lorenz am Zoo in Wuppertal.

Ich finde reichlich Stoff für Gespräche mit Albrecht Faber, da seine Bioakustik eine zunehmend wichtigere Rolle in der Ornithologie spielt. Auch gibt es deutliche Parallelen zwischen Duettgesängen von Vögeln und Wechselgesängen von Heuschrecken. Außerdem ist Faber ein feinsinniger Kunstliebhaber und Orgelspieler. Mit Gustav Kramer diskutiere ich über seine Untersuchungen zur Entstehung von Inselrassen der Adriatischen Mauereidechse, besonders gern aber über sein Hobby, nämlich das Aufspüren von Fehlkonstruktionen (Kramer 1949), die unvermeidlich durch die „Kurzsichtigkeit" der Evolution zustande kommen: Es sind unzweckmäßige Eigentümlichkeiten im Körperbau und, wie ich meine, auch im Verhalten, die als historische Reste (oder gar historische Belastungen) übrig bleiben, wo in der Natur Neues aus Vorhandenem entstand.

Auch die Vogelwarte Radolfzell wird 1959 dem Institut in Seewiesen angeschlossen. Ihr zuständiger Direktor nach Kramers Tod war Konrad Lorenz bis 1967, gefolgt von Jürgen Aschoff bis 1979. Ich war zuständiger Direktor der Vogelwarte ab 1979 und übergab sie 1991 an die neu berufenen Direktoren Eberhard Gwinner und Peter Berthold. Nach deren Emeritierung übernahm sie mein ehemaliger Mitarbeiter Martin Wikelski.

6

Seewiesen, das Forscherdorf

Einweihung als Vorschau

Das Seewiesener Institut wird, nachdem wir schon eine Weile dort arbeiten, am 16. September 1958 feierlich eingeweiht. „Das Max-Planck-Institut für Verhaltensphysiologie wird, wenn alle Pläne durchgeführt sind, in einigen Jahren eines der größten Institute unserer Gesellschaft sein", sagt Otto Hahn als Präsident der Max-Planck-Gesellschaft. Und er betont: „Planung und Durchführung des Baues, für die die Herren Architekten Schrank und Hager verantwortlich zeichnen, sind auch ein gemeinsames Werk der Institutsdirektoren und ihrer Mitarbeiter. Herr v. Holst konstruierte, neben Flugmodellen, neue Möbel, die praktischer und besser unterzubringen sind als gewöhnliche". Erich von Holst kommentiert:

> Sie werden unsere Gebäude sicherlich bescheiden, die Arbeitsräume oft etwas eng finden; aber so und nicht anders wollten wir sie haben. Es läßt sich gut hier arbeiten; und das Arbeitsklima ist, so meinen jedenfalls wir beide, besser, wenn die Wände sich unter starkem Binnendruck leicht nach außen biegen, als wenn unausgenutzter Raum einen trübe stimmt. Auch auf alles ‚Repräsentative', wie Hallen, breite Treppen und Gänge, haben wir leichtesten Herzens verzichtet (was freilich unseren sehr geschätzten Architekten ein wenig Verdruß bereitete).

Es gibt ein Wohngebäude für Mitarbeiter, während die Wohnungen der Familien Lorenz und von Holst in deren Laborgebäude integriert sind. Die gegenwärtige „Institutsbesatzung" zählt „dreissig Wissenschaftler, darunter

© Springer-Verlag Berlin Heidelberg 2017
W. Wickler, *Wissenschaft auf Safari*,
DOI 10.1007/978-3-662-49958-0_6

acht wissenschaftliche Assistenten, zwei Direktoren, zwei Sekretärinnen (deren eine ihren Chef ersetzt, die andere den ihren ergänzt). Hinzu kommt weitere Belegschaft in der Reihenfolge ihrer Unentbehrlichkeit: Hausmeister, Fahrer, Putzfrauen, Köchin, sieben Handwerker: Schmiede, Schreiner, Fein- und Elektromechaniker, die insgesamt nahezu alles herstellen können, was wir uns ausdenken".

An erster Stelle der Unentbehrlichkeit steht das Ehepaar Touschovsky, die rundliche Sophie betreibt die Mensaküche, Anton als Hausmeister ist schlicht für alles zuständig. In ihrer Minimalwohnung gibt es stets einen Vorrat von Flaschenbier und auch den ersten Fernsehapparat, der sogar zum Farbfernsehen aufgerüstet ist, und zwar mit einer vorgehängten Folie, eingefärbt von himmelblau oben nach grasgrün unten, was an Landschaften plausibler wirkt als an Nachrichtensprechern.

Beide Direktoren erläutern den Gästen ihre unterschiedlichen Forschungsinteressen. Von der Reflextheorie hatten sie sich abgewandt, weil „das zentrale Nervensystem durchaus nicht immer auf Außenreize zu warten braucht, um eine spezifische und wohlkoordinierte Aktivität zu entfalten", bekennt Konrad Lorenz, und resümiert dann aus seiner medizinisch-philosophischen Gedankenwelt:

> Die Wahrnehmungs- und Erkenntnisfunktionen des Menschen, die tatsächlich das Maß aller Dinge sind, funktionieren zufriedenstellend in einem bestimmten, mittleren Meßbereich, ... denn in Auseinandersetzung mit alltäglichen Gegebenheiten ging ja die Evolution des menschlichen Weltbild-Apparates vor sich. Sowie aber die Forschung über jene alltäglichen Bereiche hinausgelangte, an die unser Erkenntnisapparat stammesgeschichtlich angepaßt ist, wurde der naive Realismus zur Fehlerquelle.

Denn der naive Realist blickt nur nach außen und ist sich nicht bewußt, ein Spiegel zu sein. Der transzendentale Idealist blickt nur in den Spiegel und kann bei seiner Blickrichtung grundsätzlich nicht sehen, daß dieser Spiegel eine nichtspiegelnde Hinterseite hat, eine Hinterseite, die ihn in eine Reihe mit den gespiegelten Dingen, mit der außersubjektiven Realität stellt. Er zieht auch nicht in Betracht, daß diese reale Struktur des Spiegels in Auseinandersetzung mit der gespiegelten Außenwelt, im Dienste der Funktion des Spiegels entstanden ist, und unterschätzt eben deshalb die Analogien, die zwischen der außersubjektiven Realität und dem vereinfachten Modell bestehen, das als phänomenale Welt im bescheidenen Raster unseres Zentralnervensystems abgebildet wird.

Deshalb „wird es mit dem Fortschreiten einer rein induktiven Naturwissenschaft schließlich notwendig, Erkenntnistheorie, gewissermaßen als

Apparatekunde, zu betreiben". Als Arzt mahnt Lorenz, „dass im menschlichen Verhalten pathologische Störungen häufiger und bedrohlicher sind als in dem irgendeines Tieres", und „die Physiologie, als die Lehre von den natürlichen Ursachen der Lebensvorgänge, hat ganz selbstverständlich ihren höchsten Anwendungswert darin, der Königin aller angewandten Wissenschaften, der Medizin, zu dienen".

> Der menschliche Angriffstrieb, die ‚Aggression' bildet eins der dringlichsten Probleme moderner Psychoanalyse und Psychotherapie … Die Physiologie endogener Triebhandlungen im allgemeinen und des innerartlichen Angriffsverhaltens im besonderen ist heute schon durchaus imstande, einleuchtende Erklärungen für jene Erscheinungen zu geben, die von den Psychoanalytikern zwar richtig gesehen, aber völlig falsch interpretiert worden waren.

Erich von Holst schildert vorrangig sein Verfahren, frei bewegliche Hühner in Hirnreizexperimenten drahtlos fernzusteuern.

> Wir können durch ‚punktförmige' elektrische Erregung gewisser Fasersysteme mittels vorsichtig eingeführten sehr feinen Elektroden gerade die Stellen im Hirn aktivieren, in denen die Mannigfaltigkeit von Sinnesdaten in die Einheit des Tuns überführt wird, wo also gleichsam physiologische ‚Begriffe' gebildet werden; und das ermöglicht uns zugleich, eine Fülle natürlicher Triebe zu beleben, Zielhandlungen zu veranlassen – ja offenbar auch Wahrnehmungen künstlich zu verursachen.

So gelingen Umstimmungen, Illusionen, Halluzinationen. Es gelingt zum Beispiel, ein stehendes Huhn einschlafen zu lassen, oder ein ruhig sitzendes durstig zu machen, sodass es zielgerichtet zu einer entfernt stehenden Schale mit Wasser geht und ausgiebig trinkt. Das durstige Huhn nimmt dabei jeden gangbaren Weg zum Wasser, laufend oder springend. Es ließ sich auch zeigen, dass ein Hahn mit steigendem Reiz zunächst den Hals reckt und in die Ferne äugt, sich ängstlich schlank macht, näher auf den Boden und dann dicht neben sich herab blickt, plötzlich flügelschlagend zur Seite springt, als ob ein (für uns nicht sichtbarer) kleiner Hund vorbeigelaufen wäre, und schließlich nach Reizende lebhaft-suchend umherblickt („wo ist der Hund geblieben?"). Hätte er den Hund nur „schein-halluziniert", brauchte er sich nach Reizende nicht nach ihm suchend umzuschauen.

Zugegen ist bei der Einweihung auch Abt Hugo Lang vom Benediktinerkloster St. Bonifaz in München mit dem zugehörigen Kloster Andechs ganz in der Nähe von Seewiesen. Nachfolger von Hugo Lang als Abt von Sankt Bonifaz wurde Odilo Lechner, mit dem ich bald in Kontakt kam und der mich 1976 in die philosophische Sektion der Bayerischen Benediktiner-Akademie holte.

Die Mittwochskolloquien

Bei der Einweihung des Institutes erklärt von Holst im großen Kolloquienraum in seinem Gebäude: „Jeden Mittwochnachmittag findet unser für alle wissenschaftlichen Mitarbeiter obligatorisches Kolloquium statt, bei dem *ad hoc* einer der jungen Leute zum Diskussionsleiter bestimmt wird, alle übrigen gleichberechtigte Partner des Gesprächs sind. Jedes Mal berichtet einer von uns über die eigene Arbeit; wesentlicher Kern ist das jeweils Besondere der gedanklichen wie experimentellen Methode." Manchmal, erläutert er schmunzelnd, werden Diskussionen – „um trügerische von tragfähigen Gedanken zu sortieren" – bis in die Nacht am Kamin fortgesetzt, und zwar im Birkenhaus, das außer Geburtstagsfeiern auch die bald berühmten Faschingsfeste beherbergt. Es war inoffiziell und ohne jegliche Genehmigung gebaut worden (zum Ausgleich bekam das Lorenz-Haus nur einen Kriechkeller).

Die Mittwochskolloquien entwickeln rasch einen sehr eigenen Charme, den mancher auswärtige Redner sogar fürchtete. Konnte der Vortragende nicht schon einleitend für jedermann verständlich machen, wie er zu seinem Thema gekommen war und warum er es immer noch spannend fand, bohrte von Holst unerbittlich nach. War ein zu ungenauer Gedankengang nicht nachvollziehbar, konnte es passieren, dass von Holst das Kolloquium abbrach und eine Woche später eine klarere Darstellung verlangte. Er forderte, von sich wie von anderen, die eigenen Überzeugungen ohne Rückhalt zu äußern; Diplomatie empfand er als Unaufrichtigkeit – auch in Kolloquien, wo „manche vielleicht Richtiges ahnen, aber es vor lauter Wortschwall und manchmal etwas arroganten verbalen Spiegeltänzereien nicht recht ans Licht bringen". Zuweilen erläutert Lorenz, um Ausgleich bemüht, in eigenen Worten, „was der Redner eigentlich hatte sagen wollen"; aber mitunter hatte das wiederum der Redner (oder die Rednerin) so gar nicht gemeint. Es sind regelmäßig lebhafte und stets *open-end*-Kolloquien. Manche Themen haben lange nachgewirkt, wenn zum Beispiel Physiker und Biologen unterschiedlich argumentierten.

So erinnert sich 1969 der Physiker Werner Heisenberg:

Im Max-Planck-Institut für Verhaltensforschung, das an einem kleinen waldumschlossenen See im Hügelland zwischen Starnberger- und Ammersee liegt, widmeten sich damals Konrad Lorenz und Erich von Holst zusammen mit ihren Mitarbeitern dem Verhalten der dort heimischen Tierwelt. Sie redeten – so lautet der Titel eines der Lorenzschen Bücher – mit dem Vieh, den Vögeln und den Fischen. In diesem Institut fand regelmäßig im Herbst ein Kolloquium statt, an dem Biologen, Philosophen, Physiker und Chemiker über grundsätzliche, vor allem erkenntnistheoretische Probleme der Biologie diskutierten. Es wurde etwas leichtsinnig vereinfachend das ‚Leib-Seele-Kolloquium‘ genannt. An diesen Gesprächen nahm ich gelegentlich teil, fast nur als Zuhörer, da ich ja viel zu wenig von Biologie wusste. Aber ich versuchte, aus den Diskussionen der Biologen zu lernen. Ich erinnere mich, dass an jenem Tage von der Darwinschen Theorie in ihrer modernen Form: ‚Zufällige Mutation und Selektion‘ die Rede war und dass zur Begründung dieser Lehre der folgende Vergleich herangezogen wurde: Mit der Entstehung der Arten geht es wohl ähnlich wie mit der Entstehung der menschlichen Werkzeuge. So sei etwa zur Fortbewegung auf dem Wasser zusätzlich das Ruderboot erfunden worden, und die Seen und Meeresküsten hätten sich mit Ruderbooten bevölkert. Dann sei irgendein Mensch auf die Idee gekommen, die Kraft des Windes durch Segel auszunutzen, und so hätten sich die Segelboote auf den meisten größeren Gewässern gegen die Ruderboote durchgesetzt. Schließlich sei die Dampfmaschine konstruiert worden, und die Dampfschiffe hätten auf allen Meeren die Segelboote verdrängt. Die Ergebnisse unzulänglicher Versuche würden in der sich entwickelnden Technik sehr schnell ausgemerzt. In der Beleuchtungstechnik etwa sei die Nernstlampe fast sofort durch die elektrische Glühbirne beseitigt worden. Ähnlich müsse man sich auch den Selektionsprozess unter den verschiedenen Arten von Lebewesen vorstellen. Die Mutationen erfolgten rein zufällig, so wie es eben die Quantentheorie verfüge, und der Selektionsvorgang scheide die meisten dieser Versuche der Natur wieder aus. Nur wenige Formen, die sich unter den gegebenen äußeren Umständen bewährten, blieben übrig.

Beim Durchdenken dieses Vergleichs fiel mir auf, dass der geschilderte Vorgang in der Technik gerade an einem entscheidenden Punkt der darwinschen Lehre widerspricht; nämlich dort, wo in der darwinschen Theorie der Zufall ins Spiel kommt. Die verschiedenen menschlichen Erfindungen entstehen ja gerade nicht durch Zufall, sondern durch Absicht und das Nachdenken der Menschen. Ich versuchte mir auszumalen, was herauskäme, wenn man den Vergleich hier ernster nähme, als er gemeint war, und was dann etwa an die Stelle des Darwinschen Zufalls treten müsste. Könnte man hier mit dem Begriff ‚Absicht‘ etwas anfangen? ... Hat ein Bakteriophage, der sich einem Bakterium nähert, die Absicht, in dieses einzudringen, um sich dort zu vermehren? ... Aber vielleicht könnte man für die Frage die vorsichtigere Formulierung wählen: Kann das Mögliche, nämlich das zu erreichende Ziel, den kausalen Ablauf beeinflussen? Damit ist man aber schon fast wieder im Rahmen der Quantentheorie. Denn die Wellenfunktion der Quantentheorie stellt ja das Mögliche und nicht das Faktische dar. In anderen Worten: vielleicht ist der Zufall, der in der Darwinschen Theorie eine so wichtige Rolle spielt, gerade deshalb, weil er sich den Gesetzen der Quantenmechanik einordnet, etwas viel Subtileres, als wir uns zunächst vorstellen.

Diese Gedankenkette wurde dadurch unterbrochen, dass in der Diskussion erhebliche Meinungsverschiedenheiten über die Bedeutung der Quantentheorie in der Biologie auftauchten. Der Grund für solche Gegensätze liegt wohl allgemein darin, dass die meisten Biologen zwar durchaus bereit sind zuzugeben, dass die Existenz der Atome und Moleküle nur mit der Quantentheorie verstanden werden könne, dass sie aber sonst den Wunsch haben, die Bausteine der Chemiker und Biologen, nämlich Atome und Moleküle, als Gegenstände der klassischen Physik zu betrachten, also mit ihnen umzugehen wie mit Steinen oder Sandkörnern. Ein solches Verfahren mag zwar oft zu richtigen Resultaten führen; aber wenn man es genauer nehmen muß, ist die begriffliche Struktur der Quantentheorie doch sehr anders, als die der klassischen Physik. Man kann also gelegentlich zu ganz falschen Ergebnissen kommen, wenn man in den Begriffen der klassischen Physik denkt. Aber über diesen Teil der Diskussionen im ‚Leib-Seele-Kolloquium‘ soll hier nicht berichtet werden (Heisenberg 1969, S. 326–329).

Wie von Holst darüber dachte, wird klar in einem Vortrag über „Halbbildung und Bildung in den Naturwissenschaften", den er 1962, drei Monate vor seinem Tod, an die Schüler im Landschulheim am Solling richtet. Naturwissenschaften können und dürfen nur einen ganz schmalen Ausschnitt des menschlichen Lebensbereiches ausfüllen, mahnt er da. Zu viele Menschen hielten die Physik, dieses Geistesprodukt, leider für die Wirklichkeit schlechthin.

Der Physiker wird über Dinge befragt (und antwortet manchmal sogar darauf), wofür er unmöglich zuständig sein kann. Physik geht, historisch gesehen, wie alle übrigen Bezirke unseres Daseins, aus vom menschlichen Erleben. Sie hat aber in ihrem Gange alles Qualitative, wie Freude, Trauer, Sehnsucht, Wollen, was nicht messbar ist, ausgemerzt, und von dem was messbar ist (die bunten Farben, die musikalischen Klänge, usw.), die Erlebnisseite gestrichen und nur den messbaren Anteil (Wellenlängen irgendeiner praktischen Größe, mit denen sich der Blinde oder Taube ebenso gut beschäftigen kann) übrig gelassen. Sie hat ferner auf ihrem Gange alles ausgegliedert, was im Laufe von Jahrmillionen historisch wurde und als solches einmalig ist: nicht nur die Organismen, auch die Gestirne und ihren Gang, die Gestalt der Erdoberfläche …

Die Kolloquien blieben ein Kernstück der Arbeit für alle wissenschaftlichen Mitarbeiter. Anwesenheitspflicht bestand zwar, wurde aber in den Jahren mit zunächst nur drei Abteilungen freiwillig eingehalten, weil jeder gespannt darauf war, was aus den anderen Abteilungen Neues berichtet wurde. Und es wurde vorrangig von eigenen Arbeiten aus den Abteilungen berichtet, oft über „noch ungelegte Eier", wie von Holst sagte, erst halb gelöste Probleme, wobei der Vortragende dann alle Hirne in der Runde für sich einspannen konnte. Kollegialität war selbstverständlich; „Ideenklau" kam nicht vor, wäre auch bald offenbar geworden.

Das Institut wird berühmt und kann vergrößert werden um die sinnes- und neurophysiologisch an Insekten forschenden Abteilungen von Dietrich Schneider (1964) und Franz Huber (1973). Diese Insekten-Abteilungen bearbeiten engere physiologische Probleme, halten bald ihre internen Abteilungs-Kolloquien, und das institutsumspannende Ganze gerät allmählich aus der Diskussion. Weiterhin bekunden Besucher vorrangig Interesse an der lorenzschen Forschung und machen es bald nötig, zum Beantworten ihrer Fragen einen wöchentlich wechselnden „AvD" (Assistent vom Dienst) einzurichten. Andererseits wirkt es fast lächerlich symptomatisch, als Lorenz in Badehose mit Gummistiefeln und zwei Futtereimern zu seinen Gänsen geht und Mitarbeiter der Abteilung Schneider, die ihm in weißen Laborkitteln begegnen, bittet, diese Kleidung nur im Haus zu tragen, wo sie seine Tiere nicht irritieren.

Musik im Institut

Im Institut – mal im Birkenhaus, mal im Kolloquienraum – wird viel mit Cembalo, Flöte, Geige musiziert. Das hängt damit zusammen, dass Erich von Holst Geige und Bratsche erforscht. Er baut Instrumente, studiert ihren Klang und zerlegt sie wieder, um sie nach Änderung oder Austausch eines Bauelements erneut zusammenzusetzen und zu erproben. So untersucht er systematisch den Einfluss der verschiedenen Bauteile (Stimmstock, Zarge, Decke, Boden, Lack usw.) auf den Klang des Instruments. Er erfindet auch eine nach dem biologischen Prinzip der Allometrie verformte unsymmetrische Bratsche, die von Bratschisten hoch gelobt wird. Gelegentlich sehen und hören wir, wie er unermüdlich fiedelnd auf dem Balkon seines Hauses auf und ab geht.

Werner Heisenberg hat (1969, im Anschluss an seine Kolloquien-Schilderung) auch einen Eindruck von der musikalischen Seite des Instituts vermittelt:

Wir … fuhren durch die üppig blühenden Wiesen ins Hügelland zwischen Starnberger-See und Ammersee nach Seewiesen, um im Max-Planck-Institut für Verhaltensforschung Erich von Holst zu besuchen. Erich von Holst war nicht nur ein ausgezeichneter Biologe, sondern auch ein guter Bratschist und Geigenbauer, und wir wollten ihn wegen eines Musikinstrumentes um Rat fragen. Die Söhne, damals junge Studenten, hatten Geige und Cello mitgebracht für den Fall, dass sich Gelegenheit zum Musizieren bieten sollte. Von Holst zeigte uns sein neues Haus, das er künstlerisch und lebendig, weitgehend mit eigener Arbeit geplant und eingerichtet hatte, und führte uns in ein geräumiges Wohnzimmer, in das durch die weit geöffneten Fenster und Balkontüren an diesem sonnigen Tag das Licht mit voller Kraft hereinströmte. Wenn man den Blick nach draußen wandte, fiel er auf hellgrüne Buchen unter einem blauen Himmel, vor dem sich die Schützlinge des Seewiesener Instituts in der Luft tummelten. v. Holst hatte seine Bratsche geholt, er setzte sich zwischen die beiden jungen Menschen und begann, mit ihnen jene von dem jugendlichen Beethoven geschriebene Serenade in D-Dur zu spielen, die von Lebenskraft und Freude überquillt und in der sich das Vertrauen in die zentrale Ordnung überall gegen Kleinmut und Müdigkeit durchsetzt. In ihr verdichtete sich für mich beim Zuhören die Gewissheit, dass es, in menschlichen Zeitmaßen gemessen, immer wieder weitergehen wird, das Leben, die Musik, die Wissenschaft; auch wenn wir selbst nur für kurze Zeit mitwirken können.

Tierkenntnis und Physiologie

Alle Gründerväter der Verhaltensforschung kannten das normale Verhalten ihrer Tiere sehr genau. Konrad Lorenz hat stets eine bewundernswerte Fülle von Einzelbeispielen für tierisches und menschliches Verhalten parat, die er aus eigenen Erfahrungen schildert und in lebendige Worte, oft in noch buntere Vergleiche kleidet. Nicht zur Unterhaltung; er zielt auf einen prüfbaren, zunächst hypothetischen Kern hinter den Verhaltensäußerungen. Viele Beobachtungen haben ihm nahegelegt, im Verhalten der Tiere die formkonstanten Bewegungsmuster, die Instinktbewegungen, abzutrennen von den Orientierungskomponenten (Taxien), welche das Verhalten auf ein passendes Objekt lenken. Das Objekt seinerseits bietet die Schlüsselreize, auf welche am handelnden Individuum ein auslösender Mechanismus anspricht und die so das entsprechende Verhalten auslösen. Beides, die auslösenden Reize und die auslösenden Mechanismen, will Lorenz mit Hilfe von Attrappenversuchen genauer untersuchen.

Ein großes Thema für ihn ist die Nachlaufprägung junger, nestflüchtender Vögel, die er an Entenküken untersucht. Das Phänomen war zwar schon dem heiligen Cuthbert (635–687) bekannt gewesen. Der lebte als Mönch und Bischof des Klosters Lindisfarne auf der gleichnamigen Insel vor der Nordostküste Englands und zog sich schließlich als Einsiedler auf die raue und unbewohnte Insel Inner Farne zurück, die größte der Farne-Inseln südlich von Lindisfarne. Er sorgte sich intensiv um die dortige in freier Natur lebende Population der Eiderente *(Somateria mollissima)* und zog Küken dieser Meerente von Hand auf, die dann ihm als „Ersatzmutter" überall hin folgten. Diese Nachlaufprägung wurde dann von Sir Thomas More (1517 in seinem Buch *Utopia*) und wieder vom Freiherrn Adam von Pernau (1707) und von Oskar Heinroth (1911) beschrieben. Aber erst Lorenz betrachtet die Prägung systemphysiologisch und unterscheidet sie von Lernvorgängen. Eckhard Hess, der gerne Seewiesen besuchte, hat das Prägungsphänomen ausführlich behandelt (Hess 1975). Seine Frau Dorle stammte, wie meine Frau, aus dem Siegerland, und wenn er uns besuchte, wünschte er sich Siegerländer „Rievekoche".

Den Unterschied zwischen Organ- und Systemphysiologie zu beachten, war ein Anliegen von Erich von Holst (1953): Ein Organphysiologe „wendet Physik und Chemie auf überlebende Organe oder Organteile an. Der ganze Organismus entsteht bei ihm allenfalls hinterher als gedankliche Konstruktion vor seinem geistigen Auge". Ein Systemphysiologe „lässt das Tier möglichst heil und experimentiert durch Änderung äußerer Bedingungen; er muss Tierkenner sein, weil die wissenschaftlichen Erfolge direkt abhängen von der Einsicht in die besonderen Lebensbedürfnisse der gerade untersuchten Tierart; als Konsequenz ergibt sich dann die Voraussagbarkeit des Verhaltens".

Angewandt hat er Systemphysiologie zum Beispiel, um an einem Fisch die Fress-Stimmung zu messen. Der Fisch schwimmt dabei störungsfrei im engen Aquarium. Eine leichte Wasserströmung durchs Becken hält ihn ruhig auf der Stelle, mit der Nase gegen die Strömung. Seine Statolithen im Innenohr reagieren auf die Schwerkraft und richten seinen Bauch nach unten, seine Augen reagieren auf das normal von oben einfallende Licht und richten seinen Rücken dorthin („Licht-Rücken-Reaktion"). Bietet man starkes Licht von einer Seite statt von oben, entsteht eine Diskrepanz zwischen Schwerkraft und Lichteinfall, und der Fisch stellt sich schräg. Gibt man etwas Futtersaft in die Wasserströmung, sucht der Fisch mit den Augen nach Beute, bewertet alle Augenmeldungen stärker und kippt den Rücken weiter zum Licht, um so mehr, je hungriger er ist. Mit Extrakten aus verschiedener Nahrung lassen sich am Kippwinkel auch Nahrungsbevorzugungen erkennen.

Eine vergleichbare Methode, um den Einfluss von optischen, akustischen oder beiderlei Reizen auf die Laufbewegung von Insekten zu untersuchen, erfand Bernhard Hassenstein 1950 in Tübingen mit dem berühmten „Spangenglobus". Der bestand aus drei Y-förmig gespaltenen, zum Globus zusammengefügten Strohhalmstücken. Er wurde etwa einem Käfer unter die Füße gegeben, der selbst mit dem Rücken an einem Stab befestigt hing und nun beim Laufen den Spangenglobus unter sich drehte. An jeder Y-förmigen Verzweigung seines endlosen „Weges" musste er sich für rechts oder links entscheiden und gab damit Hinweise darauf, wie das Gehirn die Meldungen der Augen oder Hörorgane verarbeitet, wenn experimentell beliebig veränderbare Reize nacheinander oder gleichzeitig, auch aus mehreren Richtungen, eintreffen (Der Spangenglobus ist heute ein Exponat im Deutschen Museum München).

Eine extreme technische Weiterentwicklung vom Spangenglobus ist die von Ernst Kramer und Peter Heinecke in Seewiesen erfundene (und seither vielfältig eingesetzte) „Kramer-Kugel" mit griffiger Oberfläche, auf der zum Beispiel ein Insekt, ein Tausendfüßer oder eine Assel frei laufen können. Die Kugel ist ein Lokomotionskompensator, so gelagert, dass Servomotoren, die in der Äquatorebene ansetzen, sie um zwei orthogonale Achsen drehen können. Das Versuchstier auf dem „Nordpol" trägt auf dem Rücken ein kleines Plättchen aus reflektierendem Material. Damit erfasst infrarotes Licht die Position des Tieres, misst seine Abweichungen in x- und y-Richtung in Bezug auf den Kugel-Nordpol und steuert die zugehörigen Servomotoren, sodass sich die Kugel kompensatorisch in entgegengesetzter Richtung dreht. Also spiegelt sie genau, wohin das auf experimentelle Außenreize reagierende Insekt strebt. Das Tier selbst wird am Ort gehalten, und die elektronisch gespeicherte Arbeit der Motoren wird als Weg des Tieres aufgezeichnet (Die Kramer-Kugel wird jetzt kommerziell vertrieben von den Firmen Van de Pers in den Niederlanden und Bell in Kansas City).

Gute Tierkenntnisse waren gefragt, als von Holst mit seinen Hirnreizungen nur Bruchstücke von normalem Verhalten auslöste. Die ließen sich schwer zuordnen. Zudem hatte er im Vortrag anlässlich der Institutseinweihung angekündigt, in Zukunft verstehen zu wollen, was in einer geordneten Hühnersozietät passiert, wenn ein rangtiefes Huhn ein ranghohes hackt oder wenn ein „feiger" Hahn sich als Pascha aufspielt, Hennen anbalzt und vor Feinden warnt, die nur er „sehen" kann. Worauf sollte man da sein Augenmerk richten?

Die jetzt erforderlichen Detailkenntnisse über Hühner besaß, wie seine Publikationen bezeugen, der Arzt Dr. Erich Baeumer. Er wurde deshalb zum ersten auswärtigen wissenschaftlichen Mitglied unseres Institutes berufen. Ich kannte Erich Baeumer aus meiner Abiturzeit in Siegen als tüchtigen und im Siegerland weithin beliebten Landarzt (Meiner Frau hatte er das Leben gerettet, als sie als Kind an einer schweren Lungenentzündung erkrankt war.). Im Keller seines alten Hauses versammelten sich abends über den Kohlen auf Sitzstangen seine Hühner; er kannte sie alle mit Namen. Das individuelle Kennen und die Rangordnung unter ihnen hat er mir und anderen Besuchern mehrfach vorgeführt: Er ergriff ein Tier und hielt es anderen vor die Nase; es hackte rangtiefere, von ranghöheren wurde es gehackt. In seiner Praxis lagen in einem Sterilisator meist Hühnereier in verschiedenen Entwicklungsstadien. Gern demonstrierte er ein angepicktes oder schon halb geschlüpftes. Es soll Patienten gegeben haben, die darüber ihr Wehwehchen vergaßen. In Seewiesen half er nun mit seinen Kenntnissen, modern gesagt als „Hühnerflüsterer". Er starb im November 1972.

7

Die ersten Seewiesener Jahre

In Deutschland und Österreich etablierte sich die Verhaltensforschung zunächst erfolgreich als Populärwissenschaft. Das geschah vor ihrer Anerkennung als Wissenschaft, und zwischen beidem gab es für lange Zeit fließende Grenzen. Ungebrochen aber blieb seit *Brehms Tierleben* sowohl in der Öffentlichkeit wie unter biologischen Wissenschaftlern ein Interesse am Verhalten der Tiere. Dabei richtet sich das Interesse ɴɪcht nur darauf, *was* Tiere tun, sondern auch *wie* und *warum* sie es tun. Auf das „warum?" gibt es jedoch verschiedene mögliche Antworten: Warum isst man? – aus Hunger, weil's schmeckt, weil's dick macht? Wo liegt der Unterschied zwischen den Warum-Antworten?

Vier Fragebereiche

„Why do animals behave like they do?" Dafür hatte Julian Huxley, der große Pionier der aufkommenden Vergleichenden Verhaltensforschung, drei verschiedene Ursachen genannt: *„ultimate causes, immediate causes, and mere necessary machinery"* (Huxley 1916, S. 161). Tatsächlich existieren vier basale Bereiche biologischer Forschung, und auf sie bezogen fragte Tinbergen 1963 1) nach den inneren Prozessen und äußeren Reizen, die eine Verhaltensweise auslösen und antreiben (Mechanismus), 2) nach den Änderungen einer Verhaltensweise im Laufe des individuellen Lebens samt den dafür verantwortlichen Faktoren (Ontogenese), 3) nach den heutigen Folgen der Verhaltensweise für die Überlebenswahrscheinlichkeit des Individuums und seine Fortpflanzungschancen (Funktion) und 4) nach den stammesgeschichtlichen Veränderungen der Verhaltensweise und ihren Ursachen im Verlauf von

© Springer-Verlag Berlin Heidelberg 2017
W. Wickler, *Wissenschaft auf Safari*,
DOI 10.1007/978-3-662-49958-0_7

Generationen (Evolution). Später (in Schleidt 1988) trennte er die heutige Funktion des Verhaltens (die nicht identisch zu sein braucht mit dem Selektionsdruck, dem es ursprünglich unterlag) von der Verursachung des Verhaltens durch Evolution, Ontogenese und momentane physiologische Prozesse. Nachfolgende Autoren haben die vier Bereiche wieder anders, nämlich paarweise zusammengefasst zum proximaten „Wie"-Komplex (Mechanismus, Ontogenese) und ultimaten „Warum"-Komplex (Funktion, Evolution).

Aus vielen Gesprächen mit Niko Tinbergen weiß ich, dass er selbstverständlich meinte, alle vier Fragen müssten für ein und dasselbe Verhalten eines Tieres beantwortet sein, um es aus biologischer Sicht völlig zu verstehen. Das aber ist bis heute für keine einzige Verhaltensweise irgendeiner Tierart erreicht. Grund dafür ist, dass jede Frage eine andere Methodik erfordert, die jede von verschiedenen Forschern an unterschiedlich dafür geeigneten Arten betrieben und verfeinert wird. Die unmittelbaren (proximaten) Ursachen für ein bestimmtes Verhalten – die neurophysiologische Verhaltens-„Maschinerie" sowie die äußeren auslösenden Reize und die oft hormonabhängigen inneren Handlungsbereitschaften oder Stimmungen – lassen sich experimentell untersuchen, Ontogenese und gegenwärtiger Anpassungswert eines Verhaltens erfordern Beobachtung und Experimente. Untersuchbare Reifungsstadien in der Ontogenese fehlen allerdings denjenigen Verhaltensweisen, die nur ein erstes und einziges Mal auftreten, wie etwa der oft komplizierte Schutzbau beim Verpuppen einer Schmetterlingsraupe. Die Frage nach der Phylogenese eines Verhaltens erfordert die Rekonstruktion seiner Stammesgeschichte mit Methoden der vergleichenden Morphologie, und zwar durch Viele-Arten-Vergleiche homologer Merkmale, was – mit der taxonomischen Verwendung von Verhaltensweisen – ja der Ursprung der ganzen Forschungsrichtung gewesen war. Vergleichen muss man aber auch bei Experimenten, nämlich Werte vor und nach einer Prozedur sowie beim Auswerten der Ontogenese ältere mit jüngeren Zuständen. Auch dabei ist die Homologiefrage wesentlich, obwohl sie sich hier meist ungefragt beantwortet. Folglich wäre „vergleichend" der geeignete Oberbegriff für das gesamte Forschungsfeld des Institutes, das ja weit über Physiologie hinausgeht. Tinbergen (1963, S. 417) bedauerte deshalb den Namen „für Verhaltensphysiologie" als zu einseitig.

Auch hatte er sich mit seinen vier Fragen stets auf „angeborenes" Verhalten bezogen, dessen genetische Grundlage vererbt wird. Spätestens als Ornithologen im Vogelgesang auf tradierte Gesänge stießen, war klar, dass sich dieselben vier Grundfragen wie für das genetisch begründete, angeborene Verhalten auch für sozial erlerntes Verhalten stellen. Dieser Traditions-Bereich ist aber, trotz ständiger Betonung der vier Tinbergen-Fragen („Tinbergens Vermächtnis" genannt) bis heute unbearbeitet geblieben.

Ein Psychomechanik-Modell

Lorenz war unübertroffen in seiner Fähigkeit, das Verhalten von Tieren genau zu beobachten und zu beschreiben und war damit zum Begründer der Vergleichenden Verhaltensforschung geworden. Seine geniale Leistung war es, unterschiedliche Verhaltensphänomene, von ihm selbst entdeckte ebenso wie schon lange bekannte, zu einem in sich kohärenten Erklärungsgebäude zusammenzuschauen. So hatte Oskar Heinroth, den Lorenz als seinen großen Lehrer betrachtete, 1911 von Enten beschrieben, was Whitman bereits 10 Jahre zuvor an Tauben entdeckt hatte, nämlich dass bestimmte Verhaltensweisen ebenso gut wie Organe Aufschluss geben über die Verwandtschaftsbeziehungen zwischen Arten, dass diese Bewegungsweisen also angeboren sein und, ebenso wie Organe, eine Evolution durchlaufen haben mussten. Entsprechend hatte Lorenz seit 1935 Instinkthandlungen samt ihrer phylogenetischen Veränderlichkeit wie Organe behandelt. Die ganze Instinkthandlung dachte er sich unterteilt in einen sie angeborenermaßen auslösenden Mechanismus (AAM), ein die auslösende Situation suchendes Appetenzverhalten und die eigentliche erblich koordinierte Endhandlung.

Weder Whitman noch Heinroth haben sich zu den physiologischen Grundlagen der von ihnen untersuchten instinktiven Bewegungsmuster geäußert. Wallace Craig hatte 1918 Instinkte dadurch gekennzeichnet, dass sich die Bereitschaft zu einer bestimmten Instinkthandlung mit der Zeit seit ihrem letzten Auftreten erhöht. Damit soll ein Suchen nach diesen Reizen („Appetenzverhalten") mit einer Erniedrigung der Schwelle für die auslösenden Reize einhergehen; falls diese ausbleiben, können unspezifische Reize zu einer Handlung am „Ersatzobjekt" führen, oder am theoretisch erreichbaren Grenzwert kann es sogar ohne auslösende Reize zur Leerlaufhandlung kommen. Am Beispiel der Fressbereitschaft, die nach einer Mahlzeit vorübergehend stark absinkt, stellte man sich vor, so etwas wie eine handlungsspezifische Energie *(action-specific potential)* würde aufgestaut, beim Ausführen der entsprechenden Handlung aufgebraucht, dann wieder aufgestaut, und so weiter. Lorenz meinte ursprünglich, was sich da aufstaue, sei für jede Instinkthandlung ein spezifischer chemischer Erregungsstoff, der durch die Handlung abgebaut wird.

Ein psychomechanisches Modell, welches diesen Zusammenhang plausibel abbildet, hatte 1923 der amerikanische Psychologe William McDougall (1923, S. 109) präsentiert[1]:

---

[1]Deutsche Übersetzung im Anhang des Buches.

We may liken the dispositions which are the instincts of any individual organism to the following mechanical arrangement: Each instinct is represented by (1) a chamber within which a process of fermentation or other chemical change constantly liberates a gas, which accumulates under pressure. The several chambers communicate with one another by fine channels through which the gas can pass against considerable friction, when the pressure in any two chambers is different. (2) Each chamber has an outlet which branches into a complex system of pipes leading to a group of executive organs (nerves leading to muscles and glands). (3) This outlet is closed by a door or sluicegate provided with a lock of more or less complex pattern peculiar to itself (in some cases it is a series of locks rather than a single one). This door is never quite gas-tight; gas leaks through, and leaks in larger quantity the higher its pressure in the chamber (appetite and restlessness in which it is expressed). When the key is turned, the door swings open and the gas, issuing along the many channels, sets in action the various mechanisms to which it is led; and at the same time the relief of pressure in the chamber leads to a more rapid evolution or liberation of gas within it and to some drainage into it from other chambers. The key is the sensory-pattern presented by the specific object of the instinct (e. g. the nightingale's song, the peacock's tail). The turning of the key is the act of perceiving the object.

Such a mechanical model is inevitably inadequate in many respects to represent the psycho-physical disposition. It might perhaps be improved by replacing the locked door by a spring valve, which is opened by the short arm of a lever, in proportion as the long arm of the lever is depressed by a strong spring attached to its free end. Such depression is prevented, when the mechanism is at rest, by a series of stops, each of which can be drawn back by touching a key on a keyboard (like the keyboard of a piano). The complete depression of the lever and the fullest opening of the valve occur only when a certain combination of keys is struck; the striking of some of these keys will permit a partial depression of the lever. The keyboard is the array of sensory-organs; the key is any natural object which will strike the appropriate combination of keys. To complete the analogy, we should have to suppose that the mechanisms actuated by the pressure of the released gas are such as will, under favorable conditions, change the set of affairs which determines the striking of the keys, so that a new combination of keys is struck; the new combination releases the lever from its spring and so allows the spring valve to return to the closed position, and perhaps actuates another lever opening another valve (as in the case of chain-instincts), and so sets a different mechanism in action.

Als wichtigste Instinkt-Bestandteile enthält dieses Modell (am deutlichsten die *improved version*): a) eine spontan anwachsende, aktionsspezifische Energie (*„gas accumulating in a chamber"*), b) einen Auslösemechanismus (*„sluicegate with lock; spring valve"*), und c) den auslösenden Schlüsselreiz

(*„sensory-pattern; combination of keys"*). Ferner konnte das „Gas" unter wachsendem Druck, auch ohne auslösenden Reiz, durch die „Schleuse" sickern und das von Craig beschriebene Appetenzverhalten *(appetite and restlessness)* erzeugen. McDougall sah auch vor, das „Gas" könne unter hohem Druck in eine andere Kammer gelangen, einen anderen Auslösemechanismus in Mitleidenschaft ziehen *(another combination of keys opening another valve)* und zu einem Phänomen führen, welches Ethologen später „Übersprunghandlung" tauften.

Konrad Lorenz übernahm 1935 und 1937 das mcdougallsche „Gas-Modell" – ohne Quellenangabe – als sein Triebmodell für alle typischen Instinkthandlungen:

> Es ist, als würde ein Gas dauernd in einen Behälter gepumpt, in dem der Druck daher kontinuierlich im Wachsen ist, bis es unter ganz bestimmten Umständen zu einer Entladung kommt. Die verschiedenen Reize, die zur Entladung des kumulierten ‚Erregungsdruckes' führen, möchte ich als Hähne symbolisieren, die das angesammelte Gas wieder aus dem Behälter strömen lassen. Dabei entspricht der adäquate Reiz, genauer gesagt, die adäquate Kombination von Reizeinwirkungen, einem einfachen Hahn, der den Druck im Behälter bis auf das Maß des Außendruckes zu erniedrigen imstande ist. Allen anderen, mehr oder minder inadäquaten Reizen, entsprechen Hähne, denen ein Hindernis in Gestalt eines Federventils vorgeschaltet ist, das erst von einem bestimmten Binnendruck aufwärts Gas ausströmen lässt. Daher vermögen diese Hähne den innerhalb des Behälters herrschenden Druck nie vollständig zu entspannen, und zwar um so weniger, je stärker die Feder des vorgeschalteten Ventils ist, d. h., je unähnlicher der auslösende Ersatzreiz der normalen, adäquaten Reizsituation ist. Die rasche Ermüdbarkeit, die der instinktmäßige Ablauf bei unadäquater Auslösung zeigt, lässt sich auf diese Weise sehr gut und wahrscheinlich auch in einer ihr Wesen treffenden Weise versinnbildlichen (1937, S. 327, 1967, S. 270).

In seiner von 1944 bis 1950 verfassten, 1992 posthum als das „Russische Manuskript" erschienenen „Einführung in die vergleichende Verhaltensforschung" schreibt Lorenz (S. 365, 378), sein eigener „Beitrag zum Verständnis der Instinktbewegung", nämlich die „kontinuierliche Kumulation einer reaktionsspezifischen Erregbarkeit, die sich während der Ruhe einer bestimmten Bewegungsweise ansammelte, durch ihren Ablauf aber verbraucht wird", sei eine „Einsicht in eine allgemeine Gesetzmäßigkeit der Instinktbewegungen, die ich für das wichtigste Ergebnis meines Lebens halte".

Später ersetzte er in McDougalls Modell ohne nähere Begründung das Gas durch Flüssigkeit (und damit den Gasdruck durch Schwerkraft im gefüllten Behälter). Dieses „psychohydraulische Denkmodell" wurde ab 1950 zur Grundlage für instinktphysiologische Untersuchungen in der Verhaltensforschung. Abgebildet und erläutert ist es noch in Lorenz' *Lehrbuch der Vergleichenden Verhaltensforschung* (1978, S. 142–143) und in dessen amerikanischer Fassung (1981, S. 180–181). Neuestens benutzt der Psychologe Norbert Bischof die Psychohydraulik – unter Hinweis auf Lorenz – in seinem „Zürcher Modell der sozialen Motivation", um das Wirkungsgefüge von Sicherheit, Erregung, Autonomie und Sexualität zu illustrieren. Dass „proximate Kausalität zuweilen durch Modelle veranschaulicht wird, bei denen Kräfte an Hebeln angreifen oder Flüssigkeiten durch Röhren strömen", um solchermaßen „die Prozessdynamik durch mechanische und hydraulische Analogien zu veranschaulichen", findet er „von der Sache her unbedenklich" (2012, S. 217, 291).

Probleme mit dem Modell

Die Verhaltensforscher hatten jedoch zunehmend Probleme mit den psychomechanischen Analogien. Lorenz selbst zeigte – in seiner einzigen mit Tinbergen gemeinsamen Publikation – am Ei-Einrollen der brütenden Graugans (Lorenz und Tinbergen 1939), dass diese Instinkthandlung zwar mehrmals ausgelöst werden kann, aber jedes Mal aufhört, sobald der schiebende Schnabel (selbst ohne Ei) wieder unter der Gans ankommt (Lorenz und Tinbergen 1939). Solche „Endabschaltung" der Handlung, ohne dass eine handlungsspezifische Bereitschaft aufgebraucht wurde, war im psychomechanischen Modell nicht vorgesehen. Diesen Mangel *(„lack of any provision for negative feedback")* hatte Niko Tinbergen dem Modell schon 1963 (S. 415) angekreidet – übrigens auch seinem eigenen Instinktschema in der *Instinktlehre* (1951). Wie lebensnotwendig solche Rückmeldungen sind, demonstrierte Vincent Dethier an der *Calliphora*-Schmeißfliege (1958, 1967): Kappt man die Rückmeldungen aus dem Kropf, so frisst die Fliege trotz vollem Kropf bis zur Selbstzerstörung weiter, ohne merklichen Verlust an fressreaktionsspezifischer Energie. Neben der Frage, warum ein Tier etwas tut, wurde die ebenso wichtige Frage vernachlässigt, warum es damit auch wieder aufhört.

Auf der Suche nach dem Zusammenspiel von auslösenden Reizen und der vermuteten aktionsspezifischen Energie *(action-specific potential)* experimentierte Heinz Prechtl schon in Buldern mit noch blinden, nestjungen Vögeln. Die sperren futterbettelnd den Schnabel auf, sobald sie entweder einen Elternvogel hören, eine Erschütterung des Nestes spüren oder am

Schnabelrand berührt werden. Nach zehnmaligem Wiederholen einer dieser Reizungen (ohne Futtergabe) hört das Sperren auf, beginnt aber sofort wieder nach einem Reizwechsel. Bietet man die verschiedenen Reize abwechselnd, lassen sich über 40 Sperr-Antworten auslösen. Dass die Reaktion dennoch immer wieder aufhört, hat nichts mit einer Gewöhnung der Rezeptoren oder einer Ermüdung dieser Reaktion zu tun, liegt nicht am Verbrauch reaktionsspezifischer Energie, sondern an einer spezifischen zunehmenden Blockade der Weiterleitung des unbelohnten Reizes, als „afferente Drosselung" oder „reizspezifische Empfindlichkeitsänderung" bezeichnet. Margret Schleidt (1954) untersuchte das typische Kollern der Truthähne, das sich mit vorgespielten Tönen auslösen lässt. Bei wiederholter gleichförmiger Reizung reagiert ein Tier bald nicht mehr, reagiert aber sofort wieder, wenn man die Frequenz des Reiztons ändert. Auch hier beendet afferente Drosselung auf verschiedenen nervösen Niveaus ein Verhalten, ohne dass ein vermutetes handlungsspezifisches Potenzial aufgebraucht wäre. Das scheint für die auslösenden Reize aller Instinkthandlungen zu gelten (Prechtl 1953; Schleidt 1964).

Prechtl hatte außerdem gefunden, dass die Sperr-Reaktion nicht deswegen mit der Hungerzeit immer leichter auslösbar wird, weil ein innerer Handlungsdruck zunimmt, sondern weil der Auslösemechanismus immer unselektiver wird und endlich auf völlig inadäquate Reize anspricht. Das stellte schon damals die Notwendigkeit doppelter Quantifizierung (innerer Drang gegen äußere Reizstärke) infrage. Auch eine ganze Reihe weiterer Befunde passte nicht zu der Vorstellung, „daß die Bereitschaft zu bestimmten Handlungen von dem jeweiligen Spiegel einer rhythmisch-automatisch endogen produzierten, reaktionsspezifischen Erregung abhängig ist, die durch das Ablaufen der betreffenden Bewegungsweisen verbraucht, während ihrer Ruhe aber kumuliert wird" (Lorenz 1943, S. 397). Zum Beispiel „hassen" Vögel *(mobbing)* laut und ausdauernd bis zu 30 min weiter, obwohl ein Fressfeind längst verschwunden ist (Curio et al. 1969), also ohne „rasche Ermüdbarkeit des instinktmäßigen Ablaufs bei unadäquater Auslösung". Werden junge Vögel ohne Gelegenheit zum Baden aufgezogen, so kumuliert kein spezifischer Badedrang; vielmehr versiegt der Badetrieb völlig („Inaktivitätsatrophie"), und sie baden auch später nicht (Curio 1967). Der Kaktusfink *(Cactospiza pallida)* kann mithilfe von Stacheln oder Hölzchen in Baumrinde nach Maden stochern. Dieses Verhalten versiegt unter natürlichen Bedingungen, wenn es zum Nahrungserwerb in der Jugend nicht notwendig war (Tebbich 2001). Ist dieser Werkzeuggebrauch aber für den Jungvogel notwendig und von Erfolg gekrönt, dann entwickelt er sogar so etwas wie eine eigene „reaktionsspezifische Energie": Der Vogel schiebt schließlich erbeutete Maden mit dem Schnabel zurück in Spalten und holt sie mit dem Werkzeug wieder heraus (Eibl-Eibesfeldt 1963). Entsprechendes beobachtete Paul Leyhausen (1965) am Serval, der eine getötete Maus in ein Loch zurückstopft, um sie dann mit den Vorderpfotenkrallen wieder herauszuholen. Leyhausen vermutet, der Beuteerwerb, ursprünglich insgesamt abhängig von einer einzigen aktionsspezifischen Energie, sei zerfallen in Einzelglieder mit Einzelappetenzen, die sich verselbständigen, jetzt ihr Eigenleben führen und sich nun im „Angelspiel Luft machen" – wobei „Spiel" eine weitere aktionsspezifisch ungeklärte Kategorie bildet. Auch einige unserer Versuchs-Stieglitze, die gelernt hatten, ein Eimerchen mit Futter, das an einem Faden unter ihnen hing, mit Schnabel und Fuß zu sich heraufzuziehen, machten das schließlich weiterhin mit einem leeren Eimerchen, das sie immer wieder fallen ließen und erneut hochzogen (Seibt und Wickler 2006). Dem alten Triebkonzept folgend könnte man sagen, in den genannten drei Fällen sei eine „Werkzeughandlung" aus dem Nahrungserwerb verselbstständigt, habe einen eigenen Antrieb bekommen, und würde nun als Endhandlung mit eigenem Appetenzverhalten um ihrer selbst willen, rein zum Vergnügen, ausgeführt. Nur ist kein physiologisches Korrelat bekannt, an dem sich solches abgespielt hätte. Die im Instinktmodell von McDougall/Lorenz enthaltenen Vorstellungen erwiesen sich zunehmend als irreführend.

Heftig umstritten wurde schließlich die These, so wie der Fresstrieb zu Futtersuche und Nahrungsaufnahme drängt, sei auch der Aggressionstrieb mit spontan anwachsender Angriffsenergie oder Angriffsbereitschaft ausgestattet, die schließlich von sich aus zur Entladung im Kampf dränge. Lorenz behauptete das von 1955 bis 1971 in verschiedensten Publikationen, ausführlich 1963 in seinem Buch *Das sogenannte Böse* (*On aggression* 1966, S. 49 ff.). Zur Illustration diente ihm ein Verhalten vom Indischen Buntbarsch *(Etroplus maculatus):* Ein Männchen lebt friedlich mit einem Weibchen zusammen, so lange es – und sei es hinter einer gläsernen Trennscheibe – andere Artgenossen im Aquarium gibt, die attackiert werden können. Isoliert man ein Paar optisch von anderen, so fällt angeblich bald einer der Paarpartner, meist das Männchen, über den anderen her und bringt ihn um. Lorenz erklärt das mit der spontan anwachsenden Kampfbereitschaft, welche ständig an Fremden abreagiert werden muss, andernfalls sie sich soweit aufstaut, dass sie ohne äußeren Anlass ausbricht und ihr die Hemmung, den eigenen Partner anzugreifen, nicht mehr standhält.

Ich habe mit ihm darüber diskutiert, dass es doch höchst unbiologisch wäre, müsste ein verpaartes Männchen, das endlich einen von Artgenossen ungestörten Brutplatz gefunden hat, nun entweder losziehen, um doch wieder ein Prügelopfer zu finden, oder andernfalls sein Weibchen umbringen (Wickler 1970). Lorenz entgegnete damals (nicht sehr überzeugend), dass es der Evolution hier vielleicht nicht gelungen sei, aus einem durch und durch spontan aktiven Nervensystem einen nicht-spontanen Antriebsmechanismus zu bauen. Er unterstellte die skizzierte Antriebsstruktur für aggressives Verhalten allen mit einem solchen Nervensystem versehenen Arten und vermutete sie auch beim Menschen. Alarm schlug er mit seinem Buch deswegen, weil er meinte, es sei angesichts der Weltlage zu riskant, so lange zu warten, bis das Aggressionssystem des Menschen analysiert ist; vernünftiger sei es, einem möglicherweise vorhersehbaren weltweiten Aggressionsausbruch mit allen Mitteln vorzubeugen.

In der ungemein heftigen Diskussion, die zu Lorenz' Aggressions-These in Schriften und Büchern losbrach, kamen vielerlei Argumente auf. Leyhausen (1979, S. 470) etwa erläuterte, warum ein Tier seine Kampfbereitschaft steigern sollte, wenn es längere Zeit keinen Gegner vorfindet: „In freier Natur tritt in der Regel ein Gegner um so wahrscheinlicher auf, je länger man keinem begegnet. Die Wachsamkeit darf also nicht einschlafen, sondern muss im Gegenteil geschärft werden. Genauso verhält es sich mit der Fluchtbereitschaft." Das entspricht dem Aberglauben mancher Würfelspieler, eine Sechs käme umso wahrscheinlicher, je länger sie ausblieb. Entsprechend fehlten handfeste Befunde. Sogar für das Fischbeispiel war die Datenlage mehr als mager. Anne Rasa (1969) fand in einer kleinen Versuchsserie an unserem Institut, dass die gut aufeinander eingespielten Partner eines der getesteten *Etroplus maculatus*-Paare wiederholt und erfolgreich gemeinsam Junge aufzogen, obwohl sie völlig von anderen Artgenossen isoliert waren. Mein damaliger Doktorand Heinz-Ulrich Reyer (später Professor in Zürich) nahm sich deshalb vor, das Paarverhalten von diesem immer wieder als Beweis herangezogenen Buntbarsch genau zu untersuchen. Sein Vergleich verschiedener Konstellationen – isoliert allein, isoliert mit Partner, mit und ohne Sicht auf Artgenossen – und die quantitative Analyse aller, nicht nur der aggressiven, Verhaltensweisen, ergaben keinen Hinweis auf einen spontan zur Entladung drängenden Aggressionstrieb. Bei einzeln isoliert gehaltenen Individuen, ob Männchen oder Weibchen, nahm die Kampfbereitschaft sogar deutlich ab. In isolierten Paaren bleibt die Kampfbereitschaft hoch und wird durch individuelles Kennenlernen partnerspezifisch gehemmt (Reyer 1975). Das erläuterte ich Anfang 1976 Herrn Dr. Udo Reiter im Bayerischen Rundfunk in einem Interview. Es erschien gedruckt im MPG-Spiegel, der Informations-Zeitschrift der Max-Planck-Gesellschaft. Darüber beschwerte sich Konrad Lorenz in wütenden Briefen beim Schriftleiter des MPG-Spiegels, Robert Gerwin, und beim Präsidenten Reimar Lüst; die von Reyer untersuchten

Fische seien krank gewesen. Doch ein ganz ähnliches Ergebnis wie bei *Etroplus* erhielt Jürg Lamprecht (1973) mit seiner Analyse des Paarverhaltens an einem anderen Buntbarsch, der Fünfflecktilapie *Tilapia mariae*.

Das klärte freilich nicht die Frage, ob Lorenz' Sorge um den Menschen berechtigt war. Andererseits aber machte schon ein grober Vergleich querbeet durchs Tierreich es wenig wahrscheinlich, dass der innerartlichen Aggression verschiedenster Arten ein einheitlicher Mechanismus zugrunde liegt. Eher scheint aggressives Verhalten mehrfach entstanden und der Aggressionsmechanismus verschiedener Arten unterschiedlich gestaltet (Wickler 1973). So wie Insektenflügel und Vogelflügel zwar beide zum Fliegen taugen, aber verschieden gebaut sind, wird es wohl verschiedene konvergent entstandene Aggressionen geben. So wenig ein Vogel mit Schmetterlingsflügeln fliegen kann, so wenig kann er mit Fischaggression kämpfen. Das habe ich 1972 auf Einladung der British Psychological Society auf dem Psychologiekongress in Tokio vorgetragen und 1973 gleich noch einmal auf einem Animal Behaviour Workshop des American Museum of Natural History am Lerner Marine Laboratory in Bimini (Bahamas): Gleichnamige Phänomene wie Lokomotion, Brutpflege, Paarbindung, Monogamie und Aggression sind funktionelle Einheiten und können an verschiedenen Arten durch unterschiedliche innere Mechanismen zustande kommen. Und die Begriffe Trieb, Instinkt, Motivation können verschiedene Mechanismen bezeichnen, selbst am gleichen Tier. Jede Art wäre also gesondert zu untersuchen, wenn auch nicht im Hinblick auf ein psychomechanisches Triebmodell.

Das Vergleichen von Beschreibungen

Eine Crux der vergleichenden Verhaltensforschung war von Anfang an die Namengebung für funktionell gefasste Einheiten (etwa „Kampfverhalten"), die dazu verführte, gleich benannten Phänomenen eine einheitliche verhaltensphysiologische Grundlage („Aggression") zuzuschreiben und nach deren Stammesgeschichte zu suchen. Aber eine Stammesgeschichte, einen eigenen Evolutionsweg, haben nur beobachtbare Verhaltensweisen, von denen man annehmen kann, dass sie direkt der Selektion unterliegen. Verhaltenskomplexe, die aus dem Zusammenwirken verschiedener Verhaltensweisen erschlossen werden, evoluieren kaum als Einheiten. Umgekehrt kann dasselbe Phänomen, wenn verschieden benannt, dem Vergleichen entgehen. Was in der Ethologie als afferente Drosselung beschrieben wurde, nämlich dass Nervenzellen nach mehrfacher gleichförmiger Reizung ihre Reaktion einstellen, scheint eine Eigenschaft der Ur-Lebewesen zu sein, auf die mich schon mein Biolehrer in Osnabrück aufmerksam machte, wenn ich nachmittags im Schulsaal mikroskopierte. Am besten zu beobachten ist das an Trompetentierchen *(Stentor)* und Glockentierchen *(Vorticella)*, die irgendworan festsitzen und nicht aus dem Blickfeld schwimmen. Glockentierchen haben einen langen Stiel, der sich, wenn man sanft mit einen Holzgriff an den Objekttisch klopft, zusammenkringelt und die Glocke an den Grund zieht. Nach einem Weilchen streckt sich das Tierchen wieder aus. Wiederholt man das Klopfen in Abständen von zehn Sekunden, zieht sich *Vorticella* immer weniger und schließlich gar nicht mehr zusammen: Es „gewöhnt" sich an diesen harmlosen Reiz. H. Jennings, der das 1903 beschrieb, nannte es „Akklimatisierung" und interpretierte es als eine ganz primitive Form des Lernens. Spätere Autoren sprachen von „Adaptation" oder „Habituation". Dieselbe Zusammenzieh-Reaktion von *Vorticella* kann man mit einem milden, kurzen Stromstoß auslösen; auch an den gewöhnt sich das Wimpertierchen. Patterson (1972) schließlich zeigte, dass diese Gewöhnungen reizspezifisch sind: Nach Habituation an einen der Reize reagiert der Einzeller dennoch sofort auf den anderen; „Gewöhnung" beruht also weder auf Ermüdung noch auf einem Versiegen der Reaktionsbereitschaft. Von afferenter Drosselung, wie beim Sperren der Nestlinge oder beim Kollern des Truthahns, wird man hier kaum sprechen, denn Einzeller haben keine Nervenzellen. Aber das Phänomen scheint das Verhalten von Protozoen bis Wirbeltieren zu beeinflussen.

Das Sterben der Motivationsanalyse

Die Kommission für meine Berufung in Seewiesen legte besonderen Wert auf die Motivationsanalyse. Als Kernstück der lorenzschen Verhaltensphysiologie war sie notwendig unter der Annahme, die Intensität einer Instinkthandlung hinge nach dem Prinzip der „doppelten Quantifizierung" a) von der Stärke der inneren Handlungsbereitschaft (oder Stimmung) und b) von der Stärke und Qualität äußerer Reize ab. Das ließ hoffen, mit der jeweiligen spezifischen inneren Bereitschaft zu bestimmten Reaktionen auch die Wirksamkeit der sie auslösenden Außenreize exakt zu quantifizieren. So könnte bei hoher innerer Bereitschaft und schwachem Außenreiz ein gleicher Effekt auftreten wie bei geringer innerer Bereitschaft und starkem Außenreiz, oder volkstümlich ausgedrückt: Not macht erfinderisch und Hunger lässt den Teufel Fliegen fressen.

Baerends, Brower und Waterbolk (1955) haben versucht, das Balzverhalten männlicher Guppys *(Lebistes reticulatus)* doppelt zu quantifizieren. Als Maß für den äußeren Reiz nahmen sie die Größe der präsentierten Weibchen, als Anzeichen der Stärke einer arbiträren Balzmotivation die Farbzellen in der Fischhaut, die auf Hormone und Nervenerregungen reagieren. Aber aus den Beispielen im Lehrbuch der Vergleichenden Verhaltensforschung von Irenäus Eibl-Eibesfeldt (1999, S. 95–120), die auf eine hinter dem Verhalten stehende Motivation hinweisen, ist ersichtlich, dass motivierende Systeme sehr verschieden gebaut sind und dass „am Aufbau spezifischer Handlungsbereitschaften innere Sinnesreize, Hormone und zentralnervöse Spontaneität in vielfacher Weise zusammenwirken" (S. 120). Schlüsselt man dieses Zusammenwirken auf, erweisen sich Motivation, Bereitschaft und Stimmung als motivationsanalytisch unbrauchbare Begriffe.

Ein paralleles Hypothesenschicksal wie dem psychomechanischen Modell in der Biologie war 200 Jahre zuvor der Chemie beschieden. Der Alchemist Johann Joachim Becher hatte 1667 als Erklärungskonzept für den Verbrennungsprozess eine hypothetische „Substanz der Wärme", das Phlogiston erdacht, das zwar nicht direkt nachgewiesen werden konnte, aber allen brennbaren Körpern innewohnen sollte (Tatsächlich werden, wie Antoine Laurent de Lavoisier 1777 richtigstellte, Brennstoff und Sauerstoff zum Brennstoffoxid umgesetzt; freigesetzt wird dabei Energie in Form von Wärme und Licht.) „Die aktionsspezifische Energie erwies sich als modernes Phlogiston und das psychohydraulische Modell trotz raffinierter Veränderungen als untauglich, die Bereitschafts- und Zustandsänderungen im Tier adäquat abzubilden" (Wickler 1990, S. 176).

Reaktionsspezifische Energien, die endogen kontinuierlich produziert und durch das Ablaufen zugehöriger Bewegungsweisen verbraucht werden, existieren nicht, jedenfalls nicht im physikalischen Sinn von Energie. Eine stofflich zu denkende, antreibende Wirkung entfalten zwar die Hormone. Produziert werden sie aber nicht kontinuierlich, sondern abhängig von vielerlei ganz bestimmten Bedingungen. Und sie werden nicht durch ein Verhalten verbraucht, sondern in der Leber wieder abgebaut. Hormone können das Fortpflanzungsverhalten unter dem Einfluss von Tageslänge und Umgebungstemperatur anschalten, und das kann trotz konstanter Außenbedingungen auch durch einen rein endogenen Jahresrhythmus geschehen. Auch unsere Gewohnheit regelmäßiger Mahlzeiten führt dazu, dass wir gerade zu diesen Tageszeiten Hunger verspüren, indem Hormone den Blutzuckerspiegel senken, in Voraussicht auf sein Ansteigen nach der erwarteten Mahlzeit. Das Verhalten der Nahrungsaufnahme hat also nicht nur eine Rückmeldung *(feedback),* wann der Magen gefüllt ist, sondern dazu eine „Vorausaktion" *(feedforward)*, die hilft, den Zuckergehalt im Blut langfristig konstant zu halten. Diese Vorausaktion wird jeweils plastisch auf die Lebensgewohnheiten eingestellt (McFarland 1993, S. 303). Solche physiologischen „Erwartungen" spielen in allen Handlungsbereichen eine Rolle. Manche (aber nicht alle) Honigbienen, denen man an zwei verschiedenen Orten zu zwei verschiedenen Tageszeiten Futter bietet, lernen, diese Orte zu diesen Zeiten aufzusuchen. Ebenso lernten Stare *(Sturnus vulgaris)*, dass es an vier verschiedenen Orten zu vier verschiedenen Zeiten Futter gab. Unter konstanten Lichtbedingungen (um Hilfen über die Tageszeit auszuschalten) und überall ständig gebotenem Futter besuchten sie dennoch mehrere Tage hindurch die Orte zur erlernten Zeit, und zwar gesteuert von einer inneren Uhr, die den erlernten (!) Erwartungs-Rhythmus erzeugt.

Erwartungen machen das Leben leichter

Dem Tag-Nacht-Wechsel haben sich Pflanzen und Tiere angepasst. Sie werden von den damit verbundenen Umweltänderungen nicht überrascht, sondern stellen sich rechtzeitig darauf ein, ändern Körpertemperatur und andere physiologische Parameter und suchen für die Nacht einen Schlafplatz auf. Diese regelmäßig eintretenden Umweltänderungen sind „verinnerlicht", und die Gegenreaktionen werden automatisch über die innere Uhr gesteuert, und zwar auch dann, wenn die Umweltbedingungen künstlich konstant bleiben, man die Vögel zum Beispiel im Dauerlicht hält.

Auch dass wir von außen verursachte Verschiebungen der Umweltdinge von selbst verursachten Scheinverschiebungen (etwa beim Umherblicken) unterscheiden und uns deshalb problemlos frei bewegen können, ist einer aktiv aufgebauten Erwartung im schon erwähnten Reafferenzprinzip verdankt. Ebenso kann sich ein Jungtier ruhig von seiner Mutter fortbewegen (dass die Entfernung zur Mutter dabei anwächst, hat es erwartet), zeigt aber sofort heftige Gegenreaktionen, wenn die Mutter sich von ihm entfernt. Auf ein wichtiges Detail dabei hat John Bowlby (1973) aufmerksam gemacht: Ein Kind kann ganz ruhig sein, so lange es seine Mutter hinter der Tür im Nebenzimmer vermutet, selbst wenn sie tatsächlich nicht dort ist. Entscheidend ist nicht der messbare Abstand zur Mutter, sondern ihre Erreichbarkeit, eine „gefühlte Nähe". Schiebt man zwischen Mutter und Kind, die sich sehen, einen Zaun, so ändert sich an der Entfernung zwischen beiden nichts, aber sie werden sofort versuchen, das Hindernis zu beseitigen oder zu umgehen.

Unvorhergesehene Ereignisse, die plötzlich kommen und Umstellungen erfordern, sind für die Lebewesen kostenträchtig. Es vergeht zumindest Zeit, bis das Ereignis registriert und eine passende Reaktion vollzogen ist. Deswegen haben Erwartungen einen stoffwechselökonomischen Effekt. Jedes physiologische Reagieren auf eine Umweltänderung braucht Zeit (die Reaktions- oder Totzeit), die umso länger ist, je komplizierter die in Gang zu setzende Reaktion ist. Während dieser Zeit ist der Organismus nicht optimal eingestellt, lebt energetisch teuer und sogar gefährdet, etwa falls ein Feind überraschend oder an unerwartetem Ort erscheint. Eine Maus, die erst beim Herannahen einer Katze auf die Suche nach einem schützenden Loch geht, ist verloren. Ein Hamster, der erst bei Frosteinbruch registriert, dass es Winter wird und erst dann Vorräte zu sammeln beginnt, hat keine Aussicht, den Winter zu überleben. Ein wesentlicher Schritt zur Ökonomisierung des Lebens ist deshalb, regelmäßig Wiederkehrendes zu erkennen und einzuplanen, und für wichtige, unregelmäßig auftretenden Ereignisse Vor-Anzeichen kennenzulernen, also aus wiederholten Ereignisfolgen nach der kantschen Kausalregel („Alles was geschieht, setzt etwas voraus, worauf es gemäß einer Regel folgt") die Vorboten für das Wichtige zu ermitteln. Dann kann das Tier eine Reaktion schon einleiten, wenn es erst die Ankündigung des Ereignisses wahrnimmt. Das Sich-Einstellen auf ein zukünftiges Ereignis nennen wir „Erwartung". Dass selbst unvermeidliche, aber erwartete Störungen und Schmerzen weniger Stress verursachen als dieselben Störungen und Schmerzen, wenn sie unerwartet kommen, wissen Mediziner und Psychologen seit langem. Deshalb machen Erwartungen das Leben leichter.

Wenn Unbekanntes mehr belastet als Bekanntes, Unerwartetes mehr als Erwartetes, sollte der Organismus viele Erwartungen aufbauen und regelmäßig das Bekannte dem Unbekannten vorziehen, seien es Gegenstände, Orte, an denen er sich auskennt, oder Individuen, auf die er sich eingestellt hat. Solche Bevorzugungen sind Anpassungen, die als Objektbindung, Ortsbindung oder Partnerbindung in Erscheinung treten. Das Eingehen von Bindungen ist eine Stressprophylaxe. Die Höherspezialisierung der Lebewesen lässt sich definieren als zunehmende Fähigkeit, Informationen aus der Umwelt aufzunehmen, zu speichern und in der Zukunft einzusetzen. Höher spezialisierte Tiere lernen mehr, bauen mehr Erwartungen auf, zeigen vielfältige Bevorzugungen und Bindungen und können sich differenziertere Bedürfnisse leisten. Bindungen zwischen Individuen erlauben Arbeitsteilungen und Kooperationen, führen damit aber auch zu sozialen Abhängigkeiten.

Die Zeitverluste lassen sich vermeiden, wenn sich der Organismus schon vorher auf eine Situationsänderung einstellen kann. Vieles, was unter bestimmten Umständen passieren kann, ist ortsabhängig, muss also vom

Individuum gelernt werden, indem es Erfahrungen sammelt. Das kann kurzfristig geschehen, etwa wenn man auf einem tagelang in der Dünung schaukelnden Boot sich angewöhnt, die Schwankungen durch leichte Gegenbewegungen zu kompensieren und das dadurch nachweist, dass man, wieder auf festem Land, eine Weile den schwankenden Gang beibehält. Längerfristig zu erlernen ist aus der Umgebung, wo es Nahrung und wo es Schutz gibt, wo Nachbarn wohnen, woher Feinde kommen. Auch fällt der Umgang mit einem bekannten Nachbarn und sogar einem bekannten Fressfeind leichter als mit Fremden. Diese durch Erfahrungen im Individuum angesammelten Kenntnisse führen dazu, dass das Individuum in bekannter Umgebung ökonomischer lebt als in unbekannter, und dass es demzufolge die bekannte Umgebung einer unbekannten vorzieht. Solche Bevorzugungen bezeichnen wir als Bindungen, sei es an Orte, Objekte oder an Partner (Wickler 1976). Wird eine Bindung aufgebaut, so ändert sich nicht das Objekt oder der Partner, sondern das Individuum, das die Bindung eingeht, in dem sich ein Bindungsprozess abspielt. Auf damit verbundene *Rituale* wird in einem späteren Kapitel noch einzugehen sein.

8

Freilandforschung

Der Schwerpunkt der Verhaltensbeobachtungen in den ersten Jahren in Seewiesen lag bei Tieren, die entweder in Aquarien, Käfigen oder Volieren lebten oder von Menschen handzahm gehalten wurden. Eine hervorragende Beschreibung dieser Forschungsmethode gibt Lorenz in seinem populärsten Buch *Er redete mit dem Vieh, den Vögeln und den Fischen* (1949). Bei der Institutseinweihung hatte er die Festgäste zu seinen Enten und Gänsen an den Ess-See geführt und erklärt: „Voraussetzung für das Studium des Verhaltens und besonders der Soziologie einer höheren Tierart ist es, dass man zahme und in ihrer ganzen Vorgeschichte genau bekannte Individuen unter Bedingungen halten kann, die den natürlichen völlig gleichen." Im Labor wies er darauf hin, wie Waltraud Rose Protozoen in Küvetten „in freier Wildbahn" studierte, mit einem speziellen Zeiss-Binokularmikroskop für einen Objektabstand von neun Zentimetern; „so sieht man mehr Verhaltensweisen als bei der üblichen Beobachtung im hängenden Tropfen". Große Tiere holte er sich in seine unmittelbare Umgebung. Da konnte man alle Einzelheiten eines Verhaltens in wünschenswerter Deutlichkeit verfolgen. Lorenz war ein Meister im Beobachten, allerdings auch im Dogmatisieren. Ihn interessierte vor allem die verursachende Maschinerie des Instinktverhaltens, und dazu hatte er oft blitzartig weitreichende Inspirationen. Forschung „in freier Wildbahn" aber betrieb er nicht einmal an seinem wichtigsten Forschungsobjekt, den Graugänsen, obwohl die in Kolonien sogar ganz nahe bei Wien am Neusiedler See brüten. Auch sein Freund Antal Festetics, Direktor des (1936 von Reichsjägermeister Hermann Göring gegründeten) Instituts für Wildbiologie und Jagdkunde der Universität Göttingen, konnte ihn nicht

© Springer-Verlag Berlin Heidelberg 2017
W. Wickler, *Wissenschaft auf Safari*,
DOI 10.1007/978-3-662-49958-0_8

dorthin locken. Antal war langjähriger Moderator der ORF-Naturfilmreihe *Wildtiere und Wir* und nahm mich einmal mit zu einem Hubschrauberflug über den Seewinkel östlich am Neusiedler See, wo er in den Sommerferien auch als Naturschutzwart amtierte. Er zeigte mir, wie ideal sich das vor Touristen weitgehend geschützte Sumpfgebiet mit seinen vielen Lacken sowohl für die Graugänse als auch für deren Erforschung unter natürlichen Bedingungen eignete. Auf Lorenz folgend wurden menschengewohnte und von Menschen gepflegte Graugänse in der Forschungsstation Grünau im Almtal untersucht (Scheiber et al. 2013), doch eine echte Freilandstudie an wild lebenden Graugänsen gibt es bis heute nicht.

Auch hatte Konrad zwar jahrelang Kämpfe vieler Cichlidenarten gefilmt, in relativ engen Becken, wo fehlende Fluchtmöglichkeit die Gegner zu Höchstleistungen trieb. Er hatte die Filme in der Göttinger Encyclopaedia publiziert, aber die erforderlichen Erläuterungen nicht geschrieben. So fiel mir als Redaktionsmitglied schließlich das Verfassen der Beihefte zu – mit gebotener Vorsicht, denn Beobachtungen in großen Schaubecken Zoologischer Gärten hatten mir gezeigt, dass Cichlidenkämpfe dort anders verliefen als unter Bulderner Aquarienbedingungen. Unabdingbar war Freilandforschung, nicht nur zum Verstehen des Kampfverhaltens, sondern für die Ethologie des ganzen Sozialverhaltens, gleich welcher Tierart.

Lorenz gab sich zufrieden mit der Überzeugung, alles Verhalten sei adaptiv, denn sonst wäre es gar nicht da. Tinbergen hingegen, dem es vordringlich um die biologische Funktion, die Auswirkungen, den Überlebenswert der Verhaltensweisen ging, wollte überprüfen, was für Lorenz selbstverständlich war. Er schrieb mir 1959:

Ich habe mich selbst immer als Konrads ‚Gewissen‘ betrachtet. … Ich fühle, dass Leute wie Sie und ich es dem Meister verpflichtet sind, die methodische Strenge sozusagen sichtbar zu machen, indem wir peinlichst genau formulieren und messen, was er von Anfang an gesehen hat. Wenn der Meister das selbst versuchen würde, so würde er seiner Intuition, seinem Scharfblick schaden; umgekehrt bedarf er der Mitarbeit unserer Art von Forschern. Wir müssen einfach den mühsamen Weg des genauen Protokollierens, Auszählens usw. folgen; wir auch müssen uns schliesslich der Experimentalbestätigung widmen. Dazu gehört dann auch, einfach jeder Interpretierung, sogar der von Lorenz gegebenen, immer wieder kritisch gegenüber zu stehen, nicht in dem Sinne dass man ihr keinen Wert beimisst, sondern dass man das in jedem Einzelfall dann doch so gerne beweisen möchte. Mit herzlichem Gruss, Ihr N. Tinbergen.

Überprüfen lassen sich Anpassungen nur unter Bedingungen im natürlichen Lebensraum, wo sie entstanden sind, also im Freiland. Deshalb beobachtete Tinbergen Tiere in der natürlichen Umgebung, machte genial einfache Experimente zu gezielt gestellten Fragen und trennte in Lorenz' Ideenfülle die Spreu vom Weizen. Schließlich war es Tinbergen, der Lorenz' Forschungen in Wissenschaft verwandelte.

Bernhard Grzimek und die Serengeti

Der Große Afrikanische Grabenbruch *(Great Rift Valley)* verläuft über 6000 km von der Südtürkei über Syrien, Jordantal, Rotes Meer, Libanon bis Mosambik und mündet südlich des Sambesi in den Indischen Ozean. Ein besonders interessantes Stück ist der 2400 km lange Ostafrikanische Graben. Er bildet eine westliche und eine östliche Spange um den Viktoriasee. Der liegt 1134 m hoch in der ostafrikanischen Hochebene und ist der drittgrößte See der Erde sowie ihr zweitgrößter Süßwassersee, so groß wie Bayern. In der westlichen Spange des Grabenbruchs liegen die großen afrikanischen Seen (Rukwa, Tanganyika, Kivu, Eduard, Albert), in der östlichen Spange liegen viele kleinere Seen (Eyasi, Manyara, Natron, Magadi, Naivasha, Elmenteita, Nakuru, Bogoria, Baringo, Logipi). An der Gabelstelle liegt der Malawisee. Das 30.000 km^2 große Steppengebiet zwischen der östlichen Spange und dem Viktoriasee ist die Serengeti, 1160 bis 1860 m über Meereshöhe und drei viertel so groß wie die Schweiz.

Durch die Serengeti schleppten jahrhundertelang Sklavenkarawanen Elfenbein zur Küste. Mit der Industriellen Revolution 1840 stieg der Bedarf an Elfenbein (für Billardkugeln, Klaviertasten, Messergriffe) in Europa und den USA, und man brauchte entsprechend immer mehr Sklaven (bis zu 20.000 im Jahr). Ab 1880 begannen die europäischen Völker einen Wettlauf um Afrika auf der Suche nach neuen Absatzmärkten und Ressourcen für ihre Industrien. In Deutschland gründete der Pastorensohn Carl Peters 1884 eine „Gesellschaft für deutsche Kolonisation" und ließ sich von ihr den Auftrag erteilen, Gebiete in Afrika in Besitz zu nehmen. Reichskanzler Bismarck stimmte nach längerem Zögern aus innenpolitischen Gründen zu. Am 27. Februar 1885 erließ er einen durch Kaiser Wilhelm I. unterzeichneten Schutzbrief, der die Besetzung ostafrikanischer Gebiete – mitsamt der Serengeti – legitimierte. Als der deutsche Geograf Oskar Baumann 1891 zu Fuß, mit Trägern und bewaffneten Askaris eine Antisklaverei-Expedition von der Küste zum Viktoria-See führte, fand er die Serengeti-Steppe so unbewohnt, wie sie es nach Berichten von Missionaren schon 1870 war.

Einen ehemaligen Hauptumschlagsplatz für Sklaven nördlich vom Grumeti-Fluss bauten die Deutschen 1896 zum Fort Ikoma aus. Im Jahr 1904 wurde eine Grenze durch die nördliche Serengeti ausgehandelt zwischen Britisch-Ostafrika (in Kenia) und der Kolonie Deutsch-Ostafrika (in Tanganyika). Die deutsche Kolonie bestand bis 1919 und ging am Ende des Ersten Weltkrieges mit dem Versailler Vertrag völkerrechtlich an Belgien und Großbritannien über.

Bis 1920 blieb die Serengeti bei Jägern beliebt wegen der großen, schwarzmähnigen Löwen. Einige von ihnen hatte der Ranger Monty Moore sich vertraut gemacht, indem er totes Wild hinter seinem Geländewagen schleppte, was wiederum reiche Amerikaner anlockte. Um die Löwen zu schützen, wurde 1929 ein Serengeti-Wildreservat (Serengeti Game Reserve) geschaffen, in dem es außer den Löwen auch Giraffen, Zebras, Büffel, Nashörner, Hyänen, Elefanten und riesige Gnuherden gab. Zum Schutz aller jagdbaren Tiere wurde das Reservat 1951 zum Nationalpark Serengeti erhoben. Wie das Zusammenleben der vielen Tiere in einem solchen natürlichen Ökosystem funktioniert, war aber weitgehend unbekannt.

Entsprechende Forschungsaktivitäten begannen mit Bernhard Grzimek. Er war 1945 Direktor des Frankfurter Zoologischen Gartens geworden und interessierte sich für artgerechte Haltung afrikanischer Tiere. Deshalb besuchte er in den 1950er Jahren zusammen mit seinem 16-jährigen Sohn Michael die Elfenbeinküste und Ostafrika. Die Elfenbeinküste lieferte Material für das 1956 veröffentlichte Buch *Kein Platz für wilde Tiere* und für Michaels gleichnamigen Farbfilm. Der wurde in 63 Ländern gezeigt und erbrachte unerwartet hohe Einnahmen. Von denen bot Michael einen Teil der britischen Kolonialverwaltung Tanganjikas an, um Land zur Erweiterung des Serengeti Nationalparks anzukaufen. Doch Peter Molley, Direktor der Nationalparks in Tanganjika, schlug vor, erst einmal die Grenzen dieses Wildreservats zu überprüfen. Also überredete Michael seinen Vater, fliegen zu lernen. Sie kauften eine speziell ausgerüstete Dornier Do 27, lackierten sie mit auffallenden Zebrastreifen und unternahmen 1954–1958 aus der Luft zunächst Zählungen der Tiere der Serengeti und eine erste Erkundung ihrer Wanderungen. Die Dornier war ein hervorragendes Geländeflugzeug und Michael ein exzellenter Pilot; er konnte an Hunderten unzugänglicher Stellen der Serengeti landen und Vegetation und Boden untersuchen. So fanden die Grzimeks, dass den Wanderbewegungen zum Teil unnatürliche Grenzen gezogen wurden. Während sie zusammen mit Alan Root den berühmten Dokumentarfilm *Serengeti darf nicht sterben* drehten, stieß Michael Grzimek, 25-jährig, im Januar 1959 im Flugzeug mit einem Geier zusammen und stürzte ab. Er wurde am Rand des Ngorongorokraters begraben. Für seinen Vater blieb die Rettung der Serengeti vor dem Bevölkerungsdruck aus der Umgebung Mittelpunkt des Lebens. Seine Briefe unterstempelte er *Ceterum censeo progeniem hominum esse deminuendam* („im Übrigen bin ich der Ansicht, dass die Nachkommenschaft der Menschheit vermindert werden muss").

Aus Stiftungen zu Ehren von Michael Grzimek wurde 1961 das kleine, veterinärmedizinisch ausgestattete Michael Grzimek Memorial Laboratory in Banagi eingerichtet. Es entwickelte sich zum Zentrum vom Serengeti Research Project, in welchem von verschiedenen Seiten finanzierte Wissenschaftler arbeiteten. Ebenfalls 1961 erhielt Tanganjika die Unabhängigkeit und gründete mit der Insel Sansibar 1964 die Vereinigte Republik Tansania. Ihr erster Staatspräsident wurde Julius Kambarage Nyerere, im Volk genannt „Mwalimu", der weise Lehrer. Bernhard Grzimek war mit ihm befreundet und überzeugte ihn sowohl von der wissenschaftlichen Notwendigkeit als auch von den finanziellen Vorteilen eines touristisch genutzten Serengeti-Nationalparks. Mir gegenüber bekannte Grzimek übrigens einmal, es sei viel einfacher, Naturschutzpläne mit einem Diktator zu realisieren als mit Demokratien und deren Parlamenten.

Grzimek hat auch den Afrika-Tourismus herbeigeredet. Durch seine regelmäßigen Fernsehsendungen war er seit Ende der 1950er-Jahre der bekannteste Tierfachmann Westdeutschlands. Außerdem war er ein PR-Genie. In einer seiner Sendungen verkündete er, man könne jetzt Pauschalreisen in die afrikanische Wildnis buchen, drei Wochen für 2000 Mark. Reiseveranstalter wussten davon noch nichts, mussten aber, als Kunden nachfragten, die Pauschaltrips ins Programm nehmen. Einer der ersten war Adolf Dickfeld in Dreieich im Süden Frankfurts mit seinen ALF AIR SAFARIS. Mit Alf Air unternahmen wir bis 1980 alle unsere wissenschaftlichen Interkontinentalreisen.

Erste Feldstudien an Cichliden

Otto Koenig nahm 1951 auf eine Nordafrika-Expedition die Volksschullehrerin Rosa Kirchshofer mit, die bei ihm am Wilhelminenberg arbeitete. In Mitteltunesien, im Übergangsbereich zwischen Steppe und Wüste, hatten die Römer im 2. Jahrhundert vor Christus die Stadt Capsa gegründet, das heutige Gafsa. Von den prähistorischen Ruinen sind noch die römischen Bäder sehenswert. Nahe der Stadt, zwischen den Oasengärten und dem Qued el Aich, führte Rosl in den verschieden großen Quelltümpeln mit sehr klarem Wasser die erste Feldstudie zum „Aktionssystem" eines Cichliden, des maulbrütenden *Haplochromis desfontainesii,* durch. Die Männchen dieses Fisches tragen orangefarbene Flecke auf der Afterflosse. Ergänzt durch Aquarienbeobachtungen und einen weiteren Gafsa-Besuch beschrieb sie 1953 in ihrer Dissertation: „Das Weibchen stößt mit dem Maul nach diesen orangefarbenen Punkten; sie sind ebenso groß und orangefarbig wie die Eier" und könnten „recht wohl Attrappenwirkung haben". Sie beließ es bei dieser Anmerkung.

Rosl wurde 1960 unter Bernhard Grzimek im Frankfurter Zoo die erste Zoopädagogin in Kontinentaleuropa. Ich habe sie mehrmals besucht und konnte ihr die *Haplochromis*-Attrappenwirkung genauer erläutern. In Seewiesen hatte ich mehrere Arten *(H. multicolor, wingatii, burtoni)* mit dem *desfontainesii* verglichen und ihre Verhaltensweisen gefilmt. Die Afterflossenflecken sind in der Tat artspezifische Ei-Attrappen, phylogenetisch unter sexueller Selektion aus gewöhnlichen Flossenflecken entstanden und in das Ablaichverhalten so eingepasst, dass das Maulbrüter-Weibchen nach den echten auch die vermeintlichen Eier aufzuschnappen versucht und dabei die Spermien zu den bereits im Maul befindlichen Eiern befördert.

Es gibt dasselbe noch einmal in einer Nachbargruppe der Cichliden, bei den maulbrütenden Tilapien. Auch diese hatten wir gefilmt. Die Männchen der kleinen Art *Oreochromis alcalicus grahami* (ehemals *Tilapia grahami*) aus dem Natronsee, eingeführt auch in den Nakurusee, haben in einem schwarzen Bauchfeld eine weiße Genitalpapille. Von der nehmen laichende Weibchen, während das Männchen ejakuliert, mit den Lippen das Sperma ab. Bei den großen Arten *(Oreochromis rukwaensis, O. variabilis, O. karomo)* hängen an der männlichen Genitalpapille in Bündeln dreidimensionale Ei-Attrappen und ermuntern die Weibchen, sie zum Aufschnappen der Spermien ins Maul zu nehmen (Wickler 1997). Weitere maulbrütende Cichliden *(Oph-thalmotilapia, Cunningtonia)* haben die Spitzen der längsten Bauchflossenstrahlen zu eifarbenen Knötchen ausgebildet. Das ist ein klassischer Fall von konvergenter Evolution von Auslöser-Signalen in Körperbau und Verhalten innerhalb von ein und derselben Fischfamilie (Wickler 1962). Taxonomische Folgerungen daraus habe ich mit den Ichthyologen Greenwood und Trewavas im Naturhistorischen Museum in London erörtert.

Wichtiger war mir aber ein anderer Gesichtspunkt. Die Ei-Attrappen sind ein Beispiel für die Evolution von Signalen zum Täuschen von Artgenossen. Solches Täuschen schien mir generell am Ursprung von Kommunikation zu liegen. Denn wer bereits mit einer bestimmten Reaktion auf ein Signal reagiert, ließ sich wohl durch Verschieben dieses Signals dazu bewegen, dieselbe Reaktion in einem anderen Zusammenhang auszuführen: Wenn ein Fischweibchen zur Brutpflege die Eier ins Maul sammelt, ließ es sich durch

Ei-Imitationen anregen, auch die unsichtbaren Spermien zur Befruchtung ins Maul zu holen und schließlich schon zu Beginn einem mit Ei-Attrappen lockenden Männchen zur Laichgrube zu folgen.

Eine weitere Vortäuschung ist auch im Zoo gut an Pavianen, Makaken und Mangaben zu beobachten, nämlich die „Gewohnheit, einem guten Freund als Gruß das Hinterende zuzudrehen"; so beschrieb es Charles Darwin 1876 in einer kurzen Notiz in der Zeitschrift *Nature*. Diese Geste stammt aus dem weiblichen Kopulationsverhalten, wird aber als sozialer „Gruß" vor ranghöheren Gruppenmitgliedern ausgeführt, unabhängig vom Geschlecht der Beteiligten. Besonders deutlich ist dieses „Präsentieren" beim Mantelpavian *(Papio hamadryas)*. Hier entwickeln die Weibchen eine extreme rote Brunstschwellung, die sie als Paarungsaufforderung einem Männchen präsentieren, meist dem Pascha, der dann mit ihnen einmal oder mehrmals kopuliert. Das Präsentieren als Geste sozialer Unterlegenheit wird an allen Individuen unterstrichen durch die rote Kehrseite, die eine Imitation der weiblichen Brunstschwellung ist. Ernsthaft bedrohte Individuen drängen sich oft kreischend rückwärts an den Angreifer, auf den das eigentlich sexuelle Signal ablenkend und beschwichtigend zu wirken scheint. Beim „Blutbrust"-Pavian *(Theropithecus gelada)*, der die meiste Zeit fressend auf dem Boden sitzt, wiederholt das brünstige Weibchen ihre farbige Kehrseite in der ebenso auffällig gestalteten Brustpartie, die an eine sehr offenherzig getragene Dirndlbluse erinnert. Dem entspricht eine kahle, blutrote Fläche auf der Brust der männlichen Tiere (Wickler 1963, 1967).

Einen weiteren Fall vermutete ich an der Tüpfel- oder Fleckenhyäne *(Crocuta crocuta)*, von der seit Aristoteles überliefert wurde, sie könne nach Belieben ihr Geschlecht wechseln. Geschlechtswechsel am Individuum gibt es jedoch unter Säugetieren nicht. Aber während die männlichen und weiblichen Geschlechtsorgane der Säugetiere normalerweise sehr verschieden aussehen, weil sie recht verschiedene Funktion haben, sehen die äußeren Geschlechtsorgane der weiblichen Fleckenhyäne genau so aus wie die männlichen, nicht nur in Ruhe, sondern auch in Erregung, und deshalb kann man die Geschlechter daran nicht unterscheiden. Eine Erklärung dafür konnte kaum woanders als im Sozialverhalten liegen. Welche Rolle spielten die Genitalien im Verhalten der Fleckenhyänen?

9
Zum ersten Mal in Afrika

Im Dezember 1963 schrieb ich deshalb einen Brief an Wolf-Dietrich Kühme, einen Kollegen aus Seewiesen, der seit Anfang 1963 mit einem Fritz-Thyssen-Stipendium das Sozialverhalten Afrikanischer Wildhunde *(Lycaon pictus)* in der Serengeti erforschte. Ich fragte (reichlich naiv), ob er nicht gelegentlich mal den Hyänen zugucken könnte. Nein, das müsste ich schon selber machen, war die prompte Antwort. So kam ich zu meinen ersten Feldbeobachtungen in der Serengeti. Was Tiere in ihrer normalen Umwelt tun, wenn sie von Menschen ungestört sind, hatte mich ja schon als Kind interessiert.

Jürgen Aschoff, damals gerade geschäftsführender Direktor in Seewiesen, beschaffte ein Max-Planck-Reisestipendium, und zwar für zwei Monate und zwei Personen. Denn mit mir (und zu ihrem Mann) reisen sollte Lisa Kühme, vormals Sekretärin des zwei Jahre zuvor verstorbenen Erich von Holst. An dessen letzten sinnesphysiologischen Versuchen – über taktile Täuschungen bei Dickenschätzungen durch Betasten – waren wir beide beteiligt gewesen, ich als Versuchsperson und sie als Protokollantin.

Wir fliegen am 12. April 1964 von München nach Frankfurt, von da mit der United Arab Airlines nach Zürich und weiter nach Kairo. Wir übernachten im Flughafenhotel. Um sechs Uhr früh bekommen wir unsere frisch gestempelten Pässe wieder und starten durch tiefe Wolken ins Sonnenlicht. Nach einer Zwischenlandung in Addis Abeba sind wir mittags in Nairobi. Die höchstens zwei Stunden dauernden Kurzflüge von Landung zu Landung bedingen geringe Flughöhen mit ausgezeichneter Sicht nach unten auf Berge, Küstenlinien, Schiffe auf See, an Wüstenrändern wie Adernetze verzweigte Flussläufe, nachts erleuchtete Städte und kleine Hirtenfeuer in schwarzer Steppe.

© Springer-Verlag Berlin Heidelberg 2017
W. Wickler, *Wissenschaft auf Safari,*
DOI 10.1007/978-3-662-49958-0_9

In Nairobi ziehen wir mit Dieter ins Sclater's House Hotel. Ein gewaltiger Platzregen auf dem Geviert der Blechdächer um den Innenhof besorgt kräftiges Trommeln zu unserer Ankunft. Das wird sich täglich wiederholen. Draußen auf dem schmalen Fußpfad neben der Autostraße gehen Männer in europäischen Anzügen. Kikuyu-Frauen in farbigen Röcken tragen kleine bis riesige Lasten auf dem Kopf oder zum Bündel geschnürte Kinder auf dem Rücken. An einer Bushaltestelle lagern schwatzend wartende Fahrgäste. Eifrig strampeln Radler (selten einer allein auf einem Fahrrad) vorbei.

Dieter führt uns durch die Stadt. Wir genießen die Atmosphäre der bunten, sehr geschäftigen und mit allen Sorten von Geschäften gespickten Einkaufsstadt. Es gibt Läden und Angebote an Stoffen, Baumaterial, Büchern, Elektrogeräten, Fotogeräten, Kosmetika, Kinderspielzeug, fast wie in München; die Ladeninhaber sind durchweg Inder. Wir besuchen das Coryndon-Museum mit seinen vielfältigen botanischen, zoologischen und volkskundlichen Räumen mit den detailreichen Volkstrachtenbildern von Joy Adamson. Auf der Kenyatta-Avenue fahren ständig Busse, auch doppelstöckige. Auffällig viele Krüppel hocken auf den Bürgersteigen. Einer, dem ein Beinstumpf aus der kurzen Hose ragt, bewegt sich an einen dicken Knüppel geklammert wie ein Stabhochspringer voran. Ein anderer ohne Beine und Finger schiebt sich auf einer Zeitung übers Straßenpflaster. Ein dritter, dessen Körper knapp unterm Brustkasten aufzuhören scheint, sitzt wie eine Büste still vor einem Ladeneingang. Ich schicke auch derartige Anmerkungen als Luftpostgrüße nach Hause; sie kommen von hier aus nach fünf Tagen an.

Im Medical Research Laboratory stellt uns Dieter dem Parasitologen Charles Guggisberg vor, der seit über zehn Jahren als Insekten- und Säugetierkundler in Nairobi arbeitet. Wir fahren zum Stadtteil Limuru. Es regnet stark, alles ist nass. Im nassen Gras am Straßen- und Feldrand sitzen Frauen mit ihren Kindern und erzählen. Wir besuchen Cynthia Booth, die robuste Direktorin des Tigoin Primate Research Center. Sie hält für Versuche etwa 40 Affen fünf verschiedener Arten in weitgehend eigenhändig gebauten Käfigen. Die Station betreibt sie privat, mit Versicherungsgeld aus dem Tod ihres Mannes Alan Booth, mit dem zusammen sie Primatenforschung in Ghana betrieben hat. Als Alan 1958 plötzlich starb, hatte Louis Leakey, der Patriarch der Leakey-Familie, sie überredet, ihre Affenforschung weiterzuführen. Sie kam nach Kenia, Leakey beschaffte zusätzliche Gelder, wie er es schon für seine „Trimates" – Jane Goodall, Dian Fossey und Birute Galdikas – getan hatte; diese betrieben Feldforschungen an Schimpansen, Gorillas und Orang Utans.

Zur Gewöhnung an die afrikanische Tierwelt verbringen wir einen halben Tag im nahe der Stadt gelegenen Nairobi-Park. Über ihn führt eine Einflugschneise zum Flughafen; hinter den Hälsen von äsenden Giraffen

Abb. 9.1   Mit Massai-Kriegern. Namanga 1971

ist die Skyline der Stadt zu erkennen. Am Abend sind wir auf schweizerisch eingeladen bei Rudolf („Rüedi") Schenkel und seiner Frau Lotte Schenkel-Hulliger, einer Ärztin, die Bedenkenswertes aus ihrer Praxis erzählt. Am nächsten Vormittag lädt mich Rüedi zu einem Ausflug in die nur spärlich besiedelten Ngong-Hügel ein, wo er Spitzmaulnashörner beobachtet.

Mit gespannter Erwartung fahren wir am 17. April auf der Mombasa Road aus der Stadt hinaus, durch Vororte aus Rundhütten mit spitzem Strohdach oder mit rostigem Blech gedeckten Schuppen. Von der Athi-River-Abzweigung an fahren wir direkt nach Süden auf harter, roter Erde, insgesamt 160 km bis zur Grenzstation Namanga (Abb. 9.1). Hier kann man schon den Eisgipfel des 5895 m hohen Kilimandscharo sehen. Wir betreten den soeben (1964) aus dem ehemaligen Tanganjika und der halbautonomen Insel Sansibar gegründeten Unionstaat Tansania. Der Name enthält außer den Silben Tan und San auch noch „Asania", eine aus der Zeit des Römischen Reiches stammende, von Ptolemäus und Plinius dem Älteren erwähnte Bezeichnung für Teile der Küste Ostafrikas.

Ab Namanga führt, nun in Tansania, eine gerade Teerstraße 120 km nach Arusha. Unterwegs sehen wir nur wenige kleine Hüttensiedlungen, dafür im Gelände Zebras, Antilopen, Giraffen, Strauße, an einer Stelle auch wandernde und springtanzende Massai in ihren scharlachroten oder blutfarbenen Tüchern (Shukas). Arusha ist die Tropengartenstadt am 4630 m hohen Vulkan Meru, der hinter der Stadt aufragt. Wir fahren durch *Cassia*-Alleen mit primelgelben Blütenkerzen. Überall blühen Bougainvilleen. Nach der fünfstündigen Fahrt nehmen wir Quartier im New Arusha Hotel, das angeblich genau auf halber Strecke zwischen Kairo und Kapstadt liegt. Vor dem Hotel zeigen Flammenbäume *(Delonix regia)* ihre gelb-orange-farbenen Blüten mit langen zinnoberroten Staubfäden, im Garten Frangipani *(Plumeria)* ihre duftenden, weißen, im Zentrum gelblichen Wachsblüten, die Mädchen sich gern ins Haar stecken. Abends sind wir bei John Owen, dem Direktor der Tansania National Parks, und seiner Frau eingeladen. Überflüssigerweise kommen Dieter und ich, wie fürs Hoteldinner vorgeschrieben, mit Schlips.

Es folgt ein Einkaufstag besonderer Art. Alle Läden, „Dukas", sind von Indern betrieben, die untereinander vernetzt sind. Wir geben unsere Wunschliste mit Erklärungen bei Fatehali Dhala ab (bei dem kauften wir später immer wieder), und er wird bis zu unserer Abfahrt das Gewünschte zusammenbringen: Kartoffeln, Petroleum, Getränke, Gemüse, Nähzeug usw. Am Sonntagvormittag ist alles (auch ein Dutzend Eier) transportsicher verpackt, und Lisa kann sich tatsächlich unter drei gebrauchten Fingerhüten den am besten passenden aussuchen. Dann trifft noch Dieters Hausboy Njaffi ein, und wir beginnen die 320 km lange Tour nach Banagi, zuerst 78 km auf guter Teerstraße bis Makuyuni, dann rechts ab auf landesüblicher Staubstrecke. An einem Abhang vor dem Abbruch zum afrikanischen Graben steht ein beeindruckender Baobab-Riese, fern im Hintergrund der heilige Berg der Massai, Ol Doinyo Lengai. Oben, auf 2878 m Höhe, wohnt ihr einziger Gott Ngai (Engai). Der schenkt als schwarzer Gott (Ngai Narok) Donner und Regen und lässt Gras sprießen; als roter Gott (Ngai Nanyokie) aber bringt er Dürre und lässt Mensch und Vieh sterben. Das geschieht alle zwölf bis fünfzehn Jahre, wenn der 370.000 Jahre junge Vulkan ausbricht. Als einziger der Erde speit er statt silikathaltiger Basaltlava eine spezielle, nur 500°C heiße, sodahaltige Karbonatit-Lava. Die ist flüssig wie Olivenöl, oxidiert beim Erkalten an der Luft, glitzert dann in der Sonne wie Zucker und färbt die klassische Kegelspitze schneeähnlich weißgrau. Von der Eruption zwischen Juli und Dezember 1940 hat der Wind Asche bis nach Banagi getragen. Näher gelegene Weideflächen wurden unbenutzbar, und die Massai mussten aus diesen Gebieten wegziehen. Kleinere Ausbrüche gab es 1954 und 1958. Jetzt krönt ihn lediglich eine zarte Wolke aus schwefligen Gasen.

Verehrt wird der Gott Ngai am Fuße des Berges bei einem großen Kraterloch auf dem Weg nach Mto wa Mbu, dem „Dorf der Mücken". Wir erreichen es nach 35 km Fahrt auf der Staubstrecke. Es liegt am Eingang zum Manyara-Park und bietet eine Ansammlung von kleinen Verkaufsständen, zwischen denen ein kulturell gemischtes Völkchen in Gruppen schwatzend herumsteht. Mütter mit ihren Kleinkindern bestaunen unseren voll beladenen Land Rover, auf dessen Dach jetzt noch ein großer Frucht-stand junger Bananen festgebunden wird (180 Stück, die wohl demnächst alle zugleich reif werden). Es gibt eine Bushaltestelle, an der hier niemand wartet. Eine schwarze Abfall-Blechtonne steht neben einer Esso-Tankstelle. Gebleichte Unterkiefer von Rindern liegen in den Astgabeln eines Flam-menbaumes. Sein Stamm trägt ein rot-weiß-blaues Blechbild mit lachen-dem, schwarzem Kind als Werbung für Kindernahrung. Davor stillt eine Mutter ihr Baby.

Direkt hinter Mto wa Mbu führt eine Serpentinenstraße 100 m die Steil-wand des Grabenbruchs hinauf zum Mbulu-Plateau. Von oben hat man einen weiten Blick auf den zurzeit leicht gelblichen Manyara-See. Er ist leicht sodahaltig, zu salzig für Krokodile, aber nicht für Hippos. Ich habe den See von hier aus oft wiedergesehen, manchmal fast ausgetrocknet, manchmal bis in den Dornakazienwald am Ufer überschwemmt. Vom Lake Manyara Hotel aus, das malerisch auf einer vorspringenden Felsnase steht, kann man unten im Park Elefanten und Büffel erkennen.

Der weitere Weg auf der Hochebene führt uns an Mais-, Bohnen- Hirse- und Kartoffelfeldern entlang nach Karatu. Wildtiere sehen wir hier nicht, nur Rinder, Ziegen und Esel. Auf den breiten Fußwegen neben der Auto-straße laufen in sonntäglicher Kleidung viele Iraqw (Mbulu auf Swahili), die hiesigen Bauern. Eine breite Allee führt zur offenbar katholischen Mis-sionskirche. Einige Kinder laufen uns nach. Nach steilen Kurven durch tief ausgewaschene, extrem rote Erde geht es dann langsam bergaufwärts zum Hang des Ngorongoro, zunächst durch Kaffeeplantagen. Dann, in dichtem Berg- und Nebelwald mit Bambus, Farnen, überall hängenden Flechten und stellenweisem Sprühnebel, windet sich der Weg in vorsichtig zu befahrenden Serpentinen schließlich bis auf den Kraterrand. Am ersten Aussichtspunkt für einen Blick in den Krater steht die Steinpyramide als Denkmal über dem Grab von Michael Grzimek. Ein Wegstück weiter liegt, 2375 m hoch am Kraterrand, die viel gepriesene Kraterlodge mit einem unglaublichen Aus-blick auf den 600 m tiefer liegenden Kraterboden und den 20 km entfernt gegenüberliegenden Kraterrand. Ngorongoro ist die größte nicht wasserge-füllte Caldera der Welt, ein Einbruchkrater, der vor etwa 2,5 Mio. Jahren entstand, als hier ein Vulkan in sich zusammenfiel.

Vorbei an Massaimännern am Wegrand, die in Originalkleidung bereit sind, sich fotografieren zu lassen, sehen wir nach einem Viertel des Krater-rand-Umfangs rechts die Einfahrt in den Krater, folgen aber nach links dem schotterigen, abwärts führenden Weg durch die mit Akazien bestandene Malanja-Senke zum Olbalbalrücken. Hier müssen wir unbedingt staunend anhalten: Links von uns erhebt sich der tief gefurchte Abhang des 3164 m hohen erloschenen Lemagrut, rechts liegen weitere Ausläufer des Krater-hochlandes, und vor uns öffnet sich im Sonnenschein die bis zum Horizont reichende Weite der Serengetisteppe, „Siringitu" („das endlose Grasmeer") in Maa, der Sprache der Massai. Stellenweise gibt es Wolkenflecken am Himmel, aus denen Fransen oder weiße oder graue Schleier herabhängen. Ich kann mich nicht sattsehen; doch Dieter mahnt: Banagi liegt noch hinter dem Horizont. (Mir hilft an diesem Sonntagnachmittag noch nicht, dass ich in den kommenden Jahren die Serengeti immer wieder und im Detail werde genießen können.)

Wir holpern zunächst weiter abwärts in die Olbalbal-Senke, durch kleine Korongos (sandig-trockene Flussläufe), *Acacia/Commiphora*-Dickichte, durchqueren den breiteren Olduvai-Korongo und kommen in die baum-lose Kurzgrassteppe mit den überaus zahlreichen kleinen, ständig mit dem Schwanz wedelnden Thomson-Gazellen und den weniger häufigen, größe-ren Grantgazellen. Die weite, offene Kurzgrasebene liegt im Regenschatten des Ngorongoro-Massivs. Weiter nach Norden fahrend geraten wir in einen lokalen Wolkenbruch, der die Fahrspuren mit Wasser füllt und den Fahr-weg, wo er nicht mehr von Gras geschützt ist, glitschig macht. Der Land Rover bringt es fertig, das Schlammwasser der Pfütze, in die er hineinfährt, vor sich hochzuwerfen und mit der Windschutzscheibe aufzufangen. Außer-dem müssen viele Zebras schnell noch vor uns über den Weg und werfen beim Davonpreschen Erdklumpen aus ihren Hufen ans Auto.

Als wir wieder in der Sonne sind, hocken streckenweise im Wegsand vor uns wohl Hunderte Gelbkehlflughühner *(Pterocles gutturalis)*. Vorsichtshal-ber abzubremsen, um keins zu überfahren, ist total überflüssig. Egal wie schnell oder langsam man fährt, sie fliegen erst unmittelbar, aber zuverlässig, vor dem Motorgrill steil auf.

Zwischen großen Gnu-Ansammlungen erreichen wir Naabi Hill. Der Weg führt hinauf zum fast symbolischen Eingangstor des Serengeti Nati-onalparks und wieder hügelabwärts in die Steppe. Dicht am Boden stehen kleine, ockergelbe Blüten. Das Blümchen *(Medicago laciniata)* stammt aus dem Mittelmeergebiet; Peter Greenway, der ein Herbarium der Serengeti-Pflanzen angelegt hat, vermutet, dass die Klettsamen in Militärmänteln aus Nordafrika verhakt waren und hierher gelangten, nachdem Eingeborene die gebrauchten Mäntel vom Altkleidermarkt kauften.

Etwas unwirklich kommt mir vor, was im Fahren an meinen Augen vor-überzieht: Trupps von Gazellen, Topi-Antilopen, Strauße, die Granitfelsen der Simba Kopjes, eine Warzenschweinfamilie, die ein Stück neben dem Wagen mitläuft und dann in einem Erdloch verschwindet; ich sehe noch als Letzten den Keiler rückwärts in den Bau gehen – so guckt er jedem

Eindringling wehrhaft entgegen. Mehrere kleine Flussfurten sind gemauert, die Ufer der Flüsschen bewachsen mit Leberwurstbäumen und Schirmakazien, dazwischen steht eine Herde von 29 Giraffen. Ohne Halt passieren wir in Seronera einige Hütten, durchqueren nach weiteren vier Kilometern eine ungemauerte Flussfurt und stoppen endlich nach achtstündiger Fahrt zwischen den Barackenhäusern von Banagi.

Banagi

Banagi war seit 1929 Hauptsitz für den Wildhüter der ganzen Region östlich der Seen, verfiel aber nach 30 Jahren. Im Jahr 1961 wurde in Banagi das Serengeti Research Project nahe am Michael Grzimek Memorial Laboratory etabliert und 1964 als Serengeti Research Institut weitergeführt. Es besteht nun aus einigen vom Mau-Mau-Aufstand requirierten Militärbaracken, die hier zwischen locker stehenden Akazien aufgestellt sind. Ulrich Trappe, der im Land aufgewachsen ist und die einheimischen Sprachen beherrscht, stellte die bescheiden, aber praktisch eingerichteten Baracken zum Schutz gegen Termiten auf geteerte Pfähle und schützte das flache Wellblechdach nachträglich mit einem steileren Bambusdach gegen Aufheizen durch die Sonne. Alle Fenster blieben original vergittert. Eine große Tonne nimmt Regenwasser vom Dach auf, aber bitte erst nachdem der erste Regen den Klippschlieferkot von da oben weggespült hat. Ulrichs Mutter ist die legendäre Margarete Trappe, Tochter eines schlesischen Rittergutsbesitzers, die 1906 nach Deutsch-Ostafrika auswanderte, mit ihrem Mann auf Ochsenkarren zum Meru kam, wo beide die Farm Momella gründeten. Nach dem ersten Weltkrieg enteignet, baute Margarete die Farm später wieder auf und lebte dort, von ihrem Mann geschieden, bis 1957 als berühmte weiße Frau, „Mutter der Massai", und einzige professionelle Großwildjägerin.

Wir werden mit Sohn Ulrich gut bekannt. Er wohnt in einer der Banagi-Baracken, sorgt für alle Reparaturen und schafft neue Versitzgruben, so tief, dass sie nicht von Fliegen besucht werden. Ulrich leidet unter dem Afrikareise-Virus. Hier in Seronera zieht es ihn zur Familie nach Eldagsen (bei Springe, Niedersachsen), dort zieht es ihn wieder nach Afrika. Wenn er das Glück hat, unterwegs ein Perlhuhn zu „erfahren", lässt er es schmackhaft in Bier zubereiten; das Kochbier kriegt der Hausboy.

Wenige Meter hinter unserem Haus hat sich das Mgungu-Flüsschen ein kaum zehn Meter breites Bett in den Boden gespült. Cichliden sind darin gut zu beobachten, allerdings nicht, wenn ferner Regen braunes Hochwasser anliefert. Dann ist auch die Zufahrt durch die Furt mit dem Land Rover mühsam oder unmöglich. Ulrich Trappe hat an beiden Ufern große Steine weiß angemalt; ist keiner mehr zu sehen, ist die Furt unpassierbar. Dann muss man den Wagen am Hang stehen lassen und etwas oberhalb der Furt bei einem Sisaldickicht über eine schwankende und leicht stinkende Hängebrücke klettern. Die ist aus Wilderer-Stahlschlingen fünf Meter hoch zwischen zwei Bäume gespannt und mit Bambushölzern belegt; die werden nachts von Pavianen als Schlafplatz benutzt und verschmutzt.

Jenseits des Mgungu ragt 240 m hoch aus dem weiten Akazien-Buschland der ebenfalls akazienbewachsene Banagi-Hill. Tagsüber kann ich den Paviantrupp dort im Steppengras gut beobachten; ich komme zu Fuß bis auf 30 m an die friedlich beschäftigte Horde heran, allerdings mit viel Geduld und in der Sonne bis an die Grenze eines Hitzschlags.

Unten am gegenüberliegenden Ufer ruht täglich zum Wiederkauen ein Büffelbulle. Es stört ihn da drüben nicht, und zum Glück auch er mich nicht, wenn ich auf dem Bauch liegend interessiert den Sand mustere. Denn sobald ich langsam dicht am Wasser auf dem Sand gehe, fallen schon vor dem nächsten Schritt „Körner" aufs Wasser, die gleich danach wieder ans Ufer zurück springen. Es sind Uferschrecken, *Tridactylus madecassus,* aus der Verwandtschaft unserer Feldheuschrecken. Klaus Günther in Berlin hat sie später identifiziert, und wir haben ihre Merkwürdigkeiten erörtert, die mir aufgefallen sind. Die zwei bis vier Millimeter kleinen Tierchen wirken ungemein intelligent. Sie haben große Augen und blicken, wenn ungestört, mit lebhaften Kopfbewegungen umher, ähnlich wie mein Doktor-*Blennius.* Mit den Vorderbeinen graben sie sich einen Gang in den Sand oder rollen Sandkörner am Mund und lecken dabei Detritus ab. Zum Laufen benutzen sie lediglich die zwei vorderen Beinpaare; die Hinterbeine haben am Ende flache Borsten und dienen zum Springen. Auf dem Wasser trägt sie das Oberflächenhäutchen, von dem sie zurück ans Land springen. Ins Wasser eintauchen können sie nicht.

Der Büffel schaut mir eines Nachts ins vergitterte Fenster, schnauft und eilt davon, als er mich riecht. Auch Spuren von Zebras, Leoparden und Löwen werden über Nacht bis unters Fenster gelegt. Oben am Ufer wachsen wilde Dattelpalmen, regelmäßig besucht von einem gackernden Nacktkehllärmvogel *(Gymnoschizorhis personata)* und von einer Gruppe Grüner Meerkatzen *(Chloropithecus aethiops),* die auch in die Akazien am Haus kommen. Kenner sagen, diese Meerkatze sei die aggressivste ihrer Gattung. Von mir nehmen die Tiere aber kaum Notiz, und ich kann sie ganz aus der Nähe beobachten. Dabei fällt mir die Anal- und Genitalfärbung der Männchen auf. Die ist – was komischerweise noch keiner bemerkt zu haben scheint – eine vergrößerte Kopie der Brunstfärbung der weiblichen Analzone.

Während die Gruppenmitglieder Akazienschoten zerlegen, sitzt das große Männchen breitbeinig Wache; sein roter Penis über dem blauen Hodensack ist erigiert und zuckt unregelmäßig bauchwärts. Ganz offensichtlich haben die farbigen männlichen Geschlechtsorgane eine Signalbedeutung außerhalb der Fortpflanzung.

Als eines Tages Njaffi den Wagen gut gewaschen hat, attackiert ein etwas mehr als sperlingsgroßer Vogel hartnäckig sein Spiegelbild in einer Radkappe. Es ist ein Schmuckbartvogel, *Trachyphonus darnaudii*. Sein Gefieder ist am Kopf grünlich, auf Flügeln und Schwanz dunkelbraun, überall weiß gesprenkelt. Er lebt paarweise und macht sich im Gelände mit seinem lauten Duett-Gekakel bemerkbar. Dabei stellt das Weibchen den Schwanz auf, wackelt ihn wie einen Scheibenwischer hin und her, und zeigt den roten Bürzel. Sein Brutnest liegt am Ende eines senkrecht in die Erde gegrabenen, langen Ganges. Der Vogel macht mich neugierig. Seine Duette dokumentiere ich ausführlich mit unserem Uher-Tonbandgerät. Ich habe es samt Tonband mit Bachs Brandenburgischen Konzerten für einsame Stunden mitgenommen; das hat sich bewährt.

Hyänen hören wir zwar mitunter dicht am Haus, zu sehen sind sie aber am besten in der Kurzgrassteppe um Naabi Hill. Dort lebt ein größerer Clan mit Nachwuchs in mehreren Erdbauten, die ursprünglich wohl von Erdferkeln angelegt wurden. Hierher fahre ich mit Dieter zur Vollmondzeit. Wir stellen den Land Rover am Spätnachmittag nahe bei der Erdlöchern ab, machen die Plane hinten auf, montieren Mikrofon und Tonbandgerät und warten, auf Campingstühlen sitzend, auf das, was draußen geschehen wird. Zunächst nichts. Je dunkler es wird, desto eindrucksvoller zeigt sich der Sternenhimmel. Ein „Sputnik" zieht über uns hinweg (29. April). Es ist windstill, einige Grillen sind zu hören, dann bellen in der Ferne Zebras, Gnustimmen sägen, Schakale jammern, ab und zu rufen Glockenkiebitze *(Vanellus armatus)* einander mit metallischen „Pinks". Langsam geht der Mond auf über Olduvai. Und dann kommen von irgendwoher die Hyänen. Es wird lebhaft am Bau. Der Mond scheint so hell, dass man Zeitung lesen könnte. Eine Mutter guckt in den Erdeingang und lockt mit ganz tiefem Brummen kleine, noch schwarze Jungtiere heraus. Eine andere bringt etwas im Maul, Knochen krachen, zänkisches Lachen hebt an. Aus dem dunklen Hintergrund schallt typisches Rufen und Jaulen. Einige Erwachsene spielen mit älteren Kindern. Im Fernglas gut zu erkennen ist die Begrüßungszeremonie, die sich bei jedem Sozialtreff abspielt, zwischen gleich- wie ungleichgeschlechtlichen Individuen ebenso wie zwischen wenige Wochen alten und erwachsenen Hyänen. In dieser Zeremonie stellen sich zwei umgekehrt parallel, Kopf neben Schwanz, präsentieren durch Anheben eines Hinterbeins ihr eigenes teilweise erigiertes Genital und prüfen zugleich das des anderen. Das tun schon ganz kleine Hyänenkinder, deren Organ manchmal mit der Spitze fast am Boden schleift, während ein Erwachsener dann oft nur das Bein hebt, aber das Genital nicht erigiert. Kein Zweifel, dieses Verhalten hat wieder nichts mit dem eigentlichen Sexualverhalten zu tun, sondern ist davon abgekoppelt zu einer sozialen Grußgeste geworden, bei der das Geschlechtsorgan des rangtieferen Tieres erigiert.

Gegen Morgen wird die Luft kühl, das Schreibpapier feucht, und die Hyänen verschwinden. Als es hell genug ist, inspizieren wir die Erdlöcher, eine große Eingangshöhlung mit einem Tunnel von etwa 20 cm Durchmesser. Aber es ist nichts zu sehen oder zu hören. Wir fahren an die Südgrenze des Nationalparks zum Lake Lagarja, sehen Massen von Flamingos und fahren nach Norden zu den Moru-Kopjes. Diese für die Serengeti typischen Granitfelsen gehören zur Granitschicht unter dem Vulkanascheboden, sind durch Winderosion unregelmäßig rundlich geschliffen und tragen oft einen runden Granitblock als Deckstein. In ihren Spalten und Höhlungen wachsen Büsche und Marula- sowie Feigenbäume. Hier an den Moru Kopjes haben Massai-Krieger *(il-moran)*, solange sie als Rinderdiebe und Liebhaber der Massai-Mädchen umherwandern, bis in jüngste Zeit ihre Lager gehabt und an wettergeschützten Steinwänden Malereien hinterlassen. Es sind abstrakte Linien, Elefanten und andere Tiere sowie ihre Speere und mit stammestypischen Mustern versehene Schilde in den Farben Weiß, Gelb, Schwarz und Ockerrot. Neben den Kopjes steht die „Venus von Moru", ein großes natürliches Granitgebilde aus gerundeten Steinblöcken, die an Körper, Brüste und Kopf einer Frauenfigur erinnern.

Weiter fahren wir zum Lake Magadi und treffen dort auf unglaubliche Mengen wandernder Gnus. Die ziehen in einer schmalen Furt durchs Wasser und verteilen sich dann so weit man blicken kann auf der Steppe. Mehrere Riesentrappen *(Ardeotis kori)* schreiten ohne Scheu neben uns dahin. Wir betrachten das Ganze eine Stunde lang und fahren dann zurück nach Banagi. Dieter zeigt mir unterwegs mehrere 30 m^2 große umzäunte Standardflächen. Um darin die natürliche Grünproduktion zu bestimmen, sind Grasfresser ausgezäunt.

Ngorongoro

Wir machen einen Gnu-Ausflug zum Ngorongoro-Krater. Bei „Windy Gap" fahren wir vorsichtig die steile, nur für Geländewagen passierbare Abfahrt zwischen *Euphorbia nyikae*-Bäumen in den Krater hinunter. Hinauf führt ein ebenso steiler Einbahn-Weg jenseits der Krater-Lodge. Beide Wege haben vor langer Zeit Elefanten angelegt, und sie haben hier immer noch Vorfahrt. Den Kraterboden bedeckt Kurzgras-Savanne mit ausgedehnten sumpfigen Stellen an unterirdischen Quellen, die leicht alkalisches Wasser liefern – wie am Grasbewuchs zu erkennen: *Themeda triandra* auf trockenem Boden neben *Lantana-* und *Solanum*-Blüten, *Cyperus immensus* und *Panicum repens* auf feuchten Stellen. Auf eine solche Stelle, den Seneto-Sumpf, treffen wir als erstes, fahren weiter am Makat-See mit breitem weißem Salzrand vorbei zum Lerai Forest, einem 15 m hohen Fieberakazienwald, unter dessen dichten, Schatten spendenden Baumkronen Elefantenmütter mit ihren Jungen stehen. *Lerai* ist der Massainame für die Fieberakazie *Acacia xanthophloea.* Hier am kleinen Lerai-Flüsschen, das bei heftigem Regen in den Makatsee mündet, siedelte seit Anfang des 20. Jahrhunderts bis zum Ende des Ersten Weltkrieges der Farmer Adolf Siedentopf aus Bielefeld mit seiner Frau Paula und betrieb seine Farm „Soltau" mit Rinderzucht und Weizenanbau. Sein Bruder F.W. Siedentopf siedelte im Nordwesten an einem Hügel beim Munge-Fluss. Er nahm zum Bauen seiner Farm „Teichhof" Steine von einer steinzeitlichen Grabstelle, die dann 1916 der deutsche Paläontologe und Vulkanologe Hans Reck ausgegraben hat. Gefunden wurden Steinschüsseln, Reibsteine, Elfenbeinschmuck, Knochen- und Perlmuttperlen von etwa 900 vor Christus. Auf dem Weg dorthin hören wir Nilpferdrufe aus einem nahen Sumpfsee, sehen in einiger Entfernung ein Nashorn und verschiedene Gazellen und begegnen zwei Mähnenlöwen sowie einer Hyäne.

Die nördliche, bis 800 m hohe Kraterwand ist streifenweise bis zum Kraterboden von hohem *Acacia lahai*-Wald bewachsen. Nahe dem kleinen Munge-Fluss hat jetzt Richard („Dick") Estes sein Camp aufgebaut. Er betreibt seit 1962 als Doktorarbeit verhaltensökologische Studien am Weißschwanzgnu *(Connochaetes taurinus).* Mehr als zwei Millionen dieser Antilopen ziehen in der Serengeti in den berühmten nomadischen Wanderherden zwischen Regen- und Trockenzeit vom Süden der Serengeti durch den ganzen Nationalpark nach Norden bis ins Masai-Mara-Gebiet in Kenia und zurück, insgesamt über 600 km. Einige der endlos scheinenden Züge haben wir gesehen. Hier im Krater mit ständigem Nahrungsangebot ist Wandern überflüssig und die Population ganzjährig stationär. Wir sind gespannt. Wir stellen unser kleines Zelt nahe an Dicks Camp, windaufwärts, wegen des abendlichen Rauches vom Holzfeuerchen unter seinem Herdgestell. Hinter einem Busch hängt an einem Zweig eine Rolle Klopapier über einem Erdloch mit Holzsitz. Neben dem Wasserlauf ist an einem Schirmakazien-Ast ein Plastikkanister befestigt. Er markiert die wandlose Dusche, mit freier

Sicht nach allen Seiten, weil regelmäßig Hyänen und Nashörner, manchmal auch Löwen vorbeikommen.

Am Morgen zeigt uns Dick Gnu-Bullen, die jahrelang in ihren Revieren stehen. Nachbarn fechten jeden Morgen einen kurzen Ritualkampf und warten den Tag über auf Weibchen. Kommt eines zu Besuch, wird es vom Revierinhaber mit brummend-knarrenden Rufen und Balzsprüngen umkreist. Erscheint das Weibchen unschlüssig, versucht der Bulle, ihren Urin zu prüfen, erhebt sich vor ihr auf die Hinterbeine und zeigt sein voll erigiertes Genitale. Reagiert das Weibchen nicht, wird es vertrieben. Ein paarungswilliges Weibchen biegt den Schwanz zur Seite, schnüffelt am Penis des Bullen und reibt ihren Kopf an seinem Rumpf. Kopulieren kann das Paar dutzende Male, jeweils zweimal pro Minute. Revierinhaber in der Nähe nehmen von dem Geschehen kaum Notiz und grasen weiter. In einer wandernden Herde besetzten die Bullen jeweils nur kurzfristig ein Paarungsrevier und ziehen dann mit den anderen.

Ich habe Dick Estes oftmals getroffen, denn er kam Jahrzehnte immer wieder zum Krater und in die Serengeti. Er erhielt schließlich den anerkennenden Spitznamen „Gnu-Guru". Im Jahr 1991 schickte er mir mit dankbaren Grüßen seinen hervorragenden Führer (eigentlich ein Lehrbuch) über das Verhalten afrikanischer Großsäuger.

Ein Vogel mit Instrumentalgesang

Auf Fahrten zu verschiedenen Stellen in und außerhalb der Serengeti und später zu Steppengebieten anderswo in Tansania und Kenia bemerke ich ein markant rhythmisches Klappergeräusch von oben aus der Luft. Einmal darauf aufmerksam geworden, funktioniert es fast wie ein Wecker. Mehrmals habe ich den Vogel so klappernd aus dem Gras starten sehen; es ist die Klapperlerche *(Mirafra rufocinnamomea)*. Sie gibt mir bis heute zu denken. Das Geräusch ist ihr Reviergesang, eine mehrteilige Klapperstrophe („prrr-prrr-prrrrrrr"), die das Männchen in großer Höhe mit rasch schlagenden Flügeln erzeugt, jeden Teil in steilem Steigflug, auf den folgend es jeweils mit schräg nach oben gestellten Flügeln abwärts segelt. Es wiederholt den Flügelgesang etwa alle zehn Sekunden und fliegt zwischendurch mit normalem Flügelschlag zu einer anderen Stelle über seinem Revier. Benachbarte Lerchen antworten einander, und zwar mit der gleichen Klapperstrophe. Und das gilt auch an anderen Orten, wo die Gesamtstrophe kürzere oder längere und weniger oder mehr als drei Strophenteile aufweist. Offenbar gleichen die Vögel ihren Flügelgesang dem der Nachbarn an und bilden Ortsdialekte, wie wir sie von vokal vorgetragenen Vogelgesängen kennen. Für deren Lern- und Produktionsvorgang ist ein definierter Hirnteil (HVC) zuständig. Flügelbewegungen aber werden von anderen Hirnregionen gesteuert. Wo im Vogelhirn werden nun die Flügelgesangs-Dialekte gelernt und wo gesteuert?

10

Erste Ausbeute

Die Rückreise aus Afrika unterbrach ich in Rom; dort traf ich meine Frau, und ich hielt auf einer Konferenz des National Institute of Mental Health vor amerikanischen Experimentalpsychologen einen Vortrag über „Ethologie als Wissenschaft vom Verhalten". Einbeziehen konnte ich die Notwendigkeit von Freilandbeobachtungen zusätzlich zu Verhaltensstudien an gefangen gehaltenen Tieren.

Sozio-sexuelles Verhalten und „verkehrte" Selektion

Im Alltag von Fleckenhyänen und Meerkatzen hat das Zurschaustellen der Genitalien eine wichtige soziale Bedeutung, unabhängig vom Sexualverhalten der Fortpflanzung. Das war aus meinen Beobachtungen eindeutig zu entnehmen. Bei Pavianen ist, wie schon erwähnt, das Präsentieren der Kehrseite als „Grußgeste" vor ranghöheren Gruppenmitgliedern aus dem Kopulationsverhalten abgeleitet und hat beim Mantelpavian zur roten Analzone als Imitation der weiblichen Brunstschwellung geführt. Sexuelle Signale und Verhaltensweisen, die auch weiterhin eine Rolle im ursprünglichen Fortpflanzungszusammenhang spielen, können zusätzlich aus diesem ausgegliedert, verselbstständigt und in anderen sozialen Kontexten eingesetzt werden. Sie treten dann als „Sozio-Sexualität" deutlich häufiger auf als im ursprünglichen Fortpflanzungskontext. Naive Beobachter, die nicht zwischen beiden Funktionskreisen unterscheiden, sprechen dann gewöhnlich von „Übersexualisierung" des alltäglichen Lebens.

© Springer-Verlag Berlin Heidelberg 2017
W. Wickler, *Wissenschaft auf Safari,*
DOI 10.1007/978-3-662-49958-0_10

Mit dem Thema „Sozio-Sexualität" begann ich eine Arbeitsrichtung, die von der Primaten-Ethologie (Wickler 1967) zum Menschen hin immer wichtiger wurde. Sie brachte mich schließlich zur Mitwirkung auch in der theologischen Fakultät der Münchener Universität. Davon berichtet ein späteres Kapitel.

Vorerst warfen die „zweckentfremdeten" Signale zwei biologische Fragen auf. Die erste bezieht sich auf die Signalempfänger: Warum lassen die sich von den Imitationen täuschen, obwohl die ursprünglichen Signale ja weiterhin funktionieren? Für die maulbrütenden *Haplochromis-* und *Oreochromis*-Weibchen, die auf Ei-Attrappen am Männchen regieren, liegen beim Ablaichen sogar die dreidimensionalen echten Eier unmittelbar neben den zweidimensionalen Ei-Attrappen. Was geschähe, wenn ein cleveres Weibchen den Unterschied bemerkte und auf die Attrappen nicht reagierte? Es behielte unbesamte Eier im Maul, und kein Nachwuchs könnte die mütterliche Cleverness erben. Ein Pavian, der die Brunst-Attrappe unbeachtet ließe, würde durch ungebremste Aggression die Gruppe sprengen. Das heißt: Während in der Evolution die Selektion im Allgemeinen möglichst präzise Wahrnehmungen prämiiert, sollte sie eine genauere Wahrnehmung im Rahmen dieser innerartlichen Täuschungen nicht begünstigen, oder solche genaue Wahrnehmung dann im Verhalten nicht wirksam werden lassen.

Die zweite Frage betrifft das weite Feld der Mimikry. Ist innerartliche Täuschung Mimikry?

Mimikry

Meine Vorliebe für Konvergenzen in der Evolution musste mich unausweichlich zur „Mimikry" führen. Laut simpler Schulbuchdefinition ist das die Nachahmung einer geschützten Art durch eine ungeschützte. Vater der Mimikryforschung ist Henry Bates, der 1862 unter auffällig gefärbten Schmetterlingen sowohl giftige als auch nicht-verwandte ungiftige fand. Er erklärte das als einen Musterfall der Evolution durch Selektion: Insektenfresser als Signalempfänger lernen durch Erfahrung die auffällige Färbung an giftigen Insekten als Warnfarbe kennen und meiden dann vorsichtshalber auch alle ähnlich aussehenden ungiftigen. Werden bei immer genauerem Hinsehen am ehesten die dem giftigen Vorbild nur mäßig ähnlichen Nachahmer vertilgt, züchten Insektenfresser automatisch Nachahmer, die sie vom Vorbild nicht mehr unterscheiden können. Auch Singvögel bebrüten nur Kuckuckseier, die ihren eigenen zum Verwechseln ähnlich sind. Männchen solitärer Bienen übertragen die Pollen von Ragwurz-Orchideen, denn sie kopulieren mit deren Blüten, die präzise die weiblichen Bienen imitieren. In meinem Buch *Mimikry,* das 1968 in sieben Sprachen erschienen ist, habe ich zusammengestellt, wo überall bei Tieren und Pflanzen Nachahmung und Täuschung vorkommen. In allen Fällen reagieren die Signalempfänger zu ihrem Vorteil auf das Signal am Vorbild und zu ihrem Nachteil auf das Signal am Nachahmer. Der Nachahmer ist dadurch definiert, dass allein auf sein Signal hin, also ohne das Vorbild, die Reaktion des Signalempfängers nicht entstehen würde.

In den bekanntesten Fällen gehören Vorbild, Nachahmer und getäuschter Signalempfänger zu mindestens drei verschiedenen Arten, im Kuckucks- und im Orchideenbeispiel jedoch sind Vorbild und getäuschter Signalempfänger Vertreter der gleichen Art, und im Eierfleck- und Pavianbeispiel sind alle drei Rollen – Vorbild, Nachahmer und getäuschter Signalempfänger – von Vertretern ein und derselben Art besetzt. Im ersten Anlauf erregte diese innerartliche Mimikry Misstrauen bei Konrad Lorenz. Dass es biologisch vorteilhaft sein sollte, Artgenossen zu hintergehen, schien die Grenze dessen zu überschreiten, was seiner Meinung nach zur Erhaltung der Art und zum Wohle aller ihrer Mitglieder geschehen konnte. Doch nach mehrfachen Diskussionen schrieb er in einem ausführlichen Vorwort für die erweiterte deutsche Ausgabe meines Buches (Kindler 1971): „Durch die Entdeckung der inner-artlichen Mimikry, durch die begriffliche Klärung und die exakte Analyse der verschiedenen, zu Ähnlichkeit führenden Evolutionsvorgänge hat Wolfgang Wickler nicht nur ganz erhebliche Beiträge zur Mimikryforschung geleistet, sondern er hat, durch Beseitigung so mancher noch bestehender Einwände, auch wesentlich zur Festigung der Darwinschen Selektionstheorie beigetragen".

Viel Überzeugungsarbeit war dann noch nötig, das Konvergenz-Kriterium aus der Mimikrydefinition hinauszuwerfen. Zwar bietet Mimikry eine Fülle von Konvergenzfällen und ist hervorragend für evolutionäre Konvergenzforschung geeignet; aber Konvergenz ist – entgegen landläufiger Meinung – nicht wesentlich für Mimikry. Henry Bates hatte im Sinne der Evolutionstheorie den getäuschten Signalempfänger als entscheidenden Selektierer („*selecting agent*") definiert. Leider nannte er Konvergenz als zusätzliches Kennzeichen für Mimikry, weil in seinen Beispielen Vorbild und Nachahmer taxonomisch zu verschiedenen, verwandtschaftlich getrennten Arten gehörten, die Nachahmung also unabhängig vom Vorbild konvergent entstanden war. Der Taxonom fühlt sich zwar durch die Mimikry-Ähnlichkeit getäuscht, er ist aber nicht ihr selektierender Urheber. Für den natürlicherweise selektierenden Signalempfänger hingegen ist die Artzugehörigkeit von Vorbild und Nachahmer bedeutungslos; er wird getäuscht in der funktionellen Bedeutung, die das Signal für ihn hat. Er erfährt nicht ein Signal an zwei Arten, sondern ein Signal in zwei Bedeutungen. Wenn *Danaus*-Raupen an ungiftigem Kraut aufwachsen, sind sie als Schmetterling ungiftig, also äußerlich homolog-gleichfarbige Nachahmer der mit giftigem Kraut aufgewachsenen Vorbild-Artgenossen.

Noch falscher für das Mimikry-Konzept als das Konvergenzkriterium ist die so genannte „Müllersche Mimikry", die übereinstimmende Warnfärbung von verschiedenen giftigen Insektenarten. Wieder irritiert das den Taxonomen, der nach Arten sortiert. Er könnte es „Müllersche Ähnlichkeit" nennen, nicht aber Mimikry; denn den Insekten fressenden Signalempfänger täuschen die gleich aussehenden giftigen Individuen verschiedener Arten ebenso wenig wie gleich aussehende giftige Individuen derselben Art. Müllersche Ähnlichkeit bedeutet Signalnormierung einer Warnfarbengemeinschaft von nicht-verwandten Arten.

11

Das Serengeti Research Institute

Die Arbeiten der im Serengeti Research Project zusammengefassten Wissenschaftler verlangten nach einem Forschungsinstitut in der Serengeti. Entsprechende Pläne betrieb energisch John Owen, der Direktor der Tansania National Parks. Deren Board of Trustees stimmte 1965 einer Institutsplanung zu, und so wurde Ende des Jahres Professor Lorenz gebeten (per Rundschreiben mit dem Vermerk „Eilt sehr"), die Meinung von sachkundigen und mutmaßlich interessierten deutschen Gelehrten zur Nützlichkeit einer solchen Feldstation einzuholen. Es antworteten 23 Fachleute, von ihnen waren 16 an einer Station zur Erforschung der Ökologie der Serengeti interessiert (darunter Otto Koehler, Adolf Remane und Bernhard Rensch), aber nur sechs hofften, selbst dort einige Monate zu arbeiten. Alle mahnten Laboratorien mit einfacher Grundausstattung an. Wichtig für den Erfolg solcher Feldlaboratorien seien Arbeitsraum, Reparaturwerkstätten und festes Pflegepersonal. Gastforscher, die Interesse hätten, kurzfristig an einer solchen Station zu arbeiten, sollten themenbezogene Ausrüstung selbst mitbringen.

Die Umfrage beruhte auf einer Initiative der Fritz-Thyssen-Stiftung, die 1959 als erste große private wissenschaftsfördernde Einzelstiftung nach dem Zweiten Weltkrieg in Deutschland gegründet worden war. Dr. Ernst Coenen im Vorstand der Stiftung, der 1963 die Gelder für Dieters Wildhund-Forschung bewilligte, erkannte das Forschungspotenzial der Serengeti. Nun plante die Fritz-Thyssen-Stiftung, sich zusammen mit der Ford Foundation am Aufbau einer internationalen Serengeti-Station zu beteiligen. Die Ford Foundation wollte den Unterhalt für zunächst drei Jahre stellen, Thyssen die

© Springer-Verlag Berlin Heidelberg 2017
W. Wickler, *Wissenschaft auf Safari,*
DOI 10.1007/978-3-662-49958-0_11

Institutsgebäude und deren Grundausstattung. Die Caesar Kleburg Foundation (der Texas A & M University) wollte weitere Gebäude finanzieren, und für zusätzliche Betriebsausgaben würden die Canadian International Development Agency und Tanzania National Parks aufkommen.

Für das Thyssen-Engagement wesentlich war ein Nutzen für die Forschung in Deutschland. Anstatt bei einer einzelnen Universität wurde das Vorhaben zunächst überregional bei der Max-Planck-Gesellschaft angesiedelt, und da war wissenschaftlich Konrad Lorenz der zuständige Ansprechpartner. Er verschickte die Rundfrage, fühlte sich aber für Feldforschung unzuständig (ist auch nie nach Afrika gekommen) und gab alles Folgende an mich weiter – da ich ja schon Serengeti-Erfahrung hatte. So wurde ich 1965 Mitglied des Scientific Council am Serengeti Research Institute (SRI), für die Wissenschaft zuständig zusammen mit Niko Tinbergen (Universität Oxford) und Gerard Baerends (Universität Groningen). Wir tagten jährlich an drei Tagen zwischen Dezember und Ende Januar, und ich musste/durfte bis 1979 jedes Jahr in die Serengeti reisen. Ein letztes Mal nahm ich dort 1994 an einer Planungssitzung teil.

Am Rande der Council-Sitzungen notierte ich mir Verhaltensbruchstücke von vielerlei Tieren, die es verdienten, näher untersucht zu werden.

12

„Vesey"-FitzGerald

Eine prägende Figur unter den Teilnehmern der jährlichen Sitzungen war ein stämmiger Mann mit kurzem, grauem Haar, kleiner Brille mit Drahtbügeln und freundlichem Gesicht, der nur ungern seine Pfeife aus dem Gesichtsfeld entließ. Er fuhr einen ziemlich alten Land Rover mit selbst gebasteltem Holzaufbau und trug Hemd und Hose stets kakifarben, dazu kniehohe, braune Lederstiefel; die Einheimischen nannten ihn deshalb respektvoll *Bwana Mungosi* (Mr. Leder). Offiziell hieß er L. Desmond E. Foster Vesey-FitzGerald, für Kollegen kurz Vesey. Er gehörte zu einer aristokratischen anglo-irischen Familie und wies mit Stolz auf das Foster und das große G in seinem Namen hin, war aber im Übrigen so bescheiden wie belesen. Er hatte als Agricultural and Forestry Officer in Brasilien und auf den Seychellen gearbeitet, später in der Bekämpfung von Ernteschädlingen. Zuerst beim International Red Locust Control Service in Nordrhodesien (heute Sambia) war es die Wanderheuschrecke *Nomadacris septemfasciata*, später im Rukwa Valley im Südwesten Tansanias der Blutschnabelweber *(Quelea quelea)*, der über 30 ha große Kolonien von Millionen Nestern bildete. Seit 1963 war Vesey Scientific Officer der Tanzania National Parks. Er kannte sich unter den Säugetieren, Reptilien, Vögeln und Insekten Afrikas besser aus als jeder andere Sitzungsteilnehmer.

In puncto Langzeit-Ökologie der Nationalparks war Grzimek – im Namen der Touristen – bestrebt, Landschaft, Bewuchs und Tierwelt möglichst auf dem gegenwärtigen Stand zu erhalten (wir nannten das „grzimekken"). Mit einer solchen, eher romantischen Ökologie war Vesey durchaus nicht einverstanden; er vertrat eine mehr wissenschaftlich orientierte

© Springer-Verlag Berlin Heidelberg 2017
W. Wickler, *Wissenschaft auf Safari*,
DOI 10.1007/978-3-662-49958-0_12

Ökologie, die ständige natürliche Veränderungen kennt und zulässt. Zu den Langzeit-Planungen des Scientific Council äußerte er sich mit Skepsis: Die Senior Scientists verfassten Research Proposals, die dann vor Ort von Imponderabilien über den Haufen geworfen würden; je mehr man plane, desto härter träfen einen die Zufälle. Und die Junior Scientists müssten Berichte schreiben, wie viel vom Geplanten sie dennoch erreichen konnten. Beides war für Vesey Zeitverschwendung und sogar ein Forschungshemmnis. Geforscht werden musste mit Leidenschaft, wenn was Gescheites dabei herauskommen sollte. Deshalb verstand er nicht, warum ein Wissenschaftler sich überhaupt seine Forschung von anderen vorplanen lässt, statt auf eigene Ideen zu setzen; wo bleibt die Neugier? – *„The young are incurious. "*

Was aber macht neugierig? Erfahrungsgemäß muss man dazu auf etwas Unerwartetes stoßen, für das die üblichen Erklärungen nicht auszureichen scheinen. Ich nenne es das „Nanu-Erlebnis". Es ist der notwendige Vorläufer vom „Aha-Erlebnis", das Karl Bühler benannt hat und das sich einstellt anlässlich der als richtig empfundenen Lösung eines Problems. Viel wichtiger aber ist, dass man zuvor gemerkt hat, wo ein Problem liegt, eben das „Nanu-Erlebnis", das die persönliche Neugier aufruft. Dieser Meinung war auch Vesey. Neugierig gemacht hatten ihn einige Stellen in meinem Mimikry-Buch, von dem er begeistert war. Er lud mich schon früh ein in sein hübsches spitzgiebeliges Haus in Kusare, herrlich gelegen zwischen Kilimandscharo, dem höchsten, und Mount Meru, dem mit 4588 m zweithöchsten Berg Tansanias, ebenfalls ein erloschener Vulkan, beide vom Haus aus zu sehen. Mehrmals holte er mich vom Arusha-Flughafen ab und nahm mich mit zur üblichen Sitzung in die Serengeti. Einmal war noch Frau Prof. Henriette Oboussier aus Hamburg dabei. Sie landete spät, sodass wir nur bis Manyara kamen und dort im mottenpulvrig duftenden Herbariumhaus, dem Gäste-Rasthaus des Nationalparks, übernachten mussten. Die Buschtrommel hatte angekündigt, es käme ein älteres Ehepaar mit Kind.

Ich habe Vesey in Kusare jedes Jahr besucht. Frühmorgens lief er mit einem großen Handtuch um den Bauch durchs Haus und sprach vor der ersten Tasse Tee kein Wort. Er liebte amüsante Geschichten und Texte und zitierte zum Beispiel Michael Flanders: *The walrus lives on icy floes and unsuspecting Eskimoes,* oder Ogden Nash: *God in his wisdom made the fly. And then forgot to tell us why.* Vesey war Chef des 137 km² großen Arusha-Nationalparks, der bis 1967 Ngurdoto Crater National Park hieß. Nach und nach erklärte er mir dessen ökologisch recht unterschiedliche Zonen, den Ngurdoto-Krater, die Momella-Seen und den Mount Meru.

Am Meru hinauf fuhr er mit mir, um mir eine riesige Kolonie sozialer *Agelena*-Spinnen und oberhalb von Tundra und Baumgrenze merkwürdige geologische Erosionsformen am Boden zu zeigen. Die 1500 m über dem Meer liegenden flachen Momella-Seen (Groß-Momella, Klein-Momella, El Kekhotoito, Kusare, Rishateni, Lekandiro und Tulusia) haben leicht alkalisches Wasser, das durch poröses Vulkangestein aus unterirdischen Quellen kommt. Die enthalten sehr unterschiedliche Mineralien. Entsprechend verschiedenartiger Algenbewuchs verleiht den Seen verschiedene Farben.

Der Ngurdoto-Krater, auch Mini-Ngorongoro genannt, ist eine drei Kilometer weite, 200 m tiefe, steilwandige Schüssel, entstanden von 15 Mio. Jahren. Vom Kraterrand, den wir nur zu Fuß erreichen, sehen wir unten in einer Savanne mit Wasserlöchern Paviane neben Antilopen. Zwischen dicht bewaldeten Ufern im sumpfigen Gelände grasen Elefanten- und Büffelgruppen und einige Waldschweine *(Hylochoerus meinertzhageni)*. An den Kraterwänden hinauf wachsen Farne, Afrikanisches Mahagoni *(Khaya)*, Olivenbäume und Dattelpalmen. Den Krater zu betreten ist verboten. Über uns im hohen Nebelwald klettern und springen schwarz-weiße Guereza *(Colobus guereza)*. Ein Jungtier, noch mit rein weißem Fell, hängt in den Armen eines Weibchens, das aber nicht die dazugehörige Mutter sein muss. Denn die Weibchen einer Gruppe kümmern sich gemeinsam um den Nachwuchs; Kinder werden herumgereicht und auch von anderen Weibchen als der Mutter gesäugt. Mehrmals schauen große Männchen mit ihren weiß gerahmten Gesichtern direkt zu uns herab, ehe sie mit Weib und Kind in großen Sprüngen in den dichten Kronen verschwinden. Im Sprung scheint die weiße Schwanzquaste auf und wehen die langen weißen Fellhaare an den Seiten dieser „Mantelaffen". Ihre laut knarrenden Rufe sind noch lange zu hören.

Im Januar 1974 schrieb Vesey an einem Artikel über die Schlangen Ostafrikas. Ich hatte mich angemeldet, und er hatte aus einem Termitenbau eine tagsüber dort ruhende Eierschlange *(Dasypeltis scabra)* mitgebracht, daumendick und etwa 70 cm lang. Sie erklettert Bäume und sucht Eier in Vogelnestern. Ihre extrem beweglichen Kiefer schiebt sie über das Ei, sägt es auf mit Wirbelfortsätzen, die in die Speiseröhre ragen, zerdrückt es, verschluckt den flüssigen Inhalt und formt die Eischale zu einem wurstförmigen Speiballen, den sie auswürgt. Als ökologischen Kontrast zeigte Vesey eine nur wenige Millimeter dicke, zwölf Zentimeter lange Erdschlange *(Typhlops)*. Sie lebt unterirdisch, ist blind und ernährt sich nur von Termiten. Es war mein letzter Besuch bei Vesey; er starb im Mai 1974, kaum 65 Jahre alt. Vor 100 Jahren hätte er wahrscheinlich als ein großer Naturforscher gegolten, jetzt war er vielen etwas altmodisch erschienen.

13
Menschen und Fliegen

Massai

„Der Herr Doktor ist auf'm Abschlepper", erklärt der Werkstattmeister am Telefon, als ich Hubert Hendrichs Bescheid geben will, dass sein Stipendium zur Erforschung der Serengeti-Elefanten bewilligt ist. Da die Wissenschaftler in der Serengeti damals noch nicht „vernetzt" sind, macht er, um notfalls in der Steppe allein mit dem Wagen klarzukommen, ein Praktikum in einer Münchner Werkstatt. Er hat sich dann für einen robusten Toyota entschieden. Und mit dem fährt er jetzt, im März 1968, mich und meine Frau zum Ngorongoro. Hubert will dort eine Elefantengruppe und eine Massaifamilie besuchen, und ich hoffe wieder auf Kämpfe zwischen territorialen Gnu-Bullen.

Nahe bei der berühmten Olduvai-Schlucht machen wir einen kurzen Abstecher querfeldein zu den Shifting Sands, einer neun Meter hohen und 100 m langen, sichelförmigen Sanddüne. Ihr schwarzer, vulkanischer Sand stammt von einer Eruption des Ol Doinyo Lengai. Da die leicht magnetischen Sandkörner aneinanderhaften, bläst der Wind keinen Sand fort, sondern schiebt ihn über den Dünenkamm und so die ganze Düne langsam über die Steppe, einige Meter pro Jahr nach Westen.

Unbedingt notwendig ist dann der nächste Abstecher zur Olduvai-Schlucht. Zu besichtigen sind mehrere markierte Ausgrabungsstellen, eine freigelegte Wohnstelle von vor 1,75 Mio. Jahren und viele bedenklich offen umherliegende fossile Knochensplitter. Wir setzen uns ein Weilchen, betrachten die Erdschichten der Schluchtwände und rekapitulieren

© Springer-Verlag Berlin Heidelberg 2017
W. Wickler, *Wissenschaft auf Safari*,
DOI 10.1007/978-3-662-49958-0_13

Geschichte. Den Namen Oldupai, den er falsch Olduvai aufschrieb, erfuhr der deutsche Entomologe Wilhelm Kattwinkel 1911, als er dort Schmetterlinge fing und viele fossile Knochen fand. Er fragte die Massai nach dem Namen der Schlucht, aber sie nannten ihm stattdessen „Oldupai", ihren Namen der in der Schlucht häufigen wilden Sisal-Agave *Sansevieria ehrenbergii.* Die Fossilfunde lockten dann 1913 den deutschen Geologen Hans Reck, spezialisiert auf Vulkanologie, mit einem Team von der Humboldt-Universität Berlin (damals Universität unter den Linden) nach Olduvai; der entdeckte ein rund 17.000 Jahre altes Skelett von *Homo sapiens,* konnte aber die Fundstelle nicht wieder besuchen, weil die ehemals deutsche Kolonie mit dem Versailler Vertrag 1919 dem Vereinigten Königreich zugefallen war. Erst Louis Leakey, der die Olduvai-Fossilien 1931 in Berlin sah, begann zusammen mit seiner Frau Mary, Olduvai systematisch zu untersuchen.

Das Gebiet war vor mehreren Millionen Jahren ein ausgedehnter See, dessen Ufer aus geschichteter Vulkanasche bestanden. Vor etwa 500.000 Jahren lenkten Erdbeben einen benachbarten Fluss um. Der heute meist wasserlose, beim Ndutusee beginnende Olduvaifluss schnitt eine 48 km lange Schlucht bis zu 100 m tief in das Gestein. Dadurch freigelegt sind datierbare, durch Tuffschichten getrennte biostratigrafische Schichten. Darin enthaltene Fossilien von Tieren und Menschen und Steinzeitwerkzeuge sind klassifiziert als „Oldowan". Demnach lebten hier *Homo sapiens* schon vor 17.000 Jahren, *Homo erectus* vor 1,2 Mio. und *Homo habilis* gleichzeitig mit dem 1959 von Mary Leakey entdeckten Nussknackermenschen *Paranthropus boisei* vor 1,8 Mio. Jahren. Den *Homo habilis* fand Jonathan Leakey 1960, als er seinen Eltern in Olduvai half. Danach aber – weil es in der Familie schon genügend Anthropologen gab – gründete er eine Schlangenfarm am Baringosee, nahe bei Kampi Ya Samaki. Auf einer Reise mit Loki Schmidt haben wir ihn dort 1976 besucht (Wickler 2014).

Von Einheimischen wurden die Leakeys 1935 auf die 45 km südwestlich der Olduvai-Schlucht liegende Fossilien-Fundstelle Laetoli aufmerksam gemacht, wo sie mehrmals Säugetier-Fossilien sammelten. 1938/1939 fand der deutsche Paläoanthropologe Ludwig Kohl-Larsen ein 3,5 Mio. Jahre altes Oberkieferfragment des (erst 1978 erkannten) *Australopithecus afarensis. Australopithecus* ist die Schwestergattung zu *Homo.* Vertreter beider Gattungen lebten hier in Ostafrika vor vier Millionen Jahren nebeneinander.

Im Juli 1978 entdeckte dann Mary Leakey mit ihrem Team in Laetoli Fußspuren des aufrecht gehenden *Australopithecus afarensis.* Erhalten geblieben sind sie fast wunderbarerweise in frisch vom nahen Vulkan Sadiman ausgestoßener Asche, die, von Regen angefeuchtet und gleich von der

Sonne wieder getrocknet, sofort hart wird wie Zement (ebenso wie die des Ol Doinyo Lengai). Vor rund 3,5 Mio. Jahren waren nach einem Regen und vor dem trocknenden Sonnenschein neben anderen Lebewesen auch einige Urmenschenvorfahren dort entlanggelaufen und hatten auf einer Strecke von mehr als 20 m ihre Fußabdrücke in der Asche hinterlassen, ehe neue Sadiman-Asche sie zudeckte.

Nach diesem Gedankenausflug in die Vorzeit geht es nun auf dem bekannten Weg ins Kraterhochland. Aber noch nicht gleich in den Krater. Denn im Gras der Malanya-Senke tanzen, schon von weitem sichtbar, schwarze, langschwänzige Männchen der Leierschwanzwida *Euplectes (Drepanoplectes) jacksoni*. Ich habe die etwa 15 cm großen Vögel schon 1974 in der Schauvoliere im Hof vom Norfolk-Hotel in Nairobi gesehen: Im Gezweig unauffällig braun gezeichnete Weibchen, am Boden gleichfarbene Jungmännchen und einige im Brutkleid schwarz ausgefärbte Männchen mit silberhellem Schnabel und körperlangen, schwarzen Schwanzfedern. Jedes Männchen, jung oder ausgefärbt, suchte sich, sobald ihm ein Weibchen nahe kam, am Boden ein aufragendes Holzteil oder Futtergefäß und trippelte oder hüpfte aufgeplustert im Kreis um diesen Gegenstand herum, sich stets hinter ihm haltend, den Blick aufs Weibchen gerichtet. Eine Reaktion der Weibchen darauf haben wir in der Voliere nicht gesehen.

Hier nun haben wir eine natürliche Balzarena vor uns mit etwa einem Dutzend Männchen, in nur wenigen Metern Abstand untereinander. Jedem gehört ein knapp halbmeterhohes Grasbüschel, umgeben von einem 50–70 cm weiten Ring aus platt gedrücktem oder ganz fehlendem Gras. Ständig springt hie und da ein Männchen aus seinem Ring hoch über das Gras, mit hängenden Füßen, den Kopf in den Nacken gedrückt, vom Schwanz zwei lange Federn stielartig nach hinten, die übrigen glockig gewölbt über dem aufgeplusterten Rücken gehalten. Die Sprünge werden häufiger, sobald sich Weibchen nähern. Landet eins auf der Tanzringfläche, plustert sich das betreffende Männchen auf und trippelt zitternd hin und her, stets dem Grasbüschel mit dem Weibchen dahinter zugewandt, das sich an einer Einbuchtung des Büschels wie an einem Nesteingang zu schaffen macht. Brutnester bauen die Weibchen anderswo. Staffan Andersson hat neuerdings gezeigt, dass ein Männchen umso mehr Weibchenbesuche bekommt, je länger es an seiner Tanzfläche bleibt und je häufiger es springt; die Schwanzlänge entscheidet über die Chance auf eine Kopulation mit dem Weibchen. Auffällig sind Konvergenzen im Balzverhalten der Leierschwanz-Wida und dem der Laubenvögel in Australien und Neuguinea.

Nach diesen diversen „Ablenkungen" fahren wir schließlich bei Windy Gap in den Krater. Von Elefanten ist nichts zu sehen, aber die Massai-Familie Ole Mutel, die Hubert kennt, ist in der gleichnamigen Familien-Boma versammelt. Außerhalb des Dornenwalls, der die Wohnhütten und den Viehkral umgibt, werden wir von den Frauen mit einigen Kindern freundlich begrüßt, etwas zurückhaltender von den Männern, die zuerst nach ihren Speeren greifen, sie dann aber am Dornwall lassen. Die Ilkisongo-Massai in Tansania, besonders hier im Ngorongoro, wirken weniger verwestlicht als ihre Ilpurko-Stammesgenossen in Kenia. Die Erwachsenen umhüllen ihren Körper lediglich mit einer rotbraunen Stoff- oder Leder-Toga, die bis übers Knie reicht und oft auch an Frauen die linke Brust freilässt. Als Schmuck tragen die Frauen bunte, auf Draht gefädelte Perlen an der Stirn, in den verlängerten Ohrläppchen und als breite, bunte Halskragen auf den Schultern. Eine junge Mutter hat ihren Säugling im Tuch auf den Rücken gebunden. Die Kleinkinder sind nackt, wie auch die Erwachsenen unter der Toga. Massai verspotten Fremde als *„Iloridad enjekat"*, „diejenigen, die ihre Fürze einsperren", weil sie Hosen tragen, was es dem Wind nicht erlaubt, die Darmgerüche fortzuwehen (Ole Saitoti und Beckwith 1981). Etwas abseits lässt eine stehende Frau ihren Harn ins Gras plätschern. Während Hubert mit den Männern spricht, hat einer der Krieger unsere offen stehende Wagentür ausgenutzt. Vom Nabel abwärts sichtbar nackt, hält er nun mit beiden Händen das Steuerrad und blickt wie entrückt in die Ferne. Etwas zögerlich steigt er aus, als wir abfahren wollen und ihn nicht mitnehmen.

Tsetse

Ausgesprochen lästig in Banagi und bei Ausflügen in den Korridor zum Viktoriasee sind die zentimetergroßen Savannen-Tsetsefliegen *(Glossina morsitans)*, die sehr schnell sein können und unserem Wagen kurze Zeit noch mit nahezu 50 km/h folgen. Sie stechen sehr schmerzhaft. Weil widerstandsfähig wie fester Gummi, sind sie im Wagen schwer zu erschlagen. Eigentlich aber müssten wir jede einzelne streicheln und dankbar ins Freie entlassen, denn Tsetses übertragen die Urheber der Schlafkrankheit und der für Rinder tödlichen Nagana-Seuche, haben so seit Jahrhunderten die Serengeti für Menschen unbewohnbar gemacht und für die riesigen Tierherden reserviert. Männchen und Weibchen stechen fast jede Art von Wirbeltieren, saugen aber nicht, wie Mücken, einfach Blut aus einer Ader, sondern erzeugen, ähnlich wie unsere Bremsen, mit ihren Mundwerkzeugen eine Wunde und nehmen von da Blut und Lymphe auf. Beides ist für die Weibchen enorm wichtig, denn Tsetsefliegen legen keine Eier, sondern sind lebend gebärend.

Zur Paarung treffen sich Männchen und Weibchen nahe bei einem Stech-Opfer. Das Männchen hält seine Partnerin länger als eine Stunde fest und überträgt eine große Spermamenge, die dem Weibchen in einer Samentasche fürs ganze Leben reicht. Bei der Ovulation wandert ein einzelnes Ei zur Befruchtung in den Uterus. Dort schlüpft und entwickelt sich die Larve. Nach zehn Tagen ist sie fast so groß wie die erwachsene Fliege und füllt den Hinterleib der Mutter völlig aus. Ernährt wird die Larve während der ganzen Entwicklung von der Mutter, die aus „Erstochenem" eine sehr nahrhafte, milchige Mischung aus Fett und Eiweiß bildet, und zwar in einer Milchdrüse mit kleiner „Zitze", die in den Mund der Larve ragt. Zum Gebären sucht die Fliege einen schattigen Ort auf. Die ausgewachsene Larve arbeitet sich rückwärts aus der Vulva der Mutter, die mit ihren Beinen nachschiebt, gräbt sich in weichen Boden und verwandelt sich in etwa zwei Stunden zur Puppe. Nach 3–5 Wochen – abhängig von der Witterung – schlüpft eine fertige Fliege. Eine Mutterfliege, die ein halbes Jahr lang gut genährt lebt, kann in dieser Zeit etwa neun Junge gebären.

14

Biologie am Spülsaum

In den Jahren 1965 bis 1968 habe ich mehrmals das kleine Küstenhotel Whispering Palms, 27 km nördlich von Mombasa, aufgesucht. Es hatte keinen Animateur zum Bekämpfen von Langeweile. Eines Abends knüpften Junglehrer aus Baden-Württemberg, die hier Ferien machten, eine Unterhaltung über „Muscheln" an, die sie teils am Strand aufgelesen, teils für ein paar Cent von Afrikanerkindern erstanden hatten. Ausgebreitet auf einem Tisch lagen allerdings nur Schnecken, keine Muscheln. „Ist das denn nicht dasselbe?" Nein: Muscheln, wenn komplett, haben zwei Schalen, Schnecken nur eine. „Und was für Muscheln sind das?" Eine Hand zeigte auf ein angeschwemmtes Holzstück mit Bündelchen flacher muschelähnlicher Schalen. Die heißen „Entenmuscheln", sind aber weder Schnecken noch Muscheln, sondern Krebse. Das musste ich erklären:

Die Körper dieser Krebse sind von eiförmigen Schalen umschlossen und mit kleinem Stiel irgendwo, oft an Treibholz festgewachsen. Sie fangen Plankton aus dem Wasser, indem sie oben aus dem Schalenspalt mit Borsten besetzte Beine wie Kämme strecken und damit paddeln. Man konnte meinen, dass aus den Gebilden Federn oder Vogelfüßchen herauszappeln. So entstand um das Jahr 1200 die Fantasie von einem Vogelbaum mit schlüpfenden Küken. „Dieses Vogels Nest oder Eyer hat keiner nie gesehen: und das ist kein Wunder dieweil er ohne Eltern von ihm selbst auff folgende Weise gebohren wird: Wann ein böß Schiff oder Segelstang ein Zeitlang im Meer gefaulet ist, so kriechet er anfangs gleich als ein Schwamm herauß an welchem man bald darauff die Figur oder Gestalt eines Vogels siehet welcher darnach mit Federn bedeckt und zuletzt lebendig und fliegen wird",

© Springer-Verlag Berlin Heidelberg 2017
W. Wickler, *Wissenschaft auf Safari,*
DOI 10.1007/978-3-662-49958-0_14

schrieb Conrad Gesner in seinem *Vollkommenen Vogelbuch* über die „Baumgans" (1669). Sie kam gelegentlich in Schwärmen an englische und skandinavische Küsten, man hatte sie aber nie irgendwo brüten sehen. Demnach wuchs sie an Bäumen, reimte man sich zusammen, war somit offensichtlich pflanzlicher Herkunft und galt deshalb im Mittelalter in einigen Klöstern als erlaubte Fastenspeise. Tatsächlich sucht dieser Vogel, die Ringelgans *(Branta leucopsis)*, zum Nisten das Küstengebiet der Arktis auf. Im Englischen heißt ein naher Verwandter der Entenmuscheln, die Seepocke, *„barnacle"* und die Gans bis heute *„barnacle goose"*.

Am nächsten Morgen zeigt sich die Gruppe ungewöhnlich interessiert und erkundigt sich, was sonst noch am Strand empfehlenswert zu gucken wäre. Wir verabreden uns zur Ebbezeit in einiger Entfernung vom Hotel an einer Stelle, wo die Flut gewöhnlich einen besonders reichen Spülsaum zurücklässt. Den finden wir. Da liegen, von der Flut weit den Strand hinaufgespült, kleine, weiße, leicht zerbrechliche, schneckig aufgerollte Gebilde, die aber von *Spirula* stammen, einem fünf Zentimeter langen *Sepia*-artigen Tintenfisch. Der schwimmt ungemein behände 600 m tief im Meer umher und besitzt an seinem Hinterende ein gelbgrün strahlendes Leuchtorgan; wozu, ist bislang unbekannt. Das Tier sitzt nicht in dem spiraligen „Gehäuse", sondern umgekehrt, die Schale sitzt innen im Tier und dient, mit Gas in den kleinen Kammern, als Schwebeorgan.

Dann lesen wir zwei lilafarbene echte Schneckenhäuser auf. Sie gehören der Veilchenschnecke *Janthina*. Die macht sich aus Luftbläschen ein Schaumfloß und driftet daran hängend zeitlebens an der Meeresoberfläche umher, und zwar zuerst als Männchen, später als Weibchen. Reste vom Schaumfloß kleben noch an einem der *Janthina*-Gehäuse, in dem auch die tote Schnecke steckt; wahrscheinlich hat starker Wind sie im Wellengang ans Ufer verfrachtet. Und zwar zusammen mit ihren Nahrungsobjekten, die sich ebenfalls ständig von Wind und Strömungen an der Wasseroberfläche treiben lassen und jetzt, wie zur Demonstration vorbereitet, daneben im Sand liegen: flache, bräunlich gefärbte, runde Knöpfe mit blauem Rand, und weiche, dreikantige, blaue Kissen mit längeren Fransen. Eine Reiterkrabbe trägt gerade ein solches Kissen zu ihrem Sandloch und verschwindet damit (Abb. 14.1). Die Knöpfe *(Porpita)* und die Kissen *(Velella)* bilden zoologisch die Ordnung der sogenannten Segelquallen. Davon gibt es nur diese beiden Arten, die keine echten Quallen, sondern näher mit unseren Süßwasserpolypen verwandt sind. Auch sie driften, wie die Veilchenschnecke, passiv im Weltmeer. Sie werden nur drei bis fünf Zentimeter groß und bestehen aus zahlreichen Hydroidpolypen, die arbeitsteilig spezialisiert sind. Das

Abb. 14.1 Reiterkrabben fotografieren. Bei Whispering Palms Kenia, 1971

heißt, jeder Polyp hat eine bestimmte Aufgabe für das Ganze zu erfüllen. Einige Polypen-Individuen bilden die goldbraune *Porpita*-Schwimmscheibe, umrandet von türkisblauen Individuen, die entweder der Fortpflanzung dienen oder als Tentakeln mit Nesselkapseln Planktonbeute fangen. Bei *Velella* formt ein Polyp die gasgefüllte Blase, die für den Auftrieb und das Segeln im Wind sorgt, die anderen Polypen sind entweder lange Beutefangfäden oder Geschlechtspolypen. Selbst mit einem Mikroskop wäre an den in der Sonne eintrocknenden Wesen nicht mehr zu erkennen, dass die diversen Polypen einer *Porpita* oder *Velella* nur einen gemeinsamen Mund haben, der – wie bei unseren europäischen Süßwasserpolypen – auch zum Ausstoßen von Verdauungsresten dient. Unbeantwortbar ist die Frage, ob solch ein Gebilde nun ein Individuum oder eine Kolonie aus kooperierenden Individuen ist.

Im Sand und im flachen Wasser liegen viele Kauris, *Cypraea*-Porzellanschnecken. Sie waren Jahrhunderte hindurch als Zahlungsmittel weltweit verbreitet, in Afrika vor allem die weiße bis leicht gelbliche Kauri mit dem bezeichnenden Namen *Monetaria moneta*. Einzeln dienten sie als Kleingeld; größere Beträge waren als Kaurischnüre an Bastfäden aufgezogen. Das funktionierte mit arabischen und portugiesischen Händlern noch bis ins 20. Jahrhundert. Klarerweise stieg der Wert dieser Währung mit der Entfernung vom Meer. Andererseits und ebenso vorhersehbar führte dieser nachwachsende Reichtum schließlich zu einer Kauri-Inflation, das Kauri-Geld wurde um 1920 von europäischen Kolonialregierungen verboten und durch europäische Münzen ersetzt. Als Zierrat beliebt sind Kauris aber nach wie vor.

Von ihnen gibt es Dutzende Arten: Ihre schneckenuntypische eiförmige Schale hat unterseits über die ganze Länge einen Mündungsschlitz. An der lebenden Kauri bedeckt der seitlich hochgeschlagene Körpermantel fast die ganze Schale und produziert dort ständig neues Material. Deshalb wirkt die Schale stets glänzend poliert, besonders schön zu sehen an einer großen Tigerkauri, *Cypraea tigris,* die einer in fast knietiefem Wasser aus einem Grünalgenrasen aufgeklaubt hat. Der umhüllende Mantel, graufleckig und mit vielen Fortsätzen versehen, hatte das Tier gut getarnt, zieht sich aber nun ganz ins Gehäuse zurück und legt die hell-dunkelbraune ornamentale Schalenfleckung frei. Zwischen einigen größeren Steinen finden wir sogar ein Kauriweibchen, das bewachend auf seinem Eiballen sitzt. Von einer Onyx-Kaurischnecke *(Erronea onyx)* stammt eine kleine Schale, die, wie der Name sagt, wie ein Schmuckstein in zwei Farben schimmert und nun auch als Schmuckstück mitgenommen wird. Die meisten am Strand umherliegenden kleinen Kauris sind unscheinbare Ringkauris, *Cypraea annulus,* die sich zu Lebzeiten im Wasser unter Steinen aufgehalten haben. Um nicht solchen Organismen das Dach über dem Kopf abzureißen, war verabredet, alle Steine und Korallenstücke im Wasser unverändert liegen zu lassen.

Zwischen Seetang finden wir ein auf den ersten Blick rätselhaftes, daumennagelgroßes Gebilde, oberflächlich gewunden gezeichnet wie eine Schnecke, aber massiv, ohne Eingangsöffnung. Wir finden leider nicht das zugehörige Schneckenhaus. Der Fund ist ein *„cat's eye“,* wie es hier heißt, beliebt als Schmuckanhänger. Es ist der Verschlussdeckel der Kreiselschnecke *Turbo coronatus,* die in tieferem Wasser vorkommt. Wenn sie sich ins Haus zurückzieht, verschließt sie mit diesem Operculum die Eingangsöffnung. Der Schließdeckel und die schneckig gewundenen Windungen auf seiner hornigen Außenseite wachsen mit dem Haus. Gleich nach diesem Fund hebt jemand eine andere Schnecke aus einem Erosionstümpel, will sie vorzeigen, lässt sie aber erschreckt wieder zurück ins Wasser plumpsen. Er guckt erstaunt und holt sie noch einmal hoch. Es ist eine kleine *Strombus gibberulus,* ebenfalls eine Kreiselschnecke, deren Operculum aber als Haustür viel zu klein wäre. Es sitzt ganz hinten am Fuß und dient wie ein Stemmstock zur Fortbewegung und drückt die Schnecke mit jedem „Schritt“ etwa eine halbe Körperlänge voran. Aus der Hand suchte die Schnecke sich mit raschen Schritten zu befreien, was ihr durch die überraschenden Schrittstöße auch gelang. Man sieht diese Schnecke mitunter in Seeaquarien, aber immer am Grund, denn sie kann mit ihrer Bewegungsweise nicht an einem Stein oder an der Sichtscheibe hochkriechen.

Wie mein Notizbuch festgehalten hat, wurde an diesem kaum zum Schwimmen einladenden und daher wenig besuchten Strandstück das zoologische Interesse zweier Damen so groß, dass sie unbekümmert ihre Bikini-Oberteile abnahmen, um darin weitere Fundstücke zu transportieren; nämlich außer Kleingeld-Kauris schlicht braungraue *Nerita*-Napfschnecken, eine deutlich gemusterte *Conus*-Kegelschnecke, ferner eine Helmschnecke *Cassis rufa,* unterseits leuchtend rotbraun bis orange gefärbt mit weißen Zähnchen in der Öffnung, sowie eine ganz flache Perspektivschnecke *Architectonia perspectiva,* deren Oberseite, wie der Name sagt, dem Blick in ein rundes, sich perspektivisch verjüngendes Treppenhaus ähnelt. Auch eine sehr kleine Riesenstachelschnecke, die über 20 cm lang wird, lag im BH. Später wurde uns ein solches schmuckes „Krausdorn"-Gehäuse zum Kauf angeboten. Der Name bezieht sich auf drei Reihen krummer, ausgezackter und rinnenförmiger Stacheln, die über das Gehäuse verlaufen. Diese räuberische Schnecke (sie frisst andere Schnecken und Muscheln) bildet an der Gehäusemündung eine Reihe stachelförmiger Fortsätze zum Schutz gegen das Einsinken in weichen Sand oder Schlick. Sie wächst schubweise. Zwischen zwei Schüben wird der Eingangsrand mitsamt den Stacheln immer dicker. Jeder folgende Wachstumsschritt schiebt dann die nun nicht mehr gebrauchten stachelbesetzten Wülste wie Zierkämme nach oben auf die Schale – historische Reste aus dem eigenen Leben des Tieres.

Auf dem Rückweg zum Hotel finden wir noch ein paar kleine Bimsstein-Stückchen, wahrscheinlich 1883 vom Krakatau bei seiner großen Eruption ausgespuckt. Und wir heben einen angespülten Korallenklotz auf. An ihm ist ein dünnes, unregelmäßig gewundenes, helles Kalkrohr festgewachsen, das Haus einer *Vermetus*-Wurmschnecke. Während normale Schnecken zur Nahrungssuche auf einem Schleimband dahin kriechen, lassen die am Ort festzementierten Wurmschnecken das klebrige Schleimband ins Wasser austreten, holen es nach einer Weile wie ein Fangnetz wieder ein und verdauen es mit allem, was daran hängengeblieben ist.

Ich werde gefragt, ob ich Schneckenspezialist sei oder zu Hause eine Schalensammlung hätte. Nein, weder noch. Aber als Verhaltensforscher wollte ich wissen, wo überall im Tierreich es Monogamie gibt. Dazu habe ich auch die Mollusken-Literatur durchforstet und bin da auf eine nur zentimetergroße Kreiselschnecke aus dem Nordatlantik gestoßen, nahe verwandt mit *Turbo* und *Strombus.* Dieses Tierchen, *Clanculus bertheloti,* findet man regelmäßig paarweise zwischen und unter Steinen in Tümpeln der Brandungszone (angeblich auch auf Madeira im Hafen von Funchal, wo ich sie jedoch vergeblich gesucht habe). Die Art ist getrenntgeschlechtlich und betreibt eine bemerkenswerte Brutpflege: Das mit perlenartigen Warzen besetzte, konisch gewundene Gehäuse hat auf der Unterseite tiefe Rillen, in denen – unter einem durchsichtigen Schleimschleier – bei beiden Geschlechtern 100 bis 200 winzige befruchtete bis bereits schlüpfreife Eier festgeklebt sind. Die geschlüpften Schneckchen kriechen auf dem ganzen Elterngehäuse umher (Thorson 1967). Ich hatte hier an der Küste früher zwei leere, wunderschön rote Gehäuse der Nachbarart *Clanculus puniceus,* der „Erdbeerschnecke" gefunden. Ihre ebenfalls nur zentimetergroßen Gehäuse werden zwar nicht zur Brutpflege benutzt, aber ich hatte sie als Muster im Gepäck, weil ich hoffte, irgendwann einmal an lebenden Exemplaren ihr Paarungsverhalten zu beobachten. *Clanculus* hat nämlich kein Begattungsorgan, die Eier müssen also beim Ablegen befruchtet werden. Wie das geschieht, und wie bei *bertheloti* die Eier auf die Elterngehäuse gelangen, ist leider bislang unbekannt.

Beim Abschied ist sich die Gruppe immer noch nicht sicher, Schnecken und Muscheln unterscheiden zu können. Ich tröste mit dem Hinweis, dass auch manche Museen der Völkerkunde das nicht können. Schnecken sind viele Exponate, die 1979 im Katalog zur Sonderausstellung „El Dorado - der Traum vom Gold" (im Kestner-Museum in Hannover) als Muscheln oder „Muschelnachbildung" beschrieben sind. Das Münchner Völkerkundemuseum zeigt in der brasilianischen Spix-Martius-Ausstellung einen „Schnupftabak-Behälter aus einer Muschel" (Nr. 180), gefertigt aus einer Landschnecke. Durch die Fehlbezeichnung werden Vermutungen über die Benutzer der Stücke irregeleitet, denn Muscheln leben nur in Gewässern, viele Schnecken aber auf trockenem Land.

15

Am Magadisee

Mit Helmut Albrecht, der bei mir über *Tilapia*-Cichliden promoviert hat, besuche ich etwa 100 km südwestlich von Nairobi im östlichen Arm des Ostafrikanischen Grabens den 580 m hoch gelegenen Magadisee, Kenias südlichsten See. Über Jahrtausende haben sich in dem abflusslosen Seebecken gewaltige Ablagerungen eines Salzgemisches gebildet, „Trona" genannt. Es erreicht an einigen Stellen Mächtigkeiten von 40 m, ist ökonomisch bedeutsam und wird seit fast einem Jahrhundert von der *Magadi Soda Company* abgebaut. Heute ist die 100 km² große Seefläche eigentlich eine solide Salzpfanne, während der Regenzeit bedeckt von flachem Wasser. Nur an den Rändern gibt es um heiße Quellen kleine, einen Meter tiefe Tümpel mit offenem, selbstverständlich extrem alkalischem Wasser (mit pH-Werten bis 10,5). Die Wassertemperatur beträgt teilweise über 30, an heißen Quellen auch über 40 °C.

Hier leben als einzige Fische die Sodatilapien, *Alcolapia grahami,* die allerdings künstlich auch in den Nakurusee eingeführt wurden. Dort werden sie unter guten Umweltbedingungen bis 20 cm, hier im Magadisee nur 12 cm lang. Die Weibchen sind hell sandfarben mit leichtem Goldschimmer. Die dunkleren Männchen haben schwach hellblaue Flanken und vergrößerte, weiße Unterlippen und eine weiße Genitalpapille in schwarzem Umfeld. Die Fische ernähren sich hauptsächlich vom Teppich aus spiralig gewundenen Fäden des Cyanobakteriums *Arthrospira fusiformis* („*Spirulina*-Blaualge"), das im Nakurusee die Grundlage einer Nahrungskette bildet (beschrieben 2014 in meinem Buch *Wissenschaftliche Reisen mit Loki Schmidt*). *Arthrospira* gedeiht noch bei Temperaturen von über 40 °C, und ab und zu schwimmen Fischchen rasch auch dorthin und ebenso rasch mit einem Maul voll Nahrung wieder zurück.

© Springer-Verlag Berlin Heidelberg 2017
W. Wickler, *Wissenschaft auf Safari,*
DOI 10.1007/978-3-662-49958-0_15

Überall im weichen Schlammboden legen *Alcolapia*-Männchen bis 10 cm tiefe Laichgruben an, 25–30 cm im Durchmesser und innen versehen mit konzentrisch angeordneten Ringterrassen. Manchmal berühren sich Grubenränder, an anderen Stellen sind sie 25 cm voneinander entfernt. Die Männchen beginnen mit dem Bau der Gruben am frühesten Morgen und verlassen sie gegen 17 Uhr, um nachts zu fressen. Dann ist das Wasser zwar nicht kühler, aber Reiher, Löffler und Seeschwalben schlafen. Vor deren bewegten Schatten, sogar schon vor einem dicht übers Wasser fliegenden Schmetterling, fliehen die Grubenbesitzer in tieferes Wasser. Wer nicht innerhalb einer Stunde wiederkommt (jedes Männchen zu seiner Grube!), dessen Terrassen sind inzwischen durch leichten Wellenschlag zerfallen. Weniger störungsgeplagt sind die größten Männchen mit größeren Gruben im tieferen Wasser. Die Laichgrube wird als Revier vom Männchen verteidigt, allerdings kaum je gegen den Grubennachbarn, sondern gegen vagabundierende Rivalen. Gekämpft wird mit einleitendem Vor-und-Zurück-Pendeln, Maulklatschen, Breitseitsdrohen und Schwanzschlägen. Weibchen wählen eine Grube zum Laichen und bleiben darin, auch während der Besitzer Rivalen oder Jungfische vertreiben muss. Das Weibchen nippt mehrfach am Boden, gleitet dann scheinlaichend mehrmals fünf Zentimeter vorwärts und wieder zurück, und dann erscheinen acht bis zehn gelbliche Eier. Die nimmt das Weibchen sofort ins Maul, woraufhin sich das Männchen so weit voran bewegt, dass sein Sperma aus der Analpapille direkt vor dem (oder sogar ins) Maul des Weibchens abgegeben wird. Das Ganze geschieht sekundenschnell. Denn vagabundierende Rivalen möchten mitmachen, während Jungfische versuchen, Eier zu stehlen.

Jungfische sieht man im Schlamm mümmeln, Kahmhaut fressen oder Jagd machen auf ganz junge Fischbrut oder auf Spinnen, die übers Wasser rennen. Nach heftigem Regen, wenn die ganze Salzfläche von einer dünnen Wasserschicht bedeckt ist, können Jungfische darin drei Tage lang kilometerweit schwimmen und sind, wenn der See wieder eine solide Salzkruste hat, in neuen kleinen Tümpeln am Rand zu finden. Mit 2,5 bis 3 cm Länge sind sie geschlechtsreif. Manchmal werden sie durch eine Wasserleitung der *Soda Company* unter hohem Druck ($3,6 \text{ kg/cm}^2$) in ein Betonbecken gepumpt, das einen Kilometer entfernt steht, wachsen dort in vier Wochen von 3,5 auf 12 cm, werden von dort wieder einen Kilometer weit in einen zehn Meter hohen Wasserturm gepumpt, gedeihen dort weiter und erscheinen schließlich, noch weiter weg, in einer Toilettenspülung. Sicher war es für sie weniger anstrengend, dass ich sie in Seewiesen in reines Süßwasser gebracht und ihr Fortpflanzungsverhalten im Detail gefilmt habe.

16

Filmen und Forschen

Im Januar 1969 stand wieder die übliche Jahrestagung des Scientific Council am Serengeti-Institut auf dem Programm. Bei dieser Gelegenheit wollten die BBC und das bayerische Fernsehen gemeinsam vor Ort die Arbeiten der verschiedenen Wissenschaftler filmen. Die BBC hatte der Öffentlichkeit von 1957 bis 1959 durch die berühmten Tierfilmer Armand und Michaela Denis Afrikas Tiere vorgestellt; die Serie hieß *On Safari*. Jetzt ging es authentisch um *Science on Safari*. Ich war von der BBC zusammen mit Tony Isaac als Drehbuch-Koautor eingeladen. Zur gleichen Zeit kontaktierte mich Heinz Sielmann, der seit Buldern mit uns Verbindung hielt. Er wollte Paviane filmen, und ich hatte ihm dazu Gelegenheiten an einigen mir seit 1964 bekannten Paviangruppen versprochen. Zudem erhoffte ich mir mit so viel Technik an der Hand auch Bild- und Tonszenen für die eigene Arbeit an Affen und duettierenden Vögeln.

Ein besonders günstiger Umstand wurde es, dass mich eine Studentin, Dagmar Uhrig, begleiten sollte. Professor Hansjochem Autrum hatte sie zu mir geschickt, zum Vorfühlen, ob für sie eine Doktorarbeit im Freiland an tropischen Duettvögeln möglich wäre. Dagmar war schon als Oberschülerin in den Herbstferien 1961 nach Seewiesen gekommen, um als Praktikantin in der Vogelpflege mitzumachen. Sie kam auch nach dem Abitur als Studentin regelmäßig begeistert wieder, beteiligte sich mit ihren biologischen Kenntnissen lebhaft an unseren Mittwochskolloquien und ergänzte als Cellistin die institutsinterne Hausmusik.

© Springer-Verlag Berlin Heidelberg 2017
W. Wickler, *Wissenschaft auf Safari*,
DOI 10.1007/978-3-662-49958-0_16

Plan-Arbeiten

Am 3. Januar beginnt eine denkwürdige Forschungsreise. Die BOAC fliegt uns nach Rom, die Swiss-Air weiter nach Nairobi. Um sechs Uhr Ortszeit lotst uns ein Herr von Swiss-Air durch den Zoll und befördert uns zum Hotel Brunners. Dort warten Heinz Sielmann und die Mannschaft vom bayerischen Fernsehen mit meinem Bruder Konrad, der als Kameramann bei Heinz Sielmann gelernt hatte. Bis spät abends werden Pläne geschmiedet.

Das Fernsehen stellt uns einen brandneuen Land Rover zur Verfügung, und so beginnt die Arbeit am nächsten Tag im Nairobi-Park an einer touristengewöhnten Paviangruppe. Heinz Sielmann möchte filmen, was passiert, wenn die am Morgen vom Schlafplatz aufbrechenden Affen unerwartet auf ihren gefährlichsten Feind, einen Leoparden treffen. Dazu war ein Scheibenwischermotor in einen liegend ausgestopften Leopard eingebaut worden, der nun seinen Kopf hin und her schwenkt. Am Weg, den die Paviane gewöhnlich nehmen, wird die Attrappe postiert, verkabelt und mit einer grünlichen Plane zugedeckt. Wir warten filmbereit in der Nähe. Nach kurzer Zeit kommen die Paviane wirklich in der üblichen Formation daher, junge Männchen vorneweg, gefolgt von Weibchen mit schwarzen Babys auf dem Rücken und Kleinkindern neben sich; ein paar starke Männchen gehen am Schluss. Als sie nahe genug sind, wird die Decke vom Leoparden weggezogen. Wie erwartet reagieren die Frontmännchen sofort, springen hoch und warnen. Die weiblichen Tiere drängen sich zusammen. Die großen Männchen eilen nach vorn, schlagen mit den Händen auf den Boden und bellen die Attrappe an. Die wackelt mit dem Kopf. Alle Paviane mit Ausnahme der Babys schreien, bellen und gestikulieren aufgeregt, die großen Männchen rücken dem Feind immer näher. Plötzlich landen sie einen Schlag auf ihm, springen aber sofort wieder zurück. Es folgen mehr Schläge. Ein paar treffen dann den Kopf, demolieren dabei das innere Getriebe, woraufhin der Kopf beständig in einer Richtung zu kreisen beginnt. Aber die Paviane lassen sich durch solch absurdes Verhalten nicht irritieren, attackieren immer heftiger und zerbeulen und zerbeißen den Rumpf der Attrappe. Es dauert lange, bis sie unter Schimpfen langsam weiterwandern.

Am nächsten Morgen ziehen sie einen anderen Weg. Sie machen Pause neben einer Baumwurzel und verzehren ein dunkel purpurfarbenes, fleischiges, gut 30 cm hohes Gewächs, das uns Jean Gillett im Coryndon Museum bestimmt: Es ist *Sarcophyte piriei,* eine unterirdisch mit einer Wirtspflanze verbundene, parasitische Pflanze, die eher einem Pilz ähnelt und Wirkstoffe gegen Entzündungen und Durchfall enthält. Wir nehmen gerade Rufe und Gesänge vom Drongo und vom Batis-Fliegenschnäpper auf Band, da setzen

Abb. 16.1 Aug' in Auge mit einem Gepard. Kenia, 1969

sich zwei Geparden vor uns auf die Motorhaube (Abb. 16.1). Durch die typische Land-Rover-Lüftungsklappe unter der Frontscheibe schieben sich ihre Schwänze zu uns herein und lassen sich streicheln. Amüsiert kommt ein rundlicher, blondvollbärtiger Schweizer mit seinem Wagen neben unseren. Es ist wieder Charles Guggisberg. Er arbeitet seit zwei Jahrzehnten als Insekten- und Säugetierkundler für das Medical Research Laboratory in Nairobi. Kennengelernt hatte ich ihn 1964, inzwischen kenne ich auch einige seiner Bücher über die Tierwelt Ostafrikas. Wir folgen einer Einladung in sein Haus zu einem Fünf-Uhr-Tee mit seiner Frau Rosanne. Zum Abendessen lädt uns Herr Sielmann ein. Er ist mit seinen bisherigen Filmaufnahmen sehr zufrieden, will aber in den nächsten Tagen noch einige Pavian-Szenen zur Ergänzung drehen und dann in die Serengeti kommen.

Wir machen uns am 7. Januar auf den Weg nach Arusha, zunächst die bekannten 160 km bis Namanga, der Grenzstation zu Tansania. Nach unbedeutenden Grenzformalitäten sammeln wir weitere *Batis*-Strophen und sehen Warzenschweinen zu, die mit ihren kräftigen Wühlschnauzen zwischen großen Felsblöcken im völlig trockenen Namanga-Flussbett nach Wasser graben. Linker Hand thront der den Massai heilige „Schwarze Berg" Ol Doinyo Orok, vor uns bietet sich ein klarer Blick auf den Mount Meru. Nach weiteren 120 km sind wir im alten New Arusha Hotel in Arusha. Ich mache ich mich mit Dagmar auf den kurzen Weg zum Park Office. Wir treffen Parkdirektor John Owen, der uns erst einmal mitnimmt in sein Haus zu Tee und einem freundschaftlichen Plausch über seine und unsere Pläne. Zurück im Office händigt er uns die Parkeintrittserlaubnis für *„Dr. Wickler and Party"* aus. Wir können mit dem Kamera-Team morgen früh Richtung Serengeti starten.

Wir machen auf der Fahrt nach 180 km eine kurze Mittagspause in der Kraterlodge am Ngorongoro und kommen knapp vor Sonnenuntergang (nach insgesamt 320 km Fahrt) in Seronera an. Die Fernsehmannschaft hofft auf Lodge-Räume, muss aber, da alles ausgebucht ist, Zelte aufstellen. Dagmar und ich ziehen zu unseren Seewiesener Kollegen Hubert und Ursula Hendrichs ins mir schon gewohnte Gastzimmer der alten Banagi-Baracke, die hierher versetzt wurde. Hubert untersucht seit 1967 in der Dornbuschsavanne am Nord- und Westrand der Serengeti die Bullengruppen der Elefanten *(Loxodonta africana),* seine Frau das Paarverhalten der Dikdik-Zwergantilope *Madoqua kirki.* Beiden kommt es darauf an, möglichst oft kontinuierlich Tag und Nacht individuell bekannte Individuen zu beobachten. Bisher lassen sich die Individuen aller größeren wild lebenden Säugetiere am Aussehen unterscheiden: Zebras am rechts und links ungleichen Streifenmuster (das man von Fotos heute mit einem „Bar-Code"-Lesegerät aus dem Kaufhaus identifiziert), Giraffen an der Halsfleckung, Geparden an den rechts und links verschiedenen schwarzen „Tränenspuren" im Gesicht, Antilopenmännchen am Gehörn, ihre Weibchen an den Ohrrändern und an der Gesichts-Feinzeichnung, kleine Antilopen an der Innenzeichnung des Ohrs und Elefanten an Stoßzähnen und Kerben im Ohr. Am großen Elefantenohr, das geformt ist wie der Afrikakontinent auf einer Landkarte, kann man sich Lage und Form der Kerben „geographisch" merken: Das linke Ohr eines Männchens hat ein großes Loch an der Guineaküste, das eines anderen einen großen und darunter einen kleinen Riss um die Kongomündung in Gabun. Auch das Netz feiner Risse in den Fußsohlen ist individuell verschieden, wie unser Fingerabdruck, und kann dem Kundigen verraten, wer wo hingetreten hat. Unter den Individuen von Bullengruppen hat Hubert temperamentabhängige Arbeitsteilungen entdeckt: Der stärkste als Leitbulle bestimmt vor oder hinter den anderen gehend die Marschrichtung und deckt bei Flucht als letzter den Rückzug. Ein besonders ruhiger ranghoher mit wenig Initiative und langsamen Bewegungen schart als Stabilisierungsbulle die jüngeren, noch furchtsamen Pulkbullen um sich. Ein unruhig-nervöser Bulle wird automatisch zum Frühwarner. Und ein jugendlich starker und besonders geschickter übernimmt für alle das Umstoßen von Bäumen: Er prüft zuerst, in welcher Richtung der Baum am leichtesten nachgibt, nimmt dann den Stamm zwischen die Stoßzähne und bringt ihn, entweder mit der Rüsseloberseite oder mit der Unterseite des erhobenem Rüssels kräftig schiebend, zum Schwingen, bis er umkracht. Das wird Hubert uns demnächst vorführen. Umgeworfen werden drei bis zehn Meter hohe Bäume mit 15 bis 50 cm dickem Stamm. Fressen muss ein Bulle täglich in 16 h drei Zentner Gras, Blätter, Zweige, Früchte, Rinde und Wurzeln.

Abends sitzen wir mit den beiden Hendrichs zusammen, diskutieren und versorgen im Verandalicht Ursulas Chamäleon mit einem tagsüber zusammengefangenen Insekten-Menü, bereichert mit den jetzt das Tischlicht umschwärmenden Motten und Käfern. Eine *Mantis* nebenan frisst auch mit. Dagmar obliegt es, jeweils Familie oder Gattung des jeweiligen Opfertieres festzustellen und wichtige Fänge in ihrem Sammelglas statt im Chamäleon unterzubringen.

Unerwartet kommt Hugo van Lawick nach Seronera, baut sein großes Zelt auf und lädt uns zu einem Zeltdinner ein, um zu erfahren, was wir und die Filmleute vorhaben. Ich bin vorerst beschäftigt mit Film-Detailarbeit und Interviews, diskutiere Wunsch-Forschungspläne mit Bernhard Grzimek und mit Hugh Lamprey, dem Direktor des Serengeti-Institutes. Dagmar erkundet die Umgebung und hat Erd-Bruthöhlen der Usambiro-Bartvögel entdeckt. Eine Gelbflügelfledermausmutter mit Kind hat sie an derselben Stelle gefunden, an der ich schon vor zwei Jahren eine beobachtet hatte. Vor allem aber hat sie am Ufer eines Korongo ein Drongo-Paar ausfindig gemacht, das in der Krone einer hohen Fieberakazie zuverlässig sein Morgenduett absolviert. Eine Bandschleife vom Duett, die ich im März vorigen Jahres in Banagi aufgenommen hatte, war ja der Hauptanreiz für Dagmars Testaufenthalt. Nun liefert uns das Paar am Korongo 14 Tage lang jeden Morgen bei Sonnenaufgang für mindestens eine halbe Stunde sein Schwätzduett aufs Band.

An einem Sonntag verziehen sich die Hendrichs für ein paar Tage zu Feldbeobachtungen. Uns fährt Tom Moore zum leicht stinkenden, salzigen Kleinen Magadisee, wo wir einige Hundert Flamingos, Zebras, Gnus und mehrere Löwen treffen, dann weiter am Mbalageti River entlang in die Nyaroboro-Berge. Wir stoßen auf eine riesige Elen-Herde, 300 bis 400 Tiere, die größte, die ich je getroffen habe. Am späten Vormittag fährt Tom ohne erkennbaren Weg querfeldein an eine bewaldete Schlucht; das „Fig Tree Valley" ist ein wahrhaft lauschiger Platz, völlig abweichend von dem, was man als Serengetisteppe kennt. Vom kürzlichen Regen stammt ein Wässerchen, das über die Klippenstufen rinnt. Wir klettern langsam den felsigen Steilhang hinauf, während Tom im Schatten eines großen Feigenbaumes

Mittagsruhe hält. Dagmar ist fasziniert von den vielen verschiedenen Insekten und Spinnen ringsum. Oben springt vor uns eine kleine Heuschrecke in einen Felstümpel und verschwindet mit Schwimmstößen, wie unter Wasser springend, am Grund. Wir finden sie nicht wieder, hätten aber gern gewusst, ob es eine Verwandte der Uferschrecke vom Mgungu-Flüsschen in Banagi war. Nach fast einer Stunde steigen wir vorsichtig wieder hinunter zu Tom, der mit einem Picknick aufwartet.

In der Nacht holt uns ein wildes Rufen und Schnauben von Zebras und nahes Löwenmurren aus dem Bett. Wir öffnen die obere Hälfte der geteilten Küchentür und erleuchten die Szene mit starken Stablampen (nachts gibt es keinen Strom und folglich kein Außenlicht): Löwen haben vor der Küchentreppe ein Zebra gerissen. Wir schauen im Nachthemd von einem Logenplatz zu, wie es zum Greifen nah vor uns verspeist wird, ungestört von hungrigen Geiern, die tagsüber jeden Löwenkill umzingeln. Schließlich ziehen mehr als zehn Löwen ab und überlassen die Nachlese einer Schakalfamilie.

Die Filmleute machen wir ab und zu auf Randszenen aufmerksam, zum Beispiel auf ein prächtiges territoriales Siedleragamen-Männchen *(Agama agama)* mit rotem Vorder- und blauem Hinterkörper, das immer auf demselben Felsblock Ausschau hält und jedes Mal heftig zu nicken beginnt, sobald ein unscheinbar braunes Weibchen in die Nähe kommt. Mehrmals wird sein Werben mit einer Kopulation belohnt. Auch das Duettritual der Bartvögel können wir auf einem Termitenhügel vorführen, samt Futterübergabe vom Männchen ans Weibchen (vorsorglich hatten wir dafür aus Deutschland Mehlwürmer mitgebracht, die sich allerdings im Koffer durch die Plastiktüte bissen und in unsere Wäsche verteilten).

An einem Abend fahren wir dorthin, wo wir vormittags – hervorragend zum Filmen geeignet – eine erste Wanderwelle von Gnus und Zebras angetroffen hatten. Einen Serval können wir mit unseren Lampen bis ans Auto locken, vermiesen aber damit einem Rudel Löwinnen die Jagd auf ein Gnu. Am folgenden Abend versuchen wir es noch einmal, kommen aber nur bis zum Syd Downey's Dam im Seronera River. Dort glänzen auf dem Wasser erst im Licht der Autoscheinwerfer, und dann von unseren Handlampen angestrahlt, rote Flecke und weiße Fäden: Es sind die Augen und Barteln von großen Raubwelsen *(Clarias gariepinus)*. Sie jagen an der Wasseroberfläche als Rudel in gestaffelter Formation, mit offenen Mäulern schnappend und klatschend, nach kleinen, springend flüchtenden Cichliden. Im Flachwasser bilden die Welse einen Halbkreis, umzingeln ihre Beute, und drängen sie dann koordiniert ans Ufer. Akustisch untermalt wird das Schauspiel von

Froschchören. Im Banagi-Haus müssen wir Tausende kleiner, brauner Käfer zusammenfegen, die sich dort eingefunden haben.

Inzwischen war Heinz Sielmann mit Frau und seinem Assistenten Theilacker eingetroffen und hatte ein ganzes Lager mit Bar-, Ess- und Duschzelt aufgebaut. Auch Frau Dr. Mösler vom bayerischen Fernsehen ist angekommen und leitet die möglichst studiogerechten Interviews, in denen wir alle über die Feldarbeit und deren Relevanz für die Öffentlichkeit ausgefragt werden. Bernhard Grzimek wird gebeten, an einem Vormittag das Serengeti Research Institute zu erläutern. Er hält im Windschatten einer Hauswand stehend eine Fernsehansprache (darin ist er ja geübt) und lobt die Politiker aus Tansania, die – im Gegensatz zu europäischen Politikern – Nationalparks einrichten und so dafür Sorge tragen, dass unverfälschte Natur kommenden Generationen erhalten bleibt. Dazu sollte man freilich wissen, wie Pflanzen, Tiere und Böden einander beeinflussen. Das zu untersuchen, sei in der Kolonialzeit weitgehend unterblieben. Das Forschungsinstitut beginne jetzt, das in internationaler Zusammenarbeit zu erkunden. Dieser lange Vortrag bleibt im deutschen Film ungesendet.

Ergänzungen

Am Ende unseres geplanten Aufenthalts bringt ein kräftiges Nachmittagsgewitter einen Wolkenbruch, der die Wege so glitschig macht, dass ein zu schwungvoll gesteuerter Fernseh-Land-Rover recht fotogen in eine Furt kippt. Ein anderer fährt unachtsam Luftlinie und bleibt bis an die Achsen in einer Schlammrinne stecken. Er kann mit zwei anderen Wagen, Ketten und einem Fachmann vom Park wieder aufs Trockene befördert werden. Vom umgekippten allerdings ist der Hinterradantrieb dahin und eine Filmkamera kaputt. Im großen Kriegsrat am Abend möchten die Fernsehleute unseren Land Rover übernehmen. Sie haben außerhalb vom Park noch einen weiteren Film im Plan, Arbeitstitel „Das Nashorn im Zuckerfeld". Am folgenden Mittag treffe ich in Seronera John Owen, der sich nach unserem Ergehen erkundigt und anbietet, uns nach Arusha zu fliegen. Um 15 Uhr will er starten. So kann der Wagen dableiben, aber wir müssen uns sputen und eilig packen. Dagmars besorgte Mutter, eine Ärztin, hatte uns eine reichhaltige Reiseapotheke mitgegeben, die wir jetzt unbenutzt unseren Kollegen überlassen. Mit leichter Verspätung kommen wir zum Airstrip, und dann fliegen wir bei fabelhaftestem Wetter übers Kraterhochland und über den Empakaai mit seinem tief drinnen liegenden Kratersee. Kurz vor 17 Uhr sind wir in Arusha. John hat seinen Land Rover am Flugfeld stehen, fährt uns zum

New Arusha Hotel und lädt uns zum Abendessen zu sich ein. Pünktlich um 20 Uhr holt er uns ab. Es wird ein reizend netter Abend. Erst unterhalten wir uns über Leute, das Serengeti-Institut, die Thyssen-Stiftung und die Beschaffung und Verwendung von Geldern. Dann legt er aus seiner reichen Sammlung Schallplatten mit klassischer Musik auf, und jeder von uns muss ihm fünf Lieblingsstücke aufschreiben, die er sich dann auf Platten besorgen will. Um 23 Uhr verabschieden wir uns (In einem Brief vom 22. April 1971 erinnert John Owen an den Schallplattenabend, lässt Grüße an Dagmar ausrichten und teilt mit, dass er nun als Direktor des Nationalparks durch den Massai ole Saibull ersetzt ist.).

Am nächsten Morgen, einem Samstag, fahren wir zum Arusha-Park, um Vesey in Kusare zu besuchen. Nach 15 km auf der Hauptstraße von Arusha nach Moshi zweigt links eine Sandpiste ab zum Parkeingang Ngongongare. Gleich dort beginnt der schattige Bergwald mit seinen erregenden Geräuschen. Veseys Haus ist verschlossen. Außen an der Hauswand stehen in Reihen merkwürdig bepflanzte Töpfe und Blechdosen. Wir gehen ein Stück auf dem Weg zurück zu einem Hang mit freiem Blick auf einen nahen Momella-See, der zurzeit Wasser hat. Dorthin streben gerade 52 Elefanten, Mütter, Halbwüchsige und kleine Kinder. Sie kommen uns sehr nahe, nehmen aber keine Notiz von uns, wir dagegen umso mehr von ihnen. Über eine Stunde sitzen wir im Gras und sehen ihnen zu. Nachdem alle getrunken haben, baden einige ausgiebig und besprühen sich mit Wasser; die Kleinen spielen noch im See, am Ufer rangeln Jungbullen miteinander, die Mütter und Tanten stehen ruhig daneben, und dann ziehen alle langsam, hier und da von dichtem Gras fressend, wieder ab. An Veseys Haus ist jetzt die Tür offen. Er freut sich riesig über unseren Besuch und stellt uns verschmitzt sein *„girlfriend"* vor, die 82-jährige Hobby-Botanikerin Mary Alice Eleanor Richards, hager und angeblich zäh wie altes Schuhleder. Nach dem Tod ihres Mannes im Zweiten Weltkrieg hatte sie 1951 Freunde in Abercorn (Sambia) besucht, wo damals auch Vesey arbeitete. Sie spezialisierte sich aufs Sammeln von Pflanzen und verschickt sie seit 1958 in alle Welt. Auch für den rätselhaften Gärtnereischmuck am und im Haus ist sie verantwortlich. Natürlich folgt beim Tee eine lebhafte botanisch-zoologische Plauderstunde, ehe wir wieder abfahren.

Am Montag geht es in fünf Stunden über Namanga zurück nach Nairobi zu Brunners Hotel. Dort besucht uns am Abend der Vater von John Hopcraft und kündigt an, dass John uns für zwei Tage zur Familie an den Naivasha-See holen wird. Wir lernen dort eine klassische Farmerfamilie und ihr gepflegtes, in unaufdringlichem Kolonialstil möbliertes Farmhaus kennen und beziehen das etwas abseits gelegene, hübsche Gästeschlafzimmer. Nach dem Early-Morning-Tea führt uns John am See entlang zu mehreren Stellen, an denen wir später gezielt Vogelstimmen aufnehmen können. Über Seerosenblätter läuft ein *„lily trotter"*, ein männliches Jacana oder Blaustirn-Blatthühnchen *(Actophilornis africana)*, dem rote Spießchen unterm Flügelrand heraushängen. Es sind die langen Zehen von Küken, die der Vater unter den Flügeln trägt. Er allein ist bei dieser Vogelart für die Brutpflege zuständig, während das etwas größere Weibchen weitere Gelege bei anderen Männchen hinterlässt. Zum Frühstück kommt Johns Bruder auf einem zahmen Büffel bis in die Küchentür geritten. Er berichtet von den Bemühungen, auf dem großen Farmgelände in den Athi Plains südlich vom Nairobi Nationalpark statt der üblichen Rinder, die viel zu viel Wasser brauchen, einheimische Elen-Antilopen zu halten, die ebenso groß wie ein Rind sind und ebenso gutes Fleisch liefern, aber mit viel weniger Wasser auskommen, weil sie seit jeher unter den hiesigen ökologischen Bedingungen leben. Die Brüder zeigen stolz Tabellen, in denen der Tagesgang der Körpertemperatur von handaufgezogenen Individuen eingetragen ist. Diese erhöhen in der heißen Zeit die Solltemperatur des Körpers um bis zu sieben Grad und verlieren deshalb nur wenig Kühlschweiß. Mit einer kleinen Herde haben die Hopcrafts dieses „wilde Haustier" schon ausprobiert, aber die einheimische Bevölkerung hält traditionsgebunden an Rindern fest. Nach dieser Baharini-Station fliegen wir am letzten Januartag zurück nach München.

Die Reise bringt einen dreifachen wissenschaftlichen Ertrag. Wir haben den Verhaltenskatalog der Gelbflügelfledermaus *(Lavia frons)* ergänzt, können mithilfe der Duett- und Chorgesänge verschiedener *Trachyphonus*-Bartvögel den in der Serengeti typischen Vertreter als eigene Art ausweisen *(Trachyphonus usambiro)* und finden anhand der Tonaufnahmen von Jung- und Altvögeln heraus, dass die Bettelrufe ihrer Nestlinge als männlicher Duett-Part in den Paargesang der Altvögel eingehen (Wickler und Uhrig 1969). Die Vokalduette der Drongos *(Dicrurus adsimilis)* liefern nach sorgfältiger Analyse den bislang kompliziertesten Paargesang in der Vogelwelt. Jeder Partner hat ein individuelles Repertoire von über 30 rau bis zwitschernd klingenden Lauten, die er rasch nacheinander äußert. Im Duett folgt ohne Pause auf jeden Laut des einen Vogels ein Laut des anderen – ihre Laute sind verschränkt wie die Zähnchen im Reißverschluss. Zusätzlich ist das Repertoire jedes Vogels noch in Themengruppen unterteilt. Wechselt er zu einer anderen Lautgruppe und „schlägt ein anderes Thema vor", so wechselt in einem eingespielten Drongo-Paar der Partner sofort zu seiner korrespondierenden Lautgruppe. Für unsere Ohren klingt das Ganze wie ein anhaltendes Schwatzen von Schwalben. Es ist aber exakt strukturiert: Welcher Laut an einer Stelle im Duett auftritt, hängt ab von zuvor gerufenen

Lauten des Vogels selbst und vom unmittelbar vorangehenden Laut seines Partners. Diese Analyse wurde erst zwei Jahre nach unserer Reise fertig (Wickler und von Helversen 1971). Drei Jahre später hat Dagmar auf der Baharini-Farm die Duette junger Drongos aufgenommen. Sie stolpern während ihrer „Verlobungszeit" beim Duettieren immer wieder, bleiben nach wenigen Lautwechseln stecken und setzen neu an. Es vergehen offenbar Wochen, bis sie schließlich eine minutenlange Serie von Duettstrophen zustande bringen. Das wird ein Schlüssel zum Verständnis der Biologie von Vogelduetten.

17

Am Neusiedler See

Einige Jahre besuchte ich mit Frau, Kindern und meinen Eltern in den Sommerferien die befreundete Familie Graefe am Neusiedler See. Anreiz dazu gegeben hatte Gernot Graefe, der als Student gelegentlich nach Seewiesen gekommen war und an einer Doktorarbeit über die Brutpflege der kleinen Wolfspinne *Pardosa lugubris* arbeitete. Das *Pardosa*-Weibchen heftet den Eikokon an seine Spinnwarzen und trägt ihn mit sich. Die geschlüpften Jungen reiten dann bis zur ersten Häutung auf dem Rücken der Mutter. Das war auch in Seewiesen am Waldrand leicht zu beobachten. Gernots Doktorvater war Alfred Kaestner in München, dessen *Lehrbuch der Speziellen Zoologie* ausführlichst die Wirbellosen behandelt. Die Nacht vor der Doktor-Prüfung schlief Gernot bei uns auf dem Sofa. Er borgte sich zuvor eine Tube Uhu, um noch Fotos in seine Textseiten einzukleben; die letzten fügte er in der S-Bahn nach München ein.

Der Kleine Leberegel

Viel interessanter als die Spinne war das, was Gernot als Werkstudent bei den Farbwerken Hoechst in Frankfurt betrieb. Er hatte sich, um zoologisch nicht eingeengt zu sein, die parasitologische Abteilung ausgesucht, denn Parasiten kommen in allen Tieren vor. Er war mit Wilhelm Hohorst dem Kleinen Leberegel *(Dicrocoelium dendriticum)* auf der Spur. Dieser kaum zentimeterlange Parasit, auch Lanzettegel genannt, lebt in den Gallengängen der Leber von Rindern, Schafen, Rehen und anderen Huftieren. Seine

© Springer-Verlag Berlin Heidelberg 2017
W. Wickler, *Wissenschaft auf Safari,*
DOI 10.1007/978-3-662-49958-0_17

Eier, die schon die erste Mirazidium-Larvenstufe enthalten, kommen über den Gallenfluss in den Darm und im Huftierkot nach draußen und liegen da irgendwo im Gras. Huftiere fressen nicht am eigenen Kot, und so gelangen die Leberegel-Larven erst auf Umwegen wieder in ein Säugetier. Als erstes fressen Schnecken *(Zebrina, Helicella, Xerolenta)* vom Kot und nehmen dabei einige Egeleier auf. Die Mirazidiumlarven entwickeln sich in der Atemhöhle der Schnecke weiter über Sporozysten zu Zerkarienlarven. Diese umhüllen sich mit Schleim und werden als kleine Schleimballen von der Schnecke durch die Atemöffnung „ausgehustet". Von den Schleimballen fühlen sich Waldameisen *(Formica)* angezogen, fressen davon und haben dann Egel-Zerkarien in sich. Die entwickeln sich zu Zysten, die zu Leberegeln werden, wenn sie wieder in ein Huftier gelangen. Allerdings fressen Huftiere keine Ameisen, jedenfalls nicht absichtlich.

Zur Klärung der Frage, wie viele Zerkarien in einer Ameise stecken, kam den Hoechst-Forschern ein Zufall zu Hilfe. Die Zerkarien bohren sich durch den mit Chitin ausgekleideten „Kropf" ins Körperinnere der Ameise und verschließen hinter sich das Loch, sodass die durchlöcherte Ameise keine Körperflüssigkeit verliert: Ein Parasit, der seinen Wirt flickt – für Hoechst ein Ansatzpunkt, daraus einen Chitinkleber zu entwickeln. Und das Verschlussmittel der Zerkarien ist dunkler als das Chitin. Also gab die Anzahl dunkler Punkte an, wie viele Zerkarien im Körper zu Zysten werden. Eifrige Zählungen ergaben aber regelmäßig mindestens einen Punkt zu viel. Die zugehörige Zerkarie wurde schließlich im Kopf der Ameise gefunden, im Unterschlundganglion, dicht neben den Mandibel-Nerven. Sorgfältige Untersuchungen des Infektionsverlaufs ergaben, dass in der Ameise zunächst sogar alle Zerkarien kopfwärts wandern, sich aber nur die erste dort im Hirn festsetzt, woraufhin sich die anderen im Körper verteilen. Die Zerkarie im Unterschlundganglion aber wird nicht zu einer Zyste und kann kein Huftier infizieren. Sie sorgt vielmehr dafür, dass die anderen in ein Huftier kommen können, und zwar indem sie als „Hirnwurm" das Verhalten der Ameise folgendermaßen verändert:

Abends, wenn die gesunden Ameisen in ihren Bau zurückkehren, erklettert die Ameise mit Hirnwurm einen Grashalm oder Pflanzenstängel und beißt sich oben mit den Mandibeln fest. Morgens, von der Sonne aufgewärmt, steigt sie herab und arbeitet mit den anderen, abends begibt sie sich wieder nach oben und verbringt die Nacht unter freiem Himmel. Mit einiger Wahrscheinlichkeit wird sie dort eines frühen Morgens von einem weidenden Huftier verschluckt – ein neuer Zyklus beginnt.

Das ist eines der vielen Beispiele dafür, dass Parasiten zu ihrem eigenen Vorteil das Verhalten ihrer Wirte oder Zwischenwirte zu deren Nachteil manipulieren. Viele Parasitologen geben sich mit der Aussage zufrieden, der

Parasit erzeuge im Zwischenwirt „irgendwie" ein neues, skurriles Verhalten. Aus ethologischer Sicht näherliegend ist die Vermutung, dass die Parasiten einen Weg finden, ein dem Zwischenwirt eigenes Verhalten zu aktivieren, aber zur Unzeit, außerhalb vom normalen Kontext. Tatsächlich reaktiviert die Larve des Lanzettegels ein phylogenetisch altes Verhalten, welches in der Ameise noch vorhanden, aber nicht mehr in Gebrauch ist. Solitäre Bienen, die zur Ameisenverwandtschaft gehören, zeigen es noch. Sie beißen sich nachts in Gebüsch mit den Mandibeln an einem Blattstiel oder einem kleinen Zweig fest und schlafen regungslos mit hängendem oder waagrecht abstehendem Körper. In Deutschland ist das an der verbreiteten Garten-Wollbiene *(Anthidium manicatum)*, an den brutparasitischen Kegelbienen *(Coelioxys)* und Wespenbienen *(Nomada)* oder an der großen, schwebfliegenähnlichen Schwebebiene *(Melitturga clavicornis)* zu beobachten. Carl von Linné hat nach diesem Verhalten sogar eine Bienenart *Apis „florisomnis"* genannt. Solitär lebende Ameisen gibt es nicht, alle Arten sind in Staaten organisiert, und die Individuen ruhen normalerweise daheim im Bau. Doch wird in ihnen durch die Leberegel-Zerkarie das Schlafverhalten der solitären Vorfahren als atavistisches Verhalten wiedererweckt (Wickler 1967).

Eine aufschlussreiche Parallele liefert der afrikanische Leberegel *Dendrocoelium hospes,* der in Büffeln und Ziegen lebt. Wieder gelangen in deren Kot die Egeleier nach draußen, werden aufgenommen von *Limicolaria*-Schnecken, in denen sich Mirazidien zu Sporozysten und zu Zerkarien entwickeln, die in Schleim gehüllt die Schnecke verlassen, von Ameisen gefressen werden und in denen zu Zysten heranwachsen. Hier jedoch sind es die großen *Camponotus*-Rossameisen. Die Zerkarien wandern auch in deren Kopf, aber jeweils zwei in die Antennenlappen im Mittelhirn (Deuterocerebrum). Von dort versetzen sie die Ameise in den Zustand einer temporären Soldatin. Solche Ameisen sammeln sich mit der vom Parasiten aktivierten Verteidigungsbereitschaft im Kopf wie Mitglieder der normalen Soldatenkaste in kleinen Gruppen auf Pflanzen, beißen sich dort aber nicht fest, sondern warten Tag und Nacht mit weit offenen Kieferzangen auf Gelegenheit zur Nestverteidigung – bis sie von grasendem Vieh gefressen werden. So lange werden die vermeintlichen Wächter von gesunden Koloniemitgliedern mit Nahrung versorgt (Salwiczek und Wickler 2009).

Die Larven der Leberegel vermehren sich in ihrer Entwicklung ungeschlechtlich: Aus dem Mirazidium im Ei entstehen viele Sporozysten, aus jeder Sporozyste bis zu 40 genetisch identische Zerkarien. So können aus einem Ei theoretisch 400.000 erwachsene Leberegel werden. Der Hirnwurm treibt seine Ameise in den Tod, wird aber selbst nicht zu einem erwachsenen Leberegel. Er stirbt für die Ausbreitung seines Genoms in seinen Zerkarien-Geschwistern.

Um den See

Gernot wird schließlich Mitarbeiter von Otto Koenig und betreibt im Burgenland eine kleine Forschungsstation in Donnerskirchen. Mit seiner Familie bewohnt er ein altes Weinbauernhaus (mit Weinpresse im Keller). In den Sommerferien besuchen wir ihn gern dort. Gernot und ich entwerfen vergnügt reale und fiktive Parasiten-Evolutionen und streifen in der Lebewelt der Umgebung umher. Im Rohrwald finden wir zwischen dem Kolbenschilf *(Typha)* einfarbig dunkle Pferdeegel *(Harmopis sanguisuga)*. Aus dem Weg gehen wir dem medizinischen Blutegel *(Hirudo medicinalis)*, schwärzlich-olivfarbig mit ockergelber Zeichnung auf dem Rücken. Im dichten *Phragmites*-Schilf sind frisch verlobte Pärchen der Bartmeise *(Panurus biarmicus)* zu sehen. Sie halten sich Tag und Nacht ganz eng beieinander; sein Schnabel ist gelb, der ihre schwarz. Ein gelbschwarzer Pirol *(Oriolus)* fliegt über uns hinweg; seine Rufe und der klangvoll flötende Gesang sind aus verschiedenen Richtungen vernehmbar. In Sträuchern haben Seidenkreuzspinnen *(Argiope bruennichi)* ihre Netze gebaut, und in den tieferen Wässern und Kanälen wohnt meine alte Bekannte, die Wasserspinne *Argyroneta*.

Vorzugsweise besuchen wir am Südostufer den Seewinkel mit seinen 80 kleinen und kleinsten, sehr flachen und oft austrocknenden Steppenseen, den „Lacken". Die Gegend ist durch ihre Entstehung ökozoologisch besonders ausgezeichnet. Vor 30 Jahrmillionen sank das Gebiet des Neusiedler Sees mit dem Wiener und dem Eisenstädter Becken. Als ein Arm des Mittelmeeres aus dem albanisch-dalmatinischen Raum hereinflutete, bildete sich ein Inselarchipel. Hebungen am Balkan trennten die Verbindung zum Mittelmeer wieder, im Jungtertiär gewinnt Süßwasser die Oberhand, bildet größere und kleinere Seebecken, und vor etwa zwei Jahrmillionen wird das Gebiet durch Hebungen landfest. Flüsse räumen die Tone, Mergel und Sande der Landschaft aus. Der See, einst fünf Meter tief, lagert dunkelgrauen Tonmergel ab. Dieser alte Meeresboden liegt jetzt 370 m tief. Er enthält chemisch verschiedene Salzablagerungen der Tertiärzeit. Diese und Verdunstungssalze jüngerer Zeit steigen mit dem Grundwasser auf und machen (wasserstandsabhängig) den See und die Lacken zu den salzreichsten Seen Europas und zu Europas größtem Mineralwasser-Seengebiet; bekannt ist die kohlensäurereiche St. Bartholomäusquelle in Illmitz. Das Gebiet ist ein Teil der ungarischen Puszta, der im Streit um die Zugehörigkeit des Burgenlandes nach einer Volksabstimmung 1921 an Österreich abgetreten wurde. Er sieht auf der Landkarte aus wie ein stehender Sack: im Norden offen, die Westseite bildet der Neusiedler See, im Süden und Osten liegt der „eiserne Vorhang" der ungarischen Grenze. Der südwestliche Bereich, südlich von Podersdorf, ist der Seewinkel mit den Lacken.

Die flachen Salzseen enthalten die Alge *Spirulina major,* die häufig als Grundstoff von Nahrungsergänzungsmitteln genutzt wird. Die trockenen Salzböden am Rand sind von *Cicindela*-Sandlaufkäfern bevölkert, die auf der Jagd nach kleineren Insekten so rasch wie Fliegen laufen und geschickt fliegen. Am Nordende des Lackengebietes stöbern wir in der Podersdorfer „Hölle". Am Boden wird es bis 60°C heiß, oben an Grasstengeln ist es nur 35° warm. Hier oben hängen dicht gedrängt wie Fruchtstände kleine Schnecken, *Helicella obvia*. Mehrere Häutchen in ihrem Gehäuse zeigen, wie die Austrocknung vorangeschritten ist. Umher kriechen die Schnecken erst wieder beim nächsten Regen. Unten im heißen Sand, vor allem an den besonders wärmebegünstigten Weingartenrändern, haben Ameisenlöwen, die Larven der Ameisenjungfer *Myrmeleon bore,* dicht an dicht ihre Fangtrichter gebaut. Gernot gräbt einige aus und nimmt sie mit, um ihre Fortbewegung auf dem Sand zu filmen. Die Larven laufen nämlich nur rückwärts, bis sie sich blitzschnell eingraben und in etwa einer halben Stunde Arbeit eine zwei bis drei Zentimeter tiefe Trichterfalle anlegen, indem sie das „Aushubmaterial" weit herauswerfen. Unten eingegraben wartet der Ameisenlöwe mit weit offenen Mundzangen auf hereinrutschende Beute, meist Ameisen, die, wenn sie an den steilen Wänden wieder emporzuklettern versuchen, von ihm mit Sand beworfen und „heruntergespült" werden.

Bei Pamhagen nahe der Grenze zu Ungarn (wie bei Mörbisch auf der anderen Seeseite) hat sich im Niemandsland, ähnlich wie auf großen Truppenübungsplätzen, eine vor dem Menschen geschützte Tierwelt ausgebreitet. Während wir im flachen Trockenrasengebiet einige Großtrappen *(Otis tarda)* beobachten, beäugen uns vorsichtig und auf Abstand Zieselgruppen *(Citellus citellus)*. Und immer wieder sehen wir grauschwarze Nebelkrähen, die ich aus meiner Jugend östlich von Berlin kenne. Die Grenze zur vollständig schwarzen Morphe der Rabenkrähe *(Corvus corone)* verläuft von hier am Neusiedler See zur Elbe.

Frauenkirchen

Kultureller Anziehungspunkt im Seewinkel und geistig-religiöses Zentrum am Ostufer des Neusiedler Sees ist der neben der Podersdorfer Hölle gelegene Wallfahrtsort Frauenkirchen, einst vorchristliche Kultstätte einer Fruchtbarkeitsgöttin, wohl der römischen Aphrodite, und damit ein Beispiel für die weltweite Marianisierung von uralten Kultstätten — sei es einer großen Erdmutter und Kinderschenkerin, sei es einer die Ernten behütenden Kornmutter oder der Göttin der Liebe und Fruchtbarkeit als Venus,

Isis, Ishtar, Innana, Kybele, Diana oder Artemis. Die Apostelgeschichte (19, 27–28) schreibt: „Groß ist die Artemis von Ephesus!", in der Lutherübersetzung „Groß ist die Diana der Epheser"; beide Göttinnen-Namen sind Varianten der Isis, die „von der ganzen Provinz Asien und von der ganzen Welt verehrt wird", als Schmerzensmutter, die den toten Sohn beweint, oder als Gottesmutter voll Gnade und Erbarmen Hilfe verspricht, Trost spendet und in aussichtslosen Fällen Rettung vermittelt. Zu ihr flehen in inbrünstigem Glauben vor allem Mädchen und Frauen in ihren Nöten. Und sie hat, was in Dankbarkeit ihr gewidmete Inschriften, Votivtafeln, Amulette, nachgebildete Gliedmaßen und Weihegeschenke aller Art bezeugen, Blinde und Gelähmte geheilt und von Ärzten bereits Aufgegebene gerettet. Das jedenfalls berichtet der griechische Historiker Siculus Diodorus in seiner *Bibliotheca historica* im 1. Jahrhundert vor Christus über Isis. Die volksreligiösen Vorstellungen von Muttergottheiten wie der Isis verschmelzen fast selbstverständlich im christlichen Missionsbereich überall auf der Welt mit der christlichen Maria; ihr Name ist nun überall im Volksglauben lebendig und steht für die personifiziert gedachte Muttergottheit, als Zuflucht der Sünder zuständig für alle menschlichen Nöte und Hoffnungen.

Beurkundet seit 1335, sind zahlreiche christliche Pilger nach St. Marien auf der Puszta (lateinisch *Sancta Maria in Pratis*) gekommen; für Ungarn war es Baldogasszony (Glückliche Frau), für Kroaten Svettika (Heilige hinter dem See). Seit 1921 gilt der deutsche Name Frauenkirchen. Die alte Kirche „Maria auf der Puszta" haben die Türken 1529 zerstört. Als Paul Esterházy, Palatin des ungarischen Reiches, 1653 die öde Ortschaft mit der Kirchenruine besuchte, hatte er die Eingebung, die Kirche wieder aufzubauen und eine aus Lindenholz geschnitzte gotische Maria von 1240 aus der Schlosskapelle in Forchtenstein dorthin zu bringen. Weil 1683 neue Türkengefahr drohte, kehrte die Statue nach Forchtenstein zurück. Die Kirche brannte nieder, Esterházy baute sie wieder auf und postierte die Statue 1684 über dem Altar. Doch zum Dank für die Verdienste im Kampf gegen die Türken erhob Kaiser Leopold I. den Grafen Esterházy zum Fürsten. Daraufhin ließ der die eben fertige Kirche niederreißen und eine prunkvolle neue mit zwei weithin sichtbaren Türmen bauen. Sie wurde 1702 von Bischof Ladislaus Mattyasovsky eingeweiht.

Im Jahr 1659 hatten sich ungarische Franziskaner neben der Kirchenruine eine Unterkunft gebaut und betreuten die Ortsbewohner und Wallfahrer, die den Ort weiterhin besuchten. Den Franziskanern stiftete Fürst Esterházy 1720 ein Kloster zur Betreuung der Kirche. Weil die ungarischen Franziskaner1938 die deutsche Staatsbürgerschaft ablehnten, verließen sie Frauenkirchen, und österreichische Patres traten an ihre Stelle. Die barocke Kirche ist geschmückt mit reichlich Stuck, mit Fresken, welche die Rosenkranzgeheimnisse und zahlreiche Heilige des Franziskanerordens darstellen, und mit viel Bilderwerk und adeligen Wappen an der Decke. Die Marienstatue und das Kind auf ihrem rechten Knie sind jetzt eingehüllt in Gewänder aus Gold und Seide und haben Goldkronen auf den Köpfen; zu sehen sind nur die Gesichter.

Ich habe diese Kirche mehrmals besucht, doch nicht wegen der wundertätigen Hauptmaria, sondern wegen des ursprünglichen (angeblich bereits 1335 erwähnten) Gnadenbildes in der ersten Seitenkapelle links. Das auf Holz gemalte Bild soll alle Türken-Unbill überstanden haben. Rätselhaft wie einige Schriftzeichen unter dem Rahmen ist die ganze Szene der *Maria lactans*: Maria hält das nackte Kind auf ihrem Schoß und spritzt mit der Hand aus der Brust dem Kind Milch ins Gesicht, aber nicht in den Mund. Die strampelnden Arme und Beine des Kindes scheinen Vergnügen anzudeuten. Mich erinnert das an eine andere vergnügliche Szene, zu sehen im Prado in Madrid auf einem Bild des spanischen Malers Louis de Morales aus dem Jahr 1570, wo das lächelnde Jesuskind mit der rechten Hand durch einen Still-Schlitz ins Kleid der Mutter fasst und drinnen an der Brust spielt. Von diesem Bild gibt es mindestens vier Varianten in Museen in London, Oxford, Lissabon und Paris, obwohl (oder gerade weil) es nicht der streng orthodoxen Darstellung folgt.

Für die orthodoxe Figur der Maria mit dem Jesuskind auf dem Schoß ist die altägyptische Muttergottheit Isis das unmittelbare Vorbild; Figurinen, die Isis mit dem kleinen Horusknaben zeigen, sind ab dem Mittleren Reich (von etwa 2137 bis 1781 vor Christus) bekannt. Späte Statuen wurden im 3. Jahrhundert von koptischen Christen zur Maria mit Kind umgearbeitet. Und schließlich wurde 431 auf dem Konzil von Ephesos, um dem immer noch einflussreichen Isiskult entgegenzutreten, Maria offiziell zur Muttergottes erklärt. Sie übernahm von Isis den blauen Mantel, die Attribute Halbmond und Sterne („Königin des Himmels") und den Titel „Gottesgebärerin". Wie lange das Bild der ägyptischen Isis zur Verehrung der Mutter Jesu fortlebte, erwies sich 1514 in Frankreich bei St. Germain des Près, als Abt Guillaume Briçonnet eine alte Isisfigur in Stücke schlagen ließ, weil Frauen vor dieser „Maria" Kerzen anzündeten. Strenge Eiferer meinen ja, darauf achten zu müssen, dass selbst die heutzutage dogmatisch verschnörkelte Verehrung der Muttergottes kirchenkonform stattfindet, also weder unter einem zu alten noch zu neuen Bild und Namen. Zwar wird die ursprünglich unnahbar thronende, dann immerhin das Kind nährende Isis/Maria auch mit dem Kind schmusend dargestellt. Das kann aber für Frömmelnde auch zu nahbar ausfallen. Der Penzberger Bildhauer Anton Ferstl schuf jüngst für die „Marienbrücke", die bei Wolfratshausen über die Isar führt, eine moderne Bronzeskulptur der Maria als moderne junge Frau im kurzen Sommerkleid mit dem Kind, das sie spielerisch auf ihren Knien hält. Eine empörte Volksmeinung hat diese vier Zentner schwere Figur der Madonna als „Strandmieze" im Juni 1991 von der Brückenbrüstung in den Fluss hinuntergestürzt. Sie steht nun, hoffentlich sicher vor bilderstürmerischer Handgreiflichkeit, an der westlichen Auffahrt zur Brücke.

Wir Europäer haben uns seit Jahrtausenden mit der Isisgöttin an die nackte Brust als körperlich weibliches Attribut einer stolzen Mutter und Milchspenderin (Galaktophousa) gewöhnt, wie zahllose Darstellungen der Gottesmutter Maria bezeugen. Doch einigermaßen unerwartet sah ich in Weihnachtskrippen aus Marokko und Mauretanien, aufwendig in gebranntem Ton gestaltet mit viel Volk und kulturellen Details, eine stolz brustweisende Maria neben Josef und Hirten sitzen, das Kind im Arm, die Knie offen, und unter dem kurzen Rock deutlich sichtbar die von Schamhaar umstrichelte Vulva, als Illustration der Seligpreisung: „Selig der Schoß, der dich geboren, und die Brust, die dich genährt hat" (Lukas 11,27). Offenbar unterscheiden wir uns, was unbekleidet zeigbare Körperteile angeht, von afrikanischen Völkern. Während unserer Arbeiten in Südafrika wurden uns die unterschiedlichen Ansichten darüber, wie viel vermeintliche Erotik dem Alltag oder dem Heiligen zuträglich ist, noch deutlicher. Die Shona in Simbabwe zum Beispiel, berühmt wegen ihrer teils naturnahen, teils fantasievollen Steinskulpturen, illustrieren den allgemeinen Zeugungsauftrag („wachset und mehret euch", Gen 1,22 und 28) durch ein Paar nackter Körper von Mann und Frau, mit deutlich geformten Geschlechtsmerkmalen, aber nur als Torso von Hals bis Knie, ohne rassespezifische Köpfe.

18

Freiheiten und Verantwortung

Meinen Promotionsfisch hatte ich mir aussuchen können, und auch für alle weiteren Forschungsthemen ließ mir Lorenz freie Hand. Er wünschte lediglich meinen Beitritt zur Gesellschaft Deutscher Naturforscher und Ärzte und nahm mich zu zwei Jahresversammlungen mit, einmal nach Leipzig und einmal nach Heidelberg. Wir fuhren in seinem Mercedes und nahmen in den Hotels ein Doppelzimmer. Vor Leipzig wurde er an der damaligen Grenze zur DDR nervös, weil die Uniformen der Grenzbeamten ihn an Russland erinnerten. Es gab aber keine Probleme, und er ließ sich auch ruhig als „Herr Konrad" anreden.

Hausberufung

Nach der Promotion konnte ich zwar als Stipendiat am MPIV weiterarbeiten, nur war der Aquarien-Neubau in Seewiesen noch nicht fertig. So zog ich vorerst mit Fischen in die Schauaquarien der neuen Oberschule in Siegen zu meinem Biologielehrer Franz Rombeck. Ein quirliger Aquarienfisch-Importeur in Siegen, Herr Theil, beschaffte auch exquisite Arten, beispielsweise kleine afrikanische Lungenfische *(Protopterus)* und Flösselhechte *(Polypterus),* die ich mit Rombeck und Oberklassenschülern näher beobachten konnte. In dieser Zeit las ich so viel internationale Literatur, wie die Stadtbibliothek beibringen konnte, über Verbreitung, Körperbau, Ökologie, Physiologie und Verhalten von Fischen. Die Aktenordner mit über 1000 Auszügen gebrauche ich heute noch.

© Springer-Verlag Berlin Heidelberg 2017
W. Wickler, *Wissenschaft auf Safari,*
DOI 10.1007/978-3-662-49958-0_18

Als ich endlich 1958 nach Seewiesen umzog, übernahm ich dort als Stipendiat bei von Holst und Lorenz das Süßwasser-, später auch das Meerwasseraquarium. Im November 1959 empfahl Lorenz mich (vergeblich) bei Alfred Kaestner für die Leitung der ichthyologischen Abteilung der Bayerischen Staatssammlung. Zwei Jahre später übertrug er mir gemeinsam mit seinem Sekretariat die Übersicht und Mitsorge um die Abteilungsfinanzen und die Studentenstipendien. Im Jahr 1965 lud mich Eckhard Hess ein, drei Vorträge an der Universität Chicago über Aggression zu halten, vielleicht um mir eine dortige Universitätslaufbahn schmackhaft zu machen (Den dritten Vortrag „*The Control of Aggression*" hatte er auf den 7. Dezember gelegt, den Gedenktag zum Angriff auf Pearl Harbor 1941.).

Weil die Stipendiaten und ausländischen Arbeitsgäste für meinen Geschmack zu sehr jeder vor sich hin arbeiteten, kaufte ich mit meiner Frau Küchengeschirr und startete 1966 mit meiner technischen Assistentin Christel Nowak ein tägliches Diskussionstreffen, jeweils nach der Mensa. Es dauerte offiziell von 12.30 bis 13.30 Uhr und war offen für alle wissenschaftlichen und technischen Mitarbeiter der Abteilung Lorenz. Seine Assistenten nahmen selten teil, doch kamen ab und zu Mitarbeiter aus anderen Abteilungen. Obwohl es (außer an Geburtstagen) nur Tee gab, wurde das Treffen bekannt als „Wickler-Café", unter dem Kürzel WC. Besprochen wurden Themen aus Wissenschaft, Forschung und aus dem Institutsleben sowie vor allem Probleme aus den eigenen Forschungsarbeiten, für die dann jeder die Denkhilfe aller in Anspruch nehmen konnte. Zuweilen, und stets vor wissenschaftlichen Konferenzen, wollte jeder seinen Beitrag nach Inhalt und Form vom WC abgesegnet haben; dann waren manchmal für zehn Tage im Voraus die Themen an der Tafel vorgemerkt. Diese tägliche Veranstaltung wurde auch außerhalb des Instituts berühmt, und es gab vergebliche Versuche, sie anderswo zu kopieren. Sie existierte bis zur Schließung des Instituts im Jahre 2006.

Zu unseren Treffen im Wickler-Café gesellte sich schon früh Uta Seibt, die in der Nachbarabteilung Schneider sinnesphysiologisch an Schmetterlingen arbeitete und mit einem ähnlich physiologischen Thema in München bei Professor Autrum promoviert hatte. Mehr als für einzelne Organsysteme interessierte sie sich aber für das Verhalten ganzer Tiere. Sie wechselte deshalb zu meiner Abteilung und wurde 30 Jahre lang, bis zu ihrem Dienstende, meine wichtigste Mitarbeiterin und Mitforschungsreisende, Mitautorin von fünf Büchern und vielen Fachartikeln. Wir wurden zusammen erfolgreich, weil wir, wie sie sagte, nicht miteinander konkurrierten. Statt dessen bewahrheitete sich, was auch andernorts belegt war und besonders von unserem Freund Hans Kummer betont wurde, dass gemischte

Teams – so sie persönlich zusammen passen – einander mit ihren unterschiedlichen Sicht- und Frageweisen ergänzen.

Ab 1960 war ich wissenschaftlicher Assistent in Seewiesen. Im Jahr 1967 übergab Koehler nach 30 Jahren mir die verantwortliche Herausgeberschaft der *Zeitschrift für Tierpsychologie* (seit 1986 *Ethology*), nicht ohne sich zuvor bei einem Besuch zu vergewissern, dass meine Frau Küche, Wohn- und Schlafzimmer und auch mich sauber und in Ordnung hält (26. September 1966: „Haben Sie recht schönen Dank für Ihre freundliche Betreuung, gastliche Aufnahme in Ihrem Hause, zugleich Ihrer lieben Frau Gemahlin"). Ich habe die Zeitschrift dann 32 Jahre lang geleitet, unterstützt von wechselnden Mitherausgebern. Eine besondere Freude bereitete mir Hoimar von Ditfurth, der mich 1966 in die Jury der Stiftung „Jugend forscht" berief, zum jährlichen Wettbewerb für Jugendliche bis 21 Jahre in Naturwissenschaft, Mathematik und Technik, und der mich ab 1977 als Juror mitnahm zu den jährlichen deutschen Endausscheidungen des European Philips Contest for Young Scientists and Inventors. Ausgezeichnet wurden Originalität und genaue Ausführung des Themas. Als jahrelang gewählter Fachgutachter der Deutschen Forschungsgemeinschaft musste ich da zu oft die Erfolgsaussichten eines bewährten Antragstellers abwägen gegen die eines potenziellen „jungen Adlers".

Mit einem Lehrauftrag der Ludwig-Maximilians-Universität (LMU) München hielt ich von 1967 bis 1970 Ethologie-Vorlesungen an der veterinärmedizinischen Fakultät. Zu dieser Zeit protestierten viele Studenten in der 68er-Bewegung gegen überkommene Traditionen und kamen zum Beispiel betont unfeierlich in Jeans und Turnschuhen, um ihre Diplome aus den Dekanaten abzuholen. Die Veterinärmediziner hingegen pflegten das Feierliche. Zur Übergabe aller Promotionsurkunden in einer Festveranstaltung erschien man in ordentlicher Kleidung, die Professoren im Talar mit weißen Handschuhen, und Dekan Nikolaus Lobkowicz hielt eine lateinische Ansprache, auf die ein Abschlussstudent ebenfalls lateinisch antworten musste. Auf Drängen von Professor Hansjochem Autrum wurde ich 1969 an der LMU habilitiert und erhielt 1976 an der naturwissenschaftlichen Fakultät die Berufung zum außerplanmäßigen Professor für Zoologie. Zusammen mit meinen Assistenten übernahm ich die Ethologie-Vorlesungen und Praktika. Eine Zeitlang fielen uns auch die Pflichtexkursionen ins Voralpenland zu, weil die nötige Faunenkenntnis im fakultätseigenen Lehrkörper fehlte.

Konrad Lorenz bekam 1973, in seinem letzten Jahr als Direktor am Seewiesener Institut, gemeinsam mit Nikolaas Tinbergen und Karl Ritter von Frisch den Nobelpreis für Medizin zugesprochen. Ich übernahm zunächst kommissarisch die Leitung seiner Abteilung. Der Präsident der

Max-Planck-Gesellschaft Reimar Lüst hatte mir bereits im November 1972 meine Berufung zum wissenschaftlichen Mitglied unseres Institutes angekündigt, die der Senat im März 1973 zugleich mit der Berufung zum Direktor am Institut bestätigte. Als weiterer Direktor wurde im Oktober 1973 Franz Huber aus Köln berufen. Ich hätte gern mit Gerard Baerends zusammen gearbeitet, aber der hatte mir schon im April bei meinem Besuch in Groningen erklärt, dass er einen Ruf nach Seewiesen nicht annehmen könne. Lorenz kehrte mit dem Nobelpreis, den er für Österreich annahm, auf sein väterliches Anwesen in Altenberg zurück und verfolgte in Grünau im Almtal im Salzkammergut das Wohlergehen seiner in den Cumberland Wildpark umgezogenen Graugänse. Von denen sprach er immer begeistert, wenn ich ihn besuchte, auch noch kurz vor seinem Tod. Er starb 1989 im Alter von 85 Jahren, ein Jahr nach Niko Tinbergen.

In der Aufbauphase 1974/1975 konnte ich einen Neubau in Seewiesen errichten. Die erforderliche Ausstattung mit Sach- und Haushaltsmitteln war und blieb sehr gut, ebenso die Betreuung durch die Institutsverwaltung und die Generalverwaltung der MPG. Ich konnte Zukunftspläne schmieden, die Verhaltensforschung soziobiologisch ausrichten und dafür Mitarbeiter und Assistenten anwerben sowie Arbeitsplätze für Stipendiaten bereitstellen. Stipendien laufen automatisch nach einiger Zeit aus, Assistenten sollten nicht bis zur Rente auf ihrem Posten sitzen, sondern – so war es gedacht – ihre Zeit an einem Max-Planck-Institut dazu nutzen, sich voll auf ihr Arbeitsthema zu konzentrieren, und sich danach mit den erreichten Ergebnissen und Erkenntnissen auf eine Hochschullaufbahn bewerben und ihr Wissen weitergeben. Alle meine Mitarbeiter, die in der Wissenschaft blieben, haben das ohne Zwang und zu meiner Freude getan.

Einen ersten Schwerpunkt setzte ich auf die in der Serengeti bereits angebahnte Freilandforschung, die nun ausgebaut werden konnte. Die dafür regelmäßig erforderlichen Mittel wurden etatisiert, was bedeutete, regelmäßig einen Mitarbeiter dort arbeiten zu haben. Und zwar bevorzugt an Großtieren, denn nur die sieht der Tourist, und den wiederum braucht es zum Erhalt der Nationalparks. Darauf pochte Bernhard Grzimek, einmal sogar im Warteraum auf dem Flughafen in Arusha, wo ich mit ihm und seiner jungen Frau (er hatte die Witwe seines Sohnes geheiratet) ins Gespräch kam. Zwar schätzt man, dass Termiten mehr Biomasse ausmachen als die Gnus, dennoch erlaubte die Parkverwaltung vorerst keine Forschung an Termiten oder an Käfern und anderen unauffälligen Tieren.

Ergo musste sich die Serengetiforschung vorrangig um die großen Tiere kümmern. Meine Mitarbeiter forschten denn auch an größeren Tieren: Wolfdietrich Kühme an Wildhunden, Hubert Hendrichs an Elefanten,

Carlos Mejia an Giraffen, Jürg Lamprecht an Schakalen, Hendrik Hoeck an Klippschliefern, Jon Rood an Mangusten. Das erste vollständige Verzeichnis der Vögel der Serengeti verfasste Dieter Schmidl (1982). Das dazu nötige „Max-Planck-Haus" mit Fahrzeug war von uns zu finanzieren, ebenso das freilandtaugliche spezielle Equipment aus vielerlei teuren Kleingeräten, die aus dem normalen Haushaltsbudget hätten beschafft werden müssen, diesen aber überstrapazierten. In den Nachbarabteilungen gab es für neurophysiologische Untersuchungen fertig aus vielen Teilen zusammengestellte und entsprechend teure „Messplätze", die separat vom Haushalt als Großgeräte finanziert werden konnten. Ich habe damals, um einem finanziellen Engpass zu entkommen, diesen amtlich bekannten Namen geborgt und im Einverständnis mit der Verwaltung für die Arbeiten im Feld einen „Freilandmessplatz" beantragt. Und da den keine Firma liefern konnte, durften wir ihn aus den notwendigen Einzelteilen selbst *en bloc* zusammenstellen. Das taten wir dann auch für andere Feldarbeiten auf Galápagos und im Taï-Nationalpark.

Auf der Xarifa-Expedition mit Hans Hass hatte Eibl-Eibesfeldt 1953 die Galápagos-Inseln besucht, war begeistert von deren natürlichen Ökosystemen und hatte mit viel Elan der UNESCO und der IUCN vorgeschlagen, die ganze Inselgruppe zum Schutzgebiet zu erklären und dort eine biologische Station zu errichten. Die Charles Darwin Research Station CDRS wurde 1959 gegründet. Im Jahr 1962 beschloss der Senat der MPG eine Beteiligung an der Forschungsstation zunächst für drei Jahre, die dann mehrmals verlängert wurde, zum Nutzen des Max-Planck-Institutes für Verhaltensphysiologie. Als zweiten Schwerpunkt der Freilandforschung übernahm ich für Mitarbeiter meiner Abteilung diesen Arbeitsplatz auf Galápagos ab 1972; er blieb dann fest in der MPG verankert.

In der Serengeti verlangte der Scientific Council, an den Forschungsprojekten vernünftigerweise auch afrikanische Studenten zu beteiligen. Bei meinen ersten Besuchen in Dar es Salaam wünschte Professor Abdul Msangi, die Gelder für solche Studenten an die Universität zu zahlen, die dann geeignete Kandidaten schicken würde. Die Gelder wurden genommen, aber niemand kam. Ich erklärte Herrn Msangi daraufhin, dass seine Studenten als Mitarbeiter unseres Institutes direkt von uns bezahlt werden müssen. Von da an klappte es, und wir bekamen durchaus fähige Studenten als Feldassistenten, zum Beispiel Charles Gagah für Hendriks Klippschlieferprojekt.

19
Nachtmusiken

Amphibien

Am 5. März 1968, einen Tag vor ihrem Geburtstag, wartete ich am Jomo Kenyatta Flughafen in Nairobi auf meine Frau, allerdings lange vor der Ankunft des Jumbojets, der sie brachte. Also wartete ich in der Nähe an einem Feld. Es war spätabends und ziemlich still, bis auf ein merkwürdiges Geräusch an einem Tümpel. Ein helles „Whip", wie wenn man rasch eine kleine Flasche entkorkt, begann an einer Uferstelle und lief dann rings um den Tümpel, erstarb für eine Weile und startete dann erneut, immer an derselben Stelle. Der Eindruck, dass das „Whip" um den Tümpel herum eilte, musste dadurch entstehen, dass Chormitglieder jeweils den Ruf vom Nachbarn übernahmen und weitergaben. Das Phänomen ließ sich an anderen Kleingewässern in der Serengeti und im Tsavo-Nationalpark genauer untersuchen. Die Rufer sind männliche Senegal-Streifenfrösche *(Kassina senegalensis)*, die für unser Auge am Boden gut getarnt das Ufer säumen. Aber wenn doch alle rufen, warum rufen sie nicht durcheinander? Wahrscheinlich ermöglichen sie so den angelockten Weibchen einen – nach welchen Ruf-Kriterien auch immer – bevorzugten Rufer anzusteuern, solange der möglichst konstant und ungestört von immer derselben Stelle aus ruft.

Die auffällige Rufordnung entsteht, wenn alle einigermaßen rufgestimmt sind, aber nicht jeder von selbst damit beginnt. Die *Kassina*-Männchen rufen tagsüber sehr lebhaft, in der Abendkühle aber, wenn überhaupt, nur mit langen Pausen. Dann braucht es einen, der ein „Whip" vorgibt und damit seinen Nachbarn über die Rufschwelle hebt, dessen Ruf wieder den

© Springer-Verlag Berlin Heidelberg 2017
W. Wickler, *Wissenschaft auf Safari*,
DOI 10.1007/978-3-662-49958-0_19

nächsten Nachbarn anregt und so weiter. Sie antworten prompt; zwischen dem gehörten und dem eigenen Ruf verstreichen weniger als 0,2 s. So triggert ein besonders Ruffreudiger, der von selbst ruft, die Rufträgen, die auf den nächsten Ruf des „Schrittmachers" warten.

Was geschieht, wenn zwei gleich ruffreudige Männchen zusammenkommen, führt abends und nachts eindrucksvoll und unüberhörbar Afrikas typische Kröte vor, die Pantherkröte *Bufo regularis*. Sie ist mit zwölf Zentimetern Körperlänge fast dreimal so groß wie der *Kassina*-Frosch, und entsprechend lauter ist ihr knarrender Ruf, ein stundenlang ausdauerndes „Arrrrrr- arrrrrr- arrrrrr- arrrrrr-..." – manchmal Schlaf störend, falls man im Zelt dicht daneben ruht. Ein Kröterich im abendlich beleuchteten Hotel-Swimmingpool sendet mit der Kehlhaut dem hörbaren Arrrrrr entsprechend viele kleine sichtbare Wellenbündel auf die Wasseroberfläche, die sich ringförmig ausbreiten. Jedes „Arrrrrr" dauert etwa eine Dreiviertelsekunde. Häufig rufen zwei Kröten nahe beieinander, nie gleichzeitig, sondern stets abwechselnd mit individuell leicht unterschiedlicher Tonhöhe „arrrrrr - örrrrrr - arrrrrr - örrrrrr...". Dabei entsteht ein interessantes Phänomen: Man hört immer gleich viele Rufe pro Zeit, ob von einem Tier allein oder von beiden in regelmäßigem Wechsel. Wenn ein Rufer pausiert, ruft der andere allein doppelt so schnell wie zuvor beim Wechselrufen, schaltet aber wieder auf halbes Ruftempo zurück, sobald der andere wieder mitmacht. Dahinter steckt ein einfacher sensomotorischer Mechanismus, den es nicht nur bei Froschlurchen gibt, sondern auch bei Grillen, Heuschrecken und anderen Tieren, deren Männchen als Konkurrenten nahe nebeneinander sitzen und doch mit rhythmischen Rufen oder anderen Klangsignalen jeweils auf sich selbst aufmerksam machen. Das geschieht immer nach demselben Prinzip: Ein gehörter Ruf wirkt zwar ansteckend, aber zuerst für eine ganz kurze Zeit hemmend auf das eigene Rufen. Jeder stimuliert den anderen zum Rufen, bremst aber dessen folgenden Ruf ein wenig.

Wir haben stundenlanges Wechselrufen auf Band genommen und dann analysiert. Wenn einer mal eben ein Kerbtier verschlucken oder mit der Hand über die Augen wischen musste, verzögert das seinen nächsten Ruf etwas. Doch die etwas zu lang geratene Pause wird durch eine entsprechend kürzere Pause nach dem verzögerten Ruf kompensiert. Umgekehrt folgt auf einen etwas voreiligen Ruf eine etwas verlängerte Pause. Gemäß einem inneren Rhythmus, der das Rufen steuert, sind benachbarte Pausenlängen desselben Rufers statistisch negativ korreliert: auf eine verlängerte folgt eine verkürzte Pause und umgekehrt. Da die Rufrhythmen der beiden Rufer zusätzlich wie beschrieben durch Stimulation und Hemmung aneinandergekoppelt sind, schwingen sie sich auf ein im Ganzen gesehen gleichmäßiges

Wechselrufen ein. Man kann das übrigens, wenngleich seltener, auch von unserer einheimischen Erdkröte *(Bufo bufo)* hören. Es gibt solche wechselseitige Beeinflussung rhythmischer Prozesse auch zwischen spontan aktiven Nervenzentren innerhalb ein und desselben Organismus.

Flughunde

Eines Abends sitzen Uta und ich abends wieder einmal im Garten vom New Arusha Hotel. Es ist schon dunkel geworden. Da werden wir auf ganz merkwürdige, kräftige Laute aufmerksam. Sie klingen, wie wenn man mit etwas Hartem gegen Glas schlägt, und sie kommen aus den Kronen der hohen *Balanites wilsoniana*-Bäume. Zu sehen ist im Dunkel da oben nichts. Die Rufe ähneln denen, die wir von einigen Fröschen kennen. Sie kommen ganz gleichmäßig, mit nur kurzen Pausen, allerdings in erstaunlich langen Serien, viel längeren als bei Fröschen üblich. Wir nehmen mehrere Serien aufs Tonband und kennzeichnen sie provisorisch als „Glasfrösche". Wir hören sie wieder in der Morgendämmerung, am Tag aber ist nichts dergleichen mehr zu hören, und auch mit dem Fernglas sind hoch oben keine Frösche zu sehen. In der folgenden Nacht wiederholt sich dasselbe.

Mit den unerklärten Rufen im Gepäck fahren wir nach zwei Einkaufstagen weiter an die Küste in das kleine Hotel Sun 'n Sand direkt am Meer, 25 km nördlich von Mombasa. Zwischen Hotel und Meer steht ein Doppelbusch von Palmwedeln. Aus diesem Wedelgebüsch wecken uns in der Nacht wieder die rätselhaften Glasfrosch-Rufe, „ping–ping–ping–ping …". Sie kommen jetzt aus nur etwa zwei Metern über dem Boden. Gäbe es Zuschauer, würden die sich wundern über zwei nur knapp nachtgewandete Europäer, die sich im Dunklen vorsichtig mit Taschenlampen an eine kleine Palme heranpirschen. Da taucht der Rufer plötzlich vor uns ab und fliegt, weiter rufend, davon: Unser „Glasfrosch" ist ein Flughund. Das ist die erste Überraschung.

Am Morgen folgt die zweite: Etwa 90 Flughunde hängen gut sichtbar im hohen Schilfdach des Freiluft-Speiseraumes. Wir rücken zwei Stühle zurecht und beginnen zu beobachten und Notizen zu machen. Daraus wird eine tagelange Beschäftigung. Die Flughunde lassen sich von den Menschen unten nicht stören. Einige Hotelgäste werden durch uns auf sie aufmerksam, die meisten aber nehmen von den Tieren da oben keine Notiz. Wohl aber die Hotelbediensteten. Vor allem vormittags fallen die halbflüssigen Exkremente dieser Früchtefresser auf Fußboden, Tische und Stühle und müssen rasch weggeputzt werden. Alle Versuche, durch Handtuchwerfen oder mit

Kinderballons die lästigen Dachbewohner zu vertreiben, bleiben erfolglos. Für uns sind die so bequem zu beobachtenden Flughunde jedoch interessant und wir bitten das Hotelpersonal, die Vertreibungsversuche vorerst zu unterlassen. Das klappt, und zwar auch bei unseren zukünftigen Besuchen. Diese Flughundkolonie konnten wir neben unseren Arbeiten an Strand und Riff fünf Jahre lang jeweils mehrere Wochen hindurch näher studieren, ergänzt durch Beobachtungen an kleineren Flughundgruppen, die wir an der Mittelrippe von Palmwedeln zwischen Webervogelnestern oder an Ästen von Fieberakazien finden.

Tagsüber hängen die Tiere kopfab an einem oder beiden Hinterbeinen, schaukeln sich leicht hin und her, putzen ihr Fell, lecken die Flughäute oder klettern auch mal umher. Nachbarn fauchen sich kurz an, wenn dabei die typische Hängedistanz unterschritten wird. Ihre Ohren bewegen sich bei jedem neuen Geräusch, auch während sie mit den Flügeln überm Gesicht schlafen. Ist ein Toilettengang nötig, so dreht sich das Tier um, hakt sich mit dem freien Finger jeder Flügelhand ins Schilf, lässt Darm- und Blaseninhalt fallen, schüttelt kurz die Beine und nimmt wieder die normale Position ein. Jeweils im Januar bringen einige Weibchen Nachwuchs zur Welt, stets um die Mittagszeit. Die Mütter halten ihre Kinder kopfaufwärts oder quer auf der Brust unter dem gefalteten Flügelmantel, lecken sie und bewegen sie pflegend mit dem Flügelfinger. Einmal fällt ein Neugeborenes tot herunter. Mangels anderer Konservierungsmittel stecken wir es in Hochprozentiges aus der Bar. Dr. Felten, ein Kollege aus dem Senckenberg-Museum in Frankfurt, identifiziert danach und nach einem gefundenen Schädel die Art: Es handelt sich um Epauletten-Flughunde *Epomophorus wahlbergi*, etwa 15 cm groß mit 50 cm Flügelspannweite.

Recht genau zehn Minuten vor 19 Uhr verlassen sie das Schilfdach in verschiedene Richtungen. Und da sie sich durch starkes Taschenlampen- oder Blitzlicht nicht stören lassen, können wir einigen von ihnen auf dem Weg in die Nacht folgen. Die meisten besuchen fruchttragende Bäume, wie Guave, Cashew, Indische Mandel *(Terminalia catappa)*, deren dünnes Fruchtfleisch sie vom harten Kern abnagen, vor allem aber Feigen. Sie pflücken eine Frucht und tragen sie irgendwoanders hin, nie aber unter das heimische Dach. Zum Fressen hängen sie an einem Bein und führen größere Früchte mit dem andren Fuß zum Mund. Sie spucken die Fruchtkerne aus und sorgen so für die Verbreitung der Pflanzen. Später in der Nacht bis gegen Morgen besuchen sie schließlich zwei große *Balanites*-Bäume im Hotelgarten, nehmen aber nie von den Früchten, sondern nur Blätter, die sie am Ort zerkauen und auslutschen. Die Reste liegen dann als kleine faserige Knödel unter den Bäumen. Es ist bis heute unklar, wozu sie die Blätter benötigen.

Das ledrige *Balanites*-Laub enthält weder nennenswerte Feuchtigkeit noch Nährstoffe, wohl aber Steroide, die zum Beispiel als Vorstufen für Sexualhormone dienen.

Die weit hörbaren „Ping-ping"-Rufe, auf die wir es besonders abgesehen haben, sind vom Abflug aus dem Dach am Abend bis zur Rückkehr am Morgen aus verschiedenen Richtungen zu hören. Sie stammen von den Männchen. Jeder Rufer hängt bis über 20 m hoch in einem Baum, öffnet und bewegt leicht die Flügel und spreizt ein weißlich-braunes Haarbüschel an jeder Schulter, die „Epauletten". Sie heben sich vom dunklen Fell ab, allerdings weniger als die hellweißen Stirnflecken vor den Ohren. Der weithin hörbare, helle Ruf klingt bei jedem Männchen etwas anders, dauert nur 0,2 s, wird aber sehr regelmäßig wiederholt, einmal pro Sekunde, und das zuweilen über eine Stunde lang. Nähert sich ein Artgenosse, so ruft das Männchen schneller, prüft den anderen Nase an Nase mit leisem „Kiäh", und dann folgt entweder ein kreischender Abschied oder stilles Beieinanderbleiben.

Selten, und dann nur für kurze Zeit, hören wir zwei Männchen weniger als 30 m voneinander entfernt rufen. Da sich die Individuen am Klang ihrer Rufe unterscheiden, können wir in den Bandaufnahmen genau analysieren, was dabei geschieht: Keins der Männchen behält dann seinen steten Ruftakt bei, ebenso wenig aber bauen beide zusammen einen neuen Rufrhythmus auf, wie es etwa die Pantherkröten tun. Vielmehr entsteht ein ungeordnetes Ruf-Durcheinander, und kurz darauf fliegt mindestens einer woanders hin. Wie sich allmählich zeigt, lockt das Rufen Weibchen an. Die können im Dunklen zu einem auserwählten Männchen nur auf seiner klanglichen „Morsespur" hinfinden. Zu nahe neben einem Rivalen macht jedoch jedes Männchen seine Morsespur unkenntlich. Entsprechend begeben sich die Rufer einzeln außer Störweite voneinander in verschiedene Bäume.

Die Auswertung der Ruffolgen ergab eine weitere Überraschung: Ein ungestört rufendes Tier kompensiert nämlich eine etwas zu kurz oder zu lang geratene Pause zwischen zwei Rufen nicht mit der Pause nach dem zweiten Ruf, wie es bei der Pantherkröte der Fall ist. Stattdessen folgt beim Flughund nach dem „verrutschten" Ruf eine normal lange Pause: Die Pausendauern sind voneinander unabhängig. Hier unterliegt dem gleichmäßigen Ruftakt also keine innere rhythmisch-nervöse Schwingung, sondern ein Pausenprozess, der nach jedem Ruf auf Null gesetzt wird – wie bei einer Sanduhr, bei der jeder Durchlauf gleich viel Zeit braucht, unabhängig davon, wie lange der vorangehende gedauert hat. Eine Parallele zum Sanduhr-Takt der Epaulettenflughund-Rufe ist unser Schlafrhythmus.

20

Einblicke ins Freileben von Tieren

Antworten auf mein ständiges Fragen, wie Tiere in Freiheit leben und womit sie ihren Tag verbringen, brachten auch meine Seewiesener Mitarbeiter.

Giraffen und tierische Kindergärten

Giraffen *(Giraffa camelopardalis)* gehören zu den beliebtesten Fotomotiven für Afrikabesucher. Ich bin diesen eleganten Tieren auf jeder Reise begegnet und habe ihnen oft längere Zeit zugesehen. Im eiligen Laufen ringeln sie den Schwanz flach ans Hinterteil, während Nashörner beim Rennen den Schwanz vom Körper weg zur Locke hochrollen, Warzenschweine ihn wie eine dünne Antenne senkrecht aufstellen. In keinem Fall ist klar, wozu das gut ist. Mit dem Wagen nebenher fahrend ließ sich messen, dass Giraffen im Galopp 50 km/h erreichen, und dass etwa drei Meter große Jungtiere schneller rennen können als Erwachsene. Niedlich wirkt neben seiner Mutter ein Giraffenkind, das noch dunkles Fell auf den „Hörnern" hat, die aber keine echten Hörner, sondern Schädelknochen-Zapfen sind. Männchen scheuern das Fell darauf ab, wenn sie im Kampf die Köpfe gegen Hals und Rumpf des Rivalen schwingen. Mehrfach wartete ich vergeblich auf eine Paarung, wenn nach dem Halsschlagen ein Männchen mit erigiertem, rotem Penis auf den Artgenossen kurz aufritt; meist erwies der sich aber bei näherem Hinsehen ebenfalls als Männchen. Anderes soziales Verhalten dieser Tiere habe ich kaum gesehen, auch die Literatur gab dazu merkwürdigerweise wenig her.

© Springer-Verlag Berlin Heidelberg 2017
W. Wickler, *Wissenschaft auf Safari,*
DOI 10.1007/978-3-662-49958-0_20

Einige Klarheit brachte schließlich Carlos Mejia (Moss 1976). Er war als kolumbianischer Austauschstudent von der Universidad de los Andes in Bogotá zur Partneruniversität Gießen gekommen, und Professor W. E. Ankel hatte ihn mit einem Stipendium zu mir geschickt. Seine Diplomarbeit am *Lamprologus*-Cichliden hat er später (1972) gut abgeschlossen, doch zuvor wollte er die Freilandethologie erlernen, um sie später in seiner Heimat zu betreiben. Das tat er dann auch. Zunächst schickte ich ihn aber mit einem Stipendium in die Serengeti, wo er sich von 1968 bis 1971 auf die Giraffen konzentrierte. Nachdem er mit Hilfe von Fotos 350 von ihnen am beiderseitigen individuellen Fleckenmuster auf Hals und Schulter identifiziert hatte, konnte er – ständig im Land Rover wohnend – ihnen ausdauernd folgen, einzelnen bei Vollmond bis zu 36 h. Er fand Giraffen vereinzelt oder in Gruppen von bis zu 50 Individuen aller Altersstufen, aber sie blieben selten länger als ein paar Tage zusammen. Da sie groß sind und weit blicken, konnten Gruppenmitglieder einen Kilometer voneinander entfernt sein, gaben sich aber als Gruppe zu erkennen, weil sie alle gemächlich in gleicher Richtung weitergingen. Manche Gruppen bestanden nur aus männlichen oder nur aus weiblichen, andere aus Tieren beiderlei Geschlechts; Gruppen teilten oder vereinten sich, aber die Mitglieder taten meist nichts miteinander. Sieht eine Giraffe eine Gefahr, kann sie warnschnauben – oder auch nicht; andere reagieren darauf – oder auch nicht. Selbst wenn einige nach dem Warnschnauben weglaufen, fressen andere ruhig weiter. Gegen nahe Feinde (mitunter gegen Autos) verteidigen sie sich mit gefährlichen Schlägen der harten Hufe.

Um mit dem Maul an Wasser zu kommen, müssen sie die Vorderbeine weit spreizen; sie trinken nur selten. Die lange, schwarze Zunge greift geschickt Blätter und dünne Zweige, vorzugsweise die 75 % Wasser enthaltenden der Flötenakazie *(Acacia drepanolobium)*. Akaziendornen stören nicht, wohl aber die aus den schwarzbraunen Gallen ausschwärmenden *Crematogaster*-Ameisen. Deshalb geht die Giraffe zum Fressen rasch von Baum zu Baum. Hohe, buschige Bäume bekommen in Giraffenmaulhöhe eine Taille gefressen. Wiederkäuzeiten sind am Mittag und um Mitternacht. Sie schlafen im Liegen.

Wie Carlos fand, verteidigen Giraffen keine Reviere, halten sich aber an ein bestimmtes Streifgebiet, in welchem man immer dieselben Individuen trifft. Die im selben Streifgebiet lebenden Tiere kennen einander, und die Männchen, nicht die Weibchen, bilden untereinander eine Rangordnung. Dominante tragen den Hals gerade und das Kinn hoch, ein unterlegener senkt den Kopf und klappt die Ohren nach vorn. Die Rangordnung wird in der Jugend mit spielerischen Kämpfen ausgehandelt. Dazu trennen sich zwei

Jungbullen von den anderen, stehen entweder in gleicher Richtung Schulter an Schulter, überkreuzen langsam die Hälse, trennen sie wieder, und tun es nach langer Pause erneut; oder sie stehen antiparallel und schlagen die Hälse intensiver gegeneinander. Das kann, wie in einem Zeitlupenfilm, eine halbe Stunde so gehen. Am Ende erigiert einer und reitet dem anderen auf. Dadurch reiten Männchen viel häufiger einander auf als zur Paarung den Weibchen – Aufreiten ist, wie bei Pavianen, ein soziosexuelles Dominanzverhalten.

Dominante Bullen gehen von Gruppe zu Gruppe und testen mit Geruchsproben die Paarungsbereitschaft der Weibchen; unverkennbar flehmend heben sie dabei mit aufgerollten Lippen den Kopf. Kommt es zum Kampf um ein paarungsbereites Weibchen, stellen sich die Rivalen breitbeinig Schulter an Schulter und schwingen die Köpfe gegeneinander oder gegen Hals, Beine und Körper, so heftig, dass jeder Schlag weit zu hören ist. Dieser Ernstkampf dauert nur kurz; der Sieger folgt dem weiblichen Tier. Die Paarung dauert nur wenige Sekunden, wird aber oft wiederholt. Carlos folgte einem Paar drei Tage lang; es blieb stets zusammen, und das Weibchen erlaubte keinem anderen Bullen eine Kopula.

Die Tragzeit dauert 14–15 Monate, die meisten Geburten gibt es zwischen Mai und August. Für die ersten drei bis vier Tage hält sich die Mutter mit dem Neugeborenen abseits von anderen. In dieser Prägephase lernen sich beide optisch und geruchlich kennen, sie lecken aneinander und berühren sich häufig Nase an Nase. Dann kehren Mutter und Kind zu einer Gruppe zurück, und nun beginnt etwas unter Huftieren Besonderes: Mehrere Mütter bringen ihre Jungen für drei bis vier Monate in einen „Kindergarten" und lassen sie dort allein, meist oben auf einem Hügel. Ob sie sie von ferne im Auge behalten können, ist unklar. Die Kinder bilden untereinander engere Gruppen als die Erwachsenen; sie berühren einander oft mit der Zunge, auch Nase an Nase, rennen viel umher, werfen schreiend die Beine hoch und laufspielen miteinander. Gegen 17 Uhr kommen die Mütter, säugen ihre Kinder, bleiben über Nacht bei ihnen, säugen sie noch einmal morgens, und lassen sie ab neun Uhr wieder allein. Im Alter von etwa fünf Monaten folgen die Kälber ihren Müttern; nach 18 Monaten sind sie selbstständig, und die Mütter werden wieder paarungsbereit. Etwa 50 % der Kälber sterben, fallen wohl Fleischfressern zum Opfer. Die Überlebenden können in der Serengeti 25 Jahre alt werden.

Was Giraffenkälber im Kindergarten erlernen, bleibt noch zu erforschen. Es wird wohl auch ihre soziale Kompetenz fördern, wie aus einigen ähnlichen Fällen zu schließen. Die Jungen des Galápagos-Seebären (*Arctocephalus galapagoensis)* beispielsweise warten an Land immer wieder bis zu vier Tage auf die Rückkehr ihrer Mutter. Aus der Dauer des ersten Trinkens ist ersichtlich, wie hungrig und durstig sie dann sind. Doch statt sich während der Wartezeit möglichst ruhig zu halten, verbringen sie die ganze Zeit unverändert vorrangig mit Spielen: Sie klettern, wälzen sich und rangeln miteinander. Warum sie das tun, hat Walter Arnold mithilfe lückenloser Ganztagsprotokolle genauer untersucht. Das Spielen, so fand er, ist energetisch sehr aufwendig und zudem risikobeladen, denn die Küstenlandschaft auf Galápagos besteht aus mächtigen, übereinander getürmten Felsbrocken und brüchigem Lavagestein mit vielen Höhlen und tiefen Spalten. Er fand aber auch, dass das Spielen Kraft, Ausdauer und Gewandtheit verbessert, Erfahrungen verschafft und sozialen Umgang übt. All das ist im Leben wichtig, denn dominante Tiere haben bevorzugt Zugang zu begehrten Schattenplätzen. Und männliche Seebären sind darauf angewiesen, mit Kampftechniken und Geschick ein Territorium an Land gegen zahlreiche Rivalen zu verteidigen, wo sie sich mit jedem dorthin kommenden willigen Weibchen paaren. In der Tat spielen männliche Jungtiere mehr als weibliche. Weniger zu spielen, um Energie zu sparen, lohnt nicht: Kommt die Mutter, ist es gut; kommt sie nicht mehr, hilft auch gesparte Energie nichts (Arnold und Trillmich 1985).

Echte Kindergärten haben die monogamen Sperlingspapageien *(Forpus conspicillatus)*. Bei ihnen leben Adulte und Jugendliche ständig miteinander in einer komplexen Sozietät. Mehrere benachbarte Brutpaare führen ihre soeben nestflüggen Jungen auf einem Baum zusammen. Sie selbst kommen nur ab und zu kurz dorthin und füttern jeweils ihre eigenen Jungen. Der Nachwuchs erlebt im Kindergarten eine Phase sozialer Interaktionen mit Geschwistern und anderen Gleichaltrigen. Sie erkunden von da aus die nähere Umgebung und üben sich in freundlich-partnerschaftlichen Begegnungen. Einzeljunge, die nicht im Kindergarten waren, haben Schwierigkeiten mit sozialer Integration und bauen nie eine stabile Paarbeziehung auf (Wanker et al. 1996).

Fleckenhyänen

Ganze 23 Jahre nach meinen ersten Beobachtungen erfüllte sich mein Wunsch, eine genaue Analyse des Sozialverhaltens und der Sozialstruktur der Serengeti-Fleckenhyänen in Angriff zu nehmen. Ich konnte Heribert Hofer und seine Frau Marion East, beide in England in Oxford promoviert, an meine Abteilung holen, und im April 1987 begannen sie in Seronera mit der Hyänenforschung, auf Suaheli *„Utafiti wa fisi"*, wie am Land Rover geschrieben steht. Heute betreibt und dokumentiert Heribert mit Marion, von seinem eigenen Leibniz-Institut für Zoo- und Wildtierforschung in Berlin aus, systematische Beobachtungen an Individuen, die seit frühester Kindheit bekannt sind, und zwar in seit Jahrzehnten lückenlos aufeinanderfolgenden Clan-Generationen.

Fleckenhyänen bilden in der Serengetisteppe Clans, die mehr als 80 Individuen umfassen können. Es sind ortsansässige, weitgehend miteinander verwandte Clan-Weibchen mit ihren bis zu einjährigen Jungen; alle adulten Weibchen im Clan produzieren Nachwuchs. Etliche Männchen wandern aus anderen Clans zu. Zwischen den Weibchen herrscht eine deutliche und weitgehend stabile Rangordnung, in der jeweils Töchter den Rang unmittelbar unter dem ihrer Mutter einnehmen, in seltenen Fällen auch den ihrer Ziehmutter, was genetische Erbschaft ausschließt. Ältere Töchter, die ihre Mutter verlieren, landen am unteren Ende der Rangordnung. Alle eingewanderten Männchen stehen im Rang unter allen Weibchen und deren Töchtern. Eine Dominanzordnung unter den bis zu 20 Männchen entsteht mit der Dauer ihrer Zugehörigkeit zum Clan, also aus einer Art Anwartschaft.

Hauptbeute der Hyänen sind Gnus und Zebras. Mit deren Wanderungen verschiebt sich die Hauptnahrungsquelle für Hyänenmütter, die dann ihre Jungen tagelang allein lassen müssen und zuweilen nur in extremen Intervallen säugen. Die deshalb ständig durstigen Jungen konnte Marion mit etwas Wasser auf eine Personenwaage neben dem Auto locken und regelmäßig den individuellen Gewichtszuwachs messen. Der ist vom sozialen Rang der Mutter beeinflusst und vom Ausgang der kämpferischen Rivalität zwischen neugeborenen Geschwistern.

Was mich ursprünglich in die Serengeti zu den Hyänen lockte, ist die komplette Imitation der äußeren männlichen Geschlechtsorgane am Weibchen. Das betonte Vorweisen der Genitalien ist ein soziales Grußritual, begonnen regelmäßig von der rangtieferen Hyäne, entweder spontan oder weil eine höherrangige auf sie zu kommt. Wer nicht freiwillig grüßt, kann durch Aggression zum Grüßen gezwungen werden. Wer aber durch Grüßen seine Rangunterlegenheit eingesteht, vermeidet Rangstreitereien, kann nach einem Streit beschwichtigen und sich sogar des Beistands eines Ranghöheren versichern. Zwar haben auch weibliche Klammeraffen (*Ateles*), Spinnenaffen (*Brachyteles*) und Wollaffen (*Lagothrix*) eine lang hängende Klitoris, wie im Zoo leicht zu sehen, doch ist sie durchaus normal gebaut. Das Männchen spielt vor der Paarung daran, aber das Organ erigiert nicht. Bei der Hyäne jedoch erigiert die Klitoris im Grußritual genau so stark wie der männliche Phallus. Während unter Primaten (und sozial lebenden Walen) der erigierte

Penis das sichtbare Zeichen für männliche Dominanz ist, imitieren bei der Fleckenhyäne die größeren und sexuell wie sozial überlegenen Weibchen mit der dem Penis gleichen, erigierten Klitoris das Signal für soziale Unterlegenheit (East et al. 1993).

Da reale Zwischenstufen fehlen, wissen wir nicht, welche Selektionsvorteile den stammesgeschichtlichen Weg vom ursprünglichen zum heutigen Zustand der Klitoris gelenkt haben. Denn die komplette Imitation der äußeren männlichen Geschlechtsorgane am Weibchen ist eine fast absurde Konstruktion. Entgegen der Säugetiernorm hat hier die Vagina keine Vulvaöffnung nach außen. Die Weibchen urinieren, kopulieren und gebären durch den Urogenitalkanal, der sich an der Spitze der großen, penisförmigen Klitoris öffnet. Tatsächlich wird die Klitoris der Mutter bei der ersten Geburt gespalten. Das bedeutet Blutverlust und Infektionsgefahr und begrenzt indirekt die mögliche Größe der Säuglinge, die immerhin mit offenen Augen und funktionsfähigem Gebiss zur Welt kommen. Diesem Nachteil steht ein Vorteil für die weibliche Fleckenhyäne gegenüber: Sie entscheidet, wer wann mit ihr kopuliert. Sie kann nicht vergewaltigt werden, sondern muss mittun, damit ein Männchen etwas akrobatisch seinen Penis in die Klitoris einführen kann, die beim Akt zwar schlaff ist, aber zwischen den Hinterbeinen hängt mit der Öffnung nach vorn. Die aus Mitgliedern beider Geschlechter bestehende Sozietät der Fleckenhyänen ist weiblich dominiert.

Alpenmurmeltiere

Im Unterschied zu allen anderen Murmeltierarten wächst beim Alpenmurmeltier aus einem Elternpaar und seinen Jungen eine jahrelange Familiengruppe. Der Schlüssel zum Verständnis dieser Erscheinung liegt im Winterschlaf. Das Alpenmurmeltier verbringt die Monate September bis April winterschlafend in einem tief in die Erde gegrabenen Bau, der das Werk von mehreren Generationen ist. Im Winterschlaf senken die Tiere ihre normale Körpertemperatur von 37 auf 7°C. Alle 14 Tage erwärmen sie sich für 24 h auf 37° und urinieren in eine Latrine. Jedes Aufwärmen kostet Energie, die von den im Herbst angelegten Fettreserven kommt. Deshalb verlieren die Tiere in den Wintermonaten ein Drittel ihres Herbst-Körpergewichts.

Geschlechtsreife Männchen paaren sich mit allen geschlechtsreifen Weibchen in der Gruppe. Rangtiefe Weibchen werden zwar auch trächtig, resorbieren aber die Embryonen wieder. Die Erwachsenen paaren sich in den ersten zwei Aprilwochen, und in den ersten Julitagen kommen ein bis sechs Jungtiere zum Fressen aus dem Bau. Sie müssen sich sputen, fett zu werden für den Winterschlaf, den sie allein aber nicht überstehen würden. Wichtig ist deshalb das Leben in Familiengruppen. Die winterschlafen eng zusammengekuschelt, was Wärmeverluste verringert. Doch haben es Eltern mit ihren ersten Jungen dabei schwer, weil die Jungen in kürzeren Abständen aufwachen und auch die Eltern wecken. Denn die Tiere wachen nicht einzeln, sondern immer alle zugleich auf. Erkennen ließ sich das an Familiengruppen, die mit Minisendern versehen im Institut in Kühlkammern überwinterten.

Viele der Jungtiere, die zum ersten Mal überwintern, haben zu wenig Fettreserven und sterben. Die Überlebenden bleiben bei den Eltern, manche bis zu vier Jahre. Die Gruppen bestehen dann aus einem Elternpaar mit Jungen aus mehreren Jahren. Das wirkt sich beim Winterschlafen aus: Die jungen Erwachsenen übernehmen einen Teil der Aufheizungskosten für die ganze Familie, vor allem als „Aufwärmhelfer" zur sozialen Thermoregulation für jüngere Geschwister. Dadurch verlieren ältere Jungtiere beim Winterschlafen mit jüngeren Geschwistern mehr Gewicht als ohne diese.

Ein gestorbenes Elterntier wird gewöhnlich durch ein umherstreifendes Individuum ersetzt. Dann sind die älteren Nachkommen in der Familie mit den nächsten Jungen weniger verwandt. Und während des Winterschlafs verlieren sie mit diesen Halbgeschwistern weniger Gewicht als mit Vollgeschwistern. Das heißt, für Physiologen völlig unerwartet, wird die Temperaturregulation im Winterschlaf von der Verwandtschaftserkennung (vermutlich über den Geruch) gesteuert (Arnold 1988).

Soziale Spinnen

Es muss im Januar 1967 gewesen sein, als mir in Kenia in hohen Akazienbäumen graue, vogelnestgroße Seidengespinste auffielen. Zwei Jahre später fand ich solche Gespinste in der Serengeti, wieder in Akazien, aber in Augenhöhe. Sie enthielten viele relativ kleine Spinnen mit frischen Eikokons. Lebten erwachsene Spinnen sozial zusammen? Das war sehr merkwürdig, denn eine „normale" Spinne duldet in ihrem Netz keinen Artgenossen. Ich holte einige Individuen aus einem fünf Kilometer entfernten Gespinst und setzte sie auf das Gespinst vor mir. Sie wurden nicht, wie etwa unter Bienen üblich, als Fremde attackiert, sondern mischten sich nach kurzer Zeit unter die Gespinstbewohner. Sind es anonyme Sozietäten? Wie entstehen und wie funktionieren die?

Diesen und weiter Fragen bin ich zusammen mit Uta Seibt nachgegangen; wir blieben insgesamt 40 Jahre lang damit beschäftigt (Seibt und Wickler 1988; Wickler und Seibt 1993). Um den korrekten Namen der Tiere zu erfahren, schickten wir einige konserviert nach Hamburg zu Professor Otto Kraus. „Das artet in Arbeit aus", seufzte der brieflich, unterzog sich dieser Arbeit dann aber mit seiner Frau Margarete und revidierte gründlich die Taxonomie der ganzen Gattung; die enthielt nämlich mehr Artnamen in der Literatur als Arten in der Natur. Mit dem Ehepaar Kraus entspann sich aus unserer bionomischen Analyse der Lebensweise dieser Spinnen eine freundschaftliche und erfolgreiche Zusammenarbeit.

Die Spinne war als *Stegodyphus mimosarum* bekannt. In Südafrika fanden wir (ab 1979) eine zweite, ebenso sozial lebende Art, *Stegodyphus dumicola*. Sie gehören zu den Röhrenspinnen (Eresidae), die meist einzeln in einer seidenen Röhre wohnen. Bei den sozialen Arten vereinigen viele Individuen ihre Wohnröhren zu einem schwammartig festen, von Röhren durchtunnelten Seidenballen. In dem wohnen dann 10 bis über 200 Spinnen. Es sind Kräuselfaden-Spinnen. Deren Fangnetze außerhalb vom Wohngespinst bestehen nicht aus Klebfäden, sondern aus feinstgekräuselter Seide, die nicht austrocknet. Darin verheddern sich Beuteinsekten. In den Spinnenkolonien finden wir fast nur Weibchen, ganz selten die kleineren und anders gezeichneten Männchen. Als wir die Gespinste ausmessen, zeigt sich, dass die Fangflächen nicht mit der Zahl der Koloniemitglieder wachsen. Deshalb leben Individuen in größeren Kolonien knapper und bleiben kleiner. Kleinere Weibchen legen weniger Eier, und entsprechend sinkt mit der Größe der Kolonie die Zahl der Nachkommen pro Kopf. Warum geben sich die Weibchen damit zufrieden? Zwar wandern gelegentlich aus einer großen Kolonie kleine Gruppen über Fadenbrücken aus und beginnen kleine Tochterkolonien. Doch auch da sind, am Fortpflanzungserfolg gemessen, zu viele Weibchen zusammen.

Vielleicht profitiert jede einzelne Spinne davon, dass viele in Kooperation größere Beute festhalten können? Als Paul Ward das überprüft, findet er das Gegenteil: Eine Spinne allein entnimmt mehr Nahrung pro Zeit aus der Beute als eine Spinne, die gemeinsam mit anderen frisst. Der Grund liegt in der „extraintestinalen" (außerhalb des Darmes erfolgenden) Verdauung dieser Tiere: Sie speien spezielle Verdauungsenzyme ins Beutetier und saugen dann die so vorverdaute Nahrung ein. Dadurch entsteht das bekannte Allmende-Problem: Jede Spinne kann („unfair") eigenen Enzymaufwand sparen und sich an der gemeinsam vorverdauten Mahlzeit beteiligen. Weil das alle so machen, verlängert eigennütziges Enzymsparen die Fresszeit. Aus dem gleichen Grund sind auch die Fanggewebe großer Kolonien zu klein:

Jede Spinne kann teures Spinnenseide-Protein sparen, kann sich aber Beute aus dem allgemeinen Fangnetz holen. Und schon dabei herrscht Konkurrenz statt Kooperation: Ein Beuteinsekt wird zwar aus dem Fangnetz von vielen Spinnen gemeinsam zum Wohngespinst gezogen, dann aber zieht jede Spinne in Richtung ihrer Wohnröhre; und dabei geht das Insekt oft kaputt.

Warum dennoch so viele Individuen in einer Kolonie beisammen wohnen, liegt im Anfang der Kolonie begründet. Die Mütter von allen *Stegodyphus*-Arten betreuen ihren Eikokon und helfen den geschlüpften Jungen bei der Nahrungsaufnahme. Dazu bleiben die Jungen zunächst beieinander und wachsen. Bei 14 solitär lebenden Arten werden die Jungen nach der fünften von acht Häutungen aggressiv gegeneinander und machen sich selbstständig. Bei drei Arten jedoch (*mimosarum* und *dumicola* in Afrika, *sarasinorum* in Indien) geschieht etwas, das man als Neotenie bezeichnet: Die letzten drei Häutungen entfallen mit den finalen Entwicklungsstadien, die Individuen bleiben jugendlich klein und untereinander sozial friedlich, werden aber geschlechtsreif. Wie das Ehepaar Kraus weiter herausfand, sind die drei sozialen Arten im Verwandtschaftsstammbaum durch normal solitäre Arten voneinander getrennt, haben also unabhängig voneinander das neotene Sozialleben als vorteilhaft „erfunden". Da jede Generation nur ein Jahr lebt, verzehren die Jungspinnen die Individuen der Muttergeneration, übernehmen deren komplettes Wohngespinst und bauen es weiter aus, erben somit Schutz vor Fressfeinden und eine fertige Beutefangvorrichtung – kein Grund also, auszuwandern.

Allerdings finden nun auch Paarungen regelmäßig zwischen Geschwistern statt. Entsprechend hoch ist der Inzuchtkoeffizient. Da zudem nahe verwandte Männchen um ihre Schwestern konkurrieren, ist zu erwarten, dass Mütter statt der Verlierer-Söhne, die keine Enkel bringen, besser weitere Töchter erzeugen. Das scheint bei Spinnen durch eine komplizierte genetische Geschlechtsdetermination relativ leicht möglich, denn das knappe Dutzend der sozial lebenden unter den weltweit 30.000 bekannten Spinnenarten hat einheitlich ein deutlich zugunsten der Weibchen verschobenes Geschlechterverhältnis. Das wiederum schafft keinen Anreiz für Männchen, außerhalb der eigenen Kolonie Paarungspartner zu suchen.

Ab und zu jedoch verlässt ein bereits befruchtetes Weibchen seine Kolonie. Es läuft an ein Zweigende, reckt den Hinterleib hoch und lässt, förmlich auf den Zehenspitzen stehend, einen langen Spinnfaden austreten. Sobald der im Wind genügend zieht, lässt die Spinne los und segelt am Faden hängend irgendwohin davon. Wenn sie nicht unterwegs gefressen wird, kann sie Gründerin einer neuen Kolonie werden. Mehrmals habe ich ein *Stegodyphus*-Weibchen so fadenfliegend gesehen und mehrere auch eingefangen.

Den friedlich bleibenden, neotenen *Stegodyphus*-Individuen fehlt allerdings mit der Aggression auch das Erkennen familienfremder *Stegodyphus*-Spinnen. Das zeigt sich zunächst darin, dass sich die beiden afrikanischen sozialen Arten in einer Kolonie mischen lassen. Darüber hinaus aber haben wir in Ost-Transvaal nahe der Grenze zu Mosambik in einer 220 Individuen starken *dumicola*-Kolonie als Mitbewohner ein Weibchen der doppelt so großen, solitären Schwesternart *Stegodyphus africanus* gefunden. Und am Rand einer viel befahrenen Straße in den Mdvumezulu Hills in Swaziland entdeckten wir in einer 92 Individuen starken *dumicola*-Kolonie als Mitbewohner ein Weibchen der ebenfalls viel größeren solitären Schwesternart *Stegodyphus sabulosus*. Die beiden solitären Spinnenarten waren seit den Originalbeschreibungen 1866 bzw. 1910 nicht mehr gefunden worden. Von den *dumicola*-Spinnen bleiben sie als artfremde Mitbewohner unbehelligt, behandeln aber umgekehrt diese als Beute. Soziale *dumicola*-Spinnen leben also gefährlich. Sie sind wegen ihrer Neotenie wehrlos gegen die solitären *Stegodyphus*-Arten, bauen aber ihre Gespinste oft in ebenso geringer Höhe über dem Boden wie diese, sind also leicht erreichbar für einen solitären Kommensalen, der sowohl von der Beute wie auch direkt von den Individuen der Wirtsart lebt. Die andere soziale Art, *Stegodyphus mimosarum*, hat sich vom Boden weiter distanziert und siedelt viel höher, gewöhnlich in Akazien. Übrigens bleibt sie auch im Zimmer oben an der Decke. In Busch-Krankenstationen wurden kleine Kolonien absichtlich eingesetzt, um Insekten wegzufangen.

Wir haben Individuen beider *Stegodyphus*-Arten von unterschiedlichen (GPS-definierten) Standorten in Ostafrika, Sambia, Simbabwe und im östlichen Südafrika gesammelt. Damit und aus weiteren Vergleichsdaten hat unser Kollege Jes Johannesen den genetischen Stammbaum und die Populationsdynamik dieser an extreme Trockenheit angepassten Spinnen analysieren können (Johannesen et al. 2009). Ihr Sozialleben begann einmalig im Pleistozän vor 2,5 Mio. Jahren und entwickelte sich bis heute weiter, angetrieben von immer wieder wechselnden ökologischen Bedingungen. Alle Kolonien beginnen mit Schwestern oder Einzelweibchen und bilden mütterliche Verwandtschaftslinien (Matrilineage); zu vernachlässigen sind Weibchenwanderung in fremde Nester und männlicher Genfluss. Eine Rückkehr zum solitärem Leben ist ausgeschlossen. Ebenso ist wegen der begrenzten Lebenszeit von einem Jahr ein generationenübergreifendes Sozialleben ausgeschlossen. Wohl aber helfen, wie Margarete Kraus beobachtete, adulte Weibchen einander beim Verfertigen der Eikokons und transportieren sie in günstige Temperaturzonen im Wohngespinst oder draußen.

Genetische Varianten der *dumicola*-Spinnen haben sich unter den Bedingungen, die in Südafrika seit 12.000 Jahren herrschen, besonders rasch und weit ausgebreitet. Dabei könnte eine kuriose Verfrachtung von (Teil-)Kolonien mitgespielt haben. Der Gabar-Habicht *(Micronisus gabar)* holt sich nämlich *Stegodyphus*-Gespinste samt Spinnen in sein Nest, das dann von den Spinnen außen und innen umsponnen wird. Warum er das tut, ist bislang ein Rätsel. Sein etwa 30 cm großes Nest aus kleinen Stöckchen baut er bis 15 m über dem Boden. Freiwillig gingen *dumicola*-Spinnen nie so hoch. Aber aus dieser Höhe kann Fadenflug sie sehr weit tragen.

Am Rande unserer Suche nach sozialen *Stegodyphus*-Spinnen, die sich ja durch Neotenie auszeichnen, stießen wir in Natal auf die Einblatt-Pflanze *Streptocarpus wendlandii,* ein Beispiel für Neotenie in der Botanik. Sie entwickelt, flach über dem Boden, nur ein einziges, handteller großes Blatt, das auf der Mittelrippe mehrere gestielte, blaue Blütchen trägt. Das Blatt entsteht aus einem von den zwei Keimblättern, das andere verkümmert. Keimblätter sind im Embryo aller Pflanzen für die erste Ernährung angelegt und werden normalerweise an der erwachsenen Pflanze durch Laubblätter ersetzt. Hier aber wachsen sogar geschlechtsreife Blüten aus dem Keimblatt.

Zwei Rosenkäfer

Zwei Rosenkäferarten aus der Unterfamilie der Blütenkäfer (Cetoniinae) fielen uns deshalb auf, weil ihr Ernährungsverhalten nicht zu ihren Mundwerkzeugen passt, die nur geeignet scheinen, bei Blütenbesuchen Pollen und Nektar aufzunehmen.

Im Hügelgelände im Hluhluwe-Park warten wir im März 1981 darauf, dass ein Waldweberpaar weitersingt. Vor uns liegt ein großer, regelmäßig benutzter Nashorn-Dunghaufen, und daneben, im uringedüngten, nährstoffreichen Boden, gedeiht ein Nachtschattengewächs, *Solanum panduraeforme,* in dichtem, 40 cm hohem Bestand. Dahin kommen leise brummend Rosenkäfer geflogen. Sie gehören zu den aerodynamisch besten Fliegern unter den Käfern, weil sie im Flug die Deckflügel geschlossen halten (die sonst Luftwiderstand bieten würden) und durch seitliche Aussparungen an ihnen die antreibenden Hinterflügel ausstrecken. Etliche sitzen schon an den Stängeln, nicht aber an den blauen Blüten mit gelben Stamina, auch nicht an Blättern oder an den grünen Früchten. Sie sitzen mit dem Kopf dicht an den Stängel gedrückt, manche halten die Hinterbeine frei in die Luft. Wie aus der Nähe zu sehen, nagt jeder Käfer am Stängel oder leckt an einer offenen, feuchten Fraßstelle. Dort wird der Stängel braun; an alten, verlassenen

Stellen hat er Wundkallus gebildet. Viele Stellen liegen unter einer Blattachsel und sind samt Käfer von oben schwer zu sehen.

Die bis 14 mm großen Käfer gehören zur Art *Tephraea dichroa*. Männliche Exemplare haben einen orangefarbenen Thorax mit vier schwarzen Punkten und violett-dunkle Flügeldecken, weibliche sind einfarbig hellbraun; alle haben auf den Flügeldecken je zwei weiße Punkte. Offensichtlich haben sie am Pflanzenstängel Epidermis und Faserschicht zerbissen und lecken energiereiche organische Stoffe aus dem Siebteil (Phloëm) der Leitbündel. Obgleich einige Stängel durch offene Fraßstellen geringelt sind und dort leicht brechen, sehen die Pflanzen frisch aus und blühen; das erinnert mich daran, dass Nachtschattengewächse bikollaterale Leitbündel besitzen, dass also innen, hinter dem holzigen Wasserleitgewebe (Xylem), noch weitere, intakte Phloëm-Siebröhren liegen.

Ein Käfer kann in mühsamer Beißarbeit eine Leckstelle selbst anlegen. Ein (mit Nagellack markierter) blieb 23 h ungestört auf seiner Leckstelle. Aber an den *Solanum*-Pflanzen am Rhinodunghaufen finden wir im Verlauf einer Woche jeweils 50 bis 180 Käfer. Sie halten sich ruhig, solange eine Wolke die Sonne verdeckt. Doch schon nach einer Minute Sonnenschein kommen andere geflogen, landen, suchen hastig, stängelab- oder -aufwärts, einen fertigen Leckplatz, und fliegen weiter, wenn sie keinen finden. Leckstellenbesitzer gehen auf einen Ankömmling zu und beginnen einen Schiebekampf Kopf gegen Kopf. Wer zurückgeschoben und vertrieben wird, klettert aufwärts bis zu einer Blüte und startet zur Nachbarpflanze. Oder er weicht nur aus und wird ein kurzes Stück vom Sieger verfolgt, der dann zu seiner Leckstelle zurückkehrt, bis er vom gleichen oder einem anderen Gegner wieder gestört wird. Wir zählen bei Tagestemperaturen ab 35°C pro Käfer und pro Minute einen Kampf. Der kann bis zu 80 s dauern. Wem es gelingt, gegen die Seite oder gar unter den Körper des Gegners zu schieben, kann ihn von der Pflanze werfen. Diese Ressourcenverteidigung, in gleicher Weise betrieben von beiden Geschlechtern, ist eine Urform der viel beschriebenen Kämpfe unter Dungkäfern, Pillendrehern und Nashornkäfern (Wickler und Seibt 1982a).

Noch merkwürdiger verhält sich unser zweiter Rosenkäfer, der 13 mm lange, unauffällig grauschwarz und weiß gefleckte *Pseudospilophorus plagosus*. Wir haben ihn zwar gelegentlich auf den hellgelben Blütenrispen der Senegal-Akazie *(Acacia senegal)* angetroffen; aber er fliegt auch gezielt in die dichten Gespinste der sozialen *Stegodyphus*-Spinnen, landet in den Kräuselfäden und bleibt da zunächst bewegungslos. Die Spinnen eilen zu der vermeintlichen Beute, wenden sich aber gleich wieder ab. Dann arbeitet sich der Käfer mit sehr langsamen Bewegungen in das innere Gespinst. Trifft er auf eine *Stegodyphus,* hält er sie fest und frisst sie. Die anderen Spinnen stören sich nicht daran, einige zucken bei Berührung mit ihm zurück. Und er verspeist weitere von ihnen. In Zitrusplantagen macht er sich sogar nützlich und frisst die braunen Schildläuse *(Coccus hesperidum).* Dieser Blumenkäfer lebt räuberisch.

Heuschrecken

Wenn man zu passender Jahreszeit durch südafrikanisches Buschland geht – in Natal in regennormalen Jahren im Januar/Februar –, kann man auf dem Boden ein merkwürdiges flaches, kompaktes Wesen antreffen, schwärzlich mit kleinen grünen Flecken, in der Größe zwischen Taschentuch und Handtuch, aber von unregelmäßiger und wechselnder Form, das sich gemächlich voran bewegt. Beim Überqueren von Sand- oder Teerstraßen fällt es auch dem Autofahrer auf, der hoffentlich wartet, bis das Gebilde den anderen Straßenrand erreicht und wieder im Gras verschwindet.

Bei näherer Betrachtung erweist sich dieses Gebilde als dicht gedrängte Schar von noch flügellosen Heuschreckenlarven. Die schreiten dahin, ohne dauerhaft eine feste Richtung einzuhalten, knabbern hie und da an verschiedenem Grünzeug und sind bemüht, nach allen Seiten nachbarlich Körperkontakt zu halten. Die letzten steigen zuweilen den vor ihnen gehenden auf den Rücken und marschieren dort im gleichen Tempo weiter; dadurch erreichen sie natürlich bald den vorderen Rand der Schar und übernehmen dann die Spitze.

Werden die Tiere erschreckt oder ernstlich gefährdet, so springen sie einzeln in verschiedenen Richtungen davon. Diejenigen, die danach noch in Sichtweite voneinander sind, schließen sich bald wieder zusammen. Wer sich außer Sichtweite von anderen findet, ersteigt einen höheren Pflanzenstängel und hält von dort Ausschau. Sind Artgenossen erspäht, schiebt das Tier – ohne die Blickrichtung zu ändern – Vorderkörper und Kopf peilend seitlich hin und her, um abzuschätzen, ob ein Sprung reicht, die Entfernung zu überbrücken; andernfalls hüpft das Tier zu Boden und läuft in der entsprechenden Richtung zu den anderen. Das können die ehemaligen Schargenossen sein. Aber wenn mehrere Trupps nahe beieinander unterwegs waren, fließen sie auch zu einer größeren Kolonne zusammen. Die Mitgliedschaft im Trupp ist anonym.

Gegen Abend bewegen sich alle Tiere im Schwarm auf einen Akazienbusch zu, klettern am Stamm hoch, verteilen sich im Gezweig und platzieren sich horizontal oder kopfaufwärts sitzend zwischen den Stacheln zur Ruhe. Am nächsten Morgen, kurz nach Sonnenaufgang, schwenken erst einige, dann zunehmend mehr Tiere ihre Hinterschenkel langsam alternierend einige Male vor und zurück, ohne die Füße von der Unterlage zu nehmen. Dann sitzen sie wieder ruhig, bis sie erneut die Schenkel schwenken. Das scheint ansteckend zu wirken, und bald gehen Wellen nahezu synchroner Schwenkbewegungen durch die ganze auf dem Busch verteilte Gemeinschaft. Die Wellen folgen einander in immer kürzeren Abständen, es werden einzelne Schritte daraus, und schließlich gehen alle – außer wenn es regnet – kopfabwärts zum Boden hinunter. Nicht eilig, sondern mit Pausen nach jeweils einigen Schritten. Das synchrone, mit Pausen durchsetzte Schreiten behält die Schar bei und bewegt sich, solange ungestört, den ganzen Tag hindurch in stetem „Stop-and-go" langsam dahin.

Ist eine Häutung fällig, so bleibt der Schwarm mehrere Tage im Übernachtungsbusch. Kopfunter an den Hinterbeinen hängend, zwängt sich jedes Tier nach vorn aus seiner alten Haut und sitzt dann einige Zeit ruhig, bis die neue Chitinhülle ausgehärtet ist. Die Mitglieder eines Trupps häuten sich alle innerhalb derselben Wanderpause. Das gilt auch für Individuen, die aus einem Trupp mit anderem Häutungsrhythmus stammen, deren Häutung also gerade jetzt nicht fällig wäre. Dass die Einzeltiere nicht nur ihre Fortbewegung, sondern auch ihre Häutung untereinander synchronisieren, ist ein spannendes Phänomen, das näher untersucht zu werden verdient. Es scheint sogar, als würde die Mehrheit auf Nachzügler warten. Wie solche Abstimmung vor sich geht, ist noch unbekannt. Gleichzeitiges Häuten innerhalb von zwei Tagen kommt auch bei gruppenlebenden Springschwänzen (Collembolen) vor; auch bei diesen staubkornkleinen Urinsekten synchronisieren sich Individuen mit unterschiedlichen Häutungsrhythmen.

Ist ein Larvenschwarm nach der Häutung abgezogen, bleiben im Busch verteilt die alten Häute zurück. Mehrere zusammengenommen riechen für unsere Nasen dumpf-modrig. Der Geruch gehört zu Stoffen aus den chemischen Gruppen der Cardenolide und Glycoside. Das sind Herzgifte, die als sogenannte sekundäre Pflanzenstoffe vor allem in Wolfsmilch-, Hundsgift- und Braunwurzgewächsen (Asclepiadaceen, Apogynaceen, Scrophulariaceen) vorkommen. Da für viele Tiere giftig, dienen sie den Pflanzen als Fraßschutz. Unwirksam ist dieser Schutz allerdings gegenüber einigen Insekten, die sogar gezielt an solchen Pflanzen fressen, die Giftstoffe verarbeiten, diese in speziellen Drüsen speichern und das Pflanzengift nun ihrerseits zum Abschrecken von Fressfeinden benutzen. Zu solchen „pharmakophagen" Insekten gehören die in Afrika, Australien und Südamerika verbreiteten Heuschrecken der Familie Pyrgomorphidae. Mit auffällig bunten Warnfärbungen zeigen sie ihre Ungenießbarkeit deutlich an und verstärken in vielen

Abb. 20.1   Im Gras *Phymateus*-Heuschrecken in freier Wildbahn. Ubizane, 1983

Fällen das Warnsignal noch, indem sich vor allem die Larvenstadien zu größeren Gruppen zusammenschließen (Abb. 20.1).

So entstehen die hier beschriebenen Larventrupps, die zur Art *Phymateus leprosus* gehören. Sie ernähren sich zwar von vielerlei Pflanzen, fressen aber bevorzugt solche, die Carnedolide oder Glycoside enthalten. Sie zu finden, fällt ihnen jedoch erstaunlich schwer. Nicht weil die Gewächse selten wären. Verschiedene Schwalbenwurz-Arten mit ihren oft meterhohen Stängeln, weißlichen Blütenständen oder wie aufgeblasen wirkenden ballonförmigen Samenkapseln stehen fast überall. Doch die im Trupp versammelten Larven ziehen gemächlich daran vorbei, tagelang, immer wieder. Die Blätter dieser an trockene Zonen angepassten Pflanzen besitzen eine sehr feste Oberfläche, und zudem verdunsten die hochmolekularen Giftstoffe wenig. So ist es den Tieren kaum möglich, ihr Lieblingsfutter auf Entfernung wahrnehmen. Stoßen sie aber auf einen zu Boden geknickten Zweig, so erklettern sie die ganze Pflanze eilig und fressen sie in kurzer Zeit kahl.

Das lässt sich ausnutzen, um einen Larvenschwarm einzufangen. Sobald man einem solchen nahekommt, springen die Tiere normalerweise erschreckt auseinander. Schneidet man aber eine Schwalbenwurzpflanze ab, hält sie am langen Stiel (ohne den austretenden Milchsaft an empfindliche Hautstellen zu bringen) und senkt das Blattwerk vorsichtig auf einen Larvenschwarm, so steigen die Tiere sofort freiwillig hinein, als würden sie mit einem sanften Staubsauger aufgenommen.

Die Schwarmbildung verliert sich bei den Erwachsenen. Die sind dann nicht mehr bunt, sondern gleichmäßiger grau, und die langen Vorderflügel bedecken den ganzen Hinterleib. Darunter verborgen sind rote Hinterflügel, die nicht nur zum Fliegen gebraucht, sondern auch vor einem drohenden

Abb. 20.2 Adulte *Phymateus leprosus*

Feind plötzlich aufgestellt werden. Das kann selbst unerfahrene Menschen erschrecken, denn erwachsen ist eine *Phymateus leprosus* immerhin handtellergroß (Abb. 20.2).

Die Erwachsenen laufen und springen zumeist, obwohl sie fliegen können. Nach wie vor orientieren sie sich optisch und peilen (wie es zum Beispiel auch Eulen tun) mit Vorderkörper-Wiegen die Entfernung zum Sprungziel. Das kann man gut auslösen, indem man ein Tier auf eine Stuhllehne setzt und einen zweiten Stuhl in einige Entfernung rückt. Statt Stuhllehnen peilt ein erwachsenes Männchen allerdings bevorzugt Artgenossen an, vor allem Weibchen, und klammert sich mit den beiden vorderen Beinpaaren an ihren Thoraxkanten fest. Es paart sich mehrfach mit dem Weibchen und lässt sich bis zur Eiablage so reitend umhertragen, sodass kein Rivale das Weibchen übernehmen und seine Spermien in das Weibchen bringen kann.

Geschützt sind die Erwachsenen wie die Jungen durch ihren giftigen Drüseninhalt, den sie Angreifern aus feinen Öffnungen am Vorderkörper entgegenspritzen können. Das tun sie allerdings nicht gegenüber artgleichen Angreifern, obwohl ein Männchen, das ein Weibchen besitzt, sich immer wieder gegen bedrängende Rivalen verteidigen muss. Dazu schlägt es mit den langen Sprungbeinen zur Seite oder nach hinten aus. Das schreckt merkwürdigerweise manchen Rivalen nicht ab, der statt dessen beginnt, die weit nach hinten reichenden Flügelenden des Reitenden anzuknabbern. Das wiederum scheint den Reitenden nicht weiter zu stören, selbst wenn ihm schließlich nur noch merklich gestutzte Flügel übrig bleiben. Was der

Knabbernde davon hat, ist unklar. Es könnte sein, dass er von den gifthaltigen Körpersäften des Beknabberten profitiert.

Meerestiere auf Bäumen

Felsenkrabben

Die „Standardkrabbe" lebt im Meer und in dessen Küstengebieten. Die Eier entwickeln sich im salzigen Meerwasser, die Larven driften im Plankton umher und suchen sich nach der Metamorphose als Miniaturkrabben einen Lebensraum wie den der Eltern. Auf der Karibikinsel Jamaika jedoch sind Felsenkrabben von dieser Standardentwicklung abgewichen, haben das Land erobert und ein komplexes Sozialverhalten aufgebaut. Wie das vor sich gegangen ist, hat Rudi Diesel, einer meiner Mitarbeiter, in jahrzehntelanger Feldforschung auf Jamaika untersucht.

Einen Anfang gemacht hat die karibische Landkrabbe *Gecarcinus ruricola*. Der Panzer von zehn Jahre alten Individuen wird 25 cm breit. Seine oberseitigen Furchen und die dunkelbraune bis schwarze Grundfärbung mit leuchtend orangefarbenen Augenflecken erinnern an einen Halloweenkürbis, worauf der Name „Halloweenkrabbe" anspielt. Die erwachsenen Tiere findet man viele Kilometer vom Meer entfernt bis in 1000 m Höhe. Aber in einer Massenwanderung nach der Paarung müssen die Weibchen ihre je etwa 85.000 Eier an die Küste bringen; Eier und Larven entwickeln sich im Meer.

An verschiedenen *Sesarma*-Krabben, die nur wenige Zentimeter groß werden und ursprünglich in Küstengewässern beheimatet sind, konnte Rudi Diesel die Evolutionsschritte rekonstruieren, die sich auf Jamaika in den vergangenen vier Millionen Jahren vom Leben im Meerwasser bis zum Leben auf Bäumen abgespielt haben. Die Art *Sesarma curacaoense* bewohnt Mangrovesümpfe; ihre Eier und Larven entwickeln sich in Brackwassertümpeln, deren Sauerstoffsättigung und Salzgehalt mit Regen und temperaturabhängiger Verdunstung extrem schwanken. Das müssen die Larven aushalten. Und sie sollten wenig Zeit darauf verwenden, für ihre Entwicklung Nahrung suchen zu müssen; das wird erreicht durch vorsorglich große Eier. Die Art *Sesarma ayatum* lebt schon ganz im Süßwasser, ihre Larven entwickeln sich in Süßwassertümpeln. *Sesarma jarvisi*, die Schneckenkrabbe, bewohnt am Waldboden in Bergregenwäldern die leeren Häuser großer Landschnecken. Sie dreht sie mit der Mündung nach oben und trägt notfalls Wasser ein. Dem geringen Volumen von nur fünf Millilitern entsprechend umfasst ein Gelege nur 23 Eier (gegenüber 25.000 Eiern der Ausgangsformen). Die

Bromelienkrabbe *(Metopaulias depressus)* schließlich bewohnt auf Karsthügeln im Regenwald die kleinen Teiche in den Blattachseln der Bromelie *Aechmea paniculigera,* die epiphytisch auf Ästen oder am Stamm von Bäumen wächst. Die Zisternen in den benachbarten Blättern einer Staude enthalten bis zu drei Liter Regenwasser. Allerdings sammelt sich in den Blattachseln auch organisches Material (Laub, Blüten, Holz), das sich zersetzt und mit entstehenden Huminsäuren den pH-Wert des Wassers auf 4,8 senkt. Zudem enthält dieses saure Milieu viel weniger Kalzium als Jungkrabben nach jeder Häutung zum Aufbau des neuen Panzers benötigen. Zum Ausgleich manipuliert die Krabbenmutter das Wasser in der Brutachsel, bevor Larven da sind. Sie entfernt Laub und anderes organisches Material, stapelt den Abfall draußen am Blatt und setzt da auch ihren Kot ab. Und sie trägt leere Landschneckenhäuser ein, sodass der Kalziumgehalt des Wassers und sein pH-Wert (auf 6,8) ansteigen.

Dieses bislang unter Krebsen einmalige Mutterverhalten reicht aber noch weiter. Rudi Diesel fand pro Bromelie stets nur eine brütende Mutterkrabbe, die „ihre" Blattrosette vehement verteidigt und drei Monate pro Jahr intensive Brutpflege betreibt: Sie holt aus der Umgebung Nahrung (meist kleine Tausendfüßer) und zerkleinert sie für die Larven und winzigen Jungkrabben, und sie beschützt diese vor Angreifern (Libellenlarven und Spinnen). Da Umherwandern sehr gefährlich ist, bleiben die meisten Jungkrabben in der mütterlichen Bromelie. Von einer Mutter mit bis zu drei Bruten können schließlich Kolonien aus über 90 Individuen heranwachsen. Ältere Jungkrabben und nicht-reproduktive Erwachsene nehmen Teil an Bromelienverteidigung und Brutpflege, und so entsteht ein unter Krebsen ungewöhnliches Sozialgefüge. Männliche *Metopaulias*-Krabben wohnen ebenfalls in Bromelien, manipulieren das Blattachselwasser nicht, gehen aber einmal im Jahr zur Fortpflanzungszeit (im Januar/Februar) auf Weibchensuche (Schubart et al. 1998; Diesel und Schubart 2000).

Borstenwürmer

Während meiner Doktorarbeit an bodenlebenden Fischen stieß ich auf eine breit angelegte Untersuchung von J. W. Harms (ab 1929) zur „Landtierwerdung" verschiedener Meerestiere. Neben Fischen (den Schlammspringern *Boleophthalmus, Periophthalmus)* hatte Harms auch Vielborster-Ringelwürmer (Polychaeten) bearbeitet, eine Tiergruppe, der bis heute mein besonderes Interesse gilt. Beschrieben sind etwa 10.000 Arten in allen Lebensräumen im Meer, behände Jäger mit großen, gut funktionierenden Linsenaugen oder auch langsame Substratfresser oder Weidegänger. Als ein ökologisches Extrem filtrieren sesshafte Röhrenwürmer ihre Nahrung aus dem umgebenden Wasser, oder sie leben gar in der Umgebung hydrothermaler Quellen der lichtlosen Tiefsee und nehmen, wie *Riftia pachyptila*, als Jungtiere *Archaea*-Bakterien auf, die ihre Energie chemotroph aus Schwefelwasserstoff gewinnen. *Riftia* siedelt diese Bakterien im eigenen Körper an, baut den Darm ab und lebt fortan symbiotisch von den Archaeen. Als entgegengesetztes Extrem haben einige der Meeres-Polychaeten das Land erobert. Ausgehend von Mangrove-Flachküsten in Indonesien sind sie allmählich in die bis zu zehn Kilometer langen Mündungszonen der Flüsse eingewandert und allmählich von Meer- zu Brack- und Süßwasserformen geworden. Einige leben jetzt kilometerweit vom Meer entfernt in Wasserfall-Tümpeln oder in den mit Regenwasser gefüllten Blattachseln von *Pandanus*-Schraubenbäumen. Aus Arten, die wie Regenwürmer im Küstensand leben, der nur bei Flut unter Wasser steht, sind Arten entstanden, die im Feuchtschlamm von Süßgewässern wohnen, ihre Eier aber noch ins Salzwasser bringen müssen. Weiter spezialisierte Arten bewohnen alte, an Land verrottende Palmenstängel. Und im Bergland schließlich besiedelt *Lycastopsis* an Kokospalmen die anderthalb Meter hoch gelegenen Ansatzstellen der Blattstiele. Die etwa einen Zentimeter langen Tiere kriechen eilig im feuchten Raum zwischen Stamm und Faserbekleidung umher. Sie entwickeln vor Ort fertige Jungtiere aus riesig großen Eiern, welche zusätzlich zu ihrem reichlichen Dottervorrat noch mütterliche Nährzellen aufnehmen (Lieber 1931).

Duette als Bindungsrituale

Im Vogelreich ist an drei Stellen – bei Singvögeln, Papageien und Kolibris – das Gleiche geschehen: Ein bestimmter Hirnteil, und zwar immer derselbe (als High Vocal Center, kurz HVC bezeichnet), befähigt die Vögel, fremde Laute zu erlernen und zu imitieren. Für die Kommunikation ist das vorteilhaft. Der Gesang besteht (wie eine Sprache) aus Vokabular (Lexikon der Elemente, Wortschatz), Phonologie (individuelle Klanggestalt der Elemente) und Syntax (Abfolge von Elementen oder kurzen Phrasen). In arttypischen Gesängen ist auch für unser Ohr mindestens die Phonologie, oft auch die Syntax individuenspezifisch. Sobald deshalb ein männlicher Vogel seinen Reviergesang äußert, erfahren die Hörer, wer da sein Revier verteidigt, aber nicht, gegen wen. Es können sich alle Nachbarn angesprochen fühlen. Kann jedoch der Sänger Teile der individuellen Lautgebung oder eine typische Silbe des Adressaten lernen und imitiert in den Reviergesang einfügen, wirkt das wie eine Anrede mit Namen. Vogelarten, die in Paaren oder größeren Gruppen leben, benutzen regelmäßig solche partner- oder gruppenspezifischen Kennlaute (wie Losungen) für gezielte statt anonyme Mitteilungen.

Das hilft schließlich den weiblichen Vögeln, das Partnertreue-Problem zu lösen. Sie haben jeweils so viele Nachkommen, wie sie Eier legen; jedes Männchen hat so viele Nachkommen, wie es Eier besamt, möglichst von mehreren Weibchen. Sind beide Eltern zum Füttern der Brut erforderlich, ginge die Hälfte der Brut verloren, und zwar für das Weibchen unwiederbringlich, falls das Männchen desertiert. Fände der männliche Vogel ein anderes Weibchen und behandelte es ebenso, hätte er zwei halbe Bruten, also keinen Fortpflanzungsverlust, und die Brutpflege gespart. Die Selektion begünstigt desertierende Männchen – sofern sie mindestens ein weiteres Weibchen finden. In unseren Breiten ist die Brutzeit jedoch begrenzt, und alle beginnen mit dem Brüten möglichst früh und gleichzeitig. Ein Deserteur hat wenig Aussicht auf eine neue Partnerin und tut besser daran, in „klimabedingter Partnertreue" bei der ersten zu bleiben und keine halbe Brut zu verlieren.

Anders ist es in tropischen Zonen, wo die Bruten nicht streng synchronisiert beginnen. Hier könnte sich das Desertieren fürs Männchen lohnen, aber nicht fürs Weibchen. Eine weibliche Gegenstrategie entsteht nach dem Grundsatz, dass ein Vogel seinen Partner nicht verlassen sollte, solange die Fortpflanzung mit ihm weniger aufwendig ist als mit einem anderen Artgenossen. Das führt bei den Weibchen zum bekannten „Sprödigkeitsverhalten": Sie werden erst paarungsbereit, nachdem das Männchen Vorleistungen erbracht, etwa das Weibchen längere Zeit gefüttert oder mehrere Nester zum Aussuchen gebaut hat. Erfordern diese Vorleistungen einen ähnlich hohen Zeit- und Energieaufwand wie das Füttern einer halben Brut, dann lohnt es sich für das Männchen nicht, seine erste Familie zu verlassen.

Allerdings: Wird das Weibchen durch Füttern paarungsbereit, so wird es dadurch für andere Männchen attraktiver und muss, ebenso wie jedes gebaute Nest, gegen solche Rivalen verteidigt werden, und zwar jeweils so heftig, dass es für den Rivalen rentabler wird, sich um ein eigenes Weibchen und Nest zu bemühen. Jede irgendwo deponierte materielle Investition lockt Konkurrenten an und treibt die Verteidigungskosten in die Höhe. Sicher vor Ausbeutung ist aber etwas, das im Hirn des investierenden Individuums angehäuft wird. Ein eleganter Weg dazu bietet sich bei Vögeln, die ihren Gesang mindestens zum Teil lernen und selbst zusammenstellen. Es erfordert einen erheblichen Aufwand, ein derartiges individuelles, aus Vokabular und Syntax bestehendes Singrepertoir eines fremden Partners zu erlernen; in überprüften Fällen dauert es Wochen. Die Lernleistung spielt sich im Kopf ab, kann nicht von Rivalen übernommen werden und braucht nicht verteidigt zu werden (Mein Vater hat mir schon früh gesagt: „Junge, lerne was; was du im Kopf hast, kann dir keiner nehmen.").

Spezialisierte Duettsänger unter den Vögeln durchlaufen als Paare eine Art „Verlobungszeit", während derer die Partner gegenseitig ihre Gesangs-Repertoires erlernen und daraus einen paarspezifischen Duettgesang aufbauen, wie vorn für den afrikanischen Drongo beschrieben. Die „Sprödigkeit" (übrigens oft beider Geschlechter) zeigt sich dann darin, dass die neurohormonell vorbereitete Paarungsbereitschaft einer zentralnervösen Hemmung unterliegt, die erst dadurch aufgehoben wird, dass das Duettieren „klappt", jede Antwort eines Partners genau der Erwartung des anderen entspricht.

Ist das einmal erreicht, können diese beiden hinkünftig ohne weitere Anpassungsleistungen miteinander immer wieder brüten. Wer den Partner wechselte, müsste „zurück auf die Schulbank", was für viele Arten unmöglich ist, weil ihre Fähigkeit des Gesangslernens etwa im Alter von zwei Jahren erlischt; die Lebensdauer kann zwei Jahrzehnte betragen. Deshalb wird kein Partner freiwillig die Partnerschaft aufkündigen. Erfahrungsgemäß sind Duettsänger unter den Vögeln dauermonogam, in „investitionsbedingter Partnertreue".

Und die hat noch einen Zusatz. Verloren geht die für die Fortpflanzung entscheidende Investition in den Partner auch dann, wenn einer einem Raubfeind zum Opfer fällt. So ist erklärlich, dass, solange einer gefährlich nah am Boden Nahrung sucht, der andere oben von einem Ast aus aufmerksam die Umgebung mustert. Das wirkt fürsorglich, geschieht aber zum Schutz der eigenen Investition.

Hinzuzufügen ist noch, dass andere dauermonogame Arten, statt vokal zu duettieren, nach genau demselben Funktionsmuster ein gestisches „Pas de deux" aufführen, das ebenfalls aus beiderseitig individueller Bewegungsfolge zu einem paarspezifischen Paartanz zusammengefügt wird. Das ist von Edmund Selous (1901, 1920/1921) und Julian Huxley (1914) für den Haubentaucher *(Podiceps cristatus)* ausführlich dokumentiert und richtig gedeutet worden. Sowohl die akustischen Duette als auch die tänzerischen Rituale werden nämlich oft fälschlich zum Balzverhalten gerechnet. Sie führen aber selten zur Kopulation und treten regelmäßig außerhalb der Fortpflanzungszeit auf (besonders markant beim Galapagos-Albatros *Phoebastria irrorata),* sind also eigenständige Paarbindungsrituale.

21

Eine Topmanagement-Safari

Im Jahr 1979 erreicht uns eine überraschende Anfrage aus Frankfurt von der Firma Nestlé. Sie veranstaltet für regionale Topmanager spezielle Seminare mit Exkursionen. Ob wir bereit wären, 1980 die wissenschaftliche Planung und Leitung einer solchen Seminar-Exkursion zu übernehmen? Hintergrund war unser 1977 erschienenes Buch *Das Prinzip Eigennutz,* das allgemein verständlich erklärt, warum Lebewesen so agieren müssen, dass die Ausbreitung der eigenen Gene in nachfolgenden Generationen gesichert ist, wobei es nur nebenbei auf das Gedeihen des Individuums selbst ankommt. Da Gene entscheidend nicht nur zum Aufbau des Lebewesens, sondern auch zu seinem Verhalten beitragen, lässt sich an der heutigen Verbreitung der verschiedenen Arten ablesen, wie erfolgreich ihre Gene das Verhalten ihrer Träger-Individuen zugunsten der eigenen Ausbreitung gesteuert haben.

Aufeinander angewiesen sind immer die Partner eines Paares zur Ausbreitung ihrer Gene. Weiterhin gibt es gegenseitige Hilfe im Tier- und Pflanzenreich sogar unter Mitgliedern verschiedener Arten. Man spricht von Symbiose, wenn eine solche Hilfe bereits im Laufe der Evolution in den Arten genetisch verankert ist. Wo nicht, müssen die Einzelindividuen sich selbst zum Kooperieren entscheiden und dazu aneinander Erfahrungen sammeln. Das erfordert einen entsprechenden Erfahrungsspeicher. Leistungen und Gegenleistungen können zu verschiedenen Verhaltensbereichen gehören („ich trete dir heute Futter ab, du hilfst mir morgen beim Rivalenvertreiben"). Das muss sich freilich im Normalfall zwischen denselben Beteiligten abspielen, was gegenseitiges individuelles Wiedererkennen voraussetzt. Aus diesen Verhältnissen ergeben sich am Ende biologische Märkte, ähnlich

© Springer-Verlag Berlin Heidelberg 2017
W. Wickler, *Wissenschaft auf Safari,*
DOI 10.1007/978-3-662-49958-0_21

wie in menschlichen Gesellschaften, bekannt zum Beispiel für Firmen mit Zweigniederlassungen oder „Tochter"-Unternehmen, die voneinander abstammen und gemeinsame Interessen haben. Neben der Verwandtenhilfe gibt es natürlich auch eine Hilfe auf Gegenseitigkeit unter Fremden zu beiderseitigem Vorteil, wie im Verbund unterschiedlicher Firmen, die untereinander erfolgsabhängig sind.

Da sich das stammesgeschichtlich entstandene System aus Konkurrieren und Helfen im Sozialleben der Tiere spiegelt, sollten wir dafür Beispiele an frei lebenden Tieren vorführen, möglichst an solchen, die für den Beobachter auch attraktiv sind. Wir sagten begeistert zu. Eine Demonstrations- und Vorlesungs-Exkursion für Topmanager bekommt man nicht alle Tage angeboten. Wir wählten dafür in Ostafrika den Amboseli- und den Tsavo-West-Park, wo wir uns gut auskannten.

Die Reise soll am 6. September von Nairobi ausgehend durch die beiden Nationalparks führen, und von da weiter nach Mombasa an die Küste. Uta und ich reisen voraus, da wir unliebsamen Überraschungen vorbeugen wollen. Denn Kenia ist in diesem Jahr extrem trocken, nachdem eine Regenzeit an der Küste ausgefallen ist. Die Universität blieb ein halbes Jahr geschlossen, und ebenso lange gab es im Land fast keine Milchprodukte. Touristenquartiere jedoch sollen, bis auf gelegentlichen Wassermangel, in Funktion sein.

Im Amboseli

„Amboseli" bedeutet in der Sprache der Massai so viel wie „Salzstaub". Noch 1963 war es schönster Nicht-Regenwald, dann starben fast alle Bäume ab; neu gewachsene sind keine zehn Jahre alt. Nur heftige Regengüsse füllen Wasser in den flachen Amboseli-See. Trockener Wind saugt Grundwasser hoch, mit dem Salz an die Oberfläche steigt, dort zu einer Schicht aus Salz kristallisiert und die Gegend versalzt. Neuer starker Regen (etwa alle neun Jahre) wäscht es wieder abwärts, und neue Bäume wachsen. Amboseli ist eine weite, sehr staubige Ebene, die man nur sehr langsam durchfahren wird, weil andernfalls der natürliche Feinstaub alle Kameraobjektive (wo nicht gar die Augenlider) zum Knirschen bringt. Jetzt gerade wirbelt starker Wind viele Staubteufel auf, die sich minutenlang auf der Stelle drehen. Auf Sandstaub müssen wir uns einstellen.

Die Piste zur Amboseli-Lodge führt streckenweise durch Trockengrassteppe mit großen Akazien. In manchen ihrer Schirmkronen hängen bis zu einem Dutzend verlassene Webervogelnester vom Steppenspätzling

(Pseudonigrita arnaudi), einem spatzenbraunen Vogel mit hübscher grauer Kopfkappe. Merkwürdig ist, dass es Nester nur in Bäumen unmittelbar am Wegrand gibt, nicht aber in Akazien weiter hinten im Grasland. Und in den Bäumen am Pistenrand hängen Nester, regelmäßig dicht beisammen, nur im Geäst über dem Weg, nicht aber auf der anderen Seite überm Gras. Solch unsymmetrischer Anordnung von Webervogelnestern in einer Baumkrone, unabhängig von der Himmelsrichtung, begegnet man vielerorts in Afrika. Die Vögel bauen ihre Nester in der Regel über schmale, lang gestreckte Sandstreifen, die frei durch die übrige Vegetation verlaufen. In vom Menschen unbeeinflussten Gebieten ist so ein Sandstreifen meist ein trockengefallenes Flussbett. Überm Wasser, auch am Swimmingpool einer Lodge, bebauen die Vögel nur die übers Wasser ragenden Äste. Dort sind sie sicherer vor Nesträubern, vor allem vor Schlangen, die ins Wasser fallen, wenn sie abrutschen. Vom Menschen angelegte Pisten scheinen als Attrappen von Wasserläufen zu wirken. Am deutlichsten wurde das für uns später in Südafrika im Krüger-Nationalpark, wo hie und da ein Nest des einzeln brütenden rotköpfigen Scharlachwebers *(Anaplectes rubriceps)* einsam über einer Teerstraße hängt.

Einen Tag verbringen Uta und ich im Südosten des Parks beim vulkanischen Kitirura-Hügel mit Glenn Hausfater und seinen Pavianen. Er hat sie an seine ständige Anwesenheit gewöhnt und begleitet sie seither den ganzen Tag. Sie dulden Europäer-Kleidung, fliehen aber früh vor Massai-Hütejungen, die Steine werfen, fliehen weniger vor speertragenden Massai-Kriegern, noch weniger vor Frauen und gar nicht vor allein gehenden alten Männern. Sie fressen Insekten, Dungkäferlarven (nicht die Käfer), bestimmte Stücke von Grassprossen sowie zuckerhaltiges Harz von Akazien und knacken – weithin hörbar – deren harte Samen, die sie an Tränken aus dem Kot von Antilopen suchen. Gelegentlich fressen sie Kiebitzeier, fürchten aber die Luftangriffe der Eltern. Sie fangen und verzehren Hasen, Gazellenkitze und viele Meerkatzenkinder, obwohl beide Arten nebeneinander in einem Baum schlafen, sie gegenseitig ihre Warnrufe beachten und beider Kinder miteinander spielend herumtollen. Trächtige Weibchen haben rote Augenränder und rote Haut außen neben den Sitzschwielen. Ständige kurze Streitereien unter den Pavianen sind Rangordnungs-Tests. Sie treiben zum Beispiel andere auf eine Akazie und schütteln sie dann von dünnen Zweigen herunter; dabei erlittene Knieverrenkungen heilen, aber der Betroffene sinkt im Rang. Rangtiefe müssen, um ungestört fressen zu können, das nehmen, was andere verschmähen. Die männliche Rangordnung wechselt alle paar Monate, auch durch Zuwanderung; die weibliche ist über Jahre stabil. Die Tochter steht im Rang direkt unter der Mutter oder ersetzt ihre tote Mutter, selbst im Alter von acht Monaten. Eine verwaiste, weniger als acht Monate alte Tochter überlebt nicht. Versuchen rangtiefere Weibchen, die Tochter zu verdrängen, greifen die anderen (egal ob höher oder tiefer im Rang) zugunsten der Tochter ein; sie wissen, wohin sie gehört. Auch wissen Verwandte untereinander genau, wer mit wem liiert ist: „Ich schütze den A, so wie du deine Schwester; beißt du den A, beiße ich deine Schwester".

Pünktlich am 6. September treffen die Manager und ihre Frauen ein. Es wurde eine unserer interessantesten Safaris. Zum einen, weil wir mit viel Glück nicht nur die „Big Five" (Löwe, Leopard, Büffel, Elefant, Nashorn), sondern auch mehr als die für das Unternehmen wichtigen übrigen Tierarten sichten. Zum anderen, weil wir die Manager unterschätzt hatten. Im Verstehen, Mitdenken und Schlussfolgern erwiesen sie sich allen unseren Studenten und sonst üblichen Zuhörern deutlich überlegen. Dadurch waren wir gezwungen, das geplante Programm ständig aufzufüllen und auszuweiten – schließlich ein intellektuelles Vergnügen auch aufseiten der Manager, wie wir anschließend erfuhren.

Es gibt für jeden Tag einen Stundenplan: Nach dem Frühstück (um 7.30 Uhr) ab 9.00 Uhr eine mehrstündige Ausfahrt ins Gelände, ebenso nach dem Mittagessen mit Tea-Time; abends nach „Sundowner" und Abendessen eine Themendiskussion. Mein Plan ist, viel zu beobachten und dabei die Aufmerksamkeit der Teilnehmer auch auf die üblicherweise kaum beachteten kleinen Lebewesen zu lenken, auf die „Small Five" (Ameisenlöwe, Leopardenschildkröte, Büffelweber, Elefantenspitzmaus und Nashornkäfer), und schließlich in Denkübungen das Beobachtete zu allgemeineren Fragen und Gesetzmäßigkeiten weiterzuführen. Das findet allseits Zustimmung und begeisterte Beteiligung.

Zur Eröffnung, nach dem Mittagessen in der Lodge, spricht Helmut Maucher, Vorsitzender der Geschäftsführung der Firma, pflichtgemäß zu Kaffee im Allgemeinen und Nestlé-Kaffee im Besonderen. Als Überraschung hebt er die neue Marke „Compresso" aus der Taufe und überreicht allen Proben davon samt dazugehörenden hübschen, braunen Presso-Presso-Tässchen. Dann startet die erste Nachmittags-Ausfahrt, mit Zuversicht in unseren Köpfen und entsprechenden Erwartungen aufseiten der Manager und ihrer Frauen. Uns folgen ab jetzt fünf Kleinbusse mit je drei erlebnisbereiten Ehepaaren. Für jede Fahrt ins Gelände gilt die Regel: Sobald etwas näher zu betrachten ist: Anhalten, Motor samt Klimaanlage abstellen (auch wenn's draußen sehr heiß ist), Fenster, Augen, Ohren, Nase auf.

Wir fahren ins staubig trockene Amboseli-Seebett. Einige tote Bäume tragen Geiernester *(Gyps africanus)*, fast jedes mit einem Jungen, das mit tief vorgestrecktem, aufwärts stoßendem Kopf und hängenden Flügeln die

Eltern anbettelt. Auf einem Baum sitzt ein Eulenpaar; es sind Milch-Uhus *(Bubo lacteus)*. Des Weiteren beschert uns dieser erste Ausflug drei Löwinnen an einem Zebra-Kill, ein Schakalpaar, eine Nashornmutter mit Kind, mehrere Großtrappen sowie dicht neben uns wandernde Gnus und Zebras. Abends kamen 19 Elefanten an die Lodge, Mütter mit Kleinstkindern, eine davon mit Zwillingen (die gibt es nur bei jeder hundertsten Geburt). Was wollte man mehr!

Elefanten

Ein besonders eindrucksvolles Erlebnis am nächsten Tag, einem Sonntag, ist die Begegnung mit dem größten Landtier der Erde, dem Elefanten, und zwar gleich in einer riesigen Herde, fast alles Weibchen, einige Mütter mit kleinen oder größeren Kälbern, und einige erwachsene Bullen. Ohne uns zu beachten, kreuzen die eintönig hellgrau gefärbten Tiere im typischen Wanderschritt vor uns den Weg, die kleineren Kälber dicht an den Vorderbeinen ihrer Mütter. Zu so großen Gruppen können mehrere kleinere Familien zusammenfinden, indem sie sich über viele Kilometer hinweg per Infraschall verständigen, also durch Luftschwingungen in einem Frequenzbereich, der unterhalb der Hörschwelle des menschlichen Ohres liegt.

Elefanten benutzen kaum die Augen – es gibt sogar blinde Leitkühe. Zur Orientierung dient ihr ungemein feines Riechsystem. Tiere, die etwas Ungewohntes bemerkt haben, drehen meist den Kopf oder den ganzen Körper in die verdächtige Richtung, um sie in Augenschein zu nehmen. Elefantenkühe halten zum Sichern den Rüssel hoch in die Luft, Bullen sichern meist mit herabhängendem Rüssel und drehen nur das Rüsselende hin und her. Flucht oder Angriff kann dann für den menschlichen Beobachter ganz überraschend kommen. Mit dem Rüssel kann der Elefant auch „auf den Busch klopfen", wie Hubert Hendrichs es nennt. Ist ein Elefant sich nicht klar darüber, was er vor sich hat, wirft er Staub, auch Äste, Schlamm und Wasser, kurz alles Erreichbare in die verdächtige Richtung.

Mindestens zwei der hinten in der Herde mitlaufenden Bullen haben senkrechte, dunkle Sekret-Rinnspuren aus den Schläfendrüsen, die ihren Musth-Zustand anzeigen. Die Produktion der öligen Flüssigkeit wird hervorgerufen durch eine verstärkte Bildung des männlichen Sexualhormons Testosteron, die auch für typische Verhaltensänderungen verantwortlich ist. Musth-Bullen verlassen ihren Bullentrupp, mit dem sie sonst umherziehen, sind wochenlang aggressiver und sexuell aktiver als sonst und suchen nach paarungsbereiten Weibchen. Das Wort „Musth" ist persischen Ursprungs, bedeutet so viel wie „Zustand der Vergiftung" und bezeichnet das anormale Benehmen eines Betrunkenen. Die Musth-Periode männlicher Elefanten ist vergleichbar der weiblichen Östrus-Periode. Im Kampf um ein empfängnisbereites Weibchen sind Musth-Bullen auch größeren Konkurrenten überlegen, und die Weibchen ihrerseits bevorzugen zur Paarung möglichst große Musth-Bullen, in deren Schutz sie während der drei bis vier Tage der Empfängnisbereitschaft vor Verfolgungen anderer Bullen bewahrt bleiben. Sie können zwar schneller rennen als Bullen, aber solche Verfolgungsjagden trennen eine Mutter von ihrem Kind und kosten Ruhe- und Fresszeiten. Uns greift ein abseits stehender Bulle zwar nicht an, versperrt aber hartnäckig den Weg, sodass wir umkehren müssen. Sein Penis ist über einen Meter lang ausgefahren, mit weiß-grünlichem Schleim bedeckt, und dauernd tröpfelt Urin aus ihm – ein weiteres typisches Musth-Kennzeichen.

Wir sehen zu, wie elegant die Tiere auf einer weitgehend abgegrasten Fläche kleine, in großen Abständen stehende, restliche Grasbüschel ernten. Sie greifen mit den zwei fingerartigen Fortsätzen am Rüsselende ein kaum drei Zentimeter hohes Büschel, stoßen es mit den Zehennägeln eines Vorderfußes vom Boden los, klopfen ebenso noch am Wurzelwerk anhaftende Erde ab, säubern es sorgfältig weiter, indem sie es im eingebogenen Rüsselende hin und her rollen, und schieben es sich erst dann ins Maul. Aus diesen „Party-Häppchen" scheinen Stoffe in den Graswurzeln wichtig. Die Aktivitäten des Rüssels erregen Bewunderung: Mit ihm kann der Elefant andere begrüßen, Jungtiere trösten, am Boden Spuren suchen, zwölf Liter Wasser aufnehmen, Laub und Rinde pflücken, sich mit einem Zweig kratzen und zur Körperpflege Staub und Schlamm sprühen. Abhängig von deren Farbe ist eine Gruppe ziegelrot, eine andere kalkweiß gefärbt. Das Gefäßsystem in den großen Ohren, die vor und zurück klappen, dient der Blutkühlung, denn der massige Körper erzeugt viel Betriebswärme.

Elefanten gab es in längst vergangenen Zeiten, außer in extremen Wüsten, überall in Afrika, vom Mittelmeer bis zum Kap der Guten Hoffnung. Und das Wertvollste am Elefanten ist stets das Elfenbein seiner Stoßzähne gewesen, der nach außen verlagerten Oberkiefer-Schneidezähne der zweiten Zahngeneration; die winzigen Milchstoßzähnchen fallen etwa im Alter von zwei Jahren aus. Die nordafrikanische Population, aus der Hannibal sich 219 vor Christus Elefanten für die Überquerung der Alpen holte, wurde von Elfenbeinjägern vor 1000 Jahren ausgerottet. Im 19. Jahrhundert dezimierte dann der Elfenbeinhandel die ostafrikanischen Elefanten. Die Elfenbeinjagd zielt vor allem auf lange Stoßzähne, Tiere mit geringerem Stoßzahnwuchs bleiben am ehesten übrig, geben ihre genetische Veranlagung weiter, und so züchten die Jäger gegen ihre Interessen.

Im Amboseli leben Elefanten seit jeher in ihrer natürlichen Umgebung und verhalten sich „lehrbuchgemäß", wie man unüberlegt sagt, denn schließlich richtet sich der Elefant ja nicht nach dem Lehrbuch, sondern das Lehrbuch hoffentlich nach ihm. Ehe die gängigen Lehrbücher geschrieben wurden, zogen Elefanten noch weiträumig in Ostafrika umher, vom Kilimandscharo bis nach Mombasa. Man hat sie sogar im Meerwasser gesehen. Sie zogen dann weiter nach Tanga und von da wieder landeinwärts zum Mount Meru. Aber Menschen haben immer mehr ihrer Wanderwege blockiert und Nutzungsgebiete eingeengt; heute sind sie im Amboseli- und Tsavo-Gebiet „eingesperrt".

Unser Wissen vom natürlichen Leben afrikanischer Elefanten verdanken wir im Wesentlichen Langzeitforschungen am Manyara-See durch Iain Douglas-Hamilton und im Amboseli durch Cynthia Moss. Sie hat hier 40 Jahre lang die Genealogie, das Schicksal und das Verhalten der individuell bekannten Tiere notiert und ausgewertet. Wir Einmal-Besucher erleben nur Momentaufnahmen. Immerhin, mit Geduld und Glück sehen wir in großer Hitze einen Elefanten, der sich mit dem Rüssel Wasser aus dem eigenen Magen holt und es sich über Kopf und Nacken sprüht. Drei eilige, weil von Touristen bedrängte Elefanten helfen, mit Rüssel und Füßen schiebend, einem ganz Kleinen einen Hang hinauf. Cynthia hat beobachtet, dass Tanten und ältere Schwestern einer jungen Mutter beim Gebären helfen und Hebammendienste am Säugling leisten.

Cynthia sah auch eine Mutter, die in trockener Steppe ohne Schatten volle vier Tage ihr gestorbenes Kalb bewachte und den Leichnam 30 h lang gegen drei hungrige Löwen verteidigte. Schließlich musste sie aus Durst kapitulieren. „An Elephant never forgets", sagen altgediente Zoo- und Zirkusleute. Dazu passt, was Iain Douglas-Hamilton beobachtete, wenn Elefanten auf Reste toter Artgenossen treffen. Sie berüsseln die Knochen, heben sie mit Rüssel und Vorderbein auf, tragen sie ein Stück weit, werden ganz still, und bedecken schließlich die Leichenteile mit Sand und Zweigen. Sie tun das aber auch mit andersartigen, auch menschlichen Leichen.

Dauerhafter Kern eines Elefantentrupps ist eine stabile matriarchalische Müttergruppe, in die über Generationen hinweg die Jungen hineingeboren werden. Die erfolgreichsten Mütter sind selbst zwischen 25 und 45 Jahre alt. Kinder werden von der eigenen Mutter und von den sie umgebenden Großmüttern und Tanten beschützt und erwerben von ihnen mannigfaches Wissen über den Umgang mit jungen und alten Artgenossen sowie über Gefahren und lebenswichtige Gegebenheiten in der Umwelt. Töchter gliedern sich in ihre mütterliche Gruppe ein und bekommen dort ab dem 16. Lebensjahr alle drei bis fünf Jahre eigenen Nachwuchs. Söhne schließen sich mit Beginn der Geschlechtsreife im Alter zwischen 9 und 18 Jahren großen Männchengruppen an, halten sich dort vorzugsweise in der Nähe der über 36 Jahre alten Bullen auf und profitieren von deren Erfahrungen. Väter werden sie meist erst im Alter von über 35 Jahren. Mütter leben als Großmütter (etwa ab 50 Jahren) über ihr eigenes Fortpflanzungsalter hinaus. Da sich mit dem Alter persönliche Erfahrungen in ihren Köpfen ansammeln, dienen sie jenseits der Menopause der ganzen Gemeinschaft als Weisheits-Speicher. Mit dem Tod der Großmütter verliert die Gemeinschaft deren Wissen und Erfahrungen. Das ist übrigens in schriftlosen menschlichen Gesellschaften genauso. Ein Dorfvorsteher der noch traditionell lebenden Zulus hat mir geklagt, mit dem Tod der Oma sei so viel wie eine ganze Bibliothek verloren gegangen.

Man kann also schon erahnen, dass es auch für Elefanten nicht gerade triviale Folgen hat, wenn die Alten fehlen. Nachdem 93 % der Tiere einer Elefantenpopulation im Norden Sambias getötet worden waren, fehlten die erfahrenen Elefantengroßmütter. In einem Drittel aller Trupps fand sich kein erwachsenes Weibchen mehr. Die Hälfte aller Jungweibchen bekam ihr erstes Kalb schon ehe sie 14 Jahre alt waren. Ein Viertel aller Trupps bestand nur aus einer Mutter mit Kalb, sieben Prozent der Gruppen bestanden nur aus noch nicht geschlechtsreifen Waisen. In Uganda schlossen sich die restlichen Mitglieder einer Elefanten-Population nur noch zeitweise und zu wechselnden Gruppen zusammen. Viele der 15 bis 25 Jahre alten weiblichen Tiere lebten ohne familiäre Bindungen und ohne gegenseitige Hilfen. Jungtiere wurden zumeist von einzelnen, unerfahrenen und deutlich gestressten Müttern aufgezogen. Die Folgen abgebrochener Tradition sind an den nachwachsenden Generationen besonders dort deutlich, wo Elefanten wieder neu angesiedelt werden, meist aus elefantenreichen Parks herausgefangene Jungtiere. Die finden sich nun in einer neuen Umgebung, die sie im Laufe vieler Monate vorsichtig erkunden. Sie machen aber auch allerlei Dinge, die ein „gut erzogener" Elefant nicht tut. Im Hluhluwe-Umfolozi-Park in Südafrika zum Beispiel wurden Jungmännchen eingesetzt, die noch keine 14 Jahre alt waren; erst nachdem sie dort heimisch geworden waren, sollten Weibchen folgen. Ich habe beobachtet, wie sich die Jungmännchen mit Nashörnern anlegten oder mit ihnen zu kopulieren versuchten. Insgesamt brachten die Elefanten schließlich in zehn Jahren 63 Nashörner um. Traditionsfrei aufgewachsene Kühe verhalten sich übertrieben ängstlich gegenüber Menschen und Lärm, lassen ihre Kälber leicht im Stich, fressen unruhig und zu wenig, haben stressbedingte Paarungsschwierigkeiten und spontane Fehlgeburten. Entsprechend verstört wachsen die nächsten Jungen bei unerfahrenen Müttern und ohne Tanten und Großmütter auf. So bilden sich unnormale, sozial verarmte Populationen (Bradshaw, Schore 2007).

Meerkatzen

Eine besondere Erfahrung vermitteln den Gästen an der Lodge (wie an allen Lodges) die aufdringlichen Grünen Meerkatzen *(Chloropithecus aethiops)*, englisch *„vervet monkey"*. Man wird schon beim Eintritt in den Park durch einen Handzettel warnend auf sie hingewiesen: „Nicht füttern!!" Anders als ihre normal lebenden Artgenossen bewohnen die Lodge-Affen eine vom Menschen geschaffene ökologische Nische, und das hat Auswirkungen, die uns bei unseren Mahlzeiten deutlich demonstriert werden. Abends versammeln sich die Tiere, sicher vor Leoparden, in Schlafbäumen dicht bei den Gebäuden, tagsüber haben sie ständig leichten Zugang zu Nahrung. Sie sind überhaupt nicht menschenscheu, sondern machen im Gegenteil unmissverständlich auf sich aufmerksam und betteln ausdauernd, sehr zur Gaudi vieler Touristen, die trotz aller Warnung den „niedlichen Äffchen" für einen Schnappschuss allerlei Gekrümel vom Tisch zukommen lassen. Daran gewöhnt, holen sich die Affen nun nicht nur Reste von verlassenen Tischen, sondern greifen mitunter blitzschnell zu, wenn man unbedacht ein Stück Brot aus der Hand legt. Die weiblichen Tiere sind (wie bei Pavianen) gut zu unterscheiden an ihren Brustzitzen, die gleich oder verschieden lang und auf rosafarbenem Grund unregelmäßig dunkler gefleckt sind und unterschiedlich nah beieinander stehen. So wird deutlich, dass zwei bestimmte Weibchen sich auf Streuzucker-Dosen spezialisiert haben, die sie am Henkel fassen und ins Gezweig verschleppen. Freilich verlieren sie dabei schon unterwegs einen Großteil vom Inhalt, lecken aber mit feuchtem Finger die Reste heraus und lassen das leere Geschirr irgendwo in einer Baumkrone hängen. Jungtiere lernen diese Nahrungsbeschaffung vor allem von ihren Müttern.

Selbstverständlich plündern alle Lodge-Affen nicht sorgfältig abgedeckte Abfalleimer und -gruben. Doch nicht alles, was sie da finden, tut ihnen gut. Im Park leben sie von allerlei Kleingetier, von Blüten und Früchten der Fieberakazien, beißen auch deren Rinde auf und lecken den austretenden Harzsaft. Wenn sie sich auf die zwar leicht erreichbare, aber unausgewogene Lodge-Nahrung beschränken, zeigt sich das an ihrem Fell, das in deutlich schlechterer Verfassung ist als das ihrer frei lebenden Artgenossen. Auch ihr Sozialgefüge wird indirekt vom Menschen beeinflusst. Trupps an den Lodges sind in der Regel um ein Drittel größer als im Park. Der Trupp hier an der Amboseli-Lodge zählt über 40 Tiere, einige von ihnen ungewöhnlich alt. Eines ist seit zehn Jahren bekannt, ein anderes muss, nach seiner Zahnlosigkeit zu urteilen, etwa 20 Jahre alt sein. Alle Individuen, die vergleichsweise sorglos in dieser großen Gruppe leben, verbringen viel Zeit mit sozialen

Aktivitäten. Vor allem die Jungen spielen ausdauernd Verstecken und Fangen oder nutzen Stühle, Zäune oder Wäscheleinen zum Klettern und Hangeln, wie Kinder auf einem Spielplatz.

Lodge-Meerkatzen entwickeln sich überall in kurzer Zeit zur Plage. Durch leichtfertig offen gelassene Fenster gehen sie in die Zimmer und richten da ein rechtes Durcheinander an. Oder sie langen in nur spaltweit offene Autofenster und holen heraus, was ihnen zwischen die Finger kommt. Auf den Lodge-Terrassen bedrohen schließlich die größeren Männchen sogar angriffslustig nicht spendierfreudige Essensgäste. Am Ende wendet sich das Lodgepersonal an die Ranger, die möglichst unbemerkt von den Touristen allzu aufdringlich gewordene Tiere abschießen. Das hilft aber nur vorübergehend, denn erschossene Individuen werden alsbald durch Zuwanderer aus dem Park ersetzt. Und damit stellt sich über die Jahre eine weitere soziale Veränderung ein. Da wegen der ständig verfügbaren und zum Teil hochwertigen Nahrung die Kinder besser heranwachsen, gebären die weiblichen Tiere das ganze Jahr hindurch, statt nur von September bis Januar. Demnach wird es in den Lodgetrupps zu allen Monaten empfängnisbereite Weibchen geben. Und die locken weitere Männchen an, die sich beständig in Lodge-Nähe herumtreiben. Die Folge sind gesteigerte Konkurrenzkämpfe unter Männchen und entsprechend häufige sichtbare Verwundungen: Augen- und Handverletzungen und gebrochene Schwänze. So verletzte Tiere überleben im Freiland selten.

Vor dem Abendessen bemerke ich mehrere Damen, die auf der Terrasse belustigt bis pikiert zwei großen Meerkatzenmännchen zuschauen. Eins sitzt auf einer Stuhllehne, das andere auf einem Ast darüber. Beide stellen zwischen gespreizten Knien ihren roten, erigierten Penis mit dem blauen Hodensack zur Schau. Etwas abseits im Gras geht ein weiteres Männchen auf einen kreischenden, Zähne bleckenden Rivalen zu und um ihn herum, setzt sich vor ihn und demonstriert, die Hinterbeine ganz breit, den voll erigierten, zuckenden Penis. Nach kurzer Pause wiederholt sich dasselbe, und der Rivale geht weg. Im „Hausfater-Trupp" hatten wir eine entsprechende Geste unter männlichen Pavianen gesehen: Ein Männchen richtete sich vor einem anderen auf und hielt ihm den erigierten Penis vors Gesicht; dann folgte eine Umarmung.

Zu Beginn der Abenddiskussion muss ich dann ausführlicher klarstellen, dass die Genitalien oft eine von der sexuellen Erregung unabhängige soziale Bedeutung bekommen haben, auch beim Menschen. Schimpansenmänner zum Beispiel fassen einander grüßend oder Beistand heischend ans Genital, eine Geste, die auch aus der Bibel bekannt ist. Die männlichen Genitalien und Hoden heißen dort in deutscher Übersetzung „Lende" oder „Hüfte".

Abraham fordert zum Schwur seinen Großknecht auf, „Lege deine Hand unter meine Hüfte" (Gen 24,1–9), und Israel verlangt dasselbe von seinem Sohn Josef (Gen 42,29). Im Gegensatz zum häufig gezeigten nackten Frauenkörper bleibt die männliche Genitalzone meistens ungezeigt. In den „Helga"-Aufklärungsfilmen, zu denen ich 1968 als Berater zugezogen wurde, war nicht in erster Linie strittig, welche Bettszenen-Details offen zu zeigen wären, sondern wie viel männliche Erektion man sehen musste, sollte, durfte.

Erektionen sieht man an verschiedenen Säuger-Männchen in aggressivem Kontext, etwa an kämpfenden Giraffen und Goldschakalen, an einem Känguru, das von Hunden umstellt ist, oder an Zoo-Schimpansen, die von Besuchern gehänselt werden. Schon Herodot erwähnt Steinsäulen mit bärtigem Männerkopf und einem aufgerichteten männlichen Geschlechtsteil, die in Griechenland als Bedrohungen abwehrende Wächtersteine vor Häusern und Tempeln sowie an Feldern und wichtigen Wegkreuzungen standen. Bei Affen ist diese genitale Geste eine Drohung gegen Gruppenfremde. Ich erinnere unser Manager-Publikum daran, dass wir bei der Ausfahrt am Vormittag mehrere Paviantrupps gesehen haben, bei denen ein Pavian in typischer Weise sein Genital vorweisend Wache saß. Meerkatzen verstärken dieses Signal mit den leuchtendsten Hautfarben, die es an Primaten gibt. Ein unwissendes Publikum erkennt darin gewöhnlich eine „unanständige" Übersexualisierung, so wie es schon George-Louis Buffon 1766 im 14. Band seiner *Histoire naturelle* von einem Affenmännchen beschrieben hat: „Er schien geradezu mit seiner Nacktheit zu kokettieren. Besonders schamlos war er in Gegenwart von Frauen und zeigte ihnen seine maßlose Begierde auf eine Art, die man nicht beschreiben kann".

Eine solche Episode ging 2007 sogar durch die Weltpresse: Nicht weit von Nairobi entfernt tat sich ein großer Meerkatzentrupp regelmäßig auf den Feldern eines Dorfes bei Kabete gütlich und richtete erheblichen Schaden an. Solange die Gruppe am Boden Nahrung suchte, hielt in einem nahen Baum ein penisdemonstrierendes Männchen Wache, beobachtete die Umgebung und äußerte einen Warnlaut, sobald sich eine weitere Affengruppe näherte oder eine andere Gefahr auftauchte. Nun sind für Felder und Ernte hauptsächlich die Frauen verantwortlich. Die beschwerten sich bei Herrn Muite, dem Abgeordneten ihres Wahlkreises, weil die Affen Felder und Ernte plünderten. Eine Dorfbewohnerin, Jacinta Wandaga, stellte fest: „Dieser Trupp verfügt sogar über Späher, die von einem Aussichtspunkt aus nach uns Ausschau halten. Und wenn sie uns kommen sehen, geben sie den anderen in den Feldern Warnsignale". Aber nicht nur das. Die Affen kämen sogar gestikulierend näher und neckten und provozierten die Frauen durch freche Attacken und schamloses Entblößen der Genitalien. „Die Affen gestikulieren in unsere Richtung, während sie ihre besten Teile zeigen", berichtete Lucy Njeri. Das war alles genau und richtig beobachtet, nur falsch interpretiert. Die Meerkatzen wollten die Frauen nicht sexuell provozieren. Aber wo ernstliche Gegenwehr fehlt, gehen vor allem die männlichen Tiere zuweilen „gestikulierend" auf Menschen zu, zeigen mit dumpfem Bellruf die Zähne und klappen drohend die weißen Augenlider im schwarzen Gesicht zu und auf. „Diese Kreaturen haben klar gezeigt, dass es ihnen am Respekt gegenüber Frauen mangelt", schimpfte der von den Frauen aufgestachelte Herr Muite schließlich in einer Parlamentssitzung und löste statt Empörung Gelächter aus.

Tsavo

Der Tsavo-Nationalpark besteht aus Tsavo-West und Tsavo-Ost. Beide zusammen sind 50-mal so groß wie der Amboseli-Park, aber getrennt durch die Hauptverkehrsstraße Nairobi-Mombasa. Der größte Teil von Tsavo-Ost, nördlich vom Galana-Fluss, ist für Touristen nicht zugänglich. Der Galana erzeugt beiderseits in der orange-braunen Steppe einen breiten Grünstreifen aus Akazien *(Acacia elatior)*, Doum-Palmen *(Hyphaene compressa)*, der einzigen Palme mit gegabeltem Stamm, und *Suaeda-monoica*-Gebüsch. Einer seiner beiden Zuflüsse ist der Athi, direkt am Steilhang des Yatta-Plateaus, auf dessen Höhe man mächtige Baobabs sieht. Es ist einer der längsten erstarrten Lavaströme der Welt, 350 km lang und zwei bis zehn Kilometer breit, zwölf Millionen Jahre alt und 100 m hoch über der durch Erosion abgetragenen Ebene stehen geblieben. Im Westen hinter der Parkgrenze türmt sich der mächtige Kilimandscharo als beliebter Bildhintergrund.

Die Topografie von Tsavo-West ist abwechslungsreicher als die von Tsavo-Ost und bietet zwischen dem Athi im Norden und der Grenze zu Tansania im Süden ganz unterschiedliche Lebensräume. Hier hatten Uta und ich mehrere Jahre lang Beobachtungen an Pavianen gemacht und Rufe und Gesangsduette des Schieferwürgers aufgenommen. Daher kennen wir das landschaftlich eindrucksvolle Gebiet und können die Nestlé-Manager zu einigen geologisch und biologisch ausgezeichneten Stellen führen. Im Norden liegen die bis 2000 m hohen Chyulu-Berge, die wir auf der Fahrt in einiger Entfernung sehen. Einige ihrer Vulkane, wie die Krater Sheitani und Cheimu, sind erst 500 Jahre alt.

Zebras und Kongonis

Am Montagmorgen liegt, herrlich sichtbar, ziemlich viel Neuschnee auf den oberen Hängen des Kilimandscharo. (Wenn die ersten Menschen aus Ostafrika kamen, war dies der erste Schneeberg, den sie sahen?) Auf der Fahrt über holprige, staubige Pisten zum Tsavo-Park bieten Steppenzebras *(Equus burchelli)* Gelegenheit für einen Sozialkunde-Halt. Wir sehen regelmäßig Harem-Trupps, bestehend aus einem Hengst, mehreren Stuten und ihren Fohlen. Hans Klingel hat sie jahrelang beobachtet und fand, dass es Familien sind, in denen alle einander individuell kennen und zusammenhalten. Sobald allerdings eine Jungstute den ersten Östrus bekommt, wird sie von anderen Hengsten – Junggesellen oder Haremsbesitzern – entführt, trotz vergeblicher Gegenwehr ihres Vaters; Hans Klingel sah 18 Hengste um eine Jungstute kämpfen. Er entdeckte aber andererseits zwischen Vätern und Söhnen eine starke Bindung, die bis zu vier Jahren bestehen bleiben kann. Ein Familienhengst versuchte wiederholt, seinen toten Sohn aufzurichten und lief schließlich auf der Suche nach dem verlorenen Sohn rufend durch andere Familien. Erwachsene Söhne werden nicht, wie oft vermutet, vom Familienvater vertrieben, sondern verlassen die Familie freiwillig, wenn es ihnen dort ohne Spielkameraden „zu langweilig" wird, sogar schon als Einjährige, wenn es nur anderswo Spielgefährten gibt (Klingel 1967).

Zebras leben also polygam, und zwar polygyn, ein Männchen mit mehreren Weibchen (polyandrisch wäre ein Weibchen mit mehreren Männchen). So lautet die soziografische Beschreibung der Populationsstruktur. Leben nur zwei Individuen verschiedenen Geschlechts zusammen, heißt das soziografisch Monogamie. Ausgeklammert bleibt dabei, was die Individuen miteinander tun.

Häufig treffen wir Kongoni-Antilopen *(Alcelaphus bucephalus)*. Sie stehen im Grasland gern auf kleinen Erdhügeln, vielleicht der besseren Aussicht wegen. Oft steht da nicht eine allein, sondern ein weibliches neben einem etwas kleineren männlichen Tier und einem wenige Tage alten Kitz. Unwillkürlich denkt man soziografisch: Eine monogame Familie, Vater, Mutter, Kind. Aber das Männchen ist nicht der Vater des Kitzes, sondern sein älterer Bruder. Beim Kongoni bleibt oft ein Sohn lange bei seiner Mutter, paart sich jedoch nie mit ihr, sondern hilft eine Zeit lang, das Nächstgeborene gegen Gefahren zu beschützen. Eine Lehrbuchdefinition aus dem Jahr 1975 nannte als Erkennungszeichen für Monogamie, dass ein Männchen und ein Weibchen gemeinsam mindestens einmal eigene, genetisch verwandte Nachkommen aufziehen. Doch obwohl verschiedenen Geschlechts, gemeinsam brutpflegend und mit dem Kitz genetisch verwandt, bilden Mutter und

Sohn beim Kongoni kein monogames Paar. Man muss beschreibend zwischen *soziografischer* und *biologischer* Monogamie/Polygamie unterscheiden. Biologisch definierte Monogamie und Polygamie bezeichnen nicht Gruppierungen der Individuen, sondern den Fortpflanzungsmodus des Einzelindividuums, mit wem es seine Keimzellen kombiniert. Denn das hat die genetischen Konsequenzen, die für Evolution bedeutsam sind. In der (soziografisch polygamen) Zebrafamilie paart sich der Hengst mit allen Stuten im Harem, jede Stute aber nur mit ihm als einzigem Männchen. Biologisch gesehen lebt jede Stute demnach monogam, der Hengst aber polygam.

Viele Tiere sieht man stets mit nur einem Geschlechtspartner zusammen, obwohl sie diesen im Laufe ihres Lebens wechseln. Soziografisch gesehen ist das serielle Monogamie, biologisch gesehen serielle Polygamie. Die lebend gebärende australische Tannenzapfenechse *(Tiliqua rugosa)* gilt soziografisch als solitär lebend: Die Individuen hausen einzeln an verschiedenen Orten. Zur Paarung jedoch kommen jahrzehntelang immer dieselben zwei Individuen zusammen und liefern somit ein klassisches Beispiel für biologische Dauer-Monogamie. (Ähnlich getrennt-monogam verhalten sich die Rüsselhündchen an der Küste in Gedi). Als biologisch solitär wären Tiere zu bezeichnen, die zur Fortpflanzung keinen Partner brauchen, also zu eingeschlechtlicher Jungfernzeugung fähig oder selbstbefruchtende Zwitter sind; sie brauchen deshalb aber nicht auch soziografisch solitär zu leben.

Monogamie

Es wird spät an diesem Abend, denn die Diskussion weitet schließlich – nicht unerwartet – das Monogamie-Thema bis zum Menschen aus. Bei ihm kommen allerdings Kultur und Recht als bestimmende Faktoren ins Spiel. Zum Recht gehören die Ordnungssysteme, deren Ziel es ist, das Zusammenleben in einer Gesellschaft verbindlich und auf Dauer zu regeln, um soziale Konflikte zu vermeiden. So etwas fehlt nichtmenschlichen Lebewesen, denn im Gegensatz zur soziografischen und biologischen Argumentation bringt das Recht zielgerichtete Argumente ins Spiel. Mit ihnen versucht der Mensch, die soziografischen und biologischen Argumente zu übertrumpfen oder zu ersetzen. Als Monogamie gilt in den meisten menschlichen Kulturen eine rechtlich und sozial anerkannte und durch allgemein geltende, meist gesetzliche Regeln verwirklichte Lebensgemeinschaft zwischen Mann und Frau. Rechtlich gibt es zwar Ehen auch unter gleichgeschlechtlichen Partnern, das wird aber nicht als Monogamie bezeichnet. Das Wort „Lebensgemeinschaft" jedoch verhüllt eine unüberbrückte Kluft zwischen dem Recht und dem realen Verhalten. Was alles kann eine Lebensgemeinschaft konstituieren? Oder umgekehrt, was ist dafür entbehrlich? Ehepartner müssen nicht am selben Ort wohnen und nicht denselben Familiennamen tragen, sie brauchen weder Gütergemeinschaft noch miteinander Sex und eigene Nachkommen zu haben, und sie brauchen finanziell nicht einer vom anderen abhängig zu sein. Ebenso wenig hilft es weiter, nach einzelnen Verhaltenselementen zu suchen, welche exklusiv für den Partner reserviert sein müssen. Wie man es auch dreht und wendet (und in Lexika blättert): Der Mensch hat weder im angeborenen noch im traditionellen Verhaltensrepertoire Elemente, die seine hoch gewertete kulturelle Monogamie allgemeingültig kenntlich machen könnten.

Ist der Mensch biologisch eingerichtet für eine lebenslange exklusive Paarbeziehung und Fortpflanzungsgemeinschaft, wie sie in unserem Kulturkreis als Ideal propagiert wird? Wir sind auf diese Frage vorbereitet und haben einige Vergleiche und Zahlen parat. Der Große Senat für Strafsachen des Bundesgerichtshofes behauptete zwar 1954, es existiere ein für den Menschen erkennbares objektives Sittengesetz, dessen Verbindlichkeit auf der vorgegebenen Ordnung der Werte beruht, die von allen Menschen hinzunehmen sei. „Indem das Sittengesetz dem Menschen die Einehe und die Familie als verbindliche Lebensform gesetzt hat und indem es diese Ordnung auch zur Grundlage des Lebens der Völker und Staaten gemacht hat, spricht es zugleich aus, daß sich der Verkehr der Geschlechter grundsätzlich nur in der Ehe vollziehen soll und daß der Verstoß dagegen ein elementares Gebot geschlechtlicher Zucht verletzt.“ Doch dieses objektive Sittengesetz ist offenbar in der Mehrzahl aller Kulturen unbekannt oder nicht anerkannt. Denn heute ist in 0,5 % der menschlichen Kulturen Polyandrie üblich, in 83,5 % Polygynie erlaubt und in einer Minderheit von 16 % Monogamie zumindest offiziell verordnet. Weltweit deutlich ist die naturgemäß zu erwartende männliche Tendenz zur Polygynie, und zwar auch in monogamen Kulturen, wenn man unterscheidet zwischen offiziell anerkannter und tatsächlich gelebter sowie zwischen angestrebter und realisierter Praxis. Denn weder serielle Monogamie noch ein erstrebter Harem, der umständehalber nur eine Frau zählt, gelten als Polygamie; und andererseits scheinen Fremdgehen, Prostitution und Partnerwechsel weithin mit verordneter Monogamie verträglich.

Im Tierreich ist keine „Höherentwicklung zur Monogamie“ erkennbar. Monogamie kommt zwar weit verbreitet vor, steht aber — ebenso wenig wie irgendeine andere Paarungs- oder Familienform — regelmäßig am Anfang oder Ende von Evolutionsreihen. Man kann bei ein und derselben Art sowohl solitäres Leben mit gelegentlicher Paarung als auch

Zusammenschlüsse in Form von Monogamie, Polygynie und Polyandrie als natürliche soziale Anpassungsformen finden. Ebenso stehen die Eheformen verschiedener Völker – und die desselben Volkes zu verschiedenen Zeiten seiner Geschichte – im Zusammenhang mit den wirtschaftlich-sozialen Lebensbedingungen. Polygamie ist beim Menschen ein wiederholt umweltangepasst gewachsenes und rechtlich geordnetes System. In Tibet kommt Brüder-Polyandrie sehr selten bei Vieh züchtenden Nomaden vor, aber häufig in den Ackerbaugebieten. Ursache sind die begrenzten Landparzellen, die trotz Wassermangel gerade noch bestellt werden können. Die Ernte reicht, wenn die Brüder zusammenarbeiten. Sie würden zu Bettlern, bildeten sie eigene Familien. Über die Hälfte der Amazonas-Kulturen glaubt seit prähistorischer Zeit, für eine Konzeption sei das Anhäufen verschiedener Spermiengaben notwendig, sodass mehrere Männer gleichzeitig als Väter jedes Kindes gelten und für es sorgen. So haben die Kinder größere Überlebenschancen, und die Mütter stärken Freundschaften unter den Männern.

Biologisch lässt sich aus der relativen Hodengröße der Männchen einer Art erschließen – nicht mit wie vielen Weibchen sie verpaart, sondern auf wie starke Spermienkonkurrenz sie eingestellt sind. Denn wenn sich mit demselben Weibchen kurz nacheinander mehrere Männchen paaren, ist es für jeden vorteilhaft, im Ejakulat möglichst viele Spermien ins „Wettrennen" zur weiblichen Eizelle zu schicken. Spermien entstehen in den Hoden. Unter den Menschenaffen paaren sich Schimpansen nahezu promisk; ihre Männchen haben sehr große Hoden. Der Gorillamann besitzt mehrere Weibchen, hat keinen Sexualkonkurrenten und – bezogen auf seine Körpergröße – recht kleine Hoden. Die Hodengröße des Menschenmannes liegt dazwischen; er erscheint von Natur darauf eingestellt, gelegentlich mit anderen Männern in sexuelle Konkurrenz zu treten, sei es mit eigenen oder deren „Seitensprüngen". Das entspricht einem Paarungssystem mit „relativer Partnertreue", wie bei der später zu besprechenden *Hymenocera*-Garnele.

Am folgenden Morgen kommt beim Frühstück als Thema die Monogamie in der Insektenwelt auf. Wir halten auf der Tsavo-Fahrt an einer Stelle, wo im Steppengras runde, mehrere Meter große, vegetationslose Flächen zu sehen sind, mit dicht stehenden Grasborsten am Rand und entweder einem Erdhäufchen oder einem Loch in der Mitte, neben dem trockene Grasstückchen liegen. Hier wohnen Ernte-Termiten *(Hodotermes mossambicus)*. Sie bauen keine Termitenhügel über der Erde; ihr Bau liegt in etwa sechs Meter Tiefe und besteht aus 60 cm großen, untereinander durch Galerien verbundenen Höhlen, umgeben von kleinen Vorratskellern. Verzweigte, kaum zentimeterbreite Gänge führen zu den Löchern an der Oberfläche, um die herum die etwa acht Millimeter großen Arbeiter systematisch trockenes Gras abernten. Wie an einem Loch gut zu beobachten, haben sie (im Gegensatz zu anderen Termiten) Augen und sind dunkel gefärbt, weil sie auch in starkem Sonnenlicht unterwegs sind. Ein Termitenstaat kann mehrere Millionen Arbeiter umfassen, alles flügellose, sterile Söhne und Töchter des Königspaares. Nach einem synchronen Schwärmen aus mehreren Staaten suchen und finden sich die Geschlechtstiere am Boden, werfen die Flügel ab, paaren sich, graben sich in den Boden und ziehen den ersten Nachwuchs auf. Weiteren Nachwuchs pflegen dann die heranwachsenden Larven, bis nach einigen Monaten die neue Kolonie von Arbeiterinnen und Arbeitern ausgebaut ist. Die verteidigen ihre Kolonie, bringen koloniefremde Artgenossen um und tragen als Nahrung vorwiegend trockenes *Stipagrostis*-Gras ein, das sie mithilfe darmbewohnender symbiotischer Mikroorganismen verdauen und dann durch Mund-zu-Mund-Fütterung an alle verteilen. Im Unterschied zur Ameisenkönigin muss die Termitenkönigin immer wieder begattet werden und lebt deshalb dauermonogam mit dem „König" zusammen.

Auf der Weiterfahrt sehen wir vor uns die mehrere Meter hohen Bauten von Pilz züchtenden *Macrotermes*-Termiten. Zum Termitenhügel vermauern sie ausgegrabene Erde mit Speichel und durchziehen den gesamten Bau mit einem komplizierten Labyrinth von Gängen und Luftschächten. Eine solche Termitenkolonie kann zwei bis drei Millionen Individuen enthalten, wie bei den Ernte-Termiten flügellose, steril bleibende Soldaten und Arbeiter beiderlei Geschlechts, alles Nachkommen eines Gründerpaares. Das wird mehr als zehn Jahre alt. Es wohnt im Zentrum in einer steinharten Kammer mit wenigen, kleinen Löchern, durch die es versorgt wird. Der nur zentimetergroße König, das einzig fertile Männchen, liegt eng bei der Königin und begattet sie regelmäßig. Ihr weißes, wurstdickes Abdomen kann bis zu 14 cm lang werden. Sie legt alle zwei bis drei Sekunden ein Ei und produziert in zehn Jahren einige Hundert Millionen Nachkommen. Die betreiben aneinander Brutpflege. Und sie tragen in besondere Räume Blätter ein, auf denen sie den *Termitomyces*-Pilz züchten, von dem sie leben. Termiten sind monogam und die ältesten bekannten sozialen Insekten; sie gab es schon vor 180 Mio. Jahren, etwa 30 Mio. Jahre früher als sozial lebende Ameisen.

Sheitani

Auf dem Weg zur Kilaguni-Lodge in Tsavo-West machen wir zuerst Halt am Krater des Sheitani. Er gehört zum vulkanischen System der Chyulu-Berge und ist erst 240 Jahre alt. Seine Spitze ragt 130 m über die Ebene, auf die er aus drei Kratern Asche und Schlacken verteilt hat. Eindrucksvoll ist sein acht Kilometer weit in die Ebene reichender, anderthalb Kilometer breiter und fünf Meter dicker Fluss aus jetzt erstarrter, weithin noch nackter, schwarzer Lava. In der Steppe liegen zahlreiche große Steine, die einst als glühende Lavageschosse über viele Kilometer ins Land flogen. Viele Legenden berichten bis heute von dem feurigen Inferno und von meist schlimmen Geistern, als die Erde aufbrach. Man kann vorsichtig über die harte, stellenweise brüchige Lava klettern, durch eine Öffnung in eine Höhle blicken und davor in einen engen Tunnel, durch den Lava weiterfloss, während die Decke schon erstarrte.

Sheitani (Shetani in Swahili) heißt so viel wie „Satani" oder „für Menschen wichtiger Geist". Uns erinnert „Scheitan" an das Buch *Durch die Wüste* von Karl May, der seinem Diener Halef ein Bildchen zeigt, in welchem der Scheitan-Teufel die Augen verdreht, mit den Hörnern wackelt, den Schwanz ringelt, das Maul aufreißt und die Zunge hervorstreckt. Die Namen des arabischen Teufels und des Tsavo-Berges entstammen der gleichen Wurzel.

In der offenen, höchst eindrucksvollen Landschaft um den Sheitani-Krater treffen wir auf der Weiterfahrt im Schatten eines großen Baumes Akamba-Holzbildhauer, die allein oder in kleiner Gruppe am Boden sitzen und konzentriert arbeiten. Ihre einfachen Messer und Beile, die sie sehr geschickt einsetzen, scheinen uns eigentlich zu groß und zu grob für die zustande gebrachten Resultate. Wir kommen mit ihnen ins Gespräch über den Sinngehalt ihrer Werke. Die meisten sind käuflich, einige für privat gemacht. Der Grund dafür erklärt zugleich den häufigsten Grund, der überhaupt zur Herstellung eines bestimmten Schnitzwerks führt. Die meisten stellen nämlich persönlich erlebte Begebenheiten dar. Ein unverkäufliches Stück zum Beispiel entstand aus folgender Situation: Ein Telefonarbeiter werkelte oben an einem Telegrafenmast und schaute von dort hinab in den Hof vor der Hütte des Schnitzers und konnte seinen Blick nicht von dessen hübscher Frau lassen. Voll Zorn arbeitete der Schnitzer das in eine entsprechende hölzerne Szene.

Zwei einfache Alltagsszenen habe ich hier schon früher erworben. Ein 22 cm hohes Holzstück, flach halbrund und filigran gearbeitet, zeigt vier Gesichter, die gestenreich durch Arme und Hände verbunden sind: Zu dem Besitzer einer Herberge (auch die als Gesicht dargestellt) kommt ein Paar und fragt an, ob es über Nacht dort bleiben kann. Eine andere, 30 cm hohe *en bloc* gearbeitete Szene symbolisiert ein Ehepaar – die Frau als Gesicht mit einer Last auf dem Kopf über dem Gesicht des Mannes – und zwei Töchter, von denen die eine zu einem Mann gehört, dem es nach der anderen Tochter gelüstet, die mit ihm ein Kind hat. Der weit offene Mund der Frau scheint das laut zu verkünden. Den Stil dieser Darstellungen haben die Akamba von den Makonde übernommen.

Mzima

Den nächsten Halt machen wir an der Zwei-Seen-Oase „Mzima Springs", die durch den Film *Mzima: Portrait of a Spring* von Alan Root weltbekannt wurde. Durch die Oase fließen von den 40 km entfernten Chyulu-Bergen her täglich fast 200 Mio. L jahrelang durch poröses Lavagestein klar gefiltertes Wasser.

„Mzima" bedeutet „lebendig" in Suaheli, und lebendig ist es nicht nur rundherum, sondern auch im Wasser. Das müsste durch den gewaltigen täglichen Wasserdurchfluss eigentlich nahrungsarm sein, wären da nicht die Nilpferde, die Hippos. Man erzählt hier, Ngai, der große Gott der Kikuyu, habe sie aus Angst um seine Fische vom Wasser fern halten wollen. Als sie dann aber traurig an Land lagen und sich Sonnenbrand zuzogen, erbarmte er sich und gestattete ihnen, ins Wasser zu gehen – unter drei Bedingungen: Sie müssten zum Fressen das Wasser verlassen und sich von Gras ernähren. Zweitens müssten sie ihren Kot mit dem Schwanz so fein zerteilen, dass der Gott kontrollieren könne, ob Fischgräten darin sind. Und drittens müssten sie ab und zu ihr Maul so weit wie möglich aufsperren, um zu zeigen, dass sie keine kleinen Fische aufgeschnappt haben. Seit sie all das treu befolgen, wohnen sie glücklich im Wasser und versorgen überdies mit ihren täglich 20 kg Dung eine Nahrungskette anderer Lebewesen, von Insekten, Würmern und Schnecken über Krebse, Fische und Vögel bis zu Krokodilen. Die liegen meist in dem kleineren, die Hippos im größeren der beiden durch flache Stromschnellen verbundenen Wasserbecken.

An den feuchten Ufern treiben Jambusen *(Syzygium guineense)* und große Feigenbäume *(Ficus)* ein Gewirr von Luftwurzeln ins Wasser. Neben Gruppen von Dattelpalmen *(Phoenix reclinata)* wächst die buschartige Raphia-Palme *(Raphia farinifera)* mit bis zu zehn Meter hohem Stamm, deren fast senkrecht stehende Wedel schon dicht über dem Boden beginnen und 20 m hoch werden. Es sind die längsten Blätter in der Pflanzenwelt; aus ihnen wird der Raffia-Bast hergestellt. Reiher stehen bewegungslos am Gewässerrand und lauern Fischen auf. Eine Wasserschildkröte *(Pelusios)* wartet wohl im ganz flachen Wasser darauf, dass Jambusenbeeren herunterfallen, wenn oben im Baum Meerkatzen welche ernten. Früher hatten wir hier einmal einen Python im Wasser liegen sehen, der vor der Häutung die alte Haut einweichte. Von einem halb aus dem Wasser ragenden Nilpferdrücken holt eine Afrikanische Bachstelze *(Motacilla aguimp)* Stechfliegen, die sie auf dem

Weg zu ihren Nestlingen erst in Wasser taucht, nicht um sie zu säubern, sondern um sie anzufeuchten, als kleinen Trunk in der Hitze des Tages. Schlangenhalsvögel *(Anhinga melanogaster)* jagen Fische im Wasser und speeren sie mit dem geschlossenen Schnabel, anders als Kormorane, die ihre Beute mit dem Schnabel ergreifen: Wenn erfolgreich, hat der Kormoran den Fisch im Schnabel, der *Anhinga* den Schnabel im Fisch.

Ihren schon in der Ngai-Legende geschilderten Kot benutzen Nilpferde an Land als Reviermarkierung, indem sie ihn gleich beim Austreten mit dem propellerartig wedelnden Schwanz verteilen. So „geschmückte" Büsche in Uferzonen markieren Stellen, an denen die Tiere das Wasser zu verlassen pflegen, um grasen zu gehen. Meist tun sie das nachts, aber wo sie ungestört sind, kommen sie auch tagsüber an Land, um sich zu sonnen.

Durch große Glasfenster in einem unter die Erde führenden Gang sieht man, was im Wasser schwimmt. Den Boden bedeckt eine dicke, gelbliche Schicht klar gewaschener Hippo-Verdauungsrückstände. Darin haben die Männchen maulbrütender *Haplochromis*-Buntbarsche flache Laichgruben für die Weibchen ausgehoben, und wir können zusehen, wie sie Rivalen vertreiben und vor Weibchen balzen, ja sogar wie ein Weibchen portionsweise ablaicht und mit den Lippen an den farbigen Ei-Attrappen auf der männlichen Afterflosse nippt und dabei nachträglich Sperma zu den Eiern befördert, die schon im Maul der Mutter sind. Daneben ruht auf dem Bodenmulm ein über 20 cm großer Süßwasser-Gobius *(Awaous aeneofuscus)*. Drei Vertreter der Weißfische schwimmen frei im Wasser: ein Fransenlipper *(Labeo)*, eine Barbe *(Barbus apleurogramma)* und ein *Garra dembeensis*. Sie ernähren sich von verwesenden Pflanzenteilen am Boden, holen sich aber auch Dung vom Nilpferd direkt „an der Quelle". Außerdem schaben sie Algen ab, nicht nur von Holz und Steinen, sondern auch von der Nilpferdhaut. Die Hippos genießen das, halten still, öffnen auch das Maul und lassen Lippen und Zähne säubern, beißen aber nie auf einen dieser Putzer (Ngai kann zufrieden sein!). Nicht erwischen die Putzer jedoch einen in Afrika weit verbreiteten, auf Nilpferde spezialisierten Egel *(Placobdelloides jaegerskioeldi)*, der in ihrem Enddarm Blut saugt. Die zwittrigen Tiere paaren sich auch dort, verlassen dann aber ihren Wirt und verbergen sich unter Steinen. Sie heften sich die Eier an die eigene Bauchseite und beschützen sie dort bis die Jungen schlüpfen. Dem ersten Hippo, das nahe kommt, schwimmt das Elterntier dann schnell hinterher, selbst stromaufwärts, und liefert die Geschwisterschar zu ihrer ersten Mahlzeit dort ab.

Mütterliche Fürsorge betreiben übrigens alle räuberischen Süßwasser-Egel. Sie saugen nicht einfach Blut, sondern fangen Beute mit ihrem herausschiebbaren Rüssel. Der auch in Deutschland vorkommende Süßwasser-Egel mit dem merkwürdigen Namen „Zweiäugiger Plattenegel" *(Helobdella stagnalis)* beschützt seine Eier zuerst in einem Kokon, den sich das Elterntier an den Bauch heftet. Die ausgeschlüpften Jungen bleiben dort sitzen, bis sie selbstständig werden, und so lange fängt das Elterntier für sie immer wieder einen Bachröhrenwurm, beugt sich zu den Jungen herunter und füttert sie damit.

Kilaguni

Wir kommen in der Kilaguni Lodge unter, machen aber gleich eine Ausfahrt zum Cheimu-Krater, einem schön runden Doppelkegel aus glänzend schwarzer Lava-Asche, den der Scheitani-Teufel eines schönen Tages vor wenigen Hundert Jahren aufgeworfen haben soll. In der Nachmittagshitze steuern wir einen Akazienschatten an, aus dem wir Helmperlhühner verscheuchen; ein Rennvogel mit Küken eilt über den Weg, eine zimtfarbene Namaqua-Taube fliegt mit der Geschwindigkeit eines Golfballs ins Weite, und gemächlich durchs Gras schreitet hinter den Bäumen eine Familie der truthahngroßen Hornraben *(Bucorvus leadbeateri)*. Sie werden über 40 Jahre alt, halten lebenslang als monogame Paare zusammen, ziehen aber nur alle neun Jahre ein Jungtier auf. Dabei helfen die – längst erwachsenen – früheren Jungen des Paares, und alle gehen gemeinsam in einem bis zu 100 km^2 großen Gebiet auf Nahrungssuche. Das Jagen im Trupp bringt klare Vorteile, wenn es um Beutetiere geht, die wehrhaft oder fluchtfähig sind. Ein Paar der schwarzen Vögel mit leuchtend roten Gesichtern und Kehlsäcken schreitet, ohne sich stören zu lassen, gemächlich an uns vorbei. Das dürre Gras reicht ihnen über die ziemlich hohen Beine bis ans Bauchgefieder. Die lang bewimperten Augen auf den Boden gerichtet, suchen sie nach Fressbarem, stochern und scharren in einem Dunghaufen, ergreifen im dürren Gras mit der Schnabelspitze hier eine Heuschrecke, da etwas Wurmförmiges, werfen die Beute in die Luft und fangen sie geschickt mit dem offenen Rachen wieder auf. Hinter einem *Commiphora*-Gebüsch, einer kleinen Baumart, deren graugrüne Rinde man wie Pergament abziehen kann, stöbert der zum Paar gehörige Rest der Familie. Ein noch gelbgesichtiges Jungtier bettelt mit offenem Schnabel, und ein schon rotgesichtiges, älteres Tier übergibt ihm eine große Heuschrecke. Dann plötzlich eilt auch das Paar dorthin, alle bilden auf einer offenen Grasfläche einen weiten Kreis, halten die Flügel halb offen und ziehen den Kreis langsam enger. Ab und zu hackt einer mit dem Schnabel vor sich ins Gras, bis schließlich zwei zugleich zupacken und eine große Schlange hochhalten. Mehrere zerren an ihr, dann trägt einer sie schließlich im Flug davon. Die anderen folgen. An den schlagenden Flügeln werden die weißen Schwungfedern deutlich.

Der kräftige, starke Schnabel der Hornraben wird auch Fröschen, kleinen Echsen, Mäusen und manchmal Vögeln zum Verderben. Er kann aber auch „Gutes tun": In Südafrika beobachtete Hendri Coetzee wiederholt Warzenschweine, die sich vor Hornraben auf die Seite legten und dann Fell, Bauchseite und Ohren von den großen Schnäbeln sorgfältig abgesucht bekamen. Klarerweise hatten es die Hornraben da nicht, wie Madenhacker, auf offene Wunden abgesehen; denn dann hätten die Warzenschweine sich ihnen wohl kaum angeboten. Eine Angewohnheit der Hornraben ist es, beim Dahinschreiten durchs Gras einander ständig mit tiefer Stimme „ho-ho" zuzurufen. Jeder antwortet sofort, sobald er den anderen hört. Je weiter sie sich voneinander entfernen und schließlich im hohen Gras aus den Augen verlieren, desto länger braucht der Rufschall und desto langsamer muss jeder antwortrufen. Mir scheint, sie erfahren so, wo und wie weit weg der Partner ist.

Nachdem sich gegen Abend am Lodge-Pool „alte Bekannte" gezeigt haben, Elefanten, Kongonis, Zebras, dazu Schabrackenschakale, verschiedene Gazellen, Paviane und später auch drei Tüpfelhyänen, umlagert den Pool am nächsten Morgen (Dienstag 9. September). eine riesige Büffelherde, mehrere Hundert Tiere, Bullen, Mütter und Kälber. Die meisten trinken und rasten dann in der Nähe. Zwischen ihnen sind im Fernglas Schildraben, Gelbkehl-Frankoline, Kronenkiebitze, Marabus und eine Weißschwanzmanguste zu erkennen. Derweil liefern sich zwei Zebrahengste einen heftigen Zweikampf, wiederholt vom selben Hengst angezettelt. Sie beißen den Gegner ins Ohr, in die Vorderbeine, werfen sich ausweichend auf den Boden, keilen nach hinten aus und stürmen hintereinander her.

Hier an der Kilaguni-Lodge hatte vor vielen Jahren Alan Root einen seiner berühmten afrikanischen Tierfilme gedreht und mir gezeigt. Ich war begeistert, wurde aber auch nachdenklich. Der vergleichsweise kurze, mit leichtem Humor gewürzte Film hieß *Nothing Going On*. Er zeigt die zum Teil dramatischen Szenen, die sich direkt neben den Sesseln und über den Köpfen der Touristen abspielen, die auf der Lodge-Terrasse ihren Tee trinken oder ein Erholungsschläfchen halten, weil gerade „nichts los ist". Tatsächlich aber beschleicht oben auf einem Ast des Schatten spendenden Lodgebaumes soeben ein Chamäleon (griechisch *chamai leon,* „kleiner Löwe") eine große Laubheuschrecke, die ihrerseits werbend vor einem Weibchen zirpt. Aus mehr als zwei Körperlängen Entfernung schnellt das Chamäleon seine Schleuderzunge mit der Greifspitze genau auf das singende Männchen und zieht es, an der schlenkernden Zunge hängend, zu sich ins weit offene Maul. Inzwischen ist aber von hinten eine Baumschlange herangekrochen, packt die noch kauende Echse und holt sie zugweise mit den Kiefern greifend in ihren Rachen. Nebenan im Baum haben Webervögel eine keineswegs nur friedliche Nestkolonie. Einige Männchen, die ihr kugelig geschlossenes Nest mit langer, nach unten zeigender Eingangsröhre schon fertig haben, hängen auf Brautschau rückenabwärts am Eingang und drehen sich flügelschlagend hin und her. Andere bringen im Schnabel lange Fasern herbei und verweben sie, geschickt mit Fuß und Schnabel arbeitend, mit den schon vorhandenen Bauteilen. Daneben laufen Versuche, das Hängeseil von unbewachten Konkurrenznestern durchzubeißen. Den Erfolg bezeugen halb oder ganz fertige Nester am Boden. Solche Abfallnester liegen auch unter einem entfernteren Baum und werden von einem in der Nähe ansässigen Nilwaran inspiziert, weil ab und zu Nestlinge mit abstürzen. Es ist also nötig, dass jedes Elternpaar sein Nest ständig bewacht. Stattdessen lieber einzeln ohne Nachbarn zu nisten, scheint nicht ratsam, weil gerade diese Samenfresser davon profitieren, dass sie einfach einem ihrer Kolonie-Kollegen nachfliegen, der irgendwo ein reiches Körnervorkommen ausgemacht hat. In gleicher Weise nutzen Fischreiher ihre Nestkolonien als Info-Zentren. Nicht, dass einer die anderen absichtlich führte – aber jeder nutzt für sich die vor den anderen nicht zu verheimlichende Flugroute zur Fundgrube.

Zum Frühstück auf der Lodge-Terrasse besuchen uns ein paar Buschhörnchen *(Paraxerus ochraceus)* und die kleineren Verwandten der Hornraben, die Tockos *(Tockus flavirostris, erythrorhynchus, deckeni)*. Fünf sitzen nebeneinander auf der niedrigen Steinmauer und warten darauf, dass jemand ihnen ein Häppchen zuwirft. Tagsüber unterwegs treffen wir Gruppen eiliger Zwergmangusten *(Helogale parvula)*, die über Stock und Stein wuseln, ab und zu hastig mit den Vorderbeinen ein Loch in den Boden graben, aus dem sie etwas offenbar Leckeres herausholen. Aber leider sehen wir nie Tockos und Zwergmangusten zusammen. Sie bilden nämlich gerade hier im Tsavo eine interessante Zweckgemeinschaft, die von Anne Rasa genauer untersucht worden ist. Tockos und Mangusten achten auf ihre gemeinsamen Raubvogelfeinde und warnen einander, sobald eine Gefahr naht, und sie gehen gemeinsam auf Nahrungssuche. Wie Kuhreiher neben grasenden Wiederkäuern, fangen die Tockos Heuschrecken und andere Insekten, die von den Mangusten aufgestört, aber nicht erwischt wurden. Frühmorgens finden sich die Tockos an den Stellen ein, wo die Mangusten am Vorabend in einem Termitenhügel verschwunden sind. Wenn sie wieder herauskommen und sich ausgiebig gestreckt und geputzt haben, beginnt schließlich die gemeinsame Nahrungssuche, zu der die ungeduldigen Vögel meist durch mehrmaliges Landen und Starten auffordern. Zuweilen, wenn die Mangusten „verschlafen" und die Vögel bereits über eine Stunde gewartet hatten, sah Frau Rasa, dass ein Tocko-Paar an die Lüftungsschächte des Termitenhügels hüpfte, hineinschaute und einige „Weckrufe" ausstieß. Daraufhin kamen die Mangusten sofort heraus und folgten den Vögeln, nun ohne das übliche Morgenzeremoniell.

Ngulia

Wir fahren am Morgen eine lange Schleife zur Ngulia-Lodge, steigen unterwegs auf die Roaring Rocks und bewundern, außer dem Landschaftspanorama, einen im Aufwind still schwebenden Gleitaar *(Elanus caeruleus)*. Dann läuft uns eine große Familie Zebramangusten über den Weg. Ein Jungtier wirft mehrere Male mit den Händen einen Riesenkugler zwischen den Hinterbeinen hindurch nach hinten gegen einen Baumrest. Diese Taktik, die auch zum Knacken von großen Käfern und Vogeleiern angewendet wird, lernen die Jungen vor allem von den erwachsenen Männchen. Das Nach-Hinten-Werfen gleicht weitgehend dem Graben mit den Vorderpfoten, wobei die Erde ebenfalls unter dem Bauch nach hinten geschleudert wird; dabei gegen etwas Hartes zu zielen, muss wohl geübt werden. Riesenkugler gehören zu den Tausendfüßern und rollen sich bei Gefahr zu einer festen Kugel (bis zur Größe eines Golfballs) zusammen, die durch normale Fressfeinde nicht geöffnet werden kann.

Wir erreichen die Ngulia-Lodge, als gerade vom gegenüberliegenden Bergzug, dem Tembo Peak, eine Elefantengruppe geschickt und mit lässiger Sicherheit über den steilen, steinigen Hang heruntersteigt. Unterhalb der Lodge kommen sie zum Trinken an ein größeres Wasserloch. Nachdem sie getrunken und sich nass gespritzt haben, lassen sie am Ufer ihre Kotballen fallen, fressen ohne Hast vom spärlichen Graswuchs und ziehen wieder ab.

Wir nutzen die Teepause, um ein spannendes Erlebnis zu schildern, das Uta und ich genau hier vor zwei Jahren hatten. Damals fanden sich knapp vor Sonnenuntergang rund um die Elefanten-Kothaufen zahlreiche *Heliocopris dilloni*-Dungkäfer ein. Sie ernähren sich ausschließlich von Elefantendung, den sie an Ort und Stelle eingraben. Am nächsten Morgen war der Platz nur mehr mit einer dünnen Matte aus faserigem Material überdeckt. In der Nähe der Lodge hielten sich damals (wie auch heute) einige Marabu-Störche *(Leptoptilos cruminiferus)* auf. Nachts hatten sie auf zwei großen Bäumen gestanden, in der Frühe kamen sie herab und suchten Futter. Dabei inspizierten sie auch die Kotstelle und stocherten den leicht offenen Schnabel bis zur halben Länge in die Erde, so wie sie es auch in trübem, schlammigem Wasser tun. Ab und zu griff der eine oder andre einen Klumpen aus Dung und Erde mit einem der großen Käfer darin, schritt bedächtig zum etwa fünf Meter entfernten Wasserloch, ließ den ganzen Klumpen hineinfallen, schnappte den Käfer und schwenkte ihn im Wasser auf und ab oder seitlich hin und her, bis er sauber war. Dann zerdrückte und verschluckte er ihn und ging zurück zur Fundstelle. Einer holte in 45 min fünf solcher Käfer aus der Erde, wusch und fraß sie. Die Käfer gingen im Wasser nicht verloren, denn sie hielten sich während des Waschens sogar mit ihren starken Beinen am Schnabel des Vogels fest. Wir beobachteten dieses Morgenfrühstück an drei aufeinanderfolgenden Tagen, und von drei an ihrer Kopfzeichnung wiedererkennbaren Marabus. Vermutlich hatte einer von ihnen die Käferwäsche erfunden, und ein paar hatten es nachgemacht. Acht weitere Marabus aber beteiligten sich nicht daran, sondern durchsuchten in der Nähe das Gras oder stocherten im Wasser. Einer fing einen fliegenden Käfer und verschluckte ihn, ein anderer bearbeitete mit dem Schnabel eine Wasserschildkröte, die aber zu groß für ihn war und nach einigen Minuten wegtauchte. Fünf Schildraben *(Corvus albicolllis)* suchten ebenfalls nach Käfern, gruben sie aber nicht aus. Fanden sie einen an der Oberfläche, so trugen sie ihn im Schnabel zu einem Holzstumpf oder Stein, hielten ihn mit einem Fuß fest und zerpflückten ihn mit dem Schnabel, ließen aber die harten Deckflügel, Grabbeine und Körperhüllen liegen. Wir versuchten vergeblich, einen dieser Dungkäfer (7 cm lang, 3,5 cm breit, 2,5 cm dick) in der Faust zu halten – er war zu stark.

Obwohl Marabus oft lange Zeit irgendwo still herumstehen, sind sie doch aufmerksam und überraschend erfinderisch in der Nahrungsbeschaffung. Sie beteiligen sich neben Geiern am Vertilgen von Aas, betätigen sich aber sogar als Raubstörche. Am Nakuru-See zum Beispiel attackieren sie im Flug in Ufernähe stehende Flamingos und erbeuten vor allem deren Junge, die sie unter Wasser drücken und zerlegen. Am Ufer anderer Seen habe ich Marabus still in der Nähe von Kormoranen stehen sehen, die nach dem Fischfang ihre ausgebreiteten Flügel trockneten. Plötzlich stürzte ein Marabu angriffslustig auf einen Kormoran zu, der im Schreck einen Fisch aus seinem Kropf hervorwürgte und fallen ließ. Den ergriff der Marabu, ging zum Wasser und wusch den Fisch, ehe er ihn verschluckte. So wie die Marabus bei Ngulia sich Käfer um Käfer holten, stahlen sie an diesen Orten Fisch um Fisch von den Kormoranen, die das mehr oder weniger geduldig über sich ergehen ließen.

Am späteren Nachmittag schwirrt hoch über der Lodge ein schrill rufender Seglerschwarm. Diese flugtüchtigsten Vögel sind, außer beim Brüten, ständig in der Luft. Sie fressen dort nicht nur, sondern schlafen, balzen und paaren sich auch, was wir im Fernglas mehrmals zu sehen bekommen.

Am Mittwoch gibt es schon um 6.15 Uhr kurz Kaffee oder Tee und bis zum Neun-Uhr-Frühstück eine Frühausfahrt. Wie fast täglich, wenn wir große Huftiere beobachten, sehen wir starengroße, orange-äugige Vögel irgendwo an ihrem Körper herumklettern. Diese „Madenhacker" kommen nur in Afrika südlich der Sahara vor, in zwei Arten, die an ihren auffällig gefärbten Schnäbeln leicht zu unterscheiden sind: Roter Schnabel und bräunliches Gefieder *Buphagus erythrorhynchus,* gelber Schnabel mit roter Spitze und graues Gefieder *Buphagus africanus.* Sie kommen stets in Trupps daher und scheinen ihre Nahrung vornehmlich an größeren Säugetieren zu suchen, an Kopf, Lippen, Ohren, Hals, Rücken, Bauch, After und Beinen. Bei uns in Mitteleuropa laufen Stare zwischen weidenden Kühen am Boden umher und schnappen nach aufgescheuchten Insekten. Madenhacker dagegen suchen direkt am Säugetierkörper nach Nahrung. Ihr deutscher Name „Madenhacker" gibt vor, sie läsen dort zum Wohle der so Behandelten lästige Parasiten ab. Der englische Name *„oxpecker"* kommt jedoch der Wahrheit näher. Tatsächlich verzehren diese Vögel Zecken, haben es aber in erster Linie auf Blut abgesehen. Das können sie zwar aus einer vollgesogenen Zecke beziehen, aber oft lassen sie die Zecke links liegen und picken stattdessen in der Hautwunde, die vielleicht eine Zecke verursacht hat. Madenhacker fressen regelmäßig an allen kleinen oder größeren offenen Wunden und, wie Dauerbeobachtungen erweisen, verhindern damit, dass die Wunden verschorfen, betätigen sich also selbst als Parasiten, statt solche zu entfernen. Wenn Nilpferde an Land gehen, besuchen Madenhacker deren Wunden, die meist von Rivalenkämpfen stammen; aber Nilpferde können dann ins Wasser fliehen. Von Madenhackern behandelte Nashörner profitieren höchstens davon, dass sie wenigstens von einigen Zecken an Körperstellen befreit werden, die sie selbst nicht erreichen können. Impala-Antilopen finden in den Vögeln eine Putzhilfe. Sie befreien zwar einander selbst an Kopf und Hals von Zecken, indem eine die andere an diesen Stellen ausdauernd mit den Zähnen beknabbert; aber regelmäßig von Madenhackern besuchte Impalas tun das weniger. Rinder hingegen, die von Madenhackern besucht werden, beherbergen nicht weniger Zecken als solche, die frei von Madenhackern weiden. Man muss also sehr viel genauer hinsehen und prüfen, was wirklich geschieht, wenn verschiedene Tiere so auffällig und regelmäßig miteinander in Beziehung treten.

Letzter Tsavo-Tag

Nach dem Frühstück folgen heute zwei Stunden Vortrag und Diskussion, um zu erläutern, wie in der Evolution die Formen des Sozialverhaltens von der Gen-Ausbreitung abhängen. Häufig sagt man, dazu müsse sich jedes Individuum möglichst erfolgreich vermehren. Aber kein Individuum der höher entwickelten Lebewesen vermehrt „sich", auch nicht sein Genom. Denn zur Fortpflanzung wird ja jedes individuelle Gesamtgenom in Eizellen oder Spermien halbiert; jeder Nachkomme erhält je eine der Hälften von beiden Eltern und besitzt dann ein neues Gesamtgenom.

Da Vollgeschwister ihre Gene von den gleichen Eltern bekommen, kann man in ihnen einige gleiche Gene erwarten, die dann – wieder zugunsten ihrer eigenen weiteren Verbreitung – das Verhalten von Geschwistern eher in Richtung auf Kooperation als auf Konkurrenz lenken. Replikate derselben Gene sitzen aber nicht nur in Geschwistern sondern auch in entfernteren Verwandten und müssten dann deren Verhalten (sofern sie ihre Verwandtschaft erkennen) ebenfalls eher auf gegenseitige Hilfe als auf Konkurrenz ausrichten. Entscheidend dafür ist nicht die Menge gemeinsamer Gene, sondern die Wahrscheinlichkeit, dasselbe verhaltensrelevante Gen zu besitzen. Da in den Keimzellen jeweils nur ein halbes Genom weitergegeben wird, hat diese Wahrscheinlichkeit zwischen Kindern und Eltern, ebenso wie zwischen Vollgeschwistern, den Wert ½. Diese Zahl bezeichnet den genetischen Verwandtschaftsgrad. Unter Halbgeschwistern beträgt er ¼, da sie dasselbe Gen nur von einem der beiden Eltern und von diesem wiederum nur mit der Wahrscheinlichkeit ½ mitbekommen haben können. So lässt sich eine voraussichtliche Hilfsbereitschaft zwischen Individuen aller Verwandtschaftsgrade in etwa abschätzen. In eine Tat umgesetzt werden sollte die Hilfsbereitschaft freilich nur, wenn ohne sie Schaden entstünde.

Die Bereitschaft, einem Verwandten zu helfen, wird allerdings mitbestimmt von den Kosten, die der Helfende dabei aufbringen müsste. Um dafür eine vernünftige und biologisch relevante Währung zu finden, berechnet man die Kosten des Helfers als Verringerung seiner eigenen Fortpflanzungschancen und entsprechend den Nutzen für den Hilfsbedürftigen als Zuwachs an dessen Fortpflanzungs-Chancen. Hilfeleistungen wären demnach zu erwarten, solange die Handlung einen Nutzwert verspricht, der größer ist als der mit dem Verwandtschaftsgrad multiplizierte Kostenwert.

Auf jeden Fall sollte ein Hilfsbereiter den Grad der Verwandtschaft zwischen sich und dem Hilfsbedürftigen einkalkulieren können. Dazu dienen zum Beispiel bei Bienen und Säugetieren familientypische Körpergerüche. In anderen Fällen werden äußere Umstände zu Hilfe genommen. So nehmen Vogeleltern selbstverständlich an, dass in dem Nest, welches sie erbaut haben, schließlich auch die eigenen Küken sitzen. Manchmal stimmt das nicht, wie Kuckuckskinder beweisen. Entscheidend für die Evolution von Hilfeleistungen sind deshalb nicht alle tatsächlich bestehenden, sondern die dem Individuum erkennbaren Verwandtschaften. Natürlich verlangt das auch vom Forscher, die Verwandtschaftsgrade in der Gruppe der von ihm beobachteten Tiere zu kennen, was Langzeitbeobachtungen an bekannten Individuen mit ihren Nachkommen über mehrere Generationen voraussetzt.

Und dazu sind erfahrungsgemäß etliche (je größer die Tierart, desto mehr) Jahre nötig – leider meist mehr, als ein Forschungsstipendium vorsieht.

Die Ausfahrt nach der Teatime führt in der Buschsteppe zur Begegnung mit einer Warzenschwein-Familie, die wir stören, als sie auf den Vorderbeinen kniend grasen. Jetzt eilen sie davon, den kahlen Schwanz mit der kleinen Endquaste steil aufgereckt. Ein (Spitzmaul-)Nashorn trabt vorsichtshalber ebenfalls davon. Wir hätten ihm nichts getan, aber hier im Park ist durch Wilderei die Anzahl der Nashörner von 4000 im Jahr 1969 auf 100 im Jahr 1979 gesunken; ihr „Horn", eine hartgummiartige Bildung aus Haut und Haaren, gilt, pulverisiert, in Asien als Aphrodisiakum.

Kurz darauf treffen wir auf drei Schabrackenschakale, die lebhaft umherlaufen und ab und zu in die Luft springen. Sie schnappen nach schwärmenden Termiten – demnach hat es hier vor Kurzem geregnet. Diese Schakale bilden monogame Dauerpaare, eine Ausnahme unter Raubtieren, und erwachsene Söhne und Töchter können ein bis zwei Jahre als Helfer bei den Eltern bleiben. Es braucht nämlich oft die volle Arbeitskraft eines Erwachsenen, um ein Jungtier großzuziehen. Da ein Wurf vier bis fünf Junge umfasst, hat ein Paar erst mit drei Helfern keine Kinderverluste mehr zu befürchten. Die Helfer in der erweiterten Familie beschaffen Futter wie die Eltern, säubern und pflegen die Kleinen und nehmen sie, wenn sie drei Monate alt sind, als „Lehrlinge" mit auf die Jagd nach kleinen Gazellen, Hasen, Mäusen und Eidechsen. Ein Paar verteidigt ein Revier von zwei bis drei Quadratkilometern. Wenn nötig, geht es zwar in fremdem Revier zum Wasser, läuft da aber stets den kürzesten Weg und jagt nie. Goethe hat dem Schakal versehentlich als „Reineke Fuchs" ein Denkmal gesetzt. Aber was da der Wesier des Königs macht, tut kein Fuchs. Der Schakal hingegen nähert sich regelmäßig und vorsichtig einem fressenden Löwen, um ein paar Fleischbrocken zu stibitzen. Wie so oft wurde bei der Übersetzung orientalischer Geschichten poetisch ein dort heimisches Tier durch eine deutsche Entsprechung ersetzt.

Auf dem letzten Stück Weg entdecken wir nebenan im Gras einen geduckt wartenden Gepard und halten sofort an. Er schaut wie gebannt auf eine Gruppe Impalas, die, an Autos gewöhnt, vor uns ruhig weiter an niedrigem Blattwerk knabbern. Der Gepard schleicht langsam auf sie zu, macht ein paar schnellere Schritte, und dann prescht er los. Das Warnschnauben der Impalas kommt zu spät. Der Gepard springt zu und überkugelt sich mit seiner Beute, die er am Hals erfasst hat, trägt sie drei Schritte zur Seite und legt sich heftig atmend hin, ein Impalaweibchen fest an der Kehle gepackt, und schaut uns an. Sein Opfer bewegt nur ab und zu das Maul und die Augen. Nach vielen Minuten steht der Gepard auf und verschwindet mit der Impala, die er immer noch am Hals gefasst hält, zwischen Büschen. Am Abend leuchten von den Chyulu-Bergen herrliche Sonnenuntergangsfarben.

Zur Küste

Am folgenden Morgen ist der Kibo zum Abschied wieder ganz klar. Wir fahren nach Süden zum Maktau-Gate, und von da auf guter Straße, immer neben Eisenbahnschienen, zum Essen in die Taita Hills Lodge. Ein schilfbewachsener Teich enthält viele Tilapia-Buntbarsche (für die Küche?), die mit Revierkämpfen und Balzen beschäftigt sind. Weiter geht es am Fuße der Taita Hills durch typisch afrikanische Landschaft zur Teepause in die Voi-Safari-Lodge, sechs Kilometer hinter dem Eingang von Tsavo-Ost.

Wir haben Gelegenheit, neben der Piste kurz drei Horntierarten zu beobachten, die nebeneinander leben und sich in verschiedenen Höhenstufen vom Laub derselben Bäume ernähren. Etwas abseits stehen drei Giraffen, die etwa sechs Meter hoch oben in einer Akazienkrone mit ihren langen, blauschwarzen Zungen Blätter zwischen den starken Dornen abpflücken. Zarte Blätter vom mittleren Stockwerk eines Dornbuschs frisst eine Gerenuk- oder Giraffengazelle, die dabei trotz ihrer außerordentlichen Halslänge senkrecht auf den Hinterbeinen stehen muss. Und an den Parterre-Zweigen äst ein Pärchen Dikdiks. Diese Zwergantilope hat Ursula Hendrichs in der Serengeti für unser Institut studiert, während ihr Mann Hubert mit dem Sozialverhalten von Elefanten beschäftigt war (Hendrichs 1971). Die dauerhaften Dikdik-Paare leben in festen Revieren. Dort, wo sich Nachbarn am häufigsten begegnen, markieren sie die Grenze mit quadratmetergroßen Kotstellen mit einem Kot-Zeremoniell: Stets harnt und kotet zuerst die Geiß, vor oder nach ihr das Jungtier (so vorhanden), zuletzt harnt der Bock auf den Kot der Geiß und setzt seine dunkleren, spitzeren Kotkörner darauf. Die Dikdik-Kitze spielen gern zwischen Büschen und über Felsbrocken hinweg Verstecken und Haschen mit Hermelinmangusten *(Myonax sanguineus)*.

Auf der Safarilodge-Terrasse laufen langsam große *Mabuya*-Glattechsen. Sehr viel lebhafter sind die am Kopf ziegelroten, dahinter blauen Siedleragamen-Männchen. Sie verteidigen normalerweise Reviere zwischen Steinbrocken, wo sie Schutz finden. Hier haben sie sich an Sicherheit gewöhnt, und zwischen den Tischen ist zu sehen, wie sie sich ab und zu durch Kopfnicken und Liegestützbewegungen des ganzen Vorderkörpers untereinander verständigen.

Auf der Weiterfahrt sind im strohtrockenen Gelände Zebras, Elen-Antilopen und Giraffen zu sehen. Unter einem Dornbusch, der *„wait-a-bit“*

genannt wird, weil man seine unangenehm hakenförmigen Dornen vorsichtig in Gegenrichtung wieder aus Kleidung oder Haut herausziehen muss, dösen drei Löwinnen. Abseits wartet am Boden eine große Schar Geier neben einem Büffel-Kill, den zwei sehr gleich aussehende Mähnenlöwen bewachen. Ich vermute, es sind Brüder, die sich, da genetisch nah verwandt, kaum Fortpflanzungskonkurrenz, um ihre Löwinnen machen. Da sich Löwen pro Brunst drei Tage lang alle 15 min mit dem Weibchen paaren, lohnt es kaum, mit dem Bruder um eine Kopula zu streiten. Hingegen sind sie zu zweit bei der Verteidigung des Harems jedem einzelnen Konkurrenten überlegen. Das kann über längere Zeit dazu führen, dass zunehmend mehr Rudel statt einem zwei Mähnenlöwen enthalten, die vielleicht nicht einmal Brüder sind, weil (ähnlich wie für Paviane schon geschildert) ohne Kooperation keiner mehr zur Fortpflanzung kommt.

Etwa 120 km vor der Küste führt die Straße durch die angeblich trostlose Taru-Wüste; keine Sandwüste, sondern eine dürre, eintönige Wildnis mit knorrigen Baumstämmen, blattlosen Büschen, dornigem Gestrüpp, ausgetrockneten Wasserlöchern, roten Termitenhügeln und Mittagstemperaturen von mehr als 40 °C im (nicht vorhandenen) Schatten. Zwischen den Hügelketten, aus denen wir kommen, und der Küstenebene, die wir ansteuern, ist diese von Menschen unbewohnte Zone für Botaniker und Zoologen ideal geeignet, um Beispiele für Anpassungen an extreme Umweltbedingungen zu studieren oder vorzuführen. Wir halten dennoch nicht an.

Am Abend im Reef Hotel stellen an den Schlafzimmerwänden die hier typischen, harmlosen Zwerggeckos *(Lygodactylus mombasicus)* ihr Balz- und Jagdverhalten zur Schau. Nach dem Abendessen bleibt noch zu erklären, warum erwachsene Löwenmännchen bekannt sind für ihr zwiespältiges Verhalten gegen Löwenkinder: einige bringen sie brutal um, zu anderen sind sie freundlicher als deren eigene Mutter. Das ergibt sich aus der genetischen Verwandtschaft unter den Rudelmitgliedern. Falls Löwenmännchen einen Harem neu übernehmen, stammt keines der vorhandenen Kinder von ihnen, blockiert aber die Empfängnisbereitschaft der brutpflegenden Mütter, steht also der Fortpflanzung der Männchen im Wege. Neue Haremsbesitzer töten deshalb die Kleinkinder im Harem, woraufhin deren Mütter rasch wieder empfängnisbereit werden. Im Besitz eines Harems bleiben Löwenmännchen zwei bis drei Jahre und können sich nur in dieser Zeit fortpflanzen. Löwinnen bleiben bis zu zwölf Jahre fortpflanzungsfähig. Für ebenso viele Kinder wie ein Weibchen braucht ein Männchen also vier Weibchen. Muss er sie mit einem anderen Männchen teilen, hat er auf jeden Fall weniger Nachkommen als ein Weibchen. Jedes einzelne seiner Jungen repräsentiert deshalb mehr von der Gesamtnachkommenschaft eines Männchens als von der eines Weibchens und könnte deswegen vom Männchen fürsorglicher behandelt werden als von einem Weibchen.

(In *Das Prinzip Eigennutz,* der Ursache für diese Management-Safari, steht eine genaue Berechnung. Die Tiere selbst wissen sicher nicht, wer wessen Vater und Mutter waren und ob zwei gleich alte Löwenkinder Voll- oder Halbgeschwister oder noch entfernter verwandt sind. Man kann aber unter der Annahme, dass das Löwen-Sozialsystem seit langer Zeit gleich geblieben ist und sich auf mittlere Verwandtschaftsgrade eingespielt hat, abschätzen, wie wahrscheinlich zwei Rudelmitglieder ein bestimmtes Gen gemeinsam haben. Erfahrungsgemäß werden in einem Rudel mit sieben erwachsenen Löwinnen über Generationen hinweg jeweils drei von ihnen ersetzt durch Jungweibchen, die als Geschwister im Rudel aufwuchsen, aber nicht notwendig den gleichen Vater haben. Diese Löwinnen sind dann untereinander etwas näher verwandt als normale Cousinen; ihr Verwandtschaftsgrad beträgt etwa 0,15. Wenn die männlichen Haremsbesitzer mindestens Halbbrüder sind, dann stammen sie aus der gleichen Geschwistergeneration und sind miteinander näher verwandt als die Löwinnen untereinander, die verschiedenen Generationen angehören. Trifft ein Haremsbesitzer auf ein Junges im Rudel, so ist es entweder sein eigenes oder eins von seinem Halbbruder. Männchen sollten sich also auf eine mittlere Verwandtschaft zu dem Jungen von 0,31 einstellen. Das heißt, Löwenmännchen sind mit den Jungen im Rudel im Durchschnitt doppelt so nah verwandt wie die Weibchen).

Safari-Ergänzungen

In den folgenden zwei Tagen wechseln Strandgänge ab mit Vorträgen und, als Ergänzung zu Begebenheiten während der Safari, mit Diskussionen über mythische Geister und Kunststile, in denen sie abgebildet sind.

Nahe dem Meer sind Palmen als die „Fürsten des Pflanzenreiches" ein bevorzugtes Fotomotiv und ihre Kokosnüsse eine beliebte Leckerei. Junge Palmen beginnen am Boden mit einer schmalen Wedelkrone, die der wachsende Stamm immer weiter in die Höhe stemmt. Der Schopf besteht immer aus etwa 30 ausgebildeten sowie 30 mittig stehenden, unentfalteten Wedeln, von denen sich jeden Monat einer entfaltet, während ein altes Blatt welkt und abfällt. Vom 20. bis zum 70. Lebensjahr trägt eine Kokospalme jährlich 50 bis 80 Früchte.

Ruhig an schlickreichen Strandstellen sitzend können wir Rennkrabben dabei zusehen, wie sie aus Schlick und feuchtem Sand Nahrungsteilchen sortieren und handvollweise mit den Scheren zum Mund führen. Neben ihren tiefen Sandgängen bauen männliche Tiere Sandpyramiden, die als

„stellvertretende Imponiergebilde" die Größe des Erbauers anzeigen. Die meisten bleiben niedriger als 20 cm. Man kann einem Männchen zu größerem sozialem Ansehen verhelfen, indem man ihm eine übergroße Pyramide baut, muss dabei aber vorsichtig zu Werke gehen, damit er sie weiterhin für seine eigene hält. Einige „Muschel"-Sammelgänge verliefen ähnlich, wie ich sie vor vielen Jahren mit einer Lehrergruppe erlebte.

Geschlechterrollen

Während der ganzen Safari waren die Damen ebenso biologisch interessiert wie ihre Männer, wenn auch – wie zu erwarten – von krabbelndem Kleingetier weniger angetan. An einem Abend fragten einige Frauen, ob allgemein in der Zoologie den Geschlechtern so unterschiedliche Rollen zukämen wie beim Menschen. Ähnliche Vergleiche zielen gewöhnlich auf eine erwartete Sonderstellung des Menschen. Ich frage dann regelmäßig zurück: „Wodurch unterscheidet sich das Tier vom Menschen?", denn im Gegensatz zur umgekehrten Formulierung provoziert das fast automatisch die notwendige Nachfrage: „welches Tier?". Und da ist die Auswahl so groß wie die Vielfalt, denn neben den Wirbeltieren kennt die Biologie 32 weitere Tierstämme. Wirbeltiere bilden nur sechs Prozent der vielen Millionen von Tierarten. Zwar sind Männchen und Weibchen, wo getrennt vorhanden, stets durch die unterschiedlichen Größen und entsprechend in unterschiedlichen Anzahlen verfügbarer Keimzellen gekennzeichnet, sodass Männchen regelmäßig um befruchtbare weibliche Keimzellen konkurrieren, was zu Waffen für den Kampf gegen Rivalen und zu Schmuck für das Umwerben der Weibchen führt. Weibchen ihrerseits können in der Regel nach verschiedenen Kriterien unter den konkurrierenden Männchen auswählen. Doch gibt es da zahlreiche Ausnahmen und Komplikationen. Die Brutpflege fällt, wenn ein Elternteil sie bewältigen kann, in der Hauptsache dem zu, der sich nicht als erster „aus dem Staub machen" kann. Bei Säugetieren ist das regelmäßig die Mutter. Bei vielen Fischen jedoch deponiert das Weibchen die Eier auf einer Unterlage, wo sie dann vom Männchen besamt und anschließend „notgedrungen" vom Vater weiter gepflegt werden. Für die Aufteilung weiterer sozialer Tätigkeiten und die entstehenden Sozialstrukturen gibt es keine allgemeingültige Regel. Abgesehen davon sind die entsprechenden Variationsbreiten auch unter den Menschen beträchtlich (Das ist zusammengestellt bei Wickler und Seibt 1998).

Hingegen hatten die Damen durchaus Recht, als sie darauf hinwiesen, dass weltweit – nicht etwa biologieabhängig, sondern kulturbedingt – entgegen allen Absichtsbeteuerungen Frauen nicht als den Männern gleichberechtigte, gleichwertige Menschen gelten. Religiös getüncht sind uralte

Vorurteile, denen zufolge der Mann führt und die Frau verführt. Auf dem alten Großfriedhof von Pisa zeigen Freskenreste eines unbekannten Meisters, wie beim Jüngsten Gericht Engel die männlichen und Teufel die weiblichen Verstorbenen wegtransportieren. Auf der Synode von Marcon im Jahre 585 wurde immerhin erwogen, ob bei der Auferstehung vielleicht verdienstvolle Frauen in Männer umgewandelt würden. Aber Frauen verdienen, bis heute auch in Deutschland, für gleiche Arbeit weniger als Männer. Der Vorschlag, folglich gerechterweise Männern in gleichen Positionen für gleiche Arbeit gleichen Lohn auszuzahlen wie den Frauen, löste mäßigen Protest unter den Managern aus. Sie stimmten mir aber zu, als ich behauptete, die Aussicht (1785 in Schillers *Ode an die Freude*), „alle Menschen werden Brüder", sei für mich, wörtlich genommen, eine grauenhafte Vorstellung – so ganz ohne Schwestern … Emmerich Kálmán hat das ja dann 1915 in der Csardasfürstin auch korrigiert: „Ganz ohne Weiber geht die Chose nicht".

Friedrich Nietzsche soll gemahnt haben: „Gehst du zum Weibe, vergiss die Peitsche nicht". In der originalen Fotokarikatur sind Nietzsche und der Arzt-Philosoph Paul Rée gemeinsam in einem Joch und ziehen einen Karren, auf dem Lou von Salomé locker die Zügel hält und ihre beiden „Zugtiere" mit einer kleinen Peitsche antreibt. Männer hingegen interpretieren Nietzsche gern so, als stünde ihnen die Peitsche zu. Ergänzend dazu ergab 2005 eine Studie, dass Frauen und Mädchen im Alter zwischen 15 und 44 Jahren weltweit (auch in den USA) mit größerer Wahrscheinlichkeit durch Männer verwundet oder getötet werden als durch Malaria, Krebs, Kriegsgeschehen oder Verkehrsunfälle zusammengenommen. In Italien erließ Premierminister Enrico Letta am 8. August 2013 ein strenges Dekret zum Kampf gegen das Überhandnehmen von Gewalt gegen Frauen (in Form von Erstechen, Säureattacken, Vergewaltigung); täglich sei eine Tote zu verzeichnen.

Die Welt der Sheitani

Mehrfach waren wir am Straßenrand Verkaufsständen von Ton- und Flechtwaren, Schnitzereien und Schmuckgegenständen begegnet. Auch am Reef-Hotel werden Holzschnitzereien angeboten, meist typische afrikanische Tiere, aber auch skurrile Makonde-Schnitzwerke, die von Touristen und Sammlern wegen ihrer zugleich ästhetischen und abstrusen Formen geschätzt, aber in ihrem Sinngehalt ohne ernst zu nehmende Erläuterung des Künstlers kaum zu verstehen sind. Eine berühmte Schnitzergemeinde der Makonde hat in Dar es Salaam eigene Verkaufsstände nahe dem Village Museum in der Mpakani Road.

Die Makonde haben ihre Schnitzereien seit Jahrhunderten stilistisch immer weiter entwickelt, auch die in der Folklore fantasievoll ausgebaute Welt der Sheitanis. In Kenia haben die Akamba diese Schnitztradition übernommen. Wir begegneten ihr unter dem Mangobaum beim Sheitani-Vulkan.

Die Sheitanis von heute lassen sich über ein paar Tausend Jahre Überlieferungsgeschichte zurück bis zu Herodot verfolgen, der schon 450 vor Christus von einem bösen Geist oder Teufel berichtet. Der Koran lehrt, dass Gott zunächst Engel aus Licht erschuf und dann auf Erden zwei parallele Sorten von Kreaturen, erst die Sheitanis aus Feuer, danach die Menschen aus Erde. Im Islam sind Sheitanis eine Klasse ungläubiger Geister, die dem Dämon „ash-Shaytan" unterstellt, aber nicht durchweg böse sind. Sie können die Menschen beeinflussen und in Versuchung führen, haben aber keine zwingende Macht über sie. Diese Glaubensbilder kamen von der arabischen Halbinsel mit dem Islam an die Küsten Tansanias und Mosambiks. Die hier heimischen Makonde bekehrten sich zwar kaum zum Islam, übernahmen aber unter dem lang dauernden arabischen Einfluss die Vorstellung von den Sheitanis. Gewöhnlich halten sich Sheitanis vom Menschen fern, auch wenn sie nahe an Dörfern leben. Sie beobachten das Dorfleben Tag und Nacht, mischen sich aber nicht ein, kümmern sich nicht um das Verhalten der Dörfler untereinander und haben auch keinen Einfluss auf deren Leben nach dem Tod. In manchen Dörfern baut man ihnen kleine Tempelchen und opfert ihnen Speisen, die sie sich nachts holen. Angeblich gibt es über 300 Arten von Sheitanis, klein wie ein Frosch oder drei bis fünf Meter groß. Die meisten sind nächtlich aktiv. Sie sind überall anzutreffen, sehen ungewöhnlich oder gar hässlich aus und können ebenso ungewöhnliche bis hässliche Eigenschaften aufweisen. Als Märchenstunde bot ich eine kleine Auswahl:

Die *Kutumbo* haben vorn keine Bauchwand, sodass ihre Eingeweide offen liegen (swahili *tumbo,* „Bauch"). Die *Likutu* sind groß wie Giraffen und haben nur ein, aber ein sehr großes Ohr. Zwei große Augen an langen Stielen hat die riesige *Likambale,* die im Wald Giraffen frisst. Die fischfressende *Kundola,* die nachts an Land kommt, nutzt ihre gestielten Augen wie Taschenlampen. Die *Namangonye* leben nahe bei Dörfern und holen sich Nahrung aus den Gärten. Die *Kifuli* in den Wäldern haben enormen Appetit und meist üble Stimmung. Die riesigen *Mmoka* leben in Höhlen, die fleischfressenden *Manganyu* in abgebrannten Savannen. Die *Kwinama* leben im Süßwasser, fressen aber an Land wie Nilpferde. Die *Kibwenge* bewohnen Küstenzonen und fressen Fisch, die *Chipinga* bewohnen leere Warzenschweinhöhlen und fressen Tonerde. Auch die *Mchawe* fressen große

Mengen Erde, dazu auch Kräuter. Die *Shulwele* leben von Heilkräutern, die *Mbilika* fast ausschließlich von Schlangen, die *Makanuya* von klarem Wasser.

Manche Sheitani-Arten bilden untereinander Lebensgemeinschaften. Die großen *Ngenge* haben auf dem Kopf einen *Mbalaza* wie einen Wachhund sitzen. Die *Liyama* laufen nie, sondern reiten auf Sheitani-Tieren und tragen stets einen *Shuumi*-Vogel wie einen Häuptlingsstab. Die in Sümpfen lebenden und pflanzenfressenden *Yomba* koten zuweilen direkt in die Münder der kotfressenden *Ndikitii*.

Es gibt männliche und weibliche Sheitanis. Bei einigen Sheitani-Arten dauert die Schwangerschaft extrem lange, bei anderen nur etwa vier Monate. Ihre Jungen werden gesäugt. Manche Sheitanis gebären Junge, indem sie einfach aufplatzen. Manche Sheitanis können Junge anderer Sheitani-Arten fressen. Die *Kubwengu*, die zuweilen die Schwangerschaft von Dorffrauen unterbrechen, ernähren sich nur durch Begattungen. Wie schon in Karl Mays Teufelsbildchen spielt die Zunge bei den Sheitanis eine große Rolle in der Erotik, indem sie gegenseitig mit ihren Zungen spielen. Die im Busch lebenden *Tulambane* lecken mit ihrer langen Zunge das Gesicht kranker Sheitanis. Die *Siwawi*, fischfressende Ozeanbewohner, die nachts an Land kommen und paarweise umher streunen, saugen, wenn sie erschöpft sind, gegenseitig aus ihren Zungen neue Kraft.

Von wenigen Sheitanis wird ausdrücklich gesagt, sie seien dem Menschen wohlgesonnen, obwohl sie fast keine Macht haben. Die *Ndonja* beispielsweise begleiten oft Alleinreisende im Busch. Ich erwarb vor vielen Jahren von einem Schnitzer ein flaches, 45 cm hohes, aus schwerem schwarzem Grenadill-Holz geschnitztes Relief, das zwei Sheitanis vom *Libwela*-Typ zeigt; oben ein weibliches Wesen, unten ein männliches. Beide tragen kleine Menschen in Körper und Kopf, nach Aussage des Schnitzers als Zeichen dafür, dass diese Sheitanis das Wohl von Menschen in Herz und Kopf haben.

Tingatinga und Mendívil

An mehreren Verkaufsständen in der Stadt und am Hotel werden uns verschieden große Holzfaserplatten angeboten, bunt bemalt mit kindlich wirkenden Alltagsszenen oder mit skurrilen, ineinander verflochtenen Gestalten. Hinter dieser vornehmlich für Touristen ausgeführten Malerei steckt eine kulturell bedeutende Geschichte. Ihre Entwicklung begann im Südosten Tansanias nahe der Grenze zu Mosambik mit Edward Saidi

Tingatinga (1937–1972). Er gehörte zum Volk der Makua (Wamakua in Swahili), kulturell vermischt mit Makonde, die wegen der portugiesischen Herrschaft aus Mosambik flüchteten. Edward Tingatinga verließ sein Heimatdorf Nakapanya (ehemals Namochelia), war Viehhüter, Sisal-Plantagenarbeiter und zuletzt Hausboy im 700 km entfernten Dar es Salaam. Als er 1968 seinen festen Arbeitsplatz verlor, begann er zu malen: Tiere, stilisierte Alltagsszenen und Sheitani-Geistergestalten, wie die Makonde sie schnitzten. Er malte auf quadratischen Masonit-Hartfaserplatten, die zur Deckenverkleidung in Wohnräumen gedacht waren, und benutzte farbenfrohen Emaillack für Fahrräder, den er aus Eisenwarenhandlungen in Dar es Salaam bezog. Seine Bilder waren ein großer Verkaufserfolg. Er heiratete eine Makonde namens Agatha und ließ sich im Fischerdorf Msasani nahe bei Dar es Salaam nieder. Sein Schwager und sein Halbbruder und schließlich auch entferntere Familienangehörige beteiligten sich bald an der Bildproduktion, seine Frau übernahm den Verkauf, und so entstand die typisch tansanische Tingatinga-Schule. Tingatinga-Malerei in allen Größen und Formaten fand rasch auch international großen Anklang, vor allem auf dem japanischen Kunstmarkt (Rau 1985).

Ein 1944 geborener, in Dar es Salaam ausgebildeter Makonde-Schnitzer, George Lilanga Di Nyama, fand so sehr Gefallen an den lebhaft farbigen Bildern, dass er radikal umschwenkte von Makonde-Skulptur zu Tingatinga-Malerei. Er wurde zu einem der wichtigsten Vertreter moderner tansanischer Kunst. Sie kreist in Makonde-Skulpturen wie in Tingatinga-Bildern um drei in Afrika wichtige soziale und spirituelle Themen: *Binadamu* (Swahili „Kind Adams") zeigt Mann und Frau in ihren traditionellen Rollen und Aufgaben; *Ujaama* (Swahili „erweiterte Familie") versinnbildet die von Julius Nyerere 1967 stark betonte Dorfgemeinschaft, den Einzelnen als Teil des Gemeinwesens, dargestellt in Form vieler dynamisch untereinander verflochtener Figuren; *Sheitanis* (Swahili „Geist, Geister") bleiben Symbole mythologischer und religiöser Vorstellungen und animistischer Naturkräfte.

Auf der Reise mit Loki Schmidt (Wickler 2014) fiel mir ein künstlerisches Pendant dazu auf der anderen Seite der Erde in Südamerika auf. Es hat sich zur gleichen Zeit wie in Kenia im peruanischen Andenhochland entwickelt. Auch hier ging es aus von einem fantasiebegabten Autodidakten, Hilario Mendívil Velasco (1927–1977). Er war Bauer (verächtlich „cholo") in Toco Cachi, einem alten Stadtviertel von Cuzco, der 3400 m hoch gelegenen Inka-Hauptstadt. Man passiert Toco Cachi auf dem Weg zur etwa drei Kilometer oberhalb des Stadtzentrums erhaltenen Ruine der Inkafestung Sacsayhuamán aus dem 15. Jahrhundert mit den eindrucksvollen Mauern aus riesigen, zig Tonnen schweren und bewundernswert fugenlos aneinander gepassten Steinblöcken. Hilario Mendívil wohnte an der Plaza San Blas und lernte schon als Kind von Mutter und Großmutter nach alter Familientradition Heiligenfiguren und Masken aus Holz und Stoff zu basteln, um sie zu verkaufen. Schon früh wich er aber vom Stil der Góngora-Familie ab und versuchte es mit eigenen Ideen und Einfällen. Er trotzte dem Zorn seines eifersüchtigen Großonkels und bastelte die Heiligen Drei Könige und Hirten, die jedoch niemand haben wollte. Er musste schließlich als Arbeiter in einer Stofffabrik Geld verdienen, ließ aber nicht davon ab, seine Figuren immer weiter zu vervollkommnen, und brachte es bis 1954 zu einem eigenen unverkennbaren Konstruktions-Stil, der alle menschlichen Gestalten durch besonders feine, überlange Hälse auszeichnet. Im Anklang an den Körperbau der Lamas taufte man das schließlich Lamahals-, „Llamakunka"-Stil.

Hilario schuf kleine bis metergroße Figuren. Zuerst fertigte er ein Gerippe aus Agavenholz an. Für den Korpus erfand er eine Art Pappmaschee aus Kartoffel-, Getreide- und Reismehl, mit pulverisierter Schlämmkreide und etwas Gips zum Härten. Papier und Stoff wurden in dieser Paste getränkt und daraus wurden sehr sorgfältig Kopf, Hände, Füße und Körper modelliert, jeweils mit ausgesucht einfacher oder vornehmer Kleidung. Das ganze Gebilde musste gründlich austrocknen und wurde sodann sehr naturgetreu mit Plakafarben glänzend bemalt. Feinstarbeit genossen nicht nur die Gesichter sondern auch der diverse Zierrat an der Kleidung. Endlich, nach langer Anlaufzeit, wurden Besucher und Kunstverständige aufmerksam, fanden sich Käufer und Aussteller. Hilario heiratete Doña Georgina Dueñas Quispe. Sie und später die Kinder halfen bei der Herstellung der plastischen Skulpturen. Jeder spezialisierte sich auf einen bestimmten Arbeitsgang, und so gründeten sie letztendlich einen florierenden Familienbetrieb. Allerdings, ganz im Gegensatz zu den eher teuflischen Sheitanis in Ostafrika, fertigten die Mendívils christlich-religiöse Heiligenfiguren wie Madonna, Engel, die Heiligen drei Könige, Gottvater oder die Dreifaltigkeit. Meist wurden kanonische Bibelszenen getreu der spanisch-christlichen Überlieferung zusammengestellt, etwa Adam und Eva im Paradies, die Krippe oder das letzte Abendmahl. Die größten Krippengruppen bestehen aus über 80 Einzelfiguren. Ich besitze eine Szene „auf der Flucht nach Ägypten"; da zieht der mit breitkrempigem Hut vorangehende Josef am langen Strick einen Esel hinter sich her, auf dem die elegant gekleidete Maria im Damensitz reitend das Kind auf dem Schoß hält. Die eigenwillig schönen christlichen Figuren und biblischen Mendívil-Szenen sind heute nicht nur in einem eigenen Museum in Cuzco ausgestellt, sondern ebenfalls in verschiedenen europäischen Museen, so in der Benediktinerabtei Münsterschwarzach, im Museum für Deutsche Volkskunde Berlin oder im Bayerischen Nationalmuseum Altes Schloss Schleißheim bei München.

Am 14. September verabschieden wir uns bei strömendem Regen von den Nestlé-Managern, die geradewegs nach Nairobi zurückfahren. Wir machen mit unseren nachgereisten Ehepartnern noch ein paar Tage gemeinsam Urlaub an der Küste.

22

Hans Fricke

Hans Fricke kam zum ersten Mal 1964 als Student nach Seewiesen, begeisterte sich für Konrad Lorenz, kam ab 1967 regelmäßig wieder, zwischen seinen ebenso regelmäßigen Tauchbesuchen ins Rote Meer, war gern gesehener und gehörter Diskutant im Wickler-Café und versorgte Kollegen mit bunten Ideen aus seinen Erfahrungen. Seine Methode, in allen Meeren das Leben der Rifftiere – Korallen, Quallen, Krustentiere, Stachelhäuter, Fische, Echsen, Schildkröten – Tag und Nacht geduldig zu beobachten, zu filmen und am Ort experimentell zu untersuchen, machte ihn zum weltbekannten Forscher und Dokumentarfilmer. Obwohl er finanziell von der MPG unabhängig war, habe ich ihn 1986 administrativ meiner Abteilung angegliedert, sodass er die weit gespannten Expertisen unserer Institutswerkstätten für seine neuartige Unterwasserforschung ausnutzen konnte.

Das begann mit *Neritika,* einer Unterwasserstation draußen vor dem Hafen von Eilat, von der aus er und viele Studenten vier Jahre lang Öko-Ethologie betrieben. Inspiriert von Jacques Piccard und von Sponsoren unterstützt, kam Hans dann zu seinem Kleintauchboot *Geo,* mit dem er die deutsche Tauchbootforschung begründete und sich (ab 1987) den Traum erfüllte, lebende Quastenflosser *(Latimeria)* in natürlicher Umgebung zu beobachten (Fricke 2007). Die *Geo* steht jetzt im Deutschen Museum in München. Mit der nachfolgenden *Jago,* die 400 m tief tauchen kann, hat Hans im „Garten Eden unter den Wellen" äußerst erfolgreich weitergearbeitet. Die Boote standen lange in Seewiesen, von wo aus er mit seiner Standard-Crew Jürgen Schauer und Karen Hissmann zu Abenteuern (auch in die Tiefen der Alpenseen; Fricke 2009) startete.

© Springer-Verlag Berlin Heidelberg 2017
W. Wickler, *Wissenschaft auf Safari,*
DOI 10.1007/978-3-662-49958-0_22

Das meiste, was ich über das unglaublich reichhaltige Leben in und an Korallenriffen weiß, habe ich in zahllosen Stunden wissenschaftlicher Zwiegespräche (die bis heute stattfinden) von Hans gelernt. Unsere Gespräche drehen sich um ökologische und Verhaltens-Anpassungen an Meeresbewohnern, oft in Verbindung mit vielerlei Symbiosen, und um das Sozialverhalten der Korallenfische. Sie können, ebenso wie Säuger, monogam oder in Harems leben, in Gruppen aus mehreren Männchen und vielen Weibchen oder als territoriale Männchen, die von Weibchen besucht werden. Mich interessiert, wo im Tierreich es Monogamie gibt und warum. Der Vermutung, sie hinge mit elterlicher Brutpflege zusammen, widerspricht zum Beispiel die im folgenden Kapitel besprochene *Hymenocera*-Garnele. Hans beschreibt Monogamie bei Kaiserfischen (Pomacentriden) und Schmetterlingsfischen (Chaetodontiden), die keinerlei Brutpflege betreiben. Während für die Evolution des Soziallebens häufig eine Bindung zwischen Eltern und Jungen wichtig ist, fehlt sie bei Korallenfischen. Wohl aber spielt individuelles Kennen eine Rolle. Am Anemonenfisch *Amphiprion bicinctus* dokumentiert Hans eine aus dem Sexualverhalten abgeleitete Unterlegenheitsgeste. Es ist wieder eines der eigenständigen, im Sozialleben auch des Menschen wichtigen sozio-sexuellen Verhalten, wie ich es von *Tropheus*-Buntbarschen, Fleckenhyänen, Meerkatzen und Pavianen beschrieben habe.

Vier Arten von Drückerfischen (Balistidae) hatte ich im Aquarium beobachtet und für die Göttinger *Encyclopaedia Cinematographica* gefilmt. Doch blieb das weit von dem entfernt, was Hans mit Freiland-Experimenten an ihnen, speziell an *Pseudobalistes fuscus,* über Lernen, Gedächtnis und intelligentes Problemlösen herausfand. Man muss es im Detail in seinem Riffbericht von 1976 lesen.

Ebenfalls ausführlich beschäftigt hat er sich mit zwei sehr eigenartigen, ortsfest auf Substrat lebenden Meerestieren: mit einem Fisch und einem Stachelhäuter. Der Fisch, *Gorgasia sillneri,* ein meterlanger Aal, bildet auf deckungslosen Sandflächen stationäre Kolonien, in denen jedes Tier eine senkrecht in den Boden führende Röhre hat, aus der es zum Planktonschnappen herausschaut und in die es sich bei Gefahr blitzschnell zurückzieht. In diesen Aalfeldern leben tausende Individuen. Große Männchen haben mehrere Weibchen in engerer Nachbarschaft. Rivalen bekämpfen sich, stets mit dem Schwanzende im Boden, durch Drohen und Bisse in den Kopf. Paare wohnen nah beieinander. Bei einer Paarung umschlingt das Weibchen den Leib des Männchens. Das Schicksal der relativ großen Eier und der schlüpfenden Larven ist bislang unbekannt.

Ähnlich in Kolonien lebt der Stachelhäuter *Astroboa nuda,* ein Gorgonenhaupt. Gorgonenhäupter sind spezialisierte, riesige Schlangensterne. Ihre Arme sind am Ansatz unterteilt in zwei dickere Kriechäste und zwei meterlange Fangäste, die sich farnartig verzweigen. Bis 90.000 Armverzweigungen mit Häkchen an den Enden bilden nachts einen weit gespannten Fächer zum Planktonfangen. Tagsüber sind sie unentwirrbar zusammengeknäuelt, und die Tiere sitzen in Spalten verborgen. Abends kriechen sie an bestimmte Vorsprünge im Riff und halten ihre Fächer gegen die Strömung. Wie sie ihren immer gleichen Hin- und Rückweg finden, ist unbekannt. Manche Gorgonenhäupter haben Fortpflanzungs-Besonderheiten. Bei *Astrochlamys bruneus* in der Antarktis trägt das Weibchen ein kleines Männchen auf der Mundscheibe mit sich, und die Mutter hat bis 200 Junge in ihrem Körperhohlraum. Also werden Eier und Spermien nicht, wie sonst bei Echinodermen üblich, ins Meer entlassen. Die fertig ausgebildeten Jungen von *Astrochlamys* bei Florida sitzen auf der Mutter und fressen Gewebe aus dem mütterlichen Körperhohlraum. Kein Zweifel, Gorgonenhäupter bieten ein reiches, kaum bearbeitetes ethologisches Forschungsfeld, ebenso die „normalen" Schlangensterne.

Mein Interesse an Schlangensternen hat Dietrich Magnus entfacht, dem wir entscheidende Hinweise zur Harlekingarnele verdankten. Auch hier sind mehrere Arten monogam, indem das klein bleibende Männchen sich unten auf der Mundseite des Weibchens festsetzt; ein Artname, *Amphilycus androphorus,* benennt dieses Männchentragen. Ein nachhaltiges Erlebnis mit einem Schlangenstern hatte ich 2004 während meines Besuches auf Lizard Island. Vor einem Gebäude der australischen Forschungsstation standen unter Dach meerwasserdurchflossene, riesige Bottiche mit Korallenblöcken und den zugehörigen Bewohnern. Einmal näherte ich mich einem Bottich und sah aus mehreren Schritt Entfernung einen Schlangenstern, der eilig in tiefere Korallenspalten flüchtete – vor mir? Ich kam auf weichen Sohlen, konnte also keine Erschütterung verursacht haben. Augen haben Schlangensterne aber auch nicht. Einige Wochen später löste sich das Rätsel. Frau Aizenberg von den Bell Laboratories in USA hatte wenige Jahre zuvor an einem Schlangenstern der Art *Ophiocoma wendtii* dasselbe Phänomen beobachtet und war ihm mit Kollegen und aller technischen Raffinesse nachgegangen. Sie fanden folgendes: Die dünnen, schlangenartig beweglichen Arme dieser Stachelhäuter haben ein Stützskelett aus Kalk-Elementen, die ähnlich wie unsere Wirbel beweglich miteinander verbunden sind. In den Verbindungsspalt ragt von oben wie eine Kniescheibe ein Kegel aus einem einzigen Calcit-Kristall, der als Linse einfallendes Licht bündelt und genau

„scharf gestellt" ist auf einen darunter verlaufenden Nerv. Viele solche Linsen liegen hintereinander auf jedem der fünf Arme und fangen so Licht oder Schatten aus bestimmten Richtungen ein. Damit kann ein Schlangenstern also tatsächlich auf primitive Weise sehen. In der Haut über jedem Kegel und um ihn herum liegen dunkle Farbzellen, die nachts zusammengezogen werden und sich tagsüber, wenn im Flachwasser das Licht zu grell wird, ausbreiten – die sehende Kniescheibe mit Sonnenbrille.

23

Garnelen-Aufregung

Der Harlekinade erster Teil

Zu Weihnachten pflegte Konrad Lorenz sich ein Geschenk zu machen: Er kaufte bei der Importfirma Andreas Werner in der Nymphenburger Straße in München neue Korallenfische für sein zimmergroßes Meeresbecken. Das grenzte mit entsprechend dicker Glasscheibe an sein Arbeitszimmer, und aus einer Sesselgruppe direkt davor konnte man bequem dem Leben und Treiben in diesem künstlichen Rifftümpel zusehen. Weihnachten 1968 mischt Herr Werner als Überraschung einige kleine, hübsch gemusterte Garnelen zu den Fischen. Die zwei bis sechs Zentimeter langen Tierchen kommen in eines unserer normalen Seewasserbecken; ich soll sie mir mal ansehen. Mit dem, was sie dann tun, liefern sie etliche wissenschaftliche Überraschungen und den Anstoß zu zwei Weltreisen (Wickler und Seibt 1970).

Zunächst allerdings laufen die Krebschen nur langsam am Boden umher, schwenken ihre lappig verbreiterten ersten Antennen auf und ab und setzen sich nach einigen Stunden an verschiedenen Stellen jeweils unter einem Algenblatt oder neben einem Korallenblock zur Ruhe, auffälligerweise je zu zweit. Unregelmäßige rötlichbraune oder bläuliche Farbflecke am fast weißen Körper und auf den flächig verbreiterten großen Scheren machen den Namen „Harlekin-Garnele" verständlich. Am individuellen Fleckenmuster sind die Tiere gut zu unterscheiden. Ihre Zweiergruppen bleiben über Tage hinweg stabil. Mehr passiert zwei Wochen lang nicht. Sie nehmen keinerlei übliches Futter an. Laut Werner stammen die Tiere von der ostafrikanischen Küste, und dort arbeitet oft Dietrich Magnus. Also rufe ich ihn in

© Springer-Verlag Berlin Heidelberg 2017
W. Wickler, *Wissenschaft auf Safari,*
DOI 10.1007/978-3-662-49958-0_23

Darmstadt an. Oh ja, er kennt diese Tiere. Ihr lateinischer Name ist *Hymenocera elegans* (oder *picta*). Sie sind selten, aber regelmäßig zusammen mit Seesternen zu sehen.

Schleunigst holen wir aus Nymphenburg auch noch verschiedene große Seesterne, tun sie zu den Garnelen und warten gespannt. Es geschieht etwas, bei dem noch nie jemand zugeschaut hat: Schon nach wenigen Minuten machen sich zwei Garnelen auf den Weg zu einem Seestern. Sie erklettern ihn, betasten seine Oberfläche und laufen dann an die Spitze eines Armes. Auf ihm halten sie sich mit den sechs Laufbeinen fest, drücken die Vorderkanten der großen Scheren gegen den Boden und stemmen erstaunlich kräftig sich selbst und den Arm, auf dem sie sitzen, hoch. Seestern haben an der Unterseite zahllose Saugfüßchen (Ambulakralfüße), mit denen sie laufen und sich am Boden festhalten. Trickreich tasten die Garnelen mit ihren spitzen, kleinen Fress-Scheren unten am Arm nach den Füßchen, die der Seestern daraufhin einzieht, als wäre er kitzlig. So verliert er den Halt. Kopfabwärts stehend schreiten die Garnelen nun auf ihren Stemmscheren rückwärts und biegen dabei den Seestern-Arm immer weiter vom Grund weg, wechseln zu einem anderen Arm, biegen auch den hoch und kippen dann tatsächlich den ganzen mehr als handtellergroßen Stern auf den Rücken. In die weichere Haut unten in der Füßchen-Rinne schneiden sie nun mit den Scherchen ein Loch, erweitern es, zupfen und ziehen dann mit ihren fabelhaften Pinzettenscherchen Innereien heraus und fressen davon. *Hymenocera* ist ein Seestern-Räuber, und ein recht geschickter.

Hymenocera kann auch kleinste Verwundungen der Seesternoberseite ausnutzen, um dort zu bohren und zu fressen. Verschiedene Arten von Seesternen erleiden dann verschiedene Schicksale. Die rundarmigen, beigefarbigen *Leiaster* und blaugrünen *Linckia* trennen sich an der verwundeten Stelle vom befallenen Arm, überlassen ihn den Krebsen und bringen sich selbst in Sicherheit. Das fällt ihnen leicht, denn Individuen dieser Arten vermehren sich nicht nur geschlechtlich durch Keimzellen, sondern auch vegetativ, indem sie ein Armstück abschnüren. Der Armstumpf regeneriert, und der autotomierte Arm ergänzt aus der Schnittstelle einen neuen, zunächst ganz kleinen Stern. Dieses „Kometenstern"-Stadium findet man häufig im Riff. Schlechter dran ist der mit bunten Kalkkegeln geschmückte, dreikantig gebaute *Protoreaster;* er verliert durch die Garnelen-Verwundungen rasch seinen inneren Turgor, kollabiert und zerfällt. Wir testen auch einen kleinen Dornenkronen-Seestern *(Acanthaster planci).* Ihm bohren die Garnelen an verschiedenen Stellen Löcher in die weiche, kaum durch Kalkeinlagerungen geschützte Haut und zerren schon bald Innereien heraus. So behandelt, stirbt der *Acanthaster* im Laufe eines Tages.

Die Aquarienbeobachtungen bringen noch eine weitere aufregende Erkenntnis. Die Garnelen sitzen regelmäßig zu zweit. Die Geschlechter kann man an der Färbung der seitlich vom Körper nach unten hängenden Hautlappen unterscheiden: Der zweite Lappen ist am Männchen einfarbig, am Weibchen trägt er einen deutlichen, dunkel umrandeten Farbfleck. Somit wird schnell erkennbar, dass immer ein Männchen und ein Weibchen zusammen sind. Können sie jeweils Partnerin oder Partner von anderen Artgenossen unterscheiden? Wir verteilen die Tiere künstlich im Becken: Die Paare finden sich auch im Dunklen wieder. Vermutlich erkennen sie einander an einem Duftstoff. Wir trennen aus den Paaren ein Männchen von seiner Partnerin und konfrontieren es dann lediglich mit zwei nebeneinander gebotenen leichten Wasserströmen, von denen der eine zuvor über ein fremdes, der andere über „sein" Weibchen geführt wurde: Jedes Männchen wandert unter heftigem Antennenschwenken regelmäßig unfehlbar dem Strom entgegen, der den Duft seiner (ihm unsichtbaren) Partnerin trug. Umgekehrt reagieren auch die Weibchen auf den Duft ihrer Männchen. Damit gelingt der erste Nachweis von individuellem Fern-Erkennen bei einem Krebs und überhaupt bei einem Gliederfüßer. Individuen-Erkennen gibt es zwar bei anderen Krebsen auch, die aber müssen dazu dicht nebeneinander sitzen und sich mit den Antennen berühren.

Das individuelle Erkennen und Wiederfinden des Partners wie auch das Auffinden einer Beute bewerkstelligt *Hymenocera* mit einer Reihe langer, schon mit bloßem Auge sichtbarer Sinneshaare mitten auf dem breiten Lappen der ersten Antennen, die bei Partner- und Beutesuche heftig auf und ab geschwenkt werden.

Die nächste Frage ist, wofür individuelles Erkennen und Paarzusammenhalt bei dieser Garnele wichtig sein mochte. Sicher nicht zum Nahrungserwerb, denn gelegentliche kurze Futtersuch-Exkursionen unternehmen die Paarpartner einzeln. Und sie kehren stets ortstreu an ihren gewohnten Sitzplatz zurück. Arbeiten sie doch einmal zugleich am selben Seestern, dann kommt es vor, dass sie an gegenüberliegenden Armen ihn umzukippen versuchen, einander also stören statt zu kooperieren. Erforderlich zu einer Kooperation ist, dass zwei mehr schaffen, als es der Summe zweier einzeln Arbeitender entspricht. Oft ist das Arbeitsteilung, wobei zwei verschiedene Tätigkeiten gleichzeitig ausgeführt werden können, was einem Individuum allein nicht möglich ist. Das ist hier nicht der Fall.

Gemeinsam aktiv sind die Paarpartner nur zur Fortpflanzung, stets unmittelbar im Anschluss an die Häutung eines Weibchens. Wenn Gliederfüßer ständig weiter wachsen, wird ihre feste äußere Körperhülle bald zu eng, schließlich mit einer Häutung abgeworfen und durch die darunter neu gebildete ersetzt. Das geschieht bei *Hymenocera* etwa alle 18–20 Tage, aber nicht bei allen Tieren synchron. Auf die Häutung eines Weibchens folgt eine Paarung. Dazu postiert sich das Männchen Bauch gegen Bauch quer unter das Weibchen und besamt die austretenden Eier, jeweils 100 bis 200 Stück. Die Mutter trägt die Eier bis zur nächsten Häutung unten am Körper. Dann schlüpfen die Larven und schwimmen davon. Das Männchen kümmert sich weder um die Eier noch um die Larven, aber es bleibt bei „seinem" Weibchen. Leben diese Garnelen in Dauermonogamie? Das wäre merkwürdig. Denn ein Weibchen kann nur so viele Nachkommen haben, wie es Eier legt, ein Männchen aber kann viel mehr Nachkommen haben, wenn es die Eigelege mehrerer Weibchen besamt. Warum also geht es nicht umgehend auf die Suche nach weiteren Weibchen?

Wir haben längst erfolgreich weitere *Hymenocera*-Garnelen nachbestellt und eine Zeit lang mehr Weibchen als Männchen im Aquarium. Auch die partnerlosen Weibchen, die sich regelmäßig häuten, werden von Männchen besucht. Jedes Weibchen, das sich häutet, sendet einen Paarungsduft aus, der alle Männchen in Riechweite anlockt. Auch ein verpaartes Männchen verlässt sein Weibchen, wenn anderswo ein Weibchen Paarungsbereitschaft signalisiert. Ist dieses Weibchen selbst verpaart, so wird es von seinem Männchen verteidigt, und der Rivale kehrt meist unverrichteter Dinge wieder um. Aber auch wenn das signalisierende Weibchen einsam und der Bewerber erfolgreich war, kehrt er anschließend umgehend zu seinem Weibchen zurück. Warum tut er das? Wir machen eine Überschlagsrechnung:

Neben jedem ihm unbekannten Weibchen wird er im Mittel die halbe Zeit, die zwischen zwei Häutungen liegt, also neun bis zehn Tage warten müssen, bis er ein Gelege besamen kann. Wenn diese Wartezeit plus die Suchzeit, bis er überhaupt ein einsames oder schlecht verteidigtes Weibchen findet, länger ist als die verbleibende Zeit zur nächsten Häutung seines eigenen Weibchens, dann ist Weitersuchen weniger Erfolg versprechend als die Rückkehr zum bekannten Weibchen. Dass er regelmäßig zurückkehrt, lässt darauf schließen, dass diese Garnelen im Riff meist verpaart vorkommen, die Paare aber versteckt und ziemlich weit voneinander entfernt leben. Wir schlussfolgern: *Hymenocera* lebt in Dauermonogamie mit gelegentlichen „Seitensprüngen", wobei sich für die Weibchen stetige, für die Männchen relative Partnertreue bewährt (Seibt und Wickler 1979).

Bei anderen Krebsen ist das durchaus anders. Die Männchen der Bachflohkrebse *(Gammarus)* in unseren Gewässern zum Beispiel ergreifen jedes verfügbare Weibchen und reiten auf ihm bis zur Eiablage, kopulieren, verlassen das Weibchen und suchen ein anderes. Hier ist wegen hoher Populationsdichte die Suchzeit minimal und die anstehende Wartezeit beim eben begatteten Weibchen allemal länger als die halbe Wartezeit auf einem neuen Weibchen.

Der Harlekinade zweiter Teil

Auf dem jährlichen Wissenschaftlertreffen in Seronera berichte ich im Januar 1970 von unseren Arbeiten über Monogamie unter Tieren. Ich erläuterte, dass und warum dauerhafte Einehe unabhängig voneinander bei ganz unterschiedlichen Tierarten vorkommt, etwa bei Schakalen, Gibbons, Gänsen, Schlangensternen, Egeln und eben auch bei der Seesterne fressenden *Hymenocera*-Garnele. Einen Konferenzteilnehmer, den Ökologen Dr. Lee Talbot von der Smithsonian Institution in Washington, elektrisiert das Fressverhalten unserer Garnele. Er schildert es seinem Freund Craig B. Fisher von der National Broadcasting Company in New York, den er zufällig in Bangkok trifft und der seinerseits soeben einen Film über das australische Barriereriff und seine Probleme zusammenstellt. Hauptursache für ein Riffproblem ist eben jene „Dornenkrone", die wir schon der *Hymenocera* zum Fraß gegeben hatten. Dieser vielarmige und fast wie ein Seeigel mit kräftigen Stacheln bewehrte *Acanthaster planci* wird bis zu 60 cm groß, weidet im Riff die Korallenpolypen ab und hinterlässt ein totes Korallengerüst. Die Stachelsterne wandern in vier Wochen einen Kilometer weit übers Riff und weiden pro Tag ein doppelt so große Fläche kahl wie ihre Körperscheibe bedeckt. Feind der Dornenkrone ist eine große Schnecke, das Tritonshorn *(Charonia tritonis)*. Vor ihr flieht der Seestern, schafft aber nur 30 cm/min, wird von der Schnecke eingeholt, immobilisiert, auf den Rücken gedreht und verzehrt; die Stacheln spuckt die Schnecke einige Stunden später wieder aus (Sugar 1970). Vielleicht wurden zu viele Tritonsgehäuse als beliebte Zierstücke eingesammelt, von 1949–1959 am Großen Barriereriff mindestens 100.000 à 35 $ das Stück – jedenfalls rückten Massen von Dornenkronen an verschiedenen pazifischen Riffen flächenweise voran. Die schönsten Korallenriffe im zentralen Pazifik scheinen in Gefahr. Um Riffe zu retten, wurden Dornenkronen gesammelt und am Land vergraben, bei Cairns an der australischen Küste 27.000 im Jahre 1965 und 44.000 Stück 1967. Ganze 1000 Taucher opferten ihren Jahresurlaub, um mit langen Spritzen bewaffnet jedem *Acanthaster* fünf Kubikzentimeter Formol zu injizieren; vier Taucher konnten so in vier Stunden 2500 Stück umbringen. Ausprobiert wurde das mit einem Aufwand von 39.000 US$ an der Insel Guam, wo seit 1967 die Dornenkronen 90 % des 38 km langen Saumriffs bis in 65 m Tiefe abgetötet hatten.

Von New York erreicht uns daraufhin die Frage, ob wir den geschilderten Angriff von *Hymenocera* auf *Acanthaster* filmen könnten und ob sich die Garnele vielleicht massenhaft vermehren und als natürlicher Feind zur Bekämpfung der Dornenkrone einsetzen ließe. Diese – freilich vage – Möglichkeit entfacht internationale Aufmerksamkeit in verschiedenen Medien, bis hin zu einem *Acanthaster*-Komitee im Büro des australischen Premierministers in Canberra. Auch der deutsche Generalkonsul in Sydney und das Auswärtige Amt in Bonn interessieren sich dafür. Dank Craig Fishers Vermittlung verschaffen uns die NBC und die Smithsonian Institution über die australische Regierung einige frisch gefangene *Acanthaster*. Sie kommen am 1. April 1970 mit der Deutschen Lufthansa als VIC (Very Important Cargo) aus Sydney über Frankfurt in München an.

Wir hatten vorsorglich mehrere unserer Garnelen fasten lassen und können das Geschehen zwischen ihnen und den eingetroffenen *Acanthaster*-Seesternen ohne besonderen Aufwand filmen. Es geschieht, was wir erwartet haben: Eine erst 1,5 cm große Garnele dreht „eigenhändig" einen 13-armigen *Acanthaster* von 20 cm Durchmesser auf den Rücken; sie lockert an einer Seite des Sterns einen Arm nach dem anderen vom Grund, an der Spitze beginnend bis zur Körperscheibe, und klappt das ganze Tier über. Wir schicken den Farbfilm per Kögel & Co nach New York. Die Szene ist am Freitag, den 22. Mai 1970 um 19.30 Uhr im NBC-Spezial *The Great Barrier Reef* zu sehen und macht hinreichend Eindruck: Wir werden zu einer dem *Acanthaster*-Problem gewidmeten Konferenz der Pacific Science Association im Mai 1973 nach Guam eingeladen.

Auf dem Hinflug nutzen wir einen Zwei-Tage-Zwischenstopp in Bangkok, um zu versuchen, in einem von ortskundigen Ornithologen angegebenen und von der Stadt aus leicht erreichbaren Gebiet Königsdrongos *(Dicrurus macrocercus)* zu finden, Verwandte der Serengeti-Drongos. Ein Mietwagen fährt uns 70 km zum Fluss Kwae Yai. Der ist bekannt geworden als River Kwai im Film *Die Brücke am Kwai*: Im Zweiten Weltkrieg mussten 1942 australische, britische und niederländische Kriegsgefangene zusammen mit asiatischen Zwangsarbeitern für den japanischen Truppennachschub eine 415 km lange Eisenbahnlinie zwischen Birma (heute Myanmar) und Thailand bauen, Dschungel roden, Felsen sprengen, Brücken bauen. Dabei sind 90.000 Zwangsarbeiter und 12.000 Gefangene ums Leben gekommen, viele durch Schikanen der koreanischen und japanischen Aufpasser. Die „Eisenbahn des Todes", Symbol für die Schrecken des Pazifik-Krieges, fährt noch von Bangkok bis Nam Tok, andere Teile sind stillgelegt, so wie der Teil über die kleine Brücke am Kwai. Vom Drongo können wir einzelne Rufe und ein kreischend klingendes Duett aufnehmen.

Der Weiterflug führt über Südvietnam. Während uns ein kleines Bordmenü serviert wird, weist der Pilot unten auf Rauchwolken hin, die vom Krieg und Sterben in den Wäldern zeugen. Der Flug geht weiter nach Taipeh auf Formosa und über Okinawa nach Guam. Eine merkwürdige Insel: Entlang der Küste sehen wir *Pandanus*-Haine voller Stelzwurzeln. Am Strand stehen Palmen. Überall hängen Schlingpflanzen. Große Teile der Insel sind mit Akaziengestrüpp bewachsen, das den Boden festhält. Den deckt scharfkantiges, kopfgroßes Geröll. Kein Lüftchen weht. Es ist sehr feuchtheiß. Eine tropische Idylle, leider militärisch verhunzt. Auto-Nummernschilder verkündeten stolz: *„Guam: where America's day begins"*, Lastwagen befördern ausdauernd Bomben vom Hafen durch die Straßen von Agaña ans Flugfeld zu den hier offiziell 100 (tatsächlich 200) stationierten amerikanischen Langstreckenbombern. Diese unterhalten einen täglichen Pendelverkehr nach Kambodscha, werfen dort ihre Bomben ab, kommen nach knapp 12 h am Nachmittag leer zurück und werden neu beladen. Ein kritischer Kommentator meint, es wäre nützlicher, den am hiesigen Stützpunkt überbordenden Müll mitzunehmen und über Kambodscha zu entsorgen.

Die neugierigen Erwartungen der Konferenzteilnehmer, *Hymenocera* könnte eine biologische Waffe gegen den *Acanthaster* werden, müssen wir dämpfen. Erste vergleichende Tests haben angedeutet, dass *Hymenocera* andere Seesterne der Dornenkrone vorzieht, was dem Riff nichts nützen würde. Auch lassen sich die Larven der Garnele bisher unter Gefangenschaftsbedingungen nicht erfolgreich aufziehen. Das Verhalten der Garnele unter natürlichen Bedingungen im Riff müsste dringend erforscht werden. Den Abschied gestalten die Chamorro-Eingeborenen besonders herzlich, sie veranstalten ein Festessen und bieten zubereitete Yamswurzel, Tapioka, Maniok, Seefische, Schildkröten und Einsiedlerkrebse an. Zuletzt bilden die wichtigsten Männer des Dorfes eine Reihe, an der wir vorbeigehen und jedem die Hand drücken.

24
An der ostafrikanischen Küste

Nach der Guam-Konferenz wollten wir herausfinden, ob sich das Verhalten der Harlekin-Garnelen in ihrem normalen Lebensraum beobachten lässt. Unsere Garnelen kamen von der ostafrikanischen Küste, und die Deutsche Forschungsgemeinschaft (DFG) erklärte sich bereit, einen Testbesuch an die dortige lange Riffzone zu finanzieren. Wir haben Frau Täuber kontaktiert, die unsere Tiere exportiert hatte, und besuchen jetzt 40 km nördlich von Mombasa ihre Fangstation bei Kilifi. Ihre Taucher allerdings finden *Hymenocera* selten und nur durch Zufall, wenn sie bis acht Meter tief in Höhlungen im Riff oder unter Korallenköpfen nach Feuerfischen *(Pterois)* suchen. Einige Garnelen hält sie in einem Schaubecken, das möglichst natürlich eingerichtet ist. Ein Rätsel bleibt auch hier die Bedeutung der auffälligen und geschlechtsverschiedenen Färbung von *Hymenocera*. Es ist keine Warnfarbe, die Tiere sind nicht ungenießbar, wie ein *Diodon*-Igelfisch demonstriert, der eine *Hymenocera* verspeist. Nachdem wir Frau Täuber versichert haben, ihr keine Export-Konkurrenz zu machen, gibt sie uns Tipps für gute und leicht erreichbare Stellen am und im Riff. Es sei vorweg gesagt: Wir finden dort keine einzige *Hymenocera*. Aber wir finden vieles andere.

Mit der Reisebuchung hatten wir Alf Dickfeld um ein Hotel gebeten ohne überflüssigen Luxus, geeignet für ungestörte Naturbeobachtungen am Strand, wenn möglich noch weniger besucht als Whispering Palms, das ich schon kannte. Zwei Kilometer davon entfernt und 20 min zu Fuß am Strand entlang bewohnen wir nun ein Zimmer im Hotel Sun 'n Sand. Es ist unscheinbar, etwas heruntergekommen, man muss zuweilen eigenhändig die Dusche gangbar machen oder eine Lampenbirne auswechseln. Entsprechend

© Springer-Verlag Berlin Heidelberg 2017
W. Wickler, *Wissenschaft auf Safari,*
DOI 10.1007/978-3-662-49958-0_24

wenige Gäste gibt es (Im Laufe der Jahre ist es dann entschieden feudaler geworden). Doch es gibt einen weiten, kaum besuchten Strand und eine kurze Entfernung zum Riff. Wir können Tag und Nacht ungestört und unbesorgt unseren Beobachtungen in der Gezeitenzone nachgehen. Die notwendige Gezeitentabelle hängt im Hotel aus.

Einführung

Afrika kippt. Westafrika ganz langsam tiefer in den Atlantischen Ozean, und ebenso langsam hebt die Plattentektonik die östliche Kante des Kontinents aus dem Indischen Ozean. Heute liegt Äthiopien im Mittel 1000 m tiefer als Kenia. Weite Strecken des Festlandstreifens an der Ostküste bestehen jetzt aus hochgeschobenen fossilen Korallenriffen. Im Meer davor sind küstennah neue Riffe entstanden. Das Ganze ist ein ungemein spannendes Gebiet für Zoologen, und nicht nur für sie.

Das heutige Saumriff verläuft grob parallel zur Küste und nähert sich ihr nördlich von Mombasa so weit, dass man es bei Ebbe bequem zu Fuß erreicht. Weiter südlich, nahe Dar es Salaam, erreicht man es am besten per Boot. Flüsse leiten zu Regenzeiten viel Wasser ins Meer und verringern über eine gewisse Strecke den Salzgehalt. Das vertragen die Korallen nicht; vor Flussmündungen ist das Riff immer wieder unterbrochen. Bei Springflut beträgt der Tidenhub vier, bei Nipptiden knapp zwei Meter. So kommen bei Ebbe überall große Flächen der Riffkrone aus dem Wasser. Dann bilden zahlreiche große und kleine, zum Teil untereinander verbundene Rest-Tümpel Naturaquarien, in denen eine Vielzahl von Riffbewohnern zu sehen sind. Ebenso günstige Beobachtungsmöglichkeiten bieten bei Ebbe die Flachwasserzonen landseitig vor dem Riff.

Zwei Gewächse gewöhnen uns gleich am ersten Tag ab, barfuß zum Wasser zu laufen. Unser Weg beginnt bei einigen Casuarinen (*Casuarina equisetifolia*), großen Laubbäumen, die äußerlich eher Koniferen gleichen. Ihre Blätter sind zu winzigen, spitzen Schuppen zurückgebildet und sitzen auf graugrünen, nadelförmigen Zweigen, die wie Laubblätter abgeworfen werden. Im Sand zwischen ihnen liegen die kleinen, zapfenförmigen Fruchtstände, sehr hart und spitzig und besonders unangenehm, wenn man darauf tritt. Dasselbe gilt für das Erdsternchen (*Tribulus terrestris*), eine häufige, filzig behaarte, am Boden kriechende Pflanze, deren tetraederförmige, harte Samenkapseln an den Ecken reißzweckenartige Dornen tragen, die bei Radfahrern gefürchtet sind. Ungefährlich sind die welligen schwärzlichen Schoten des Perlenbaumes (*Adenanthera pavonina*) mit kleinen, scharlachroten

Glücksbohnen *(lucky beans)*. Stellenweise begrenzen den Sandstrand weiß blühende Sonnenwenden *(Heliotropium)*, gelb blühendes *Justicia*-Lungenkraut, kriechend wachsende, violett blühende Chinesische Veilchen *(Asystasia)*, strahlend blaue *Commelina*-Tagblumen und winzige, gelbe Spinnenblumen *(Cleome)*. Beeindruckend sind die dickstämmigen und mehrere Meter hohen Mombasa-Palmfarne *(Encephalartos hildebrandtii)*, auf Deutsch Brotpalmfarne, weil ein stärkehaltiger Stoff aus dem Stamm zu einem brotähnlichen Lebensmittel gebacken werden kann. Sie sind jedoch weder Palmen noch Farne, sondern zählen zur 300 Mio. Jahre alten Pflanzengruppe der Cycadeen. Dicht an der Hochwasserlinie wachsen Schraubenpalmen *(Pandanus kirkii)*; ihr Stelzwurzelwerk ist zum Teil unterspült, die Spalten sind bevölkert von zahlreichen Einsiedlerkrebsen in diversen Schneckenhäusern. Auf ausgewaschenem Gestein kriecht und an felsigen Kanten hängt mit krummen Zweigen und immergrünem lederartigem Blattwerk der Kapernstrauch *(Capparis cartilaginea)*. Wir finden ihn immer voller Blüten, entweder beim Aufblühen weiß mit zahlreichen vier Zentimeter langen, aufrecht stehenden Staubblättern, oder wenige Stunden später rötlich-violett mit verknäuelt hängenden Staubblättern. Wie bei unseren Rosskastanien und Hortensien, bei Lungenkraut, Vergissmeinnicht und *Lantana*-Wandelröschen zeigt die Farbe den Insekten, welche Blüten Nektar enthalten und noch unbefruchtet sind, während bei befruchteten ein Besuch nicht lohnt.

Hinter dem Hotel am Weg zu einer Farm steht eine Allee von Paternosterbäumen *(Azadirachta indica)* mit zahlreichen faustgroßen Blattwohnungen der Weberameisen *(Oecophylla longinoda)*. Sie weben Blätter zusammen, indem sie ihre Larven, die aus dem Mund eine weiße Klebseide abgeben, hin und her auf aneinander gezogene Blattränder tupfen. Die Wohnnester sind innen hohl, außen mit weißen Spinnflächen bedeckt.

Bei Ebbe suchen auf dem Strandsand Tausende zentimeterkleine Soldatenkrabben *(Dotilla fenestrata)* nach organischem Material. Kommt langsam ein Mensch oder die Flut, graben sie sich geschickt spiralig in den Sand und decken sich damit zu. Wir laufen zum Schnorcheln hinaus an die großen Ebbe-Rifftümpel. Statt der *Hymenocera* sehen wir auf einigen Seesternen *Periclimenes*-Garnelen, die sofort flüchten, als wir näher kommen. Auf Seesternen, Seeigeln und Seegurken finden wir die zwei bis drei Zentimeter kleinen Hummelgarnelen *(Gnathophyllum americanum)*, paarweise oder zu mehreren; sie sitzen aber auch in Gruppen unter Korallengestein ohne Sterne. Wegen ihrer auffälligen Streifen heißen sie auch „zebra shrimp". Ebenso auffallend sind ihre langen, weißen zweiten Scheren. Von Stachelhäutern fressen sie die farblosen Atemschläuche, die sie nicht mit den Scheren pflücken, sondern – ganz unüblich unter Garnelen – direkt mit den gegeneinander arbeitenden Maxillipeden (Mundwerkzeugen) abbeißen und in den Mund führen. Regelmäßig sehen wir sie auch zwischen den acht bis zwölf Zentimeter langen, bis über einen Zentimeter dicken Stacheln des Griffel-Seeigels *(Heterocentrotus mammillatus)*, der meist erst nachts aktiv wird, um Algen abzuweiden. Seine klobigen Stacheln bestehen – ebenso wie die Stalagmiten und Stalaktiten in Tropfsteinhöhlen – aus Calcit (Doppelspat). Sie zeigen im Querschnitt eine Wachstums-Ringstruktur wie Baum-Jahresringe, wachsen aber lunarperiodisch. Eine neue Calcitschicht wird jeweils am Stachelansatz angelegt und wächst dann zur Stachelspitze hoch. Jeder Stachel ist ein Calcit-Kristall. Mehrere davon werden gern zu Windglöckchen gebündelt, zumal ein farbiges Ringmuster aus eingelagerten Fremdstoffen die Stacheln schmückt. Große Seeigel sind von *Siphamia*-Kardinalfischen umschwärmt. Mehrere Paare von Seenadeln, die Männchen eiertragend, ziehen an Rifflöchern vorbei, in denen je ein Picasso-Drückerfisch *(Rhinecanthus aculeatus)* ruht. Viele *Linckia*-Seesterne haben einen oder mehrere gestutzte Arme; einzeln liegende, dazu passende Armstücke haben verheilte Trennstellen oder einen beginnenden Kometenkopf als Ergebnis der schon erwähnten vegetativen Vermehrung dieser Seesterne. Lustig sehen die kleinen, kurzstacheligen Kugel-Seeigel *(Mespilia globulus)* aus, die mit ihren Füßchen zur Tarnung kleine Steine, Algenstücke, kleine See-Anemonen oder anderes „Dekorationsmaterial" über sich halten.

Alte Korallenstädte

Draußen vor dem Riff sehen wir malerische Dhows segeln. Einen Leitfaden für das Navigieren und den Handel in den Gewässern zwischen der arabischen Halbinsel und der ostafrikanischen Küste hatte im ersten Jahrhundert unserer Zeitrechnung ein Grieche aus Südarabien in einem Seemannshandbuch aufgeschrieben. So segelten vor 2000 Jahren Händler mit dem Nordost-Monsun (Dezember bis März) aus Arabien und Persien (heute Iran) nach Ostafrika und mit dem Südwest-Monsun (April bis Oktober) zurück. Ein Seemann, der den Rücktermin verpasste, musste, ähnlich wie es jungen Seeleuten über Winter auf Helgoland erging, einige Monate in dem durchaus attraktiven fremden Land bleiben. Wahrscheinlich tat er sich mit einem Bantu-Mädchen zusammen und bereicherte dessen Muttersprache mit arabischen Worten. Durch Kontakte mit arabisch sprechenden Händlern bildete sich im Laufe von 12 Jahrhunderten das Suaheli (Kiswahili). Sein Wortschatz umfasst zu 65 % Bantu-Wörter, zu 35 % arabische Wörter. Arabisch „sahl" (plural „sawahil") bedeutet „Küste". Suaheli hat kultur-resistent

Sklaverei und Kolonialismus überdauert. Es hat in den letzten fünf Jahrhunderten einzelne Worte aus Hindi, Deutsch, Englisch, Französisch und Portugiesisch aufgenommen und sie zum Beispiel zu *kompyuta, televisheni* oder *intelijensi* „verdaut", ohne seine Bantu-Konstruktion und Intonation zu verlieren. In einem Land mit etwa 120 Ethnien, die je eigene Stammessprache, eigene Sitten und Traditionen haben, ist Suaheli zum wesentlichen Einigungsfaktor geworden. Heute ist Suaheli Amts- und Landessprache in Ostafrika, wird an europäischen, asiatischen und arabischen Universitäten gelehrt. Ich sehe darin einen Musterfall für lebendige kulturelle Evolution.

Der Begriff „Suaheli" taucht erstmals in den Berichten des marokkanischen Forschungsreisenden Abu Abdullah Ibn Battuta auf, des größten Reisenden des Mittelalters, der 1331 das Gebiet von Kilwa bis Mogadischu bereiste und Mombasa besuchte. Ihn interessierte das „Zenj-Reich", die afrikanische Variante islamischer Kultur. Sultane der Shiraz-Dynastie, die wohl als Flüchtlinge wegen der Teilung des Islam nach Mohammeds Tod ihre Heimat am Persischen Golf verließen, begannen um 800 als arabische Kolonisten die ostafrikanische Küste zu besiedeln und brachten den Islam mit. Die in ihrer Heimat „Zenj" genannten Dunkelhäutigen begründeten ein „Zenj-Reich" mit Häfen und steinernen Städten, das von Kilwa, 240 km südlich von Dar es Salaam, bis Mogadischu 200 km nördlich des Äquators reichte. Orte wie Kilwa und Mombasa, Stadtstaaten wie im Mittelalter Genua und Venedig, waren den arabischen Kaufleuten Orte des Abenteuers, wundersame Märkte, die durch Glück und Zauberei Reichtum verhießen. Sie spannten jahrhundertelang ein leistungsfähiges Handelsnetz über den Indischen Ozean, holten Waren aus Südarabien, Ägypten und Persien an die ostafrikanische Küste und transportierten von hier nach Norden Elfenbein, Schildpatt, Gold und Sklaven.

Zum Bau ihrer Häuser und Moscheen verwendeten die Zenj-Kolonisten vornehmlich Korallenblöcke, ein ausgezeichnetes Baumaterial: leicht, weil porös, und doch sehr hart. Korallengestein wurde außerdem wochenlang auf Mangrove-Holzfeuern zu Kalkpulver zerbrannt und dann mit Regenwasser zu Mörtel und Verputz vermischt. Europäer hatten von dieser Kultur nie etwas gehört, geschweige denn gesehen, bis Vasco da Gama 1498 kam. Mit ihm kam eine Katastrophe. Zunächst staunten die Portugiesen, bedeutende Städte vorzufinden mit mehrstöckigen, aus Stein gebauten Häusern und gepflegten Gärten. Dann begannen sie unter Vasco da Gama, Francisco d'Almeida und Nuño da Cunha systematisch plündernd und raubend eine Stadt nach der anderen zu zerstören, wie ein Deutscher Augenzeuge, der d'Almeida begleitete, berichtet. Sie unterbanden auch den Handelsverkehr und damit vieles, das in Jahrhunderten gewachsen war. Unter der portugiesischen Invasion brachen 1513 auch die Shiraz-Sultanate zusammen. Die Portugiesen ihrerseits wurden 1729 endgültig von Arabern (aus Oman) vertrieben, die 1832 das Sultanat Sansibar gründeten. Von 1887–1895 verpachtete der Sultan von Sansibar die Küstenregion an die Imperial British East Africa Company, dann wurde sie britische Kronkolonie. Noch 1960 war der Küstenstreifen formal ein Sansibar-Protektorat; eine jährliche Pacht ging an den Sultan von Sansibar.

Heutzutage sieht man von den Korallenstädten an der Küste nur mehr Ruinen. Immerhin sind einige Reste recht gut erhalten, weil Regenwasser den Kalkmörtel weiter verfestigt. Zudem sind diese Ruinen jetzt nationale Monumente und stehen samt ihrem unmittelbaren Umfeld unter Denkmalschutz. Sie bilden auch für naturinteressierte Biologen urwüchsige Biotope. Auf den Spuren Ibn Battutas wandelnd besuchten wir einige von ihnen mehrmals, doch nicht nur als neugierige Zoologen.

Jumba la Mtwana

Um 1350, wenige Jahre nach Ibn Battutas Besuch, wurde 15 km nördlich von Mombasa das kleine Städtchen Jumba la Mtwana gegründet, aber, wie Porzellan- und Töpfer-Scherben ausweisen, schon nach drei oder vier Generationen wieder verlassen. Der Suaheli-Name bedeutet „das große Sklavenhaus". Die erhaltenen Reste von einem Grab, vier kleinen Moscheen und vier Häusern findet man vier Kilometer abseits der Mombasa-Malindi-Straße in Strandnähe nördlich der Mündung des Mtwapa-Flüsschens. Relativ gut erhalten ist das „Haus der vielen Türen", das wahrscheinlich als Herberge diente, da es viele einzelne Zimmer mit jeweils einer eigenen Waschgelegenheit hatte. Der weite flache Strand erlaubte hier nie einen Hafen. Mit Booten konnte man zwar zum Fischen aufs Meer hinausfahren, aber das konnte man anderswo auch. Archäologen rätseln deshalb, was die Menschen damals bewogen haben mag, gerade hier zu siedeln.

Vielleicht geben Schleif- und Trittspuren, die man frühmorgens im Strandsand erkennen kann einen Hinweis. Die Spuren führen aus dem Wasser heraus und wieder dahin zurück und stammen von großen Schildkröten. Die einstigen Bewohner von Jumba könnten – freilich aus anderen Gründen als heutige Zoologen – von diesen Tieren begeistert gewesen sein. Es handelt sich um Suppenschildkröten (*Chelonia mydas*) und echte Karettschildkröten (*Eretmochelys imbricata*), deren erwachsene Weibchen alle zwei Jahre nachts genau an dieses Strandstück kommen, wo sie einst aus dem Ei geschlüpft sind, und dort im Sand ihre Eier vergraben. Sie tun das jahrzehntelang immer wieder, und ihre Töchter und Enkelinnen halten es später genauso. Solche Orte heißen zwar zuweilen „traditionelle" Schildkrötenstrände, aber das Phänomen ist keine echte Tradition. Jede junge Schildkröte prägt sich lediglich ihren Geburtsort ein und legt als Weibchen später ihre Eier dort ab; folglich müssen sich ihre Kinder denselben Ort merken. Echte Tradition wäre gegeben, wenn die Jungen Kontakt mit der Mutter hätten und etwas direkt von ihr lernten.

Wie die alten Seefahrer kommen auch beide Schildkrötenarten zur Zeit der Monsunwinde, die Suppenschildkröte zwischen März und Juni, die Karettschildkröte zwischen Dezember und Januar. Die Suppen- oder Grüne Schildkröte – „grün" wegen der Farbe des Fettes unter ihrem Panzer – ernährt sich von Pflanzen und bevorzugt das Flachwasser in Lagunen, wo sie Seegras frisst. „Seegras" nennt man eine Gruppe verschiedener einkeimblättriger Pflanzen, die auf sandigem und schlammigem Boden gedeihen und oft große Flächen besiedeln. Die Suppenschildkröte kann 140 cm lang und 300 kg schwer werden. Ihr Fleisch war bis in die Neuzeit überall auf der Welt beliebt (daher „Suppen"-Schildkröte), und obwohl ihr Fleisch nach islamischem Recht als unrein gilt, diente sie einst auch als Schiffsproviant, weil sie lange Zeit ohne Nahrung überlebt. Gern von Menschen geerntet wurden auch die tennisballgroßen Eier, von denen ein Weibchen innerhalb weniger Wochen mehrmals bis zu 100 Stück vergraben kann. Das Geschlecht des Jungtieres wird nicht chromosomal, sondern wie bei manchen anderen Reptilien durch die Bruttemperatur festgelegt: In bis 28 °C warmem Sand entwickelt sich der Embryo zu einem Männchen, ab 32° zu einem Weibchen.

Die erwachsene, bis einen Meter lange und 90 kg schwere Karettschildkröte hält sich ebenfalls in Küstennähe auf, regelmäßig an Korallenriffen. Sie ernährt sich vor allem von marinen Schwämmen, und zwar bevorzugt von solchen, die für andere Organismen tödlich giftig oder wegen ihres hohen Kieselsäuregehalts ungenießbar sind. Außerdem frisst sie Quallen, sogar die wegen ihres für Menschen lebensgefährlichen Nesselgiftes berüchtigte Portugiesische Galeere *(Physalia physalis)*. Die tritt oft in Schwärmen auf, ist aber keine Qualle, sondern eine Staatsqualle, eine Kolonie aus vielen Polypen, von denen einer die bläulich schimmernde und bis 30 cm große, sackförmige Gasblase bildet, die als Segel dient. Daran hängen zahlreiche bis zu 50 m lange Tentakeln, die dicht mit gifthaltigen Nesselzellen gespickt sind. Das Fleisch der Karettschildkröte kann wegen ihrer Fressgewohnheit für Menschen gefährlich werden, wird aber dennoch genutzt. Ihr Panzer liefert das Schildpatt, eines der ältesten Materialien, die Menschen für Gebrauchs-, Luxus- oder Kultgegenstände verwenden. Ein adultes Weibchen kriecht in einer Legeperiode drei- bis fünfmal ziemlich weit den Strand hinauf, oft bis unter den Dünenbewuchs, und gräbt dort eine Nestgrube für jeweils etwa 140 Eier. Auch bei dieser Schildkröte schlüpfen aus kühl erbrüteten Eiern männliche, aus warm erbrüteten weibliche Junge.

Obwohl auch Witterungsbedingungen einen Einfluss haben, können doch die Mütter beider Schildkrötenarten das Geschlecht ihrer Nachkommen weitgehend über die Auswahl der Nistplätze bestimmen. Das ist heute entwicklungs- und populationsbiologisch hochinteressant, war es aber sicher nicht zu Ibn Battutas Zeiten. Damals waren diese Meeresschildkröten möglicherweise deshalb bedeutsam, weil sie sich den Küstenbewohnern zuverlässig zweimal im Jahr als wichtige Naturgüter vor die Haustür lieferten.

Mnarani und Gedi

Am Südrand der Kilifi-Bucht, der Mündung des Goshi aus dem Tsavo, 50 km nördlich von Mombasa und 200 m abseits von der Mombasa-Malindi-Straße, liegen zwischen riesigen Baobabs die Mnarani-Ruinen. Mnarani war vom 14. bis frühen 17. Jahrhundert ein Handelsplatz, von dem arabische Dhows mit den Monsunwinden Waren vom Persischen Golf an die afrikanische Küste brachten. Recht gut erhalten sind die Ruinen der großen Moschee von 1475 mit ornamentalen Inschriften um die Gebetsnische (Mihrab). Daneben gibt es Gräber, ein Pfeilergrab, Reste der Wallmauer, ein Tor, eine kleine Moschee aus dem 16. Jahrhundert und weitere Ruinen im Wald.

Vieles von der ehemaligen Kultur zerstörte Dom Francisco de Almeida mit seiner Armada bei der Invasion der Küste im Jahre 1505. Die Portugiesen gaben sich große Mühe, die Bewohner vom Islam zum Katholizismus zu bringen, hatten aber keinen nachhaltigen Erfolg: Die Städte begingen Jahres-Konversion, wenn portugiesische Schiffe kamen, und kehrten zum Islam zurück, wenn die Schiffe weitersegelten.

Die teils gut erhaltenen Ruinen von Gedi, 90 km nördlich von Mombasa und 16 km südlich von der Küstenstadt Malindi, sind die Reste einer Stadt, die vom 12. bis ins 16. Jahrhundert bestand. Sie hatte schließlich mindestens 2500 Einwohner, die zumindest im 15. Jahrhundert recht wohlhabend waren, denn unter den archäologischen Funden befinden sich venezianische Perlen, Münzen und Porzellan aus China, eine eiserne Lampe aus Indien und Scheren aus Spanien. Im Verputz eines großen, gut erhaltenen ovalen Grabsteins erkennt man die Jahreszahl AH 802 (= AD 1399). Im frühen 16. Jahrhundert vertrieben vormals nomadische Galla-Stämme aus Somalia die Bewohner fast aller arabisch-afrikanischen Ortschaften der Küstenregion und zerstörten auch Mnarani. Angehörige der Oromo wurden wahrscheinlich bis zum Ende des Jahrhunderts in Gedi sesshaft. Der Name „Gedi" jedenfalls ist ein Galla-Wort und bedeutet „kostbar"; ursprünglich hat der Ort wohl Kilimani geheißen.

Wir haben diesen Ort im Dschungel mehrmals besucht und beim sinnierenden Umhergehen versucht, uns anhand der Überreste in das damalige Leben zurückzuversetzen. Wie man noch erkennen kann, besaß Gedi rechtwinklig angelegte Straßen mit Abflussrinnen, Brunnen, eine Moschee, Gräber, einen Palast mit Audienzsaal und Wandlöchern zum Aufhängen von Teppichen sowie mindestens 14 einstöckige steinerne Häuser mit Drainage im Bad und Wasserbehältern für Waschbecken und für die Spülung von Toilette und Urinal. Ein Abwassersystem leitete Schmutzwasser zur Wiederaufbereitung über poröse Korallensteine. Das Dach der Moschee stützten drei Reihen von je sechs rechteckigen Pfeilern, von denen eine Reihe mitten durch den Raum führte und den Blick auf die Mihrab verstellte – eine Bauweise, die es nur in Ostafrika gibt. Die nach Mekka ausgerichtete Mihrab liegt in der Nordwand, die drei Steinstufen rechts von ihr führten zur Minbar (Kanzel).

Diese verlorene Stadt liegt wie eine schlafende Schönheit zwischen alten Baobab-Bäumen und Feigenbaum-Riesen im weiten Arabuko-Sokoke Wald. Es lohnt, sich irgendwo hinzusetzen und aufmerksam umherzuschauen. Denn der Wald ist bewohnt von großen Nashornvögeln, Diadem-Meerkatzen, einer besonderen Zwergohreule, verschiedenen Schlangen und natürlich zahllosen Insekten, Schmetterlingen und anderem Kleingetier am Boden und oben im Blattwerk.

Wenn man ausdauernd und ruhig wartet, huscht auch mal eines der merkwürdigsten und seltensten Tiere Kenias durchs Gesichtsfeld, ein Goldrücken-Rüsselspringer (Golden-rumped sengi, *Rhynchocyon chrysopygus*), knapp 30 cm groß mit fast ebenso langem Schwanz. Diese außerordentlich scheuen Tiere sehen sehr gut und wühlen tagsüber mit den Vorderpfoten und mit ihrer rüsselförmig verlängerten Schnauze im Falllaub nach kleinerem Getier, Insekten, Spinnen, Tausendfüßern und Würmern. Begleitet werden sie dabei oft von einem Natalrötel *(Cossypha natalensis)*, einem etwa amselgroßen goldbraunen Vogel mit dunklen Flügeln, der ebenfalls Kleingetier sucht.

Ungewöhnlich ist das Sozialverhalten der Rüsselspringer. Sie werden fünf Jahre alt und leben, bis der Tod sie scheidet, in einer strengen, aber recht merkwürdigen Monogamie. Die Paarpartner bewohnen zwar ein gemeinsames großes Revier, aus dem jeder Partner fremde Artgenossen seines

Geschlechts vertreibt, aber sie kommen nur ganz selten zusammen und scheinen sich eher aus dem Weg zu gehen. Obwohl sie sehr gut sehen, verständigen sie sich nur mit Hilfe von Duftmarken, die sie im Revier verteilen. Sie schlafen nachts in einem flachen, mit Blättern ausgepolsterten Nest am Boden, jede Nacht in einem anderen, und wieder jeder für sich allein.

Die Rüsselspringer heißen auch Rüsselhündchen oder Elefantenspitzmäuse, hängen aber verwandtschaftlich weder mit Hunden noch mit Spitzmäusen zusammen. Sie gehören vielmehr zu den Afrotheria, einer eigenständigen Säugetiergruppe, die 1998 endgültig durch Genomanalysen bestätigt wurde. Zu dieser großen Verwandtschaftsgruppe zählen Elefanten, Schliefer, Seekühe, Erdferkel, Rüsselspringer, Tenreks und Goldmulle – alles hoch spezialisierte Tiere, die an sehr verschiedene Lebensräume angepasst sind. Entsprechend verschieden sind auch ihr Verhalten und ihre sozialen Strukturen. Das ist ein Beispiel dafür, dass von einer Ursprungsgruppe ausgehend die Evolution der Abkömmlinge in extrem verschiedene Richtungen vor sich gehen kann.

Malindi und Mambrui

An der Mündung des Galana, 120 km nördlich von Mombasa, liegt am Meer die Ortschaft Malindi. Gefunden wurden hier arabische und chinesische Topfscherben ab dem 14. Jahrhundert und Reste einer Moschee aus dem 15. Jahrhundert. Vor einer neuen Moschee stehen zwei mit chinesischen Porzellantellern verzierte Pfeilergräber aus derselben Zeit. Von hier wurde 1414 die erste Giraffe an den kaiserlichen Hof in China verschickt. Der portugiesische Seefahrer Vasco da Gama ging hier 1498 an Land und nahm seinen Lotsen für die Weiterfahrt nach Indien an Bord. Als Dank für den freundlichen Empfang durch den Sultan von Malindi errichtete er 1499 das Vasco-da-Gama-Denkmal. Es steht am Meer, weiß getüncht mit Kreuz auf dem kegelförmigen dicken Turm, als ältestes noch existierendes europäisches Monument im tropischen Afrika.

Im Februar 1975 fahren wir noch 15 km weiter durch eine von Dünen geprägte Landschaft nach Mambrui. Die Ortschaft stammt aus dem 15. Jahrhundert, ist jetzt ein Fischerdorf. Auch hier gibt es Ruinen und Grabpfeiler mit ringsum in den Verputz eingelassenen chinesischen Porzellantellern, angeblich aus der Ming-Dynastie. Archäologen hoffen, hier sogar Belege für einen ersten internationalen Handel zwischen Ostafrika und China zu finden, vielleicht von der Ostafrika-Expedition des Zheng He 1405 bis 1433. Dessen größtes Schiff war 122 m lang (die Santa Maria des

Columbus maß 26 m). Heute leben hier die konservativsten und religiösesten Küstenbewohner. Die große, niedrige, weiß getünchte Riadha-Moschee mit grünem Dach hat neben sich eine Koranschule (Medrese). In deren offener Halle sitzen an einfachen Holztischen Schüler in Kaftan und Turban. Sie fragen nach Zigaretten, und weil wir als Nichtraucher keine haben, werfen sie Steine nach uns. „La illah ill' Allah!".

25
Giriama

Während unserer Arbeiten an der ostafrikanischen Küste sind wir zwischen 1972 und 1977 immer wieder mit den Giriama in Kontakt gekommen, einem Bantu-Volk im Land hinter der 124 km langen Küste zwischen Mombasa und der Mündung des Sabaki-Galana (knapp 20 km nördlich von Malindi).

Landleben

Im Januar 1975 biegen wir von der „roten Autobahn" Mombasa-Nairobi nach 15 km bei Mazeras rechts ab auf eine Sandstraße und erreichen nach fünf Kilometern das Dorf Rabai. Hier haben 1846 die deutschen Methodisten Johann Ludwig Krapf und Johannes Rebmann die erste Missionsstation in Ostafrika gegründet. Eine Krapf-Gedächtnis-Schule steht am Chauringo-Hill. Diesmal haben wir Glück, und die kritische Furt durch den Kombeni River 3,5 km hinter Rabai ist passierbar. Dann folgen wir der parallel zur Küste verlaufenden Piste aus mehlfeinem Sand acht Kilometer weiter nach Ribe. Dichtes Buschland, Sisalplantagen mit gigantischen Baobabs, einige Rinderfarmen und etwas Feldbau bieten eine beeindruckende Landschaft mit zahlreichen Vogelarten, deren Gesänge und Rufe wir zur späteren Auswertung auf Tonband konservieren. Auch in Ribe steht eine Schule am Hügel. Die Schüler haben gerade Pause und spielen draußen. Wir gehen zu ihnen und werden mit fröhlichem Winken empfangen. Uta geht unter dem Gelächter der Kinder auf ein kleines Nebengebäude zu – es ist

© Springer-Verlag Berlin Heidelberg 2017
W. Wickler, *Wissenschaft auf Safari,*
DOI 10.1007/978-3-662-49958-0_25

die Schultoilette. In einem Klassenzimmer lesen wir an der Wandtafel Zahlenreihen und: „Reptiles are cold-blooded animals. Snakes, lizards, tortoises, turtles". Unterrichtet wird also auf Englisch, und so können wir uns auch mit den Kindern unterhalten.

Wir sehen einiges vom Landleben der Giriama. Sie siedeln in verstreuten Ortschaften familienweise, meist in drei Generationen: Ein Vater mit Frau oder Frauen und den noch unverheirateten Kindern, dazu seine Söhne mit deren Frauen und Kindern, jeweils in einer Ansammlung von Hütten auf einer Minifarm oder Shamba, die der Mann mit Grenzstöcken oder einem Grenzpfad als Eigentum für sein ganzes Leben markiert. Die früheren runden Grashütten werden noch für Vorräte und zum Kochen benutzt. Die meisten Wohnhütten sind jetzt viereckig und aus Lehm gemauert, haben einen Boden aus gestampfter Erde, eine Feuerstelle und als Mobiliar Schlafmatratzen aus geflochtenen Schraubenpalmenfasern *(Pandanus)*, eine Metallkiste für Wertsachen und einen Getreide-Mahlstein. Gestampft wird das Getreide mit langen Stampfhölzern in einem ausgehöhlten Baumstamm als Mörser. Damit beschäftigt sind regelmäßig Frauen, die ihren Rock um die Hüfte gewickelt haben, ohne die Brüste zu verdecken. So gekleidet stillen Mütter im Laufen ihre Kinder und transportieren Frauen und Mädchen auf dem Kopf Wasser in großen Tontöpfen. Viele Frauen betonen ihr ohnehin starkes Gesäß mit der traditionellen *„rinda"*, ursprünglich ein um die Hüften gewickelter Bastrock mit Blättern, jetzt meist in Streifen geschnittener Baumwollstoff in mehreren Lagen zu einem Röckchen verarbeitet.

Uns fällt auf, dass Frauen aller Altersklassen in dieser weitgehend muslimisch geprägten Gegend die Brüste unbedeckt lassen. Darauf hatte im 14. Jahrhundert bereits der Weltreisende Ibn Battuta hingewiesen. Er war selbst strenggläubiger Muslim, legte sich in seinen 27 Reisejahren unterwegs einen Harem zu, kaufte junge hübsche Sklavinnen, schlief täglich mit seinen Frauen und Konkubinen, beanstandete aber die „unzureichende Bekleidung" afrikanischer Frauen: „Die Frauen sind schön, sie können sich frei bewegen, tun dies aber recht schamlos; denn sie tragen keine Schleier. Ihre Oberkörper sind nackt, sodass jeder ihre Brüste sehen kann. So gehen sie durch die Stadt, und niemand findet etwas dabei. Manche Frauen zeigen sich in recht schamloser Weise auf den Straßen, indem sie nur um die Hüften ein Tuch tragen oder ganz unbekleidet gehen, so daß sie jedermann völlig nackt sehen kann". In der Tat halten die Giriama fest an ihren traditionellen Sitten und religiösen Überzeugungen, trotz Islam und Christentum. Mit dem vereinbar ist die Verehrung ihrer Ahnen und der Glaube an ein unsichtbares höchstes Schöpferwesen namens Mulungu. Mulungu ist Gott aller Götter, wird durch Mittelsleute kontaktiert, und segnet und straft jeden entsprechend seiner Taten.

Vipingo

Im Januar 1976 hören wir von einer Fledermaushöhle *(bat cave)* bei Vipingo, ungefähr 30 km nördlich von Mombasa. Auf Empfehlung fahren wir morgens von Sun 'n Sand zehn Kilometer in Richtung Kilifi und nehmen eine Straßenabzweigung rechts zum Dorf Vipingo, folgen dem Wegweiser zu Buxtons Haus und suchen dort einen älteren Afrikaner namens „Moniki". Er kommt uns mit einer Panga entgegen, versteht aber kein Englisch, leitet uns weiter zum nächsten Haus und zu weiteren drei Afrikanern, von denen jeder etwas mehr Englisch kann. „Robin" endlich führt uns zu unterwaschenen Klippen am Strand. *Bats?* Gibt es hier nicht. *Caves, holes?* Ja, weiter oben. Wir klettern ihm nach auf ein fossiles Korallenriff aus dem Pleistozän, das parallel zum Meeresufer bis Malindi verläuft. Die alte Riffplatte ist nur von einer dünnen Schicht aus angewehtem Sand und Humus überdeckt und mit locker stehenden Bäumen und dichterem, teils dornigem Gestrüpp bewachsen. Rob schlägt mit seiner Panga einen Pfad. Durch Löcher im Boden blicken wir in darunter liegende Riffhöhlungen, die großen Kolonien von *Rousettus*-Höhlenflughunden und an anderer Stelle Tausenden von Fledermäusen als Tagesruhestätte dienen. Das ist es, was wir suchen. Wir erreichen eine Stelle, wo vor uns die Riffplatte mehr als zehn Meter tief eingebrochen und eine Senke mit steilen Riff-Felswänden entstanden ist. Eine Wand ist besetzt von braunen, laut summenden Bienen; über ihnen hängen fünf flache, weiße Wabenscheiben. Auf den Bäumen ringsum turnen Meerkatzen, sitzt ein Paar Trompeterhornvögel *(Ceratogymna bucinator)*, spannen große Dornspinnen mit gebogenem Seitendorn ihre Netze. Am Boden unter einem umgestürzten Baum brütet ein Fleckenuhu *(Bubo africanus)*, im Nest liegen zwei weiße Eier, groß wie Hühnereier. Neben uns blühen weiß lilienartige Blumen. Wir stehen auf fossilen Schneckentrümmern und neben rezenten leeren *Achatina*-Gehäusen. Neben uns auf einer Steinplatte ruht ein großer Waran.

Unten öffnet sich zwischen den Felswänden eine große Höhle. Auf einer waghalsig brüchigen Holzleiter steigen wir in die Tiefe. In der dunklen, etwa 15 m hohen Höhle flattern einige Fledermäuse. Eine kleine Eule, die am Eingang saß, fliegt auch hinein. Wir vernehmen undefinierbaren Dauerlärm und starken Geruch aus der Höhle. Auf einer dicken, weichen Guanoschicht am Boden eilen zahlreiche Schaben *(Gyna aetola)*, klein bis drei Zentimeter groß, die sich rasch einwühlen oder unter Brocken verkriechen. Lange Wurzelstränge reichen vom Höhlendach bis ins Guano. Im dunklen Inneren führen tunnelartige Gänge weiter in das Riffgestein. Man könnte darin unter einem oben wachsenden großen Baobab hinweg bis zu fernen, oben liegenden Lichtquellen gehen, aber der Boden ist uns zu sumpfig. Im trocken begehbaren Teil bildet die Höhle einen etwa acht Meter hohen Dom mit mehreren hintereinander liegenden Kuppeln. In denen hängen dicht gedrängt *Rousettus*-Flughunde. Zu hören ist hohes Fiepen, lautes Schreien, tieferes Grunzen und Flügelschlagen, während sie einander mit dem Maul stoßen. Im Blitzlicht glänzen ihre Augen orangerot. Viele Weibchen haben schon große Junge. Auch aus den Gängen tönt ständiges leises Kreischen.

Im vorderen Teil der Höhle befindet sich ein alter Opferplatz der Giriama. An gegenüberliegenden Seiten ist jeweils auf einem Korallenblock ein weiblicher und ein männlicher „Altar" eingerichtet. Auf ihm liegen eine schwarz gebrannte Tonschale oder Tonschalentrümmer, und neben Knöchelchen und Ascheresten sind rote, weiße und schwarze Gedenkfähnchen aufgesteckt. An einem Altar lehnt eine Tontrommel, daneben liegen Eulengewölle. Vor dem männlichen Opferblock ist eine Vertiefung mit Korallenbruch und Tonscherben verschlossen, hinter ihm ist tief unten Wasser sichtbar. Vom weiblichen Opferblock aus sieht man fernes Licht am Ende des Tunnels. Ein paar Schritte neben dem Einstieg mit der Leiter finden wir eine Feuerstelle mit Tonscherben, Asche und Knochenresten. Wenn jemand erkrankt, so erfahren wir, wird hier eine Speise gekocht oder verbrannt und dann entsprechend am männlichen oder weiblichen Altar niedergelegt. Einige Fähnchen und Kerne in den Schalen sind noch ganz frisch. Warantritte mit der typischen Schwanzschleifspur lassen vermuten, dass Geopfertes auch von Hilfskräften beseitigt wird.

Die hier lebenden Giriama sprechen nicht gern von den Fledermäusen, die in den Bodenhöhlungen hausen, weichen Fragen aus und versuchen, Fremde von dieser Höhle fern zu halten. Wir vermuten, dass die Opferstelle mit der Furcht, oder Ehrfurcht, der Giriama vor den Fledermäusen zusammenhängt. Wenn wir deren großen Ausflug erleben wollen, müssen wir am späten Nachmittag wiederkommen.

Das tun wir. Diesmal ist Moniki schon da und zeigt uns oben noch mehr Öffnungen, in die man hineingucken und Fledermäuse unten fliegen sehen kann. Dann, um 18.45 Uhr, kommen sie aus Löchern im Busch, die dicht mit dornigem Gestrüpp umwachsen sind. An einem großen Bodenloch hören wir sie knisternd kommen, zuerst wenige, dann schubweise in ständig wispernden und klickenden Scharen. Sie fliegen sehr schnell und verteilen sich wie Rauchfetzen am Abendhimmel. Und dann kochen sie als dunkle Wolke heraus, dicht bei dicht, einige stoßen aneinander oder berühren unsere Köpfe; manche segeln wieder zurück in eine Höhle. Das grandiose Schauspiel scheint noch nach einer halben Stunde kein Ende zu haben. Es

müssen in verschiedenen Arten Zehntausende sein. Und sie werden tonnenweise Insekten fressen und zu weiteren Guanoschichten verdauen.

Am nächsten Tag besuchen wir noch einmal die große Höhle. Wir hatten
gestern bei Einbruch der Dunkelheit aus verschiedenen Richtungen merkwürdig klingende Schliefer-Rufe gehört und finden jetzt in der Umgebung
der Höhle Häufchen trockener, graugrüner Kot-Pellets, auf denen wieder
Gyna-Schaben laufen. Wir sehen, vorsichtig suchend, zwei dicht behaarte
Schliefer, die scheu in einer Gesteinspalte verschwinden, und finden im weiteren Umkreis einen Schlieferschädel und Schädelteile. Sie stammen vom
Bergwald-Baumschliefer *(Dendrohyrax validus)*, den wir aus Tansania (vom
Meru und Kilimandscharo) kennen, der aber für Kenia nicht nachgewiesen
ist. Es handelt sich hier offensichtlich um eine, in diesem recht ursprüng-
lichen und ungestörten Gebiet bislang übersehene Reliktpopulation. Auf
Kigiriama heißen die Schliefer „*kwanga*".

26

Am Turkana-See

Bis heute reißt Afrika im Großen Grabenbruch langsam auseinander. Im Dehnungsgraben hält das Gefüge noch, aber die Danakil-Wüste liegt schon unter Meeresniveau. „Bald" – in zehn Millionen Jahren – wird der Ozean dort eindringen, den Grabenbruch füllen und Ostafrika vom Kontinent abtrennen, so wie Madagaskar heute schon. Der Grabenbruch hat zwei Äste, die sich nördlich vom Malawisee trennen und um den Viktoriasee in der Mitte eine westliche und eine östliche Spange bilden. Am Nordende der östlichen Grabenbruch-Spange liegt der Turkana-See. Sein „Entdecker", der ungarisch-österreichische Graf Samuel Teleki, hat ihn 1888 Rudolf-See getauft, „in tief gefühlter Dankbarkeit für das hohe Interesse, welches weil. S. k. Hoheit Erzherzog Kronprinz Rudolf unserer Forschungsreise entgegenbrachte". Die kenianische Regierung hat den Namen soeben (1975) zugunsten des Volksstammes an seinen Ufern in Turkana-See geändert.

Wir haben uns im ostafrikanischen Grabengebiet in den 1970er-Jahren vornehmlich mit zwei Sorten afrikanischer Duett singender Vögel beschäftigt: mit Bartvögeln, die ihren Gesang nicht lernen müssen, und mit Würgern, die ihre Gesangselemente von Artgenossen übernehmen. In beiden Vogelfamilien kam ein merkwürdiges Phänomen zutage, das noch nicht völlig geklärt ist: Ursprünglich besitzen die Partner eines Paares das gleiche Repertoire und äußern es entweder gemeinsam oder jeder für sich. Dann gibt es Arten, bei denen jeder Paarpartner zwar das ganze Repertoire vortragen kann, im Duett aber nur einen Teil davon singt, während der andere den Rest ergänzt. Und schließlich gibt es Arten mit streng geschlechtsspezifischen Duett-Anteilen, sodass nur Paarpartner gemeinsam den kompletten

© Springer-Verlag Berlin Heidelberg 2017
W. Wickler, *Wissenschaft auf Safari,*
DOI 10.1007/978-3-662-49958-0_26

Duettgesang vortragen können (Wickler und Seibt 1982). Vorkommen sollten einige Arten im Grenzgebiet zwischen Kenia, Uganda und Äthiopien am Turkanasee, der unter Ornithologen als bedeutendes Vogelschutzgebiet bekannt ist. Zweimal sind wir dort gewesen.

Erster Besuch

Das erste Mal fliegt uns im Januar 1975 ein Pilot von Casp Air, den wir schon von früheren Flügen kennen, in knapp zwei Stunden vom kleinen Wilson Airport in Nairobi nach Eliye Springs, einer Oase mitten am Westufer des Sees. Das kleine Flugzeug tanzt auf und ab in den heißen Aufwinden über einer faszinierend zerrissenen Vulkanlandschaft. Nach einer halben Flugstunde liegt Wüstenstaub wie eine Smog-Schicht über der Landschaft. Kurz vor dem Landen überfliegen wir den Turkwel. Der bringt ab und zu Süßwasser, ist zurzeit aber trocken; nur kleine Flecken Buschgrün an den Rändern markieren seinen Verlauf. Wir landen auf einem Airstrip im Wüstensand. Neben dem Flughafengebäude, einem grasgedeckten Unterstand, steht ein einsames Holzschild mit der sinnigen Aufschrift „Zoll". Wir verabreden mit dem Piloten, dass er uns am 24.1. hier wieder abholt.

Wir beziehen eine Holzhütte, wie versprochen mit *„very basic facilities"*: Tisch, Stuhl, Bett, Kleiderhaken, Wäscheleine, kleines Wandlicht, Toilette und Waschbecken hinter Vorhang, Duschbrause außen frei an der Hüttenwand. Türschlüssel gibt es keine, Getränke, Radio und Telefon zeitweise beim Camp-Manager. Wegen der konstanten Außentemperatur (im Schatten 27 bis 36 Grad Celsius) sind die Fenster glaslos, aber kleinmaschig vergittert, zu reinigen mit einem Handfeger. Aus dem Schilfdach rieselt ständig diverses Kleinzeug herab.

Der erste (und jeder folgende) Sonnenuntergang übermalt die Landschaft mit fantastischen, gold- bis dunkelroten Farbtönen; darin stehen und fliegen als Schattenrisse einige Reiher, Pelikane und Kormorane. In völliger Stille am Abend hören wir im leicht bewegten Wasser den Ufersand rieseln. Außerdem ist das feine Sirren winziger Mücken zu hören, die in riesigen Schwärmen auftreten, nicht stechen, aber stören, weil sie gern in den Augenwinkeln Tränenflüssigkeit suchen. Es sind Zuckmücken (vermutlich *Tanytarsus minutipalpis*), denn sie halten in Ruhe ihre Vorderbeine angehoben (wohingegen ruhende Stechmücken die Hinterbeine anheben). Die meisten sind Männchen mit federartigen Antennen. Die artspezifische Frequenz ihres Flügelschlags erzeugt das Sirren, mit dem sie Weibchen der

gleichen Art anlocken. In der Nacht erschallen die uns vertrauten Wechsel-
rufe der Pantherkröten-Männchen *(Bufo regularis)*. Und wir hören lautes
Platschen im Flachwasser: Kleine Krokodile jagen und fangen Fische. Über
uns im Zimmer kämpfen zwei heiser fauchende Fledermäuse; eine schlägt
die andere wiederholt mit dem Flügel, dann entschwinden beide durch den
offenen Dachgiebel. Zwei von den zahlreichen Hausgeckos *(Hemidactylus
brookii)* paaren sich gegen Morgen eine halbe Stunde lang am Fenstergitter.
Das Weibchen leckt sich ausgiebig die Augen; Geckos haben keine Augenlider und müssen sich die Augen blank lecken.

Unsere Umgebung

Der Jade-See, wie er seiner Farbe wegen genannt wird, misst in der Nord-
Süd-Länge 250, in der Ost-West-Breite 49 km. Er liegt 427 m über dem
Meeresspiegel, ist im Mittel nur 30 m, maximal 73 m tief und hat keinen
Oberflächenabfluss. Ständigen Zufluss liefert im Norden der Omo; auch
Turkwel und Kerio bringen gelegentlich Wasser, aber durch Verdunstung
geht mehr verloren, und so trocknet der See langsam weiter aus. Es ist der
größte Wüstensee und größte Salzsee der Erde; sein Wasser schmeckt besonders in Ufernähe salzig. Es ist bis in einen Meter Tiefe 21 bis 27 Grad warm.
In der Regenzeit im April/Mai kann der Wasserspiegel um einen Meter steigen. Das wirkt sich besonders hier am flachen Westufer deutlich aus. Wellenschlag durch den vorherrschenden heißen Südostwind trübt das Wasser
mit Sedimentgeschwebe.

Auf dem feuchten Sand am Wasserrand rennen Tausende von Sandlauf-
käfern *(Myriochila turkana)* hin und her. Ihre räuberischen Larven sitzen in
aufgewölbten Gängen der Sandoberfläche (die wirken wie miniaturisierte
Wühlmausgänge im Garten). Unter Steinen, die wir umdrehen, finden wir
Familien des Salzsand liebenden Ohrwurms *Labidura riparia;* die Eltern sind
über zwei Zentimeter lang. Belebt ist auch der trockene 55° C heiße Sand.
Auf ihm laufen schlanke Solifugen (Walzenspinnen) unheimlich schnell
umher; man nennt sie auch *sun spiders* und *wind scorpions.* Genauer betrachten kann man die großen, fünf Zentimeter langen Arten, die tagsüber in
Sandlöchern sitzen. Es sind merkwürdige Tiere, entfernt mit Spinnen und
Skorpionen verwandt. Sie benutzen das erste Beinpaar wie Fühler und zum
Laufen nur sechs ihrer acht Beine, scheinen aber zehn zu haben, weil sie
auch das Paar Pedipalpen nach vorn gestreckt halten. Diese Mundwerkzeuge
verwenden sie zum Beutefang und um an Stängeln hochzusteigen – so als
könnten wir mit den Lippen klettern. Wie viele Skorpione nachts unterwegs

sind, entdecken wir mit einer UV-Lampe, in deren Licht der Panzer lebender wie toter Skorpione türkisgrün fluoreszierend aufleuchtet.

Die Stelz- und Ufervogelwelt ist hauptsächlich vertreten mit Spornkiebitzen *(Vanellus spinosus)*, Strandläufern *(Calidris minuta)* und außer Sandregenpfeifern *(Charadrius hiaticula)* auch mit den für uns neuen Wermut- und Hirtenregenpfeifern *(C. asiaticus* und *pecuarius)*. Wir sammeln Tonaufnahmen vom Schreiseeadler *(Haliaeetus vocifer)*, Bülbül *(Pycnonotus xanthopygos)*, Kapraben *(Corvus capensis)*, vom Graufischer *(Ceryle rudis)*, den Uli Reyer am Nakurusee untersucht, und von Chören des Rotohrbartvogels *(Trachyphonus erythrocephala)*. Fast alle Tonaufnahmen sind untermalt vom „Grrrr-gock-gock-grrrr-gock-gock …" der Kapturteltaube *(Streptopelia capicola)*, die unermüdlich selbst in der größten Mittagshitze ruft. Weniger aufdringlich wirkt das kräftige „Kuuu-kuuu-kuuu" der Guineataube *(Columba guinea)*. Keine Aufnahmen gelingen vom Somalispatzen *(Passer castanopterus)*. Regelmäßig kommen Gruppen von Sandflughühnern ans Seeufer, früh am Morgen das Gelbkehlflughuhn *(Pterocles gutturalis)*, am Abend das Doppelbandflughuhn *(Pterocles sukensis)*. Nach dem Trinken nehmen sie zwischen speziellen Brustfedern Wasser für ihre Nestlinge mit. Sie brüten irgendwo am Rand der Wüste, vielleicht da, wo wir beim Herflug aus der Luft die mehrere Meter hohen Schornsteinbauten der Pilz züchtenden Kriegertermiten *(Macrotermes bellicosus)* erkennen konnten.

Die Wüste beeindruckt uns auf unseren Streifgängen zunehmend mehr. In schräg in den Boden führenden Löchern verstecken sich Schlangen, vermutlich die ungiftige, schwarzgrau gezeichnete Ägyptische Sandboa *(Eryx colubrinus)*. Viele offen herumliegende Ziegenköttel und Kotkugeln vom Esel, festgedörrt und gebleicht, weisen darauf hin, dass es an Dungkäfern mangelt. Nur vereinzelt treffen wir auf den Schwarzkäfer *Pimella hildebrandti*, angeblich das gewöhnlichste „nationale Insekt von Turkana" (Ähnlich gilt auf Teneriffa die Art *Pimelia ascendens* als „König unter den Käfern des Teide"). Einmal wandert ein altes Turkanapaar vor uns in die Wüste hinaus. Sie trägt auf dem Kopf einen Wasserkanister und hinterlässt enge Trippelschritt-Spuren, er trägt in der einen Hand die hölzerne Nackenstütze, die auch zum Sitzen dient, in der anderen eine Holzkeule, und macht große Schritte. Gleich danach begegnen uns drei Kamele; sie verursachen noch wesentlich größere Trittspuren. Daneben führen ganz kleine Pfotenspuren zu Mäuselöchern in flachen Vertiefungen, aus denen niedrige, fast blattlose Myrrhebüsche *(Commiphora myrrha)* mit spitz-stacheligen Zweigen wachsen. Unter einem Busch guckt ein *Riopa*-Skink aus dem Sand. Und dann entdecken wir zu unserer Überraschung eine ungewöhnlich kurz und breit gebaute Gottesanbeterin, die wir später als *Eremiaphila cordofana* bestimmt bekommen. Sie läuft unerwartet schnell, ist exzellent auf dem kahlen Sand getarnt, und lebt ... wovon?

Ein kleiner Salzsee, *Crocodile pond*, zwölf Kilometer nördlich von Eliye Springs, ist zur Zeit unseres Besuches eine halb ausgetrocknete Wasserlache. Stelzvögel und ein Trupp Kuhreiher laufen hinein, und ringsum stehen Flamingos *(Phoenicopterus ruber rosetis)*. Krokodile sind keine zu sehen. Am Rand stehen viele niedrige Doumpalmen *(Hyphaene coriacea)* mit ihren auffälligen, weil dichotom geteilten Stämmen. Im Palmschatten am Boden ruhen, mit leicht geöffneten Schnäbeln hechelnd, Kapraben und europäische Schwalben. Hier wächst als Halbstrauch Salzmelde *(Suseda monoica)* und in kleinen Flächen Gras: Silberhaargras *(Imperata cylindrica)* und Salzgras *(Sporobolus spicatus)* mit scharfen Blattspitzen, sowie ziemlich hohes, grünes *Paspalidium geminatum*. Hinter den Palmen steht eine Gruppe von Eseln, alle quer über die Schulter mit einem hübschen schwarzen Fellstreifen gezeichnet. An ihnen vorbei schreitet ein Turkanamann; er hat einen Flamingo erjagt und trägt ihn auf dem Rücken fort.

Ab und zu hören wir Nilpferde rufen, ein Krokodil mit aufgesperrtem Maul ruht auf einer Sandbank. Die Bibel beschreibt im Buch Hiob (Hi 40) das Nilpferd, Behemoth, und das Krokodil, Leviathan, als Sonderanfertigungen Gottes: „Siehe da, den Behemoth, er frißt Gras wie ein Ochse, seine Kraft ist in seinen Lenden und sein Vermögen in den Sehnen seines Bauches". Und „das Herz des Leviathan ist so hart wie Stein" – mag sein, dass das auf Gastrolithen anspielt, Steine, die sich regelmäßig im Magen der Krokodile finden (übrigens auch in Vogelmägen; ein ausgewachsener, zwei Zentner schwerer Strauß hat zum Zermahlen der Nahrung ständig etwa ein Kilogramm Steine im Magen).

Unter den hart raschelnden Doum-Palmen, die den einzig vorhandenen spärlichen Schatten werfen, sind im festen Sand drei Reihen flacher Gruben ausgehoben. In einigen liegen Steinchen. Es ist das beliebte Ngalisio-Spiel der Turkana, das es freilich unter anderen Namen überall in Afrika gibt. Dieses Spiel hat nur Vorteile: Es kommt weder auf die Größe noch auf die Anzahl der Löcher an, nicht auf die Zahl der Steinchen und nicht auf die Zahl der Spieler. Die Spielregeln sind sehr einfach, und das Ziel, alle Steinchen zu gewinnen, bleibt nach Aussage von Kennern meist ein Traum – vielleicht absichtlich, denn so kann man jederzeit unterbrechen, Tage später wieder anfangen und beliebig weiterträumen. Niemand wird vergrämt, und man erhält sich freundliche Gesellschaft in entspannter Atmosphäre.

Der See reichte vor zwei Millionen Jahren 160 km weiter nach Süden und war mit dem Baringosee verbunden. Vor 10.000 Jahren trennte Vulkanaktivität die Seen und blockierte auch die noch vor etwa 100.000 Jahren im

Nordwesten bestehende Verbindung mit dem Weißen Nil. Damals lag der Seespiegel fast 100 m höher. Davon künden verfestigte Ablagerungen des ehemaligen Seebodens, die als steile, bis 30 m hohe Klippen aus grauem, festem Sand etwa 50 m landeinwärts vom Camp stehen. Streckenweise bilden sie eine Wand gegen die Wüste, die am oberen Rand beginnt. Andernorts stehen längere oder kürzere Klippen frei, und zwischen ihnen kommt die Wüste in Sanddünen bis ans Seeufer. In den horizontalen Schichten der Klippen sind alte Schneckenhäuser, Muschelstücke und Knochensplitter eingebettet. Wir finden viele Fischknochen und (nur einseitig hohle) Wirbelknochen von Krokodilen, alle nicht frisch weiß, sondern dunkelbraun verkieselt. Oben auf dem Wüstenplateau liegen verstreut zahlreiche Tonscherben, glatt oder mit verschiedenen eingedrückten Mustern. Die meisten stammen vom Oropom-Volk, das seit etwa 450 vor Christus bis zu den jetzigen Nilohamiten hier war. Ganz jung ist ein Jochbeinknochen vom Nilbarsch, der als Löffel genutzt wurde. Aus fünf archäologischen Fundstellen am Ufer wurden 3000–4000 Jahre alte menschliche Überreste geborgen, vermutlich von negroiden Fischern. Berühmt ist der 200.000 bis 300.000 Jahre alte Schädel „Eliye Springs ES11693" eines frühen *Homo heidelbergensis,* der jetzt in der Smithsonian Institution in Amerika liegt. Noch berühmter sind die Grabungen von Richard und Meave Leakey und ihrem Team am Nordostufer bei Koobi Fora, mit 2,6 bis 1,5 Mio. Jahre alten Steinwerkzeugen der Oldowan-Kultur. Dort und am Omo, auf der Grenze zu Äthiopien, findet man Nachweise der Hominiden-Evolution nicht in enger Schlucht wie in Olduvai in der Serengeti, sondern über Quadratkilometer aufgeschlagen wie in einem Panorama. Die felsige Erdkruste hinter dem lavaschwarz sandigen Ufer ist aufgewölbt, und statt 1000 m tief zu graben, liegen 1000 m dicke Ablagerungen gegeneinander verworfen in schrägen Schichten wie parallele Wellen an der Oberfläche. Sie bilden eine durch vulkanische Tuffe datierbare geologische Zeittafel. Hier lebten, zeitweilig nebeneinander, ein kleiner, graziler *Australopithecus* vor drei bis zwei Millionen Jahren, der robuste *Paranthropus boisei* vor zwei bis einer Million Jahren, *Homo habilis* vor 1,8 und *H. erectus* vor 1,1 Mio. Jahren. Fast modern aussehende, aber 1,5 Mio. Jahre alte *Homo-erectus*-Fußabdrücke fanden die Koobi-Fora-Forscher kürzlich (2008) nur wenige Kilometer von der äthiopischen Grenze entfernt bei Illeret, einer Siedlung der Dassanech. Sie wird seit 2001 vom Benediktinerpater Florian von Bayern gefördert, einem Urenkel des letzten bayerischen Königs Ludwig III. Er arbeitet als praktischer Entwicklungshelfer und missioniert „weit weg von Rom". Beheimatet ist er in der Abtei Sankt Ottilien in Oberbayern. Ich kenne ihn aus seiner Zeit als Messdiener in Starnberg.

Turkana

Nicht weit von unserem Domizil wohnt neben einer Wüstenrand-Klippe eine Turkanafamilie in einer typischen Manyatta. Hinter der aus Palmblatt-stroh geflochtenen Umwallung stehen mehrere bienenkorbförmige Hütten aus demselben Material (Abb. 26.1). Die Hütte des Mannes, der sich mit uns rasch anfreundet, ist halb offen, eine andere hat nur einen niederen Kriech-Eingang und innen ein Bettgestell für die hochschwangere Frau. Neben der Feuerstelle auf dem freien Platz zwischen den Frauenhütten sind auf einzelnen Pfählen Kanister für Wasser aufgehängt. Der dornig umzäunte Ziegenkral liegt draußen etwas abseits. Die Familie und noch einige Nach-barn kommen eines abends ins Camp und singen. Der Mann stimmt meh-rere Gesänge an, ganz hoch, und dann fallen die anderen ein. Wir lassen das Tonband mitlaufen. Am Tag darauf besuchen wir die Manyatta und spielen den Bewohnern die Bandaufnahme vor: Erstaunt lachend hören sie einen Moment hin und singen dann richtig mit. Drei Tage danach kommt der Mann auf uns zu gelaufen, gestikuliert lachend mit den Händen einen dicken Bauch weg und schreit „iiääääh"; wir gratulieren zum Baby.

Kinder sehen wir oft eine dünne Schicht um den Kern der runden, braunen Steinfrüchte der Doumpalmen abkauen. Erwachsene werfen mit Steinen die Palmfrüchte herunter, legen sie auf Holz und schlagen mit Knüppeln kräftig darauf, bis sich die Außenschale und auch die gelbbraune Faserschicht darunter löst, die dann zu Häppchen geknuddelt in den Mund wandert. Essbar ist auch das Innere unreifer Früchte. Das von reifen Früch-ten wird als vegetabiles Elfenbein genutzt.

Als Abnormität wachsen drei der etwa fünf Zentimeter dicken Früchte sternförmig zusammen und bilden einen abstrakten weiblichen Torso. Diese Gebilde werden zu Puppen („*Ikoko*") ausgeschmückt. Eine Frucht wird Kopf und bekommt zwei Perlchen als Augen und Lederfransen als Frisur, den Spalt zwischen den beiden Früchten darunter (als Schenkel) schmückt ein verziertes Lederlätzchen als Schamschurz. Mütter fertigen derartige Puppen kleinen Mädchen zum Spielen. Jungen Frauen dienen sie als Amulett und sollen das Verhältnis zwischen einer Frau und ihrem Geliebten oder Ehe-mann bekräftigen, nicht aber das zwischen Mutter und Kind. Zur Tradition gehören ferner etwa 30 cm große, hölzerne, langbeinige Fruchtbarkeitspup-pen („*mwana hiti*") mit vereinfachten Gesichtszügen. Sie werden von den Vätern geschnitzt und bekommen von den Müttern eine Fransenfrisur, Schmuckketten um den Hals und einen mit Perlen geschmückten Leder-schurz. Sie dienen Mädchen nach der Pubertät zur Einübung in ihre spätere

Abb. 26.1 Beim Vorspielen der Turkana-Gesänge vom Vorabend. Eliye Springs, Turkanasee, 1975

Mutterrolle. An den Hütten haben wir auch kleine, mit Perlen verzierte Schildkrötenpanzer gesehen. Sie stammen von Wasserschildkröten *(Pelomedusa galeata)*, die Trockenperioden bis zu einem Jahr im Flussbett eingegraben überdauern.

Central Island

Der See hat drei größere Vulkaninseln. An einem relativ windstillen Tag, an dem kein plötzlicher Sturm gefährliche Wellen aufwerfen wird, fahren wir zum Besuch nach Central Island, der größten Insel auf halber Seelänge. Die vom Motorboot erzeugte Sodagischt brennt in den Augen; dennoch erkennen wir vorbeifliegende Scherenschnäbel *(Rynchops flavirostris)*. An einer flach-steinigen Uferstelle gehen wir an Land und verabreden, nach fünf Stunden an derselben Stelle wieder abgeholt zu werden. Dann klettern wir mit Fotoausrüstung und Tonbandgerät aufs Lavageröll. Wie gewünscht, ist es windstill, dafür aber aus allen Richtungen ungemein heiß. Auf blattlosen Ästen stehen Reiher mit auffallend kalkig weißen Beinen; die Vögel urinieren in der Hitze zur Kühlung auf ihre langen Beine, und die schwer lösliche Harnsäure im Vogelurin verbleibt als weiße Masse bis zum nächsten Gang ins Wasser.

Aufwärts steigen wir durch das Gestrüpp niederer Zahnbürstensträucher *(Salvadora persica)*. Die Insel ist 5,6 km lang, 4 km breit, in der Mitte 182 m hoch und besteht aus 15 Vulkankratern. Drei davon enthalten Kraterseen, die unterirdisch mit dem Hauptsee verbunden sind. Der größte, einen Kilometer breit und 80 m tief, hat zusätzlich eine schmale, direkte Verbindung zum Hauptsee. Er wird „Crocodile Lake" genannt, denn sein flaches Westufer ist Hauptbrutplatz für Nilkrokodile *(Crocodylus niloticus)*. Sie bilden hier die weltgrößte bekannte Population von etwa 14.000 Tieren. Wegen der umgebenden Wüsten sind sie an den Turkanasee gebunden und scheinen an Übervölkerung zu leiden, denn sie leben zwar nicht länger als anderswo, wachsen aber langsamer, bleiben kleiner, und brauchen doppelt so lange bis zur Geschlechtsreife. Die erreichen Männchen mit 270, Weibchen mit 180 cm Körperlänge. Immerhin werden einige Männchen 70 Jahre alt. Im Oktober/November schwimmen Männchen an Uferstücken auf und ab und liefern sich in Konkurrenz um Nestplätze heftige Revierkämpfe. Die Weibchen legen, je nach Körpergröße, 15 bis 95 Eier und bewachen ihr Nest, bis nach drei Monaten die Jungen schlüpfen. Die Verhaltensdaten verdanken wir Mulji Modha, der dafür zwei Jahre auf Central Island zugebracht hat, alleine auf diesem unwirtlichen und sehr heißen alten Vulkan. Dessen Klima und seine Unwegsamkeit machen uns schon nach ein paar Stunden zu schaffen.

Dennoch genießen wir die sehr fotogene Umgebung, etwa die malerischen Erdfarben der steilen Kraterwände. Im großen Zentralkrater stehen Flamingos, einige Krokodile sind zu erkennen. Aus Fumarolen am Rand treten vulkanische Gase aus; im vorigen Jahr war es flüssiger Schwefel, der jetzt eine Ecke der Kraterwand gelb und rot schmückt. Oben auf einem schmalen Grat, der zwei Krater trennt, haben wir einen fabelhaften Blick rechts und links in die Krater, vor uns auf die zerklüftete Vulkanfläche mit einigen Doumpalmen und über den Rand der Insel hinaus auf den Jadesee. Wir steigen über ein mit Gestrüpp bestandenes Lavafeld wieder ab und folgen dem Ufer dorthin zurück, wo der Fischer mit seinem Boot uns erwartet. Im Vorbeifahren zeigt er uns zwei Felsspitzen, die südlich vor der Insel aus dem See ragen; es sind die Gipfel zweier Unterwasservulkane.

Als wir an einem Spätnachmittag aus der Wüste ins Camp zurückkommen, stehen vor einer Hütte drei liturgisch gekleidete Missionare an einem Tisch mit Windlicht, Kelch und großen Hostien. Wir werden gefragt, ob wir die Messe mitfeiern möchten; es gibt Feldstühle zum Sitzen. Für uns wechseln sie das Messgewand zu einem, der aus ihrem italienischen Messbuch die Lesungen holprig ins Englische übersetzt. Nach Kommunion mit Hostienbrot und Wein folgt der Schlusssegen und schließlich eine lange Unterhaltung. Die drei berichten lebhaft, wie sie sich tagtäglich und naturnah – einer schon seit 15 Jahren – in Uganda im Moroto-Gebiet mit Karamojong-Nomaden beschäftigen. Deren Sprache und Gebräuche und den Umgang mit Kamelen haben sie gelernt. Sie klagen über Idi Amins Soldaten, die einem Regierungsbefehl folgend die einfachen Umhänge der Nomaden verbrennen und von ihnen verlangen, Hemd und Hose zu tragen; die aber sind ohne Seife nicht sauber zu halten und ohnehin im Dornbuschland schnell verschlissen, sodass die Menschen wie zerlumpt herumlaufen. Gerade jetzt beginnt lokal eine Cholera-Epidemie. Wir kennen solche Folgen von simpler Zwangszivilisierung auch aus anderen Ländern. Da in Uganda die Post der Missionare geöffnet und zensiert wird, nehmen wir ihre Briefe mit. Die drei gönnen sich, weil die nahe Grenze im Westen unkontrolliert ist, ein paar Tage Urlaub in Freiheit unter ursprünglich lebenden Turkanas. Deren Wurzeln liegen ja in Karamojong im Nordosten Ugandas.

Zweiter Besuch

Im Januar 1978 fliegen wir noch einmal zum Turkanasee, diesmal nach Ferguson's Golf, 40 km nördlich von Eliye Springs. Die Lodge liegt auf einer acht Kilometer langen und fünf Kilometer breiten Halbinsel. Die im Halbkreis angeordneten Hütten sind komfortabler als in Eliye Springs, und es gibt auch mehr Besucher. Ein Vogelkundler, Herr Sturm, den ich von der Meeresbiologischen Station Sylt her kenne, ist mit uns im Flugzeug hergekommen. Er sammelt ebenfalls Vogelstimmen. Auch treffen wir einen Freiherrn von Erffa, wohnhaft in Deixelfurt bei Starnberg, mit dem Ekkehard Vareschi vor sechs Jahren zum Flamingozählen über den Nakurusee geflogen ist.

Die Fischer

In der Lodge gibt es täglich abends frischen Fisch. Im Haus ist jede Ritze, draußen jeder Spalt im Holz und zwischen Palmblättern verhüllt mit Spinnweben und gepudert mit den allgegenwärtigen winzigen Mückchen. Großenteils leben von denen auch die ebenso allgegenwärtigen Geckos. Ganz kleine haben einen roten Schwanz, mit dem sie wedeln, wenn sie von großen angegriffen werden. Nicht nur mittags, sondern auch in den ersten Nächten steht die Luft von ein bis vier Uhr. Wenn wir uns nachts im See abkühlen, bewundern wir über uns einen fantastisch klaren und ungewohnt sternreichen Himmel.

An den Rändern der Halbinsel wohnen über 1000 Turkanafischer in traditionellen Hütten. Einige sind mit Gras gedeckt. An wenigen Stellen in Turkana wächst noch ständig Gras, meist das hohe, spitze *Sporobolus spicatus;* die meisten Grasflächen sind aber, seit der Seespiegel ständig sinkt, verschwunden, und mit ihnen die einst häufigen Buckelrinder. Bei den Elmolo am Südostufer allerdings haben Rinder gelernt, den Atem anzuhalten und mit dem Kopf unter Wasser Gras abzubeißen, das im See wächst. Weithin aber sind Rinder durch (zu viele) Ziegen ersetzt, die nun die Landschaft formen, oder eher kaputt machen. Pater Bernhard, ein Berliner, lebt wie ein Turkana in seinem Adoptiv-Clan (seiner „Gemeinde") und versucht, die Ziegen durch Kamele als Statuskennzeichen zu ersetzen.

Die Fischer arbeiten fast den ganzen Tag. Sie fangen von den 60 Fischarten im See vorwiegend Tilapien *(Oreochromis niloticus).* Hochgeschätzt ist der bis 100 kg wiegende Nilbarsch *(Lates niloticus)* sowie der „nur" 15 kg schwere Tigersalmler *(Hydrocynus vittatus).* Einzelne Fischer sitzen draußen im See auf Flößen aus drei oder fünf zusammengebundenen Doumpalmen-Stämmen und benutzen Fangkörbe oder Speere; im Flachwasser legen andere, in Gruppen watend, Netze aus und ziehen sie kreisförmig zusammen. Die Fische werden mit dem Handgelenkmesser aufgeschnitten, ausgenommen, am Boden oder an Palmen gehängt in der Sonne getrocknet und dann von geschäftstüchtigen Luos (aus Kisumu am Viktoriasee) schichtweise in Flechtwerk verpackt mit Lastwagen zum Verkauf nach Nairobi oder gar bis Zaïre geschafft. Die Turkana, ursprünglich Viehnomaden, sind erst in jüngerer Zeit hier am See zu Fischern geworden und haben seit 1954 begonnen, selbst Fisch zu essen.

Die anfallenden Fischwirbel aller Größen werden säckeweise nach Nairobi verkauft, wo Frauen in einem Entwicklungshilfe-Verein sie reinigen, zu Schmuckketten knüpfen und damit Schulgeld für ihre Kinder erwerben. Gerade jetzt haben auch Turkanafrauen begonnen, meterlang gefädelte Wirbelschnüre als Rohmaterial für Ketten selbst zum Verkauf anzubieten. Doch hier können sie mit dem Geld nur Aspirin oder die Pille kaufen oder Bier trinken.

Um die massenhaft weggeworfenen Fischeingeweide sind am Ufer ständig Pelikane, Ibisse, Marabus, Nimmersatte, Kormorane, Seeschwalben, Möwen, Seiden-, Goliath- und Graureiher versammelt. Dazwischen tummeln sich Stelzenläufer, Löffelenten sowie Nilgänse, und abseits wartet ein Ohrengeier *(Aegypius tracheliotus)*. Er steht genau auf einem Streifen von schwarzem Sand, der zu 50 % aus winzigen, roten Granatkörnchen besteht. Ein Mittelreiher *(Mesophoyx intermedius)* scheint interessiert an Wanderheuschrecken *(Locusta migratoria)*, *Oedaleus*-Ödlandschrecken und *Aiolopus*-Strandschrecken, die sich in der gepflegten Grasfläche der Lodge verstecken. Im Blätterschatten ruhen in kleinen Schwärmen mehrere Arten von Libellen. In einer Palme nisten Nilgänse *(Alopochen aegyptiacus)* 2,5 m über dem Boden.

Lodwar und Namoratunga

Ein Fahrer von der Lodge wird mit dem Land Rover nach Lodwar fahren, dem 70 km entfernten größten Ort im Nordwesten Kenias. Er lädt uns ein, mitzukommen. Nach sieben Kilometern führt die Piste im Moruarat-Hochland in eine Felsenschlucht, etwa 200 m breit und 50 m tief eingeschnitten zwischen Lavagestein. In der Regenzeit fließt hier ein Fluss zum See und macht die Strecke unpassierbar. Jetzt wächst im Flussbett meterhoch ein milchsafthaltiges, buschiges Schwalbenwurzgewächs, Oscher *(Calotropis procera)*, wegen der fleischig-ledrigen Blätter auch Fettblattbaum genannt. Zwischen isoliert stehenden, schräg geschichteten Steintürmen und farbigem Vulkangeröll fahren wir auf Sand mit vielen kleinen Muschelschalen. In der Sandfläche neben der Piste schimmert ein Tümpel. Wir halten neben mehreren Tamarisken an. Ein Ziegen hütender Junge hockt geduldig vor einem Loch, das er in den Sand gegraben hat; das klare Wasser, das sich aus dem Boden langsam darin sammelt, füllt er in Kalebassen. Zwei Borstenraben *(Rhinocorax rhipidurus)* und ein Kap-Triel *(Burhinus capensis)* sehen ihm dabei zu. Seine Ziegen fressen derweil auf den Hinterbeinen stehend die restlichen, graugrünen Blättchen von bis dahin immergrünen *Cadaba farinosa*-Sträuchern.

Wir vermuten, dass wir an dem auf unserer Karte verzeichneten Naiyenaiekalale-Wasserloch sind. Der Tümpel dient als Viehtränke. In seinem mäßig sauberen Wasser schwimmt eine Schar kleiner Tilapien, die offensichtlich in der Regenzeit aus dem See gekommen und nicht rechtzeitig zurückgekehrt sind. Abseits stehen einige Esel, die sich eigene Wasserlöcher in den Sand gescharrt haben. Auf einer fast trockenen Rinderleiche sind viele Schmetterlinge versammelt. Große, alte Muschelschalen sind oben am Schluchtrand eingebettet. Auf Vorsprüngen der Felswand sitzen Guineatauben, wie unsere Stadttauben an einer Gebäudefassade, und viele rote, grüngesichtige Scharlachspinte *(Merops nubicus)*. Dicht am Felsen stehen Akazien und fast blattlose, buschig gewachsene Zakkunbäume (Wüstendattel, *Balanites aegyptiaca*) mit gelblichen Dornen auf grauer Rinde. Zwischen ihnen grünt strauchig verzweigt *Sericocomopsis hildebrandtii*. Frei auf kahlen Ästen sitzen grünblaue Senegalracken mit langem, gegabeltem Schwanz *(Coracias abyssinica)*. Blutschnabelweber *(Quelea quelea)* drängen sich auf den Wedeln einer Doumpalme, an deren Stamm arbeitet ein Nubierspecht *(Campethera nubica)*.

Die weiteren 64 km bis Lodwar sind wasserlos. Nomaden schaffen die Strecke zu Fuß angeblich in einem Tag. Es geht durch hügeliges Gelände mit lockerem Buschbewuchs und wenigen, vollkommen gelben Grasflächen. Als „Vorort" von Lodwar wirken bewohnte Rundhütten. Lodwar selbst hat wenige, Schatten spendende *Balanites*-Bäume, ein Hospital, eine Polizeistation, ein Gefängnis und eine Straße mit Bars und Läden, dicht nebeneinander in einer Reihe, die meisten mit grünen Rollläden geschlossen; auf den Zementpodesten davor stehen Nähmaschinen. An diesem trostlos wirkenden Vorposten verbrachte Jomo Kenyatta ab 1959 zwei Jahre in Hausarrest, ehe er 1964 Kenias erster Präsident wurde, es bis zu seinem Tod 1978 blieb und als Vater der Nation das Land in die Unabhängigkeit führte.

Auf dem Rückweg zeigt uns der Fahrer etwas abseits von der Piste, genau gegenüber von Central Island, 19 verschieden hohe, von Menschen bearbeitete Basaltsäulen in eigenartiger Anordnung. Die größte ist 1,20 m hoch. Auf einigen mit horizontaler Oberseite liegen kleine Steine. Um die Säulen bilden unauffällige Steine einen weiten Kreis. Die 75 m² große Anlage, „*Namoratunga*" der Turkana, hat Mark Lynch kürzlich archäo-astronomisch als Kuschiten-Kalender interpretiert. Der hat keinen Bezug zur Sonne; wichtig sind auch den heutigen Kuschiten für ihren 354-Tage-Kalender – neben den Mondphasen – sieben Sterne am Himmel. Wann die Steinsäulen zur

Justierung des kuschitischen Kalenders brauchbar waren, haben Astronomen zurückgerechnet. Man kann nämlich über die Säulen Peillinien ziehen, die dorthin zeigen, wo (wegen der Präzession der Erdachse) die sieben Sterne vor 2300 Jahren am Himmel gestanden haben. Demnach stammt die Säulengruppe von etwa 300 vor Christus. Grabreste in der Nähe bestätigten das.

Der Name Kusch kommt aus dem altägyptischen; er bezeichnet Nubien. In der Bibel (Gen 10, 6–20) ist Kusch ein Enkel Noahs, ältester Sohn des Ham, Stammvater der dunkelhäutigen Kuschiten und Vater des Nimrod, der als „tüchtiger Jäger vor dem Herrn" und als Reichsgründer und Städtebauer in Mesopotamien und Assur gilt. Am Turkanasee lebten um 2000 vor Christus nomadische, kuschitisch sprechende Völker aus Äthiopien. Mose, der um 1500–1400 vor Christus lebte, heiratete – sehr zum Ärger seiner Schwester Mirjam – eine dunkelhäutige Kuschitin namens Zippora (Num 12, 1). Ein Königreich Kusch existierte von 750 bis 300 vor Christus in Nubien, auf dem Gebiet des heutigen Sudan. Und eine kuschitische Sprache hat sich bis heute bei den Dassanech erhalten, die Pater Florian am Ostufer des Turkanasees in der Halbwüste im äußersten Norden Kenias betreut.

Bis dorthin können wir nicht kommen. Leider auch nicht nach Naramum an der Nordgrenze Kenias zum Sudan. Dort gibt es ein isoliertes, biologisch hochinteressantes Felsen-Wasserloch (acht Meter lang, zwei Meter tief). D. R. Buxton hat es untersucht und fand es bevölkert vom Äthiopischen Krallenfrosch *(Xenopus clivii),* der, wie für Krallenfrösche üblich, nie das Wasser verlässt. Hier aber gab es wenig Insekten und außer einigen Schnecken keine andere Nahrung für Frösche. Buxton sah jedoch Scharen von Kaulquappen, die sich von Plankton und Grünalgen ernähren. Und Kaulquappen fand er im Froschmagen. Er schloss auf innerartlichen Kannibalismus: Die von erwachsenen Fröschen erzeugten Kaulquappen fressen mit ihren Schabemäulern Algen und dienen dann den Eltern als Nahrung.

Traditionelle Turkana, wie sie uns die Missionare in Eliye Springs geschildert haben, treffen wir bei kurzen Ausflügen ins nördliche Hinterland. Übliche Kleidung für Männer und Frauen ist lediglich ein brauner, rechteckiger Umhang aus Stoff, oft getragen wie eine Tunika, ein Ende mit dem anderen über der rechten Schulter verbunden. Manche Frauen sind mit zwei Stoffstücken bekleidet, eins um die Hüften, eins um den Oberkörper. Besonders elegant wirken Frauen, die sich mit einem schmal geschnittenen, knielangen, mit Perlen (auch aus Straußenei-Schalen) geschmückten Ziegenlederschurz begnügen. Viele Mädchen tragen sogar nur – angeblich gegen Fliegen – ein ebenso verziertes, 20 cm kleines Schamleder mit Troddeln aus Ziegenhufen. Alle Frauen haben das Kopfhaar fast völlig abrasiert, tragen aber Perlen-Halsschmuck, der bei einigen – zum Zeichen von

Wohlstand – als dicker Wulst vom Kinn abwärts auf den Schultern ruht. Häufige Zier ist ein Lippenpflock aus Holz oder Aluminium in der Unterlippe; fehlt der Pflock, tropft Speichel aus dem Loch. Viele Männer haben Schmucknarben auf den Schultern, einen Knödel Kautabak hinterm Ohr und am Hinterkopf einen Straußenfeder-Schmuck im Haar, das mit gefärbtem Lehm „gestylt" ist. Fischer im Flachwasser und am Land arbeiten völlig nackt; manche heben ohne Scheu grüßend die Hand. Sie sind unbeschnitten und gelten als voll „bekleidet", solange die Penisvorhaut die Eichel verdeckt.

Kurz vor unserer Abreise kommt an einem Nachmittag eine Gruppe Turkanas zur Lodge. Der wortkarge Manager hat einen „Volkstanz" arrangiert. Knapp vor Sonnenuntergang werden die recht zahlreichen Kinder verscheucht, die Männer beginnen zu singen, stampfen mit den Beinen und klingeln dabei mit Schellenbändern unter ihren Knien. Die Frauen vollführen eine Stunde lang, von Gelächterpausen unterbrochen, einen freizügigen, erotisierenden Wipp- und Springtanz. Am Ende bietet sich gar eine von ihnen Herrn Sturm für fünf Shilling zum Beischlaf an.

Auf dem Rückflug, zweimotorig und mit zwei Piloten, sehen wir am Südzipfel des Turkana-Sees unter uns den klassisch wie ein riesiger Eierbecher geformten Teleki-Vulkan, den Logipi-See voller Wasser mit rosarotem Flamingorand, das zerklüftete, abwechselnd rostbraune, grauschwarze und violettrote Loriyu-Hochland, trockene Flussläufe und sattgrüne Flecken in schroffen Schluchten. Rauch von Bränden auf einer Hochfläche steigt bis ans Flugzeug. Hochlandflächen tragen Ortschaften mit grünem Busch und Rinderherden. Ein weißes, rot gedecktes, herrschaftliches Wohnhaus kündet die Stadtnähe an. Nach zwei Stunden und 25 min erreichen wir den Wilson Airport, fahren mit einem Leihwagen zum Naivashasee und beginnen unsere Arbeit an den Rufen und Begrüßungsriten der Baumhopfe *(Phoeniculus purpureus)*.

27

Zur Namib

Ein 1900 km langer Küstenstreifen am Südatlantik zwischen der Kapprovinz und dem südlichen Angola, der sich vom Meer rund 90 km weit bis an einen 1000 m hohen Bergzug ins Land erstreckt, ist in den vergangenen etwa 80 Mio. Jahren bis heute immer Wüste oder Halbwüste gewesen: die Namib. Ihre Tier- und Pflanzenwelt steckt daher voller Anpassungen an diese extreme Klimabedingungen und ist eine Fundgrube für jeden Evolutionsbiologen, in die wir von Seewiesen aus mehrfach Forschungs-Exkursionen unternommen haben.

Zwei Studentinnen

Namibia heißt eines der zahlreichen Bücher von Carmen Rohrbach, der wohl beliebtesten deutschen Reiseschriftstellerin. Sie ist in der ehemaligen DDR aufgewachsen, hat dort studiert, ist bei dem waghalsigen Versuch, in einem Tauchanzug durch die Ostsee schwimmend aus der DDR zu fliehen, aufgegriffen und anschließend zu zwei Jahren und acht Monaten Haft verurteilt worden. Nach zwei schlimmen Jahren wurde sie 1976 freigekauft, also wie mehr als 33.700 andere Menschen vom Staatsratsvorsitzenden Erich Honecker als Hauptexportgut an Westdeutschland verkauft. Mit dem Wunsch, in Verhaltensforschung zu promovieren, besuchte sie mich in Seewiesen. Ein Stipendium ließ sich beschaffen, aber sie hatte keinerlei Studienbelege gerettet, und die DDR-Behörden verweigerten eine Zweitschrift. Zum Glück hatte ich jahrelang – wegen seiner Bücher über Süßwasserfische der Welt – mit Professor Günther Sterba korrespondiert, ihrem Prüfer in Leipzig. Er bestätigte ihre Arbeit über Neurohormone

© Springer-Verlag Berlin Heidelberg 2017
W. Wickler, *Wissenschaft auf Safari*,
DOI 10.1007/978-3-662-49958-0_27

im Taubengehirn, abgeschlossen mit dem Diplom 1974. So konnte ich beim Dekan der LMU in München mit meinem Namen für sie bürgen. Sie arbeitete bei uns, weitgehend betreut von Uta Seibt, an Wüstenrennmäusen *(Meriones unguiculatus)* über den sogenannten Bruce-Effekt, wonach der Geruch eines fremden Männchens in den ersten Tagen nach der Paarung ausreicht, das Trächtigwerden des Weibchens vom bekannten Männchen zu verhindern. Nach ihrer Promotion 1980 schickte ich sie mit einem Stipendium zu unserem Arbeitsplatz auf den Galápagos-Inseln. Damit begann ihre Reisekarriere, die sie um die halbe Welt und auch nach Namibia führte.

Ähnlich schicksalsgekurvt führte der Weg auch einer anderen Studentin von mir in die Namib. Margit Enders war die feste Freundin eines Studenten, Walter Weidig, der in Kenia am Eisvogelprojekt von Uli Reyer mitarbeitete. Als sie im Land Rover unterwegs waren, gerieten sie in eine Schießerei von Aufständischen und Walter wurde tödlich getroffen. Wir boten Margit, die ihr botanisches Diplom in Erlangen erhalten hatte, als Hilfestellung ein Doktorandenstipendium an. Mir waren in der Bretagne dichte Kolonien der Roten Spinnmilbe *(Tetranychus urticae)* aufgefallen, die wie rote Bänder und lang gezogene Tropfen in ihren Seidengespinsten auf Ginsterbüschen hängen. Die winzigen, nur einen halben Millimeter großen Tiere sind, wie Bienen, Ameisen und andere Hautflügler, haplodiploid, das heißt, Weibchen schlüpfen aus befruchteten, Männchen aus unbefruchteten Eiern (haben also keinen Vater). Mütter entscheiden also, wie wenige Söhne sie neben wie vielen Töchtern erzeugen (oft einen Sohn pro vier Töchter). Ein Weibchen kann auch allein eine Population starten: Es legt unbefruchtete Eier, aus denen werden Söhne, und mit einem von ihnen kann es dann auch Töchter erzeugen. Margit analysierte im Freiland in Südfrankreich und an Gruppen im Labor die verschiedenen Taktiken, mit denen Spinnmilben-Männchen um Weibchen rivalisieren. Sie promovierte 1989. Anschließend verschaffte ich ihr ein Forschungsstipendium über das Verhalten von Schwarzkäfern der Namib bei Mary Seely, der Chefin der Desert Ecological Research Unit (DERU) an der Wüstenforschungsstation Gobabeb. Am Ende ihrer Arbeit traf Margit noch einmal ein Unglück: Der Student Holger Schüle, der ihr zeitweilig in der Namib half, nahm sich in Deutschland das Leben, unbekannt aus welchem Kummer; seine Daten musste Margit publizieren.

Schwarzkäfer

Die kenntnisreiche und aktive Mary Seely hatte ich einige Jahre zuvor über die Schwarzkäfer kennengelernt. Diese ungemein artenreiche Käferfamilie (Tenebrionidae), zu der auch unser „Mehlwurm" gehört, bewohnt die

Namib seit vielen Tausend Jahren und hat schon rein körperlich verschiedene Anpassungsformen entwickelt. Neben „normal" geformten gibt es *Cauricara phalangium,* mit extrem langen, braunroten Beinen wie große Grillen, den diskusflachen *Stips stali,* den kugeligen *Physadesmia globosa,* den schwarz-gelb gezeichneten *Zophosis fairmairei* oder die einzigen Käfer mit rein weißem Körper *Stenocara eburnea* und *Onymacris bicolor,* welch letzteren ich meist in Kopula umherlaufen sah. Die meisten Arten leben von allerlei Detritus, den der Wind an die Dünen und über die Kuppen weht. Manche an die extreme Trockenheit angepasste Verhaltensweisen gibt es nur hier. *Onymacris unguicularis* ist tags auf den Dünen aktiv, die Nacht verbringt er im Sand, gräbt sich aber vor Sonnenaufgang bis an die oberste Dünenkante, macht einen Kopfstand mit dem Rücken gegen den Wind und fängt Nebel auf, der auf ihm Tröpfchen bildet, die abwärts zum Mund rinnen. *Lepidochora*-Käfer bauen quer zum Morgenwind Sandrippeln, an deren Oberkante sich winzige Tautröpfchen niederschlagen. In Bangalore in Indien macht es die Ameise *Diacamma rugosum* während der Trockenzeit ähnlich. Sie errichtet vor ihren Bodeneingängen Häufchen aus fester Tonerde, montiert darauf Vogelfedern und trinkt den Tau, der sich morgens daran sammelt. An diesen künstlichen Tränken bedienen sich auch andere Ameisenarten. Mit großflächigen Netzen erntet jetzt auch der Mensch in der Namib Trinkwasser aus dem Nebel, den der Wind seit fünf Millionen Jahren vom kalten Benguelastrom ans Land weht.

Der zentimeterlange Schwarzkäfer *Parastizopus armaticeps* hat ein hoch entwickeltes Familienleben. Das entdeckte Anne Rasa (1990), die in Seewiesen das Aggressionsverhalten von Korallenfischen und später in Kenia das Familienleben der Zwergmangusten untersuchte. Männchen und Weibchen graben in den ebenen Sandgebieten nach heftigem Regen gemeinsam einen Brut-Tunnel in den Boden, 20 cm tief und 40 cm lang mit Seitengängen. Beide Eltern bewachen den Eingang, jeder vertreibt Fremde seines eigenen Geschlechts. Täglich werden zwei Eier gelegt und von beiden Eltern gepflegt. Sobald die Larven schlüpfen, beschaffen die Eltern mit verteilten Rollen Nahrung für sich und den Nachwuchs. Das Männchen bleibt in der Wohnröhre und erweitert sie, das Weibchen sammelt nachts draußen abgefallene Blätter der Blauen Erbse *(Libeckia linearifolia)*. Der bürstenförmig wachsende Busch enthält Pyrrolizidinalkaloide und wird von Huftieren gemieden. Die vier Zentimeter langen Blätter hält das Weibchen senkrecht zwischen den Mandibeln, trägt sie mehrere Meter weit auf geradem Weg zum Eingang des Brut-Tunnels und legt sie dort nieder. Das Männchen holt das Material von dort ins Innere. Das Weibchen sammelt während der Puppenruhe der Larven selten Nahrung, tut es aber wieder regelmäßig weitere zwei Wochen lang nach dem Schlüpfen der Jungkäfer, bis deren Chitin hart und schwarz ist. Jungkäfer, die älter als zehn Tage sind, helfen zunächst, vom Eingang Blätter einzutragen und sammeln etwa eine Woche lang auch selbst welche. Schließlich löst sich die Familie auf.

Swakopmund

In Windhoek ist am zweiten Advents-Sonntag (5.1.1982) in der Christus-kirche Gottesdienst (mit sechs Taufen); zum Segen wünscht der Geistliche *„A wet Christmas"*: Es sei zum ersten Mal seit zehn Jahren grüne Weihnacht in Aussicht. In der Kirche treffen wir den Ethnologen Kuno Budack, der viel von den einheimischen Völkern zu erzählen hat und uns dann in rasantem Tempo die Stadt zeigt: die Höhere Deutsche Schule mit dem Bären davor; das Nationaldenkmal der 1903–1907 beim Herero-Aufstand „für Kaiser und Reich zur Errettung dieses Landes" Gefallenen. Ein Geschäft auf der Kaiserstraße bietet „frische Brötchen; heute offen"; die Alte Festung ist jetzt Museum (der Pförtner hört gerade „Nimm mich mit, Kapitän, auf die Reise"); am Bahnhof steht eine alte Lokomotive („Berlin 11000 km"). In der Afrikanersiedlung Katutura tanzen zwischen bunt angemalten Häusern fröhliche Hererofrauen, prächtig gekleidet in weite, lange, farbenfrohe Röcke; auf dem Kopf haben sie Lockenwickler oder die breiten, fast kissen-förmigen Hauben.

Die Fahrt Windhoek-Okahandja-Karibib-Usakos-Swakopmund führt (auf guter Straße) durch ökologische Übergänge zur Wüste. Okahandja, mit Bahnhof und Ladenstraße, hat eine sechsspurige Umgehungsstraße. Hier liegen schon Buschmannkürbisse am Weg. Bis Trekkopje begleiten die Straße hohe Zäune, dahinter liegen private *Game Farms*. Paviane überqueren gemächlich Zäune und Straße. In Karibib liefern wir in Henckerts Edel-steinladen der alten Dame den mitgebrachten Kaffee aus Deutschland ab. Usakos liegt 30 km weiter, noch in einer Senke im Bergland, dann treten die Bergzüge in den Hintergrund, es wird hügelig und immer flacher mit nur spärlichem Bewuchs, abgesehen von Beständen der Besen-Euphorbie *Euphorbia damarana*. Viele Namibe-Euphorbien sind kaum von amerikani-schen Kakteen zu unterscheiden. Auf den Flächen liegen grünliche Melonen der Wüstentsama *(Citrullus ecirrhosus)* und stehen harte Gräser *(Stipagrostis, Eragrostis)*. Zurzeit blüht nichts. Wie viel im Wüstensand steckt, haben Botaniker ausprobiert. Sie haben tonnenweise Wüstensand im Gewächs-haus jahrelang abwechselnd besprüht und trocknen lassen, und noch nach 20 Jahren keimten Pflanzen. Manche haben neben den normalen eigens

Spätkeimer-Samen *(dormant seeds)*, die erst nach Jahren der Ruhe keimen können, als Versicherung gegen zu kurze Regenperioden. Auch die Steppe blüht erst nach dreimaligem Regen im Abstand von drei bis vier Wochen.

Die Rössing-Mine 65 km vor Swakopmund ist der Welt größter Uranoxid-Tagebau. Hier wird 50 Mio. Jahre alter Granit nass zu einem Brei aus 14 mm kleinen Körnern zermahlen. Aus dem wird die Uranverbindung herausgelaugt, an Kunstharz-Perlen adsorbiert, in Ionenaustauscher-Säulen mit Säuren abgetrennt, mit Ammoniumsulfat zu einem gelben Ammonium-Diuranat-Brei und auf Filtern zum Gelbkuchen verarbeitet. Beim Entkalzinieren entsteht braunes Uranoxid. Rössing hat für mehrere Tausend Bewohner das Städtchen Arandis gebaut. Der Rössing Country Club ist ein kleines Schlösschen. Ein Dampflokomobil, 1896 als Ochsen-Ersatz für Wüstentrecks angeschafft, blieb im Sand stecken und taugt nun als Denkmal namens „Martin Luther", samt seinem Zitat vom Reichstag in Worms 1521: „Hier stehe ich, ich kann nicht anders".

In Swakopmund sind wir untergebracht im Strandhotel, mit der langen Seebrücke dicht daneben. Es ist sehr kalt. Zwei Schwimmer kämpfen sich nach Sonnenuntergang gegen den Wellensog zurück ans Ufer; die Rettungsmannschaft kann untätig bleiben. Vorige Woche sind drei Badende draußen verschwunden. Am roten Abendhimmel ziehen Vogelschwärme. Wir genießen Kaiserzeitromantik: „Bismarckstraße" mit farbigen Eckhäusern, „Bahnhofstraße" mit breiten Fahrstraßen, die überall schwarz, aber keine Teerstraßen, sondern aus Sand und Salz hart gefahren sind wie Zement und schwarz vom Reifenabrieb. Es gibt eine „Klempnerei" und eine „Deutsche Buchhandlung seit 1910". Im Café Anton servieren Deutsch sprechende Ovambo Schwarzwälder Kirschtorte, Frankfurter Kranz und Kaffee in Kännchen. Das „Bayern-Stüberl" bietet hervorragende Tomatensuppe mit Sahne und Thüringer Bratwurst mit Sauerkraut. Abseits überragt der hochgestellte, rot-weiße, 21 m hohe Leuchtturm, alle Gebäude. Der deutsche Friedhof ist zur Wüste hin offen, Dünen enden dicht vor alten Gräbern. Gegen die Stadt schirmt ihn eine hölzerne Schutzmauer ab – wozu? Die draußen wollen nicht rein, die drinnen können nicht raus. Für uns sehr nützlich ist die unerwartet gut bestückte Sam-Cohen-Bibliothek, deren alte Bücher und Zeitschriften Frau Ehrenberg und Frau Marssmann vorbildlich geordnet behüten.

Bis 50 km ins Land reichen die weiten, kahlen Wüstenbodenflächen aus verhärtetem Gipssand oder Kalziumkarbonat, bedeckt mit hartem Granitkies und Granitgeröll. Wo es glitzert, liegen dünne Blättchen Muskovit-Glimmer. Im Boden unter lichtdurchlässigen Quarzsteinen können grüne „Fensteralgen" wachsen, weil Nebel auf den Steinen kondensiert, hinabperlt und minimal den Boden feuchtet.

Eine der botanischen Hauptattraktionen der Namib sind die über hundert farbigen – schwarz, grau, braun, grün, gelb, orange – Flechtenarten, bestehend aus einem Pilz, der das Grundgerüst und die Anheftung liefert, dem symbiotische Algen durch Fotosynthese Ernährung und Energie liefern. Krustenflechten kleben auf Steinen oder auf dem harten Boden, manche Strauchflechten, wie die bis zu zehn Zentimeter hohe, orangefarbene *Teloschistes capensis,* bilden Miniaturbüsche. Alle wachsen extrem langsam; manche Individuen sind über 1000 Jahre alt. Meine Lieblingsflechte ist *Xanthomaculina convoluta,* eine grauschwarze, in der flachen Wüste lose auf dem Grund liegende Rollflechte, die der Wind in Trockenrinnen zusammenweht. Sie ist das einzige Gewächs im Namib Desert Park südlich des Swakop.

Die zweite botanische Hauptattraktion sind die Welwitschien. *Welwitschia mirabilis* ist eine urtümliche, mit unseren Nadelhölzern verwandte Holzpflanze, die von ferne aussieht wie ein gestrandeter Oktopus (Abb. 27.1). Wir haben sie an verschiedenen Orten gefunden. Ein von Swakopmund aus leicht erreichbarer Bestand liegt etwa 24 km landeinwärts am Zusammenfluss von Swakop und Khan. Der rübenförmige *Welwitschia*-Stamm steckt im Boden, hat dicht unter der Oberfläche bis anderthalb Meter lange Seitenwurzeln für die Nebelfeuchte, aber keine Wurzeln ins (nicht vorhandene) Grundwasser. Der Stamm bildet an der Oberfläche ein zunächst rundes, später zweigeteiltes und schließlich bizarr verwundenes holziges, blauschwarzes Gebilde. Das größte, das wir sehen, angeblich 1500 Jahre alt, ist vier Meter breit und reicht mir bis zur Schulter. An den beiden Stammlappen entspringen die zwei bläulichgrünen, an dickes Plastik erinnernden Laubblätter, die am Ansatz ständig weiterwachsen, über acht Meter lang werden, längs in breite Streifen aufspleißen, die unter- und durcheinander wachsen, und an den alten äußeren Enden vom Sandstrahlwind beschädigt sind. Es gibt männliche und weibliche Pflanzen. An denen sehen wir im Januar oben am Stammrand die verzweigten Blütenstände: weibliche in dick-ovalen Zapfen, männliche stärker verzweigt, kleiner, schwärzlich und kantig. Bestäubt wird die Pflanze von Wespen. Die Samen sind von einem flachen Häutchen umgeben und werden vom Wind verbreitet. Besiedelt sind einige Welwitschien von der in Jugendstadien feuerroten Feuerwanze *Odontopus sexpunctulatus.* Die Erwachsenen sind gelb mit schwarzen Punkten. Paare hängen in Kopula mit den Körperenden aneinander. Diese Wanzen saugen Saft aus der Pflanze, und eine zum Verwechseln ähnliche Raubwanze *Probergrothius sexpunctatus* saugt ihrerseits die Feuerwanzen aus.

Abb. 27.1 *Welwitschia mirabilis.* Namib, 1988

Gobabeb

In Südafrika haben sich Spinnen-Liebhaber zu einer sehr aktiven Interessengemeinschaft *(Research Group for the Study of African Arachnids)* zusammengeschlossen und verbringen, teils mit Familie, ihre Urlaube im Caravan auf der Suche nach ungewöhnlich lebenden Spinnentieren. Auf ihrer Tagung in Swakopmund im Jahr 1988 haben wir zusammen mit dem Ehepaar Kraus über die *Stegodyphus*-Spinnen berichtet und anschließend von Gobabeb aus auf einer mehrtägigen Exkursion zwei markante ökologische Zonen kennengelernt, die trockenen Flussbetten und die aus feinem Quarzsand bestehenden Sanddünen.

Die 30 km von Swakopmund nach Süden bis Walvis Bay führen vorbei an einem schmalen Dünenstreifen aus weißem Sand, stellenweise bewachsen von *Capparis hereroensis* mit großen gelblichen Blüten und saftigen Früchten. Auf dem Sand gedeiht auch die Sukkulente *Trienthema hereroensis,* deren Samen die Echse *Aporosaura anchietae* liebt. Am Strand liegen Blatt-Tange *(Laminaria),* Braunalgen, viele Meter lang mit rhizoidem Haftorgan, das irgendwo festgewachsen war.

In Walvis Bay wabert ein großer, schlohweißer Salzberg in der Sonne. Hier wird in weite Felder, die Salzpfannen, Meerwasser gepumpt. Es wird, je weiter austrocknend, desto röter. Die Farbkompositionen sind begeisternd. Am Rand bildet sich eine weiße Kristallkruste. Am Ufer liegt ein totes Seebär-Weibchen *(Arctocephalus pusillus),* neben ihm ein halb toter junger Pelikan. Er ist von der künstlichen Guano-Plattform gefallen, und die Eltern kümmern sich nicht mehr um ihn. Im Wüstendünen-Vorfeld sehen wir viele Skorpionspalten im Boden. Die Straße und die Eisenbahngleise sind von dicken Sandflächen überweht; ein Zug steht, während schwarze Arbeiter die Schienen frei schippen. Es erinnert an unsere Schneewehen im Winter. In Swakopmund kann man Ski-Ausrüstungen kaufen zum Sandskifahren auf den Dünen.

Wir fahren von Walvis Bay 57 km nach Osten bis zum Vogelfederberg, einem riesigen Granitklotz. Auf einem Stück Steinwüste liegen Steine herum wie vom Lastwagen gefallenes Kopfsteinpflaster. Ein kalter, scharfer Wind bläst uns Sandstrahl ins Gesicht. Wir biegen rechts ab zu den riesigen Dünen, folgen dem trockenen Kuiseb, der die Namib in nördliche steinige Wüste mit Geröllflächen und südliche rotsandige Dünenwüste teilt, und erreichen nach weiteren 64 km die Wüstenstation Gobabeb. Hier arbeitet Joh Henschel, der unsere Führung übernimmt und uns sandbewohnende Spinnen zeigt.

Zuerst die „Dancing White Lady" *Leucorchestris arenicola*. Diese wohnt in 35 cm schräg in den Sand führenden, oben mit einem Deckel verschlossenen Röhren. Sie erbeutet in der unmittelbaren Umgebung Käfer und kleine Namibgeckos, aber auch Artgenossen, die sich zu weit von ihren eigenen Wohnröhren entfernt haben. Die Spinnen sind bis fünf Gramm schwer und hinterlassen im Dünensand gut erkennbare Laufspuren. Wie Henschel daran erkennen konnte, streifen die Männchen auf der Suche nach Weibchen in dunklen Nächten weit und auf verschlungenen Wegen umher, trommeln ab und zu mit allen acht Beinen signalisierend auf den Sand und kehren auf viel kürzerem Weg gradlinig zu ihrer Wohnröhre zurück. Wie sie sich dabei orientieren, ist unbekannt. Die Weibchen werden über 14 Monate, die Männchen nur sechs Wochen alt. Eine weitere Dünenspinne ist die zwei Zentimeter große „Rollradspinne" *(Carparachne aureoflava)*. Sie wohnt in einem innen mit Seide ausgekleideten Erdgang, den sie bis zu 50 cm tief in den Dünenhang gräbt. Dabei schafft sie bis zu zehn Liter Sand weg. Ihr spezieller Feind ist eine Wegwespe *(Schistonyx aterrimus)*. Wird sie von dieser im Freien überrascht, so wirft sie sich aus vollem Lauf auf die Seite, winkelt alle Beine so an, dass ein perfektes Rad entsteht, und rollt mit einer Geschwindigkeit von etwa einem Meter pro Sekunde den Dünenhang hinab.

Fünf Meter hohe Dünen entstehen durch andauernde Sandanwehungen um das Kürbisgewächs Nara *(Acanthosisyos horrida)*. Dessen grüne, blattlose Stängel und bedornten Zweige wachsen immer wieder durch den Sand nach oben, wo auch die Früchte, bis 15 cm große kürbisähnliche Melonen, liegen. Ein Busch ist mehrere Hundert Jahre alt. Unter den Echsen ist auf Dünen *Meroles reticulatus* die häufigste und schnellste. *Aporosaura anchietae* bewegt sich langsamer und hebt wie tanzend immer abwechselnd zwei Beine von der 70 °C heißen Dünenoberfläche hoch. Im Dünensand verbirgt sich *Palmatogecko rangei;* er hat zur Fortbewegung im Sand „Schwimmhäute" zwischen den Fingern.

Der 440 km lange Kuiseb entspricht einer lang gestreckten Oase. An und in seinem trocknen Bett stehen Anabäume *(Acacia albida),* der struppige Kameldorn *(Acacia erioloba)* und Tamarisken *(Tamarix usneoides),* auf deren Blättern Salzwasser auskristallisiert (als Suppengewürz brauchbar). Am Sandufer wächst *Salvadora persica* mit kleinen, sauren Früchten, sowie hie und da ein Namibischer Ebenholzbaum *(Euclea pseudebenus)* mit trauerweidenartig hängenden Zweigen oder eine Sykomore *(Ficus sycomorus).* Unter einem solchen Feigenbaum existiert noch ein winziger, verschmutzter Wassertümpel. Neben ihm gibt es einige Löcher im Sandboden. Die werden von Pavianen tiefer gegraben, bis sauber gefiltertes Grundwasser hineinsickert. Die Paviane hier sind eine kleine, schlecht genährte Gruppe, deren Mütter ihre Neugeborenen oft nach kurzer Zeit verlieren und deshalb häufig empfängnisbereit sind. Das scheint attraktiv für rangtiefe Männchen aus einem fernen Nachbartrupp, die dort nicht zum Zuge und deshalb als „Sex-Touristen" zu Besuch an den Kuiseb kommen.

Oft haben wir nach einem Regen zugesehen, wer sich alles an schwärmenden Termiten gütlich tut. Schwalben und andere typische Insektenfresser kreuzen in der Luft, Adler und Geier gehen zu Fuß und picken wie Hühner nach der Beute; Schakale springen schnappend den Auffliegenden nach, und Echsen suchen am Ausflugloch am Boden. Ergänzende Beobachtungen machten zwei junge deutsche Feldgeologen, Herman Korn und Henno Martin, die bei Ausbruch des zweiten Weltkrieges, um der Internierung zu entgehen, in die felsigen Canyons am Oberlauf des Kuiseb flohen, 250 km südöstlich der Walvis Bay. Der detaillierte Natur- und Erlebnisbericht (Martin 1970) über ihre zwei abenteuerreichen Jahre beschreibt das Termitenschwärmen nach einem Regen: „Fast an jedem Stein saß ein Skorpion oder ein scheußlicher rotgelber Skolopender, und zwar verteilt über eine Fläche von fast einem halben Quadratkilometer. Die Skorpione lauerten, aufgerichtet, mit den Scheren in der Luft, während die Skolopender sich überall suchend herumschlängelten".

Von Gobabeb fahren wir 156 km zur Farm Cha-Ré (Kromhoek), vorbei am Gamsberg. Oben auf dessen 2500 m hohen Plateau hat die Max-Planck-Gesellschaft ein Observatorium, das aber nicht ganzjährig besetzt ist. Cha-Ré ist eine von drei Farmen des Bäckers Willi Probst. Auf den insgesamt 39.000 ha hält er Fleischschafe (14 ha pro Schaf). Er wohnt in einem hübschen Haus auf der zweiten Farm Rostock. Auf der dritten, Oasis, erklettert er am Gaubfluss mit uns die 1955 entdeckten Buschmannzeichnungen an einem großen Steinüberhang. Sie zeigen Antilopen, Strauße, Jagdszenen und – einmalig – eine Bildserie von abstürzenden Menschen.

Auf der Rückfahrt kehren wir in Walvis Bay ein im Restaurant mit toller Bäckerei von Willi Probst. Seine Frau, eine quirlige Rheinländerin aus Altenkirchen, hält hier alles sehr in Ordnung (Willi hat mit einem Kompagnon noch eine Bäckerei in Swakopmund), kennt ihre 10.000 Walfisbayer, weist unordentlichen Gästen die Tür und bietet uns an, wenn wir mal privat sein wollen, auf ihre Farm oder in ihr Haus in Swakop zu kommen. Beim herzlichen Abschied von Mary Seely bietet auch sie uns an, einmal in ihr Haus an der Lagune in Walvis Bay („bei den Flamingos") zu kommen.

28
Biologische Märkte

Auf Märkten geht es um Gegenstände oder Dienstleistungen, die man benötigt, aber sich nicht selbst beschaffen kann, auch nicht mit Gewalt. Märkte entstehen zwischen zwei (oder mehr) Parteien, wenn jeweils die eine Partei das zu vergeben hat, was die andere benötigt, wobei es wechselseitig zu Leistung und Gegenleistung kommt. Ein einfaches Beispiel liefern Nektar trinkende Vögel, wie die Kolibris. Ein Männchen, das ein Blütenfeld gegen alle Artgenossen verteidigt, kann einem Weibchen den Zugang erlauben, sofern es sich begatten lässt. Weibchen gehen darauf nur ein, wenn es nicht in der Nähe Blüten gibt, an denen sie ohne Gegenleistung trinken können. Andererseits verzichten Männchen auf diese Taktik an einem großen Blütenfeld, das sie nicht effektiv überwachen können. Die Marktlage wird bestimmt durch das Verhältnis von Angebot und Nachfrage. Derartige Situationen bestehen zwischen nicht-menschlichen Organismen in ganz verschiedenen Lebensbereichen. Meine Mitarbeiter Peter Hammerstein und Ronald Noë haben dazu eine Theorie biologischer Märkte entwickelt, die inzwischen aufblühend immer weiter um sich greift (Noë und Hammerstein 1995; Noë et al. 2001; Hammerstein und Noë 2016).

Beispiele

Aufgekommen war das Thema mit einer Freilandstudie von Peter Wirtz an Wasserböcken *(Kobus ellipsiprymnus)* am Nakurusee in Kenia. Peter kam als Fischbegeisterter zu mir nach Seewiesen, studierte die Verwandten

© Springer-Verlag Berlin Heidelberg 2017
W. Wickler, *Wissenschaft auf Safari,*
DOI 10.1007/978-3-662-49958-0_28

meines Promotions-*Blennius* im Freiland, hat 1977 über Blenniiden im Mittelmeer promoviert und ist heute Professor für Meeresbiologie, Autor verschiedener Unterwasserführer und kommt immer noch zu unseren Nach-Wickler-Café-Treffen.

Im Anschluss an seine Promotion untersuchte Peter die Wasserböcke nahe bei unserer Forschungsstation im *Baharini Wildlife Sanctuary* am Nakurusee (Wirtz 1981). Die langhaarigen Antilopen, die wassernahes Grasland lieben, bilden hier eine sehr dichte Population, was ein eigenartiges Sozialphänomen begünstigt. Die hornlosen Geißen, manche mit Jungem, grasen einzeln oder zu mehreren auf offenen Flächen oder ruhen am Sumpfrand unter Bäumen. Rund 90 % aller Böcke stehen in Junggesellengruppen nahe beieinander. Nur einige besonders kräftige Böcke halten ein Revier besetzt, in dem es gute Futterplätze gibt. Alle Rivalen vertreiben sie aus dieser Paarungs-Arena, denn paarungswillige Weibchen, die es das ganze Jahr hindurch gibt, besuchen einen starken Arena-Inhaber, paaren sich mit ihm und gehen dann wieder ihrer Wege. Wegen der hohen Bevölkerungs- und somit Rivalendichte ist hier aber selbst für die stärksten Männchen die Chance gering, während eines Weibchenbesuchs ungestört zu bleiben. Manche Reviere haben jedoch zwei Böcke. Der Arenabesitzer erlaubt nämlich einem schwächeren Männchen, sich auf dem Paarungsplatz aufzuhalten und Rivalen vertreiben zu helfen. Als Gegenleistung ist ihm ab und zu eine Begattung gestattet. Falls – wie meistens – die Kraftreserven des Platzherrn nach 12 bis 18 Monaten zur Neige gehen, hat das Helfermännchen gute Aussichten, den Paarungsplatz zu übernehmen. Sonst wird nur etwa einer von fünf erwachsenen Böcken auch Revierbesitzer. Besonders gute Umweltbedingungen und entsprechend dichte Besiedlung begünstigen hier das Kooperieren des Revierinhabers mit einem Männchen aus dem Junggesellentrupp.

Eine „Markt-Situation" entsteht, weil der Revierbesitzer Kampfhilfe benötigt und Kopulationsgelegenheiten zu vergeben hat, Jungmännchen umgekehrt Kopulationsgelegenheiten benötigen und Kampfhilfe zu vergeben haben. Da mehrere Junggesellen-Männchen Kampfhilfe anbieten und untereinander um den „Posten" beim Arena-Inhaber konkurrieren, kann der Arena-Besitzer denjenigen Helfer auswählen, der die geringsten Kopulationsforderungen stellt, also alle Konkurrenten unterbietet und doch genügend Kampfhilfe leistet. Wenige Kopulationen sind besser als gar keine. Wie dieser Handel um „das Beste in einem miesen Job" im Einzelnen ausgetragen wird, bleibt noch zu erforschen.

Ein weiteres Beispiel fand Ronald Noë an Steppenpavianen *(Papio anubis)*. In deren Trupps beansprucht das ranghöchste Männchen exklusiven Zugang zu jedem brünstigen Weibchen. Es kommt aber vor, dass sich zwei rangniedere Männchen zusammentun und den Boss attackieren. Während der eine sich mit ihm herumschlägt, paart sich der andere mit dem Weibchen. Um weiterhin erfolgreich zusammenzuarbeiten, könnten die Jungmännchen in ihrer Kumpanei fair die Rollen wechseln. Langzeitbeobachtungen ergeben aber, dass immer derselbe von ihnen die meisten Kopulationen und der andere die Prügel bekommt. Das liegt wieder an der Marktlage, an der Konkurrenz unter den Anbietern der Kampfhilfe. Ein „Anstifter"-Männchen blickt ein anderes mehrere Male an und wendet dann seinen Kopf schnell von ihm weg zum Pascha: „Hilfst du mir, den da zu vertreiben?" Nun kommt es darauf an, wie weit sich aufgeforderte Mitkämpfer gegenseitig unterbieten. Ganz ohne Prügel kommt keiner zur Paarung. Aber von der Anzahl potenzieller Mitkämpfer und vom Ranggefälle unter ihnen hängt es ab, auf wie seltene Kopulationen und wie viel Prügel sie sich schließlich einigen (Noë 1990).

Noch interessanter ist der „Baby-Markt" in Trupps der Meerkatzen *(Chloropithecus aethiops)*, den wir auf unserer Safari mit den Top-Managern beobachten konnten. Aus noch nicht ganz geklärten Gründen sind weibliche Tiere ganz versessen darauf, Babys zu betreuen. Solche Babysitter erleichtern den Müttern die anstrengende Arbeit der Brutpflege. Die Mütter profitieren davon durch einen kürzeren Zeitabstand bis zur Geburt des nächsten Kindes. An allen Affenarten fällt auf, wie häufig sie einander das Fell pflegen. Ursprünglich dient das zum Entfernen von Parasiten und Unreinheiten der Haut. Daraus ist aber ein Verhalten *sui generis* geworden. Meerkatzen sind begierig auf gegenseitige Fellpflege und verwenden dafür 20 % ihrer Tagesaktivität, selbst auf Kosten notwendiger Nahrungssuche. Da Lodge-Affen wenig Zeit zur Nahrungssuche benötigen, haben sie mehr Zeit für die Fellpflege. Dabei werden Glückshormone freigesetzt, die dem Gepflegten ein Wohlgefühl verschaffen. Der Baby-Markt ergibt sich nun daraus, dass kinderlose Weibchen dringend wenigstens zeitweise ein Baby betreuen wollen, andererseits die Baby-Mütter sich dringend eine Fellpflege wünschen. Als typische Sozialsituation sieht man dann, dass ein Jungweibchen aus dem Trupp das Fell einer Mutter mit Baby pflegt; kaum je sieht man die Mutter das Fell des jungen Weibchens pflegen. Beobachtet man die Individuen über lange Zeit, so kann man messen, wie viel Pflege-Vorleistung ein Jungweibchen zu erbringen hat, bevor die Mutter ihm erlaubt, mit dem Baby zu hantieren. Wie „teuer" die Pflege-Vorleistung wird, hängt einmal davon ab, wie viele Babys gleichzeitig „auf dem Markt" sind, zum anderen vom sozialen Rang des Jungweibchens; ein niederrangiges muss mehr Pflegeleistung erbringen als ein höherrangiges.

Eine Theorie der biologischen Märkte

Allgemein bekannt ist der biologische Paarungsmarkt, auf dem eine Partei männliche und eine andere weibliche Geschlechtsprodukte anbieten und beide Parteien aufeinander angewiesen sind. Ebenso bekannt ist, dass im Verlauf der Evolution männliche und weibliche Individuen es nicht mehr dem Zufall überlassen, einen Paarungspartner zu treffen, sondern ihn aus einer gegebenen Menge von Kandidaten nach bestimmten Kriterien auswählen. Da jeder davon profitiert, sowohl wählen zu können als auch gewählt zu werden, führt sexuelle Selektion zur Ausbildung geschlechtstypischer Merkmale, die auf die Auswahlkriterien abgestimmt sind. Da Fortpflanzung einen höheren Selektionswert hat als Überleben, kann Konkurrenz unter den Anbietern zu Merkmalen führen, die in der Partnerwahl wichtig sind, aber das Überleben gefährden. Ein Beispiel dafür fand aus unserer Gruppe Martin Wikelski an den Meerechsen (*Amblyrhynchus cristatus*) auf Galápagos, bei denen die größten Männchen unter sexueller Selektion fortpflanzungsbegünstigt sind, aber in El-Niño-Jahren wegen Nahrungsmangel unter ökologischer (natürlicher) Selektion als erste sterben.

Hammerstein und Noë verstehen die Partnerwahl auf dem Paarungsmarkt als Spezialfall der Auswahl von Partnern auf jedwedem biologischen Markt und die sexuelle Selektion als Sonderfall einer allgemeinen Markt-Selektion, und so entwickeln sie eine allgemeine Theorie biologischer Märkte. Menschlicher Handel gründet auf Spezialisierung und Arbeitsteilung. Da unter Tieren, Pflanzen und anderen Organismen die einzelnen Arten unterschiedliche Spezialisierungen aufweisen, können daraus biologische Handelsbeziehungen und Märkte erwachsen. Man kennt vielerlei Kooperationen unter Artgenossen oder artverschiedenen Organismen zum gegenseitigen Nutzen. Der allein reicht aber nicht aus, um die Evolution einer Kooperation zu verstehen. Denn nach den Selektionsgesetzen muss jede Partei (zur Maximierung ihrer Fitness) möglichst hohen Nutzen zu möglichst niedrigen Kosten anstreben. Unvermeidlich gibt es dafür geeignete und weniger geeignete Partner, sodass die Auswahl der Partner (nach welchen Kriterien?) entscheidend wird. Wie in den Beispielen gezeigt, spielt dabei Konkurrenz unter den „Anbietern" eine bedeutende Rolle. Weil es keine geschriebenen Verträge und keine gerichtliche Obrigkeit gibt, sind einer stabilen Kooperationsbeziehung dadurch Grenzen gesetzt, dass aus biologischen Gründen nicht betrogen werden kann. Da Kooperation sich aus Interaktionen ergibt, unterliegt sie nicht als Einheit der Selektion, sondern Vor- und Nachteile aller Beteiligten müssen einzeln durch Selektion ausbalanciert sein.

29

Kulturell umrahmte Vortragsreisen

Bulgarien

Im April 1972 folgen wir einer Einladung von Dr. Nicola Nicolov nach Bulgarien zur Psychiatrischen Gesellschaft in Sofia. In vier Vorlesungen erläutern wir die im Tierreich vorkommenden Sozialstrukturen sowie die Rolle der Mimikry in der Evolution tierischer Signale und stellen als monogame Tierarten die Harlekingarnele und Duett singende Vögel vor. Zu Diskussionen kommt es nur mit dem Ornithologen Bojidar Ivanow und dem Direktor der Psychiatrischen Klinik, Professor Ivan Temkov. Im Zoologischen Institut mit Museum präsentiert uns der Direktor Professor Botju Botev im Demonstrationsraum einen narkotisiert aufgebarten Hund, dem aus mehreren Kanülen Körpersäfte in Glasgefäße tropfen.

Deutlich mehr Genuss verschaffen uns die Umgebung und Ausflüge zu sorgfältig ausgewählten Kulturschätzen des Landes. Vom Hotel Bulgaria aus ist die gegenüberliegende, kurz vor Beginn des Ersten Weltkriegs erbaute Kirche des heiligen Nikolaus zu sehen. Sie ist mit grünen Majolika-Platten gedeckt und hat fünf vergoldete Kuppeln. In dieser typisch russischen Kirche begann die Karriere des Don-Kosaken-Chores von Serge Jaroff. Hinter einem Großkaufhaus ragen Minarett und Kuppel der Banja-Baschi-Moschee aus dem 16. Jahrhundert hervor. Man führt uns zum ältesten Gebäude Sofias, der St. Georgs-Kirche, erbaut im 5. Jahrhundert auf den Fundamenten eines römischen Badehauses. Nur von außen sehen wir das Mausoleum Georgi-Dimitrov (er war Revolutionär und erster Sekretär der bulgarischen KP) und die im byzantinischen Stil gehaltene Kathedrale, Alexander Newski

© Springer-Verlag Berlin Heidelberg 2017
W. Wickler, *Wissenschaft auf Safari*,
DOI 10.1007/978-3-662-49958-0_29

geweiht, der Bulgarien vom Türkenjoch befreit hat. Die berühmtesten bulgarischen Goldschätze aus vorchristlicher Zeit bekommen wir in der ehemaligen Büjük-Moschee, jetzt Archäologisches Museum, zu sehen.

Auf einer Fahrt zum Vitoscha-Gebirge, das am Stadtrand von Sofia beginnt und mit seiner 2000 m hohen Silhouette das Stadtbild hintermalt, wird uns die mittelalterliche bulgarisch-orthodoxe Kirche von Bojana gezeigt. Geweiht ist sie den Heiligen Nikolaus und Pantaleon („Ganzer Löwe"). Letzterem bin ich schon zweimal in Köln begegnet, nämlich zuerst auf dem Siegel der medizinischen Fakultät der Universität, wo er seit 1393 mit Salbbüchse und Arztbesteck erscheint, und ferner in einer der großen romanischen Basiliken in der Altstadt, der Pantaleonskirche, da allerdings nur seinen Reliquien, die Kaiserin Theophanu einst hierher brachte. Auch Theophanu selbst, die Nichte des oströmischen Kaisers Johannes I. Tzimiskes und Gemahlin Kaisers Otto II., ist auf eigenen Wunsch hier in Köln bestattet.

Pantaleon, Cosmas und Damian sind drei Heilige, die sich für ihre ärztlichen Dienste von ihren armen Patienten nicht entlohnen ließen. Pantaleon soll seine Heilkräfte schon als Kind erkannt haben, als er auf der Straße zu einem von einer Schlange gebissenen, toten Kind kam, das wieder lebendig wurde, weil er zufällig den Namen Jesus ausrief. Er ließ sich zum Arzt ausbilden, wurde Leibarzt vom Kaiser Diokletian und starb 305 unter dessen Nachfolger als Märtyrer. Er gehört zu den Vierzehn Nothelfern und ist der Schutzpatron der Ärzte und Hebammen, wird aber auch bei Kopfschmerzen, Krankheiten des Viehs und Heuschreckenplagen um Hilfe angerufen.

In vielen Ländern Europas gibt es Pantaleon geweihte Kirchen, wie eben auch hier in Bulgarien die Bojanakirche. Die kleine, dreiteilige Kapelle aus rotem Backstein wirkt von außen unscheinbar. Sie ist heute eine Filiale des Nationalhistorischen Museums. Ihr ältester Teil aus der Zeit um 1000 war die Kapelle der Festung Bojana. Im 13. Jahrhundert stiftete der Sebastokrator Kalojan, Fürst von Sredez (dem heutigen Sofia), einen zweigeschossigen Vorbau mit Tonnengewölbe und zwei Rundbogennischen. Die Fresken eines unbekannten Malers von 1259 an den Innenwänden in diesem Raum sind eines der am vollständigsten und besten erhaltenen Beispiele mittelalterlicher osteuropäischer Kunst und begründen den Weltruhm von Bojana: Die großen Bilder von Kalojan und seiner jungen Gemahlin Dessislava an der Nordwand, gegenüber das Zarenpaar Konstantin Asen Tih, Vetter von Kalojan, und Irina Laskarina, sowie weitere Darstellungen von 240 Menschen in 89 verschiedenen Szenen aus dem Leben.

Ein nächster Ausflug führt uns 190 km weit zum Batchkovo-Kloster am Fuße des malerisch bewaldeten Rhodope-Gebirges, 25 km südlich von Plovdiv. Der Klostervorsteher kann kein Englisch, und so führt uns der stellvertretende Igumen Kostadin durch die weiträumige Anlage. Das Kloster wurde 1083 gegründet, florierte im 12. Jahrhundert, litt im 15. und 16. Jahrhundert schwer unter den Türken und wurde Mitte des 17. Jahrhunderts wiederhergestellt. Es ist jetzt, nach Rila, Bulgariens zweitgrößtes Kloster. Im Klosterhof mit Grasflächen zwischen grobem Steinpflaster fällt neben Davids-Kiefern *(Pinus armandii)* ein Baum mit weit ausladenden, Schatten spendenden Ästen auf, eine „*Dschindschifir*", Lotuspflaume *(Diospyros lotus).* Sie kam vor über 200 Jahren aus Georgien hierher. Aus ihren Früchten kann ein aromatischer Schnaps destilliert werden.

Zum Kloster gehören drei Kirchen, die Erzengel-Kirche vom Ende des 12. Jahrhunderts, die 1834–1837 entstandene Kirche des Heiligen Nikolaus und am Ort der von den Türken zerstörten ursprünglichen Kirche die 1604 erbaute dreischiffige Kirche der heiligen Muttergottes. In dieser Hauptkirche zeigt eine holzgeschnitzte Ikonenwand (Ikonostase) den segnenden Christus, die Heiligen Nikolaus, Dimitri, Johannes den Täufer und vor allem die mit einem Silberbeschlag versehene wundertätige Marienikone von 1310, auf der die Gottesmutter mit dem Jesuskind als *Tricheirousa* dargestellt ist, mit drei Händen. Die dritte Hand gehörte ursprünglich zu Johannes von Damaskus, der von 650 bis 750 gelebt hat und als der letzte griechische Kirchenvater gilt. Er war am Hof des Kalifen in Damaskus tätig und ihm freundschaftlich verbunden. Und er trat für gute Beziehungen zwischen Christen und Muslimen sowie für die Ikonenverehrung ein. Die aber ließ der christliche Kaiser von Konstantinopel verbieten und spielte dem Kalifen falsche Anschuldigen über Johannes zu, dem daraufhin die rechte Hand abgeschlagen wurde. Die ist ihm der Legende nach, als er vor einer Muttergottes-Ikone betete, wieder angewachsen. Auf dieses Wunder geht die Ikone der Gottesmutter mit drei Händen zurück.

Berühmt machen das Kloster die überall anzutreffenden farbenfrohen Fresken aus dem 11. bis zur Mitte des 17. Jahrhunderts. Leider ist das etwas abseits gelegene Gebeinhaus aus der Gründungszeit mit Malereien aus dem 11. und 12. Jahrhundert abgeschlossen, aber die zugängigen Wandmalereien entschädigen uns reichlich. In der Hauptkirche auf beiden Seiten des Eingangs die Porträts von Stiftern und von Zar Ivan Alexander, im Inneren Szenen aus dem Alten Testament und aus dem Kirchenjahr. In den sehr ausdrucksstarken Malereien der beiden kleineren Bachkovo-Kirchen schuf Zahari Zograf 1841 einen neuen Stil der Ikonenmalerei mit Gesichtern ganz gewöhnlicher Menschen. Sie illustrieren Ereignisse des täglichen Lebens und wichtige Aussagen der Evangelien. Die Fresken der Erzengelkirche schildern die Gleichnisse vom reichen und armen Lazarus, von den zehn Jungfrauen, von der armen Witwe. Fresken der Nikolaus-Kirche zeigen die Ureltern

Adam und Eva und den Mord Kains an Abel. Das Jüngste Gericht und das Paradies sind im offenen Vorhof komponiert und, ebenfalls aus dem Jahr 1643, an einer Wand im Refektorium, dem Speiseraum des Klosters. Zu sehen sind hier an der Decke der Stammbaum Christi, unten an den Wänden Porträts altgriechischer Philosophen und Gelehrter sowie alttestamentlicher Heroen. Außen auf der „Panoramamauer" des Refektoriums schuf der Freskenmaler Alexi Atanasov ein Luftbild der Anlage mit Umgebung, wie sie im Jahre 1846 aussah, dazu eine lang gestreckte Szenenfolge aus der Geschichte des Klosters sowie eine Prozession der wundertätigen Marien-Ikone, begleitet von Aristokraten aus Plovdiv und Frauen aus dem Bergland in der damaligen Festkleidung.

Im Klostermuseum sind Festtagsschmuck und älteste Gegenstände aus der Geschichte des Klosters ausgestellt. Ein Klosterladen bietet Bücher, Souvenirs und Ikonen an. Vom Vortragshonorar erstehe ich eine sehr sorgfältig gearbeitete, knapp 30 cm hohe Kopie einer alten Ikone mit Maria und dem Kind in der Mitte, auf den Klappflügeln flankiert von den Ärzten Cosmas und Damian.

Zurück im Hotel Bulgaria gibt es bei der Abschlussbesprechung warme, runde Pitka-Brotfladen zu einer Schale mit Salz, Pfeffer und Kreuzkümmel, daneben Schopska-Salat und eine von unseren Gastgebern ausgesuchte Auswahl bulgarischer Weine: weißen Euxinovgrader Riesling, roten Mavrud und schwer süßen Melnik.

Erice

Im September 1975 organisiert die italienische Scuola Nazionale di Etologia eine Schulungswoche über die Grundlagen der Verhaltensforschung in Erice auf Sizilien, in Italiens wichtigstem wissenschaftlichem Kulturzentrum Ettore Majorana. Uta und ich sind zu Vorträgen eingeladen und fahren per Auto nach Neapel und mit der Fähre *Boccaccio* in etwas mehr als zehn Stunden nach Palermo. Wir finden da ein passables Hotel. Aber nach dem Abendessen erklärt der Wirt, es gäbe für unser Zimmer leider keinen Schlüssel. Also bastele ich aus zwei Stühlen eine Schwelle unter die Klinke. Gegen drei Uhr morgens fallen die Stühle polternd um, jemand versucht, die Tür zu öffnen. Ich brülle lauthals eine Serie deutscher Flüche und klemme die Klinke wieder fest. Beim Frühstück entschuldigt sich der Wirt, er habe uns nur den wiedergefundenen Schlüssel bringen wollen (Wie ist das hier mit der Mafia?).

Nach 100 km Fahrt erreichen wir Trapani, Erices alte Hafenstadt. Von der „Via del Sale" aus beeindrucken uns die 800 ha großen Flächen der Salzpfannen, in denen seit 3000 Jahren mithilfe der starken Sonneneinstrahlung durch natürliche Verdunstung Meersalz gewonnen wird (etwa 100.000 t pro Jahr). Es ist gerade Ende der von März bis September laufenden Produktionszeit. Mit Windmühenkraft getrieben, gelangt das zunehmend salzigere Wasser über mehrere Stufen schließlich in Kristallisationsbecken. Dann trocknet das Salz, in langen Reihen aufgehäufelt und mit Tonziegeln abgedeckt, über den Winter und wird im Frühjahr in Salzmühlen zu Ende verarbeitet.

Nach weiteren 15 km und 750 m aufwärts sind wir auf dem Plateau des Monte Erice in der gleichnamigen, mittelalterlich malerischen Stadt. Ihre schmalen Straßen und kaum körperbreiten „Gehspalten" zwischen den Häusern haben ein wunderbar gemustertes, wie poliertes Eisen glänzendes Kopfsteinpflaster. Das Zentrum Ettore Majorana tagt in den ehemaligen Klostergebäuden San Francesco, San Domenico und San Rocco. Hier werden wir nun zusammen mit einigen uns wohlbekannten Kollegen in den nächsten Tagen wissbegierigen Studenten Beispiele vorführen, wie unerwartete Beobachtungen Neugier wecken und ethologische Forschung in neue Richtungen lenken können. Der kürzlich verstorbene Vesey-FitzGerald hätte seine Freude daran.

John Crook von der Oxford Universität hat seit Jahren viele Arten afrikanischer Webervögel vergleichend untersucht und demonstriert an ihnen, wie weitgehend ihre Sozialstruktur von der ökologischen Umwelt abhängt, vorrangig von der Nahrungsverfügbarkeit. Insektenfresser leben im Wald und an Waldrändern und haben ständig Nahrung um sich; sie bilden monogame Paare mit festen Revieren, wie etwa der Waldweber *Ploceus bicolor*, mit dem wir uns in Afrika ausführlich beschäftigen. Offene Savanne bewohnende Arten haben, vom Regen abhängig, saisonal und örtlich Überfluss erst an Grassamen und dann (für die Jungenaufzucht wichtig) an Insekten. Diese Arten bilden polygyne Familien und ziehen in riesigen Schwärmen umher, wie etwa der Blutschnabelweber *Quelea*, den Vesey-FitzGerald im Rukwa Valley als Ernteschädling bekämpfen musste. Uta und ich schildern die Biologie der Harlekingarnele *(Hymenocera picta)*, die Seesterne frisst, monogame Paare bildet und deren Partner sich auf Entfernung am Geruch individuell erkennen, sowie die Biologie der sozial in Kolonien lebenden *Stegodyphus*-Spinnen, die ihre Wohnnester vererben und deshalb unter Inzucht leiden.

Danilo Mainardi von der Universität in Parma diskutiert die Rollen von Umweltanpassung und sozialem Lernen am Beispiel der Wanderratten *(Rattus norvegicus)* entlang des Po. Sie haben gelernt, geschickt in den Fluss zu tauchen, und haben verschiedene, familienspezifische Methoden entwickelt, um entweder die dort vorkommenden Sumpfdeckelschnecken *(Viviparus ater)* oder die Malermuscheln *(Unio pictorum)* als bevorzugte Nahrung an Land zu schaffen und zu öffnen (Gandolfi und Parisi 1973).

Pat Bateson von der Universität Cambridge erläutert Phänomene der Prägung, von der Nachlauf-Prägung an Cuthberts Eiderenten bis zur individuellen Mutter-Kind-Prägung bei Säugetieren. Eine Besonderheit bemerkte Konrad Lorenz an Stockenten *(Anas platyrhynchos).* Ihre Nestflüchter-Küken laufen gleich nach dem Schlüpfen dem erstbesten größeren Objekt nach und prägen sich dabei dessen Bild ein, normalerweise das der Mutter, im Experiment auch das einer Ersatzmutter, eines anderen Lebewesens oder Gegenstandes. Weibliche Enten, die allein brutpflegen, sind ständig ziemlich unscheinbar tarnfarbig. Die Erpel tragen zur Brutzeit ein auffälliges, artspezifisches Prachtgefieder, welches den weiblichen Enten angeborenermaßen bekannt ist. Erpel hingegen übernehmen das in der Nachlaufprägung gewonnene Bild der Mutter in zusätzlicher sexueller Prägung als Vorbild des Paarungspartners. Fehlgeprägte Erpel richten dann ihre Kopulationsversuche auf Kopien ihrer jeweiligen Ersatzmutter. Benutzt man zur Nachlaufprägung der Entenküken einen Erpel als Ersatzmutter, so bleibt das für die weiblichen Enten folgenlos, die erwachsenen Männchen aber richten dann ihre Kopulationsversuche auf männliche Artgenossen, verhalten sich also homosexuell, ohne es von Natur aus zu sein.

Besondere Aufmerksamkeit gewinnt Kenneth Roeder von der Tufts University mit seiner Geschichte, wie Nachtfalter vom Himmel fielen, wenn er im Garten Weinflaschen entkorkte. Dabei entsteht, wie er ausprobierte, ein sehr hoher Quietschton, ähnlich den Ultraschall-Ortungslauten Insekten jagender Fledermäuse. Schon 1877 hatte ein Herr White behauptet, dass manche Nachtschmetterlinge die Fledermäuse hören können. Als „Ohren" dienen den Nachtfaltern Tympanalorgane. Das sind mit Trommelfell und Sinneszellen versehene Luftsäcke in den Tracheen, den Atmungsschläuchen, die als offene Einstülpungen der Chitin-Oberfläche durch den Insektenkörper ziehen. Empfangen diese Sinneszellen einen Hörreiz, so bringen sich die Schmetterlinge mit erratischen Flugmanövern, Loopings und aktiven Abstürzen vor dem Feind in Sicherheit.

In vielen „Ohren" dieser Nachtschmetterlinge findet man eine ektoparasitische Milbe *(Dicrocheles phalaenodectes),* die ihren ganzen Lebenslauf an diesem Ort absolviert. Durch ein merkwürdiges Verhalten hat sie ihrerseits das Interesse der Forscher auf sich gezogen. Die Milben warten in Blüten und entern einen Falter über seinen Saugrüssel, während er an der Blüte trinkt. Schwärmer lassen sich zum Trinken nicht auf der Blüte nieder, sondern stehen in einiger Entfernung schwirrend vor ihr und trinken durch einen langen Saugrüssel, der den Milben das Entern erschwert. Schafft es eine Milbe auf den Schmetterling, so kriecht sie in eines der Ohren und geht, falls das unbesiedelt ist, zum anderen, legt eine Duftspur und bleibt dort. Sie lebt von der Innenstruktur und zerstört die Hörmembranen, macht also das Organ funktionsunfähig, und sie vermehrt sich kräftig. So wird es bald zu eng, und Jungmilben müssen sich ein neues Ohr suchen. Erstaunlicherweise besiedeln sie aber nicht das angrenzende Ohr der anderen Körperseite, sondern wandern aus. Entgegen aller verhaltenstheoretischer Erwartung meiden sie – ebenso wie eine neu ankommende Milbe – den nächstgelegenen idealen Lebensraum. Der hinter diesem Verhalten liegende Mechanismus ist unklar, aber sein Anpassungswert ist klar: Mit noch einem intakten Ohr kann der Falter Fledermäusen ausweichen; sind beide Ohren kaputt, wird er in der nächsten Nacht gefressen, und die Milben mit ihm.

Die Stadt Erice ist umgrenzt von einer Stadtmauer, die aus punischer Zeit im 3. Jahrhundert vor Christus stammt. Man hat von hier eine einzigartige Aussicht auf das Landesinnere und das Meer. Auf dem Monte Erice wachsen Palmen, Eukalyptus und Mandeln. Zwischen den steifen Blättern blühender Agaven haben *Cyrtophora*-Spinnen dichte Netzgewirre angelegt. Und über dem heißen Boden an allen erreichbaren Halmen, Stöcken und Zweigen sitzen Schnecken zu Tausenden, viel dichter als in der Podersdorfer Hölle am Neusiedlersee; sie müssten in diesen Mengen eigentlich eine Pest sein.

In der Antike hieß die Stadt Eryx, angeblich vor über 3000 Jahren von Eryx, einem mythologischen Sohn der Göttin Aphrodite und des Argonauten Butes, gegründet. Sie war eine der wichtigsten Städte der Elymer, der vorgriechischen Bewohner Siziliens, die hier einen Kult der Fruchtbarkeit mit einem Heiligtum feierten. Auf dem Gelände des antiken Heiligtums ganz am Rande der Stadt wurde im 12. Jahrhundert die normannische Burg „Castello di Venere" erbaut. Ihr Name und ein ehedem ritueller Brunnen erinnern an das Heiligtum. Die Karthager hatten es der Astarte, die Griechen der Aphrodite und die Römer der Venus (als Venus Erycina) geweiht, den Gottheiten der Liebe, der Schönheit und des erotischen Verlangens. Das Heiligtum wurde von Jungfrauen verwaltet und war von Alters her berühmt für seinen Reichtum durch Steuern aus der Tempelprostitution. Bei der gaben sich weibliche „Hierodulen", welche die niederen Dienste des Tempels und des Kultus verrichteten sowie Musik und Gesang bei den Opfern zu besorgen hatten, gegen ein der Gottheit dargebrachtes Geschenk den Tempelbesuchern hin, die ihrerseits durch geschlechtliche Vereinigung mit ihnen göttlicher Macht teilhaftig wurden.

In den Häusern ist oft ein Zimmer zur Straße hin offen, und wir sehen darin die Familie oder einen Schuhmacher arbeiten (bei ganz miesem Licht). Plötzlich fegt ein heftiger Wind Wolken durch Bäume und Straßen, und kurz darauf scheint wieder die Sonne. An eine Haustür ist ein Stück grau-weißer Stoff geheftet; er war mal schwarz, zeigt einen Sterbefall an, bleibt aber so lange hängen, bis das Wetter ihn demontiert. Es existiert noch das „Orfanotrofio S. Carlo", einst ein Nonnenkloster, an dessen Pforte Waisen-Babys abgegeben werden konnten. Erhalten ist der Vorraum mit Wartebänken und der Drehlade in der dunklen Holztür neben doppelt vergitterten Fenstern. Heute kann man dort kleine Klosterkuchen erbetteln. Der normannische Dom aus dem 12. Jahrhundert ist innen neogotisch gezuckerbäckert. Sein Glockenturm ist ein Wachtturm aus den Punischen Kriegen. Am Abend sehen wir jemanden im Karzer oben in einem metallvergitterten Balkonkäfig sitzen mit dem Rücken zur Straße; Kinder gucken scheu hinauf, rufen etwas und laufen eilig weg. Dann erleben wir einen Chor, angeführt von einer Dirigentin mit Akkordeon. Sie singen alte sizilianische Weisen, begleitet von einem sehr guten Maultrommler und den tiefen Tönen einiger „Vasen-Bläser", die zwischendrin ihre Tonvasen hoch werfen und auffangen. Während sie singen, gestikulieren die Sänger lebhaft und spielen miteinander. Sonst scheinen Sizilianer eher sparsam mit Gestik und Mimik. Lächeln ist kindisch; mit Nichtlächeln zeigen ältere Männer ihre Eigenständigkeit. Für ein „Nein" reicht leichtes Augenbrauenheben. Als Anerkennung von (Frauen-)Schönheit genügt es, mit dem Finger an die Backe zu tippen.

Auf dem Rückweg nach Palermo besichtigen wir in Selinunt die Überreste der letzten großen griechischen Tempelbauten, die bereits vor Jahrhunderten durch Erdbeben eingestürzt sind. Ein großer Tempel mit sechs mal 15 Säulen ist 1956 auf dem Plateau wieder aufgebaut worden. Die ummauerte Stadt mit der Akropolis und weiteren Tempeln nahe am Meer war von Karthagern bewohnt und hatte eine sehr wechselvolle Geschichte. Im 5. Jahrhundert vor Christus hatte sie ihre Blüte, wurde um 250 vor Christus zerstört und verfiel über die Jahrhunderte. Von den Häusern sind fast nur die Grundrisse übrig geblieben. In einem erkennt man eine Sitzbadewanne, in einem anderen wurde die bislang erste Wendeltreppe der Geschichte gefunden. Auf Gras und Gesträuch sehen wir wieder, wie in Erice, Ansammlungen von Gehäuseschnecken, die vor der Bodenhitze nach oben ausgewichen sind und nun auf Regen warten.

Als Gegenstück zur (umstrittenen) Rekonstruktion des großen Tempels in Selinunt bewundern wir, 42 km Luftlinie (eine Autostunde) entfernt, in Segesta an den Hängen des Monte Barbaro die nie fertiggestellte Bauruine des Tempels von Segesta. Er ist 61 m lang und 26 m breit und steht mit 36 gut erhaltenen dorischen Säulen 300 m hoch an einer ausgesucht schönen Stelle inmitten der Natur. Er stammt aus der Zeit um 430 vor Christus von den Elymern, jenen vorgriechischen Bewohnern Siziliens, die auch Erice gründeten. Der Tempel ist jetzt eingezäunt und eingerüstet. An den Sockelstufen sind noch die Steinnasen erhalten, an denen Seile für den Transport der Steinblöcke befestigt waren, und die später abgeschlagen werden sollten.

Bemerkenswert gut erhalten ist auch das antike Amphitheater, das im 3. oder 2. Jahrhundert vor Christus auf der Nordseite des Monte Barbaro errichtet wurde. Um 100 vor Christus wurde es von den Römern umgebaut und nach oben erweitert. Das 63 m weite in den Fels gehauene Halbrund hat 20 weitgehend intakte, durch Treppenaufgänge in sieben Blöcke unterteilte Sitzreihen. Es wird in den Sommermonaten für Freilichtaufführungen genutzt. Wir genießen eine Weile den herrlichen Blick hinunter in die weite Landschaft mit der elegant gekurvten Autostrada, die kilometerlang auf Stelzen steht. Auf ihr fahren wir dann weiter nach Palermo.

Am Abend begleiten etwa 800 Menschen zehn Hochzeitspaare zur Fähre, singen anfeuernd zur Brautnacht und raufen dann untereinander, um bedeutungsschwere Brautstraußblumen zu fangen, die einzeln von den Paaren hinabgeworfen werden. Kaum zu glauben, dass der Namengeber des Erice-Kulturzentrums, der berühmte, 1906 geborene italienische Elementarteilchen-Physiker Ettore Majorana, am 26. März 1938 auf der Überfahrt von Palermo nach Neapel von solch einem Schiff spurlos verschwunden ist. Eine weltweite Suche blieb jedenfalls erfolglos. Zwar hatte er sein Ableben zuvor angekündigt, dann aber widerrufen: „Das Meer hat mich abgewiesen". 1934 hatte er, ohne es zu ahnen, mit seiner Forschergruppe die erste Kernspaltung durchgeführt und bereits 1932 den Kollegen vom physikalischen Institut der römischen Universität seine Theorie vom Atomkern vorgetragen, sich aber geweigert, sie zu veröffentlichen. Die sechs Monate spätere Veröffentlichung Werner Heisenbergs kommentierte er: damit sei alles zu diesem Thema gesagt und „wahrscheinlich schon zu viel".

Unsere Rückfahrt durch Italien unterbrechen wir am Südende des Gardasees in Sirmione, am Ende eines schmalen, vier Kilometer langen Landzipfels, der in den See hineinragt. Von hier stammte mein Promotionsfisch, *Blennius fluviatilis,* und ich hätte ihn gern in seiner natürlichen Umgebung gesehen. Beeindruckender als die mit Wassergräben umgebene und mit Zugbrücken und Ringmauer geschützte, im 13. Jahrhundert aus einem alten Römerkastell erbaute Scaligerburg am Hafen sind für mich an der Spitze der Halbinsel zwischen Olivenbäumen und Zypressen die Kirche *San Pietro in Mavino* mit frühen Fresken aus dem 12. Jahrhundert sowie die Ruinen einer ehemals riesigen, etwa im Jahr 150 erbauten und im 4. Jahrhundert eingestürzten römischen Villa. Die hoch über dem See gelegene, auf drei Stockwerken etwa 20.000 m² umfassende Anlage nennt man „Grotten des Catull", weil der berühmte römische Dichter Gaius Valerius Catullus, der in Verona lebte, diesen Ort gern besuchte; er starb bereits 54 vor Christus. Berühmt machten ihn seine Gedichte *(carmina)*, von denen Carl Orff die erotischen als *Catulli Carmina* 1930 vertont und 1943 zu einer szenischen Kantate ausgearbeitet hat. „Meinen" *Blennius* entdecke ich dann am schmalen Seeufer unterhalb der Ruine, und überdies bis zu einem Zentimeter kleine Exemplare, die ich noch nie hatte beobachten können. Sie zupfen, im Gegensatz zu den räuberisch lebenden Erwachsenen, seitlich im ganz flachen Wasser liegend den hellgrünen Algenbewuchs von Steinen. Das ist gefährlich, wie *Blennius*-Stücke am Boden zeigen; schon vor unseren Schatten flüchten die Fischchen zum Geröll ins tiefere Wasser. Dennoch möchte ich einige ins Institut mitnehmen. Wir sind auf Baden nicht vorbereitet und gehen ohne alle Kleidung ins Wasser – trotz eines neugierigen Fernglases hoch oben bei Catull. Wir erwischen sieben kleine Blenniiden und bringen sie in einer Kühlbox zu Filmaufnahmen nach Seewiesen.

Mexiko I

Nach einigen Briefwechseln besucht uns im Sommer 1976 Dr. José Remus Araico von der Facultad de Ciencias Politicas y Sociales der Universität in Mexiko. Er meint, für den Menschen wichtige soziale Fragen sollten auch mit vergleichender Methodik der zoologischen Verhaltensforschung behandelt werden. Und er lädt uns ein, darüber vor Studenten in Mexiko an Beispielen aus unserer Arbeit zu berichten. Wir einigen uns auf zwei Vorlesungen: „Die biologischen Grundlagen des Soziallebens" und „Stressvermeidung in Verhaltensabläufen", zu halten am 22. und 23. Februar kommenden Jahres. Weil wir die Reise nach Mexiko bezahlt bekommen, Anfang Februar aber für drei Wochen mit Loki Schmidt auf Galápagos arbeiten werden (Wickler 2014), fliegen wir zuerst nach Mexiko, von da nach Quito und Galápagos und später denselben Weg zurück.

Eine Condor-Maschine bringt uns am vorletzten Januartag von Frankfurt in elf Stunden über Schottland und Labrador nach Nassau; dort steigen wir in verlockend warmer Luft mit Meergeruch um und fliegen mit einem Flugzeug der Mexicana in knapp zwei Stunden, mit Zwischenlandung in Cozumel, nach Mexico City. Hier hatten die Azteken ab ungefähr 1325 auf mehreren Inseln des Texcocosees die Lagunenstadt Tenochtitlán erbaut und sie über künstliche Dämme mit dem Festland verbunden. Um 1519 zerstörten spanische Einwanderer die Stadt vollständig und erbauten auf ihr, zum Teil mit Steinen von den Aztekentempeln, das heutige Mexiko-Stadt. Den See haben die Spanier nach und nach trockengelegt. Senkungen des Seebodens unter der Stadt gefährden bis heute viele alte Gebäude. Das übrig gebliebene, kahle Sumpfgebiet sehen wir im Anflug.

Hier ist früher Morgen. Der Bus vom Flughafen quält sich durch dichten Verkehr und sogar durch Parklücken zum Hotel Ambassador. Die Busfahrer sind Verkehrskönige. Über der Stadt liegt dichter Smog, die Luft wirkt schmutzig. Wir fühlen uns in der Höhe von 2240 m etwas wackelig auf den Beinen, erst recht im Hotel beim Blick aus dem sechsten Stock steil hinunter auf die ständig hupende Automasse. In der obersten Etage im Haus gegenüber spielen Kinder zwischen ihren Betten; eine Klinik? In der Etage darunter liegen Aktenstöße auf Schreibtischen; ein Archiv? Gardinen gibt es da drüben keine.

Wir werden gewarnt, Leitungswasser zu trinken; es wird 60 km weit zur Stadt gebracht und stark gechlort. Unterwegs sollen wir achtsam sein, weil 8–14-jährige Kinder in Straßengangs mit Rasierklingen Taschen aufschneiden, ungehindert durch Polizei. Man ermahnt uns, vier Pesos (50 Pfennig) Trinkgeld zu geben (wer es unterlässt, wird am nächsten Tag nicht bedient), Briefpost im täglich geleerten Hotelbriefkasten einzuwerfen (Straßenbriefkästen werden wohl nur monatlich geleert) und deutlich ALEMANIA OCC.- EUROPA draufzuschreiben.

Ohne ortskundige Begleitung ist man in Mexiko-Stadt (spanisch *Ciudad de México*) verloren. Die Hauptstadt hat immer mehr Nachbar„städte" überwuchert und erscheint uns als Stadt der Autos mit achtspurigen Einbahnstraßen. Auf den 30–40 km langen Straßen fallen die 200 m Höhenunterschied in der Stadt kaum auf. Es gibt drei U-Bahnlinien und viele Busse, aber keine erkennbaren Fahrpläne, dazu drei Sorten Taxis: Rote, sehr teuer, die immer leer zu ihrem Ausgangspunkt zurückfahren müssen; Gelbe (um 40 % billiger als die roten), die wegen kaputtem Taxameter den Fahrpreis aushandeln; und die Collectivos, weiß mit grünem Band (Einheitspreis drei Pesos), die ohne abzubiegen die Hauptstraßen auf und ab fahren [die längste Straße, *Ave(nue) de los Insurgentes,* ist 45 km lang] und nur vor Kreuzungen Fahrgäste aus- und einsteigen lassen; der Fahrer zeigt mit der Hand an, wieviel Plätze im Wagen frei sind. Für Querrichtungen nimmt man ein anderes Collectivo.

In einem besseren Stadtviertel, gegenüber von Verdi-Denkmal und Katasteramt, verbringen wir den Abend bei Elisabeth Siefer, einer Verwandten von mir. Sie ist an der Universität angestellt. Am nächsten Tag verschafft uns Elisabeth einen positiven Eindruck von der Stadt mit Grünflächen, Wasser spendenden Brunnen und einem viel besuchten aber sauberen Park. Bananenbüsche dienen als Zierde, sind aber der Kälte wegen (bis minus fünf Grad Celsius) oben zusammengebunden und tragen keine Früchte. Auf dem Chapultepec (*chapul,* „Heuschrecke", *tepec,* „Hügel") kommen wir in ein elegantes Viertel, das im maurisch-spanischen Stil gehalten ist (die Araber gelten als Großväter und die Spanier als Väter der Mexikaner). Sprachlos betroffen stehen wir vor Picassos Kriegs-Anklage, dem schwarz-grau-weißen Monumentalgemälde *Guernica.* Entworfen hat er es kurz nach der kriegsvölkerrechtswidrigen Zerstörung der Kleinstadt Gernika im April 1937 durch deutsche Kampfflugzeuge der Legion Condor unter Leitung von Wolfram Freiherr von Richthofen. Angeblich galt der Angriff der Renteria-Steinbrücke über den Oca, die aber unbeschädigt blieb. *Guernica* gemahnt, dass sich der Mensch eine Hölle selber schafft; dafür braucht's keine Teufel.

In den Straßen darf jeder lärmen, soviel und womit er will. Busse haben einen Donner-Auspuff, Polizeifahrzeuge ein grelles Gejaule. Zeitungsausrufer versuchen dagegen anzuschreien. Dennoch erkenne ich Klänge, die aus einem der alten spanischen Innenhöfe am Zocálo *(Plaza de la Constitución)* gegenüber der Kathedrale kommen und mich an meine Kindheit in Berlin und an Wochenendbesuche bei Verwandten in der Rosenthaler Straße erinnern, wo ein alter Mann aus seiner Drehorgel lustige und traurige Lieder herauskurbelte. Tatsächlich macht jetzt hier ein Mann Musik mit einem Leierkasten. Auf dem steht in veralteten deutschen Buchstaben „Frati & Co Schoenhauser Allee 73 Berlin". Von Elisabeth erfahre ich, dass um 1880 erste deutsche Leierkästen, angeblich als Geschenk des Deutschen Kaisers, nach Mexiko gelangt sind und ungeheuren Anklang fanden. Inzwischen gibt es Hunderte solcher „Organillos", und seit zwei Jahren sogar eine Gewerkschaft der hiesigen Drehorgelspieler. Den nächsten treffen wir vorm Palast der schönen Künste.

Zwei von den 14 Innenhöfen des Regierungsgebäudes, des *Palacio Nacional,* Parlamentsgebäude und Regierungssitz Mexikos, können wir besichtigen und könnten dort auch Bettler und Betrunkene fotografieren. Zum ausgiebigen Bestaunen laden indes im Wandelgang des ersten Stocks großflächige Wandgemälde ein, mit denen der mexikanische Künstler Diego Rivera von 1929 bis 1935 seine Sicht der Geschichte Mexikos aufgezeichnet hat. Die Fresken gehören zu den berühmtesten Werken des *muralismo.* Sie beginnen mit der präkolumbianischen Zeit und dem legendären Priestergott Quetzalcoatl, führen über die Kolonialzeit mit der Zerstörung der Aztekenhauptstadt Tenochtitlán durch Hernán Cortéz und der Taufe der Indios, durch die Zeit der Unabhängigkeit bis hin zur demokratischen Revolution im 20. Jahrhundert. Mich beeindrucken viele der dicht gepackten

Einzelszenen: Ente, Truthahn und Hund als die drei hier heimischen Haustiere; Mönche treiben Indios zur Sklavenarbeit; Hernán Cortéz in Begleitung der Indianerin Malinche und ihrem gemeinsamen Sohn, einem der ersten anerkannten Mestizen; eine Indianerin mit Kind und grünblauen Augen als Zeichen der Vermischung mit einem Europäer (80 % der Mexikaner stammen von Indianern ab, fast 20 % sind Kreolen, im Lande geborene Nachfahren von europäischen Eltern). Auf einem Bild entsteigt einem Vulkan die gefiederte Schlange als Verkörperung des Quetzalcoatl, der nach einer mythologischen Prophezeiung eines Tages zurückkehren will, um der Menschheit Errettung und Wohlstand zu bringen. Nach Riveras Interpretation ersetzt letztendlich der Kommunist Marx den vorspanischen Gott Quetzalcoatl und erfüllt damit dessen Prophezeiung.

Noch gibt es vielerorts kein Trinkwasser; deswegen fahren in der Stadt beiderseits beladene Wasserflaschenwagen. Weil Trinkwasser jetzt aus großer Tiefe gepumpt wird, senkt sich der Boden unter der Stadt immer weiter, pro Jahr um 15 cm, insgesamt stellenweise samt Häusern bis zu zwei Metern. Die Oper ist in 40 Jahren sogar um drei Meter abgesunken. Auch die großen Kirchen sind beschädigt. Im historischen Zentrum *(Centro Historico)* am weiten, quadratisch angelegten Zocálo *(Plaza de la Constitución)* kippt die von 1525 bis 1813 gebaute Kathedrale mit ihrem reich verzierten Steinportal nach links, die Sakramentskapelle rechts neben ihr neigt sich nach rechts. Die Kronleuchter innen hängen zwar lotrecht, aber schräg zu den 40 Säulen im Hauptschiff und in den zwei Nebenschiffen. Die Krypta unten bietet Platz für 100.000 Skelette.

Mit der U-Bahn fahren wir in den nördlichen Vorort Villa de Guadalupe. Hier befand sich auf dem Hügel Tepeyac zur Zeit der Azteken ein Tempel der Göttin Tonantzin. Nachdem vom 9. bis zum 12. Dezember 1531 dem 57-jährigen indianischen Schafhirten Juan Diego Cuauhtlatoatzin hier viermal die Jungfrau Maria in Gestalt eines dunkelhäutigen Mädchens erschien (die erste dunkelhäutige Marienerscheinung!), wurde zu Ehren der „Schwarzen Jungfrau von Guadalupe" eine Kirche erbaut, dann 1709 die *Antigua Basílica,* und als die durch Bodensenkungen stark beschädigt war, 1974 der gigantische Rundbau der *Basílica de Nuestra Señora de Guadalupe.* Nun kann das Bildnis der Schutzheiligen Mexikos, eine Mondsichelmadonna, von 20.000 Verehrern gleichzeitig besucht werden.

Mexiko-Stadt ist, wie wir erfahren, auch eine Stadt der Armen und Analphabeten. Sie leben wie auf Inseln zwischen den Highways. Viele gehen seit Generationen stehlen, andere leben vom Betteln. In den ärmsten Gebieten gibt es Bettlerschulen, wo gelehrt wird, wie man in den zu Fuß nur acht Minuten entfernten Reichen-Vierteln bettelt. Im Notfall helfen sie einander, sonst handelt jeder für sich. Alle aber hängen an ihrem Fleckchen Erde und halten es sehr sauber. Jeder fegt sein Stückchen bis zur unsichtbaren Grenze zum Nachbarn und pflanzt Blumen, wenigstens in kleinen Töpfen. Und sie haben Angst vor Müll. Den eigenen stellen sie ordentlich ab und bestechen die Müllwagenfahrer, dass sie ihn mitnehmen (es ist von der Stadt nicht organisiert). Sie bauen in Kirchen Altäre zu Ehren der Jungfrau von Guadalupe und beten zu ihr, dass niemand bei ihnen Müll ablädt.

Leider nur ein Nachmittag bleibt für einen knappen Besuch im 1971 eröffneten Nationalmuseum für Anthropologie und Archäologie, eines der besten weltweit. Die Sala Teotihuacána, Sala Tolteca und Sala Oaxaca enthalten fantastische Sammlungen von Kunstwerken aus dem präkolumbischen Erbe Mexikos. Olmeken haben 2000 vor Christus ihre Köpfe künstlich deformiert; schon an sechs Monate alten Säuglingen wurde begonnen, den Schädel mit festgebundenen Brettchen vorn abzuflachen und nach hinten hochzuziehen. Zu einer Schlangenskulptur ist vermerkt, dass den Azteken die Klapperschlange ein Zeichen der Fruchtbarkeit war.

Wie der Heimweg demonstriert, hat Mexico City viele Denkmäler (unter anderem von Beethoven, Gandhi, Churchill) sowie Gemüse- und Früchtemärkte (angeblich sind es 350). Ein Straßenhändler reicht uns abends aus seinem Blumenstand einen dicken Strauß Rosen für acht Pesos ins Auto.

Mexiko II

Nach unserem Galápagos-Abstecher sind wir wieder in Mexiko. Jetzt sind die Vorlesungen am 23. und 24. Februar in der Universität an der Reihe. Außen sieht das Universitätsgebäude schauerlich aus, die Wände bunt beschriftet und beklebt mit Plakaten, vollgeschmiert mit Parolen. Bis mittags ist die Stadt wegen Studenten- und Arbeiterkundgebungen voller Polizei. Unsere Vorlesungen mussten jeweils auf die Zeit von 18–21 Uhr angesetzt werden. Der Hörsaal hat 400 Plätze, doch die Simultanübersetzung geht nicht mehr, weil alle Hörgeräte geklaut wurden. Umso aufmerksamer kann die Hörerschar den zwei Übersetzerinnen lauschen. Ich sollte für Psychologen erklären, was sich aus dem Verhalten der Tiere auf den Menschen übertragen lässt. „Der" Tiere? Von welchen soll ich ausgehen: von Mücken, Schnecken oder Elefanten? Von Haien, Eidechsen, Schwalben oder Regenwürmern? Ich muss schrittweise verdeutlichen, dass Erkenntnisse über das Sozialverhalten von Fröschen nicht auf dasjenige von Gorillas übertragbar sind. Übertragen zwischen Arten und auf den Menschen darf man lediglich Fragestellungen und Methoden, die zur Beantwortung der jeweils aufgeworfenen Fragen taugen; untersucht werden muss dann jede Art für sich.

Nach dem Vortrag werden wir von Dr. Armando Suarez und seiner Frau zum Essen in sein Haus eingeladen. Er ist Psychoanalytiker, hat in Wien studiert, ist 1965 nach Mexiko ausgewandert und gründete hier 1974 den Circulo Psichoanalitico Mexicano, dessen Mitglieder sich unter anderem mit den Verhaltensfragen befassen, die sowohl in der Psychologie als auch in der Ethologie gestellt werden, was seinerzeit auch Konrad Lorenz in Wien beschäftigte. Im Laufe der nächsten Tage entpuppt sich Armando Suarez als präziser Diskussionspartner.

Der Text von Utas Vortrag wurde von den beiden Damen im Laufe des nächsten Tages übersetzt, und so geht es am Abend flotter, zugunsten der Diskussion. Denn an Stressvermeidung mit dem Thema „Erwartungen machen das Leben leichter" (das vorn schon behandelt wurde) sind die Psychologen speziell interessiert.

Das Abendbrot bekommen wir bei Remus Araico. Nach dem Essen werden wir, nachts um halb eins, zur Plaza Garibaldi geführt. Hier lauschen Besucher, die vor den umliegenden Lokalen sitzen, den Mariachi-Kapellen, den spezifisch mexikanischen Volksmusikanten mit traditionellen Instrumenten und in traditioneller Tracht. Man kann diese Kapellen für eine *Serenata* mieten. Ihr Wettstreiten hier geht einigermaßen lautstark vor sich.

Am nächsten Vormittag machen wir einen Ausflug. Nach 20 km auf der Straße nach Toluca liegt der Nationalpark Desierto de los Leones („Löwenwüste") mit einem 1606–1611 erbauten ehemaligen Karmeliterkloster. Im Jahr 1857 wurden die Mönche zurück nach Spanien geschickt, in der Revolution 1910–1917 wurde das Kloster als Soldatenunterkunft schwer beschädigt, aber 1953 vom Staat restauriert, weil die ehemalige Klosterkirche eine bemerkenswerte Akustik hat und für Konzerte beliebt ist. Wir probieren es aus, und es stimmt: Was man in einer Ecke der „Flüsterkapelle" leise flüstert, ist überall zu verstehen. Draußen zwischen den großen Bäumen ist eine Schulklasse unterwegs, denn im Park steht von jeder Baumart in der Republik ein Exemplar.

Wir fahren 45 km weiter durch ein herrlich grünes Tal nach Toluca. Bauern reiten per Esel oder Pferd auf ihre Felder. An den Wegrändern sind als Erosionsschutz Zäune aus kerzengeraden, stachellosen Kakteen gepflanzt, oder Reihen von Agaven *(Agave salmiana)*, deren Saft den Pulque, das mexikanische Nationalgetränk, liefert. Am Stadtrand stehen zurzeit blattlose, aber prächtig rot blühende Hahnenkamm-Korallenbäume *(Erythrina crista-galli)*. Toluca („Ort mit vielen Binsen") wurde im frühen 16. Jahrhundert durch europäische Missionare begründet. Die heutige Industriestadt,

2680 m über dem Meeresspiegel, ist die höchstgelegene Stadt von Mexiko und ganz Nordamerika. Von ihrem Kulturangebot mit zwölf Museen, zwei Theatern und über 20 Kinos können wir keinen Gebrauch machen, erfreuen uns aber am reichhaltigen tropischen Markt: Zwischen Obst, Fleisch, Trockenfisch, Zuckerrohr und honiggefüllten Bienenwaben liegen am Boden silbergerahmte Heiligenbilder, Tonwaren, Stoffe, Kartons mit Hühner-, Truthühner- und Entenküken, ganze gefesselte Schweine und winzige Körbchen mit einzelnen Roten Kardinälen *(Cardinalis cardinalis)*. Von deren Paaren kann man das ganze Jahr über Duettgesang mit variablem Weibchen-Part hören; das Weibchen singt am Anfang der Brutzeit höher als später, und mit einem neuen Partner mehr als mit ihrem schon länger bekannten. Etwa 30 km hinter der Stadt sehen wir den 4650 m hohen Vulkan Nevado de Toluca. Dann fahren wir zurück, denn in der Universität ist mit uns noch eine Diskussion angesetzt, wieder von 18–21 Uhr. Wir freuen uns über das Interesse. Zusammen mit Diskussionsteilnehmern folgen wir anschließend einer Einladung ins Haus von Remus Araico.

Wir beginnen den Heimweg von Mexico City nach Vera Cruz und Villahermosa. Im Catemaco-See finde ich *Geophagus-* und *Herichthys*-Cichliden, deren Kämpfe Lorenz in Buldern filmte. Auf der Fahrt von Merida in Richtung Chichen Itzá sehen wir Truthühner *(Meleagris gallopavo)*. Wir beobachten zwei Hähne, die mit aufgeplustertem Gefieder, zum Rad aufgestellten Schwanzfedern und geräuschvoll am Boden schleifenden Flügelkanten vor mehreren Hennen balzen. Ab und zu stoßen sie ihre Kollerlaute aus, an denen Margret Schleidt 1974 in Seewiesen den Verbrauch handlungsspezifischer Energie messen wollte und stattdessen die (oben beschriebene) afferente Drosselung fand. Die beiden balzenden Hähne vor uns sind bestimmt Brüder; denn bei wild lebenden Truthühnern arbeiten nie Hähne aus verschiedenen Familien, sondern stets Brüder zusammen (Watts und Stokes 1971). Sie sind als Küken mit ihrer Mutter umhergezogen, haben sich dann im Herbst verselbstständigt, bleiben aber zusammen und haben im Winter in stundenlangen Kämpfen eine Rangordnung unter sich etabliert. Dazu ringt jeder mit jedem. Sie hacken einander auf Kopf und Brust, schlagen den anderen mit den Flügeln und versuchen, ihn – Schnabel an Schnabel gefasst – nach unten zu drücken. Der stärkste unter ihnen wird der Anführer und bleibt es, solange er lebt. Außerdem kämpfen Brüdergruppen gegeneinander; je mehr Brüder eine Gruppe zählt, desto höher ist die Gewinnchance. Im Frühjahr schließen sich viele Brüdergruppen zu einer großen Schar zusammen und ziehen Jahr für Jahr zum selben Balzplatz. Die zahlenstärkste Gruppe balzt auf der zentralen Balzfläche, die anderen Gruppen halten sich am Rand. Hennen kommen in Trupps zum Balzplatz, wo jede Henne von

Brüdergruppen umworben wird. Brüder balzen zwar synchron und verstärken so ihre Attraktivität, schließlich kopuliert aber nur der ranghöchste unter ihnen (An vier kontrollierten Balzplätzen kopulierten lediglich sechs von 170 Hähnen). Wer als rangtiefer Bruder eine Henne zu besteigen versucht, wird alsbald vom ranghöchsten abgelöst; aber während dieser kopuliert – jede Kopula dauert mindestens vier Minuten – schirmen ihn seine Brüder gegen Störungen ab. Er hat das Kopulations-Monopol, hätte aber ohne Brüder kaum Paarungschancen. Jeder strebt zwar danach, möglichst viele eigene Nachkommen zu zeugen und die Rangkämpfe mit seinen Brüdern zu gewinnen; aber auch als Unterlegener kann er die Ausbreitung seiner Gene fördern, die ja auch im ranghöchsten Bruder stecken, indem er diesem hilft, zum Zuge zu kommen. Nicht-verwandte Hähne balzen nicht miteinander.

Venedig und Genzano di Roma

Im Dezember 1981 folgen wir einer Einladung von René König nach Venedig zu einem internationalen Kolloquium über „Die bürgerliche Familie im fortgeschrittenen Industriezeitalter", veranstaltet vom Goethe-Institut Triest. Wir wohnen in einem Hotel am Lido und werden zu den Vorträgen hinübergefahren zur Insel San Giorgio Maggiore ins ehemalige Benediktinerkloster, jetzt eine Wissenschafts-Tagungsstätte der CINI-Stiftung. René König, emeritierter Professor für Soziologie, speziell Familiensoziologie, an der Universität Köln, versucht eine Gegenüberstellung von „Treue, Monogamie und Familie" aus Sicht von Ethologie und Soziologie. Es bleibt aber beim Befunde-Gegenüberstellen; es fehlt an Diskussion. Deshalb plant René König ein privates Treffen in der Hoffnung auf einen Buchbeitrag.

Drei Jahre später, im August 1985, folgen wir einer Einladung in sein Haus nach Genzano di Roma in den Albaner Bergen. Er wohnt seit über 15 Jahren hier in einem Weinberg, beschützt von zwei Nachtwächterdiensten. Seine Frau sorgt für Sauberkeit und Ordnung (auch in Diskussionen) und pflegt den schön angelegten Garten, wo er jeden Abend das pünktliche Erscheinen der Concorde erwartet. Der 79-jährige René nutzt sein unglaubliches Gedächtnis, um uns aus seinem Verständnis der Familiensoziologie fröhlich und selbstgefällig Brücken zur Ethologie tierischer Familien vorzuschlagen. Es werden vier unterhaltsame Tage, aber eine vernünftige methodisch-sachliche Brücke für einen Buchartikel ergibt sich nicht. Der Soziologe schildert ein Phänomen und fragt, ob es das auch bei Tieren gibt, womit in der Regel Säugetiere gemeint sind. Er berichtet, in Balkanländern sei Vater-Tochter-Inzest „normal", ehe die Tochter heiratsfähig wird; ab 16 Jahren müsse der Vater sie wieder in Ruhe lassen, sonst mahne ihn der Bürgermeister. Ähnliches kommt beim Großen Wiesel oder Hermelin *(Mustela erminea)* vor. Da werden die wenige Wochen alten Weibchen, gerade wenn sie die Augen öffnen, von erwachsenen Männchen geschwängert, manchmal vom eigenen Vater. Beim Hermelin hat Vater-Tochter-Inzest genetische Folgen, beim Menschen vor allem psychische für die Töchter.

Die verschiedenen, vom Menschen bekannten Familienformen findet man auch im Tierreich, und zwar auf allen stammesgeschichtlichen Stufen. Aber es wird nicht, wie von vielen Soziologen erhofft, stammbaum-aufwärts immer monogamer. Vielmehr kommen bei Würmern, Wirbeltieren bis Menschenaffen in nah verwandten Arten ganz verschiedene Paarungs- und Brutpflegeformen nebeneinander vor. Die Ausgestaltung von polygamen, seriell monogamen oder dauermonogamen Fortpflanzungs- und Familienstrukturen im Tierreich hängt mit ökologischen Lebensumständen zusammen und kann sich mit diesen innerhalb derselben Art ändern. Das scheint auch für den Menschen gültig, wenngleich hier wirtschaftliche und − mehr vermutet als erklärt − Traditionsgründe hinzukommen.

Ein besonderes Phänomen beim Menschen ist das Avunkulat, für das der Biologe, nicht aber der Soziologe eine Erklärung hat. Sie hängt am Töten arteigenen Nachwuchses (Infantizid), was bei vielen Tieren und in verschiedenen Völkern vorkommt, falls ein Mann herausfindet, dass ein Kind seiner Frau nicht von ihm stammt. Zur Besonderheit des Menschen gehört nun, dass er sich, wo solche Ereignisse die Regel sind, vorausschauend darauf einstellt. Biologisch gründen Brutpflege und Verwandtenhilfe auf der Wahrscheinlichkeit, dass das Erbgut des Helfenden im Empfänger von der Hilfe profitiert. Kennzeichen für diese Wahrscheinlichkeit ist der Verwandtschaftsgrad. Die Wahrscheinlichkeit, dass ein Elternteil eines seiner Gene in einem bestimmten Kind vorfindet, beträgt 0,5. Auch Vollgeschwister, die jeweils je eine Hälfte ihres Erbgutes von denselben beiden Eltern bekommen, haben den Verwandtschaftsgrad 0,5; für Halbgeschwister, die nur einen Elternteil gemeinsam haben, beträgt er 0,25.

Der genetische Verwandtschaftsgrad eines Mannes mit seinem eigenen Kind beträgt also 0,5. Der genetische Verwandtschaftsgrad eines Mannes mit einem Kind seiner Frau, das ein anderer gezeugt hat, ist null. So wird in Gesellschaften mit polyandrischen Beziehungen oder berufsbedingt langen Trennungen der Gatten die Unsicherheit über die Vaterschaft besonders groß, die wahrscheinliche Verwandtschaft eines Mannes mit den Kindern seiner Ehefrau also besonders gering. Und Kinder der gleichen Mutter sind unter diesen Umständen oft Halbgeschwister. Wenn nun der

Verwandtschaftsgrad eines Mannes mit seiner Halbschwester 0,25 beträgt, weil nur die gemeinsame Mutter bekannt ist, dann beträgt er zwischen ihm und den Kindern seiner Schwester (ganz gleich von wie vielen Vätern sie stammen) 0,125. Unsichere Vaterschaft kann deshalb bei genetisch programmierter (!) Brutpflege dazu führen, dass die Brutpflegeaufwendungen eines Mannes wahrscheinlicher seinem eigenen Erbgut zugutekommen, wenn er sie auf Kinder seiner Schwester richtet statt auf Kinder seiner Frau; er beteiligt sich dann als Bruder der Mutter pflegend an denjenigen Kindern, die ihm genetisch mit hoher Wahrscheinlichkeit am nächsten stehen. Wo der Mutterbruder die Vaterrolle übernimmt, sprechen wir von Avunkulat (lateinisch *avunculus,* „Onkel"). Bei unsicherer Vaterschaft kann die Onkelschaft väterlicherseits nicht sicherer feststehen, das Avunkulat muss also auf den Mutterbruder beschränkt sein. Und das ist es tatsächlich. Eine anthropo-soziologische Erklärung dafür gibt es bisher nicht. Ebenso unbekannt ist, mit welchen Vernunftgründen Menschen, die unter den genannten Bedingungen leben, das Avunkulat eingeführt haben.

Damit wir etwas über die Umgebung lernen, fährt uns die „Königin" zur Stadt Castel Gandolfo am Albaner See. Der liegt auf einem Kratergrund 130 m unterhalb der Stadt. An vielen Stellen sind Hangwälder abgebrannt. An den Aussichtsstellen waten wir durch Müll. In diesem Gebiet wurden, aufgrund der günstigen Lage an der ab 312 vor Christus gebauten Via Appia, zahlreiche Villen errichtet. Die größte ist die des Kaisers Domitian, der vor 1900 Jahren regierte. Unter Papst Urban VIII. wurde sie 1624 bis 1629 zum Papstpalast umgebaut und dient seither fast allen Päpsten als Sommerresidenz. Auch jetzt ist, wie die wehende Fahne bekannt macht, der Papst hier. Es ist Karol Wojtyła, Johannes Paul II. Er hatte maßgeblich mitgewirkt an der Enzyklika *Humanae vitae* seines Amtsvorgängers und bekräftigte auch selbst das Verbot künstlicher Verhütungsmittel einschließlich der Verwendung von Kondomen zur Vorbeugung von sexuell übertragbaren Krankheiten. Ich hätte ihn gern gefragt, wie es kommt, dass auch moderne Päpste sich strikt weigern, das zur Kenntnis zu nehmen, was in den 700 Jahren seit Thomas von Aquin Neues über Biologie und Evolution der Sexualität bekannt geworden ist.

Wir fahren weiter zum Nemisee, ebenfalls ein alter Krater. Er durchbricht, wie der hinter dem Monte Cavo liegende Albaner See, im Südwesten die Reste eines ehemals vulkanischen Ringgebirges (Vulcano Laziale) in Latium, 20 km südöstlich von Rom. Am südwestlichen Nemiseeufer erreichen wir die Gemeinde Genzano.

Am letzten Tag fahren uns Königs ans Meer zum Schwimmen und Sonnenbaden mit fortwährender Ideenproduktion. Wir speisen bei Pepe, der vor Jahren mit seinem Clan aus Neapel kam, als Analphabet Steuervorteile genießt und illegal am Strand eine Hütte baute. Er serviert nun Mittagstisch in drei Hütten. Er hilft den Fischern, wasserdichte Säcke voller Zigaretten und Rauschgift zu bergen, die tunesische Boote nachts an der Küste ins Meer werfen. Die Tunesier kommen dann unbelastet an Land.

Zum Abschied umhüllt uns ein heißer Schirokko mit rötlichem Sahara-Staubsand, der aus Libyen kommt; aus Tunesien käme weißer.

Madrid

Am 8. Juli 1983 steht auf dem Programm des spanischen Fernsehens eine tierpsychologische Sendung, zu der wir eingeladen sind. Wir fliegen einen Tag früher nach Madrid; vor uns im Airbus in der ersten Reihe der zweiten Klasse sitzt Altbundeskanzler Willy Brandt.

In Madrid betreut uns vom Fernsehen Maria Gosé. Sie führt uns ins Hotel Plaza Major und am Nachmittag durch die Gemäldegalerie im Museo del Prado. Aus der Überfülle an Bildern notiere ich mir *Die kämpfenden Katzen* von Francisco de Goya und vom selben spanischen Maler die beiden zum Vergleichen nebeneinander hängenden Majas, *Die bekleidete Schöne* und *Die nackte Schöne;* das letztere „obszöne" Bild brachte ihn 1815 vor die Spanische Inquisition und kostete ihn den Titel des königlichen Hofmalers. *Der Heuwagen* von Hieronymus Bosch zeigt im linken Flügel oben den Sturz der abtrünnigen Engel: Sie verwandeln sich beim Durchtritt durch die Wolken in Insekten und anderes fliegendes Ungeziefer. Im Mittelteil des Triptychons verkörpern Szenen die sieben Todsünden. Rätselhaft erscheint das friedvolle Beisammensein von Mensch und Tier im *Garten der Lüste.* Und ein etwas respektloser Eindruck bleibt mir von den zahlreichen berühmten Madonnenbildern aus dem 14. bis 16. Jahrhundert, vom Maestro de Flémalle bis zu Peter Paul Rubens: Die Gottesmutter nährt das Kind, hält es auf dem Schoß oder spielt mit ihm – es sieht im Saal aus wie im Wartezimmer einer Mütterberatungsstelle.

Nachdem ein großes Essen mit einer redereichen, aber konzeptarmen Vorbesprechung für die Sendung den Abend füllte, werden wir am nächsten Morgen 50 km nach Norden an die Berghänge der Sierra de Guadarráma gefahren. Dort hat König Philipp II. zwischen 1563 und 1584 eine Klosterresidenz erbauen lassen, die sogar als „achtes Weltwunder" bezeichnete mächtige Schloss- und Klosteranlage San Lorenzo el Real de El Escorial. Der „Königliche Sitz Sankt Laurentius von El Escorial" verdankt Entstehung und Namen einem Gelübde am Gedenktag des Heiligen Laurentius nach der gewonnen Schlacht gegen die Franzosen am 10. August 1557. Der Klosterpalast mit seinen spitzen Ecktürmen liegt malerisch in 1000 m Höhe am Rand der kleinen Ortschaft El Escorial. Es ist wohl der weltweit größte Renaissancebau (16 Innenhöfe, 15 Kreuzgänge, 2000 Räume, 88 Brunnen, 86 Treppenhäuser), eine Trutzburg aus grauem Granit, fast abweisend, ein kantiges Symbol herrischer Ordnung, steinernes Zeichen der damaligen Weltmacht Spanien. Die gefürchtete Inquisition nahm unter König Philipp in Spanien größte Ausmaße an. Seinen Palast, der seit 1984 zum Weltkulturerbe der UNESCO gehört, hat er selbst wohl nie ganz kennengelernt, denn er bewohnte darin bis zu seinem Tod im Jahr 1598 nur drei spartanisch eingerichtete Räume.

Wir besichtigen die prunkvoll geschmückte Basilika mit 26 m hohem Altarbild und 92 m hoher Kuppel und die Pantheon-Gruft; mit goldenen Inschriften versehene dunkle Marmorsarkophage enthalten fast alle spanischen Monarchen mit ihren Gemahlinnen und allen Königskindern, die noch vor ihrer ersten Kommunion verstorben sind. Im Schlachtensaal („Sala de Batallas") gehen wir am 55 m langen Wandgemälde entlang, das verschiedene Schlachtszenen zeigt, darunter die Seeschlacht von Lepanto 1571, auf der die christlichen Großmächte mit Spanien an der Spitze den ersten Sieg gegen die Osmanen erzielten. Den Sieg hat angeblich Papst Pius V. in einer Vision der Hilfe der Gottesmutter Maria zugeschrieben, die daraufhin bildlich dargestellt auf dem Hinterkopf des türkischen Halbmondes steht (wie in der Fischerkirche in Rust). Wir durchstreifen noch das Gemäldemuseum im Palast, vorbei an Werken von Tizian, Tintoretto, Rubens, van Dyck, van der Weyden, Velázquez und El Greco, und beginnen den Rückweg. Ein Storchenpaar mit Nest nahe beim Escorial lebt hier sicherlich nicht von Fröschen. Die Hügelgegend ist völlig verdorrt, etwas grünes Gebüsch ist in rillenförmigen Bodenvertiefungen zu sehen. Kühe stehen auf trockenen Weiden, wie wir es aus Ostafrika kennen.

Um 20.30 Uhr beginnt die Fernsehsendung, der Zweck unserer Reise. In den Raum gestellt ist die Frage: „Sind Tiere rational oder irrational?" Aber – ebenso wie 1977 in Mexiko – muss zuvor geklärt werden, welche Tiere gemeint sind: Maikäfer, Meisen, Mäuse oder Menschenaffen? Die Diskussion im Sender zwischen uns und Vertretern von Naturschutz und Nationalpark leitet der Neurophysiologe José Delgado, in der Wissenschaft bekannt durch bahnbrechende Hirnreiz-Experimente an Tieren und Menschen. Im Jahr 1963 hatte er einem Kampfstier einen kleinen Sende-und-Empfangs-Chip *(stimoceiver)* in den Schädel gepflanzt, reizte ihn in der Arena zum Angriff und stoppte ihn im letzten Moment durch Fernreizung der Elektroden. Delgado meinte, den Angriffsinstinkt ausgeschaltet zu haben und löste damit intensive medizinisch-philosophische Debatten über künstliche elektromagnetische Gehirnsteuerung aus. Unsere Diskussion kreist zunächst um einen einleitenden Film über Affen bei der Bewältigung von Aufgaben, die ihnen von Menschen gestellt sind. Ab 22.30 Uhr beschäftigen uns bunt gemischt sachliche, emotionale und unbeantwortbare Fragen von Fernsehzuschauern. Um 1.00 Uhr früh ist Schluss.

Um uns etwas von Altkastilien zu zeigen, werden wir am nächsten Tag nach Segovia geführt. Die höchst sehenswerte Altstadt liegt wunderschön auf einem Hügel, überragt von der neugotischen Kathedrale, der schönsten Marienkirche Kastiliens. Erbaut wurde sie vom 16. bis zum 18. Jahrhundert. Sie beeindruckt mich durch ihre „warme" Architektur, das im Goldenen Schnitt angelegte Kreuzschiff, die schleifenförmigen Gewölberippen und die vielen links und rechts an die Seitenschiffe anschließen Seitenkapellen. Leider ist der Blick hinein auf die bedeutenden Malereien flämischer Maler aus dem 16. Jahrhundert durch große Gitter behindert.

Der Alcázar de Segovia im Westen der Altstadt ist eine der bekanntesten Burgen in Spanien, eher ein kleines Schloss. Im 11. Jahrhundert hatte man zu bauen begonnen, inzwischen versammelt die Anlage viele neue Eigenheiten und Bauvorstellungen der jeweiligen Herrscher. Gegenüber dem mittelalterlichen, runden Wohn- und Wehrturm (Donjon) ließ Johann II. im 15. Jahrhundert einen massiven rechteckigen Bau errichten, mit zwölf einzelnen Türmen, alle an der Oberkante mit Pechnasen bestückt, nach unten offenen Erkern, aus denen man je nach Situation Ankömmlinge ansprechen, Feinde mit Steinen oder siedendem Wasser oder Öl beschütten konnte, in Spanien auch die Abort-Exkremente entleerte. Chroniken zufolge beherbergte der Donjon mehrere Wohnräume und den „Saal der Könige", einen der sechs Festsäle der Burg. Nach dem Tod seiner dritten Frau heiratete Philipp II. 1570 als König von Spanien in der kleinen Burgkapelle Anna von Österreich; allerdings war er ihr leiblicher Onkel, und erst nach längerem Widerstand erging von Papst Pius V. der Dispens für die Ehe.

Weltkulturerbe der UNESCO ist die Altstadt von Segovia zusammen mit der Kathedrale und dem berühmten römischen Aquädukt. Erbauen ließ es der römische Kaiser Trajan um 100 nach Christus als Teil einer Fernwasserleitung, die jahrhundertelang frisches Quellwasser aus den 17 km entfernten Bergen in die Stadt führte. Das funktioniert (mit neuen Rohren versehen) angeblich immer noch. Das imposante, fast filigran wirkende, 728 m lange und maximal 28 m hohe Bauwerk besteht aus zwei übereinander angeordneten Reihen von Bögen. Die Pfeiler der 119 unteren Bögen liegen 4,50 m auseinander und sind in einer lichten Höhe von 18 m durch die darüber liegende, niedrigere Reihe von 163 Zwischenbögen (44 Doppelbögen im

Zentrum und 75 Einzelbögen an den Seiten; Pfeilerabstände fünf Meter) stabilisiert. Durch die unteren Bögen braust der moderne Verkehr.

Direkt am Aquädukt liegt das Méson Candido, in dem wir als Abschied zum berühmten „Conchinillo"-Spanferkel-Essen eingeladen sind. Wir erfahren, dass ein Spanferkel dafür nicht älter als 19 Tage sein darf, weil es sonst Fett ansetzt. Wir bedauern sein kurzes Leben und genießen das ausgezeichnete Endergebnis.

30

Bei den Zulu

Es waren Hinweise in ornithologischer Literatur auf duettsingende Vogelarten, die uns von Ostafrika weg nach Südafrika lockten. Auf der Landkarte erschien die kleine Stadt Hluhluwe, 280 km nördlich von Durban, geeignet, um von dort aus verschiedene Naturreservate in Natal zu erreichen. Außer den Duettsängern fesselten jedoch sehr bald noch andere Bewohner dieses Landes unsere Aufmerksamkeit. Wir kamen 20 Jahre hindurch immer wieder und weiteten unsere Untersuchungen auf völlig andere Bereiche aus.

Wir starten das erste Mal im November 1979 in Durban. Die Zulu nannten den Ort *eThekwini,* Lagune. Aber Vasco da Gama, der mit vier kleinen Schiffen als erster Europäer am 25. Dezember 1497 in dieser Bucht ankam, glaubte eine Flussmündung entdeckt zu haben; und da gerade Weihnachten, *dies natalis,* war, gab er dem vermeintlichen Fluss den Namen *Rio de Natal.* Natal ist die kleinste der vier südafrikanischen Provinzen. Sie umfasst das traditionelle Siedlungsgebiet der Zulu, die jetzt die größte ethnische Gruppe Südafrikas bilden, und trägt deshalb offiziell den Namen „kwaZulu-Natal". Durban ist seit 1835 als Stadt anerkannt und benannt nach Sir Benjamin D'Urban, dem damaligen britischen Gouverneur der Kapkolonie. Heute ist Durban die wichtigste Hafenstadt Südafrikas.

Die Zulu sind bis heute für mich das interessanteste Volk Südafrikas, unter anderem wegen ihres ausgeprägten Traditionsbewusstseins. Sie gehören zu denjenigen kulturell weitgehend übereinstimmenden Völkern und Stämmen, deren Sammelname Bantu sich aus *Ntu* für Person und der Plural-Vorsilbe *ba* zusammensetzt. Die nirgends aufgeschriebene Historie der Bantu lässt sich nur lückenhaft aus mündlicher Überlieferung

© Springer-Verlag Berlin Heidelberg 2017
W. Wickler, *Wissenschaft auf Safari,*
DOI 10.1007/978-3-662-49958-0_30

rekonstruieren. Danach waren abaNguni-Stämme um 1450 in einer Bantu-Völkerwanderung aus der an Fieber, Tsetsefliegen und Bilharzia reichen Gegend der großen afrikanischen Seen nach Süden bis über den Sambesi gezogen. Der Führer einer kleinen Gruppe, Malandela, hatte um 1550 einen Sohn namens Zulu („Himmel"), der sich mit Familie und Gefolgsleuten am Weißen Umfolozi niederließ. In diesem Zulu-Völkchen (also Volk des Himmels) bekam etwa 1787 der Häuptling Senzangakhona einen unehelichen Sohn namens Shaka. Als Nachfolger seines Vaters vereinigte er, ebenso brutal wie genial vorgehend, sein 1500 Köpfe zählendes Volk mit über 100 umliegenden kleinen Stämmen zur Zulu-Nation.

Vom Stadtrand Durban führt eine Straße direkt am Meer entlang, an Stränden, damals noch sehr „apart" beschildert für entweder nur weiße oder nur farbige Badende. Am weiteren Weg erinnern Shaka's Rock, Shakaskraal und Shaka's Memorial an den als schwarzer Napoleon berühmten Begründer der Nation. Er fand seinen Tod 1828 durch seinen Bruder, Mörder und Nachfolger Dingane. Auf der sehr gut ausgebauten N2 überqueren wir den Tugela, an dem im Landesinneren die amaMchunu wohnten, ein Stamm, der uns später beschäftigen wird. Thukela heißt „der Gefürchtete" – warum, erfahren wir 1987, als er soeben die neue Autobahnbrücke weggespült hat und wir wieder durch sein Flussbett holpern. Er entspringt in den Drakensbergen an der Grenze von Natal und Lesotho. An seine Mündung in den Indischen Ozean kommen wir nach 100 km Fahrt.

Kurz vor unserem Ziel nähern wir uns einem Ort, der auf Wegweisern mal Tubatuba, mal Matubatuba, Mtubatuba oder Umtubatuba geschrieben wird – deutliches Beispiel dafür, dass die Schriftform des ursprünglich nur gesprochenen *isiZulu* noch offiziell festzulegen bleibt; erst dann könnte man sich in alphabetisch geordneten Verzeichnissen zurechtfinden. Das Namensproblem entsteht dadurch, dass am Beginn vieler Bantu-Worte ein dumpfes „um" mit geschlossenem Mund gesprochen wird. Geschrieben wird dieser Anlaut verschieden oder gar nicht. Wir bekommen es mit den Zulu-Schreibweisen später näher zu tun, und auch damit, dass umgekehrt unsere Schrift keine Zeichen hat für die Lispel- und Klick-Laute, die die wandernden Ngunistämme unterwegs aus den Sprachen der Khoisan-Völker übernommen haben.

In Hluhluwe angekommen, werden wir zur sieben Kilometer entfernten Ubizane-Ranch vermittelt, etwa auf halbem Weg zum Hluhluwe-Game-Reserve gelegen und benannt nach dem Hügel *Ubizane,* dem „Platz zum Zusammenrufen der Leute". Auf dieser Ranch werden wir uns viele Jahre hindurch immer wieder zu Hause fühlen, anfangs in einem Rondavel der kleinen Safari-Lodge, später weiter drinnen im Gelände in einem schlichten

Abb. 30.1 Besuch im Dachschatten unserer Hütte. Ubizane, 1982

Holzhaus. Wir lernen den Besitzer der Ranch, Mr. Herbert, kennen, der uns erlaubt, auf eigene Verantwortung frei im Gelände zu forschen. Es gibt auf der Ranch wenig Besucher, weder Haustiere noch Raubtiere, aber Zebras, Giraffen, Antilopen, Breitmaulnashörner, Strauße und im kilometerlangen Fieberakazienwald viele weitere Vögel. Im Schatten der überdachten Veranda des Rondavels haben wir fast täglich einen Strauß, der uns ins offene Fenster schaut, manchmal steht da ein Zebra, oder zwei Nashornbrüder verstellen stundenlang den Ausgang – also doch Haustiere (Abb. 30.1).

Stinkheuschrecken

Es ist ein Zufall, dass mir gleich im ersten Jahr im Gras der Ranch große, schwarz-gelb geringelte Heuschrecken auffallen. Sie haben nur stummelkurze, zum Fliegen untaugliche Flügel und bewegen sich im hellen Sonnenlicht einigermaßen schwerfällig. Sie sind wohl giftig, sonst hätten sie sich solches Gehabe nicht leisten können. Wir sehen, dass Vögel, Meerkatzen und Paviane sich oft unscheinbare Heuschrecken aus dem Gras holen, aber nie eine der gut sichtbaren bunten. Von denen sitzen häufig sogar zwei tagelang aufeinander, was sie noch auffälliger macht. Ihr wissenschaftlicher Name ist *Zonocerus elegans*. Aber sind sie wirklich giftig? Und wieso? Das herauszufinden, wurde unsere erste Nebenbeschäftigung.

Besonders häufig sind *Zonocerus* an Pflanzen zu finden, die zur Abwehr von Pflanzenfressern Pyrrolizidinalkaloide enthalten. Das Gift hilft den Pflanzen zwar nicht gegen die Heuschrecken, kann denen aber nun als Schutz gegen ihre Feinde dienen. Man nennt das Pharmakophagie, vorausgesetzt, die Tiere nehmen den Giftstoff gezielt und nicht nur nebenbei auf. Das wollen wir genauer wissen. In den nächsten Jahren sind wir zur gleichen Jahreszeit wieder auf der Ranch und verteilen nun im Gelände im Gras kleine Scheibchen aus künstlichem Glasfaser-Filterpapier, immer paarweise: eins von unserem Kollegen Michael Boppré mit reinem Alkaloid beträufelt, ein unbehandeltes daneben als Kontrolle. Wie erwartet lassen die Heuschrecken die unbehandelten Scheibchen unberührt, fressen aber dem Giftstoff zuliebe sogar das unverdauliche Glasfasermaterial. Es ist der erste Nachweis echter „Pharmakophagie" im Freiland.

Ergreift man eine *Zonocerus*-Heuschrecke, so sondert sie das Gift in übel riechenden Tropfen ab. Ein unerfahrener Vogel würgt sie sofort wieder aus dem Schnabel, merkt sich deren Färbung als Warnung und hütet sich in Zukunft vor solchen Happen. Bei den Zulu heißen diese stinkenden Heuschrecken „*inthotoviyane*".

Während der Fortpflanzungszeit reitet je ein Männchen auf einem Weibchen und hindert so Rivalen daran, seine Vaterschaft zu gefährden. Das kann wochenlang währen, bis einsetzender Regen den Boden aufweicht und die Weibchen ihre Eier tief in die Erde eingraben können. Zum Glück für uns hat es gerade geregnet, und die *Zonocerus* hätten nun überall im weichen Boden Eier legen können. Stattdessen aber sind viele Weibchen, immer mit einem Männchen huckepack, irgendwohin unterwegs. Ab und zu klettert eines einen Pflanzenstängel hinauf, guckt sich oben um und steigt, wenn es andere Paare in der Nähe sieht, herunter und marschiert dorthin.

An verschiedenen Plätzen versammeln sich so Gruppen zum Eierlegen. Der Sinn dieser Legeversammlungen wird klar, wenn nach mehreren Monaten die Jungen schlüpfen. Zwar enthält auch jedes Ei den Schutzgiftstoff als Mitgift von der Mutter, aber natürlich nur sehr wenig. Viel zu wenig, als dass ein unerfahrener Vogel nach einem Zubiss auf ein Junges eine Ekelreaktion entwickeln könnte. Ihm wird erst schlecht, wenn er eine größere Anzahl aufgepickt hat. Das heißt aber, dass eine Mutter, um einen Fressfeind zu belehren, etliche ihrer Jungen opfern muss – es sei denn, sie mischt ihre eigenen Kinder in die Geschwisterscharen anderer Mütter. Wenn sie alle ihre Eier am gleichen Ort vergraben, verteilt sich das „Lehrgeld" pro Fressfeind auf viele Eltern.

Um herauszufinden, wie Paare zusammenkommen und wie lange dieselben Partner zusammen bleiben, kleben wir den Individuen der ganzen Population Miniatur-Nümmerchen aus der Elektronikbranche auf den Rücken. Da die Tiere wenig agil sind, bleiben sie so im Gelände wochenlang immer wieder kontrollierbar.

Die Perlenbriefe der Zulu

Zur Ubizane-Ranch gehört der bewohnte Zulu-Kraal *kwaUmsasaneni* („Platz des Dornbaums") im typischen Stil aus grasbedeckten Rundhütten. Die Kraal-Bewohner werden auf der Ranch und an der Lodge beschäftigt. Drei junge Frauen, die täglich an uns vorbei ins Feld gehen und Feuerholz sammeln, nehmen zwar unser Interesse für Heuschrecken als europäische Wunderlichkeit hin. Aber als wir ausgerechnet die stinkigen *inthotoviyane* auch noch nummerieren, kommen sie mit fragenden Gesichtern näher. Und damit eröffnen sie uns unerwartet ein neues, über lange Zeit wachsendes Forschungsfeld. Eine von ihnen hatte etwas Englisch gelernt, und wir können begreiflich machen, dass unser Interesse dem Paarzusammenhalt der Tiere gilt. Im Gegenzug bewundern wir höflich das einzige, was die jungen Frauen am Körper tragen, nämlich eine Halskette aus Perlen und ein knappes Schamröckchen. Eine ihrer Ketten besteht aus abwechselnd schwarzen und gelben Perlen. Das ist *inthotoviyane*, wird uns erklärt; es bedeutet so viel wie ein Treueversprechen bis zum Tod, gerade so wie es die schwarz-gelben *inthotoviyane*-Heuschrecken machen. Bei denen hält nämlich das Männchen seine Partnerin so lange fest, bis sie das letzte Ei vergraben hat und stirbt. Unsere benummerten Paare bestätigen nur, was den Zulu längst bekannt ist. Sie symbolisieren das Verhalten der schwarz-gelben Insekten mit einem Muster aus schwarzen und gelben Perlen als Zeichen für dauerhafte Liebe.

Abb. 30.2 Im Zuludorf, 1985

Einige Mädchen tragen Perlenschmuck in anderen Farben. Haben auch die spezielle Bedeutungen? Wir richten also unsere Aufmerksamkeit neben den Heuschrecken zusätzlich auf Zuluschmuck. Da wir viele Jahre wiederkehren, werden wir sowohl mit den Lodge-Managern wie mit einigen der Kraal-Bewohner gut bekannt. Sie freuen sich über unser Interesse und stacheln unsere Neugier mit ihren Erzählungen weiter an (Abb. 30.2). Mehr über die Perlen erfahren wir vor allem von der damals 15-jährigen Thengisile Ngcobo. Sie übersetzt uns die Auskünfte ihrer Mutter Hlekisile, die in der Umgebung als *isangoma* (weise Frau) amtiert. Die Zulu unterscheiden Perlenfarben und ihre Tönungen fast noch genauer als wir, haben aber in ihrer Sprache nur drei eigenständige Farbnamen, nämlich für Weiß, Schwarz und Rot. Andere Farben bezeichnen sie „referenziell" mit Namen, die auf ein entsprechend gefärbtes Objekt verweisen (so wie orange, oliv oder türkis im Deutschen). Sie haben zum Beispiel nur ein Wort *(luhlaza)* für den ganzen Bereich von Blau und Grün, so als sagten wir „Blün" und müssten jeweils näher erklären, ob nun „Himmelsblün" oder „Grasblün" gemeint ist. So kommen mit den Namen für Farben und Farbschattierungen automatisch die jeweiligen belebten oder unbelebten Vorbilder in den Sinn. Und deren auffällige Eigenschaften werden dabei zu symbolischen Bedeutungen der Farben. Auf diese Weise können farbige Perlen zu Aussagen kombiniert werden und einem schriftlosen Volk dazu dienen, Botschaften zu übermitteln. Mit der Zeit lernen wir, dass jede Farbe eine semantische Domäne codiert, eine Anspielung auf ein weites gefühlsmäßiges Bedeutungsfeld, dessen genauer Sinn durch die Deutung der Nachbarfarben passend eingeengt wird.

Zum Beispiel bedeuten schwarze Perlen Trauer oder „ich möchte den schwarzen Lederrock der verheirateten Frau tragen"; blau deutet auf den Ozean hin, „ich gehe mit dir bis übers Meer"; feurig rote Perlen drücken Leidenschaft und Liebe aus, weiße Perlen Reinheit und Freude, gelbe Perlen beziehen sich merkwürdigerweise auf Geschwätz und pinkfarbene auf Armut. Frisch grasgrüne besagen „ich bin noch Jungfrau", und das kann stolz oder bedauernd gemeint sein; welche Lesart richtig ist, muss man aus den weiteren Farben im betreffenden Perlenschmuckstück erschließen. Denn das ganze Stück – ob einfache Perlenschnur *(ucu)* oder aus mehreren umeinander gedrehten Schnüren bestehende Kette, ob Leibgürtel, Hand- oder Knöchelband – kann eine oft recht komplexe Botschaft enthalten. Sie wird an einen geliebten Jungen oder Mann geschickt oder von der Herstellerin selbst öffentlich getragen. Mädchen und Frauen fädeln Perlen gemäß der zu übermittelnden Botschaft in entsprechenden Farben hintereinander oder sticken sie nebeneinander auf eine Unterlage. Ein derartiger Perlenbrief heißt *inquadi,* für Europäer „love letter". Doch übermitteln solche Perlenbänder und -lätzchen nicht nur Zuneigung und Erwartung einer glücklichen gemeinsamen Zukunft, sondern oft auch Ungeduld, Sorge wegen der langen Abwesenheit, Zweifel an der Treue des Partners oder gar Vorwürfe, er verprasse den erarbeiteten Lohn, statt den Brautpreis zusammenzusparen.

Gegenüber der Ranch-Einfahrt, an der Straße zum 20 km entfernten Hluhluwe-Game-Reserve, besuchen wir in den ersten Jahren gern Thekwane's Nest, ein kleines Holzhaus, das allerlei Andenken-Artikel anbietet. Der Zulufrau im Laden sehen wir beim Auffädeln der Perlen zu. Sie benutzt nach alter Weise Achilles- oder Nackensehnen vom Rind, die sich getrocknet gut in lange, reißfeste Fäden aufspleißen lassen. Auf Bestellung einer amerikanischen Firma macht sie als Verzierung für Schuhe kleine quadratische Lätzchen aus Perlen ganz bestimmter Farbe oder fädelt neue Perlenschnüre und Armbänder nach dem Geschmack der Touristen. Uns hingegen interessieren beim ersten Besuch eine einheimische gebrauchte, kompliziert geflochtene Halskette und ein breiter Hüftgürtel, der reich mit Perlen in rhombischen Feldern bestickt ist. Am Tag darauf treffen wir auf der Ranch eine Händlerin aus Durban, die ein farbig gestreiftes Zulu-Perlenarmband trägt – und das macht mich stutzig: Alle drei Stücken enthalten gleiche Farben, nicht nur in genau übereinstimmender Farbschattierung, sondern auch in der gleichen Reihenfolge angeordnet. Ist das noch Zufall? In den folgenden Wochen gucke ich genau auf jeden Perlenschmuck, den ich zu sehen bekomme und finde immer wieder dieselben Farben in gleicher Anordnung. Thengisiles Mutter erklärt, dass die meisten Stücke hier – und die Frauen und Mädchen, die sie tragen – vom Stamm der amaMchunu am Oberlauf des Tugela-Flusses stammen; Nachbarstämme benutzen zum Teil andere Farbtöne und in anderer Reihenfolge. Nun müssen wir systematisch vorgehen. Mit Erfolg fahnden wir – da zurzeit viele Zulu im Zuge der Modernisierung überflüssigen Perlenschmuck zu Geld machen – in Curio-Shops nach gebrauchten, mit farbigen Perlen bestickten Hals-, Arm-, Hüft- und Knöchelbändern, Schärpen, Halslätzchen und Schürzchen.

Jedes Jahr besuchen wir nach der Ankunft in Durban zuerst in Umhlanga einen Händler mit amaMchunu-Schmuck. Einmal können wir mit Apostle Mzila sprechen, der auf den Dörfern nach nicht mehr verwendetem Perlenschmuck fragt. Von ihm erfahren wir, warum manche der angebotenen Armbänder und Gürtel ungleichmäßig gekrümmt und steif sind. Deren Perlenstickerei sitzt auf gepolsterter Unterlage, auf Stoffsträngen oder auf Lagen von Gewebe, die von Körperschweiß benetzt werden. Um zu verhindern, dass Zauberkundige diesen Schweiß für Unheilzauber gegen den Eigentümer verwenden, werden solche Schmuckstücke, ehe man sie weggibt oder verkauft, sorgfältig gewaschen. Beim Wiedertrocknen verhärtet und verzieht sich dann das Stoffmaterial.

In den folgenden Jahren dokumentieren wir fotografisch weitere Stücke, sowohl aus dem Privatbesitz von Frank Jolles, der als deutscher Literaturwissenschaftler an der KwaZulu-Natal- Universität in Pietermaritzburg lehrt, als auch in südafrikanischen Museen: bei Ann Wanless im Africana Museum Johannesburg, bei Johan A. van Schalkwyk im National Cultural Museum Pretoria und bei Kathleen Mack und Tim Maggs im Natal Museum Pietermaritzburg. Besonders hilfreich waren Mike und Carol Sutton, die „Ilala Weavers" in Hluhluwe, ferner Yvonne Winters von der Killie Campbell Collection in Durban im Prachtbau eines holländischen Zuckerbarons mit großer Pergola und angebauter African Library sowie die deutsche Anthropologin Regina Kleinknecht, Leiterin der Sammlung vom Ondini kwaZulu Cultural Museum in Ulundi. Insgesamt kommen wir auf 240 Stücke verschiedenster Art mit immer denselben sieben Farben, die tatsächlich stets in ein und derselben Reihenfolge auftreten. Die komplette Folge umfasst 17 Positionen und ist raffiniert symmetrisch aus in sich wiederum symmetrischen Triaden (hier kursiv) aufgebaut: *blau-schwarz-blau-grün-weiß-grün*-schwarz-*pink-blau-pink*-grün-*schwarz-rot-schwarz-grün-gelb-grün.*

Diese komplizierte Farben-Syntax der amaMchunu heißt *isishunka.* Wer sie trägt, zeigt damit an, dass er (oder sie) zum Stamm der amaMchunu gehört. Aber nicht jedes einzelne Stück enthält die gesamte Reihenfolge. Da jeder Farbe eine eigene Bedeutung zukommt, greift oft eine bestimmte Perlenbotschaft nur den Teil aus der gesamten Folge ab, in dem die gewünschte Aussage enthalten ist, wiederholt eventuell diesen Teil, und lässt weg, wovon nicht die Rede sein soll. Derartige Perlenbotschaften werden nur von Mädchen und Frauen angefertigt und mit irgendeinem Boten an den Liebespartner geschickt, der in der Regel auch nur mit weiblicher Hilfe den genauen Inhalt erfährt.

Ein Paar an den Waden zu tragende Perlenbänder erklärt uns Frau Nomcabango MaHlela Ntuli; sie hat sie für ihren Liebsten gemacht. Die Bänder sind in der *isishunka*-Konvention gehalten und zeigen schwarz-pink-blau-pink-grün-schwarz-rot-schwarz-grün. Frau Nomcabango ist frisch zur Familie ihres Liebsten übergesiedelt. Die Perlenbotschaft besagt: schwarz: dein Haus erscheint mir düster, weil ich als junge Frau bei deinen anderen Frauen nicht beliebt bin; pink: ich bin jetzt arm dran und muss mich erst beim Holzsammeln und in Haus und Garten bewähren; blau: ich würde mit dir bis übers Meer gehen; grün: vor Kummer bin ich dünn wie Gras; schwarz: heirate mich jetzt; rot: mein Herz ist heiß vor Verlangen.

Noch spannender wird für uns die Weiterentwicklung dieser Form der Übermittlung von Botschaften. Wir registrieren innerhalb weniger Jahre ein einmaliges Beispiel für kulturelle Evolution, den Übergang von farbcodierten Botschaften zu geschriebenen Texten. Es begann mit den üblichen breiten Gürteln, Schärpen und anderen flächigen Unterlagen, auf denen Perlen in der stammeseigenen bedeutsamen Farben-Syntax ornamentale Musterfelder bilden. Beliebt als Vorlage für ein modernes Ornament wurde „PT", übernommen vom Autokennzeichen für Pretoria. Schulkinder lernten dann, dass diese vermeintlichen Ornamente große Buchstaben eines Alphabets sind und zusammengesetzt lesbare Worte ergeben. Zunächst wurde ein geschriebenes Wort gar nicht als aus einzelnen Buchstaben zusammengefügt verstanden, sondern insgesamt als ein Glyphe, ein Gesamtzeichen für den betreffenden Begriff. Als „neueste Mode" wurden nun solche Begriffs-Worte sehr aufwendig und mühsam in Perlen gearbeitet, und zwar während einer Übergangszeit weiterhin in den der Wort-Bedeutung zugeordneten Farben. Mancher Text folgte sogar Buchstabe für Buchstabe der stammeseigenen Farbensequenz. Doch die Bedeutung lesbarer Worte brauchte man ja eigentlich nicht auch noch in Farben auszudrücken. So wurden Texte bald entweder beliebig kunterbunt gefertigt oder schlicht einfarbig auf kontrastierend einfarbigen Untergrund gestickt. Heutzutage, da die meisten Zulus lesen und schreiben können, erscheinen Nachrichten auf Papier als Briefe. Verschickt werden sie, passend adressiert, an einen der übers ganze Land verstreuten Krämerläden *(stores)* und warten dort „store-lagernd", bis einkaufende Frauen sie ins Heimatdorf mitnehmen. Bemerkenswerterweise heißt ein solcher Brief noch genau so wie die ganz ursprüngliche, farbig codierte Perlenschnur-Mitteilung, nämlich „*incwadi*"; der Name hat den erheblichen Formwandel des

Nachrichtenträgers überdauert. Der Plural „*izincwadi*" bezeichnet jetzt das Literaturverzeichnis in Diplomarbeiten der Universität Natal.

Individuelle Perlenbotschaften werden nach wie vor von Mädchen und Frauen hergestellt. Bei der Abfassung eines farbcodierten oder geschriebenen Liebesbriefs sitzen die Mädchen zusammen und fabrizieren ihn gemeinsam. Sein Inhalt ist somit allgemein bekannt. Es wird dann erwartet, dass der Empfänger den Perlenbrief beim nächsten dörflichen Tanzfest sichtbar an sich trägt. Die in Perlen gestickten Texte haben uns lesekundige Zulu übersetzt und erklärt. Im Laufe der Jahre waren es Cecilia Nomvula Dlamini, eine Lehrerin für Zulu und Englisch; Hlekisile Ndebele und Makhosi Shangase, beide Zulu-Isangomas; ferner die Frauen Dorothy Zikhali und Joyce Buthelezi am Front-Office einer Lodge, und Herr Muzi Mtshali, Empfangschef an derselben Lodge. Als sehr lesekundig erwies sich Frau Nthombifuthi Mkhize, eine Mitarbeiterin am Ondini Museum. Aus einer Gürtelinschrift: *ngilikhuni* (halte alles in dir) *ngoba* (weil) *anginaki* (mich kümmert's nicht) las sie: Das Mädchen hält das, was ihr Boyfriend mit anderen Mädchen treibt, fest in sich verschlossen; sie wartet bis er sich einmal entscheidet. Auf einem anderen, langen Gürtel stand: *nina bantu* (ihr Leute) *niyi zoni* (ihr seid Kaputtmacher) *thulani* (seid ganz still) *ngoba* (weil) *anazilutho* (ihr wisst nichts) *niyoze nizi mele* (ihr werdet stecken bleiben) *njenge washi* (wie Uhren); dazu erläuterte Frau Mkhize: *washi* als Lehnwort meint *watch*, die geschenkte Armbanduhr, die nicht mehr geht, sobald die Batterie leer ist.

Bei diesem Übersetzen wurde ein Problem der Buchstabenschrift offenkundig: Da die Grenze zwischen zwei Farben unmittelbar ins Auge springt, können bedeutungsträchtige farbige Perlen lückenlos hintereinander aufgefädelt werden. Ebenso lückenlos werden aber auch die in Buchstaben geschriebenen Worte eines Textes aneinander gesetzt, und das schafft Leseprobleme. Ein in Perlen gearbeitetes Schriftband zum Beispiel lautet WOZAWAZIKHONA. Das können drei oder nur zwei Worte sein. Dorothy Zikhali deutet die weiße Schrift als freudig und liest die Aufforderung eines Mädchens an ihren Liebsten: *woza* (komm), *wazi* (erfahren), *khona* (hier), „Komm zu unserem bekannten Treffpunkt". Muzi Mtshali aber meint, es seien nur zwei Worte; er liest *woza-wazikhona* als Nachricht eines Jungen an seine Geliebte: „höre nicht auf andere Leute; komm selber und überzeuge dich". Trotz solcher Mehrdeutigkeiten der modern in Buchstaben gestickten Texte fanden wir beim Vergleichen, dass sie weitgehend dieselben persönlichen Wünsche und Sorgen enthalten wie die in Farben codierten Botschaften der alten Perlenschnüre – soweit diese von Missionaren dokumentiert wurden, wie etwa um 1890 vom Tiroler Missionar Franz Mayr. Allerdings erfordert die Botschaft einer roten Perle, „Liebe", als Wort geschrieben etliche

Buchstaben. Eine geschriebene Nachricht benötigt mehr Platz als eine farbcodierte. Darum begnügt man sich beim Text auf das Andeuten bekannter Sprichwörter und schreibt zum Beispiel nur *indeni* statt *Ikhiwane elibomvu libola indeni* („eine rote Feige ist innen faul", will sagen: urteile nicht nach dem ersten Augenschein). Andere perlengestickte Texte konzentrieren sich im Schlagwortstil auf ortsübliche Situationen und sind dann, obwohl lesbar, von Uneingeweihten dennoch nicht leicht zu verstehen. Der alte Zulu-Torwächter auf der Ubizane-Ranch trug auf der Brust ein Perlenlätzchen mit dem Text *hamba mnyaka,* wörtlich: „Geh; Jahre". Gemeint war nach Aussage der anderen: „Gib deine Stelle einem jüngeren, du bist schon zu alt". Ich weiß nicht, ob er das wusste (Wickler und Seibt 1990, 1996).

Im ländlichen kwaZulu haben wir kaum einen Zulu ohne Perlenschmuck gesehen. In der Stadt wird er sogar mit Sicherheitsnadeln auf westlicher Kleidung befestigt. Er kann als Anstecker moderne nationale und internationale Symbole zeigen, etwa die Anti-Aids-Schleife. Die Staatsflagge für die südafrikanische Republik besteht aus sechs Farben. Alle kommen in traditionellen stammestypischen Farbkonventionen vor, aber ihre Anordnung auf der Fahne entspricht keiner Farbensequenz eines der Stämme. Offiziell heißt es, die neue Flagge folge ethnischem Design und verkünde für alle Volksgruppen eine Ära des Optimismus, Fortschritts und Friedens.

Aber auch bei dörflichen Feiern nimmt die Bedeutung von Perlenarbeiten wieder zu. Das beste Beispiel dafür liefert das 1987 eröffnete Ondini-Museum unter Leitung von Frau Kleinknecht. Neben der Schausammlung, die für Volksgeschichte und für örtliche Schulen wichtig ist, enthält es – einzigartig auf der Welt – eine Leih-Sammlung für besondere Zwecke. Damit hat es folgende Bewandtnis: Nachdem von den Missionen die „nackten Wilden" auf christlich geziemende Kleidung umgeschult wurden, wächst ungefähr seit 1950 in der Bevölkerung wieder ein Stolz auf die eigene Tradition – ähnlich wie in unseren Volkstrachtenvereinen. Infolgedessen werden viele Hochzeiten nun amtlich in europäischer, dörflich aber in traditioneller Kleidung gefeiert – sofern die noch vorhanden ist. Wo nicht, kann man sich vom Ondini-Museum, wie bei uns vom Frackverleih, die entsprechenden Teile ausleihen. So geschmückten Paaren sind wir in der Umgebung verschiedentlich begegnet.

Perlenschmuck und Tanz

Gefragt ist traditionelles Outfit außerdem bei Folkloregruppen, die westlichen Touristen Stammestänze vorführen. Das erleben wir gleich nach dem Museumsbesuch fünf Kilometer entfernt in der alten Zulu-Hauptstadt

Ulundi. Wir schreiben an unseren Notizen im frisch eröffneten, piekfeinen aber kleinsten Holiday Inn Hotel der Welt, als am späten Mittag hinter dem Hotel von Lautsprechern verstärkt Trommeln und Gesänge ertönen. Der Koch in weißer Schürze läuft an uns vorbei und ruft *„dance, dance"*. An Tischen im Hotelgarten sitzen, ausgerüstet mit Bier und Kameras, amerikanische und französische Touristen; ihr Bus wartet vor dem Hotel. Zu raschen Trommelschlägen marschieren und springtanzen kriegerische Zulu-Jünglinge mit Lendenschurzen und Rasseln um die Knöchel; in Händen halten sie kleine Speere und Schilde. Ebenso springtanzende Zulu-Mädchen tragen auf der bloßen Haut farbige Büstenhalter und rote Wollfransen-Röckchen, unter denen, wenn sie die Beine hochschwingen, weiße Höschen aufscheinen. Zwischen den Tanzenden geht eine ältere Zulufrau mit braunrotem Turban in rotbunter Tracht umher und bläst stoßweise in eine schrille Trillerpfeife. Der Koch mischt sich alsbald unter die Tanzenden und fordert auch Touristen auf, mitzumachen. An einem der Tische unterhalten sich ein paar männliche Zuschauer recht indezent über gewisse Qualitäten der Tänzerinnen.

Zudringlicher verlief im Jahr 1983 eine Zuschauer-Episode auf der Ubizane-Ranch. In der damals vom Manager-Ehepaar Maginley geführten Safari-Lodge erkundigten sich eines Abends nach einem Zulutanz drei Franzosen danach, wo die Tanzmädchen schliefen. Sie erfuhren es vom Nachtwächter. Der Zulu-Obmann bekam davon Wind, stürmte zur Dinnerzeit mit seinem Kampfmesser in die Lodge und drohte, die drei Herren zu bestrafen; Herr Maginley beschützte sie eine Nacht lang. Der Nachtwächter blieb von diesem Abend an verschwunden.

Im Laufe der Jahre haben verschiedene Tänze der Zulu auf mich tiefen Eindruck gemacht. Für die Zulu, wie für Bantu-Völker insgesamt, ist Tanzen ein unmittelbarer Ausdruck aller Lebensgefühle. Sie tanzen zu jedem sozialen Ereignis im Dorf, bei Besuch, Geburt, Hochzeit, wenn ein Mädchen ein weiteres soziales Reifestadium feiert (was nicht vom Alter, sondern von ihrer körperlichen Entwicklung abhängt), aber auch einfach aus Freude am Leben. Damit verbunden ist eine ursprünglich-natürliche und ganz selbstverständliche Freude am eigenen Körper, die Sexualität inbegriffen. Selbstverständlich dient Tanzen auch als erotisches Ausdrucksmittel und bringt junge Leute aus verschiedenen Dörfern zusammen. Und nicht zuletzt drückt sich Lebensfreude in dieser Form auch als religiöse Praktik aus. Viele Europäer, denen die Denk- und Lebensweise der Zulu fremd ist, sind dann irritiert und reagieren unpassend. Das ist mir nicht nur bei der Tanz-Szenerie im Hotelgarten von Ulundi aufgefallen, sondern in verschiedenen typischen Situationen, in denen Zulutänze heutzutage praktiziert werden. Die immer mehr erweiterte Öffentlichkeit schafft Randbedingungen, welche eine kulturelle Akklimatisierung des althergebrachten Stils nahelegen. Ich schildere deshalb dörfliches, religiöses und folkloristisches Tanzen in dieser Reihenfolge, die nicht genau der entspricht, in der wir sie kennen lernten.

Dörfliches Tanzen

Schon 1979 waren von den an Ubizane grenzenden Hügeln, auf denen zwischen Rundhütten kleine Feuer flackerten, oft bis tief in die Nacht Trommelrhythmen, Frauengesänge, hohes Trillern und bei günstigem Wind ein dumpfer Summton zu uns herübergedrungen. Es waren wohl *umemulo*-Reifefeste für heranwachsende Mädchen. Auf der Ubizane-Ranch erlebten wir solche kleinen Tanzfestivitäten aus der Nähe.

Den Takt schlagen junge Trommlerinnen. Sie erzeugen zusammen bewundernswert komplizierte Rhythmen. Jede bearbeitet kraftvoll mit zwei Stäben die beiden Trommelfelle der quer vor ihr liegenden hölzernen *isigubhu*-Trommel, stundenlang und anscheinend unermüdlich. Das dumpfe Summen stammt vom *ingungu,* einer Reibetrommel, die auf Afrikaans „Grummelpott" genannt wird. Es ist ein hohles Stück Baumstamm, über dessen eine Öffnung eine Ziegenhaut gespannt ist. Ein dicker Riedhalm, mit einem Knebel in der Haut befestigt, reicht durchs liegende Gerät. Wenn der Halm mit feuchten Händen straff, wie melkend gerieben wird, entsteht ein laut summender, je nach Druck und Schnelligkeit der Handbewegung etwas tiefer oder höher klingender Ton. Wichtig und sehr anstrengend ist es, einen kontinuierlichen Summton zu erzeugen, ohne Unterbrechung beim Abwechseln der Hände. In unseren frühen Tonbandaufzeichnungen gibt es das noch; später haben wir nur noch unterbrochenes Smm–smm–smm registriert.

Die Trommeln feuern das Tanzen an, das leidenschaftlich den ganzen Körper ergreift. Männer und Frauen tanzen getrennt, einzeln oder in der Gruppe, ohne einander zu berühren. Männergruppen mit Schilden und Waffen symbolisieren in heftigem Tanz Kampfbereitschaft und untermalen das mit drohenden Rufen. Einzeln tanzen Männer, um den Mädchen zu imponieren. Wichtigster Beitrag zum Fest ist der *ukugiya*-Einzeltanz der Mädchen, mit dem sie nicht nur ihren wie bei den Trommlerinnen fast unbekleideten Körper vorstellen, sondern auch ihre Kraft und Geschicklichkeit, indem sie singen und die Füße abwechselnd mit gestrecktem Bein bis über Kopfhöhe schwingen. Weiße Perlenschnüre und die weißen Zähne fallen in der abendlichen Dunkelheit besonders ins Auge. Zwischen die Tänzer und ums Feuer schreiten ältere Frauen, die in hoher Stimmlage „ululieren", mit Zungenschlag trillern.

Ähnlich verläuft der traditionelle *ukusina*-Tanz der Mädchen. Er dient zum Beschwören der Fruchtbarkeit, der Bitte um Regen und einträgliche Ernte, oder auch um Hilfe bei der Suche nach einem guten Ehemann. Gerichtet sind die Bitten an *Inkosazana,* die Regengöttin und Göttin der natürlichen Fruchtbarkeit, personifiziert gedacht als unberührte Jungfrau *(intombi igcwele).* In Verkörperung dieser Himmelskönigin tanzen jungfräuliche Mädchen im Alter zwischen acht und 18 Jahren am Feuer. Sie sind nackt bis auf eine Halskette und einen winzigen Vorderschurz aus Perlen. Statt des Perlenschürzchens können sie zum *ukusina*-Tanz ein paar gefingerte Blätter des Kohlbaumes *(Cussonia spicata)* verwenden. Die Zulu nennen ihn „Regenbaum" *(umsenge)* und bringen ihn in Verbindung mit der *Inkosazana.* Genau genommen sollte auch der Grummelpott aus einem *Cussonia*-Stammstück bestehen. Die tanzenden Mädchen zeigen im Hochschwingen der Beine demonstrativ ihren Körper, nachdem zuvor ihr intaktes Hymen als Nachweis der Jungfräulichkeit öffentlich von älteren Frauen geprüft worden ist. Das besagt freilich nichts über geschlechtliche Abstinenz. Ab einem bestimmten Alter wird ihnen von den Mädchen der höheren Altersklasse sexuelle Betätigung erlaubt, jedoch mit nur einem Partner und in Form des *ukusoma,* was strikt kontrolliert wird. Dabei muss das Mädchen die gekreuzten Beine fest zusammenpressen, sodass der Penis des Liebhabers nur bis an die Klitoris kommt und das Sperma mit der Hand aufgefangen werden kann. Diese Form des äußerlichen Geschlechtsverkehrs zur Wahrung der den Zulu sehr wichtigen Jungfräulichkeit der Mädchen gewinnt im AIDS-Zeitalter zusätzlich an Bedeutung.

Liturgisches Tanzen

Schon der *ukusina*-Tanz ist im Verständnis der Zulu eine religiöse Handlung. Darauf aufbauend tritt auch christlicher Glaube getanzt in Erscheinung. Im Christentum soll freilich der Geist über den Körper herrschen, Sexualität wird mit einer Ursünde verknüpft, und emotionaler oder gar ekstatischer Tanz gilt als heidnisch und wird aus dem kirchlichen Bereich allgemein verbannt.

König Cetshwayo, der seinen Hauptsitz *Ondini* dort aufbaute, wo jetzt das gleichnamige Museum liegt, gestattete 1850 die erste christliche Mission im Zululand. Den Missionaren erschien die eigene gewohnte Moral als Vorbedingung für die Evangelisierung und die Bekehrung zur Monogamie als eine notwendige Voraussetzung für die Taufe. Vornehmlich störten sich die frühen Missionare an der äußerst spärlichen weiblichen Bekleidung; sie erließen deshalb 1873 eine neue Kleiderordnung. Unvermeidlich prallte christliches Missionieren mit weiteren lokalen Überzeugungen zusammen. Der erste katholische Bischof, der die Leute mit Drohungen von Verdammung, Hölle und ewigem Feuer erschreckte, musste sich fragen lassen, wie echtes Feuer eine rein geistige Seele quälen kann. Und warum sollen die Geistseelen der Vorfahren, die ja über das Wohlergehen der Lebenden wachen, unerlöst verdammt sein als Strafe für eine erbliche Sünde, die sie selbst gar nicht begangen haben? Andererseits, warum lässt ein allmächtiger Gott zwar einen Satan existieren, aber nicht regnen, wenn's nötig ist? Sehr deutlichen Widerstand erfuhren die Missionare, als sie die Brautablösung – elf Kühe bei den Zulu – verurteilten und jedem Mann nur eine Frau erlaubten. Sie meinten damit den sozialen Status der Frau zu heben. Tatsächlich aber war es für die Frauen beschämend, ohne Brautablösung verheiratet zu werden. Zudem galt es als Privileg, mit einem Mann verheiratet zu sein, der reich genug war, um für mehr als eine Frau zu sorgen (Aus dem gleichen Grund leben Vogelmütter oft lieber als Nebenweibchen bei einem reichen Revierbesitzer und ziehen da starken Nachwuchs auf, statt kümmerlichen als Einzelweibchen bei einem armen Schlucker aufzuziehen). Entgegen ihrem Bemühen, den Frauen zu helfen, erwarben sich die (oft ehelosen) Missionare die Reputation, dem Familienleben und der elterlichen Autorität abgeneigt zu sein. Außerdem sah man ja, dass in den Missionsstationen kaum Zulu-Elite zu finden war, wohl aber fanden Arme und Verfolgte, überführte Diebe und Kurpfuscher dort Zuflucht. Verantwortungsbewusste Zulumütter weigerten sich deshalb noch um 1900, ihre Töchter in Missionsstationen erziehen zu lassen.

Wir sind freilich auch klugen christlichen Missionaren begegnet, für die nicht eine bestimmte Moralvorstellung an erster Stelle steht, sondern schlicht die Einladung zum Christsein. Sie forschen nach einheimischen Sitten und Überzeugungen, die mit christlichen Glaubenswahrheiten verträglich sind. Verdienstvolle Vorfahren zum Beispiel sterben gemäß afrikanischer Religiosität nicht, sondern gehen unter wie die Sonne. Sie werden nun als Autoritäten im Jenseits verehrt, die weiter für das Wohlergehen ihrer Stammesangehörigen zuständig sind (Ich fand jedoch keinen Hinweis auf eine Überzeugung der Lebenden, dass auch ihnen einmal diese Aufgabe zufallen wird). In diesem Ahnenkult zurückgedacht steht am Anfang der Ur-Ur-Uralte *uNkulunkulu*. Und dieser Name hat sich gegen manche theologischen Widerstände schließlich für den biblischen Schöpfergott durchgesetzt. In der Situation von 1911 jedoch war es für den Zulu-Visionär Isaiah Shembe leicht, bewusst unter Beibehaltung und Betonung traditioneller stammestypischer religiöser Ausdrucksformen der Zulu, aus christlicher Mission die Nazareth Baptist

Church *(iBandla lamaNazaretha)* als erste unabhängige indigene Kirche in Südafrika abzuzweigen. Sie erfuhr und erfährt weiterhin enormen Zulauf aus der Bevölkerung. Wir merkten das auf unserer Fahrt nach Ulundi, als in der Nähe der Zion City plötzlich die Straße verstopft war mit Fußvolk, Bussen und Lastwagen, beladen mit fröhlich winkenden Pilgern.

Die rituellen Veranstaltungen dieser Shembe-Anhänger sind spektakuläre Auftritte, die nach wie vor Kraft und Fruchtbarkeit symbolisieren. Speziell das Verhalten junger Frauen soll biblisch-religiöse Vorstellungen mit den traditionellen Reife-Zeremonien der Zulu vereinen. Dazu gehört selbstverständlich Trommeln, Singen (Gospelsongs) und Tanzen, letzteres durchorganisiert und aufgeteilt nach Geschlecht, Familienstand und Altersklassen. In der Kleidung zum liturgischen Tanz haben sich im Laufe der Jahrzehnte besondere Hüftgürtel, Arm-, Knöchel- und Stirnbänder aus weißen Perlen eingestellt. Verboten ist jedoch westliche Kleidung, in der die sozial wichtigen Standes-Klassifizierungen verwischt sind. Typischerweise tragen Männer Fellstreifen *(iziNjobo)* am Gürtel, zusammen mit einem Sitzleder, und verschiedenartigen Fellschmuck an Kopf, Armen und Beinen. Frauen tragen lediglich ein weißes Perlenband auf den freien Brüsten und einen kurzen schwarzen Petticoat. Junge Frauen drücken, wie im *ukusina*-Tanz, durch weitgehendes Nacktsein den Stolz auf die eigene genitale Jungfräulichkeit aus. Auch die Männer tragen beim traditionellen Tanz keinerlei Unterkleidung, sondern nur die übliche kleine, aus Palmblättern geflochtene Kappe *(umNcedo iqhoyi)* auf der Penisspitze. Sobald sich der Tanz allerdings aus seinem ursprünglich dörflichen Rahmen in die anonyme Öffentlichkeit begibt, kollidiert Nacktheit im Intimbereich mit dem öffentlichen Scham-Empfinden. Verständlicherweise wurde deshalb der traditionelle *ukusina*-Tanzstil verändert: Der wenige Jahre nach der Gründung der Shembegemeinde eingerichtete heilige *nhlangakhazi*-Tanz besteht aus langsamen, sorgfältig choreografierten Schritten, und vor allem ist das vehemente Füße-Hochschwingen reduziert zu leichtem Knieheben.

Folklore-Schautanzen

Das artistische Beine-Hochschwingen mit anschließendem Stampfen auf den Boden – ursprünglich adressiert an die dort residierend gedachten Geister der Ahnen – ist allerdings wesentlicher Bestandteil des folkloristischen Schautanzes. Dabei ist nun erforderlich, dass, wie an der Tanzgruppe am Hotel in Ulundi zu sehen war, die Tänzer und Tänzerinnen Unterwäsche tragen; leider nicht unbedingt möglichst dunkle, die wenig auffällt.

Das Problem spitzt sich zu bei einer anderen Gelegenheit, dem jährlichen großen Ried-Fest *umKhosi woMhlanga*. Es ist nicht als folkloristische Veranstaltung gemeint, doch zunehmend wachsender Aufmerksamkeit ausgesetzt. Nach der Mythologie der Nguni-Völker entstand das Leben im Sumpf aus Schilf; ans Licht trat zuerst ein Frau mit einem Kind auf dem Rücken. Den heranwachsenden Mädchen als künftiger Quelle des Lebens und für folgende Generationen Hort der Erziehung zu moralischen Prinzipien und Werten obliegt es nun, einen symbolischen Pilgergang zu unternehmen, in Erinnerung an den geheimnisvollen Ursprung der Menschen und in Anerkennung ihrer fraulichen Verpflichtungen. Das wird gefeiert im traditionellen Riedfest, bei dem der hohe Respekt vor weiblicher Unbescholtenheit betont ist und dem Schilfrohr (Ried) eine wichtige symbolische Rolle zukommt.

Zum jährlichen Riedfest versammeln sich Tausende Mädchen und junge Frauen der Zulu von nah und fern beim Stammesfürsten. Den jüngeren Altersgruppen obliegt eine Aufgabe, die mehrere Tage erfordern kann, nämlich in Sumpfgebieten das bis acht Meter hohe und vier Zentimeter dicke, bambusartige Schilfrohr *umhlanga (Phragmites mauritianus)* zu schneiden und in entsprechend schweren Bündeln zum Kraal der Fürstenmutter zu bringen, wo es später als neue Kraalumfriedung aufgestellt wird. Die Mädchen führen dann dem jeweiligen Stammesfürsten voller Stolz ihre (wie vor dem *ukusina*-Tanz überprüfte) intime körperliche Unversehrtheit vor, unbekleidet bis auf eine Halskette und den üblichen knappen Vorderschurz aus Perlen *(isigege)*. Der hängt an einem perlengeschmückten Lendenring *(izinculuba)*, der das Gesäß als entscheidendes Schönheitsmerkmal der Mädchen frei lässt.

Unvermeidlich werden diese Feierlichkeiten zunehmend eine touristische Attraktion. Seit 1994 unternommene Versuche, dieses bedeutende stammesinterne Ereignis multikulturell auszurichten, sind jedoch bislang fehlgeschlagen. Uneingeladen finden sich nämlich fremde, angeblich aufgeklärte Zuschauer ein, sei es um bei dieser Gelegenheit empört Anstoß zu nehmen oder lüsterne Neugier zu befriedigen. Als Versuch, dem zu begegnen, haben einige Stammesfürsten angeregt, bei den Ried-Festen wenn nicht die Brüste, so doch zumindest das Gesäß mit Unterwäsche zu verhüllen. Gerade dagegen jedoch protestieren die Mädchen und jungen Frauen. Sie können zwar nichts gegen die ungebetenen Zaungäste unternehmen, wohl aber sich dagegen wehren, dass diese als selbst ernannte Ordnungshüter Einfluss darauf bekommen, wie die Zulu ein höchst persönliches Fest zu feiern haben. Mswati III., Herrscher von Swaziland, hat zwar soeben (2012), um Vergewaltigungen vorzubeugen, den Mädchen Miniröcke und bauchfreie Tops in der Öffentlichkeit verboten, doch zum alljährlichen Riedfest wird weiterhin nichts als ein knappes Schürzchen getragen.

Diese Haltung der Mädchen zum eigenen Körper erlebte ich früh an einigen Vorkommnissen auf der Ubizane-Ranch. Die Zulu dort waren darüber aufgebracht, dass eine weiße Rezeptionistin ihren weißen Freund bei sich übernachten ließ. Ein anderes Mädchen musste entlassen werden, als es zwei Boyfriends hatte. Ein besonderer Sorgenpunkt für Frau Maginley, die sich um die Zulufrauen und Zulumädchen kümmerte, war die Pille. Sie hielt immer einen Vorrat bereit und führte über die Verwendung Buch. Verheiratete Frauen, die nicht schon wieder schwanger werden wollten, holten sich die Pille bei ihr, allerdings heimlich und erst im „Ernstfall", wenn der Mann für ein paar Tage aus der Stadt kam. Vorsorglich hätte die Pille in der Lodge auch an alle Mädchen ab 16 Jahren ausgegeben werden sollen. Aber das hatte keinen Erfolg. Denn ein Mädchen, das jungfräuliche Unversehrtheit bis zur Hochzeit missachtet, häuft Schande auf sich und seine Familie und zieht Unglück über die ganze Gemeinschaft. Die Pille zu nehmen, empfanden die Mädchen deshalb als Schmach; sie hätten damit ihren Ruf aufs Spiel gesetzt. (Wie lange das wohl so bleiben kann?)

Wolframs Brackenseil

Als wir wieder an der Universität in München waren, bekam unsere Arbeit an den farbigen, botschaftsträchtigen Perlenschnüren ein Nachspiel. In einem Seminar über Farbensymbolik erinnerte sich der Mediävist Albert Juergens an eine mit farbigen Steinen besetzte Hundeleine, die in mittelalterlicher Literatur in einer traurigen Liebesgeschichte herumspukt. Schriftlich belegt ist sie ursprünglich von Wolfram von Eschenbach im *Parzival*, einem der berühmtesten Stücke deutscher Literatur aus dem Mittelalter. Wolfram schrieb den *Parzival* kurz nach 1200. Die Liebesgeschichte schildert er zehn Jahre später etwas genauer in der tragischen Liebesnovelle *Titurel*, die 1260 als *Der jüngere Titurel* von Albrecht von Scharfenberg weiter ausgeschmückt wurde. Diese Erzählung, die nun 800 Jahre zurückliegt, handelt von Sigune, Nichte des Parzival und Urenkelin des Gralskönigs Titurel, und ihrem Geliebten Schionatulander, der als Page am Hof der Königin Amphlise aufwuchs. Die beiden begegnen und verlieben sich auf der Burg von Sigunes Pflegemutter. Einmal lagern sie auf einer Waldlichtung, und da rennt ein Jagdhund vorbei. Er zieht eine mit bunten Steinen besetzte Hundeleine, das „Brackenseil", hinter sich her. Schionatulander fängt den Bracken und trägt ihn zu Sigune. Die beginnt aus den Farben auf der Leine eine Botschaft zu lesen. Es ist ein Liebesbrief, den Königin Clauditte mit dem Hund als Boten an Duc Ehkunat de Salvasch Florien sendet. Aber ehe

Sigune zu Ende lesen kann, reißt sich der Hund los. Sigune verspricht Schionatulander ihre volle Hingabe, sobald er die Leine wiederbeschafft. Auf der nun anhebenden Abenteuerfahrt im Minnedienst kommt Schionatulander im Kampf mit dem Ritter Orilus um. Die Hundeleine wechselt mehrmals den Besitzer, und die farbige Botschaft wirkt wiederholt als Katalysator in Liebesdingen, wie zwischen Schionatulander und Sigune. Stets können nur Frauen die Botschaft enträtseln.

Genauso bedeutungsträchtig wie die Farben der Steine auf dem Brackenseil sind die Farben der Perlen auf einem *inquadi*-Perlenbrief der Zulu. Das Abfassen und Erläutern der Zulu-Perlenbriefe sind ebenfalls Frauensache. Auch da geht es regelmäßig um Liebesdinge. Eine lange Liebesgeschichte berichtet ein originaler Perlenbrief, den wir in der Killie Campbell-Sammlung in Durban betrachtet haben. Eine führende Zulu-Historikerin, die 1894 geborene Prinzessin Constance Magogo, Tochter des Königs Dinuzulu kaCesthwayo, hat ihn 1963 vorgelesen (siehe Wickler und Seibt 1996, S. 38 ff.) Ihre Finger wanderten dabei von Perle zu Perle, wie beim Rosenkranzbeten. Ganz entsprechend sagt Vers 1871 im *Jüngeren Titurel,* um die farbencodierte Botschaft auf dem Brackenseil zu entschlüsseln, „muost man si von ring zu ringe lesen".

Steckt nur Zufall hinter so viel Übereinstimmung? Oder kann eine Informationsbrücke von Schwarzafrika zu Wolfram von Eschenbach existiert haben? Hinweise dafür gibt es. Arabische Händler haben seit 200 vor Christus Perlen in großen Mengen als Tauschware nach Zentral- und Südafrika gebracht. Es wäre sehr merkwürdig, wenn sie sich nicht vor Ort nach dem Verwendungszweck erkundigt und ihn aufgeschrieben hätten. Denn die Araber schrieben damals enzyklopädische Bücher über die Natur und Völker Afrikas. Der spanisch-arabische Geograf al-Bakri von Cordoba zum Beispiel verfasste mit seinem „Buch der Straßen und Königreiche" ein geografisches Nachschlagewerk über die afrikanischen Verkehrswege im 11. Jahrhundert. In der alten arabischen Residenzstadt Palermo wurde 1133 der Normanne Roger II. gekrönt. Als König von Sizilien, Italien und Afrika ließ er eine geografische Karte der Welt bis in den tiefen Süden des schwarzen Erdteils anfertigen. Im Jahr 1145 übergab ihm der arabische Weltkundige al-Indrisi aus Ceuta 70 Landkarten mit einer Beschreibung der Erde, das *Buch des Roger.*

Diese Bücher wurden schließlich in spanischen Bibliotheken deponiert. Wer im mittelalterlichen Europa etwas über die reale Welt erfahren wollte, musste im italienischen Salerno oder in Cordoba und Toledo in Spanien nachfragen. Dort waren damals alle Kenntnisse über die Welt versammelt. Tatsächlich bezieht sich Wolfram von Eschenbach als Quelle für seinen

Roman unter anderem auf einen Provenzalen namens Kyot, der in Toledo die Rahmenhandlung vom *Parzival* aus den Schriften eines naturkundigen Arabers namens Flegetanis entnommen haben will. Die Verfasser der mittelalterlichen Universalromane, die Wunderbarkeiten aus der ganzen Welt am Faden einer abenteuerlichen Reise aufgehängt haben, könnten da auch das Prinzip der farbigen Perlenbriefe eingebaut und zeit- und kulturgerecht umgeformt haben.

Der kirchlichen Obrigkeit allerdings galten speziell arabisch-islamische Zentren der Gelehrsamkeit als Verführung zum Heidentum. Um ganz sicherzugehen, ließ Kaiser Theodosius 391 die Reste der kostbaren Bibliothek von Alexandrien verbrennen, und um 600 wurden in Rom die „heidnischen Texte" der Palatin-Bibliothek verbrannt. Zwar schickte Friedrich I. Barbarossa um 1170 den Lombarden Gerardus von Cremona nach Spanien, um die Werke des Ptolemäus zu studieren, doch verbot eine Synode in Paris 1209 den Mönchen, „sündige naturwissenschaftliche Schriften" zu lesen. Naturwissenschaft wurde den Christen jahrhundertelang als Missbrauch der Gaben des Heiligen Geistes gepredigt. Prägend gewirkt für die unbewältigte Angst der Kirche vor naturwissenschaftlichen Erkenntnissen hatte um 200 der Kirchenvater Tertullian, der fanatisch gegen die Verweltlichung des Christentums kämpfte: „Es ist nach Jesus Christus nicht unsere Aufgabe, neugierig zu sein noch zu forschen, nachdem das Evangelium verkündet ward" („Antwort auf alle Fragen gibt uns dein Wort" verkündete noch 1989 der „Tutzinger Schlager" aus dem Liederbuch *Sein Ruhm, unsere Freude* zur Liedkatechese in christlichen Jugendgruppen).

Den Übergang vom Farben-Code der Zulu zum Alphabet haben wir dokumentiert und unsere 300 Stücke umfassende Sammlung mitsamt den zugehörigen bildlichen und textlichen Ausarbeitungen im Oktober 2005 an das Staatliche Museum für Völkerkunde in München übergeben. Im Jahr 2007, zum 850-jährigen Gründungsjubiläum der Stadt, machten wir daraus im Rahmen der Münchner Wissenschaftstage eine Sonderschau „Vom Farbencode zum Alphabet".

31

Immanuel Kant und die Tradition

Im Juni 1981 sollte ich in Würzburg auf einer Tagung der Katholischen Akademie in Bayern für Pädagogen über Erziehung und angeleitetes Lernen im Tierreich referieren. Zur Vorbereitung las ich das erste deutschsprachige Werk über Pädagogik, das Immanuel Kant im Jahr 1803 verfasst hat (Rink 1803). Es enthält kluge Worte: „Je mehrere künstliche Werkzeuge man gebraucht, desto abhängiger wird der Mensch von Instrumenten." – „Eltern erziehen gemeiniglich ihre Kinder nur so, daß sie in die gegenwärtige Welt passen. Sie sollten sie aber besser erziehen, damit ein zukünftiger besserer Zustand dadurch hervorgebracht werde." – „Es ist zu bemerken, daß der Mensch nur durch Menschen erzogen wird, durch Menschen, die ebenfalls erzogen sind. Es ist entzückend, sich vorzustellen, daß die menschliche Natur immer besser durch Erziehung werde entwickelt werden, und dass man diese in eine Form bringen kann, die der Menschheit angemessen ist. Dies eröffnet uns den Prospekt zu einem künftigen glücklichen Menschengeschlechte." – Also kann es in der Erziehung keine Sackgasse geben, denn jeder wurde erzogen und wirkt erziehend weiter, ob er es nun weiß und will oder nicht.

Kant produziert aber auch skurrile Vorstellungen:

Eine Gewohnheit bei der ersten Erziehung ist das Wiegen. Die leichteste Art desselben ist die, die einige Bauern haben. Sie hängen nämlich die Wiege an einem Seile an den Balken; so dürfen sie nur anstoßen, so schaukelt die Wiege selbst von einer Seite zur anderen. Das Wiegen taugt aber überhaupt nicht. Denn das Hin- und Herschaukeln ist dem Kinde schädlich. Man sieht es ja selbst an großen Leuten, daß das Schaukeln eine Bewegung zum Erbrechen

© Springer-Verlag Berlin Heidelberg 2017
W. Wickler, *Wissenschaft auf Safari,*
DOI 10.1007/978-3-662-49958-0_31

und einen Schwindel hervorbringt. Man will das Kind dadurch betäuben, daß es nicht schreie. Das Schreien aber ist den Kindern heilsam.

– Sicherlich nicht selbst ausprobiert hat er das Verfahren, wie man von selbst schwimmen lernen kann: „Man lasse in einem Bach, wo, wenn man auf dem Grunde steht, der Kopf wenigstens außer dem Wasser ist, ein Ei herunter. Nun suche man das Ei zu greifen. Indem man sich bückt, kommen die Füße in die Höhe, und damit das Wasser nicht in den Mund kommt, wird man den Kopf schon in den Nacken legen, und so hat man die rechte Stellung, die zum Schwimmen nötig ist. Nun darf man nur mit den Händen arbeiten, so schwimmt man."

Kant und das Spatzengehirn

Überrascht las ich bei Kant: „Kein Tier lernt etwas von den Alten, außer die Vögel ihren Gesang". Und dazu bringt er folgendes Beispiel:

> Um sich zu überzeugen, daß die Vögel nicht aus Instinkt singen, sondern es wirklich lernen, lohnt es der Mühe, die Probe zu machen und etwa die Hälfte von ihren Eiern den Kanarienvögeln wegzunehmen und ihnen Sperlingseier unterzulegen, oder auch wohl die ganz jungen Sperlinge mit ihren Jungen zu vertauschen. Bringt man diese nun in eine Stube, wo sie die Sperlinge nicht draußen hören können, so lernen sie den Gesang der Kanarienvögel, und man bekommt singende Sperlinge. Es ist auch in der Tat sehr zu bewundern, daß jede Vogelgattung durch alle Generationen einen gewissen Hauptgesang behält, und die Tradition des Gesanges ist wohl die treueste in der Welt.

Solche artspezifischen Gesangstraditionen kennen die Ornithologen von Papageien, Kolibris und vielen Singvögeln. Der Hausspatz *Passer domesticus* ist zwar ein Singvogel, äußert aber gewöhnlich nur ein recht einfaches Tschilpen und braucht dafür angeblich ein sprichwörtlich schlichtes Spatzenhirn. Kann es einen Kanariengesang bewältigen? Andererseits beruft sich Kant auf Kenntnisse unter Liebhabern von Vögeln, denen sie fremde Gesänge und Volkslieder beibringen. Auch gibt es die ausführliche Geschichte von Clare Kipps (1956) über den handaufgezogenen Wunderspatz *Clarence,* der spontan Gesänge erfand. „Clarence gäbe Stoff für wissenschaftliche Seminarübungen", schrieb Professor Adolf Portmann. Meine Doktorandin Lucie Salwiczek nahm Kants Spatzengeschichte als Dissertationsthema, ließ Hausspatzen von Kanarien-Pflegeeltern, andere zur Kontrolle von eigenen Eltern aufziehen. Sie dokumentierte die körperliche Entwicklung und besonders detailliert die Entwicklung ihrer Lautäußerungen. Von eigenen Eltern aufgezogene männliche Hausspatzen äußerten das übliche Tschilpen, einige von Kanarienpflegeeltern aufgezogene aber lernten tatsächlich deren komplizierten Gesang mit Überschlägen und Trillerpartien, also Vokabular und Syntax des Kanariengesanges. Diese Männchen hatten im Gehirn ein größeres Gesangszentrum als jene, denen der Kanariengesang nicht gelang (Salwiczek 2004). Dass die erfolgreichen nicht schon von vornherein mit einem größeren Gesangszentrum ausgestattet gewesen waren, sondern es sich durch Lernen vergrößert hatte, bestätigte eine parallele Doktorarbeit von Cornelia Voigt am afrikanischen Mahaliweber *(Plocepasser mahali)*.

Wenn demjenigen, der mehr singen muss, im Gehirn ein größeres Gesangszentrum wächst, muss das Gehirn plastisch sein und neue Nervenzellen heranschaffen können. Vergleiche an Zugvögeln, die entweder ziehen dürfen oder daran gehindert bleiben, ergeben einen lernabhängigen Größenzuwachs in der für Orientierung zuständigen Hippocampus-Region des Gehirns. Wir stoßen an ein neuromedizinisch hochaktuelles Forschungsgebiet der Regeneration von Nervenzellen.

Gene im Schlepptau von Traditionen

Männliche Gimpel *(Pyrrhula pyrrhula)* lernen ebenfalls von einem Kanarienpflegevater den Kanariengesang. Sie geben ihn an ihre Söhne weiter; in Seewiesen sangen sogar vier Jahre später die Urenkel eines solchen Gimpels die Kanarienstrophen in unveränderter Form (Nicolai 1959). Eine wichtige Konsequenz hat derartig traditionsgebundene Kommunikation, sobald sie die Partnerwahl regelt. Ein Musterfall dafür existiert in Afrika unter den Witwenvögeln (Viduinae). Sie sind Brutparasiten bei Prachtfinken (Estrildidae), und zwar hat jede Witwenart eine eigene Prachtfinkenart als Wirtsvogel. In langer Evolution haben sich die Prachtfinken in viele Arten aufgespalten, jede gefolgt von „ihrem" Brutparasiten. Der wirft – im Gegensatz zu unserem Kuckuck – die Wirtsjungen nicht aus dem Nest, sondern bleibt zwischen ihnen sitzen, ist äußerlich fast nicht von ihnen zu unterscheiden und hat im offenen Schnabel, den der Nestling dem fütternden Altvogel entgegenhält, genau das gleiche bunte Fleckenmuster wie die Wirtsküken. Dieses Fleckenmuster ist artspezifisch verschieden; Eltern vernachlässigen Nestlinge, deren Muster vom arteigenen abweicht. Nun sehen sich die erwachsenen Vögel nah verwandter Witwenarten oft zum Verwechseln ähnlich, dürfen aber keine Mischpaare bilden; denn dadurch würden

Nestlinge mit gemischtem Schnabelmuster entstehen, auf das kein Wirtsvogel korrekt anspricht. Fehlpaarungen unter den Witwenarten werden dadurch vermieden, dass die Witwennestlinge jeweils die Lautäußerungen ihrer „rechtmäßigen" Nestgeschwister und der fütternden Pflegeeltern erlernen. Diese äußern Witwenmännchen in der Balz, und darauf reagieren nur Weibchen, welche denselben Gesang erlernt haben. An der sozial erlernten „Fremdsprache" erkennen Witwenvögel dann bei der Partnersuche ihresgleichen, finden einander also diejenigen, die bei der gleichen Wirtsvogelart aufgewachsen sind, folglich das gleiche äußere Erscheinungsbild samt Schnabelmuster ererbt haben. An derselben Fremdsprache erkennen die Witwenweibchen auch ihre Wirtsart und legen Eier wieder in deren Nester (Nicolai 1964). Ein sozial erlerntes Verhaltensmerkmal (derselbe Gesang, innerartlich tradiert unter den Prachtfinken, zwischenartlich tradiert zu den Witwen) steuert in diesem System durch viele Generationen konsistenter Partner- und Wirtswahl schließlich die genetische Evolution der Arten.

Dieser Fall „kultureller Speziation" illustriert die Verzahnung genetischer und kultureller Evolution zur „Genom-Kultur-Koevolution", die als Forschungsfeld von Biologen und Ethologen bislang wenig beachtet wird. Einerseits können genetische Programme das individuelle soziale Lernen unterstützen oder hemmen, andererseits können kulturell vermittelte soziale Konzepte des Menschen auch für ihn nützliche oder schädliche genetische Konsequenzen haben, indem Gene ins Schlepptau von Traditionen geraten. Das geschieht, wie bei den Vögeln, dann leicht, wenn die Partnerwahl konsistent viele Generationen hindurch von den gleichen traditionellen religiösen Überzeugungen geleitet wird. So hat bei den Amischen (McKusick 2000), einer christlichen Gemeinschaft, und den jüdischen Aschkenasim (Cochran et al. 2006) religiös-kulturell tradierte strenge Endogamie zu besorgniserregender Ausbreitung von genetischen Krankheiten (Skelettverformungen, Herzschäden) geführt. Zum Aussterben kam es bei den Shakern, einer christlichen Glaubensgemeinschaft in USA, die, getreu dem Vorbild Gottes als einem geschlechtsneutralen geistigen Wesen, Männern und Frauen die Fortpflanzung verbot. Gegründet 1747 von der Tochter eines Grobschmieds, gehörte diese Gemeinschaft Mitte des 19. Jahrhunderts zu den wohlhabendsten und wirtschaftlich florierendsten des Landes und hatte über 6000 Mitglieder. Nachwuchs rekrutierten die Shaker vornehmlich aus aufgenommenen Waisenkindern. Mit zunehmender staatlicher Fürsorge für Waisenkinder verlor die Gemeinschaft diese Neuzugänge und hatte Ende 2009 nur noch drei betagte Mitglieder. Da in der Gemeinschaft Gene nicht weitergegeben wurden, von außen in den Waisenkindern zugewanderte Gene aber von Eltern stammten, die sich fortgepflanzt haben, kann das Aussterben nur auf einem tradierten Programm beruhen.

In jedem sozial lernenden Individuum steckt „zweierlei Erbe" *(dual inheritance)*. Sein Verhalten folgt den Instruktionen aus genetischen und aus kulturellen Programmen, die nicht miteinander im Einklang stehen müssen. Die Evolution aller Lebewesen mit Verhaltenstraditionen basiert auf einer Ko-Evolution genetischer und kultureller Programme, die sich gegenseitig beeinflussen (ausführlich in Wickler 2014a).

32

Konvergenzen im Vergleich

Jedes Vergleichen liefert Ähnlichkeiten und Unterschiede in mancherlei Merkmalen (Eigenschaften, Kennzeichen), die ein Objekt, ein Ereignis oder ein bestimmtes Verhalten definieren und erlauben, es wiederzuerkennen und näher zu untersuchen. Die vergleichende Verhaltenswissenschaft will zudem erklären, warum, wie und wie oft ein bestimmtes Verhalten während der Stammesgeschichte zustande gekommen ist. Rekonstruieren lässt sich das mit Vergleichen zwischen möglichst vielen heutigen Arten. Aber Ähnlichkeit hängt nicht notwendig mit phylogenetischer Verwandtschaft zusammen. Unausweichlich entstehen durch Evolution zwei Sorten von Ähnlichkeiten: homologe Ähnlichkeit in zwei oder mehreren Organismen, die auf Abstammung von einer gemeinsamen Ahnenform beruht, und analoge (konvergent evoluierte) Ähnlichkeit, die unabhängig an nicht-verwandten Organismen durch Selektion als Anpassung an besondere ökologische Bedingungen entsteht. Die Hauptaufgabe der Stammesgeschichtsforschung besteht deshalb darin zu unterscheiden, ob die Ähnlichkeit von Merkmalen auf gemeinsamer Abstammung oder auf konvergenter Anpassung beruht; so hatte es 1909 der belgische Paläontologe Louis Dollo, Mitbegründer der Paläobiologie, aus eigener Erfahrung formuliert.

Begonnen hatte die Vergleichende Verhaltensforschung mit Verhaltensweisen an nah verwandten Tauben- und Enten-Arten, also mit homologen Verhaltensweisen, die auf gemeinsamer Abstammung beruhen. Als man versuchte, fragliche Verwandtschaften verschiedener Arten mit Verhaltensweisen zu klären, störte gleich aussehendes Verhalten (etwa das Saugtrinken unter Vögeln) an nicht-verwandten Arten. Dem wissenschaftlichen

© Springer-Verlag Berlin Heidelberg 2017
W. Wickler, *Wissenschaft auf Safari,*
DOI 10.1007/978-3-662-49958-0_32

Beirat unseres Institutes musste ich mehrmals erklären, warum wir ein gleiches Phänomen an sehr verschiedenen Tieren parallel untersuchen. Warum nicht an einer Art gründlich bis ins letzte Detail? Mit einer „lokalen Tiefbohrung" gräbt man sich wie in einen Brunnen immer tiefer, schließlich bis zu den Ionenkanälen (Poren bildenden Proteinen, die unter anderem der Erregungsleitung in Nerven und Muskelzellen dienen). Aber unten am „Brunnenboden" angekommen, sieht der Spezialist oben über sich nur mehr einen winzigen Ausschnitt vom Wissenschafts-Himmel. Wer begänne, gründlich alle körperlichen und physiologischen Einzelheiten der Honigbiene zu untersuchen, käme nicht darauf, dass sie ihren Stockgenossinnen tanzsymbolisch mitteilt, in welcher Richtung und Entfernung eine lohnende Futterquelle liegt. Geht man aber von dieser Leistung aus, dann wird man nach deren physiologischen Grundlagen suchen, unter anderem nach der photo-geomenotaktischen Fähigkeit, die Richtung und Länge einer draußen zurückgelegten Strecke anschließend im Stock zu Fuß auf der senkrechten Wabe wiederzugeben. Organismisch vergleichend würde man vielleicht sogar darauf stoßen, dass auch unser Mistkäfer *(Geotrupes silvaticus)* angeborenermaßen den photomenotaktischen Kurs, den er auf einer waagerechten Fläche läuft, geomenotaktisch auf die Oben-Unten-Richtung transponiert, wenn die Lauffläche senkrecht gestellt wird (Birukow 1954). Warum er und auch Mehlkäfer, Blattkäfer, Rüsselkäfer und Baumwanzen diese Fähigkeit besitzen (Birukow 1955), ist bislang nicht untersucht worden.

Anfang 1959 schickte ich Niko Tinbergen meine Arbeiten über konvergente Anpassungen von Grundfischen. Daraufhin bekam ich im Mai seinen Fortschrittsbericht über vergleichende Möwenstudien mit folgendem Begleittext:

Ich sende Ihnen anbei einen (nicht korrigierten) Durchschlag eines Manuskriptes, das am Ende dieses Jahres in Behaviour im Druck erscheinen wird [Tinbergen 1959]. Kleine Änderungen werden wohl noch angebracht werden, aber im Grossen Ganzen wird es gedruckt wie es hier steht. Ich sende es Ihnen, weil das Hauptthema dem Ihrigen am Nächsten kommt. Diese, zwar skizzenhafte, Veröffentlichung ist mir wichtig, weil ich versucht habe dasjenige, das wir in unseren vergleichenden Studien sozusagen intuitiv machen, konkret und bewusst zu formulieren. Die folgenden Punkte scheinen mir dabei wichtig: 1. wie kommen wir in jedem Fall zur Schlussfolgerung, dass die verglichenen Arten entweder monophyletisch („wirklich verwandt") oder konvergent sind? Hier geht sogar der doch schon viel erfahrene Taxonom noch oft sehr intuitiv vor; wir müssen mithelfen, das mehr bewusst und konkret zu machen. 2. Was berechtigt einen, für Charaktere (in unserem Fall Verhaltensweisen) verschiedener Arten denselben Namen zu gebrauchen? Und zwar manchmal Namen, die die Funktion andeuten (Drohen), ein anderes Mal solche die etwas über die Verursachung angeben („Wutlaut"), wieder ein anderes Mal einen rein beschreibenden Namen. 3. Funktion muss genau so exakt und letzten Endes experimentell untersucht werden wie Verursachung. 4. Wir müssen genauer wissen was wir tun wenn wir Motivation, oder im Allgemeinen Verursachung untersuchen, besonders bei den sogenannten Konfliktbewegungen. 5. Beschreibung, Analyse der arterhaltenden Funktion, Annahmen über den phylogenetischen Ursprung, Analyse der Verursachung sind alle zwar logisch getrennte Aufgaben, ihre Ergebnisse beziehen sich aber auf einander; wie die separaten Daten miteinander zu einem synthetischen Bilde verwandt werden, darüber müssen wir uns klarer werden.

Es läuft daher immer wieder darauf hinaus, dass wir die genialen (auf unbewusstem Sammeln und Ordnen von unendlich vielen Einzelbeobachtungen beruhenden) Interpretierungen Prof. Lorenz's genau und mit äusserster methodischer Strenge nachprüfen (mit seinem Scharfblick kann man eigentlich beinahe immer sagen: beweisen). Wir, die wir ja alle in dieser Hinsicht viel weniger begabt sind als er, müssen sozusagen mit äusserster methodischer Strenge an die Sache herantreten. Das hat dann dazu noch den Vorteil, dass wir Kollegen (von denen die meisten ja die Tiere nicht kennen, und falls sie sie kennen, fehlt ihnen die Vision eines Lorenz) mit unserem Geknabber schliesslich mehr überzeugen. Darüber hinaus kann es dann auch noch manchmal vorkommen, dass es klar wird, dass unsere ursprünglichen Vorstellungen zu einfach oder einseitig waren. Ich schreibe hierüber so ausführlich, weil ich mir mehr und mehr davon bewusst werde, dass wir mit dieser Forschung noch ganz am Anfang stehen.

Sie haben mit den Bodenfischen einen wunderschönen Anfang gemacht; das Material ist herrlich, und Sie haben schon sehr Vieles gefunden. Ich erwarte aber von Ihnen, dass Sie über einen konkreten Bericht hinaus auch zur weiteren Entwicklung dieses Forschungsgebietes beitragen und wieder viel besser als wir es bisher gemacht haben formulieren, wozu Sie Ihre Tatsachen denn eigentlich gebrauchen. Also: immer weiter! Advance, Ethologia!

Gebraucht habe ich diese Merkmals-Ähnlichkeiten in einer Methodik zum Unterscheiden von Homologien und Konvergenzen im Verhalten (Wickler 1967, 2015), wichtig für zweierlei Vergleiche, je nachdem, ob man am Wie oder am Warum der Entstehung eines Merkmals (eines Verhaltensphänomens, einer kognitiven Leistung) interessiert ist. *Wie,* auf welchem Weg, ein Merkmal zur heutigen Form kam, lässt sich nur durch Vergleichen der homologen Varianten (auch in ontogenetischen Vorstufen) erschließen. *Warum* ein Merkmal existiert, die Gründe dafür, lassen sich nur durch Analyse von Konvergenzen erschließen. Wenn das Merkmal mehrmals entstanden ist, kann man die Selektionsbedingungen und die ökologischen (umweltbezogenen und sozialen) Gegebenheiten dafür aufdecken und somit das evolutionäre Zusammenspiel von Umwelt-Chancen und Prädispositionen der Organismen verstehen lernen (Bshary et al. 2007, S. 85). Zu diesen Prädispositionen gehört in der Verhaltensforschung vor allem die Physiologie und die hierarchisch-funktionelle Organisation des Nervensystems, die Tinbergen in seiner *Instinktlehre* in Parallele gesetzt hatte zur hierarchisch-funktionellen Organisation des Verhaltens.

Ein praktikables Vorgehen für Konvergenz-Vergleiche ist es, ein definiertes Verhalten an nicht-verwandten Organismen zu wählen, es in Beziehung zu setzen zu relevanten ökologischen Bedingungen und es dann der zugrunde liegenden Nervenausrüstung zuzuordnen – sofern es diese gibt. Die Vergleichende Verhaltensforschung hat sich nämlich fast ausschließlich mit Wirbeltieren und Insekten befasst, die ein hoch entwickeltes Zentralnervensystem haben, nicht aber mit Pflanzen, Pilzen, Algen, Schwämmen und Einzellern. Zwar ist wenig über das Verhalten der allermeisten „niederen" Organismen bekannt, doch kommen unter ihnen gleiche Verhaltensleistungen vor wie bei Wirbeltieren. Deshalb müssen leistungsbezogene Konvergenz-Vergleiche auf der niedersten phylogenetischen Ebene mit den einfachsten Organismen beginnen, an denen ein bestimmtes Verhalten vorkommt (Wickler und Salwiczek 2003). Dabei stößt man automatisch auf Organismen, die in Ethologie-Lehrbüchern nicht genannt werden, und auf Nervensysteme, die außerhalb der gewohnten Verhaltensphysiologie liegen. Wirbeltiere müssen für ein komplexes Verhalten zwangsläufig ihr hoch entwickeltes Zentralnervensystem benutzen; fraglich ist aber, ob es für solches Verhalten erforderlich ist.

Ameisen, Wanzen und Schimpansen

Unter dem Obertitel „Werkzeuggebrauch" berühmt geworden ist das Termiten-Angeln der Schimpansen. Sie fädeln einen Halm oder kleinen Zweig in ein Termitenloch, ziehen ihn nach kurzer Zeit wieder heraus und verspeisen die verteidigend daran festgebissenen Termitensoldaten. Dieses Verfahren lernt ein Schimpansenkind über längere Zeit von einem Vorbild, meist der Mutter.

Termiten der Gattung *Nasutitermes* fertigen eine Art Papier oder Karton aus Holzmulm und Speichel und bauen daraus in Baumkronen große Wohnnester. In Costa Rica leben in solchen Baumnestern *Nasutitermes corniger*-Termiten. Auf den Nestern hält sich eine Raubwanze auf, *Salyavata variegata,* die sich auf eine besondere Weise von Termiten ernährt. Sie wartet zunächst, bis sie mit ihren Vorderbeinen eine umherlaufende Termite ergreifen kann, injiziert mit ihrem Schnabel-Mund eine giftige, lähmende Speichelflüssigkeit und saugt das Opfer aus. Dessen Chitinhülle hält sie dann mit den Vorderbeinen in einen Eingang des Termitennestes und bewegt die leere Hülle hin und her, in die sich alsbald weitere Termiten verbeißen, welche nun von der Raubwanze ebenfalls ergriffen und ausgesaugt werden. Dieser Vorgang kann sich mehrere Dutzend Male wiederholen. Erwachsen ist diese Raubwanze 15 mm groß. Es scheint, dass nur Individuen ab einer gewissen Größe Termiten angeln. Ob Lernvorgänge daran beteiligt sind, ist unbekannt (McMahan 1982).

Um aus einem schmalen Baumloch zu trinken, zerknüllen Schimpansen Blätter zu einem Schwamm, tauchen ihn per Hand ins Wasser und lutschen ihn dann aus. *Aphaenogaster*-Ameisen nutzen flüssige Nahrung (aus zerquetschten Früchten oder Käferlarven), indem sie trockene Blattstücke, Holzmehl oder Sandklümpchen aus der Umgebung holen, darauflegen und vollgesogen ins Nest tragen; das ist effektiver, als die Flüssigkeit im Kropf zu transportieren (Fellers 1976).

Neun tierische Baumeister

Als tierische Bauwerke sind Termitenbauten und Blattwohnungen der Weberameisen bekannt, hergestellt nach simplen Grundregeln in Gruppenarbeit von vielen Individuen (Deneubourg et al. 1991). Intelligenter wirkt der Werkzeuggebrauch einzelner Individuen, die in ihrer Umgebung spezielle Materialien suchen, sie zusammentragen und zu einem nützlichen Bauwerk zusammensetzen.

1. Schimpansen (*Pan troglodytes;* Mammalia, Primates, Pongidae) bauen sich Tag- und Nachtnester auf Bäumen. Dazu hocken sie auf einem Ast nah am Stamm und ziehen und brechen, wie beim Fressen, Zweige zu sich, auf denen sie zu sitzen kommen. Diesen Platz ergänzen sie weiter, knicken und verflechten Zweige zu einer Art Matratze und biegen um diese kreisförmig einen Rand aus dünnen Zweigen. Die Bettfläche belegen sie mit Zweigstücken und Blattwerk. Das Ganze dauert oft weniger als zehn Minuten und ergibt ein Einmal-Bett, stabil auch für Mutter mit Kind. In Gefangenschaft suchen sich Schimpansen mancherlei Polstermaterial und tragen es an einer Schlafstelle zusammen.
2. Brillenbären (*Tremarctos ornatus;* Mammalia, Carnivora, Ursidae) sind Vegetarier und bauen sich für die Tages- und Nachtruhe ganz ähnlich

wie der Schimpanse einen Schlafplatz. In Gefangenschaft war zu beobachten, dass der Bär zunächst eine mehrere Meter hoch gelegene Fläche wählt; dann beißt und reißt er Baumzweige ab, sammelt als Bettgut Lianen, große Blätter und Gras, trägt alles im Maul zur ausgewählten Stelle und verteilt es kreuz und quer zu einer Plattform von über einem Meter Durchmesser. Gras klemmt er manchmal unter einen Arm und läuft dreibeinig, oder hält es mit beiden Vorderpfoten vor die Brust und läuft zweibeinig. In freier Natur biegt und knickt er auf einem Baum bis zu fünf Zentimeter dicke Äste zu sich, drückt sie unter den Körper und sitzt dann auf einer flachen Unterlage. Das gesammelte Bettgut schiebt er im Sitzen mit den Vorderpfoten unter sich und macht um sich herum einen schmalen, erhabenen Bettrand. Indem er auf die Vorderpfoten gestützt sein Hinterteil hebt und herabplumpsen lässt, flacht er die Bettmitte ab (Peyton 1980).

3. Der Biber (*Castor canadensis;* Mammalia, Rodentia, Castoridae) ist berühmt als Landschaftsarchitekt, der mit seinen Dammbauten kleine Flüsse zu Teichen aufstaut. Mehrere Generationen des Kanadischen Bibers errichten über einen Meter hohe und breite Dämme von einigen Hundert Metern Länge (Morgan 1868; Richard 1967; von Frisch 1974). Der einzelne Biber bringt mit Wurzeln und Gras gemischte Erde auf einen soliden Haufen, der zusammengehalten wird mit Stöcken und Gezweig. Er beschwert das Ganze mit bis zu 2,5 kg schweren Steinen, die er in beiden Händen herbeiträgt. Von zwei bis sieben Zentimeter dicken und bis drei Meter langen Ästen entfernt er sämtliche Rinde und Zweige und steckt sie zu einem schrägen Abhang zusammen. Bedeckt wird der Damm mit Erde und Pflanzenmaterial. Mehrere Löcher in der Dammkrone, durch die das aufgestaute Wasser abfließen kann, werden ständig kontrolliert und so reguliert, dass der Wasserstand im Teich gleich bleibt. Ebenso wie den Damm baut sich der Biber eine zwei Meter hohe und unten zwölf Meter breite, domförmige Wohnung. Als Baumaterial fällt er Bäume und zernagt deren Stamm und Äste in transportable Stücke, die er über flachen Boden zieht oder im Maul trägt. Er kann auch 40–70 cm tiefe Kanäle ausheben, bis zu einem Meter breit und 150 m lang, um Holz durchs Wasser zu transportieren. Den Erdaushub platziert er an beiden Seiten des Kanals, oder er trägt ihn, auf den Hinterbeinen laufend, mit beiden Händen gegen Kinn und Brust gepresst weg.

4. Laubenvogelmännchen errichten kunstvolle Balzarenen. Der drosselgroße Seidenlaubenvogel (*Ptilonorhynchus violaceus;* Aves, Passeres, Ptilonorhynchidae) baut in Australien am Boden zuerst aus fest verflochtenen, etwa

20 cm langen Stöcken eine breite Matte, auf deren Mitte die „Laube" zu stehen kommt. Sie besteht aus 20–30 cm langen Stöcken und Ästen, die, senkrecht in die Grundmatte gesteckt und fest miteinander verhakt, zwei parallele Zaunwände bilden, welche zwischen sich eine 12 cm breite Allee frei lassen. Die Zweigspitzen sind nach innen über die Allee gebogen, Nebenzweige ragen stets nach auswärts, sodass sie in der Allee nicht stören. Das ganze Gebilde dient als Balz-Laube; kopuliert wird in der Allee (Pagel et al. 1988).

5. Der zehn Zentimeter lange Goldstirn-Kieferfisch (*Opistognathus aurifrons;* Pisces, Perciformes, Opistognathidae) baut sich in sandigem Meeresboden eine „Brunnen-Wohnung", indem er mit dem Maul eine Grube im Sand aushebt, sie häppchenweise vertieft und die Innenwand ringsum mit Muschel- und Korallenstückchen sowie Kieseln befestigt. Zu einer vorgefundenen Höhlung holt er solches Baumaterial im Maul aus der Umgebung und vermauert den Eingang bis auf ein genau passendes Schlupfloch. Beim Vermauern drückt, dreht und verschiebt er mit den Kiefern die Stücke, bis sie fest sitzen und tauscht manche auch gegen passendere neue aus (Kacher 1963).

6. Der Gewöhnliche Krake (*Octopus vulgaris;* Mollusca, Cephalopoda, Octopodidae) haust am Meeresboden in einem oben offenen Iglu aus Muschelschalen und flachen Steinen oder in einer vorhandenen Höhlung, deren Eingang er mit solchem Material verschließt. Steine kann er entweder mit einem Arm zu sich heranziehen oder, wenn die Armspitze einen Stein trifft, diesen unter dem Arm von Saugnapf zu Saugnapf bis zum Körper weiterreichen. Einen größeren Stein kann er mit allen Armen halten und am Körper tragen. Wirklich schwere Steine werden mit den Armen festgehalten, der Körper zwängt sich darunter und balanciert den Stein nach oben, und dann schieben einige Arme Körper mit Stein davon. Um einen Stein in eine Verschlussmauer einzupassen, arbeiten alle Arme geschickt zusammen.

7. Auf einer Namib-Expedition lernten wir durch Joh Henschel die Kronröhrenspinne *Ariadna masculina* (Arthropoda, Arachnida, Segestriidae) kennen. Sie lebt in der Kieswüste, wo lose auf dem Sand Steinchen in allen Größen und aus ganz unterschiedlichen Materialien liegen. In den Sand baut sich die Spinne, die mindestens sieben Jahre alt wird, eine ihrer jeweiligen Körpergröße entsprechende, bis zu zehn Zentimeter tiefe, mit Seide ausgekleidete, oben offene Röhre. Unter den Steinchen ringsum wählt *Ariadna* sorgfältig eine bestimmte Sorte Quarzsteinchen, platziert sieben bis acht gleich große (die bis zum Hundertfachen ihres eigenen Körpergewichts wiegen) als geschlossenen Kranz eng um die

Röhrenöffnung und verbindet jedes von ihnen durch einen kaum millimeterlangen, straffen Spinnfaden mit dem Rand der Röhrenöffnung. Nachts im Röhreneingang lauernd, hält die Spinne die Füße ihrer ersten drei Beinpaare auf diesen Rand. Da Quarz besonders gut Vibrationen weiterleitet, spürt *Ariadna* an den Füßen sofort, wo eine Ameise oder ein Käfer eines der Steinchen streift, und holt sich blitzschnell die Beute (Henschel 1995).

8. Was man gemeinhin „Würmer" nennt, umfasst tatsächlich eine riesige Vielzahl von recht verschiedenen Lebewesen. Einen eigenen Tierstamm bilden die Gliederwürmer (Ringelwürmer, Annelida). Sie werden aufgeteilt in die Egel, die Wenigborster (Oligochaeta), von denen Regenwürmer und – bei Aquarianern – *Tubifex* bekannt sind, und die Vielborster (Polychaeta), zu denen der auf *Pandanus*-Palmen lebende *Lycastopsis* gehört. Vielborster der Gattung *Lanice* sitzen am Meeresboden in selbst gebauten Röhren aus festen Sedimentteilchen. Die werden mit langen Tentakeln aus der Umgebung herangeholt, an kürzere Tentakeln weitergereicht und von der sehr beweglichen „Oberlippe" (Protostomium) mit Klebschleim aus speziellen Bauchdrüsen oben auf dem schon bestehenden Röhrenteil befestigt. Die zwei Zentimeter lange *Lanice arakani* (Annelida, Polychaeta, Terebellidae) aus tiefem Wasser des Westpazifik baut aus demselben Material wie die Wohnröhre auf deren Eingang zusätzlich einen „Fächer" aus zwei parallel zueinander stehenden, nierenförmigen Flächen und versieht deren Ränder mit 10–25 (beiderseits gleich vielen) Speichen aus Sandkörnern, die wie eine Reihe von Perlen zusammengeklebt werden. Jede dieser Speichen trägt an der Spitze eine sorgfältig ausgewählte Kieselschwamm-Nadel. Alle Speichen sollten gleich lang sein. Ist eine Nadel zu kurz, setzt der Wurm eine zweite darauf. Allerdings gibt es zwei Nadeltypen: an beiden Enden spitze, oder an einem Ende wie ein Dreifuß gestaltete. Letztere müssen mit den Dreifuß-Enden aufeinandergesetzt werden. Stets zeigen die spitzen Enden nach außen. Die ganze Fächerkonstruktion hat einen Durchmesser von ungefähr 4,5 cm, ähnelt der botanischen Venusfliegenfalle und fängt aus der Wasserströmung Partikel, die von den Tentakeln zum Mund befördert werden (Hissmann 2000).

9. Foraminiferen sind überwiegend marine Einzeller, die eine von Poren durchlöcherte, mehrkammerige Schale haben. Es gibt sie seit 1100 Mio. Jahren. Vor 66 Mio. Jahren entstanden aus ihren Schalen die Nummulitenkalke, Gesteine, die auch zum Bau der ägyptischen Pyramiden verwendet wurden. Durch Öffnungen in der Schale kann das Zellplasma dünne Pseudopodien hinausstrecken, die sich verzweigen und wieder vereinen und so ein Netzwerk bilden, das aus der Wasserströmung Nahrung

fängt. *Rupertina stabilis* (Protoctista, Foraminifera, Rupertiidae) lebt 600–800 m tief am norwegischen Kontinentalrand und sitzt mit der Schale aufrecht auf festem Untergrund, meist etwas erhöht, zum Beispiel auf einem Stein. Um das Plasma-Fangnetz zu vergrößern und steif gegen die Strömung halten zu können, sammelt *Rupertina* mit ihren Pseudopodien aus der Umgebung Silikat-Nadeln von Kieselschwämmen und stellt diese „Speichen" aufrecht zu einem fächerartigen „Gerüst" zusammen. Das Zellplasma umhüllt die Gerüstnadeln und spannt sich dazwischen als Fangnetz aus. Wie der Einzeller die Schwammnadeln erkennt, von anderem Material unterscheidet und sie zum Gerüst zusammensetzt, ist unbekannt.

Vergleich der Bau-Intelligenzen

Die Programme für den Fanggerüst-Bau und die ausführenden Handlungen enthält die Foraminifere *Rupertina* in einer einzigen Zelle ohne Nervensystem, Muskeln und Sinnesorgane. Jede der anderen Arten verfügt neben Muskeln und Sinnesorganen über ein zentralisiertes Nervensystem, das aber so verschieden aufgebaut ist wie die gesamte Anatomie der Arten.

Die Zentralnervensysteme von Anneliden, Arthropoden und Mollusken folgen demselben Grundbauplan. Dessen komplexere Organisation geht einher mit komplexeren Gliedmaßen, die gruppenweise für Fortbewegung und Nahrungserwerb zu koordinieren sind, was die entsprechende Spezialisierung und Zentralisierung bestimmter Bereiche des Nervensystems erfordert, aber nicht notwendigerweise derselben Bereiche in den verschiedenen Tierstämmen. Dasselbe gilt für differenzierte Sinneswahrnehmungen und deren Zusammenfassung, für Lernvorgänge und Erfahrungsspeicherung (Gedächtnis) sowie für das Repertoire an Bewegungs- und Verhaltensweisen. In der Komplexität der Nervensysteme bestehen extreme Unterschiede zwischen und innerhalb der Stämme der Wirbellosen.

Vor zweieinhalb Jahrtausenden wurden in China in einem „Park der Intelligenz" unterschiedliche Fähigkeiten von Säugetieren, Vögeln, Reptilien und Fischen vorgeführt. Naiv betrachtet geht es vom Wurm bis zum Menschen mit der Intelligenz bergauf, und aus anthropomorpher Sicht wird hohe Intelligenz irrtümlich oft mit einem großen Gehirn assoziiert. „Intelligenz" zeigt sich in der möglichst effektiven – das heißt Zeit, Energie und Risiko sparenden – Bewältigung von Problemen. Probleme können sozial (auf andere Lebewesen bezogen) oder ökologisch (auf die materielle

Umwelt bezogen) sein, und danach unterscheiden sich soziale und ökologische Intelligenz. Individuen aller Arten können mit ihrer artspezifischen Grundausstattung an Fähigkeiten diejenigen Probleme bewältigen, denen sie in ihrer natürlichen Umwelt und in den für sie typischen Lebenssituationen begegnen. Man kann das als angeborene oder „Art-Intelligenz" bezeichnen, obwohl sie oft geschlechtsspezifisch ausgebildet ist (wenn zum Beispiel Weibchen brutpflegen und Männchen Reviere verteidigen). Bei manchen Lebewesen mit entsprechender Differenzierung des Nervensystems kommen als „individuelle Intelligenz" weitere Fähigkeiten hinzu: 1) aus neuartigen, nicht vorhersehbaren Situationen Erfahrungen zu sammeln und in zukünftigem Verhalten auszuwerten, 2) Erfindungen zu produzieren und 3) Erfindungen und erfahrungsgestütztes Verhalten anderer Individuen durch soziales Lernen direkt zu kopieren oder indirekt zu übernehmen. Gelegenheiten dazu können sich für Individuen derselben Art unterschiedlich und zu verschiedenen Zeiten ergeben, sodass sie eine ungleiche individuelle Intelligenz zeigen und wir geschickten und ungeschickten Individuen begegnen. Da andererseits alle Tiere einige ihrer angeborenen sensorischen und motorischen Fähigkeiten auch bei der Bewältigung neuartiger Aufgaben einsetzen, besteht jede schließlich erbrachte Leistung individueller Intelligenz aus artspezifischen und individuenspezifischen Anteilen.

Ein Beispiel ist das sogenannte „Schöpfen" des Stieglitz, an dem sich schon die römischen Kaiser ergötzten. Dem Vogel im Käfig hängten sie ein kleines Eimerchen mit Futter an einem Faden unter die Sitzstange. Nun muss der Vogel den Faden mit dem Schnabel fassen und hochziehen, mit dem Fuß die erste Schlinge festhalten, dann erneut den Faden fassen und hochziehen, so oft, bis das Eimerchen mit Futter oben ist. In langen Versuchsreihen, die wir anstellten, verhielten sich speziell handaufgezogene Stieglitze angesichts dieser Aufgabe sehr verschieden. Etwa 25 % der getesteten Vögel lösten das Problem auf Anhieb, weitere 25 % schafften es nach einigem Herumprobieren, wobei entscheidend war, einmal zufällig den Fuß auf die Fadenschlinge zu stellen. Etwas eher erfolgreich waren diejenigen, die in früher Jugend mit biegsamen Halmen und Ästchen umgehen durften. Die Hälfte unserer Tiere, unabhängig vom Geschlecht, löste das Problem nie.

Die verglichenen „Baumeister"-Arten gehören (wie zu jedem Namen angegeben) in verschiedene Stämme, Klassen und Familien des Tierreiches. Sie stehen im Stammbaum an ganz verschiedenen Stellen und haben unterschiedlich gebaute Nervensysteme. Die von ihnen erbrachte, im Prinzip gleich „intelligente" Bauleistung ist im Laufe der Evolution mehrmals unabhängig, also konvergent entstanden und kommt auf sehr unterschiedliche

Weise zustande. Bei der Foraminifere und wohl auch bei der Spinne handelt es sich um angeborene, genetisch fundierte Art-Intelligenz. Das heißt, die einzelnen Verhaltenselemente beim Bauen folgen aufeinander in vorprogrammierter Folge, nach einem „geschlossenen Programm". Klassisches Beispiel: Wenn man dem Weibchen der Spinne *Cupiennius salei* die Spinndrüsen zuklebt, vollführt es dennoch alle Bewegungen zum Kokonbau in festgelegter Anzahl und Reihenfolge, obwohl es nichts zustande bringt. Das Programm ist geschlossen und wird, einmal begonnen, bis zum Ende abgehandelt (Melchers 1964).

Der Biber verwendet beim Bauen von Damm und Wohnburg verschiedene stereotype, einfache Handlungen, die er nicht lernen muss und die auch handaufgezogene Biber ohne zu üben, offenbar angeborenermaßen, ausführen. Ohne Fließwasser-Erfahrung aufgezogene Individuen beginnen mit Dammbauen, wenn sie nur das Geräusch von fließendem Wasser vom Tonband hören. Soweit handelt es sich um Art-Intelligenz. Der Biber folgt aber beim Bauen keinem fest vorgegebenen, sondern einem „offenen Programm"; er kann also, je nach Situation, einzelne Handlungen wiederholen oder auslassen und ihre Reihenfolge verändern. Er muss dazu die jeweilige Situation erkennen, beurteilen und die passende Handlung auswählen. Das ist ein Anteil von individueller Intelligenz, den das offene Programm erfordert. Dafür hat der Biber einen speziell strukturierten, motorisch-somatosensorischen Bereich der Großhirnrinde, der Sinneseindrücke sammelt und die besondere Geschicklichkeit der Hände steuert (Pilleri et al. 1984). Mehrere am Dammbau beteiligte Biber kooperieren nicht; jeder arbeitet für sich und nach dem gleichen Schema, ähnlich wie es Termiten tun.

Der Kieferfisch baut seine Steinmauer ebenfalls mit wenigen, stereotypen Maulbewegungen (Steinchen aufnehmen, tragen und zurechtschieben). Dazu müssen Lernen und Erfahrung nicht unbedingt beitragen, es erfordert aber gute räumliche Orientierung. Auch er folgt einem offenen Bauprogramm und zeigt als Teil individueller Intelligenz die Fähigkeit, Materialien passender Größe und Form auszuwählen und jeden erreichten Bauschritt zu überprüfen, wo nötig prompt zu korrigieren und die einzelnen Bauhandlungen situationsabhängig in sehr variabler Weise einzusetzen, zu wiederholen und zu kombinieren. Ich vermute dasselbe beim Borstenwurm.

Im Cephalopoden-Gehirn koordinieren separate Regionen die vielerlei Bewegungsweisen des reichen Verhaltensrepertoires, und fast die Hälfte der gesamten Hirnmasse bildet ein „Gedächtniszentrum" zum Lernen und Treffen von Entscheidungen; *Octopus*-Arten lernen viel und schnell und behalten das Gelernte lange Zeit. Beim Kraken und bei Menschenaffen spielt für die Bauleistungen, durch Beobachtungen bestätigt, individuelle Intelligenz mindestens in Form von Übung und Erfahrung eine Rolle. Beim Bettbau des Brillenbären scheint Übung und Erfahrung nur am Finden und Auswählen der Polstermaterialien beteiligt.

Der männliche Seidenlaubenvogel (der nicht nestbaut) benötigt zum Laubenbau Teile eines angeborenen Nestbauprogramms und daneben zusätzlich Elemente individueller Intelligenz, nämlich Übung und Lernen durch Versuch und Erfolg. Es braucht jahrelanges Probieren, bis ein junger Laubenvogel die richtigen Stöcke nimmt und daraus eine perfekte Laube baut. Außerdem bauen mitunter mehrere junge Männchen zusammen an einer Laube oder schauen von einem Baum aus interessiert dem Laubenbau eines erwachsenen Männchens zu, was auf soziales Lernen schließen lässt. Man könnte lokale Laubenbau-Traditionen erwarten.

So sind am Bauverhalten der verglichenen Arten die genetisch programmierte Artintelligenz und die kognitiv höher stehende individuelle Intelligenz in unterschiedlichem Maße beteiligt, jedoch nicht abgestuft entsprechend der aufsteigenden allgemeinen Komplexität der Arten. Der Biber baut wie ein Fisch, der Krake wie ein Schimpanse. Die höchste individuelle Intelligenzleistung scheint beim Laubenvogel gegeben. Im Stammbaum der Lebewesen sind zwar, abhängig von der Ausstattung des Nervensystems, Intelligenz-Abstufungen offenkundig, aber eine den Stammbaum insgesamt durchziehende ansteigende Intelligenz gibt es nicht, weder im sozialen noch im ökologischen Bereich, und schon gar nicht eine beides beherrschende allgemeine Intelligenz.

33

Konvergent gleiche Paarbildungsmuster

Ebenso konvergente Ausformungen wie der Werkzeuggebrauch zeigt das Paarungsverhalten von extrem unterschiedlichen Organismen. Das Individuum muss dabei Artgenossen von anderen Organismen (Feinden, Beute) unterscheiden, unter den Artgenossen einen Paarungspartner identifizieren, dessen Paarungsbereitschaft prüfen, die für den Gametentransfer nötige Körperstellung einnehmen und Genmaterial oder Gameten abgeben oder aufnehmen und abschließend behandeln.

Drei Beispiele

Ich vergleiche einen Fisch, eine Qualle und einen Ciliaten. Den Kampffisch kenne ich aus frühen Aquarienbeobachtungen, die Würfelqualle erklärte mir Bernhard Werner bei einem Besuch der Biologischen Anstalt Helgoland, der Ciliat hat mich seit dem Mikroskopieren während der Oberschulzeit in Osnabrück begeistert.

1. Der maulbrütende Kampffisch *Betta anabatoides* gehört zur großen Gruppe der Barschartigen, die wie Tinbergens Stichling ein hoch entwickeltes Wirbeltier-Zentralnervensystem und ein reichhaltiges Inventar an umweltbezogenen und sozialen Verhaltensweisen haben. Sein Fortpflanzungsverhalten hat Wolf-Dietrich Kühme untersucht, den ich 1964 der Hyänen wegen in der Serengeti besuchte. Erwachsene, paarungsbereite Individuen zeigen geschlechtsspezifische Körperfärbungen. Treffen sich

© Springer-Verlag Berlin Heidelberg 2017
W. Wickler, *Wissenschaft auf Safari,*
DOI 10.1007/978-3-662-49958-0_33

ein Männchen und ein Weibchen, imponieren sie erst frontal, dann Seite an Seite, bis sich das Männchen quer vor das Weibchen stellt, das aber seitlich ausweicht. So bewegen sich beide im Kreis. Das Männchen legt sich dann leicht gekrümmt horizontal unter das Weibchen und berührt dessen Bauch. Während dieses „Vorspiels" testen sich die Partner gegenseitig, synchronisieren ihre Stimmungen und können sich jederzeit wieder trennen. Geht das Vorspiel weiter, faltet sich das Männchen seitlich unter das Weibchen, beide bleiben einige Sekunden bewegungslos, ihre Genitalöffnungen sind dicht nebeneinander, und dann legt das Weibchen einige Eier in die gefaltete Afterflosse des Männchens, wo sie sofort besamt werden. Das Weibchen dreht sich, nimmt die Eier aus der Flosse des Männchens ins Maul. Dann richtet sich das Männchen auf und stellt sich vor das Weibchen, das nun portionsweise die Eier dem Partner entgegen spuckt, der sie in sein Maul nimmt und dort elf Tage lang bebrütet.

2. Die zentimetergroße Würfelqualle *Tripedalia cystophora* gehört zu den Nesseltieren (Coelenteraten), einem der ältesten Tierstämme. Für Nesseltiere typisch ist ein Generationswechsel, bei dem regelmäßig ein festsitzendes Polyp-Stadium abwechselt mit einem frei schwimmenden Medusen- oder Quallen-Stadium. Der millimetergroße *Tripedalia*-Polyp vermehrt sich durch Sprossung. Alle Polypen fressen einige Monate lang und wandeln sich dann in eine Meduse um.

Der quaderförmige Glockenkörper der *Tripedalia* besteht aus zwei Zellschichten, hat im Innenraum einen Magen (Manubrium) mit der nach unten gerichteten Mundöffnung und vier Gastraltaschen, in die die Gonaden hineinreichen, die beim Männchen gelbbraun, beim Weibchen farblos sind. An den Schultern des Quaders sitzen muskulöse, ruderähnliche Pedalia, an denen je drei mit Muskeln bewegliche Tentakeln hängen; diese sind mit tausenden von Nesselzellen besetzt, mit denen sie Beute fangen und diese zum Mund schaffen. Das Nervensystem besteht aus einem motorischen Nervennetz im Schirm und einem Nervenring mit acht Ganglienknoten. Je vier davon senden Nerven zu den Tentakeln oder zu den Schrittmacher-Nervenknoten (Rhopalia), welche die Schwimm-Kontraktionen der Glockenmuskelschicht in Gang bringen. Die Schwimmschrittmacher sind untereinander über den Nervenring verbunden und können durch unsymmetrische Kontraktionen der Glocke rasch die Schwimmrichtung ändern. Jedes Rhopalium hat einen Statolithen (Schweresinn) und sechs lichtempfindliche Organe; jeweils zwei davon sind wie bei Wirbeltieren und Tintenfischen hoch entwickelte, 0,1 mm große Augen mit Linse, Cornea, Retina mit lichtempfindlichen Pigmentzellen sowie einer Iris, die sich in hellem Licht schließt. Die

Medusen sind getrenntgeschlechtlich und erkennen das Geschlecht eines Artgenossen vermutlich chemisch oder an der Gonadenfarbe.

Tripedalia-Medusen leben in Mangrovedickichten, schwimmen erstaunlich aktiv und geschickt, ohne an Hindernisse zu stoßen, fangen Beute und weichen Gefahren gezielt aus. Wahrscheinlich können sie mit ihren Augen auch einander bei der Paarung sehen, die unter Coelenteraten einzigartig ist. In den männlichen Gonaden verbinden sich die Spermien mit ihren Köpfen zu Klumpen, die dann in den Gastraltaschen im Verlauf von ein bis zwei Tagen kugelige Spermatophoren bilden. Kommt es danach nicht innerhalb von zwei Tagen zur Paarung, werden die Spermien ausgestoßen. Trifft das Männchen aber rechtzeitig auf ein Weibchen, spreizt es seine Dreiergruppen von Tentakeln, verfolgt das Weibchen und versucht, mit einer seiner Tentakeln eine des Weibchens zu fassen. Wenn sich beide mit je einer Tentakel festhalten, schwimmen sie mehrere Sekunden lang heftig neben- oder im Kreis umeinander. Währenddessen pumpt das Männchen mehrere Spermatophoren aus seinem Magenraum und heftet sie mit dem Mund an die festgehaltene Tentakel des Weibchens (nicht an seine eigene). Dann trennt sich das Paar. Das Weibchen führt mit ihrer Tentakel die Spermatophoren zum Mund und in den Magenraum. Die Spermien lösen sich dort voneinander und wandern zu den Eizellen in die Gastraltaschen. Dort entwickeln sich die Eier zu Planula-Larven, die das Weibchen ins Wasser entlässt, wo sie sich nach einigen Tagen irgendwo festsetzen und zu Polypen werden.

3. Jeder Mikroskopiker, der Heuaufgüsse nach „Infusorien" durchforstet, kennt das etwa 0,25 mm große „Muscheltierchen" *Stylonychia mytilus*. Unter den vielerlei einzelligen Ciliaten („Wimpertierchen") ist *Stylonychia* in allen Gewässertypen das häufigste und fällt auf durch ständige Aktivität und schnelle Bewegungen. Der flache, kahnförmige Körper ist vorn mit dem Mundfeld (Peristom) etwas breiter als hinten, weitgehend starr und mit Zilien besetzt. Die sind auf der Oberseite kurz, am Zellrand und auf der Unterseite lang und bilden hier Membranellen (Zilienflächen), die fast ständig in Bewegung sind, und starke Bauchborsten (Cirren) zum Laufen auf der Unterlage.

Stylonychia lebt räuberisch und strudelt sich Bakterien und andere Kleinstlebewesen in den Zellmund. Die „rechtshändig" unsymmetrisch angeordneten Cilien treiben den Körper zum Schwimmen schraubig voran, oft unterbrochen von schnellem Vor- und Zurückbewegen. Meist aber läuft *Stylonychia* umher, langsam oder bis zu 2,5 mm/s schnell, kann aber auch minutenlang stillstehen. *Stylonychia* kann vorwärts wie rückwärts schwimmen und laufen.

Stylonychia vermehrt sich durch Zweiteilung. Davon unabhängig ist das komplexe Paarungsverhalten. Es beginnt damit, dass sich eine Anzahl paarungsbereiter Individuen wie auf einer Arena versammelt und jedes sich auf der Unterlage kreisend um das eigene, als Angelpunkt dienende Hinterende bewegt, jeweils ruckartig um 45–60°, mit dem Vorderende nach außen, und wegen des linksseitigen Mundfeldes stets im Uhrzeigersinn.

Nach einer Weile bilden sich Paare, die schneller kreisen und ihre Kreisflächen überschneiden. Dann erheben sich die Paarpartner, auf den Körperenden stehend, und legen die Mundfelder kurz „küssend" aneinander. Kreisen, Sich-aneinander-Aufrichten und „Küssen" können mehrmals wiederholt werden, ein drittes oder viertes Individuum kann hinzukommen (angelockt von einem stofflichen Signal?), oder die Paarlinge gehen wieder auseinander und suchen neue Partner. Als nächstes Stadium bleiben die Mundfelder des aufgerichteten Paares länger in einer Pseudokonjugation verbunden. Selbst jetzt noch kann ein Paar sich wieder trennen. Bleibt es zusammen, dreht sich ein Individuum so, dass beide Seite an Seite liegend sich endgültig vereinigen, ihre Mundfelder zur Konjugation verkleben und durch eine Plasmabrücke Genmaterial austauschen. Muscheltierchen konjugieren nie schwimmend. Von den zahlreichen auf der Arena solo kreisenden Individuen konjugieren meist nur wenige.

Dabei geschieht im Detail Folgendes: Wie für Ciliaten typisch, hat *Stylonychia* große und kleine Zellkerne, Makro- und Mikronuklei. Die Makronuklei mit vielen Chromatinkörpern sind für das Leben der Zelle und die Vermehrung durch Zellteilung verantwortlich; sie lösen sich bei der Konjugation auf. Die Mikronuklei enthalten Chromosomen und teilen sich bei der Konjugation in jedem Partner in vier haploide Kerne, die sich bis auf einen auflösen. Die beiden verbliebenen Kerne teilen sich in je einen haploiden stationären Kern und einen Wanderkern. Der stationäre Kern, auch als weiblicher Kern bezeichnet, bleibt im jeweiligen Individuum; der Wanderkern oder männliche Kern dringt über die Plasmabrücke in den Konjugationspartner ein und verschmilzt dort mit dessen stationären Kern. So hat jedes Individuum einen diploiden Mikronukleus. Der teilt sich (ohne Zellteilung), und einer der Tochterkerne entwickelt sich zum Makronukleus. Die Konjugation ist ein sexueller Vorgang und dient der Rekombination der Gene.

Grenzen des ethologischen Ansatzes

Tinbergen ordnete jedes Verhalten der Tiere einem Instinkt zu. Seine Vorstellungen entwickelte er an bilateral-symmetrischen Organismen mit einem Kopfabschnitt und einem Gehirn als übergeordnetem Teil des

Zentralnervensystems. Er definiert einen Instinkt als „einen hierarchisch organisierten nervösen Mechanismus, der auf bestimmte vorwarnende, auslösende und richtende Impulse, sowohl innere wie äußere, anspricht und sie mit wohlkoordinierten, lebens- und arterhaltenden Bewegungen beantwortet" (Tinbergen 1951, S. 104). Im Paarungsverhalten eines Fisches zum Beispiel löst das höchste Zentrum in einer Zentrenhierarchie die Suche nach einer geeigneten Umgebung aus. Es ist ein lorenzsches Appetenzverhalten, das anhält, bis Schlüsselreize, die eine geeignete Umgebung kennzeichnen, auf einen Auslösemechanismus einwirken, der das übergeordnete Zentrum des Paarungsverhaltens entblockt. Die nächstniederen Zentren (für Kampf, Balz, Paarung, Brutpflege) sind blockiert, solange nicht passende Schlüsselreize auf deren Auslösemechanismen treffen. Entsprechend geht es die Zentrenstufen abwärts bis zur (nach Lorenz triebbefriedigenden) Endhandlung, deren Zentren die Erbkoordinationen steuern, die den Muskeln zugeordnet sind. Im Hühnergehirn war es von Holst gelungen, Stellen elektrisch zu aktivieren, „in denen die Mannigfaltigkeit von Sinnesdaten in die Einheit des Tuns überführt wird, damit natürliche Triebe zu beleben, Zielhandlungen zu veranlassen – ja offenbar auch Wahrnehmungen künstlich zu verursachen".

Würfelquallen sind radiärsymmetrische Organismen. Sie haben ein über den gesamten Körper verteiltes diffuses Nervennetz und einen Nervenring mit gleichartigen Ganglienknoten. Sie haben Muskeln und Sinnesorgane, aber kein Gehirn, das zentral Wahrnehmungen verarbeiten, Verhalten steuern und etwa den Befehl „Beute fangen" oder „Weibchen festhalten" an die Tentakeln weitergeben könnte. Mit dem Gehirn fehlen auch die oben beschriebenen Stellen, die von Holst beim Huhn aktivieren konnte. Dennoch können Würfelquallen Beute jagen, auf Feinde reagieren, Geschlechtspartner erkennen und sich mit diesen paaren. Würde es unserem Verständnis helfen, ihnen einen Nahrungs-, einen Flucht-, und einen Paarungsinstinkt zuzuordnen und nach entsprechenden Handlungsbereitschaften und Auslösenden Mechanismen zu fahnden?

Ciliaten bestehen aus nur einer Zelle. Weder Muskeln noch Sinnesorgane noch ein Zentralnervensystem sind vorhanden. Aber die beobachteten Bewegungsmuster lassen sich situationsgemäß gruppieren in Ausweichen vor Gefahren, Nahrungsaufnahme und Paarungsverhalten. Bei letzterem kommen Solokreisen, Paarkreisen, Aufrichten mit „Küssen" sowie Konjugieren mit Gen-Austausch stets in dieser Reihenfolge vor. Verhaltensforscher nennen das eine Abfolge von Erbkoordinationen *(fixed action patterns)*. Funktionell vergleichend entspricht das Solokreisen einer Arena-Balz, das Paarkreisen dem Erkennen eines geeigneten Partners (Ciliaten haben keine Geschlechter, sondern mehrere Kreuzungs- oder Paarungstypen, kenntlich durch Glykoproteine der Zelloberfläche); Aufrichten und „Küssen" entspräche der Auswahl und Synchronisation der Paarungspartner *(mate choice)*, das Konjugieren der (nach Lorenz triebbefriedigenden) Endhandlung. Aber sind es verhaltensphysiologisch Auswirkungen von Flucht-, Nahrungs- und Paarungsinstinkten? Sicher nicht mit einer Hierarchie von Zentren. *Stylonychia* enthält statt eines Nervensystems im Ektoplasma der Zelle ein fibrilläres *Neuroformatives (Silberlinien-)System,* dem man „neurale Potenzen" zusprechen kann. Es verbindet zum Beispiel sowohl morphologisch als auch funktionell die außerhalb des Zellplasmas angesiedelten Lokomotions-Organellen, Zilien und Laufzirren. Elektrische Potenziale der Zellmembran steuern Richtung und Frequenz des Zilienschlags, und die räumliche Anordnung von sensorischen und motorischen Strukturen, zusammen mit zeitlich wechselnden elektrischen Membraneigenschaften, vollbringen die komplexen Bewegungsmuster der Zilien und des ganzen Organismus.

Statt zu versuchen, die an Wirbeltieren und Insekten erschlossenen hypothetischen Konstrukte instinktiven Verhaltens auf immer einfacher gebaute Organismen zu übertragen, sollte man umgekehrt die am Verhalten einfachster Organismen beteiligten physiologischen Prozesse analysieren und diese, wo notwendig, der natürlichen Evolution folgend an komplexer organisierten Organismen schrittweise erweitern.

34

Kopfleistungen

Fast selbstverständlich sucht man Vorstufen für besondere menschliche Denkleistungen bei unseren nächsten Verwandten, den Menschenaffen. Das ist ein Nachklang der Idee einer *scala naturae,* die 1769 von Charles Bonnet aufgestellt wurde, nämlich einer linearen Rangordnung von verschiedenen Formen der unbelebten Materie über einfachste bis komplexeste Pflanzen und Tiere hin zum Menschen (und weiter zu den Engeln und zu Gott). Komplexere Gehirne sind in mehr verschiedene Abschnitte unterteilt, die einander zunehmend untergeordnet sind, miteinander mehr Verbindungen eingehen, in denen mehr verschiedene Prozesse ablaufen und die für mehr verschiedene Einzelfunktionen zuständig sind. Die solchermaßen höchststehenden Lebewesen gehören zu den historisch jüngsten auf unserem Planeten. Zu den historisch jüngsten gehören aber auch viele sekundär vereinfachte. Schlangen und Wale haben sekundär die Beine verloren, viele Insekten sind sekundär flügellos, in unterirdischen Höhlen lebende Fische und Krebse verlieren die Augen, manche Kröten und Frösche haben keine Lunge mehr. Eingespart werden mit den Organen auch die dafür zuständigen Muskeln und Nerven. Sogar komplexe Hirne werden wieder abgebaut, etwa bei Strudelwürmern, Muscheln, vielen Milben, manchen Fischen, Salamandern und Fröschen. Andererseits kommen vergleichbare Leistungen an Tieren mit sehr unterschiedlich komplexen Nervensystemen vor. Wie schon mit den Konvergenz-Vergleichen gezeigt, ist es ratsam, definierte Leistungen zuerst an denjenigen Tierarten zu untersuchen, die sie in ihre gelebte Biologie eingebaut besitzen, bevor man versucht, sie den höchststehenden Menschenaffen experimentell zu entlocken.

© Springer-Verlag Berlin Heidelberg 2017
W. Wickler, *Wissenschaft auf Safari,*
DOI 10.1007/978-3-662-49958-0_34

Die Landkarte im Kopf

In Ost- und Südafrika hörte ich in der offenen Buschsteppe oft einen Vogel, der sich zu bemühen schien, meinen Namen zu rufen: „uick-lerrr, uick-lerrr". Es ist der Große Honiganzeiger, *Indicator indicator.* Es hätte sogar sein können, dass ich gemeint war, wenn auch nicht persönlich. Denn auf seinen zweisilbigen Ruf hören Männer verschiedener Nomadenstämme, wenn sie auf der Suche nach Bienennestern sind. Während sie in unbekanntem Gelände normalerweise bis zu neun Stunden nach einem Bienennest suchen müssen, dauert es mit einem Honiganzeiger nur halb so lange. Das nutzen vor allem Männer vom Stamm der Boran im Norden Kenias. Ein junger Boran, Hussein Adan Isack, kam als Zoologiestudent nach Seewiesen in meine Arbeitsgruppe. Er befreundete sich mit meinem Assistenten Uli Reyer (später Professor in Zürich). Unter dessen Anleitung analysierte Hussein in seiner Heimat in Nordkenia diese einmalige Mensch-Tier-Kooperation drei Jahre lang mit beringten Vögeln. Mit den Aufsehen erregenden Details über das Verhalten des Vogels promovierte er 1987 in Oxford (Isack 1987) und wurde Kurator der Vogelabteilung am National Museum (Coryndon Museum) in Nairobi. Dort habe ich ihn mehrmals besucht.

Der drosselgroße Honiganzeiger, verwandt mit den Spechten, ernährt sich hauptsächlich von Eiern, Larven und Puppen der Bienen und kann auch das Wachs der Waben verdauen. Seine Nahrung findet er in verlassenen Bienenstöcken oder holt sie am frühen Morgen aus bewohnten, solange die Bienen noch kälteklamm sind. Viele Bienen aber wohnen tief in Baumhöhlen, Felsspalten oder Termitenhügeln, unerreichbar für den Vogel, es sei denn, er bekommt Hilfe vom Honigdachs oder vom Menschen. Die Kooperation von Vogel und Mensch beginnt entweder, indem der Vogel sich dem Menschen nähert und im Gezweig herumhüpft und wieder und wieder seinen Ruf hören lässt, oder indem die Boran-Honigsucher mit einem durchdringenden, in die geballten Fäuste geblasenen und kilometerweit hörbaren Pfiff *(„Fuulido")* einen Honiganzeiger anlocken. Der kommt dann auf einen Baum, macht einen Direktflug über die Baumwipfel in bestimmte Richtung, kommt nach Minuten zurück, und lässt sich wieder deutlich sichtbar auf einem nahen Baum nieder. Sobald die Boran sich ihm nun auf ungefähr zehn Meter nähern, fliegt er, ständig rufend, ein Stück weiter. Die Boran folgen, pfeifen, reden laut oder schlagen auf Holz, um ihr Interesse zu bekunden. So führend und folgend kommen sie zu einem dem Vogel bekannten Bienenstock. Dicht daneben landet der Vogel, äußert einen „Ankunfts"-Ruf, umkreist den Zielort und wartet dann auf einem Ast. Die Boran öffnen mit Werkzeugen einen Zugang zum Bienenstock, räuchern die Bienen weg und sammeln die Waben ein, legen aber immer einige Reste für den Vogel auf den Boden.

Lässt man diesen Bienenstock unbehelligt, dann kann man sich vom Vogel mehrmals dorthin führen lassen. Vom selben Ausgangspunkt führt er wieder denselben Weg, von anderen, experimentell gewählten Kompasspunkten nimmt er jeweils einen anderen, stets aber direkten Weg dorthin. Gibt es im großen Revier des Vogels mehrere Bienenstöcke, so führt er den Menschen von einem beliebigen Treffpunkt aus stets zum nächstgelegenen. Je kürzer die Entfernung vom Treffpunkt zum Ziel ist, desto weniger Zeit braucht der Vogel für den ersten richtungweisenden Direktflug. Je näher die Menschen dem Bienenstock kommen, desto kürzer werden die Abstände zwischen den Ästen, auf denen der Vogel auf die ihm folgenden Menschen wartet. Erfahrene Boran erkennen am Verhalten des Vogels Richtung und Entfernung zum Bienenstock und wann er direkt über ihnen liegt. Tun die Boran so, als sähen sie den Bienenstock nicht, dann beginnt der Vogel mit einem Direktflug eine neue Tour zum nächstgelegenen weiteren Bienenstock, oft anderthalb Kilometer entfernt und vom Startpunkt aus nicht zu ·sehen (Isack 1987; Isack und Reyer 1989).

Von getarnten Posten aus sah Hussein, dass markierte wie unmarkierte Honiganzeiger einzeln umherstreifen und Bienenstöcke besuchen, kurz verweilen und weiterfliegen. So prägen sie sich deren relativen Orte und die kürzesten Verbindungswege zwischen ihnen ein, und zwar offenbar auf einer geografischen Landkarte, die sie im Kopf haben *(mental map)*.

Ein Harems-Besuchsplan im Kopf

Eine spezielle kognitive Leistung vollbringen die Männchen der im Mittelmeer beheimateten Spinnenkrabbe *Inachus phalangium*, die mein Mitarbeiter Rudolf Diesel untersucht hat. Diese Tiere leben einzeln, jedes im Schutz einer See-Anemone. Die Weibchen produzieren im Sommer alle 20 Tage ein Gelege und müssen dann von einem Männchen zum Besamen der Eier besucht werden. Ein Männchen kennt in seinem „Herrschafts"-Bereich bis zu acht Weibchen. Und obwohl deren Zyklen voneinander unabhängig verlaufen, besucht das Männchen jedes Weibchen genau zur Zeit der Eiablage. Anschließend kehrt es zu seiner Anemone zurück oder geht weiter zum nächsten Stelldichein. Es lässt sich dabei offenbar nicht durch ein Duftsignal leiten, denn auch wenn ein Weibchen von einer Anemone verschwunden – wahrscheinlich einem Fressfeind zum Opfer gefallen – ist, taucht das Männchen pünktlich zur Zeit der erwarteten Eiablage dort auf. Das Wandern ist gefährlich, und Männchen in der Population haben eine höhere Mortalitätsrate als Weibchen. Entsprechend vermeiden die Männchen unnützes Herumlaufen. Einen möglichst hohen Fortpflanzungserfolg kann ein Männchen erreichen, indem es den Wohnort jedes Weibchens mit dessen entscheidendem Zyklusdatum „im Kopf" hat, und dann jedes Mitglied seines Harems streng nach diesem Fahrplan besucht (Wirtz und Diesel 1983).

Kunden-Buchführung im Kopf

Konrad Lorenz hatte aus der Gruppe um Otto Koenig am Wilhelminenberg als einen seiner ersten Mitarbeiter Irenäus Eibl-Eibesfeldt, genannt „Renki", abgeworben. Renki ist ein ausgezeichneter Tierbeobachter und begründete später die Humanethologie. Sein und mein Arbeitszimmer lagen immer, auch nach der Emeritierungszeit, nah beieinander. Als wir noch in Buldern waren, fand Renki auf den Xarifa-Expeditionen mit Hans Hass in verschiedenen Meeren „Putzer-Stationen" (Eibl-Eibesfeldt 1955): Ein schwarz-blau gestreifter, zehn Zentimeter langer Lippfisch, *Labroides dimidiatus,* wohnt an Korallenblöcken und säubert andere Fische, die als Kunden zu ihm kommen, von den im Meer ungemein häufigen Hautparasiten. In einem Film für die Encyclopaedia Cinematographica haben wir das aus dem Freiland dokumentiert (Eibl-Eibesfeldt und Wickler 1966). *Labroides* hat einen Säbelzahn-Schleimfisch *(Aspidontus)* als Nachahmer, der mit seinem Aussehen und seiner Schwimmweise potenzielle Putzkunden täuscht und ihnen Stücke aus Haut und Flossen stanzt. Im Zuge meiner Mimikry-Studien habe ich das Verhalten von Putzer und Nachahmer an Putzkunden und die Herkunft des Nachahmer-Schwimmstils untersucht (Wickler 1963a, 1964).

Der Putzerfisch wurde bald durch immer mehr Beobachtungen berühmt und auch in Aquarien häufig. Daraufhin entschloss sich mein ehemaliger Doktorand Redouan Bshary (jetzt Professor in Neuchâtel), diese Putzsymbiose genau zu analysieren – mit spektakulären Ergebnissen (Bshary 2001; Tebbich et al. 2002). Ein Putzer bekommt an seiner Koralle pro Tag 2000 Besuche von 100 bis 500 Kunden aus 30 bis 50 verschiedenen Fischarten, unterteilt in Stammkunden aus „seiner" Koralle, die auf ihn angewiesen sind, und Laufkundschaft, die weit umherzieht und verschiedene Putzerstationen besuchen kann. Der Putzer verzehrt täglich etwa 1200 Parasiten. Er frisst aber am liebsten Haut der Kunden, weniger gern Parasiten; die Kunden mögen es umgekehrt. Solange der Putzer Parasiten wegnimmt, hält der Kunde still, dreht sich ihm zu und gewährt Zugang zu Maul und Kiemen. Verletzt der Putzer die Haut eines Kunden, zuckt der weg, flieht oder attackiert den Putzer. Gehört der Misshandelte zur Stammkundschaft, muss er zwar wiederkommen, wird dann aber – je nachdem, wie bald er kommt – zunächst vom Putzer („besänftigend") mit den Bauchflossen gestreichelt. Wird ein Laufkunde gebissen, verschwindet er, wahrscheinlich für lange Zeit. Als Laufkunde käme er zwar ohnedies erst nach unbestimmter Zeit wieder; aber viele Laufkunden zu vergraulen, verringert die Menge der Kunden für den Putzer. Tatsächlich beißt der Putzer eher einen Stamm- als einen Laufkunden. Zudem achtet er auf seine Reputation und richtet sein Verhalten danach, ob nur ein einzelner Kunde da ist oder ob weitere in der Nähe warten, die ihn beobachten und vorsorglich wegschwimmen, wenn sie den Behandelten zucken oder fliehen sehen. Ein Putzer unter Beobachtung zwickt seinen Kunden höchst selten. Das kleine Gehirn des Putzerfisches entscheidet also bei jedem einzelnen der täglich 500 Kunden, ob es ein Stamm- oder Laufkunde ist und ob er Zuschauer hat, und der Putzer „führt Buch" darüber, welchen seiner Stammkunden er geputzt und wen er gebissen hat. Erinnert er sich auch, wann er wen gebissen hat?

Das „episodische Gedächtnis" von Tieren, also ihr Erinnerungsvermögen daran, wann sie was wo gemacht haben, untersuchte jahrelang eine Forschergruppe um Nicola Clayton in Cambridge (England) an Vögeln. Häher zum Beispiel verstecken immer wieder und an vielen Stellen in der Erde einzelne Samen, die lange haltbar sind, aber auch Fleischstücke und Maden, die nach kurzer (im Experiment manipulierbarer) Zeit verrotten. Sie speichern Hunderte solcher Vorratsstellen im Gedächtnis und wissen von jeder Stelle zu jeder Zeit genau, ob das dort Versteckte noch genießbar oder sein Haltbarkeitsdatum abgelaufen ist. Lucie Salwiczek, die bei mir über den Kanariengesang beim Hausspatzen promoviert hatte, arbeitete dann einige Zeit bei Clayton und beschloss, andere Tiere als Vögel auf ein episodisches Gedächtnis zu prüfen. Der Putzerlippfisch *Labroides* schien ein vielversprechender Kandidat. Redouan Bshary beforschte ihn regelmäßig in der Forschungsstation des Australian Museum auf *Lizard Island* am Großen Barriere-Riff. So auch im Sommer 2004 – eine gute Gelegenheit für Lucie und mich, dort das Zeitgedächtnis des Putzers näher zu untersuchen. Die Experimente ergaben, dass auch *Labroides* beim Behandeln seiner Kunden ein episodisches Gedächtnis einsetzt (Salwiczek und Bshary 2011). Damit verfügt dieser Fisch über mehr soziale Kompetenz als bisher an Menschenaffen nachgewiesen wurde.

Die Station auf Lizard Island ist für Forschung am Riff hervorragend eingerichtet und bietet für den Aufenthalt hübsche Wohn-Bungalows und auch interessante Zoologie an Land. Der konnten Lucie und ich aber neben den Experimenten nur wenig Aufmerksamkeit widmen. Notiert habe ich *Varanus panoptes,* Namengeber der Insel; eine *Pteropus-alecto*-Flughundkolonie; viele große *Valanga*-Heuschrecken; Blattnester der Weberameisen *Oecophylla smaragdina* an kniehohen Büschen; überall im Inselwald *Phonognatha-graeffei*-Spinnen, die in ihre Netze trockene Blätter vom Boden tragen und sie zu Wohntüten einrollen. Im Haus hatten wir einen grünen *Litoria*-Frosch in der Dusche und *Gehydra*-Geckos an Wänden und Decke im Schlafzimmer. Verewigt sind wir unter *Research Projects & Participants* im *Newsletter 2004* der *Lizard Island Research Station* vom Australian Museum: *Episodic-like memory in cleaner fish; Dr Lucie Salwiczek, Max Planck Institute Germany, assisted by Prof. Wolfgang Wickler.*

35

Pavian-Intelligenz

Abgesehen von der Fleckenhyäne sind Paviane für mich die spannendsten Tiere Afrikas. Zoos zeigen meist den Mantelpavian *(Papio hamadryas)*, der am Horn von Afrika und im südwestlichen Arabien lebt. Näher kennen gelernt habe ich in Tansania und Kenia den Steppenpavian *(Papio cynocephalus)* und in Südafrika den deutlich größeren Bärenpavian *(Papio ursinus)*. Alle Paviane bilden kleine bis große Gruppen aus mehreren Männchen, Weibchen und Jungtieren. Erwachsene Männchen sind deutlich größer als Weibchen und haben längere Eckzähne als Löwen. Ihr großer Daumen erlaubt den Pavianen festes und genaues Zugreifen. In Gefangenschaft können sie 45, im Freileben etwa 30 Jahre alt werden. Paviane verständigen sich untereinander mit Rufen, Körperhaltungen, Gesten, Gesichtsausdrücken und direkten Körperkontakten.

Paviane halten sich tagsüber vorwiegend am Boden auf, sind die häufigste Primatenart nach dem Menschen und kommen entsprechend häufig in Afrika mit ihm in Konflikt. Ihr Gehirn ist etwa ein Drittel so groß wie das des Menschen, aber Hirngröße ist nicht unbedingt ein Maß für Intelligenz. Jedenfalls ist der Mensch nicht intelligent genug für ein geordnetes Nebeneinanderleben mit Pavianen. Er trägt auch die Schuld daran, dass im Vergleich zu Menschenaffen die ökologische und soziale Intelligenz der Paviane wissenschaftlich unterschätzt wird.

Das beginnt schon mit dem Gebrauch von Werkzeugen. Im Taï-Nationalpark an der Elfenbeinküste hatten Wissenschaftler erstmals im 19. Jahrhundert beobachtet, dass Schimpansen Nüsse mit Steinwerkzeugen öffnen. Archäologischen Funden zufolge taten sie das dort schon vor 4300 Jahren.

© Springer-Verlag Berlin Heidelberg 2017
W. Wickler, *Wissenschaft auf Safari,*
DOI 10.1007/978-3-662-49958-0_35

Dass auch Kapuzineraffen in Südamerika mit Steinen hämmern, wurde jüngst durch intensives und gezieltes Forschen bekannt. Über Paviane aber, die Steinhämmer benutzen, schweigt sich die Primatenliteratur aus.

Den ersten Bericht verdanken wir dem berühmten deutschen Ethnologen und Paläontologen Georg August Schweinfurth. Um 1890 suchte er auf den Schotterterrassen westlich von Theben in der Nähe des Qurna-Tempels nach Stein-Artefakten prähistorischer Menschen. Was er dabei erlebte, schilderte er auf einer Sitzung der Berliner Ethnologischen Gesellschaft im Jahre 1902: „Ich selbst habe im Jahre 1891 in einer Thalwaldung bei Keren (Colonia Eritrea) Paviane beim Aufknacken der sehr harten Kerne von *Sclerocarea birrea* (die ein sehr wohlschmeckendes Endocarp besitzen) überrascht und das mit dem Steinklopfer erzielte Ergebnis ihrer manuellen Hammerarbeit in der karpologischen Sammlung des hiesigen Botanischen Museums niedergelegt" (Schweinfurth 1902, S. 302). Die Zuhörer waren beeindruckt von der Fähigkeit der Paviane, die harten Marula-Früchte mit Steinen aufzuklopfen. Dass sie nicht die Früchte gegen Steine schlugen, sondern mit Steinen auf die Früchte hämmerten, unterstrich der Ethnologe Eugen Fischer 1955 erneut. Vermutlich waren es Anubis-Paviane *(Papio anubis)*. Schweinfurths Beobachtung ist in der Pavian-Literatur nirgends zu finden. Die von ihm gesammelten, einige Zentimeter langen und breiten Marula-Früchte habe ich im Botanischen Museum in Berlin fotografiert.

Alsdann beschreibt Eugène Nielen Marais ausführlich aus dem Magalakwên-Tal im Norden von Transvaal, wie Bärenpaviane mit den Früchten von Affenbrotbäumen *(Adansonia digitata)* umgingen. Sie kamen von fern zu isoliert stehenden Baobabs und holten sich deren Früchte (Abb. 35.1). Erwachsene Paviane trugen davon meist vier – eine am Stiel mit den Zähnen, eine unter dem rechten (nie dem linken!) Arm, und eine als Laufstütze in jeder Hand – einen ziemlich weiten Weg zu einem steinigen Hügel, legten sie dort auf einen flachen Stein und zerhämmerten die hartschaligen Früchte, so groß wie eine kleine Kokosnuss, mit einem anderen Stein. Manche Jungtiere versuchten vergebens, eine Frucht zuerst mit der Hand gegen Steine zu schlagen, bis auch sie einen Stein als Naturhammer nahmen. Beobachtet hat Marais das um 1922, ausführlich beschrieben 1923 im Magazin *Die Huisgenoot;* als Buch publiziert wurde es posthum 1969 *(The Soul of the Ape).* Die Schimpansenforscherin Jane Goodall, ihr Mann Hugo van Lawick und Craig Packer kritisieren 1973 Marais' Bericht: Dass Paviane, wie Marais berichtet, die harten Früchte des Leberwurstbaumes *Kigelia pinnata (sic!)* mit Steinen aufbrächen, sei wissenschaftlich nicht ernst zu nehmen, angeblich weil Details des Verhaltens und der Begleitumstände fehlen. So ist auch diese Beobachtung an Pavianen mit Steinwerkzeugen

Abb. 35.1 Mein Lieblings-Baobab am Limpopo. Nord-Transvaal, 1992

untergegangen. Das hat manche Autoren dazu verführt, den Schimpansen und Kapuzineraffen, die nachgewiesenermaßen Steine zum Hämmern verwenden, eine höhere sensomotorische Intelligenz zum Werkzeuggebrauch zuzusprechen als den Pavianen.

Marais machte als erster Freiland-Verhaltensforscher eine Langzeitstudie über das tägliche Leben frei lebender Primaten. Ein im zweiten Burenkrieg von Farmern verlassenes Gebiet in der Blouberge-Region nahe der heutigen

Grenze zu Simbabwe war ein Land für Paviane geworden; zwischen ihnen lebte Marais drei Jahre lang, folgte ihnen tagsüber und zu den Schlafplätzen und kannte viele individuell. Er verfolgte das Konzept, zwei tierische Sozietätenformen einander gegenüberzustellen, nämlich die durch pure Instinkte (phylogenetische Programme) gelenkte Termiten-Sozietät, die er als einen „Superorganismus" auffasste, und die Pavian-Sozietät, in der Traditionen (akkumulierte sozial gelernte Programme) eine wichtige Rolle spielen. Über beides schrieb er 1922/1923 Feuilletons in der Afrikaans-Zeitschrift *Die Huisgenoot*. Das Termitenbuch *Die siel van die mier* mit der neuen Idee des Superorganismus erschien 1925 (englisch: *The Soul of the White Ant,* 1937). Der flämische Dramatiker Maurice Maeterlinck, 1911 Nobelpreisträger für Literatur, konnte Afrikaans lesen und veröffentlichte 1927 das Plagiat *La Vie des Termites* (Das Leben der Termiten) ohne Hinweis auf Marais.

Verhaltenstraditionen der Paviane beschreibt Marais im Buch *The Soul of the Ape*. Ein Trupp grub in der Trockenzeit tief im harten Sandboden nach den dicken, wasserhaltigen Rhizomen von *Agapanthus*-Liliengewächsen. Der Nachbartrupp aber kümmerte sich nicht um diese häufige Ressource. Ein anderer Trupp nutzte genial das Wasser einer heißen Quelle:

Etwa ein Drittel der Affen, alte wie junge, zogen vom Wasserlauf unterhalb der Quelle Furchen in den schlammigen Sand. Während die sich mit Wasser füllten, wanderte der Trupp hangaufwärts, kam nach einer knappen Stunde zurück und trank aus den Furchen. Die Erwachsenen zogen die Furchen ruhig und gelassen. Jungtiere hantierten aufgeregt, oft ziellos und kreischten, wenn heißes Wasser an ihre Hände kam. Benutzbar waren nur wenige Furchen; in zu weichem Sand zerfielen sie rasch, in festem hielten sie zwar lange, aber viele waren stromabwärts angelegt, sodass immer weiter heißes Wasser hineinfloss. Die meisten Truppmitglieder beteiligten sich nicht am Furchenbau, sondern hielten sich abseits, bis alle zum Trinken gingen (meine Übersetzung).

Um die Jahrhundertwende beschreibt Marais die Angewohnheit der Bärenpaviane, Ziegenlämmer zu greifen und deren Eingeweide freizulegen, um an die geronnene Milch in den Mägen zu kommen. Bald darauf begannen sie, auch vom Fleisch zu fressen. Dazu verwendeten sie eine besondere Schlachttechnik. Sie fingen ein Lamm, warfen es auf den Rücken, bissen gezielt die Halsschlagader auf, nahmen aber kein Blut, sondern warteten, bis es tot war. Dann zogen sie sein Fell ab und fraßen vom Fleisch der Gliedmaßen. Innerhalb von 80 Jahren breitete sich dieses Verhalten langsam von der Karoo-Halbwüste nordwärts aus, in die trockenen Gebiete der zentralen

Kap-Provinz bis zum Vaal. Nahe am heutigen Suikerbosrand-Naturschutzgebiet begannen die Paviane, auch erwachsene Schafe, Enten, Truthühner und andere Haustiere zu schlachten. Diese Beutetradition endete schließlich, indem die Regierung ein Kopfgeld auf jeden Pavian zahlte und die Paviane landesweit umgebracht wurden.

Ein ähnliches Beispiel bot sich uns in Touristen-Camps im Krügerpark in den Jahren 1989 bis 2000. Ursprünglich wohnten Touristen in hübschen Rondavels, die für den freien Blick in die Wildnis einen offenen Abschnitt als Veranda hatten, mit Tisch, Stühlen, Wandschränkchen und Kühlschrank. Zum Frühstück kamen als Krümelgäste viele Vögel, bald auch Meerkatzen, alle beliebt für Fotos und gezielt mit Häppchen versorgt. Für Affen ist rangtief, wer Nahrung abgibt; tut er es nicht freiwillig, kann man ihm drohen. Damit wurden die Meerkatzen bald lästig, und die Veranda bekam ein engmaschiges Gitter wie ein Vogelkäfig. Nun liefen die Tiere draußen frei und die Besucher saßen hinter Gittern – wie im Zoo, nur umgekehrt. Reste vom eiligen kleinen Frühstück vor der Morgenausfahrt blieben oft bis zur Rückkehr auf dem Verandatisch.

Das änderte sich drastisch, als eines Tages in den Camps Paviane auftauchten, größer und resoluter als Meerkatzen und stets in Trupps unterwegs. Sie benahmen sich in den Camps verschieden, kamen aber immer vor Dienstbeginn des Camp-Personals. In Letaba rannte ein starkes Männchen von Rondavel zu Rondavel und warf die schwarzen Abfalltonnen um; die anderen untersuchten und verstreuten deren Inhalt und nahmen, was ihnen brauchbar schien. Alle verschwanden, sobald die erste grüne Dienstkleidung zu sehen war. Von nun an entstand ein Intelligenzwettbewerb zwischen Mensch und Pavian, der sich über Jahre hinzog und auf dessen Fortschritte ich bei jedem Wiederbesuch gespannt war.

Als erste Gegenmaßnahme der Campverwaltung wurden die Abfalltonnen an Pfosten befestigt und bekamen einen schweren Deckel. Den kippten starke Männchen dann hinunter, und Jungpaviane hängten sich kopfüber in die Tonne und räumten sie leer. Das klappte auch mit Metalltonnen, deren gewichtige Deckel einige starke Männchen immer noch abheben konnten, allerdings nicht, wenn sie schon darauf saßen. Ein Parkangestellter erfand daraufhin einen paviansicheren Tonnendeckel. Der war an einer Schiene befestigt und musste zuerst etwas angehoben und dann zur Seite geschwenkt werden. Der Name des Erfinders stand oben auf dem Deckelgriff, die Gebrauchsanweisung auf seiner Unterseite. Das brauchten die Paviane nicht zu verstehen, denn viele Touristen verstanden es auch nicht und legten ihren Abfall in Plastik oder Papier neben die Tonne. In anderen Camps lernten auch Warzenschweine und mindestens ein Nilwaran, Abfalltonnen umzuwerfen und Speisereste zu fressen.

Im nächsten Jahr besuchten die Paviane in Letaba auch die Rondavels, öffneten die mit einem Federzug versehene Gittertür und erschraken erstaunlicherweise nicht, wenn die hinter ihnen hörbar zuklappte. Sie inspizierten die stehen gelassenen Frühstücksreste, pfriemelten den Riegel der Wandschränkchen auf, warfen heraus, was darin war, öffneten den Kühlschrank und verteilten dessen Inhalt auf der Veranda. Im Wohnraum spielten sie mit Hausrat und Kleidungsstücken und verdreckten die Betten. Daraufhin bekamen die Wandschränkchen kleine Vorhängeschlösser. Wenn deren Schlüssel fehlten, wurden sie offen eingehakt und waren dann noch leichter zu entfernen als ehedem die Riegel. Um erboste Touristen zu beschwichtigen, hängte das Parkmanagement einen warnenden Text auf: „Liebe Besucher. Paviane sind im Camp ein Problem. Bitte füttern Sie nicht und räumen Sie vor einem Trip alle Esswaren weg. Wir empfehlen, einen Tisch vor den Kühlschrank zu schieben oder diesen mit der Tür zur Wand zu drehen, um Verluste zu vermeiden. Wir arbeiten an dem Problem. Danke“. Adulte Pavianmänner waren jedoch stark und clever genug, den Kühlschrank wieder zurückzudrehen. Da das Camp-Personal strikt den Dienstbeginn einhielt, konnten die Paviane auffallend ruhig, geradezu besonnen vorgehend, eine Veranda nach der anderen heimsuchen. An denen, die bereits ein festes Türschloss erhalten hatten, gingen sie ohne hinzuschauen vorbei.

Schließlich wurde das ganze Letaba-Camp mit einem mannshohen starken Zaun gesichert, der oben noch einen Meter weit nach außen abgeknickt war. Diese Umweltveränderung – weniger wohl der Zaun an sich – hielt die Paviane einige Monate lang ab. Sie beobachteten aber den Camp-Eingang und nutzten kurze unbewachte Zeiten, um weiterhin ins Camp zu kommen. Es über den Zaun zu verlassen, war überall einfach; der schräg abgeknickte obere Teil diente als Sprungbrett. Also wurde der nun elektrifiziert, er bekam mehrere, in zehn Zentimeter Abstand parallel laufende, Strom führende Drähte. Schilder am Zaun warnten: „Wir bedauern den störenden Elektrozaun. Er ist aber notwendig, um das Pavianproblem zu lösen“. Er löste es aber nicht. Die Paviane kletterten draußen auf einige hohe Bäume und sprangen über den Zaun ins Camp. Strenge Regeln verboten, im Nationalpark Bäume zu fällen. Also bekamen die Stämme dieser Bäume horizontale Kragen von ebenfalls elektrisch geladenen Drähten, so breit, dass kein Pavian darüber steigen konnte. Einen hohlen Stamm, durch dessen Inneres Jungtiere kletterten, versuchte man, zusätzlich elektrisch zu sichern. Die elektrifizierten Bäume wurden einige Monate später mit spezieller Erlaubnis doch gefällt. Dennoch trieben sich fast täglich mindestens einige Paviane im

Camp herum. Ich beobachtete, dass sie es über den Zaun verließen, indem sie vorsichtig, nur auf die runden Isolatoren tretend, jeden Stromkontakt vermieden. Innerhalb des Zauns flohen sie vor jeder grünen Dienstkleidung; aber außen am Zaun waren sie, wie alle Tiere im Nationalpark, vor Belästigung sicher. Da warteten sie dicht neben den Eingängen, bis unwissende Tagesbesucher oder schlampige Camp-Bedienstete ihnen Gelegenheit gaben, in einem unbewachten Moment das Camp zu betreten. Ich folgte einem Männchen zu einem ihm offenbar bekannten Rondavel. Er öffnete die Verandatür, nahm sich aus dem Wandschrank eine Packung Cornflakes zwischen die Zähne, ein Toastbrot unter den linken Arm, ging ohne Hast zu einem zaunnahen Baum und frühstückte im Gras. Die Cornflakespackung öffnete er mit den Zähnen, das Toastbrot zerpflückte er mit geschickten Fingern in mundgerechte Stücke. Vorerst gesättigt, stopfte er sich noch Brot und Cornflakes in die Backentaschen, stieg auf den Baum und verließ das Camp mit einem gewaltigen Sprung von einem ausragenden Ast über den Zaun nach draußen ins Gebüsch.

Am nächsten Morgen war kein Pavian zu sehen, weder im Camp noch außerhalb. Dann entdeckte ich in einiger Entfernung eine junge Pavianin auf einem Baum. Sie rief und rief, es kam aber keine Antwort mehr. Die Parkverwaltung hatte das intellektuelle Wettrüsten mit Gewalt beendet. Es war unser letzter Tag und ein bedrückender Abschied; die Rufe hatten wir noch lange im Ohr.

Fünf Jahre darauf besuche ich Letaba wieder. Diesmal beobachte ich einen einzelnen starken Pavianmann. So wie früher der Anführer einer Gruppe, fegt er unvermittelt im Galopp durchs Camp, inspiziert unbewachte Rondavels und holt sich Esswaren von Tischen und aus Kühlschränken. Im Gegensatz zu früher hält er sich nirgendwo auf. Er kaut mit vollen Backentaschen im Laufen, trägt mitunter noch etwas in einer Hand und hinterlässt am Boden das übliche Chaos von zerbrochenem Glas, verkleckerten rohen Eiern, verschütteter Milch, zerkrümelten Keksen und verstreuten Cornflakes. Einige Touristen sehen dem Plündern ratlos und amüsiert zu. Der Pavian verschwindet so plötzlich, wie er aufgetaucht ist. Ich finde nicht heraus, wo und wie er ins Camp kam.

Ähnlich benehmen sich die Paviane nahe bei Kapstadt. Sie lebten dort seit Jahrtausenden, und man versuchte, Touristen in besonderen Führungen mit dem Verhalten der Tiere und ihren Eigenheiten bekannt zu machen. Die Universität Kapstadt stellte dazu von 7–18 Uhr Bewacher auf, was Störfälle drastisch reduzierte. Aber selbst im Table Mountain National Park waren auf Dauer weder die Paviane zu überwachen noch die Touristen vom Füttern der Affen abzuhalten. So wuchs wieder die unvermeidliche Zwietracht.

Paviane wurden bald an Picknick-Plätzen zur Landplage und um 1990 hordenweise ausgerottet.

Weder der Normaltourist noch der Normalbürger vor Ort lernt, dass es unter Pavianen regelmäßig clevere Individuen gibt, die Verhaltenstaktiken erfinden, welche unter gegebenen Umständen das Leben erleichtern. Dazu gehört das Graben nach Wasser. Als im Februar 1992 der Luvuvhu bei Pafuri (im nordöstlichen Transvaal) komplett ausgetrocknet war, beobachtete ich an mehreren Stellen im trockenen Flussbett, wo zuvor Warzenschweine und Elefanten gegraben hatten, jetzt Paviane, die mit beiden Händen tief in den Sand schaufelten, bis ihr ganzer Oberkörper darin verschwand. Als einer schließlich feuchtes Material herausschaffte, wurde er allerdings massiv gestört, weil sich sofort Schmetterlinge und Bienen in die Grube stürzten. Die meisten Bienen holten Wasser für denselben Stock und flogen vorbei an einem Uferbaum, auf dem sie eine Gruppe von Bienenfressern erwartete. Da aber jede gefangene Biene erst schluckgerecht zubereitet werden muss, passierten viele Bienen die gefährliche Flugschneise dennoch unbehelligt.

Marais beschreibt ausführlich, wie in freier Natur junge Paviane mit Lämmern spielen und auch auf ihnen reiten. Aus zufälligen Verletzungen dabei könnte das Lämmerschlachten entstanden sein, das sich dann als traditionelles Verhalten ausbreitete. Die deutsche Farmerfamilie Hoesch in Südwestafrika nutzte um 1950 regelmäßig einzelne Bärenpaviane (der kleineren Form *Papio ursinus ruacana*) als Ziegenhirten. Das berühmte Weibchen „Ahla" wurde im Alter von zwei Jahren eingefangen und ohne Training oder Belohnung mit Ziegen zusammengesperrt. Nach der Eingewöhnung begleitete es 80 Ziegen den Tag über und bewachte sie sorgfältiger, als es Ovambo-Hirten taten. Bei der Rückkehr am Abend ordnete es stets richtig die Lämmer deren Müttern zu. Von den Ziegen lernte Ahla, eine Salzlecke zu benutzen, was Paviane sonst nie tun (Hoesch 1963). Ferner erinnerte 1990 eine Südafrika-Zeitung an einen Pavian als Bahnbeamten:

Der Bahnwärter James Wide, der durch einen Unfall beide Beine verloren hatte und sich nur schwer auf Holzprothesen bewegen konnte, kaufte um 1877 von einem Farmer in der Nähe des Städtchens Uitenhage den jungen Pavian ‚Jack' für einen Shilling und drei Pence. Nach einem Training schob Jack seinen Chef morgens per Handwagen ½ km zur Arbeitsstelle an der Railway; er holte Feuerholz, entsorgte Müll und wurde schließlich abgerichtet, Signale und Weichen zu stellen. Er wurde vom Bahn-Manager geprüft und neben James als Angestellter der Railways engagiert, zum Wochenlohn von neun Pence und einem Viertel Brandy. Beide genossen den Trank an jedem Zahltag in einem gut frequentierten Hotel Uitenhages.

Ahla und Jack konnten nicht als Vorbild für Artgenossen dienen, wohl aber die „Erfinder-Paviane" in Letaba. Die stifteten zumindest kurzlebige Traditionen. Diese verschwinden wieder, wenn der Mensch die Umgebung verändert oder die kenntnisreichen Individuen entfernt. Damit entfällt dann auch der Nachweis der kognitiven Fähigkeiten, die sich in Verhaltenstraditionen ausdrücken würden. Dass man an Pavianen im Vergleich zu anderen Primaten ein kognitives Defizit vermutet, kann also sehr wohl am Menschen liegen.

36

Sozialverhalten von Tieren und Menschen

Die relevante Messgröße für Erfolg (oder Misserfolg) in der genetischen oder kulturellen Evolution ist die unter Selektion entstandene Anzahl der biologischen Nachkommen oder sozialen Nachahmer des Handelnden, also die Häufigkeit, mit der sein Verhalten bei zukünftigen Handelnden auftritt. Im Sozialverhalten hängt das, was einem Individuum zum Selektionserfolg verhilft, davon ab, was die anderen tun und wie viele das Gleiche tun. Man nennt das „frequenzabhängige Selektion". Führen in einer Population sowohl die faire als auch die unfaire Variante eines Verhaltens zum Erfolg, aber die eine auf Kosten der anderen, dann kann es unter frequenzabhängiger Selektion zu einer bestimmten Häufigkeitsverteilung der beiden kommen, bei der keine gegenüber der anderen noch einen Selektionsvorteil hat. Dieses Selektions-Patt markiert ein evolutionsstabilisiertes Nebeneinander der fairen und der unfairen Variante. Was da in einem bestimmten Fall unter den gegebenen Bedingungen zu erwarten ist – etwa das Verhältnis von Partner-Treue zu Untreue bei Graugänsen – lässt sich nur mithilfe der Spieltheorie errechnen. Deshalb habe ich meine Abteilung um den ausgewiesenen Spieltheoretiker Peter Hammerstein bereichert.

„Gänse sind auch bloß Menschen" bemerkte Konrad Lorenz, als sich herausstellte, dass unter seinen Graugänsen, die ihm (wie schon seinem Lehrer Heinroth) als vorbildlich monogam galten, tatsächlich nur ein Drittel der verpaarten Männchen partnertreu waren. *„Nobody is perfect"* – das ist eine unwissenschaftliche Entschuldigung, keine wissenschaftliche Erklärung. Lorenz hing an der religiös getönten Vorstellung einer idealen Schöpfung. Ihn verstörte beispielsweise das Benehmen mancher Dohlen, die sich zwar

© Springer-Verlag Berlin Heidelberg 2017
W. Wickler, *Wissenschaft auf Safari,*
DOI 10.1007/978-3-662-49958-0_36

von anderen Gruppenmitgliedern bewachen und vor Feinden warnen lassen, selbst aber nicht warnen. Er bezeichnete sie als „Sozialparasiten", die unter Verhaltensausfällen leiden und behauptete über solche später: „Der Ausfall selbst aber ist das Böse schlechthin, die Negation und Rückgängig-Machung des Schöpfungsvorganges" (Lorenz 1973a, S. 66). Lorenz sah zwar, dass einzelne Sozialparasiten mit „unfairem" Verhalten Erfolg haben und auf Kosten anderer Artgenossen, die dabei geschädigt werden, einen Vorteil genießen; er sah aber nicht, dass dieser Vorteil an das Risiko gekoppelt ist, selbst die Kosten mittragen zu müssen, falls ein anderer sich unfair einen Vorteil verschafft. Und dieses Risiko wächst, je häufiger das unfaire Verhalten wird; der Vorteil durch unfaires Verhalten schwindet, je mehr andere es ebenso machen. Ab einer gewissen Häufigkeit des Auftretens schädigt sich Egoismus unter frequenzabhängiger Gegenselektion selbst, zugunsten der nicht-egoistischen Verhaltensalternative.

Das Beobachten der Tiere in ihrer natürlichen Umgebung brachte eine ganze Reihe kritischer Stellen im Zusammenleben ans Licht, wo berechtigte Interessen des Einzelnen unvermeidlich dazu führen, andere zu übervorteilen, etwa ihnen falsche Meldungen zuzuspielen oder wichtige vorzuenthalten, Nistmaterial oder Futter zu stehlen, in Kämpfen bis zum Töten zu gehen oder anderen Paarpartner abspenstig zu machen. Einem aufmerksamen Verhaltensforscher konnte nicht verborgen bleiben, dass diese typischen Problemfelder – Töten, Stehlen, Lügen, Betrügen, Alterserfahrungen und Partnerbindungen missachten – klar markiert sind auf den biblischen Steintafeln, die Mose als die Zehn Gebote Gottes vom Berg Horeb herunterbrachte. Bilder zeigen ihn mit zwei Tafeln: Auf der einen stehen drei Gebote, welche die Beziehung des Menschen zu Gott betreffen, auf der anderen stehen sieben „Sozialgebote", welche Problemstellen in den Beziehungen der Menschen untereinander betreffen. Diese Gebote sind für ein friedliches und geordnetes Zusammenleben notwendig und erfordern konsensfähige Regelungen. Der Philosoph John Leslie Mackie (1983, S. 133) nennt sie „ein System von Verhaltensregeln besonderer Art, nämlich von solchen, deren Hauptaufgabe die Wahrung der Interessen anderer ist und die sich für den Handelnden als Beschränkungen seiner natürlichen Neigungen oder spontanen Handlungswünsche darstellen". Die solchermaßen unbedingt regelungsbedürftigen Problembereiche des Zusammenlebens sind nicht nur Völker übergreifend dieselben, es sind dieselben bei allen Lebewesen, von Bakterien angefangen. Doch die in der Natur vorliegende Regelung dieser Problemstellen läuft auf die von Lorenz beklagte „Negation des Schöpfungsvorganges" hinaus, wobei auch „das schlechthin Böse" schöpfungsimmanent ist und unter den Selektionsbedingungen in der Evolution quasi unter Naturschutz steht.

Was Evolution durch Variation, Vererbung und biologische Auslese erreicht, sind *A-posteriori*-Fortpflanzungserfolge, die mit relativer Häufigkeit von Reproduktion automatisch belohnt werden. Evolution verläuft ohne zukunftsbezogene, zielbestimmende Kräfte. Im Gegensatz dazu ist im Menschen – und bisher nur im Menschen – die Fähigkeit angelegt, die Zukunft einzukalkulieren und zukünftige Folgen momentanen Handelns in die Begründung für eine Handlung einzubeziehen: Was geschieht, wenn mein Beispiel Schule macht? Die auch in uns mit dem tierischen Erbe angelegten Handlungsprogramme sind unzureichend für die „Goldene Regel" und Kants „Kategorischen Imperativ". Verweise auf das natürliche Verhalten nicht-menschlicher Lebewesen sind deshalb keine naturrechtlichen Grundlagen, sondern Metaphern, poetische Ausschmückungen ohne Grundlagenwert. Parallelen im Tierreich zur Begründung irgendwelcher Sollensforderungen an den Menschen sind sinn-, wert- und haltlos. Die im „ethischen Dekalog" der mosaischen Gebote enthaltenen Weisungen sind für nicht-menschliche Organismen nutzlos, für den Menschen aber sind sie eine notwendige Ergänzung seiner natürlichen Anlagen. Das habe ich 1971 mit meinem Buch *Die Biologie der Zehn Gebote* gezeigt (Wickler 1971, 2014a), das in fünf Sprachen erschien, zu meiner Freude 1993 auch in Hebräisch.

Sein Verhalten an diesen Geboten zu orientieren, bedeutet für den Menschen, im guten Sinne moralisch zu leben. So liefert die Evolutionsbiologie eine Biologie dieser Gebote und damit eine Rechtfertigung der Ethik, eine biologische Theorie der Moral. Zu beachten ist, dass diese Gebote Weisungen sind, „Leerformeln", die zeit- und kulturbedingte Ausführungsbestimmungen erfordern (Nicht lügen – aber was ist Lüge?). Je konkreter eine Weisung, desto zeitbedingter ist sie. Deshalb formulieren die Gebote „Du sollst nicht.." statt „Du darfst nicht..". Wer versucht, bedingungsunabhängige Handlungsvorschriften aufzustellen, will streng genommen die Erschaffung des Menschen rückgängig machen, ihn nämlich von der kritischen Anwendung seines Verstandes befreien. Auch der Mensch selbst versucht es, wenn er dem Hang zur Bequemlichkeit folgend sein „ich tue das" zurücknimmt hinter ein „man tut das".

37
Brücken zur Geisteswissenschaft

Margaret Gruter

Zu den besonders markanten Besuchern, die aus den USA zu Lorenz nach Seewiesen kamen, zählte im Juni 1972 Margaret Gruter, eine 1919 geborene, in Heidelberg und Stanford promovierte Juristin, die sich intensiv für den Zusammenhang zwischen rechtlichen Normen und Gesetzmäßigkeiten des Verhaltens interessierte. Als Sponsor für entsprechende Konferenzen und Publikationen hatte sie gerade den *Gruter Fund* gegründet. Ihre Vision einer interdisziplinären Zusammenarbeit von Ethologen, Juristen, Medizinern, Psychologen und Soziologen schilderte sie in einem umfangreichen Manuskript. Und weil sie meine einschlägigen Publikationen und meine tiersoziologischen Freilandtätigkeiten in Afrika kannte, lud sie mich ein, es zu kommentieren. Als Buch *Die Bedeutung der Verhaltensforschung für die Rechtswissenschaft* erschien es 1976. Sie sandte weitere Manuskripte zu ethologischer Prüfung. Doch dabei blieb es nicht. Sie arbeitete mit ebenso viel Elan wie Geschick und eingeworbenen Geldern an einer offiziellen und effektiven Verbindung von Rechtswissenschaft und Evolutionsbiologie und gründete dazu 1984 ihr eigenes Gruter Institute for Law and Behavioral Research. Im Jahr 1986 holte sie mich in den Advisory Board. Auf gut vorbereiteten und mit Fachleuten international bestückten Jahrestagungen, finanziell unterstützt von Gordon P. Getty, behandelten wir regelmäßig aktuelle Themen. Im Jahr 1987 ging es um Mutter-Kind-Bindung, Ersatzmütter, vorgeburtliche Adoption und das Vaterrecht eines Samenspenders. Eine Arbeitstagung 1990 in der Carl-Friedrich-von-Siemens-Stiftung kreiste

© Springer-Verlag Berlin Heidelberg 2017
W. Wickler, *Wissenschaft auf Safari,*
DOI 10.1007/978-3-662-49958-0_37

um das Verhalten einer Gemeinschaft, das zum Vorteil für alle geplant, aber mit Kosten für jeden Einzelnen verbunden ist. Und 1994, wieder bei der Siemens-Stiftung, standen Werbeverhalten und biologische Partnerwahl auf dem Programm. Eine Konferenz in Tauberbischofsheim handelte 1991 von Eigentum, Vertrauen, Konkurrenz und Umweltschutz. Die richtunggebende Tagung „Ethologische Grundlagen der Rechtsverhaltensforschung" wurde 1997 von der Volkswagen-Stiftung finanziert. Und weil Juristen stets nur die genetischen Programme als biologisch Vorgegebenes im Verhalten berücksichtigen, organisierte ich 1998 eine Konferenz in Tauberbischofsheim über rechtliche Aspekte der Epigenetik. Zu Margarets 80. Geburtstag argumentierten wir 1999 heftig kontra Menschen-Klonen, aber pro Gentherapie.

In 25 Jahren unermüdlicher, zielgerichteter Arbeit brachte Margaret Verknüpfungen zustande zwischen Evolutionsgesetzen, Verhalten und den in Sozial- und Rechtswissenschaft heute vertretenen kulturellen Wertesystemen. Mit der von ihr gegründeten Rechtsverhaltensforschung (Gruter 1993) hat sie über ihren Tod im Jahr 2003 hinaus die Sicht auf und die Lehre vom Menschen vorrangig in den USA verändert.

Tinbergens zweiter Fragebereich

Die zweite der biologischen „Warum"-Fragen Tinbergens war die nach der Ontogenese, nach den Änderungen einer Verhaltensweise im Laufe des individuellen Lebens samt den dafür verantwortlichen Faktoren. Die von Lorenz an Enten und Gänsen untersuchte Nachlaufprägung war dafür ein klassischer Fall. Die besondere Gehweise des Kaplans in der Kirche in Buldern erklärte mir 1954 Heinz Prechtl als Folge von dessen Steißgeburt, weil die Beckenendlage die Fußsohlenreflexe des Neugeborenen beeinflusst (Prechtl und Knol 1958). Heinz wandte sich schließlich der Medizin zu und untersuchte das Bewegungsrepertoire menschlicher Föten (Prechtl 2001) und allgemein die Verhaltensphysiologie des Neugeborenen (Prechtl und Lenard 1968). Die Stufen der kindlichen Verhaltensentwicklung, die fördernden oder hemmenden Einflüssen der Erwachsenen und die Entstehung milieubedingter Verhaltensstörungen im Kindesalter behandelt Bernhard Hassenstein (2002) in der „*Verhaltensbiologie des Kindes*".

Hassenstein verwertet viele Vergleiche mit der Jugendentwicklung von Tieren. Systematisch vorgehend, lassen sich aus verschiedenen Tiergruppen und Verhaltensbereichen generelle Regeln ableiten, wie Tiere die Fähigkeiten erwerben, in biologisch relevanten Situationen biologisch sinnvolle (adaptive) Entscheidungen zu treffen (*mind shaping;* McFarland 1977). Drei Prozesse sind dabei wichtig:

Erstens beeinflussen äußere Reize früh in der Ontogenese die Ausgestaltung der Nervenstrukturen, die ein gegebenes Verhalten steuern. Bei vielen Reptilien entwickelt sich je nach Bruttemperatur männliches oder weibliches Verhalten (Bull 1980). Weibliche Hausmäuse, die im mütterlichen Uterus zwischen zwei männlichen Embryonen lagen, haben als Erwachsene ein größeres Streifgebiet, eine geringere Fruchtbarkeit, sind aggressiver und sexuell weniger aktiv als solche, die von weiblichen Embryonen flankiert wurden (Clark und Galef 1995); sie gebären zudem überproportional viele Söhne, sodass sich der Effekt in der nächsten Generation wiederholt (Vandenbergh 1993).

Zweitens müssen Informationen hinzukommen, um ein Verhaltensprogramm zur Funktionsfähigkeit zu komplettieren und sein adäquates Ziel festzulegen. Der Kaktusfink entwickelt Werkzeuggebrauch (wie vorn erwähnt) nur unter bestimmten ökologischen Verhältnissen (Tebbich et al. 2001). Bei männlichen Enten bestimmt die Prägung auf die Mutter die sexuelle Partnerwahl (Hess 1975). Kaninchen übernehmen schon als Embryos die Nahrungspräferenz der Mutter (Werner und Sherry 1987). Welche Nahrung üblich ist, lernen Tier- und Menschenkinder von der Mutter, zum Teil schon im Mutterleib (Kolata 1984). Die sexuelle Partnerwahl wird beeinflusst durch in früher Jugend sozial Gelerntes, seien es Gesänge bei manchen Singvögeln oder Glaubensüberzeugungen bei Menschen (siehe Kap. 31, Abschnitt „Gene im Schlepptau von Traditionen") mit Folgen für die Art-Evolution.

Drittens sind spezifische Reize erforderlich, um ein bereits programmiertes Verhalten zu aktivieren oder abzuschalten. Beim Putzerfisch *Labroides dimidiatus* entscheidet das gerade vorliegende Größenverhältnis zwischen Paarungspartnern, wer Männchen und wer Weibchen spielt (Kawamura et al. 2002). Wie stark Parasiten, nicht nur der vorn beschriebene Hirnwurm (Kap. 17, Abschnitt „Der Kleine Leberegel"), das Verhalten ihrer Wirte manipulieren, findet man bei Zimmer (2000) zusammengestellt. Das Verhalten des Menschen kann von drei voneinander getrennten, evolutionswirksamen Programmen gesteuert werden: Von eigenen genetischen Programmen, von kulturell tradierten Programmen („Memen"; Salwiczek 2001), und von genetischen Parasitenprogrammen, sodass manchen individuellen Entscheidungen ein „fiktives Ich" zugrunde liegt (Wickler 1987).

Es ist zu erwarten und sollte näher untersucht werden, dass diese genannten Prozesse als biologisch gegebenes Grundmuster auch den vorn (Kap. 32, Abschnitt „Vergleich der Bau-Intelligenzen") behandelten Bereich der „individuellen Intelligenz" im menschlichen Verstand beeinflussen (Salwiczek und Wickler 2007). Die stammesgeschichtliche Parallele dazu ist der Aufbau unseres „Weltbildapparates" als Anpassung an die reale Außenwelt, gemäß der „Evolutionären Erkenntnistheorie" von Lorenz. Der stimmen auf Fakten vertrauende Philosophen zu, auf Prinzipien vertrauende nicht, wie sich auf einer Tagung der Görresgesellschaft zeigte (Wickler und Salwiczek 2001).

Auch pochen viele Geisteswissenschaftler auf das Sprechen als Alleinstellungsmerkmal des Menschen, als *„adaptation unique to humans"* (Deacon 1992). Aber die Einzigartigkeit gleich welcher Spezies darf man nicht einfach behaupten, sondern muss sie durch sorgfältiges Vergleichen aufzeigen. Peter Marler, der das Sprechen des Menschen mit dem Singen der Vögel verglich, zeigte interessante Parallelen (Marler 1970; Marler und Peters 1981). Streng vergleichbar sind die anatomischen Stimmapparate (unsere Larynx und die doppelte Vogel-Syrinx, die es erlaubt, zweistimmig zu singen), die zugehörigen Hirnareale, die frühe Ontogenese der Lautäußerungen (mit kritischer Phase und belohnungsfreiem Lernen vom Vorbild), die physikalische Form der Laute, ihre häufige Unterstützung durch Gesten, die klare Unterscheidung in Vokabular-Elemente (Lexikon), deren Bedeutung (Semantik) und Reihung (Syntax), ihre Anwendung zur sozialen Verständigung, und ihre Weitergabe durch Tradition samt den genetisch- evolutionären Folgen, wenn Gene ins Schlepptau dieser Tradition kommen (siehe Kap. 31, Abschnitt „Gene im Schlepptau von Traditionen"). Offensichtlich sind Vogelgesang und Menschensprache konvergent evoluierte Kommunikationssysteme, dreimal in der Vogelwelt, einmal beim Menschen, und (noch zu wenig untersucht) wahrscheinlich bei Walen (Salwiczek und Wickler 2004). Eine Sonderstellung bleibt dem Menschen in der sprachlichen Perfektion, zusammen mit der Schrift, die ein extrazerebrales Gedächtnis schafft.

38

Biologie: Fehlanzeige

Vielen Vertretern der Geisteswissenschaften fehlt normales biologisches Schulwissen. Das erfahre ich immer wieder in ganz verschiedenen Gremien, sei es seit 1969 im Institut der Görres-Gesellschaft, seit 1976 in der Bayerischen Benediktiner-Akademie oder in der Katholischen Akademie in Bayern, deren Allgemeinem Rat ich von 1971 bis 1989 angehörte. Wie mir scheint, werden grundsätzliche biologische Themen von ethischer Relevanz neuerdings möglichst umgangen oder aus historischer Perspektive betrachtet.

In den Jahren 1985 bis 1988 sammeln der Bundesminister der Justiz und der Bundesminister für Forschung und Technologie in einer gemeinsamen Arbeitsgruppe Meinungen und Gutachten zu Fragen von Genomanalyse, Gentherapie, Gentechnologie und Reproduktionsbiologie, zusammengefasst im sogenannten Benda-Bericht. Im Hinblick auf ein Embryonenschutzgesetz wird die Max-Planck-Gesellschaft um eine Stellungnahme zur Beschränkung der Forschung an frühen menschlichen Embryonen gebeten. Ich werde zur Kommission „Ethische und rechtliche Fragen der Humangenetik" geladen, die sich auf einen Beitrag der philosophischen Ethik stützt, und zwar einer „Diskursethik in ihrer transzendentalpragmatischen, universalpragmatischen und konstruktivistischen Variante".

In dieser Variante scheinen biologische Kenntnisse keine Rolle zu spielen. Zum Beispiel wird von der Kommission die Herstellung von Mensch-Tier-Hybriden einhellig abgelehnt mit der Begründung, dadurch „würden Lebenseinheiten zustande kommen, die auch menschliche Gene enthalten". Menschliche Gene? Da Gene das Programm für den Bauplan des Körpers enthalten, müssen Organismen mit gleichem Grundbauplan, zum Beispiel

© Springer-Verlag Berlin Heidelberg 2017
W. Wickler, *Wissenschaft auf Safari,*
DOI 10.1007/978-3-662-49958-0_38

Menschen und Säugetiere, auch die gleichen dafür verantwortlichen Gene in sich tragen. Über 95 % des Erbmaterials haben Schimpansen und Menschen gemeinsam. Von der Bäckerhefe *(Saccharomyces cerevisiae)* trennen uns 800 Mio. Jahre Stammesgeschichte, und doch sind bis zu 20 % der Gene der Hefe mit den menschlichen aufs Nächste verwandt. Eines dieser Gene, das in der Hefe ganz zentrale Stoffwechselvorgänge steuert, ist beim Menschen an der Entstehung von Dickdarm- und Bauchspeicheldrüsenkrebs beteiligt, wenn nicht gar dafür verantwortlich; ein Defekt an diesem Gen führt bei der Hefe zu Wachstumsstörungen, bei Menschen zu den genannten Krebsformen. Ein defektes Gen in der Hefe kann durch Verabreichung des entsprechenden menschlichen Gens korrigiert werden (Schaffner 1996). Es gibt „Lebenseinheiten" zuhauf, die unsere Gene enthalten, und es ist völlig irreführend, in Tier-Mensch-Hybriden Menschengene und Tiergene aussortieren zu wollen. Merkwürdigerweise erlauben aber Empfehlungen des European Medical Research Council von 1985, die Eindringfähigkeit menschlicher Spermien an Hamster-Eizellen zu testen. An den entstehenden Hybridwesen besteht kein philosophisches, über frühe Teilungsstadien hinaus auch kein medizinisches Interesse.

Ziemlich vehement wollen die Philosophen „Gen-Manipulationen" am Menschen unter Strafandrohung verboten wissen, weil angeblich im Bewusstsein der Bevölkerung die Unverfälschtheit des genetischen Erbes schutzwürdig sei. Aber nachhaltige Genmanipulation am Menschen ist ja längst in Gebrauch. Ein Beispiel liefert die Zuckerkrankheit *Diabetes mellitus,* eine genetisch bedingte Insulinmangelkrankheit. Sie führte einst in kurzer Zeit zum Tod der betreffenden Person und damit zum Aussterben seines defekten Erbgutes. Seit Insulin biotechnologisch hergestellt wird, lässt sich die Krankheit heilen, und die weiterlebenden Patienten können die Diabetes-Anlage weitervererben. Medizinisch verabreichtes Insulin heilt die Krankheit, begünstigt aber zugleich ihre weitere Ausbreitung und verändert manipulativ langfristig (und zwar negativ) die genetische Struktur der Bevölkerung. Angesichts dessen kann ich dem Abschnitt „Genomanalyse und Gentherapie" im Benda-Bericht nicht zustimmen, der fordert, jeden Gentransfer in die Keimbahn, auch das „Auswechseln eines defekten Gens durch ein intaktes", zu verbieten.

Eine Mehrheit in der Kommission will sodann ein strafrechtliches Verbot künstlicher menschlicher Mehrlingsbildung damit begründen, dass sie menschliche Werte antastet, „weil Individuen mit identischen Genmustern hergestellt und dadurch in willkürlicher Weise die Individualität und Einmaligkeit eines potenziellen Subjekts aufgehoben wird". Ein Zusatzprotokoll zur Bioethik-Konvention des Europarates untersagt jeden Versuch, „ein menschliches Wesen zu schaffen, das mit einem anderen menschlichen Wesen, sei es lebendig oder tot, genetisch identisch ist. Ein menschliches Wesen ist dann einem anderen menschlichen Wesen im Sinne dieses Artikels genetisch identisch, wenn es die Gesamtheit der Gene mit diesem gemeinsam hat." Die Mitglieder der betreffenden Kommission haben offenbar vergessen, dass es beim Menschen eineiige Zwillinge gibt. Die entstehen durch ungeschlechtliche Vermehrung, denn der Embryo kann sich bis zum 16. Tag nach der Besamung der Eizelle zweiteilen. Das geschieht in allen Völkern 3,5-mal pro 1000 Geburten (Unter sechs Milliarden Menschen leben also etwa 20 Mio. monozygotische Zwillinge). Da aus derselben Zygote stammend, haben eineiige Zwillinge das gleiche Genom und sind selbstverständlich gleichen Geschlechts. In eineiigen Zwillingen ist die angebliche Individualität und Einmaligkeit eines Genmusters natürlicherweise verloren. Aber welche menschlichen Werte sind dadurch angetastet? Zwar hat der Philosoph Hans Jonas 1987 reichlich unbiologisch über ein „transzendentes Recht eines jeden Individuums auf einen ihm allein eigenen, mit niemand geteilten, einmaligen Genotyp" spekuliert. Aber mit der Zweimaligkeit desselben Genmusters ist doch nicht „die Individualität und Einmaligkeit eines potenziellen Subjekts aufgehoben". Die Einmaligkeit des Subjekts steckt ja nicht im Genmuster. Monozygotische Zwillinge besitzen identisches „individuelles" Erbgut, entwickeln sich aber dessen ungeachtet zu persönlichen Subjekten. Schon rein körperlich entwickeln sie unterschiedliche Iris-Muster und Fingerbeeren-Muster (Fingerabdrücke). Die philosophisch bedeutsame, „für das Menschsein essentielle Einmaligkeit" einer Person kommt erst in der Geschichte des heranwachsenden Menschen von der Zygote an zustande, und zwar „epigenetisch", durch vielerlei Wechselwirkungen und äußere Widerfahrnisse in der individuellen Entwicklung, durch eigene Auseinandersetzungen mit der ökologischen und sozialen Umwelt, durch Ansammeln eigener Erfahrungen, Erlebnisse, durch erworbene Besonderheiten und eigene Ideen. Alles das findet keinen Weg in die Gene der Keimzellen. Nur bleibt leider gerade diese normale biologische Entwicklung der Zygote zur einmaligen Persönlichkeit philosophisch unbeachtet. Es ist biologisch gesehen völliger Unsinn, was der Strafrechtler Albin Eser in einer Stellungnahme zur Reproduktionsbiologie behauptete: „Der Samen setzt die eigene Person im Kind fort". Die Person findet keinen Weg ins Spermium.

Etwas hilflos vor der biologischen Wirklichkeit weiß der Philosoph Jürgen Habermas 1998 zwar, dass die Identität einer Person von ihrer Lebensgeschichte, ihren Erfahrungen und Handlungen festgelegt wird und nicht allein durch die Gene, fordert aber zugleich, die Erbsubstanz des Individuums müsse „Ergebnis eines zufallsgesteuerten Prozesses" bleiben; keine Person dürfe über das genetische Programm einer anderen entscheiden und diese damit eines Stücks ihrer Freiheit berauben. In ihrer Argumentation übersehen Theologen und Vertreter der philosophischen Ethik, dass sie ja selbst in theologisch-philosophischer Verordnung den frühesten Embryo sozusagen vorausschauend-rückwirkend einer Person gleichgestellt haben, und zwar um ein Schutzrecht gegen jeden manipulativen Zugriff des Menschen auf den Menschen einzuführen und die Würde des Menschen von Anfang an zu sichern, sodass (wie der Weltkatechismus Artikel K 2274 sagt) „der Embryo schon von der Empfängnis an wie eine Person behandelt werden muss".

Aus der theoretischen Gleichstellung der Zygote mit der biologischen Person, die sich aus ihr entwickeln kann, wird nun eine gefährlich falsche, leider bis heute übliche Reduzierung der „Person" auf ihr genetisches Erbgut. Im Embryonenschutzgesetz (1990, §1) steht, die Vereinigung der Gameten zur Zygote sei der Beginn des Mensch- und Personseins. Das ist schlicht falsch. In der Zwillingsteilung beginnt mindestens ein Menschsein ohne sexuelle Keimzellenverschmelzung – sofern man sich vorstellt, einer der monozygotischen Zwillinge sei identisch mit dem Embryo vor der Teilung. Man kann auch meinen, der eine Embryo vor der Teilung habe aufgehört zu existieren (obwohl er nicht gestorben ist), und mit der Teilung würden zwei Individuen ihr Dasein ungeschlechtlich beginnen.

Der philosophische Begriff des Individuums versagt nicht nur vor der biologischen Realität monozygotischer Zwillinge. Es nervt, dass philosophische Ethiker durch Zuschreibung des Person-Status an die Zygote und durch die unsinnige Reduktion der Person auf ihre „menschlichen" Gene offenkundige biologisch-sachliche Unstimmigkeiten selbst verursacht haben, aber dagegen korrekturunempfindlich sind. Meine diesbezüglichen Erfahrungen konnte ich wiederholt mit Christiane Nüsslein-Volhard austauschen. Sie bekam 1995 für ihre Arbeiten, wie Gene die Entwicklung steuern, den Nobelpreis, und auch sie beklagt, „dass einschlägige Argumente der philosophischen und theologischen Ethik sich auf Begründungen stützen, die auf eine sehr ungenaue Kenntnis der Vorgänge der menschlichen Entwicklung zurückgehen und einer Überprüfung durch die Biologie bei näherer Betrachtung nicht standhalten" (Nüsslein-Volhard 2004, S. 189). Sie hat schließlich resignierend den Ethikrat verlassen.

39
Fürwahrhalten

Bei meiner Taufe am 30. November 1931 hatten Eltern und Paten für mich stellvertretend zusichern müssen, der Täufling werde zuverlässig das glauben, was Gott gesagt hat und die Kirche lehrt. Mein erster Katechismus sagte: „Glauben heißt für wahr halten, was die katholische Kirche zu glauben lehrt." Um was es dabei geht, haben mir nach und nach meine Eltern und Religionslehrer vermittelt und nach Möglichkeit auch erklärt. Ich hörte vom Himmel und von den Heiligen, verdiente im Advent Strohhälmchen für die Krippe, ging von Kindheit an sonntags zur Kirche, wurde Messdiener und Lektor und kannte vielerlei Sünden. Ich hatte ständig Kontakt mit naturwissenschaftlich interessierten, obzwar nicht naturwissenschaftlich argumentierenden, Priestern und Theologen und hatte kein Problem damit, die ganze Natur, von Sternen bis Bakterien, als Schöpfung Gottes aufzufassen. Im Jahr 1940 kam ich zur Erstkommunion, 1946 in Osnabrück zur Firmung, und ich fing an, zwischen kirchlicher und naturwissenschaftlicher Lehre Querfragen zu stellen. Anfang 1948 ermunterte mich Domvikar Vosse ausdrücklich dazu. Er war gewiss, dass die Offenbarung grundsätzlich die ganze Wirklichkeit als möglichen Gegenstand ihrer Aussage und das kirchliche Lehramt für sich selbst die Entscheidung letzter Instanz in Anspruch nimmt.

Zweifel

Als während der Schulzeit in Osnabrück mein Interesse an Biologie immer stärker wurde, hatte mir mein besorgter Vater 1945 geschrieben:

© Springer-Verlag Berlin Heidelberg 2017
W. Wickler, *Wissenschaft auf Safari,*
DOI 10.1007/978-3-662-49958-0_39

Nicht umsonst hat die Kirche einen Index und empfiehlt bei derartigen wissenschaftlichen Betrachtungen den Beichtvater stets zu unterrichten. Derartige Betrachtungen müssen von tiefer Gläubigkeit begleitet sein, sonst freut sich der Verführer, der sich ein neues Nest schafft und nun darin brütet. Ab und zu schlüpft ein Ei aus, bis endlich in Dir der Zweifel aufsteigt und nun kämpft der Verführer offen, nicht mehr verborgen im Nest, sondern als Dein Begleiter, als Sprecher für Dich.

Im Heiligen Jahr 1950 nahm ich vom 15.–24. August begeistert an einer Jugendwallfahrt nach Rom teil, erlebte eine wunderbare Stadt voller Kunstschätze, dazu etwas übertriebene Menschenaufläufe und Prachtentfaltungen um Papst Pius XII. Zu denken gab mir, was aus seiner soeben veröffentlichten Enzyklika *Humani generis* bekannt wurde, nämlich die Behauptung, dass es hier auf Erden keine Menschen gegeben haben kann, die nicht auf natürliche Weise von Adam abstammen, und dass mit „Adam" auch nicht eine Menge von Stammvätern gemeint sein kann, weil solche Ansichten nicht „in Übereinstimmung gebracht werden können mit dem, was die Quellen der Offenbarung und die Akten des kirchlichen Lehramts über die Erbsünde sagen; diese geht hervor aus der wirklich begangenen Sünde Adams, die durch Fortpflanzung und nicht durch Nachahmung auf alle überging und jedem einzelnen zu eigen ist". In mir begannen sich nun doch Zweifel zu regen – an einer Erbsünde, theologisch eingebettet in die Biologie der Fortpflanzung und demonstriert mit einem bestimmten Verlauf der Stammesgeschichte des Menschen: War das nicht eine grenzüberschreitende theologische Lehraussage?

Von einem Sündenfall Adams ist jedenfalls in den Evangelien nirgends die Rede. Erst Paulus von Tarsus erfand zwischen 50 und 60 nach Christus die Sündhaftigkeit der Menschheit als Begründung für Kreuzigung und Auferstehung Jesu Christi. Ursprung dieser Sündhaftigkeit musste eine menschliche Handlung sein, und die sah Paulus in einer Auflehnung von Adam und Eva, die auch alle ihre Nachkommen von Gott trennte. Der Kirchenvater Augustinus von Hippo (354–430) rückte die paulinische Lehre ins Zentrum des westlichen Christentums. Der Dominikaner Thomas von Aquin (1225–1274) meinte ebenfalls, die Sünde des Menschen sei die Ursache für die Menschwerdung Gottes. Der Franziskaner Johannes Duns Scotus (1266–1308) dagegen meinte, die Menschwerdung habe zum ursprünglichen Plan Gottes gehört, sei also kein Plan B als Reaktion Gottes auf eine Panne mit dem Menschen. Dem folgt Papst Benedikt XVI. im Juli 2010 in einer Generalaudienz: „Obgleich Duns Scotus weiß, dass Christus uns in Wirklichkeit aufgrund der Erbsünde durch sein Leiden, seinen Tod und seine Auferstehung erlöst hat, betont er, dass die Menschwerdung das größte und schönste Werk der ganzen Heilsgeschichte ist: Sie ist nicht durch eine kontingente Tatsache bedingt, sondern entspricht dem ursprünglichen Plan Gottes, am Ende die ganze Schöpfung in der Person und im Fleisch des Sohnes mit sich zu vereinen."

Paulus hatte behauptet (Röm 5,19): „Wie durch den Ungehorsam des einen Menschen die vielen zu Sündern wurden, so werden durch den Gehorsam des einen die vielen Gerechte werden". Der Bibelwissenschaftler Herbert Haag stützte meine Zweifel: Paulus kann in seinem Adam-Christus-Vergleich nicht Blutsverwandtschaft gemeint haben. „Wenn der Apostel hier eine biologische Zugehörigkeit zu Adam voraussetzen würde, müßte gefolgert werden, daß die Erlangung des Heils in Jesus Christus eine biologische Verbindung mit Christus erforderte." – „So wenig den Menschen jetzt die Gnade einfach vererbt wird, so wenig waren ihnen vorher Sünde und Tod vererbt worden" (Haag 1966, S. 59, 66). Vererbung bleibt bei Theologen stets auf genetisch-organische Vererbung bezogen. Doch „was du ererbt von deinen Vätern hast", sitzt nicht auf Chromosomen. Bei Goethe (*Faust,* Teil I) ist es „alt Geräte, das ich nicht gebraucht", also kulturell vererbtes Material. Auch der „Gehorsam" bei Paulus betrifft geistiges Erbe, in Form von Religion, Kultur, Wissenschaft, in das jeder automatisch hineinwächst, das aber entwicklungsfähig ist und weiterer kultureller Evolution unterliegt. Zwar bleibt die Biologie der Erbsünde auch im katholischen Weltkatechismus von 1993 (in Nr. 388) eine wesentliche Glaubenswahrheit. Doch davor dachte Joseph Ratzinger als Präfekt der Glaubenskongregation:

> In einer evolutionistischen Welthypothese gibt es offensichtlich keinerlei Platz für eine ‚Erbsünde'. Diese ist bestenfalls ein bloß symbolisches, mythisches Ausdrucksmittel, um die *natürlichen* Mängel einer Kreatur wie des Menschen zu kennzeichnen, der von äußerst unvollkommenen Ursprüngen auf die Vollendung, auf seine endgültige Verwirklichung zugeht. Diese Sicht zu akzeptieren bedeutet jedoch, die Struktur des Christentums auf den Kopf zu stellen: Es hat nie eine ‚Erlösung' gegeben, weil es keinerlei Sünde gegeben hat, von der man hätte geheilt werden müssen. Christus ist aus der Vergangenheit in die Zukunft versetzt; Erlösung würde einfachhin bedeuten, auf die Zukunft als der notwendigen Entwicklung zum Besseren hin zuzugehen (Ratzinger 1985, S. 80 f.).

Das freilich kann er nicht durch organisch-genetische Evolution erwarten, sondern nur durch kulturelle geistige Evolution. Die jedoch erfordert Weitergabe durch Nachahmung.

Biologie der Erbsünde?

Es gibt also selbst in theologisch wichtigen Dingen verschiedene Deutungsmöglichkeiten. Mancher kurios anmutende biblische Text scheint blindgläubig übernommene Weisheit von vorvorgestern. Die biologisch klingende deutsche Bezeichnung „Erb-Sünde" taucht zuerst 1225 in der Scholastik auf. Ausführlich befasste sich damit das Konzil von Trient (1545 und 1563) und legte abschließend fest, von der Erbsünde als einer Erbschuld seien alle Menschen betroffen, weil sie Nachkommen Adams sind. Das entsprach der Überzeugung der Kirchenväter in den ersten acht Jahrhunderten, die dem Aristoteles (384–322 vor Christus) glaubten, ein Kind sei eine Kopie des Vaters, so wie die Natur immer wieder Kopien des Samenkorns herstellt. Die Weitergabe des Lebens geschieht dann so, wie ein Bauer den Samen in die Ackerfurchen sät. Die Frau ist zum Entstehen von Kindern so nötig „wie die Erde das Hilfsmittel für den Samen ist, damit aus beiden die Pflanze wachse", schrieb Augustinus. Karl Ernst von Baer entdeckte dann 1827 die menschliche Eizelle, und die spielt, wie der Augustinerchorherr und spätere Abt Gregor Mendel 1865 herausfand, für das Entstehen eines Kindes eine ebenso wichtige Rolle wie das 1677 von Johan Ham und Antoni van Leeuwenhoek bei Tier und Mensch entdeckte männliche Spermium. Eizelle und Spermium sind Keimzellen, die den genetisch codierten Bauplan für ein neues Lebewesen enthalten.

Die für Spermien bis heute gebräuchlichen Bezeichnungen „Samenfäden" und „männlicher Samen" konservieren einen aristotelischen Irrtum. Denn während im pflanzlichen Samen bereits ein Embryo angelegt ist, entsprechen die Samenfäden (Spermien) dem pflanzlichen Pollen. Aber die Präformisten im 17. bis ins 19. Jahrhundert glaubten weiterhin dem griechischen Philosophen Anaxagoras aus der Antike, dass wie im Pflanzensamen eine Pflanze, so auch im männlichen Samen ein Menschlein als Homunculus präformiert sei, welches in der Gebärmutter der Frau „ausgebrütet" werde. Die „Animalkulisten" postulierten gar, im Spermium seien alle künftigen Generationen präformiert. So konnten laut Paulus in Adam alle Menschen gesündigt haben, und im männlichen Samen konnte die Erbsünde weitergegeben werden.

Mein Unbehagen gegenüber dem kirchlichen Dogma der Erbsünde wuchs bis zum Abitur 1951, genährt durch einen weiteren, mit der Erbsünde verquickten Verkündigungstext. Angestiftet von einem Pfarrer und unterstützt durch zahlreiche Marienlieder, war ich in der Jugendbewegung eine Zeit lang emotional für die Gottesmutter Maria begeistert. Ihr Sohn Jesus musste, um die Menschheit von der Erbsünde zu erlösen, selbst erbsündenlos sein. Da dogmatisch festgelegt die Erbsünde zusammen mit der menschlichen Natur bei der biologischen Fortpflanzung übertragen wird, und zwar durch das

Spermium, musste Josef als leiblicher Vater Jesu ausgeschaltet und folglich Maria eine jungfräuliche Mutter sein, mindestens bis zur Geburt Jesu. Als Überhöhung dieser Doktrin forderte die Lateransynode 649 sogar unbedingten Glauben an eine immerwährende körperliche Jungfräulichkeit Marias, vor, bei und nach der Geburt Jesu. Das zu glauben sollte heilsnotwendig sein?

Auch außerhalb der Bibel gelten ja viele berühmte Personen, deren leibliche Mütter und Väter bekannt sind, als von einer Jungfrau geboren. Etwa König Sargon, Zarathustra, Gautama Buddha, Sokrates, Alexander der Große und Dschingis Khan. Sie alle sind Männer und besaßen demnach das Y-Chromosom mit dem geschlechtsbestimmenden sry-Gen, das nur in der männlichen Linie vererbt wird und also nur von einem leiblichen Vater stammen kann. Für mich liegt in der Biologie der Beweis, dass die Geburt aus einer Jungfrau eine Symbolrede sein muss, ein Zeichen für die besondere Qualität des so Geborenen, wie seit dem dritten vorchristlichen Jahrtausend im Mythos von der Gottessohnschaft der ägyptischen Pharaonen. Deren körperliche Abstammung – und die ihrer Geschwister – war bekannt; nur die Herrscherwürde wurde der Abstammung von einem zeugenden Gott zugeschrieben. Jahrzehnte später bewunderte ich in Oberägypten die entsprechende Szene in Stein gemeißelt an der Wand einer Seitenkammer im Amuntempel von Luxor (1500 vor Christus): Der Geistgott Amun sitzt der amtierenden Königin gegenüber und durch zärtliche Berührung beider Hände, als Symbol einer Empfängnis, wird er göttlicher Vater des Königs Amenophis III. Bis in griechisch-römische Zeit blieb „Sohn Gottes" ein regelmäßig angewendeter Ehrentitel, der aber nichts über die körperliche Beschaffenheit der Mutter des Bezeichneten sagte, keine besondere Aufmerksamkeit auf die beteiligte Frau lenkte. In einer patriarchalischen Gesellschaft kam solch besondere Stellung nur einem Mann zu, und deshalb „gebaren" Jungfrauen nur Söhne. Seit dem 9. Jahrhundert aber verstand man das Bild nicht mehr und verwechselt bis heute mythologische Geistzeugung mit echter Empfängnis und Geburt „bei geschlossenem Leib".

Dieses biologisch-gynäkologische Wunder („bei Gott ist kein Ding unmöglich") zählt für wundergläubige Theologen mehr als das sonst so hochgeschätzte Zeugnis der Heiligen Schrift. Denn der Evangelist Lukas berichtet (Lk 3,23), Jesus „galt als ein Sohn Josefs", und zitiert Maria in Jerusalem: „Dein Vater und ich haben dich voll Angst gesucht" (Lk 2,51). Der Evangelist Matthäus schreibt (Mt 1,16), „Jakob war der Vater von Josef, dem Mann Marias", und nennt von Jesus „seine Mutter Maria und seine Brüder Jakobus und Josef (Joses) und Simon und Judas" (Mt 13,35). Außerdem zeichnet Matthäus ja einen Stammbaum, auf dem Jesus durch Josef von David abstammt.

Auch der römische Geschichtsschreiber Josephus kennt Jakob, den „Bruder Jesu". Laut Johannes (Joh 1,46) schrieben schon die Propheten über „Jesus aus Nazareth, den Sohn Josefs". Joseph Ratzinger erklärte als Professor für dogmatische Theologie in Tübingen: „Die Gottessohnschaft Jesu beruht nach dem kirchlichen Glauben nicht darauf, dass Jesus keinen menschlichen Vater hatte; die Lehre vom Gottsein Jesu würde nicht angetastet, wenn Jesus aus einer normalen menschlichen Ehe hervorgegangen wäre" (Ratzinger 1971, S. 199).

Jesus hätte allerdings über seine Mutter Maria mit der Erbsünde kontaminiert werden können. Dem entgegen lehrten die Franziskaner, gemäß der Ansicht des Johannes Duns Scotus, Maria sei von ihrer Empfängnis an von der Erbsünde befreit, und zwar schon im Voraus durch die Verdienste ihres Sohnes. Als von Gott geoffenbart und deshalb von allen Gläubigen fest und standhaft zu glauben, verkündete Papst Pius IX. im Dezember 1854 das Dogma der *immaculata conceptio,* der „unbefleckten Empfängnis Mariens". In der Sprache der katholischen Theologie jedoch war „Selbstbefleckung" gebräuchlich als Bezeichnung der Selbstbefriedigung (Masturbation), der manuellen Stimulation der Geschlechtsorgane bis zum Orgasmus. Sogar der eheliche Geschlechtsakt hatte immer einen sündigen Beigeschmack, war einst an Sonn- und Festtagen verboten, und nach Thomas von Aquin lediglich ein notwendigerweise erlaubtes Mittel zur Zeugung und zur Vermeidung der Selbstbefleckung. Unvermeidlich entstand so die bis heute übliche Fehldeutung der „unbefleckten Empfängnis", Maria sei ohne Geschlechtsverkehr statt „ohne Makel der Erbsünde empfangen". Diese Missdeutung der Zeugung Marias durch ihre Eltern ist im 14. und 15. Jahrhundert in Italien häufig bildlich dargestellt worden, besonders schön im Fresko von Giotto di Bondone 1305 in der Arenakapelle *(Cappella degli Scrovegni)* in Padua. Es zeigt die Begegnung des heiligen Joachim und der heiligen Anna, die mehreren apokryphen Schriften des 2. bis 6. Jahrhunderts zufolge die Eltern Marias, also die Großeltern Jesu sind. Die Szene zeigt Joachim und Anna in prächtigen Gewändern voreinander stehend, die Unterkörper betont getrennt; sie fassen einander an Händen und Schultern, als Symbol asexueller Zeugung der Gottesmutter – eine Parallele zum Bild der Geistzeugung des Pharaos im Amuntempel in Luxor.

Urvater, Ur-Eltern?

Die Theologen waren sich nach Paulus sicher, „so wie es nur einen Gott gibt, aus dem alles geschaffen wurde, so wurde der Mann geschaffen, aus dem alles andere gemacht wurde. Daher ist er insofern Gott ähnlich, als alles aus diesem einen Gott kam, und so sind alle Menschen aus einem Menschen gekommen". Auch Lukas in der Apostelgeschichte (17,26) übernahm wörtlich, dass „aus einem einzigen Menschen das ganze Menschengeschlecht erschaffen" wurde.

Mit resignierender Heiterkeit nehme ich zur Kenntnis, wie pseudo-biologisch katholische Theologen diesen Vorgang ausmalen dürfen. Der Benediktinerpater Johannes Schildenberger meint 1952, Gott könnte ein erwachsenes Tier in einen Menschen umgewandelt haben. Oder vielleicht habe er in einem Tierleib den Embryo des ersten Mannes beseelt, die erste Frau davon abgetrennt und beide als Zwillinge auf die Welt kommen lassen, also als monozygotische (eineiige) Zwillinge – die jedoch sind immer gleichen Geschlechts! Die Mitgliederzeitschrift des Katholischen Deutschen Frauenbundes (2014, Nr. 8/9) referiert unter dem Titel *Das Paradies – die wahre Geschichte* die neueste Denkleistung von Marie-Theres Wacker. Die amtierende Professorin für Altes Testament an der Katholisch-Theologischen Fakultät der Westfälischen Wilhelms-Universität Münster glaubt dem ältesten Schöpfungsbericht der Bibel (Gen 2, 4–25; datiert ab 1000 vor Christus), wonach Gott zuerst einen Mann schuf und dann eine Frau aus dessen Rippe. Frau Wacker meint, Gott habe zuerst ein unfertiges, noch zu beiden Geschlechtern hin offenes, androgynes Geschöpf erschaffen. Erst als er aus diesem Menschen-Wesen eine Frau baut, wird Adam zum Mann, und es entsteht die geschlechtlich differenzierte Menschheit. Weil somit Frau und Mann ein Fleisch waren, sollen und wollen sie auch wieder ein Fleisch werden (Gen 2, 23–24). Frau Wackers Idee erinnert an die mythischen Kugel-menschen des Platon. Der ließ im Verlauf eines fiktiven Gastmahls den Komödiendichter Aristophanes eine etwas gescheitere Geschichte erzählen. Danach waren die Menschen ursprünglich Doppelwesen von dreierlei Art: Mannmann, Fraufrau und Mannfrau, alle übermütig und dem Himmel nicht gefügig. Deswegen halbierte Zeus sie samt ihrem Übermut. Äußerlich gibt es seither nur noch Mann und Frau. Aber aus Sehnsucht nach der ehe-maligen Hälfte sind die einen homosexuell, die anderen heterosexuell.

Unter den Texten der heiligen Schriften, die vernünftig einsehbar dem Heil der Menschen dienen, befinden sich leider auch strikt zu glaubende Aussagen, die offensichtlich fürs Heil überflüssig sind, der Vernunft wider-sprechen, unglaubhaft oder sachlich falsch sind. Zum Beispiel ist mit der Abstammung der Menschen von nur einem Elternpaar laut Katechis-mus in Gottes Plan Inzest notwendig enthalten gewesen. Dennoch lehrt derselbe Katechismus (Nr. 2388): „Inzest stellt einen Rückschritt zu tie-rischem Verhalten dar." Tatsächlich wird im tierischen Verhalten Inzest generell vermieden; er widerspricht dem Selektionsprinzip, möglichst viele fortpflanzungsfähige Nachkommen zu hinterlassen, ebenso dem Schöpfungsauftrag „seid fruchtbar, wachset und mehret euch". Denn wenn Bruder und Schwester heiraten, haben sie nur so viele Nachkommen, wie die Schwester gebären kann; mit anderen Partnern können die Geschwister insgesamt mehr Nachkommen zeugen.

Als mich im Biologiestudium in Münster Darwins Evolutionstheorie beschäftigte, erteilte mir auf meine Anfrage der zuständige Generalvikar 1953 die kirchliche Erlaubnis, Darwin und andere von der Kirche indizierte wissenschaftliche Werke „zu Studienzwecken" zu lesen, und mahnte mich, im Glauben fest zu bleiben. Als 50 Jahre danach jeder Zeitungsleser aus Biologie und Paläogenetik erfuhr, dass sich die auf der Welt lebenden Menschen – gleichgültig in welchem Zeithorizont – nicht auf ein einziges Paar zurückführen lassen, es also ein biologisches Stammeltern-Paar für alle Menschen nie gegeben hat, forderte dennoch 1993 der neue Katechismus der katholischen Kirche vom christlichen Volk nicht länger nur ein „Fürwahrhalten" der Abstammung aller Menschen von einem ersten Menschenpaar (Adam und Eva), sondern „unwiderrufliche Glaubenszustimmung" dazu und zum damit verbundenen Anfang des Bösen in der Welt: Die Sünde des ersten Menschenpaares – „ein Urereignis, das zu Beginn der Geschichte des Menschen stattgefunden hat" – wird als sogenannte Erbsünde „zusammen mit der menschlichen Natur durch Fortpflanzung und nicht etwa bloß durch Nachahmung" an ihre Nachkommen und „an die ganze Menschheit weitergegeben" (Glaubensartikel Nr. 375, 376, 390, 404, 419). Die Bedeutung dieser Glaubenssätze bestätigte Papst Franziskus 2013 in der Enzyklika *Lumen fidei;* es seien Wahrheiten, die in der göttlichen Offenbarung enthalten sind oder mit solchen Wahrheiten in einem notwendigen Zusammenhang stehen. „Ein Katholik, der hartnäckig eine geoffenbarte und von der Kirche zu glauben vorgelegte Wahrheit leugnet, ist ein Häretiker", unterstreicht Kardinal Gerhard Ludwig Müller, Präfekt der Glaubenskongregation in Rom (Interview in *Die Zeit,* 30.12.2015). Andererseits glauben selbst Theologen nicht mehr an ein biologisches Stammeltern-Paar und seine Ursünde, die seither an alle Menschen weitergegeben wird. Der Münchener Dogmatiker Peter Neuner schrieb mir 2014, dass diese „Vorstellungen in der seriösen Theologie nicht (mehr) vertreten werden", und 2013 schrieb der Salzburger Fundamentaltheologe Gregor Hoff: „Keine ernst zu nehmende Schöpfungstheologie geht heute noch naturwissenschaftlich von einem Urelternpaar aus".

Zudem erklärte US-Präsident George W. Bush 2005, es wäre gut, den Kreationismus in den Biologieunterricht aufzunehmen. Dessen moderne Form nennt sich *„Intelligent Design"* und lehrt, alle Lebewesen müssten von einem intelligenten Schöpfer „entworfen" worden sein, weil sie zu komplex seien, als dass sie durch Evolution hätten entstehen können. Erforderlich zur Entstehung eines komplexen Merkmals sei Planung und zielorientierte Steuerung. Mit Zustimmung von Papst Benedikt XVI. pflichtete der österreichische Kardinal Schönborn im Juli 2005 in der *New York Times* dem bei: Ein der Evolution innewohnender göttlicher Plan und Zweck sei erkennbar, und es müsse erlaubt sein, diesen Plan im Biologieunterricht zur Sprache kommen zu lassen. Jede Interpretation, auch die Evolutionstheorie, die einen solchen Plan nicht anerkennt, sei „in keiner Weise wissenschaftlich, sondern ein Abdanken der menschlichen Vernunft". Im Jahr 2007 verlangten die hessische Kultusministerin Karin Wolff und der Augsburger Bischof Walter Mixa, auch in Deutschland die biblische Schöpfungslehre in den Biologieunterricht an Schulen aufzunehmen. Wer allerdings im Biologieunterricht die biblische Schöpfungsgeschichte der Evolutionslehre an die Seite stellen will, wird unweigerlich das Ansehen Gottes in den Köpfen der Schuljugend ramponieren. Als ich 2015 vor bayrischen Religionspädagogen den sachlichen Widerspruch zwischen Biologie und kirchlicher Lehre und deren Aufspaltung in seriöse, ernst zu nehmende, und unseriöse, nicht ernst zu nehmende Varianten bemängelte, begründete der Moraltheologe Rupert Scheule (Berater der Deutschen Bischofskonferenz) das Festhalten an sachlich falschen Glaubenswahrheiten als „caritativen Umgang mit altem Glaubensgut". Demnach sitzt das Lehramt in einer Zirkelschluss-Falle: Es fordert vom christlichen Volk Glauben an eine sachlich falsche Aussage und stützt sein Beharren auf dieser Aussage mit der Rücksicht auf den Glauben des christlichen Volkes. Also müssen nun Häretiker helfen, altes Glaubensgut von offenkundigen Fehlbehauptungen zu entrümpeln. Denn den Vertretern der Amtskirche geht es scheinbar nicht um die Gläubigen, sondern um den Glauben an eine stets gleichbleibende Lehre; sie verstehen sich nicht als Hüter der Herde, sondern als Hüter der Wahrheit bzw. dessen, was sie für wahr halten.

Ein neuer „Fall Galilei"

Im 13. Jahrhundert erklärte der deutsche Universalgelehrte und später zum Kirchenlehrer erhobene Albert der Große, es gäbe zwei göttliche Offenbarungen, eine erste, uns in der Natur mitgeteilte, und eine übernatürliche im Alten und Neuen Testament. Da vom selben Urheber, müssen die Aussagen beider Offenbarungen harmonisierbar sein. Zum Konflikt zwischen Naturwissenschaft und Religion kann es nur kommen, betonte 1893 Papst Leo XIII., wenn eine der beiden Seiten ihre Kompetenz überschreitet. Das hatte Galileo Galilei am eigenen Leib erfahren, als er dem 1543 verstorbenen ermländischen Domherrn Kopernikus darin zustimmte, dass die Erde um die Sonne kreist. Nach Meinung der Kirche jedoch kreiste die Sonne um die Erde, wie Aristoteles lehrte und die Bibel „bewies". Denn der Prophet Josua rief im Kampf der Israeliten gegen die Amoniter: „Sonne, stehe still zu Gibeon, und Mond, im Tal Ajalon!" Und wirklich: „Da stand die Sonne und der Mond still" (Josua 10,12–15). Die Aussage des Galilei, die Sonne stehe sowieso immer still, war deshalb „töricht und absurd in der Philosophie und formell ketzerisch, da sie mehreren Stellen der Heiligen Schrift eindeutig nach dem Wortlaut und nach der übereinstimmenden Auslegung und Auffassung der heiligen Väter und der theologischen Doktoren widerspricht". Galilei wurde 1633 unter Papst Urban VIII. von der römischen Inquisition verurteilt. Erst 350 Jahre später, unter Papst Johannes Paul II., gab der Vatikan 1992 zu: „Einige Theologen, Zeitgenossen Galileis, waren nicht in der Lage, die tiefere, nicht wörtliche Bedeutung der Schriften zu erschließen, wenn sie die physische Struktur des geschaffenen Universums beschrieben".

Seither versucht die katholische Kirche, sich und andere damit zu trösten, es bestehe zwischen „Naturwissenschaft und Religion: ein Scheinkonflikt"; so der Titel einer Veranstaltung der Katholischen Akademie in Bayern im Mai 2014. Redner war ein Quantenphysiker. Und die Verwendung der Oberbegriffe „Naturwissenschaft – Religion" war ein Kategorien-Trick, mit dem man einigermaßen waghalsig die Biologie aus der Naturwissenschaft und den Glauben aus der Religion ausblendete. Denn wo es um die belebte Natur geht, liegen kirchlich verordneter Glaube und biologisches Wissen in deutlichem Konflikt. Allerdings bleibt das Alltagsdenken davon weitgehend unberührt. Die „Glaubens-Wahrheit", alle Menschen seien erbsündig durch Abstammung von einem Elternpaar, ist zwar falsch so falsch wie die Behauptung, dass die Sonne um die Erde kreist, oder dass ein Spiegel rechts und links vertauscht. Aber wen stört das? Wenn jeder Mensch zwei Eltern hat, warum dann nicht auch die ganze Menschheit? Wie die Sonne täglich ihre Bahn über die Landschaft zieht, glaubt man zu sehen; und das Rechts-Links-Problem meint man beim Schlipsbinden vorm Spiegel zu erfahren. Das kann man alles in der Praxis für wahr halten.

Aber nicht für wahr halten kann man, dass der eheliche Verkehr mit künstlicher Empfängnisverhütung einem Naturgesetz zuwiderläuft und dass das persönliche Erleben dabei widernatürlich sei, wie der jüngst selig gesprochen Papst Paul VI. 1968 in der Enzyklika *Humanae vitae* behauptet. Bereits Papst Pius XI. hatte 1930 (in der Enzyklika *Casti connubii*) geschrieben: „Jeder Gebrauch der Ehe, bei dessen Vollzug der Akt durch die Willkür der Menschen seiner natürlichen Kraft zur Weckung neuen Lebens beraubt wird, verstößt gegen das Gesetz Gottes und der Natur." Das war die Ansicht der Kirchenväter im Mittelalter, die keinen Zweifel daran hatten, dass im Tierreich sexuelles Verhalten auf die Fortpflanzungszeit beschränkt und an die Erzeugung von Nachwuchs gekoppelt ist, weil sie das für gottgefällig hielten. Deshalb meinte Thomas von Aquin, ein auch für Menschen gültiges Naturrecht sei aus der Natur aller Tiere ersichtlich (*„Ius naturae est, quod natura omnia animalia docuit"*). Aber Tiere verhalten sich anders, und ein Naturgesetz, wonach „jeder eheliche Akt offen bleiben muss für die Weitergabe des Lebens", gibt es nicht.

Davon abgesehen: Selbst wenn im Tierreich Paarung und Fortpflanzung immer miteinander verbunden wären (was sie nicht sind!), ließe sich daraus nicht ableiten, dass es dem Menschen verboten sei, den Paarungsakt vom Zeugungsvorgang zu trennen. Die meta-ethische Ableitung von normativen aus deskriptiven Aussagen ist unlogisch und verboten.

Als es am 29.10.1964 in der Konzilsaula darum ging, ob künstliche Empfängnisverhütung verboten werden solle oder nicht, hatte Kardinal Suenens gewarnt: „Ich beschwöre euch Brüder, vermeiden wir einen neuen Galilei-Prozeß!" Die überwiegende Mehrheit seiner Brüder, unter dem Münchener Kardinal Döpfner als Sprecher, votierte denn auch mit biologisch-psychologischen Argumenten gegen ein Verbot. Aber der Papst schlug sich auf die Seite einer kleinen Minderheit des Weltepiskopats unter Kardinal Ottaviani, die für das Verbot votierte und sich als einzige Begründung auf die stets gleich bleibende Tradition der Kirche berief.

Ich widersprach der Enzyklika 1969 mit dem Buch *Sind wir Sünder?*, das in neun Sprachen erschien. Konrad Lorenz schrieb in seinem zustimmenden Vorwort: „Eine tiefe Skepsis althergebrachten Idealen gegenüber war früher schädlich und ist heute lebenswichtig", und „wenn die Früchte vom Baum der Erkenntnis den Menschen aus dem Paradies vertrieben haben, so liegt das daran, dass er sie unreif genossen und noch lange nicht verdaut hat". Anfang 1970 bekam ich in Seewiesen Besuch von den Kardinälen Julius Döpfner und Bernard Alfrink. Wie es schien, verstanden sie meine Argumente gegen den zweifachen (meta-ethischen und biologischen) Begründungs-Unfug in der Enzyklika. Diese pocht auf eine „untrennbare Verbindung der zweifachen Bedeutung des ehelichen Aktes, nämlich der liebenden Vereinigung und der ursprünglichen Fortpflanzung". Desgleichen dient unser Mund zwar auch zum Sprechen, ursprünglich aber der Nahrungsaufnahme. Also müsste nun jeder Sprechakt offen bleiben für die Funktion der Ernährung. Folglich wäre die Regel „Mit vollem Mund spricht man nicht!" ebenso *contra naturam* wie die Empfängnisverhütung. Kardinal Döpfner war dann sofort einverstanden, als mich die

katholisch-theologische Fakultät der Münchener Universität (LMU) offiziell zu interdisziplinären bio-theologischen Lehrveranstaltungen einlud. Ab
1971 hielt ich regelmäßig Seminare am moraltheologischen Lehrstuhl der
Universität München bei und mit Johannes Gründel. Nachdem es jahrhundertelang üblich gewesen war, Moral auf die Autorität der Natur gestützt
zu predigen, hatten wir das Ziel, ethisch-moralische Weisungen für den
Menschen von dafür generell untauglichen biologischen Begründungen zu
befreien. Andere Autoritäten wurden ebenfalls heiß diskutiert: Was ist men-
schengemäß – einer Autorität gehorsam als Mitläufer „richtig" zu handeln,
oder selbst zu entscheiden, mit dem Risiko, „falsch" zu handeln? Unsere
Seminare fanden lebhaften Zuspruch und endeten nach 30 Jahren im Jahre
2000.

Zur 20-Jahr-Feier des Verbots künstlicher Empfängnisverhütung wurde
dieses 1988 vom inzwischen heilig gesprochenen Papst Johannes Paul II.
noch einmal bekräftigt. Und Papst Benedikt XVI. benutzt 2010 – um in der
Tradition früherer amtskirchlicher Aussagen zu bleiben – sogar unberechtigt
den Begriff „Evolution" in seiner Erläuterung (2010, S. 180): „Die Evolution hat die Geschlechtlichkeit zum Zwecke der Reproduktion der Art hervorgebracht. Das gilt auch theologisch gesehen. Der Sinn der Sexualität ist,
Mann und Frau zueinander zu führen und damit der Menschheit Nachkommenschaft, Kinder, Zukunft zu geben. Das ist die innere Determination, die
in ihrem Wesen liegt. Alles andere ist gegen den inneren Sinn von Sexualität." Bedauerlicherweise ist das sachlich ganz falsch; die Evolution verlief
völlig anders. Gelegenheit, das noch einmal präzise darzulegen, bot sich mir
2011, als der Verlag Orme Editori, Rom, 40 Jahre nach der ersten italienischen Ausgabe meines *Sünder*-Buches einen Neudruck herausbrachte und
dazu ein zeitnahes, klares Vorwort wünschte. Das habe ich gerne geliefert:

Sexualität betrifft jeden Menschen. Und der neue Fall Galilei läuft schon.
Wieder argumentieren die Päpste aus der Denkwelt des Thomas von Aquin,
der im Mittelalter drei Bedeutungen des menschlichen Sexualverhaltens
formulierte: Erstens die Zeugung von Nachkommen (zum Zwecke der
Arterhaltung), zweitens die gegenseitige Treue und Ergänzung (die Partnerbindung), drittens das Sakramentum, das im ehelichen Intimverhalten die
Begegnung Christi mit der Kirche symbolisiert. Arterhaltung ist jedoch
kein Programmbestandteil der belebten Natur, sondern ein philosophisch
gesetztes, auf den Menschen bezogenes Prinzip im Sinne Immanuel Kants,
wonach ohne den Menschen die ganze Schöpfung umsonst und ohne End-
zweck wäre. In naturwissenschaftlicher Sicht besteht das Wesen der Sexualität darin, dass Bestandteile vom genetischen Erbgut mehrerer Organismen
neu kombiniert werden. Dadurch wird Sexualität zur Quelle wichtiger

Neuerungen in der Evolution. Im Laufe der Evolution hat Sexualität nacheinander drei Ausformungen erfahren, die aufeinander aufbauen, schließlich nebeneinander bestehen, und drei getrennte Funktionen haben: 1) genetische Ergänzung, 2) Fortpflanzung, 3) soziale Bindung. Weder bei der ersten, ursprünglichen, noch bei der dritten, höchst entwickelten Form der Geschlechtlichkeit geht es um Nachkommenschaft.

Sexualität beginnt 1) bei den einfachsten einzelligen Lebewesen – Bakterien, Algen, Protozoen (Ciliaten) – in Form vorübergehender Paarung mit einem Austausch von Genmaterial, ohne Vermehrung. Den unmittelbaren Vorteil von dieser „Vervollkommnungs-Sexualität" haben die beteiligten Individuen selbst.

Vielzellige Organismen bilden 2) geschlechtsverschiedene Keimzellen (Gameten), die ihr genetisches Material in einer Zygote vereinigen. Mit der Zygote beginnt ein neuer Organismus; somit ist diese „Reproduktions-Sexualität" mit Fortpflanzung verknüpft. Der Vorteil der Neukombination des Erbmaterials aus den Gameten liegt bei den entstehenden Nachkommen, nicht in gegenseitiger Vervollkommnung der Gametenspender oder der sich paarenden Elternindividuen. Die Keimzellen vereinigen sich ursprünglich außerhalb der Eltern im freien Wasser. Gezielt übertragen werden sie zunächst indirekt ohne körperliche Berührung der Partner (das Männchen setzt Sperma ab, das Weibchen nimmt es auf). Ökonomischer und noch gezielter werden die männlichen Keimzellen schließlich direkt von einem in den anderen Partner übertragen, unter körperlicher sexueller Vereinigung der Eltern-Individuen. Dazu muss häufig die zwischen einander Unbekannten übliche Scheu vor körperlicher Nähe und Berührung in einem Vorspiel mit Partnerwahl abgebaut und Vertrauen aufgebaut werden.

Die Vorspiel-Verhaltensweisen (beispielsweise Futterübergabe, gegenseitige Körperpflege, andere körperliche Kontakte) wurden 3) in der Evolution verselbstständigt (emanzipiert) und von sexueller Motivation abgekoppelt; unabhängig vom Zeugungs-Kontext dienen sie als „Sozio-Sexualität" der Bekräftigung und Weiterentwicklung einer dauerhaften Paarbindung auch in fortpflanzungsfreien Zeiten, darüber hinaus dem Aufbau und Erhalt sozialer Bindungen. Vom soziosexuellen Verhalten profitieren die beteiligten Individuen, im Falle von Brutpflege auch die vorhandenen Nachkommen.

Arten mit komplexem Sozialleben verwenden soziosexuelle Verhaltensweisen – von der Körperpflege bis zur Stimulierung und Betätigung der Genitalien – allgemein für soziale Bindungen zwischen geschlechtsgleichen und geschlechtsverschiedenen Individuen, sei es zur Bekräftigung gegenseitigen Vertrauens oder zur Beschwichtigung in Spannungssituationen. Ein extremes Beispiel dafür bietet der Bonobo *(Pan paniscus),* der uns nächstverwandte Menschenaffe. Er löst oder vermeidet soziale Spannungen mit Sex. Das soziosexuelle Verhalten ist im *Sünder*-Buch ausführlich behandelt. Die partnerbindende soziosexuelle Zärtlichkeitsfunktion lässt sich an vielen nicht-menschlichen Lebewesen ablesen. Bei Säugetieren und Primaten tritt soziosexuelles Verhalten auch im Zusammenhang mit Dominanz und Rangordnung auf, sowie allgemein zur Stabilisierung der Sozietät. Aufreiten wie zur Kopulation zum Beispiel dient bei Säugetieren und Primaten als Dominanzgeste, auch zwischen geschlechtsgleichen Individuen (wie bei den Giraffen geschildert).

Soziosexuelles Verhalten ersetzt aber nicht die Fortpflanzung. Von Fischen bis zum Menschen kommen deshalb formgleiche Verhaltensweisen in verschiedenen Funktionen vor, in der neuen soziosexuellen Funktion meist häufiger als in der alten fortpflanzungsbezogenen. Nicht nur Menschen, auch viele Säugetiere kopulieren deshalb regelmäßig außerhalb der Fortpflanzungszeit. Die im Alltag von Primaten (den Menschen eingeschlossen) häufigen soziosexuellen Verhaltenselemente werden oft fälschlich als „Hypersexualisierung" gedeutet.

In der Evolution – die aus theologischer Sicht der Mechanismus der belebten Schöpfung ist – entwickelt sich regelmäßig Neues aus bereits Bestehendem, jede höhere Seinsstufe aus einer niederen. Die Evolution (theologisch die Erschaffung) des Menschen hat mit einzelligen Lebewesen begonnen und über zunehmende Komplexität aller Organsysteme und Verhaltensformen zum heutigen Zustand geführt. Auch in der Sexualität haben sich ihre genetisch ergänzenden, Fortpflanzung ermöglichenden und schließlich partnerbindenden Funktionen eine aus der anderen entwickelt. Jede hat ihren eigenen Bereich. Sozio-Sexualität und Reproduktions-Sexualität sind beide gleichermaßen naturgemäße und naturgesetzliche Formen der Sexualität, werden aber in der päpstlichen Sexualethik nicht unterschieden. Gleichwohl sind beide schon in der Bibel klar beschrieben: Als *reproduktions*-sexuelle Maßnahme riet Mose in Gottes Auftrag den Israeliten, von den besiegten Feinden sich die Mädchen und Frauen, die noch keinen Verkehr mit einem Manne hatten, als Haremsfrauen zu nehmen (Num 31, 17–18; Dtn 20,10 und 21,10); desgleichen zogen die Benjaminiter zum Frauenraub gegen Jabesch-Gilead (Ri 21,12). Hingegen war es eine *sozio*-sexuelle Demonstration der Machtübernahme, als Absalom öffentlich mit den Nebenfrauen seines Vaters David schlief (2 Sam 16,22). Auch heutzutage werden leider immer noch bei kriegerischen Auseinandersetzungen die Frauen der unterlegenen Partei von den Siegern vergewaltigt, nicht um für den Vergewaltiger Nachkommen zu zeugen – die Frauen und Mädchen werden ja nicht, wie beim Frauenraub, der Siegerfamilie eingegliedert – sondern vielmehr als Machtdemonstration der Sieger.

Das päpstliche Nichtbeachten der Soziosexualität hat mehrere schwerwiegende Folgen. Paul VI. verschärft das Verbot der Empfängnisverhütung (Nr. 14 in seiner Enzyklika): „Ebenso ist jede Handlung verwerflich, die entweder in Voraussicht oder während des Vollzugs des ehelichen Aktes oder im Anschluss an ihn beim Ablauf seiner natürlichen Auswirkungen darauf abstellt, die Fortpflanzung zu verhindern, sei es als Ziel, sei es als Mittel zum Ziel." Er möchte also auch die soziosexuellen Verhaltenselemente verhindern, die bei Tier und Mensch zur partnerbindenden Zärtlichkeit ummotiviert sind. Genau davor hatte übrigens bereits 1965 die Pastoralkonstitution *Gaudium et Spes* (Nr. 51) gewarnt: „Wo nämlich das intime eheliche Leben unterlassen wird, kann nicht selten die Treue als Ehegut in Gefahr geraten". Obendrein wird mit dem Unterdrücken dieser soziosexuellen Handlungen die nach kirchlicher Auffassung im ehelichen Intimverhalten symbolisierte Sicht auf die Begegnung Christi mit der Kirche gefährdet und damit der sakramentale Bezug zu Gott gestört.

In Wahrheit ist die künstliche Empfängnisverhütung der einzige dem ständig fortpflanzungsfähigen erwachsenen Menschen angemessene Weg, ein Entstehen von Nachkommen zu verhindern und dennoch die soziosexuelle liebende Zärtlichkeit und Vereinigung mit dem Partner (einschließlich des Sakramentum) frei verfügbar zu behalten. Es ist mehr als verwunderlich, dass Vertreter des katholisch-kirchlichen Lehramtes zwar seit dem 9. Jahrhundert beten und singen *„Veni creator spiritus"* („Komm, Schöpfer Geist"), es diesem aber bislang nicht gelingt, ihnen begreiflich zu machen, wie er seine Schöpfung aufgebaut hat und wie sie funktioniert.

Inzwischen versuche ich auf Einladung von Christof Breitsameter, Nach-Nachfolger von Johannes Gründel als katholischer Moraltheologe an der Universität München, ab Oktober 2015 in einer Seminarreihe erneut, anhand meiner 2014 erschienenen neuen Zusammenfassung *Die Biologie der Zehn Gebote und die Natur des Menschen* schöpfungsgemäß zu erklären.

40
Das Ende der Verhaltensphysiologie

Die Geschichte des Max-Planck-Institutes für Verhaltensphysiologie endet offiziell endgültig ein Jahr nach seiner 50-Jahr-Feier, am 30. November 2006. Wie der Anfang, so hatte auch das Ende einen Vorlauf. Der begann in der Retrospektive ziemlich früh. Als das Institut unter von Holst, Lorenz und Aschoff berühmt geworden war, konnte es um weitere Abteilungen vergrößert werden. Nicht genügend beachtet wurde dabei leider das Grundprinzip der Max-Planck-Gesellschaft, das nach dem ersten Präsidenten der Kaiser-Wilhelm-Gesellschaft benannte „Harnack-Prinzip", dem zufolge „herausragend kreativen, interdisziplinär denkenden Wissenschaftlerinnen und Wissenschaftlern Raum für ihre unabhängige Entfaltung geboten" werden soll, um „Erkenntnisfortschritt zu ermöglichen, der die Wissenschaft in neue Bahnen lenkt".

Nach dem Tod Erich von Holsts im Mai 1962 trat 1964 an seine Stelle Dietrich Schneider. Er hatte zuvor eine Abteilung für Vergleichende Neurophysiologie am Münchener Max-Planck-Institut für Psychiatrie. Das Forschungsgebiet seiner neuen Abteilung war die chemische Kommunikation, speziell die Physiologie, Biochemie und Biophysik des Geruchssinnes von Insekten. Damit wurde er zum Begründer der modernen Riechphysiologie. Wegen abteilungsinterner Schwierigkeiten wurde er auf eigenen Wunsch 1985 vorzeitig emeritiert und übergab die kommissarische Leitung der Abteilung an seinen Mitarbeiter Karl-Ernst Kaissling. Im Jahr 1991 wurde die Abteilung geschlossen, zeitgleich mit der Abteilung Mittelstaedt. Bereits 1970 war Irenäus Eibl-Eibesfeldt mit einer eigenen Arbeitsgruppe für Humanethologie aus der Verhaltensphysiologie ausgegliedert worden, blieb aber verwaltungstechnisch und lokal beim Institut.

© Springer-Verlag Berlin Heidelberg 2017
W. Wickler, *Wissenschaft auf Safari,*
DOI 10.1007/978-3-662-49958-0_40

Nach der Emeritierung von Lorenz kam 1973 Franz Huber als Direktor mit einer eigenen Abteilung ans Institut. Sein Arbeitsgebiet in der Verhaltensphysiologie war die Neuro-Ethologie, die er an Grillen, Heuschrecken und Zikaden mit eleganten und modernen Methoden betrieb. Doch sogleich kritisierte Frau Beatrice Flad-Schorrenberg 1973 in der FAZ in dem Artikel *Verhaltensforschung ohne Zukunft* die zunehmende „Verphysiologisierung" Seewiesens und die Vernachlässigung der Wirbeltiere. Mit Insekten kann man billiger und mit weniger Skrupeln experimentieren, doch spielen bei ihnen weder das Sammeln und Weitergeben von Erfahrungen durch Tradition noch eine beginnende kulturelle Evolution noch eine auf Erfahrung aufbauende Werkzeug- und Sozialintelligenz eine nennenswerte Rolle. Mit dem soziobiologischen Ansatz meiner Abteilung und den öko-ethologischen Arbeiten an frei lebenden Fischen, Vögeln und Säugetieren habe ich immer weniger gemeinsame Interessen in den anderen Abteilungen finden können. Wie Tinbergen schon 1963 festgehalten hatte, war der Institutstitel „Verhaltensphysiologie" einseitig. Nun führte er zu einer verhängnisvollen Schlagseite des Institutes. Franz Huber, von 1973–1993 in Seewiesen, hat das merkwürdigerweise 2016 in seinen Lebenserinnerungen persönlich genommen, als ob er, „weil nicht bei Max Planck gezeugt, geboren und gestillt… wohl kaum den Anforderungen entsprechen könne, die an MPG-Direktoren zu stellen sind". Er schreibt, Seewiesen hätte einen gewissen Kultstatus gehabt, „der auch weiterhin von den noch in Seewiesen Tätigen gepflegt wurde. Es war daher verständlich, dass man dem Neuen, von der Universität kommend… mit Skepsis begegnete. Seewiesens Lebensart sollte möglichst ohne Änderungen beibehalten werden". Es ging aber nicht um Lebensart, sondern um Forschungsziele. Die Max-Planck-Gesellschaft hat mit den insektenphysiologischen Abteilungen das Prinzip vernachlässigt, an ihren Instituten Forschungen zu fördern, die an Universitäten nicht betrieben werden. Und Frau Flad-Schorrenberg behielt insofern Recht, als aus den an Insekten forschenden Abteilungen Spezialgebiete der Physiologie wurden, aber keine Ansätze entstanden, die Verhaltensforschung in neue Bahnen zu lenken. Ich bedauere deshalb, dass die in meiner Abteilung von Hammerstein und Noë begonnene allgemeine Theorie biologischer Märkte und ihr Anschluss an die Ökonomie von Handel und Märkten des Menschen nicht in der Max-Planck-Gesellschaft fortgeführt worden sind. Angesiedelt in der MPG ist dagegen (im Zweiginstitut Radolfzell) die von meinem ehemaligen Mitarbeiter Martin Wikelski entwickelte globale, weltraumbasierte „Movebank". Mikrosender auf Vögeln, Reptilien, Säugern und großen Insekten senden auf miniaturisierten Chips gespeicherte GPS-Position und physiologische Parameter über Satellit zur Erde. Mit Erdbeobachtungsdaten verknüpft erlaubt das System ICARUS *(International Cooperation for Animal Research Using Space)*, mit den globalen Wanderbewegungen auch Verhaltensdaten von frei lebenden Tiere über Satellitensystem zu erfassen (Wikelski 2016).

Mit den Emeritierungen von Schneider, Mittelstaedt und Huber wurden deren Abteilungen geschlossen, und es gab keine Neuberufungen. Im Jahr 1990, als Hans Zacher Präsident der MPG wurde, kam es zur Wiedervereinigung Deutschlands. Zur Finanzierung der MPG (durch Bund und Länder) hatten nun vertragsgemäß auch die „neuen Bundesländer" beizutragen, und Hans Zacher musste in ihnen neue Institute gründen. Freundlich-förmlich fragte er mich, ob ich mir vorstellen könnte, Verhaltensforschung in einem der neuen Bundesländer fortzusetzen. Dazu müsste man, meinte ich, dort ein Institut neu aufbauen; es wäre sinnlos, das bestehende umzusiedeln. Dann beschlossen 1993 Bund und Länder ein „Föderales Konsolidierungsprogramm". Für die MPG bedeutete das, an bestehenden Max-Planck-Instituten zu sparen, um in neue zu investieren. Zum Ende von Zachers Amtszeit 1996 wurde klar, dass deshalb unser Seewiesener Institut würde schließen müssen. „Nicht aus Gründen mangelnder wissenschaftlicher Qualität oder fehlender Zukunftsperspektiven", und dennoch: Obwohl eine Gründung oder Schließung von Instituten aufgrund anderer als wissenschaftlicher Argumente den Grundsätzen der Max-Planck-Gesellschaft widerspricht, wurde genau dies erzwungen durch wissenschaftsfremde Richtlinien und die erforderliche zentrale Stellenbewirtschaftung. Unter Hubert Markl, Zachers Nachfolger als Präsident, beschloss 1997 der Senat der Max-Planck-Gesellschaft unter weltweitem Wissenschaftler-Protest die Schließung des Instituts für Verhaltensphysiologie mit meiner Emeritierung (30. November 1999), zugleich meine Bestellung zum Kommissarischen Leiter des „Instituts in Liquidation" bis zum 30. November 2003, mit einem anschließenden Emeritusarbeitsplatz bis 30. November 2006. Im Sitzungsprotokoll heißt es: „Wolfgang Wickler musste das Institut dann durch seine schwierigste Phase führen: das Max-Planck-Institut für Verhaltensphysiologie zu schließen, wobei der ornithologisch ausgerichtete Arbeitsbereich beibehalten werden sollte." Das waren die 1991 begonnene Abteilung Gwinner und die Vogelwarte.

Um die Liquidations-Phase zu gestalten und unkündbare Mitarbeiter mit ihren auslaufenden Verträgen beschäftigt zu halten, wurden mir in dieser Zeit Stellen für zwei Doktorandengewährt. Ich ließ beide, Lucie Salwiczek und Cornelia Voigt, wie vorn erwähnt, an zielgerichtet ausgesuchten ornithologischen Themen arbeiten. Ab März 2004 konnte dann ornithologische Forschung auf dem alten Gelände in Seewiesen im ausgegründeten „Max-Planck-Institut für Ornithologie" fortgesetzt werden.

In der Liquidations-Phase stand mir zum Glück weiterhin meine Sekretärin Gerda Dietz zur Seite. Sie hatte 1965 als Hilfskraft in Lorenz' Sekretariat begonnen und von da an mustergültig mein Sekretariat geleitet, kannte das Institut wie kein zweiter, nahm einen anerkennenden Dank des Präsidenten für 50 Jahre Dienst am Institut entgegen und hilft mir freiwillig bis heute in meiner Zeit als Gastforscher. Auch Barbara Knauer, bewährte Unterstützerin unserer Diplom- und Doktor-Anwärter(-innen), betreut weiterhin freiwillig meine Literatursammlung. Beiden Frauen gilt mein tiefer Dank; ebenso allen „Ehemaligen", die uns fast regelmäßig zu „WC"-Nachklängen besuchen. Für langjährige Betreuung im Verlag bin ich Frau Merlet Behncke-Braunbeck sehr dankbar, und den vorliegenden Text haben klug, gern und effektiv Frau Carola Lerch und Frau Jorunn Wissmann betreut.

Anhang

Übersetzung des Textes von William McDougall (Abschn. 7.2)
Übersetzung: Jorunn Wissmann

Wir können die Handlungsneigungen, die die Instinkte jedes einzelnen Organismus darstellen, mit folgendem mechanischen Aufbau vergleichen: Für jeden Instinkt steht 1) eine Kammer, in der durch Gärung oder einen sonstigen chemischen Prozess ständig ein Gas freigesetzt wird, das sich unter Druckentwicklung ansammelt. Die verschiedenen Kammern kommunizieren über enge Kanäle miteinander, durch die das Gas – gegen einen beträchtlichen Reibungswiderstand – hindurchtreten kann, wenn zwischen zwei Kammern eine Druckdifferenz entsteht. 2) Jede Kammer hat eine Öffnung, die in ein komplexes Röhrensystem mündet; dieses wiederum führt zu verschiedenen Ausführungsorganen (Nerven, die Muskeln und Drüsen versorgen). 3) Diese Öffnung ist durch eine Tür oder Schleuse verschlossen, die mit einem mehr oder weniger komplizierten, einzigartigen Schließmechanismus versehen ist (manchmal ist es nicht nur ein Schloss, sondern eine ganze Reihe davon). Die Tür ist niemals vollkommen gasdicht. Gas sickert hindurch; je höher seine Menge und somit der Druck in der Kammer ist (Appetit und die Rastlosigkeit, in der er sich zeigt), desto mehr davon tritt aus. Wird der Schlüssel im Schloss umgedreht, schwingt die Türe auf, und das durch die zahllosen Kanäle strömende Gas gelangt über die vielen Röhren zu den verschiedensten Mechanismen, die es in Gang setzt. Zugleich bewirkt der Druckabfall in der Kammer eine beschleunigte Bildung oder Freisetzung von Gas in dieser und einen Zustrom desselben aus anderen Kammern. Der Schlüssel ist das sensorische Muster, welches der jeweilige

© Springer-Verlag Berlin Heidelberg 2017
W. Wickler, *Wissenschaft auf Safari,*
DOI 10.1007/978-3-662-49958-0

Gegenstand des Instinkts (etwa der Gesang der Nachtigall oder der Pfauenschwanz) präsentiert. Das Umdrehen des Schlüssels entspricht der Wahrnehmung dieses Objekts.

Ein solches mechanisches Modell kann die psychophysische Disposition zwangsläufig nur sehr mangelhaft wiedergeben. Es ließe sich vielleicht verbessern, indem man die verschlossene Tür durch ein Federventil ersetzt, das durch den kurzen Arm eines Hebels geöffnet wird, wenn eine kräftige Feder am freien Ende des langen Hebelarms diesen entsprechend niederdrückt. Dieses Niederdrücken wird, wenn sich der Mechanismus im Ruhezustand befindet, durch mehrere Anschläge verhindert; diese lassen sich durch Drücken einer Taste auf einer Tastatur (wie der eines Klaviers) zurückziehen. Das vollständige Niederdrücken des Hebels und somit die maximale Öffnung des Ventils erfolgen nur bei einer bestimmten Tastenkombination; das Drücken einiger der besagten Tasten erlaubt ein teilweises Niederdrücken des Hebelarms. Die Tastatur entspricht den verschiedenen Sinnesorganen; der Schlüssel ist irgendein natürliches Objekt, das die passende Tastenkombination drückt. Zur Komplettierung der Analogie sei außerdem vorausgesetzt, dass die durch den Druck des freigesetzten Gases aktivierten Mechanismen von solcher Art sind, dass sie unter günstigen Bedingungen die Faktoren, welche über das Drücken der Tasten bestimmen, verändern. Somit wird eine neue Tastenkombination gedrückt; diese löst den Hebel von der Feder und lässt so das Federventil wieder in seine Verschlussposition zurückkehren. Vielleicht wird zudem ein weiterer Hebel dazu gebracht, ein anderes Ventil zu öffnen (wie im Falle der Reaktionskette) und somit einen anderen Mechanismus in Gang zu setzen.

Literatur

Albrecht H (1968) Freiwasserbeobachtungen an Tilapien (Pisces Cichlidae) in Ostafrika. Z Tierpsychol 25:377–394

Andersson S (1989) Sexual selection and cues for female choice in leks of Jackson's widowbird *Euplectes jacksoni*. Behav Ecol Sociobiol 25:403–410

Arnold W (1988) Social thermoregulation during hibernation in alpine marmots *(Marmota marmota)*. J comp physiol B 158:151–156

Arnold W, Trillmich F (1985) Time budget in Galapagos fur seal pups: the influence of the mother's presence and absence on pup activity and play. Behaviour 92:302–321

Aschoff J (1962) Spontane lokomotorische Aktivität. Handbuch der Zoologie, Bd 8. De Gruyter, Berlin, S 2–76

Baerends GP, Brower R, Waterbolk HT (1955) Ethological studies on *Lebistes reticulatus* Peter I Analysis of the male courtship pattern. Behaviour 8:249–334

Battuta I (1985) Reisen ans Ende der Welt. Thienemanns, Stuttgart, S 1325–1353

Birukow G (1954) Photo-Geomenotaxis bei *Geotrupes silvaticus* Panz und ihre zentralnervöse Koordination. Z vergl Physiol 36:176–211

Birukow G (1955) Angeborene und erworbene Anteile relativ einfacher Verhaltenseinheiten. Verh dtsch Zool Ges 1955:32–48

Bischof N (2012) Moral. Böhlau, Wien

Bolhuis JJ, Giraldeau LA (2005) The behavior of animals. Blackwell, Oxford

Bowlby J (1973) Attachment and loss vol II: separation anxiety and anger. Hogarth Press, London

Bradshaw GA, Schore AN (2007) How elephants are opening doors: developmental neuroethology attachment and social context. Ethology 113:426–436

Bshary R (2001) The cleaner fish market. In: Noë R, Hooff JA van, Hammerstein P (Hrsg) Economics in nature. Cambridge University Press, Cambridge, S 146–172

© Springer-Verlag Berlin Heidelberg 2017

W. Wickler, *Wissenschaft auf Safari,*

DOI 10.1007/978-3-662-49958-0

Bshary R, Salwiczek L, Wickler W (2007) Social cognition in non-primates. In: Dunbar RIM, Barrett LS (Hrsg) Evolutionary psychology. Oxford University Press, Oxford, S 83–101

Bull JJ (1980) Sex determination in reptiles. Quart Rev Biol 55:3–21

Burghardt Gordon M (Hrsg) (1985) Foundations of comparative ethology. Van Nostrand Reinhold, New York

Clark MM, Galef BG (1995) Orenatal influences on reproductive life history strategies. Trends Ecol Evol 10:151–153

Cochran G, Hardy J, Harpending H (2006) Natural history of Ashkenazi intelligence. J Biosoc Sci 38:659–693

Craig W (1918) Appetites and aversions as constituents of instincts. Biol Bull 34:91–107

Curio E (1967) Die Adaptation einer Handlung ohne den zugehörigen Bewegungsablauf. Verh Dtsch Zool Ges 1967:153–163

Darwin C (1876) Sexual selection in relation to monkeys. Nature 15:18–19

Davey KG (1985) The female reproductive tract. In: Kerkut GA, Gilbert LI (Hrsg) Comprehensive insect physiology biochemistry and pharmacology I: embryogenesis and reproduction. Pergamon Press, Oxford, S 15–36

Deacon TW (1992) Biological aspects of language. In: Jones S, Martin R, Pilbeam D (Hrsg) The Cambridge encyclopaedia of human evolution. Cambridge University Press, Cambridge, S 128–133

Deneubourg JL, Goss S, Franks N, Sendova-Franks A, Detrain C, Chrétien L (1991) The dynamics of collective sorting robot-like ants and ant-like robots. In: Meyer J-A, Wilson SW (Hrsg) From animals to animates. MIT Press, Cambridge, S 356–363

Derungs K, Derungs IM (2006) Magische Stätten der Heilkraft. Amalia, Grenchen

Dethier VG, Bodenstein D (1958) Hunger in the blowfly. Z Tierpsychol 15:129–140

Dethier VG, Gelperin A (1967) Hyperphagia in the blowfly. J Exp Biol 47:191–200

Diesel R, Schubart CD (2000) Die außergewöhnliche Evolutionsgeschichte jamaikanischer Felsenkrabben. Biol unserer Zeit 33:355–370

East M, Hofer H, Wickler W (1993) The erect 'penis' is a flag of submission in a female-dominated society: greetings in Serengeti spotted hyenas. Behav Ecol Sociobiol 33:355–370

Eibl-Eibesfeldt I (1955) Über Symbiosen, Parasitismus und andere besondere zwischenartliche Beziehungen tropischer Meeresfische. Z Tierpsychol 12:203–219

Eibl-Eibesfeldt I (1963) Werkzeuggebrauch beim Spechtfinken. Nat Mus 93:21–25

Eibl-Eibesfeldt I (1999) Grundriß der vergleichenden Verhaltensforschung. Piper, München

Eibl-Eibesfeldt I, Wickler W (1966) *Labroides dimidiatus* (Labridae) – Putzen verschiedener Fische (Freiwasser-Aufnahmen). Encyclopaedia Cinematographica Göttingen, Film E754

Emery NJ, Clayton NS (2009) Comparative social cognition. Ann Rev Psychol 60:87–113

Erickson CJ, Zenone PG (1976) Courtship differences in male ring doves: avoidance of cuckoldry? Science 192:1353–1354

Estes RD (1991) The behavior guide to African mammals. University of California Press, Berkeley

Fellers J-H, Fellers G-M (1976) Tool use in a social insect and its implications for competitive interactions. Science 192:70–72

Fischer E (1955) Insektenkost beim Menschen. Z Ethnologie 80:1–37

Fricke HW (1976) Bericht aus dem Riff. Piper, München

Fricke HW (2007) Die Jagd nach dem Quastenflosser. Beck, München

Fricke HW (2009) Mythos Toplitzsee. Amalthea, Wien

Frisch K von (1974) Tiere als Baumeister. Ullstein, Frankfurt

Gandolfi G, Parisi V (1973) Ethological aspects of predation by rats *Rattus norvegicus* (Berkenhout) on bivalves *Unio pictorum* L and *Cerastoderma lamarcki* (Reeve). Boll Zool 40:69–74

Goodall J (1968) The behaviour of free-living chimpanzees in the Gombe Stream Reserve. Anim Behav Monogr 1:161–311

Gruter M (1976) Die Bedeutung der Verhaltensforschung für die Rechtswissenschaft. Duncker & Humblot, Berlin

Gruter M (1993) Rechtsverhalten. Schmidt, Köln

Haag H (1966) Biblische Schöpfungslehre und kirchliche Erbsündenlehre. Katholisches Bibelwerk, Stuttgart

Habermas J (17./18. Januar 1998) Sklavenherrschaft der Gene. Süddeutsche Zeitung.

Hammerstein P, Noë R (2016) Biological trade and markets. Phil Trans R Soc B 371:20150101

Harms JW (1929) Die Realisation von Genen und die consecutive Adaptation. I: Phasen in der Differenzierung der Anlagenkomplexe und die Frage der Landtierwerdung. Z Wiss Zool 133:211–397

Hassenstein B (2002) Verhaltensbiologie des Kindes. Spektrum Akademischer Verlag, Heidelberg

Heisenberg W (1969) Der Teil und das Ganze. Piper, München, S 326–329

Hendrichs H, Hendrichs U (1971) Dikdik und Elefanten. Piper, München

Henschel JR (1995) Tool use by spiders: stone selection and placement by corolla spiders *Ariadna* (Segestriidae) of the Namib Desert. Ethology 10:187–199

Hess E (1975) Prägung: die frühkindliche Entwicklung von Verhaltensmustern bei Tier und Mensch. Kindler, München

Hissmann K (2000) *Lanice arakani,* a new species of the family Terebellidae (Polychaeta: Sedentaria) from seamounds of the West Mariana Ridge. J Mar Biol Assoc UK 80:249–257

Hoesch W (1961) Über ziegenhütende Bärenpaviane (*Papio ursinus ruacana* Shortridge). Z Tierpsychol 18:297–301

Holst E von (1969, 1970) Zur Verhaltensphysiologie bei Tieren und Menschen, Bd 1–2. Piper, München

Hudson R, Distel R (1999) The flavor of life: perinatal development of odor and taste preferences. Schweiz Med Wochenschr 129:176–181

Huxley JS (1914) The courtship habits of the Great Crested Grebe *(Podiceps cristatus)*; with an addition to the theory of sexual selection. Proc Zool Soc London 84:491–562

Huxley JS (1916) Bird-watching and biological science: some observations on the study of courtship in birds. Auk 33:143–161, 256–270

Isack HA (1987) The biology of the greater honeyguide *Indicator indicator,* with emphasis on the guiding behaviour. PhD Thesis, University of Oxford, Oxford

Isack HA, Reyer H-U (1989) Honey guides and honey gatherers: interspecific communication in a symbiotic relationship. Science 243:1343–1346

Jennings H (1903) Studies on the reactions to stimuli in unicellular organisms. Am J Physiol 8:23–60

Johannesen J, Wickler W, Seibt U, Moritz RFA (2009) Population history in social spiders repeated: colony structure and lineage evolution in *Stegodyphus mimosarum* (Eresidae). Mol Ecol 18:2812–2818

Jonas H (1987) Technik, Medizin und Ethik. Suhrkamp, Frankfurt a. M.

Kacher H (1963) *Opisthognathus aurifrons* (Opisthognathidae): Graben einer Wohnhöhle, Wallbau. Encyclopaedia Cinematographica Göttingen, Film E514

Kant I (1783) *Prolegomena* zu einer jeden künftigen Metaphysik die als Wissenschaft wird auftreten können. Hartknoch, Riga, S 23

Kant I (1922) Von den verschiedenen Rassen der Menschen (1775). In: Vorländer K (Hrsg) Immanuel Kant: Vermischte Schriften. Meiner, Leipzig, S 79

Kawamura T, Tanakja N, Nakasima Y, Karino K, Sakai Y (2002) Reversed sex change in the protogynous reef fish *Labroides dimidiatus*. Ethology 108:443–450

Kipps C (1956) Clairence der Wunderspatz. Die Arche, Zürich

Klingel H (1967) Soziale Organisation und Verhalten freilebender Steppenzebras. Z Tierpsychol 24:580–624

Koenig L (1956) Gringolo: Eine Siebenschläfergeschichte. Jugend & Volk, Wien

Koenig O (1970) Kultur und Verhaltensforschung: Einführung in die Kulturethologie. dtv, München

Koenig O (1980) Klaubaufgehen. Wegweiser zur Völkerkunde, Bd 24. Hamburgisches Museum für Völkerkunde, Hamburg

Koenig O (1983) Klaubauf – Krampus – Nikolaus. Tusch, Wien

Koenig O (Hrsg) (1989) Kulturwissenschaftliche Beiträge zur Verhaltensforschung. Ueberreuter, Wien

Kolata G (1984) Studying learning in the womb. Science 225:302–303

Kramer G (1930) Bewegungsstudien an Vögeln des Berliner Zoologischen Gartens. J Orn 78:257–268

Kramer G (1931) Über den klugen Weimarer Hund. Zool Anz 96:317–320

Kramer G (1933) Untersuchungen über die Sinnesleistungen und das Orientierungsverhalten von *Xenopus laevis* Daud. Zool Jb Phys 52:629–676

Kramer G (1949) Macht die Natur Konstruktionsfehler? Wilhelmshavener Vorträge. Schriftenreihe der Nordwestdeutschen Universitätsgesellschaft 1:1–19

Lawick-Goodall J van (1968) The behaviour of free-living chimpanzees in the Gombe Stream Reserve. Anim Behav Monogr 1:161–311

Lawick-Goodall J van, Lawick H van, Packer C (1973) Tool-use in free-living baboons in the Gombe National Park, Tanzania. Nature 241: 212–213

Leyhausen P (1965) Über die Funktion der Relativen Stimmungshierarchie dargestellt am Beispiel der phylogenetischen und ontogenetischen Entwicklung des Beutefangs von Raubtieren. Z Tierpsychol 22:412–494

Leyhausen P (1979) Der Weg der vergleichenden Verhaltensforschung. In: Meyers Enzyklopädisches Lexikon, Bd 24. Bibliographisches Institut, Mannheim, S 467–472

Lieber A (1931) Beitrag zur Kenntnis eines arboricolen Feuchtland-Nereiden aus Amboina. Zool Anz 96:255–265

Lorenz K (1931) Beiträge zur Ethologie sozialer Corviden. J Orn 79:69–127

Lorenz K (1935) Der Kumpan in der Umwelt des Vogels. J Orn 83:137–213

Lorenz K (1937) Über die Bildung des Instinktbegriffes. Naturwissenschaften 25:289–300, 307–318, 325–331

Lorenz K (1939) Vergleichende Verhaltensforschung. Verh Dtsch Zool Ges 12:69–102

Lorenz K (1940) Durch Domestikation verursachte Störungen arteigenen Verhaltens. Z Angew Psychol Charakterkd 59:1–81

Lorenz K (1941) Kants Lehre vom Apriorischen im Lichte gegenwärtiger Biologie. Blätter Dtsche Philos 15:94–125

Lorenz K (1943) Die angeborenen Formen möglicher Erfahrung. Z Tierpsychol 5:235–409

Lorenz K (1949) Er redete mit dem Vieh den Vögeln und den Fischen. Borotha-Schoeler, Wien

Lorenz K (1967) Über tierisches und menschliches Verhalten. Deutsche Buchgemeinschaft, Berlin, S 270

Lorenz K (1973a) Die acht Todsünden der zivilisierten Menschheit. Piper, München

Lorenz K (1973b) Die Rückseite des Spiegels. Piper, München

Lorenz K (1978) Vergleichende Verhaltensforschung. Springer, Wien

Lorenz K (1981) The foundations of ethology. Springer, New York

Lorenz K (1992) Die Naturwissenschaft vom Menschen: Eine Einführung in die vergleichende Verhaltensforschung; Das „Russische Manuskript" (aus dem Nachlass herausgegeben von Agnes v Cranach). Piper, München

Lorenz K, Tinbergen N (1939) Taxis und Instinkthandlung in der Eirollbewegung der Graugans. Z Tierpsychol 2:1–29

Lutze GF, Altenbach AV (1988) *Rupertiana stabilis* (Wallich), a highly adapted suspension feeding foraminifer. Meyniana 40:55–69

Mackie JL (1983) Ethik. Reclam, Stuttgart

Maeterlinck M (1927) Das Leben der Termiten. Deutsche Verlags-Anstalt, Stuttgart

Marais E (1927) Das Leben der Termiten. Deutsche Verlags-Anstalt, Stuttgart

Marais E (1939a) Die Seele der Weissen Ameise. Herbig, Berlin

Marais E (1939b) My friends the baboons. Methuen, London

Marais E (1969) The soul of the ape. Blond, London

Marler P (1970) Birdsong and speech: could there be parallels? Amer Scientist 58:669–673

Marler P, Peters S (1981) Birdsong and speech: evidence for special processing. In: Eimas P, Miller J (Hrsg) Perspectives on the study of speech. Erlbaum, Hillsdale, S 75–112

Martin H (1970) Wenn es Krieg gibt, gehen wir in die Wüste. S. W. A. Wissenschaftliche Gesellschaft, Windhoek

McDougall W (1923) An outline of psychology. Methuen, London

McFarland D (1977) Decision making in animals. Nature 269:15–21

McFarland D (1993) Animal Behaviour. Longman Scientific and Technical, Essex

McKusick VA (2000) Ellis-van Creveld syndrome and the Amish Nature. Genetics 24:203–204

McMahan EA (1982) Bait-and-capture strategy of a termite-eating assassin bug. Insectes Soc 29:346–351

Melchers M (1964) *Cupiennius salei* (Ctenidae): Spinnhemmung beim Kokonbau. Encyclopaedia Cinematographica Göttingen, Film E364. Publikationen zu wissenschaftlichen Filmen 1A: 21–24

Mills G, Hofer H (1998) Hyaenas. IUCN, Gland

Morgan LH (1868) The American beaver and his works. Lippincott, Philadelphia

Moss C (1976) Portraits in the wild. Hamilton, London

Nicolai J (1959) Familientradition in der Gesangsentwicklung des Gimpels (*Pyrrhula pyrrhula* L). J Orn 100:39–46

Nicolai J (1964) Der Brutparasitismus der Viduinae als ethologisches Problem (Prägungsphänomene als Faktoren der Rassen- und Artbildung). Z Tierpsychol 21:129–204

Nicolai J (1976) Evolutive Neuerungen in der Balz von Haustaubenrassen (*Columba livia* var domestica) als Ergebnis menschlicher Zuchtwahl. Z Tierpsychol 40:225–243

Noë R (1990) A veto game played by baboons: a challenge to the use of the prisoner's dilemma as a paradigm for reciprocity and cooperation. Anim Behav 39:78–90

Noë R, Hammerstein P (1995) Biological markets. Trends Ecol Evol 10:336–339

Noë R, Hooff JA van, Hammerstein P (Hrsg) (2001) Economics in nature. Cambridge University Press, Cambridge

Nüsslein-Volhard C (2004) Das Werden des Lebens. Beck, München

Pagel MD, Trevelyan R, Harvey PH (1988) The evolution of bowerbuilding. Trends Ecol Evol 3:288–290

Papst Benedikt XVI (2010) Licht der Welt. Herder, Freiburg

Patterson DJ (1972) Habituation in a protozoan *Vorticella convallaria.* Behaviour 45:304–311

Peyton B (1980) Ecology, distribution, and food habits of spectacled bears, *Tremarctos ornatus,* in Peru. J Mammal 61:639–652

Pilleri G, Gihr M, Kraus C (1984) Cephalization in rodents with particular reference to the Canadian beaver *(Castor canadensis).* In: Pilleri G (Hrsg) Investigations on Beavers, Bd 2. Brain Anatomy Institute, Bern, S 11–100

Prechtl HFR (1953) Zur Physiologie der angeborenen auslösenden Mechanismen. Behaviour 5:32–50

Prechtl HFR (1988) Beurteilung fetaler Bewegungsmuster bei Störungen des Nervensystems. Gynäkologe 21:130–134

Prechtl HFR (2001) Das Bewegungsrepertoire menschlicher Föten. In: Kotrschal K, Müller G, Winkler H (Hrsg) Konrad Lorenz und seine verhaltensbiologischen Konzepte aus heutiger Sicht. Filander, Fürth, S 279–286

Prechtl HFR, Knol AR (1958) Der Einfluß der Beckenendlage auf die Fußsohlenreflexe beim neugeborenen Kind. Eur Arch Psychiatry Clin Neurosci 196:542–553

Prechtl HFR, Lenard HG (1968) Verhaltensphysiologie des Neugeborenen. In: Linneweh F (Hrsg) Fortschritte der Pädologie. Springer, Heidelberg

Rasa AE (1984) Die perfekte Familie. Deutsche Verlags-Anstalt, Stuttgart

Rasa AE (1990) Evidence for subsociality and division of labor in a desert tenebrionid beetle *Parastizopus armaticeps* Peringuey. Naturwissenschaften 77:591–592

Rasa AE (1999) Division of labour and extended parenting in a desert tenebrionid beetle. Ethology 105:37–56

Ratzinger J (1971) Einführung in das Christentum. Kösel, München, S 199 f

Ratzinger J (1985) Zur Lage des Glaubens. Neue Stadt, München

Rau HJ, Rau C (Hrsg) (1989) Familia Mendivil. EBV Evangelische Buchhilfe, Vellmar, S 83

Reimarus HS (1982) Allgemeine Betrachtungen über die Triebe der Thiere hauptsächlich über ihre Kunsttriebe, Bd 2. Vandenhoeck & Ruprecht, Göttingen (Kempski J von, Hrsg)

Rensch B (1973) Gedächtnis, Begriffsbildung und Planhandlungen bei Tieren. Westdeutscher Verlag, Köln

Richard P-B (1967) Le déterminisme de la construction des barrages chez le castor du Rhône. La Terre et la Vie 4:339–470

Rink FT (Hrsg) (1803) Immanuel Kant über Pädagogik. O. V., Königsberg

Rohrbach C (2005) Namibia. Frederking & Thaler, München

Salwiczek LH (2001) Grundzüge der Memtheorie. In: Wickler W, Salwiczek LH (Hrsg). Wie wir die Welt erkennen. Erkenntnisweisen im interdisziplinären Diskurs. Alber, Freiburg, S 119–201

Salwiczek LH (2004) Immanuel Kant's sparrow: an integrative approach to canarylike singing house-sparrows *(Passer domesticus)*. Dissertation, Ludwig-Maximilians-Universität München

Salwiczek LH, Bshary R (2011) Cleaner wrasses keep track of the 'when' and 'what' in a foraging task. Ethology 117:939–948

Salwiczek LH, Wickler W (2004) Birdsong: an evolutionary parallel to human language. Semiotica 151:163–182

Salwiczek LH, Wickler W (2007) The shaping of animals' minds. In: Hauf P, Försterling F (Hrsg) Making minds. The shaping of human minds through social context. Benjamins, Philadelphia

Salwiczek LH, Wickler W (2009) Parasites as scouts in behaviour research. Ideas Ecol and Evol 2:1–6

Schaffner W (1996) Wie menschenähnlich ist die Hefe? Magazin der Universität Zürich Nr.1/96

Scheiber IBR, Weiß BM, Hemetsberger J, Kotrschal K (Hrsg) (2013) The social life of greylag geese. Cambridge University Press, Cambridge

Schleidt W (1964) Verhalten – Wirkungen äußerer Faktoren auf das Verhalten. Fortschr Zool 16:469–499

Schleidt W (Hrsg) (1988) Der Kreis um Konrad Lorenz. Ideen, Hypothesen, Ansichten. Parey, Berlin

Schmidl D (1982) The birds of the Serengeti National Park Tanzania. British Ornithologists' Union, London

Schubart CD, Diesel R, Hedges B (1998) Rapid evolution to terrestrial life in Jamaican crabs. Nature 393:363–365

Schweinfurth G (1902) Kiesel-Artefakte in der diluvialen Schotterterrasse und auf den Plateaubänken von Theben. Z Ethnol 34:293–310

Seibt U, Wickler W (1979) The biological significance of the pair-bond in the shrimp *Hymenocera picta*. Z Tierpsychol 50:166–179

Seibt U, Wickler W (1988) Bionomics and social structure of 'Family spiders' of the genus *Stegodyphus,* with special reference to the African species *S. dumicola* and *S. mimosarum* (Araneida, Eresidae). Verh Naturwiss Verein Hamburg N F 30:255–303

Seibt U, Wickler W (2006) Individuality in problem solving: string pulling in two *Carduelis* species (Aves: Passeriformes). Ethology 112:493–502

Selous E (1901) An observational diary of the habits – mostly domestic – of the Great Crested Grebe *(Podiceps cristatus)*. Zoologist Ser 4, 5:161–183, 339–350

Selous E (1920/1921) Sex habits of the Great Crested Grebe. Naturalist 97–102, 173–176, 200, 301–305

Someren VD van (1946) The dancing display and courtship of Jackson's Whydah (*Coliuspasser jacksoni* Sharpe). J East Africa Nat Hist Soc 18:131–141

Sugar JA (1970) Starfish threaten Pacific Reefs. Nat Geogr Mag 137:340–352

Tebbich S, Taborsky M, Fessl B, Blomqvist D (2001) Do woodpecker finches acquire tool-use by social learning? Proc Royal Soc London B 268:2189–2193

Tebbich S, Bshary R, Grutter AS (2002) Cleaner fish *Labroides dimidiatus* recognise familiar clients. Anim Cogn 5:139–145

Tepilit OS, Beckwith C (1981) Die Massai. DuMont, Köln, S 109

Thorson G (1967) *Clanculus bertheloti* D'Orbigny 1839: Eine brutpflegende prosobranchiate Schnecke aus der Brandungszone von Teneriffa. Z Morphol Ökol Tiere 60:162–175

Tinbergen N (1951) The study of instinct. Oxford University Press, London

Tinbergen N (1959) Comparative studies of the behaviour of gulls (Laridae): a progress report. Behaviour 15:1–70

Tinbergen N (1963) On aims and methods of ethology. Z Tierpsychol 20:410–433

Vandenbergh JG (1993) And brother begat nephew. Nature 364:671–672

Wanker R, Bernate LC, Franck D (1996) Socialization of spectacled parrotlets *Forpus conspicillatus:* the role of parents crèches and sibling groups in nature. J Orn 137:447–461

Watts CR, Stokes AW (1971) The social order of turkeys. Sci Amer 226:112–118

Wenger D, Biebach H, Krebs JR (1991) Free-running circadian rhythm of a learned feeding pattern in starlings. Naturwissenschaften 78:87–89

Werner B (1973) Spermatozeugmen und Paarungsverhalten bei *Tripedalia cystophora* (Cubomedusae). Mar Biol 18:212–217

Werner B (1976) Killermedusen und ihr Liebesspiel. Umschau 76:80–81

Wickler W (1959) Die ökologische Anpassung als ethologisches Problem. Naturwissenschaften 46:505–509

Wickler W (1960) Die Stammesgeschichte typischer Bewegungsformen der Fisch-Brustflosse. Z Tierpsychol 17:31–66

Wickler W (1962) Zur Stammesgeschichte funktionell korrelierter Organ- und Verhaltensmerkmale: Ei-Attrappen und Maulbrüten bei afrikanischen Cichliden. Z Tierpsychol 19:129–164

Wickler W (1963a) Die biologische Bedeutung auffallend farbiger, nackter Hautstellen und innerartliche Mimikry der Primaten. Naturwissenschaften 50:481–482

Wickler W (1963b) Zum Problem der Signalbildung, am Beispiel der Verhaltens-Mimikry zwischen *Aspidontus* und *Labroides* (Pisces, Acanthopterygii). Z Tierpsychol 20:657–679

Wickler W (1964) Phylogenetisch-vergleichende Verhaltensforschung mit Hilfe von Enzyklopädie-Einheiten. Res Film 5:109–118

Wickler W (1965) Über den taxonomischen Wert homologer Verhaltensmerkmale. Naturwissenschaften 52:441–444

Wickler W (1966) Freilandbeobachtungen an der Uferschrecke *Tridactylus madecassus* in Ostafrika. Z Tierpsychol 23:843–852

Wickler W (1967) Socio-sexual signals and their intra-specific imitation among primates. In: Morris D (Hrsg) Primate ethology. Weidenfeld & Nicolson, London, S 69–147

Wickler W (1968) Dialekte im Tierreich: Ihre Ursachen und Konsequenzen. Aschendorff, Münster

Wickler W (1969) Sind wir Sünder? Droemer Knaur, München

Wickler W (1971) Die Biologie der Zehn Gebote. Piper, München

Wickler W (1976a) The ethological analysis of attachment. Z Tierpsychol 42:12–28

Wickler W (1976b) Evolution-oriented ethology, kin selection, and altruistic parasites. Z Tierpsychol 42:206–214

Wickler W (1987) Allochthone Entscheidungen eines fiktiven Ichs. In: Heckhausen H, Gollwitzer PM, Weinert FE (Hrsg) Jenseits des Rubikon: Der Wille in den Humanwissenschaften. Springer, Heidelberg, S 365–375

Wickler W (1990) Von der Ethologie zur Soziobiologie. In: Hohlfeld JHR (Hrsg) Die zweite Schöpfung: Geist und Ungeist in der Biologie des 20. Jahrhunderts. Hanser, München, S 173–186

Wickler W (1997) Sexually selected genital adornment and sperm packaging in species of *Oreochromis* (Teleostei Cichlidae). Copeia 1997:188–190

Wickler W (2014a) Wissenschaftliche Reisen mit Loki Schmidt. Spektrum Akademischer Verlag, Heidelberg

Wickler W (2014b) Die Biologie der zehn Gebote und die Natur des Menschen. Spektrum Akademischer Verlag, Heidelberg

Wickler W (2015) Vergleichende Verhaltensforschung und Phylogenetik. Spektrum Akademischer Verlag, Heidelberg

Wickler W, Helversen D von (1971) Über den Duettgesang des afrikanischen Drongo, *Dicrurus adsimilis* Bechstein. Z Tierpsychol 29: 301–321

Wickler W, Salwiczek L (2001) Wie wir die Welt erkennen. Erkenntnisweisen im interdisziplinären Diskurs. Alber, Freiburg

Wickler W, Salwiczek L (2003) Wieviel Hirn braucht Intelligenz? May-Planck-Forschung 4:15–17

Wickler W, Seibt U (1970) Das Verhalten von *Hymenocera picta* Dana, einer Seesterne fressenden Garnele (Decapoda, Natantia, Gnathophyllidae). Z Tierpsychol 27:352–368

Wickler W, Seibt U (1977) Das Prinzip Eigennutz. Ursachen und Konsequenzen sozialen Verhaltens. Hoffmann und Campe, Hamburg

Wickler W, Seibt U (1981) Lärm als wesentliches Element im Osttiroler Klaubauf-Laufen. Anthropos 76:577–583

Wickler W, Seibt U (1982a) Song splitting in the evolution of dueting. Z Tierpsychol 59:127–140

Wickler W, Seibt U (1982b) The rose chafer *Tephraea dichroa* and its plant, *Solanum panduraeforme*. Zool Beitr 28:87–98

Wickler W, Seibt U (1990) Zulu bead language and ist present alphabetization. Baessler-Archiv NF 38:65–115

Wickler W, Seibt U (1993) Paedogenetic sociogenesis via the "Sibling-route" and some consequences for *Stegodyphus* spiders. Ethology 95:1–18

Wickler W, Seibt U (1994) Colour-coded Zulu bead-language and a European medieval equivalent. Baessler-Archiv NF 42:61–73

Wickler W, Seibt U (1995) Syntax and semantics in a Zulu bead colour communication system. Anthropos 90:391–405

Wickler W, Seibt U (1996) Zulu beadwork messages: chromographic versus alphabetic notation. Baessler-Archiv NF 44:23–75

Wickler W, Seibt U (1998) Männlich – weiblich: Ein Naturgesetz und seine Folgen. Spektrum Akademischer Verlag, Heidelberg

Wickler W, Uhrig D (1969) Bettelrufe, Antwortszeit und Rassenunterschiede im Begrüßungsduett des Schmuckbartvogels *Trachyphonus d'arnaudii*. Z Tierpsychol 26:651–661

Wikelski M (2016) Erdbeobachtung durch Tiere. Max-Planck-Gesellschaft, Abt-Kommunikation, München. Jahresbericht 2015:60–66

Wimschneider A (1984) Herbstmilch: Lebenserinnerungen einer Bäuerin. Piper, München

Wirtz P (1981) Territorial defence and territory take-over by satellite males in the waterbuck, *Kobus ellipsiprymnus* (Bovidae). Behav Ecol Sociobiol 8:161–162

Zimmer C (2000) Parasie rex. Free Press, New York

Springer Spektrum
springer-spektrum.de

Topfit für das
Biologiestudium

Joachim W. Kadereit
Christian Körner
Benedikt Kost
Uwe Sonnewald
LEHRBUCH
Strasburger
Lehrbuch
der Pflanzen-
wissenschaften
37. Auflage
Springer Spektrum

Jeremy M. Berg
John L. Tymoczko
Lubert Stryer
LEHRBUCH
Stryer
Biochemie
8. Auflage
Springer Spektrum

Lorenz Adlung
Christian Hopp
Alexandra Köthe
Niko Schmeißer
Oskar Staufer
LEHRBUCH
Tutorium
Mathe
für Biologen
Von Studenten für Studenten
Springer Spektrum

Purves
Biologie
Herausgegeben von Jürgen Markl
9. Auflage

Erstklassige Lehrbücher unter springer-spektrum.de

A13958